张利平　编著

液压阀
原理、使用与维护

第三版

U0231243

化学工业出版社

·北京·

第三版在保持第二版原有结构和风格的基础上，更新和改写了部分内容、应用实例、国内外产品及标准资料，以求全面反映液压阀的最新发展和应用成果。本书更具系统性、先进性、全面性和实用性，更加有助于解决液压阀的各类实际问题。

本书第 1 篇概要论述了液压阀基础知识、共性问题、主流产品及选型要点等，第 2 篇和第 3 篇分别介绍了普通液压阀（方向阀、压力阀和流量阀）和特殊液压阀（多路阀、叠加阀、插装阀、电液伺服阀、电液比例阀、电液数字阀、微型液压阀与水压控制阀）的功用类型、特点、工作原理、典型结构、技术性能、使用维护要点、故障诊断排除方法、典型产品等内容，第 4 篇介绍了液压阀组集成方法和液压阀常用标准资料。

本书可供各行业液压技术的设计研究者、加工制造者、安装调试者、现场操作者、使用维护者、故障诊断者、采购供应者及机械设备管理者等相关人员参阅，也可作为液压技术使用维护与故障诊断技术的短期培训、上岗培训教材或参考资料，还可作为高等院校机械、机电、自控类相关专业及方向师生（研究生、本科生及专科生）的教学、科研参考书或实训教材，同时可供液压技术爱好者学习、参阅。

图书在版编目（CIP）数据

液压阀原理、使用与维护/张利平编著．—3 版．—北京：化学工业出版社，2014.7（2023.1 重印）
ISBN 978-7-122-20678-7

Ⅰ．①液…　Ⅱ．①张…　Ⅲ．①液压控制阀-理论②液压控制阀-使用方法③液压控制阀-维修　Ⅳ．①TH137.52

中国版本图书馆 CIP 数据核字（2014）第 098518 号

责任编辑：张兴辉　周国庆　　　　　　　　　　　　文字编辑：陈　喆
责任校对：徐贞珍　　　　　　　　　　　　　　　　装帧设计：王晓宇

出版发行：化学工业出版社（北京市东城区青年湖南街 13 号　邮政编码 100011）
印　　装：北京盛通数码印刷有限公司
787mm×1092mm　1/16　印张 29½　字数 926 千字　2023 年 1 月北京第 3 版第 13 次印刷

购书咨询：010-64518888　　　　　　　售后服务：010-64518899
网　　址：http://www.cip.com.cn
凡购买本书，如有缺损质量问题，本社销售中心负责调换。

定　　价：128.00 元

第三版前言

《液压阀原理、使用与维护》2005年5月第一版出版，2009年进行了修订，第二版出版。迄今近10年来，本书多次重印，得到了广大液压技术工作者以及众多液压技术用户的肯定。为了适应液压阀在结构性能、产品类型、应用领域及技术标准诸方面的发展和进步，笔者在总结近几年为相关企业进行电液控制科研项目攻关及解决液压系统设计制造、调试运转及故障诊断难题过程中的经验基础上，利用旅居国外及在国内多个省市区及大中企业讲学之便，搜集了大量实用材料，并认真学习了解相关研究成果、新产品、应用经验及相关标准，对第二版进行了修订。在此次修订中，本书保持了原有结构、风格和篇幅，通过更新内容、应用实例、国内外产品品种系列及标准资料（特别是采用最新版本国标 GB/T 786.1—2009《流体传动系统及元件图形符号和回路图　第1部分：用于常规用途和数据处理的图形符号》给出了所有阀的图形符号并绘制了原有及新增的液压回路及系统原理图），以求反映液压阀的最新发展和应用成果，进一步提升本书的系统性、先进性、全面性和实用性水平，更加有助于解决科研、生产、施工、管理和教学中液压阀的各类实际问题。

本书可供液压技术的设计研究者、加工制造者、安装调试者、现场操作者、使用维护者、故障诊断者、采购供应者及机械设备管理者等相关人员参阅，也可作为液压技术使用维护与故障诊断技术的短期培训、上岗培训教材或参考资料，还可作为高等院校机械、机电、自控类相关专业及方向教师与各层次学生（研究生、本科生及专科生）的教学、科研参考书或实训教材，同时可供液压技术爱好者学习、参阅。

本书由张利平编著。张津、山峻和张秀敏等参与了本书的策划及资料的搜集整理、部分插图的绘制和文稿的录入校对整理工作。编著者的学生向其兴、赵小青、王金业、窦赵明、田贺、岳玉晓、冯德兵等在繁忙的工作或研究生学业中挤出时间，利用 AUTO CAD 精心绘制了书中部分插图，显著缩短了本书的出版周期。牛振英、王慧霄、周湛学、黄涛、史玉芳等参与了本书相关工作。

本书的编写出版工作得到了李世伟，国内外众多液压厂商（公司）与编著者的同事、同行及全国各地学生的大力支持与帮助。他们提供了最新的技术成果、信息、经验以及翔实生动的现场资料。笔者还参阅了国内外同行的相关参考文献，在此一并表示诚挚谢意。对于书中不足之处，欢迎液压界同行专家及广大读者指正。

编著者

目　录

第1篇　液压阀概论

第2篇　普通液压阀

第3篇 特殊液压阀

第4篇　液压控制阀组集成与液压阀常用标准资料

第1篇　液压阀概论

第1章　液压阀基础知识

1.1　液压技术原理与液压系统的组成

液压技术是以液体为工作介质，利用封闭系统中液体的静压能实现信息、运动和动力的传递及工程控制的技术。液压技术在功率密度，结构组成、响应速度，调速范围、过载保护、电液整合等方面独特的技术优势，使其成为现代传动与控制的重要技术手段和不可替代的基础技术之一，其应用遍及国民经济各领域。

除了工作介质外，一个液压系统通常都是由能源元件（液压泵）、执行元件（液压缸及马达）、控制元件（液压控制阀）和辅助元件（油箱、过滤器和管路等）四类液压元件所组成。液压机械设备或装置工作时，其液压系统以具有连续流动性的液压油或难燃液压液或水（多使用液压油）作为工作介质，通过液压泵将驱动泵的原动机的机械能转换成液体的压力能，然后经过封闭管路及控制阀，送至执行元件中，转换为机械能去驱动负载、实现工作机构所需的直线运动或回转运动。

1.2　液压阀的功用及重要性

作为液压系统中的控制元件，液压控制阀（简称液压阀）的功用是控制液流方向、压力与流量，以使液压执行元件及其驱动的工作机构获得所需的运动方向、运动速度（转速）及推力（转矩）等。

液压阀在液压系统中起着非常重要的作用。任何一个液压系统，不论其如何简单，都不能缺少液压阀；同一工艺目的的液压机械设备，通过液压阀的不同组合与使用，可以组成油路结构截然不同的多种液压系统方案，故液压阀是液压技术中品种与规格最多、应用最广泛、最活跃的元件；一个液压系统设计的合理性、安装维护的便利性以及能否按照既定要求正常可靠地运行，在很大程度上取决于其所采用的各种液压阀的性能优劣、阀间油路联系及参数匹配是否合理。

1.3　液压阀的基本结构原理

液压阀的基本结构主要包括阀芯、阀体和驱动阀芯相对于阀体运动的操纵控制机构。阀芯的结构形式多样；阀体上开设有与阀芯配合的阀体（套）孔或阀座孔，还有外接油管的主油口（进、出油口）、控制油口和外泄（漏）油口；阀芯的操纵控制机构有手调（动）式、机械式、电动式、液动式和电液动式等。

液压阀的基本工作原理是，利用阀芯相对于阀体的运动来控制阀口的通断及开度的大小（实质是对阀口的流动阻尼进行控制），实现对液流方向、压力和流量的控制。液压阀在工作时，所有阀的通过流量与阀的进、出油口间的压力差以及开度大小之间的关系都符合如下孔口流量压力特性公式。

$$q = C_d A \sqrt{\frac{2}{\rho} \Delta p} \qquad (1-1)$$

式中，C_d 为流量系数，与阀口形状、尺寸及反映液流流态的雷诺数 Re 有关；A 为阀口的通流面积；ρ 为油液的密度；Δp 为进、出口压差。

1.4　液压阀的分类

液压阀的种类繁多，分类方法及名称因着眼点不同而异，故同一种阀可能会有不同名称。

1.4.1　根据功能及使用要求分类

（1）普通液压阀

普通液压阀（常规液压阀）是最为常见的三大类液压阀（方向控制阀、压力控制阀和流量控制阀）的统称。普通液压阀以手动、机械、液动、电动、电液动、气动等输入控制方式，启、闭液流通道、定值控制（开关控制）液流压力和流量，多用于一般液压传动系统。

① 方向控制阀。它是用来控制和改变系统中液体的流向的阀类，包括单向阀、充液阀、换向阀、截止阀等。

② 压力控制阀。它是用来控制和调节系统中液体压力的阀类，包括溢流阀、减压阀、顺序阀、压力继电器等。

③ 流量控制阀。它是控制和调节液体流量的阀类，包括节流阀、调速阀、溢流节流阀、分流集流阀等。

（2）特殊液压阀

特殊液压阀是在普通液压阀的基础上，为进一步满足某些特殊使用要求发展而成的液压阀。这些阀的结构、用途和特点各不相同。

① 多路阀。多路阀是多路换向阀的简称，是以两个以上滑阀式换向阀为主体，集换向阀、溢流阀和单向阀等于一体的多功能组合阀类，可集中控制两个以上执行元件的动作，主要用于满足车辆与工程机械等对集中控制问题的要求。

② 叠加阀。它是由几种阀相互叠加起来靠螺栓紧固为一个整体而组成回路的阀类，其结构、特点及适用场合见本章 1.4.4 节。

③ 插装阀。它是具有控制功能的元件装成组件插入阀块而构成的阀类，其结构特点及适用场合见本章 1.4.4 节。

④ 电液伺服阀。它简称伺服阀，是接收电气模拟控制信号并输出对应的模拟液体功率的阀类，它是为提高阀的控制水平，提高阀的控制精度和响应特性而设计的，工作时着眼于阀的零点（一般指输入信号为零的工作点）附近的性能以及其连续性。伺服阀包括单级、两级、三级电液流量伺服阀、电液压力伺服阀等。伺服阀结构复杂，制造成本较高，抗污染能力较差，使用和维护都有较高的技术要求，多用于控制精度和响应特性要求较高的闭环控制系统。

⑤ 电液比例阀。它是介于普通液压阀和电液伺服阀之间的一种液压阀，此类阀可根据输入的电气控制信号（模拟量）的大小成比例、连续、远距离控制液压系统中液体的流动方向、压力和流量。包括比例压力阀、比例流量阀、比例换向阀、比例复合阀和比例多路阀等。与普通液压阀相比，它提高了阀的控制水平；尽管其性能不如电液伺服阀，但结构简单、制造成本低、抗污染能力较强，它要求保持调定值的时间稳定性，一般具有对应于 $10\%\sim30\%$ 最大控制信号的零位死区；多数用于开环系统，也可用于闭环系统。

⑥ 电液数字阀。它简称数字阀，是用数字信息直接控制的阀类，它可直接与计算机接口，不需要数/模（D/A）转换器，在微机实时控制的电液系统中，是一种较理想的控制元件。数字阀有数字压力阀、数字流量阀与数字方向阀等。数字阀对油液的污染不敏感，工作可靠，重复精度高，成批产品的性能一致性好，但由于按照载频原理工作，故控制信号频宽较模拟器件低。数字阀的额定流量一般很小，只能用于小流量控制场合，如作为电液控制阀的先导控制级。

⑦ 微型液压阀。通径≤3～4mm 的液压阀称为微型液压阀，此类液压阀的工作压力较高，最大工作压力一般在 31.5MPa 以上，有的高达 50MPa 及其以上。微型液压阀作为微型液压系统的重要组成部分，是在普通液压阀基础上新发展的品种。与同压力等级的大通径阀相比，其外形尺寸和重量减小了很多，因此对于现代液压机械和设备（如航空器、科学仪器、医疗器械等）的小型化、轻量化和大功率密度具有重要作用及意义。

⑧ 水压控制阀。它是以水作为工作介质的阀类，是构成水液压系统不可缺少的控制元件，具有安全、卫生及环境友好等优点。但由于水的黏度低、汽化压力高、腐蚀性强，故水压控制阀的发展面临着一系列技术难题，商品化产品较少且应用尚不普遍。

1.4.2 根据阀芯结构形式分类

① 滑阀类 此类阀的阀芯多为圆柱形，其示例如图 1-1(a) 所示，阀体（或阀套）1 上有一个圆柱形孔，孔内开有环形沉割槽（通常为全圆周），每一个沉割槽与相应的进、出油口相通。阀芯 2 上同样也有若干个环形槽，阀芯与环形槽之间的凸肩称为台肩，台肩的大、小直径为 D 和 d。通过阀芯相对于阀体（套）孔内的滑动使台肩遮盖（封油）或不遮盖（打开）沉割槽，即可实现所通油路（阀口）的切断或开启以及阀口开度 x 大小的改变，实现液流方向、压力及流量的控制。滑阀为间隙密封，为了保证工作中被封闭的油口的密封性，阀芯与阀体孔的径向配合间隙应尽可能小，同时还需要适当的轴向密封长度。这就使得阀口开启时阀芯需先位移一段距离（等于密封长度），所以滑阀运动存在一个"死区"。

② 转阀类 此类阀的阀芯为圆柱形，如图 1-1(b) 所示，阀体 1 上开有进出油口（P、T、A、B），阀芯 2 上开有沟槽，通过控制旋转阀芯上的沟槽实现阀口的通断或开度大小的改变，以实现液流方向、压力及流量的控制。转阀类结构简单，但存在阀芯的径向力不平衡问题。

③ 提升阀类 与圆柱滑阀一样，提升阀也是广为应用的一类结构形式，此类阀的阀芯为圆锥形或球形，利用锥形阀芯或圆球的位移来改变液流通路开口的大小，以实现液流方向、压力及流量的控制。

锥阀 ［图 1-1(c)］只能有进、出油口各一个，阀芯的半锥角 α 一般为 $12°\sim40°$；阀口关闭时为线密封，密封性能好，开启时无死区，动作灵敏，阀芯稍有位移即开启。球阀 ［图 1-1(d)］实质上属于锥阀类，其性能与锥阀类似。

④ 喷嘴挡板阀类 此类阀有单喷嘴和双喷嘴两种，图 1-1(e) 所示为双喷嘴挡板阀原理简图，通过改变喷嘴与挡板之间两可变节流缝隙 x_1 和 x_2 的相对位移来改变它们所形成的节流阻力，从而改变控制油压 p_1 和 p_2 的大小，进而改变阀芯的位置及液流通路开口的大小。喷嘴挡板阀精度和灵敏度高，动态响应好，但无功损耗大，抗污染能力差。常作为多级电液控制阀的先导级（前置级）使用。

1.4.3 根据操纵方式分类

① 手动（调）操纵阀 用手把及手轮、踏板、杠杆等操纵，适宜自动化程度要求较低、小型或不常调节的液压系统采用。

② 机械操纵阀 用挡块及碰块、弹簧等控制，适宜有自动循环要求的系统采用。

③ 电动操纵阀 用普通开关型电磁铁、比例电磁铁、力马达、力矩马达、伺服电机和步进电机等控制，适合自动化程度要求高或控制性能有特殊要求的系统采用。

④ 液动操纵阀 利用液体压力所产生的力进行控制，适宜自动化程度要求高或控制性能有特殊要求的系统采用。

⑤ 电液动操纵阀 利用电动（普通开关型电磁铁）和液动的组合控制，适宜自动化程度要求高或控制性能有特殊要求的液压系统采用。

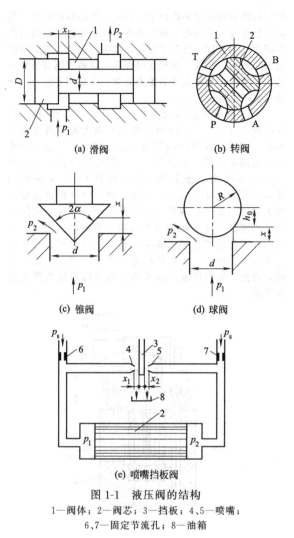

(a) 滑阀　　　　(b) 转阀

(c) 锥阀　　　　(d) 球阀

(e) 喷嘴挡板阀

图 1-1　液压阀的结构

1—阀体；2—阀芯；3—挡板；4、5—喷嘴；
6、7—固定节流孔；8—油箱

⑥ 气动操纵阀　利用压缩空气所产生的力进行控制，适合有阻燃、防爆要求的液压系统采用。

1.4.4　根据安装连接方式分类

液压阀与其他元件集成为一个完整液压控制装置时，集成方式与阀的安装连接方式相关。根据安装连接方式不同，液压阀分为以下四类。

① 管式阀　此类阀阀体上的进出油口（加工出螺纹或光孔）通过管接头或法兰（大型阀用）与管路直接连接组成系统（见图 1-2），结构简单、重量轻，适合于移动式设备和流量较小的液压元件的连接，应用较广；但液压阀只能沿管路分散布置，可能的漏油环节多，装卸维护不方便。

② 板式阀　此类阀需专用过渡连接板（也称安装底板），阀用螺钉固定在连接板（加工有与阀口对应的孔道）上，阀的进出油口通过连接板与管路相接（见图 1-3）。制造商一般随液压阀提供单个阀所对应的安装底板产品；如果自行制作连接板，则可根据该阀的安装面尺寸进行制造；各类液压阀的安装面均已标准化，其示例（通径 φ6mm 的板式换向阀安装面）见图 1-4。如

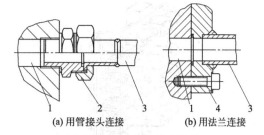

(a) 用管接头连接　　　(b) 用法兰连接

图 1-2　液压阀的管式连接

1—液压阀油口；2—管接头；3—系统管路；4—连接法兰

果欲在一块公共连接板上安装多个板式阀（见图 1-5），则应根据各标准板式阀的安装面尺寸和液压系统原理图的要求，在连接板上加工出与阀口对应的孔道以及阀间联系孔道，通过管接头连接管路，从而构成一个回路。此外，如图 1-6 所示，标准板式阀也可安装在六面体集成块上的每个侧面（每一个侧面相当于一个过渡连接板），阀与阀之间的油路通过块内流道连通，从而减少连接管路。板式阀由于集中布置且装拆时不会影响系统管路，故操纵和维护极为方便，应用相当广泛。

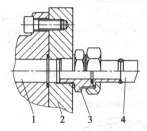

图 1-3　液压阀的板式连接

1—液压阀油口；2—过渡连接板；
3—管接头；4—系统管路

通径 6mm(GB 2514-AB-03-4-A/I SO-4401-AB-03-4-A)

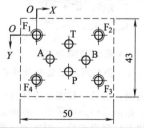

项目	尺寸/mm							
	P	A	T	B	F_1	F_2	F_3	F_4
X	21.5	12.7	21.5	30.2	0	40.5	40.5	0
Y	25.9	15.5	5.1	15.5	0	-0.75	31.75	31
ϕ	6.3 max	6.3 max	6.3 max	6.3 max	M5	M5	M5	M5

图 1-4　板式液压阀的安装面

③ 叠加阀　叠加阀是在板式阀基础上发展起来的、结构更为紧凑的一类阀。一个叠加阀同时起单个阀和通道孔的作用，阀的上下两面为安装面并开有进出油口通道［见图 1-7(a)］。同一规格不同功能的阀（压力阀、

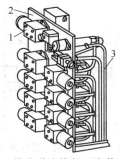

图1-5　在一块公共连接板上安装多个板式阀
1—板式阀；2—公共连接板；3—管路

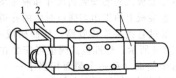

图1-6　板式阀安装在六面体集成块上
1—板式阀；2—六面体集成块

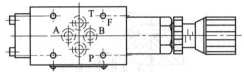

P、T为公用压力和回油孔道，A、B为叠加阀油道孔，
F为阀间连接螺钉孔

(a) 安装面及通道孔分布

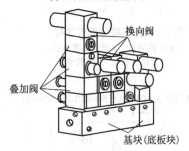

(b) 叠加阀的叠积安装

图1-7　叠加阀的安装面及叠积安装

流量阀、方向阀）的油口和安装连接孔的位置、尺寸相同。使用时根据液压回路的需要，将所需的各个叠加阀叠积在底板块与标准板式换向阀之间［见图1-7(b)］，

并用长螺栓固定在底板块上，而系统管路与底板块上的油口相连接。采用叠加阀的液压系统，省去了安装时阀和阀之间的配管，避免了管路、接头、法兰等所带来的阻力、泄漏、污染、振动和噪声等一系列使用与维修问题，并使液压系统大为紧凑和简化，广泛用于组合机床及其生产线等设备中。

④ 插装阀　插装阀主要有盖板式（二通插装阀）和螺纹式（二、三、四通插装阀）两大类，两者本身均没有阀体。将阀按标准参数做成阀芯、阀套、弹簧和密封圈等组件（插入组件），插入专用的阀块孔内（见图1-8），并配置各种功能的控制盖板、先导控制阀以组成不同要求的液压回路。使用时可根据需要按相关标准，在一个阀块上加工若干个安装孔，阀块内的通道将各组件之间的进出油口、控制油口连通，然后与外部管路相连接。插装阀具有结构紧凑、通流能力大、密封性好、互换性较好的优点。适用于重型机械、冶金、塑料机械及各种加工机床的高压大流量液压系统。

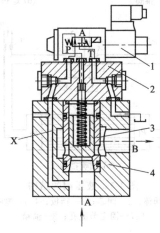

图1-8　插装阀
1—先导控制阀；2—控制盖板；
3—插入组件；4—阀块

1.5　液压阀的发展

液压阀在液压技术中始终扮演着重要角色，液压阀的技术发展进程与方向列于表1-1中。

表1-1　液压阀的发展

发展阶段	起止年代	液压技术进展概述	与液压阀相关的成果及我国液压阀技术的进展
启蒙期（奠基期）	17世纪中叶～19世纪末	液压技术源于1648年法国人帕斯卡(B. Pascal)提出的静压传递原理。之后的100多年间，1795年英国人约瑟夫·布瑞玛(Joseph Bramah)登记了世界上第一台水压机专利。但由于以水作为工作介质，其密封问题一直未能很好解决，以及无成熟的液压元件，且工艺制造水平低下等原因，曾一度导致液压技术发展缓慢，几乎停滞不前	1681年D. 帕潘(D. Papain)发明了带安全阀的压力阀。19世纪中叶英国工程师威廉姆·乔治·阿姆斯特朗(William George Armstrong)发明了液压蓄能器，英国工程师佛莱明·詹金(F. Jinken)发明了世界上第一台差压补偿流量控制阀等

续表

发展阶段	起止年代	液压技术进展概述	与液压阀相关的成果及我国液压阀技术的进展
发展期	20 世纪初～20 世纪中叶	1905 年美国人詹涅(Janney)首先将矿物油代替水作液压介质后才开始改观。由于工艺制造水平提高及车辆、航空、舰船等功率传动的推动，相继出现和生产了轴向柱塞泵、径向和轴向液压马达等液压元件，并首先应用于机床。第二次世界大战期间，由于军事上的需要，出现了以电液伺服系统为代表的响应快、精度高的液压元件和控制系统，从而使液压技术得到了迅猛发展	Harry Vickers 于 1936 年发明了先导控制压力阀为标志的管式系列液压控制元件。德国在仿形刀架方面，美国在电液伺服阀方面的研究取得了很大进展
			20 世纪 50 年代初，我国无专门的液压元件厂，一些机床厂的液压车间自产自用仿苏液压产品(多为管式连接)
成形期	20 世纪中叶～20 世纪 70 年代末	战后随着工艺水平的提高，液压技术也迅速发展，渗透到民用工业及国民经济的各个领域。在机械制造、起重运输机械及各类施工机械、船舶、航空等领域得到了广泛发展和应用。特别是 20 世纪 60 年代以来，随着原子能、航空航天技术、微电子技术的发展，液压技术在更深更广阔的领域得到了发展	20 世纪 60 年代出现了板式、叠加式液压阀系列和以比例电磁铁为电气-机械转换器的电液比例控制阀，20 世纪 70 年代出现了插装式系列液压阀
			我国于 20 世纪 50 年代末之后，陆续建立了液压元件厂；引进了日本油研公司公称压力 21MPa 的中高压系列液压阀；研制了喷嘴挡板式液压伺服；开发设计了公称压力为 2.5MPa 和 6.3MPa 的中低压系列液压阀；设计了我国第一套公称压力 31.5MPa 的高压液压阀；完成了我国公称压力 32MPa 高压阀新系列图纸的设计和试制；研制成功电液比例溢流阀、电液比例流量阀；开始叠加阀研究；研制成功插装阀及其液压系统。从而形成了独立的液压元件制造工业体系；整个 20 世纪 70 年代是我国液压阀(元件)品种发展最多的时期之一
成熟期	20 世纪 80 年代至今	液压技术与现代数学、力学和微电子技术、计算机技术、控制科学等紧密结合，出现了微处理机、电子放大器、传感测量元件和液压控制单元相互集成的机电一体化产品。随着科学技术的进步和环保、能源危机意识的提高，近 20 年来人们重新认识和研究水液压技术，并在理论上和应用研究上，都得到了持续稳定的复苏和发展。水液压技术已成为现代液压技术中的热点和新的发展方向之一 当前及今后一个时期，包括液压阀在内的各类液压产品将通过依托和移植机械制造、材料工程、微电子及计算机、数学及力学、控制科学等相关领域的先进技术，朝着节能化、智能化、电子化、高压化、小型化、集成化、复合化、个性化、长寿命、高可靠性、绿色化(低污染、低噪声、低振动、无泄漏)方向发展，以应对新世纪来自电气传动及控制技术的新竞争和绿色环保的新挑战，满足和适应各类相关主机产品的节能、环保、高效、自动、安全、可靠等要求	研制和发展了的微型液压阀(如美国 Lee 公司和瑞士 Wandfluh 公司的微型液压阀系列)和水压液压阀(如丹麦 Danfoss 公司生产的 Nessie 系列水压控制阀)
			我国于 20 世纪 80 年代以来，先后引进了 40 余项国外先进液压技术[包括北京液压公司从德国力士乐(REXROTH)公司引进的高压液压阀，榆次液压件厂从美国威格士(VICKERS)公司引进的液压阀，德州液压机具厂从德国 FAG 公司引进的超高压液压阀等]；自行研制成功了电液比例复合阀、电液数字阀和 GE 系列中高压阀，同期还有叠加阀系列、低功耗电磁阀以及新原理电液比例阀、电液集成块等成果
			经过半个世纪的发展，我国液压行业已形成了一个门类比较齐全，有一定生产能力和技术水平的工业体系，现有数以百计的各类液压元件厂(公司)，形成了国内自行开发、引进技术制造、合资生产、仿制消化的多元化格局。按 2001～2008 年的统计，我国液压产业工业总产值年均增速都在 25% 以上，成为全球液压产业发展速度最快的国家。2007 年，我国液压市场销售额约占全球液压市场销售总额的 14%，位居美国和德国之后的全球第三

1.6　液压阀图形符号绘制及应用

1.6.1　控制机构和常用控制阀图形符号

　　包括液压阀在内的液压元件和系统原理图通常采用标准图形符号绘制。由于图形符号仅表示液压元件的功能、操作控制方法及外部连接口，并不表示液压元件具体结构、性能参数、连接口的实际位置及元件安装位置，故用来表达系统中各类元件的作用和整个系统的组成、油路联系和工作原理，简单明了，便于绘制和技术交流。

　　我国迄今先后于 1965 年、1976 年、1993 年和 2009 年颁布了液压与气动图形符号标准。现行标准为 GB/T 786.1—2009《流体传动系统及元件图形符号和回路图 第 1 部分：用于常规用途和数据处理的图形符号》，该标准规定了液压气动元件的图形符号的名词术语、符号构成以及各种液压气动元件的标准图形符号绘制方法。

　　表 1-2 和表 1-3 分别摘录了 GB/T 786.1—2009 中

的"控制机构符号"与"常用控制阀符号"。其他元件的图形符号请见第 15 章。

表 1-2　控制机构符号（摘自 GB/T 786.1—2009）

名称及注册号	符号	名称及注册号	符号	名称及注册号	符号
具有可调行程限制装置的顶杆 X10020	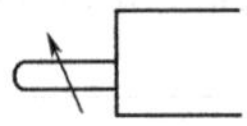	双作用电气控制机构，动作指向或背离阀芯 X10130	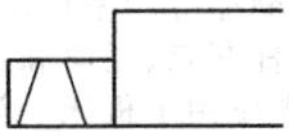	机械反馈 X10190	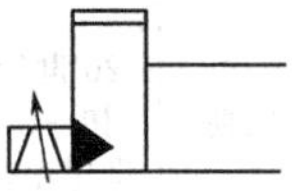
手动锁定控制机构 X10040	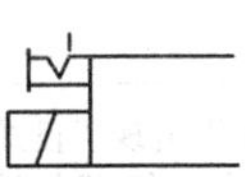	单作用电磁铁，动作指向阀芯，连续控制 X10140	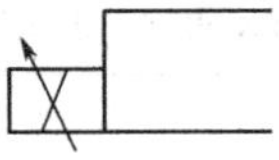	具有外部先导供油，双比例电磁铁，双向操作，集成在同一组件，连续工作双先导装置的液压控制机构 X10200	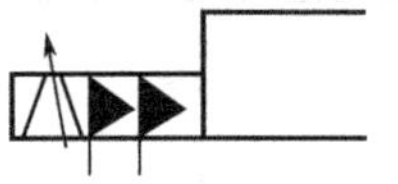
用作单方向行程操纵的滚轮杠杆 X10060	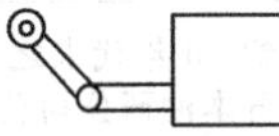	单作用电磁铁，动作背离阀芯，连续控制 X10150	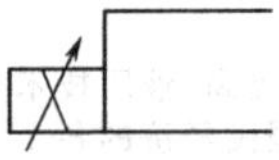	气压复位，从阀进气口提供内部压力 X10080	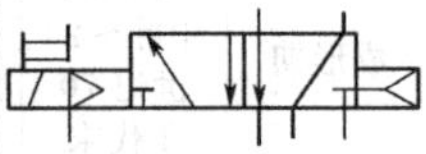
使用步进电机的控制机构 X10070	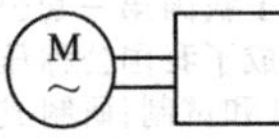	双作用电气控制机构，动作指向或背离阀芯，连续控制 X10160	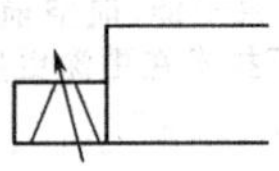	气压复位，从先导口提供内部压力 X10090 注：为更易理解，图中标示出外部先导线	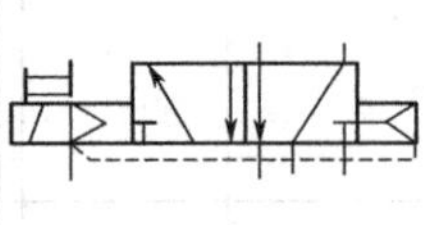
单作用电磁铁，动作指向阀芯 X10110	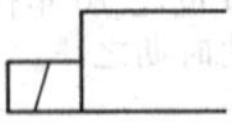	电气操纵的气动先导控制机构 X10170	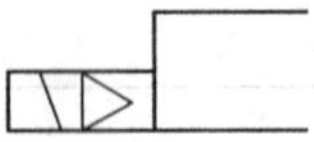		
单作用电磁铁，动作背离阀芯 X10120	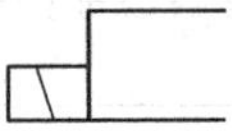	电气操纵的带有外部供油的液压先导控制机构 X10180	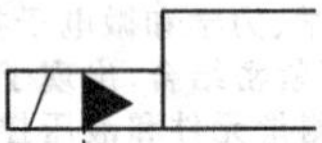	气压复位，外部压力源 X10100	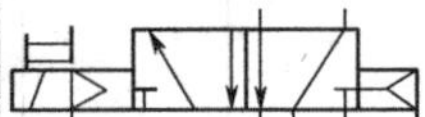

表 1-3　常用控制阀符号（摘自 GB/T 786.1—2009）

名称及注册号	符号	名称及注册号	符号	名称及注册号	符号
二位二通推压换向阀（常闭） X10210	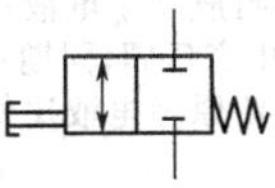	三位四通电液动换向阀 X10360	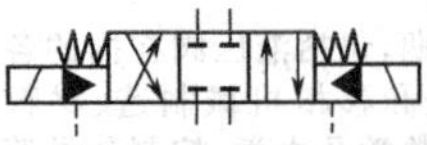	三位五通直动式气动换向阀 X10470	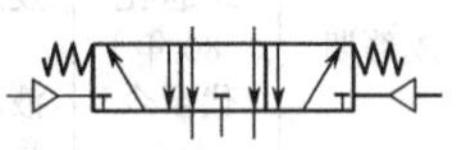
二位二通电磁换向阀（常开） X10220	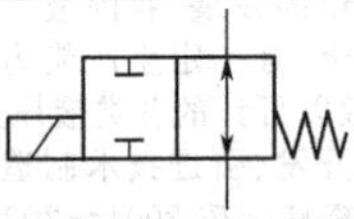	二位三通气动换向阀，差动先导控制 X10310	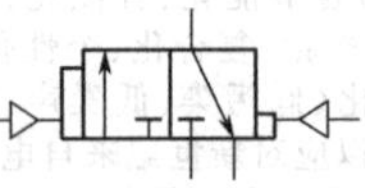	直动式溢流阀 X10500	
二位四通电磁换向阀 X10230	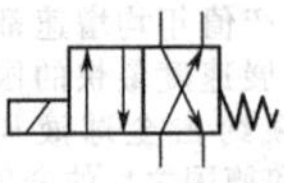	二位五通气动换向阀，先导电压控制，气压复位 X10410	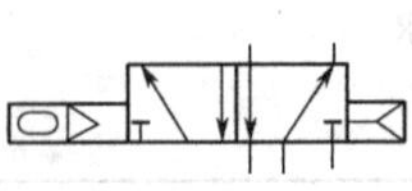	顺序阀 X10510	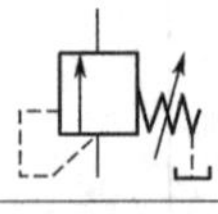
二位三通机动换向阀 X10270	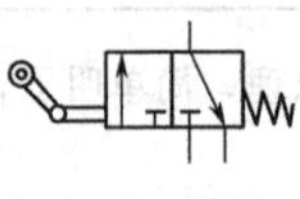			内部流向可逆调压阀（气动） X10540	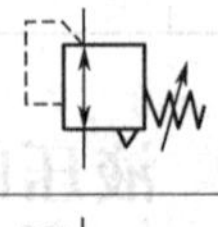
二位三通电磁换向阀 X10280	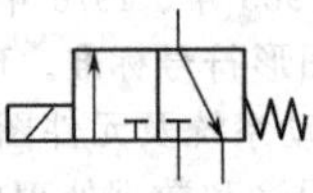	二位五通电-气换向阀 X10430	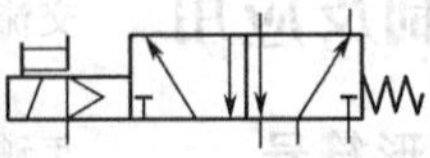	先导式远程调压阀（气动） X10570	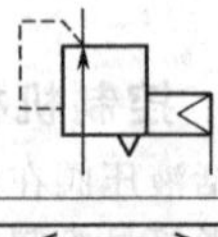
二位四通电液动换向阀 X10350	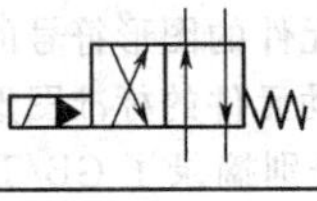	三位五通电-气换向阀 X10450	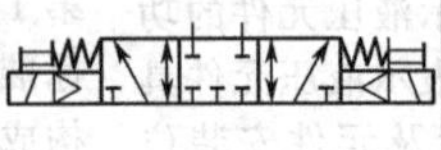	防汽蚀溢流阀（用于保护两条供给管道） X10580	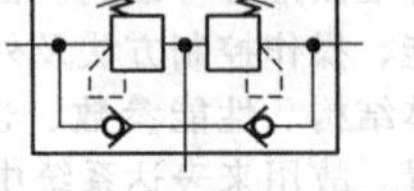

续表

名称及注册号	符号	名称及注册号	符号	名称及注册号	符号
双压阀（"与"逻辑）X10620		先导式伺服阀（带主级和先导级的闭环位置控制，外部先导供油和回油）X10790		先导式比例溢流阀（带电磁铁位置反馈）X10860	
可调节流阀 X10630		先导式伺服阀（先导级带双线圈电气控制机构，双向连续控制，阀芯位置机械反馈到先导装置）X10800		三通比例减压阀（带电磁铁闭环位置控制）X10870	
可调单向节流阀 X10640					
滚轮杠杆操纵流量控制阀 X10650				直控式比例流量控制阀 X10890	
三位四通电磁换向阀 X10370		直控式比例溢流阀（电磁铁控制弹簧长度）X10830			
二位四通液动换向阀 X10380		单向顺序阀 X10520		直控式比例流量控制阀（带电磁铁闭环位置控制）X10900	
三位四通液动换向阀 X10390		直动式二通减压阀 X10550		分流阀 X10680	
二位五通踏板控制换向阀 X10400		先导式二通减压阀 X10560		集流阀 X10690	
三位五通手动换向阀 X10420		蓄能器充液阀 X10590		单向阀 X10700	
二位三通液压电磁换向座阀 X10490					
二位二通延时控制气动换向阀 X10250		先导式电磁溢流阀 X10600		先导式液控单向阀 X10720	
直动式比例方向控制阀 X10760		三通减压阀（液压）X10610			
		外控顺序阀（气动）X10530		先导式双单向阀 X10730	
先导式比例方向控制阀（带主级和先导级的闭环位置控制）X10780		直控式比例溢流阀（电磁力直接作用在阀芯上）X10840		梭阀（"或"逻辑）X10740	

名称及注册号	符号	名称及注册号	符号	名称及注册号	符号
快速排气阀 X10750		插装阀插件（压力和方向控制，座阀结构，面积比1:1） X10930		方向控制阀插件［单向流动，座阀结构，内部先导供油，带可替换的节流孔（节流器）］ X11010	
节流孔可变式比例流量控制阀（双线圈比例电磁铁控制，特性不受黏度变化影响） X10920		插装阀插件（压力和方向控制，座阀结构，常开，面积比1:1） X10940		插装阀控制盖（带先导端口） X11050	

1.6.2　应用注意事项

用图形符号绘制液压原理图时的注意事项为：①可根据图纸幅面大小和需要，按适当比例改变元件图形符号的大小来绘制，以清晰美观为原则；②元件和回路图一般以未受激励的非工作状态（例如电磁换向阀应为断电后的工作位置）画出；③在不改变标准定义的初始状态含义的前提下，元件的方向可视具体情况水平翻转或90°旋转进行绘制，但液压油箱必须水平绘制且开口向上。

1.7　液压阀的基本性能参数

液压阀的性能参数决定了阀的工作能力。液压阀的基本参数与阀的类型有关。各类液压阀的共性参数与压力和流量相关。额定工作状态下的公称压力和公称流量（或者表征液压阀进出油口名义尺寸的公称通径）是适用于任何液压阀的基本性能参数，这些参数均应符合相关标准。

1.7.1　公称压力

液压阀的公称压力（又称额定压力）是按阀的基本参数所确定的名义压力，用 p_g 表示。公称压力可以理解为压力级别的含义。公称压力标志着液压阀的承载能力大小，通常液压系统的工作压力（系统运行时的压力）不大于阀的公称压力则是比较安全的。

我国液压系统与元件的压力（工作压力、公称压力等）的法定计量单位采用 Pa（帕，N/m^2），当压力较高时，采用 MPa 表示（$1MPa＝10^6Pa$）。压力应符合 GB/T 2346—2003 规定的压力系列（见表1-4）。

表1-4　流体传动系统及元件公称压力系列
（摘自 GB/T 2346—2003）　MPa

1	1.25	1.6	2	2.5	3.15	4	5	6.3
8	10	12.5	16	20	25	31.5	35	40
45	50	63	80	100	125	160	200	250

我国以前曾用过的压力单位有 kgf/cm^2（千克力/厘米²）、bar（巴）、工程大气压，水柱高或汞柱高等，而美国则一直采用英制的 lbf/in^2（磅力/英寸²），为了

便于引进技术与设备的使用，现给出这些压力计量单位的换算关系如下：

$$1kgf/cm^2 \approx 1bar＝10^5 Pa$$
$$1 标准大气压＝1.01325 \times 10^5 Pa＝10.33m 水柱高$$
$$＝760mm 汞柱高$$
$$1 工程大气压＝1kgf/cm^2＝98066.5 Pa$$
$$1lbf/in^2＝6894.757293Pa＝0.07 工程大气压$$

为了便于包括液压阀在内的液压元件及系统的设计、生产及使用，工程上通常将压力分为几个不同等级，如表1-5所列。

表1-5　液压元件及系统的压力分级

压力等级	低压	中压	中高压	高压	超高压
压力范围 /MPa	≤2.5	>2.5～8	>8～16	>16～32	>32

1.7.2　公称流量与公称通径

液压阀的规格有公称流量和公称通径两种表示方法。

① 公称流量　液压阀在额定工况下通过的名义流量（又称额定流量）叫做公称流量，用 q_g 或 Q_g 表示，它标志液压阀的通流能力，主要用于表示中、低压液压阀的规格。

我国液压阀公称流量的常用法定计量单位采用 L/min（升/分）或 m^3/s（米³/秒），两者的换算关系为 $1L/min＝0.0000167m^3/s$。

② 公称通径　液压阀液流进出口的名义尺寸（并非进出口的实际尺寸）叫做公称通径，用 D_g 表示。公称通径包含阀的主油口的名义尺寸、体积大小和安装面的尺寸三层意义，主要用于表示高压液压阀的规格。

我国液压阀公称通径的常用法定计量单位采用毫米（mm）。为了与连接管道的规格相对应，液压阀的公称通径采用管道的公称通径（管道的名义内径）系列参数，故阀的通径一旦确定之后，所配套的管道规格也就选定了。由于液压阀主油口的实际尺寸受到液流速度等参数的限制及结构特点的影响，所以阀的主油口的实际尺寸不见得完全与公称通径相同。事实上公称通径仅用于表示液压阀的规格大小，所以不同功能但通径规格相

同的两种液压阀（如方向阀和压力阀）的主油口实际尺寸未必相同。通径在各制造厂商的产品说明书中一般用公制（mm）或英制（in）两种形式表示。表 1-6 给出了液压阀的公称通径及其相连接钢管的规格、管接头连接螺纹与推荐进出口流量。

表 1-6　液压阀的公称通径及其相连接钢管的规格与推荐进、出口流量

公称通径 D_g		钢管外径 /mm	管接头连接螺纹 /mm	公称压力 p_g/MPa					推荐进出口通过流量 /(L/min)
mm	in			≤2.5	≤8	≤16	≤25	≤31.5	
				管子壁厚/mm					
4		8		1	1	1	1.4	1.4	2.5
6	1/8	10	M10×1	1	1	1	1.6	1.6	6.3
8	1/4	14	M14×1.5	1	1	1.6	2	2	25
10	3/8	18	M18×1.5	1	1.6	1.6	2	2.5	40
15	1/2	22	M22×1.5	1.6	1.6	2	5	3	63
16									
20	3/4	28	M27×2	1.6	2	2.5	3.5	4	100
25	1	34	M33×2	2	2	3	4.5	4	160
32	1¼	42	M42×2	2	2.5	4	5	6	250
40	1½	50	M48×2	2.5	3	4.5	5.5	7	400
50	2	63	M60×2	3	3.5	5	6.5	8.5	630
65	2½	75		3.5	4	6	8	10	1000
80	3	90		4	5	7	10	12	1250
100	4	120		5	6	8.5			2500

注：压力管路推荐用 10、15 冷拔无缝钢管（YB231—1970）；卡套式管接头用管采用高精度冷拔钢管；焊接式管接头用管采用普通精度的钢管。

③ 关于液压阀的公称流量与公称通径的进一步说明　由于液压阀的许多工作状态或性能指标取决于所通过的流量，所以，公称通径相同而形式不同的液压阀，在不同压力下，其公称流量不一定相同；而且，即便公称通径相同而形式不同的液压阀，由于结构性能的限制，在相同压力下，其公称流量也不一定相同。基于以上原因，许多液压元件厂商对其液压阀产品的流量指标，在规定正常工作条件下所允许通过的最大流量值的同时，还给出在最大流量以下，通过不同流量值时的有关性能参数改变的特性曲线，以便反映液压阀在各种工作参数下的工作状态和各类不同用户的选型使用。例如图 1-9 所示为力士乐 WEH16 型电液动换向阀（E 型、R 型、S 型、T 型和 G 型五个不同中位机能）的特性曲线，从图中可看出各机能阀两个油口间流动时在不同流量下的压力差。

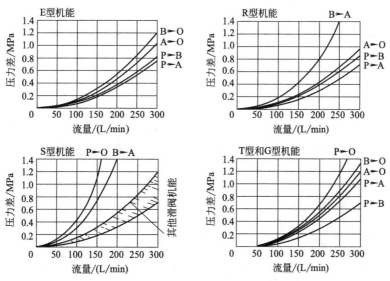

图 1-9　力士乐 WEH16 型电液动换向阀特性曲线

综上所述可知，公称流量参数对于液压阀无实际使用意义，仅用于选购液压阀时便于和动力元件（如液压泵）配套时参考；而液压元件产品样本上的流量特性曲线更具有实用价值。

1.8　液压阀的安装面和插装阀阀孔规格代号

由 1.4.4 节知道，液压阀可以与流体元件直接连接，板式阀可以装配在阀板或阀块上，插装阀可以旋入或插入到阀孔中。依据国家标准 GB/T 14043—2005《液压传动　阀安装面和插装阀阀孔的标识代号》的代号规则，应按照表 1-7 来确定液压阀安装面和插装阀阀孔规格代码，且以后任何对主油口尺寸的修改不应影响规格代码。由该表可看到，液压阀主油口的一个直径（通径）范围可用一个相应的规格代码加以表示。例如主油口直径在 6.3mm＜ϕ≤8mm 范围时，其规格代码用 03 表示。

表 1-7　液压阀的规格代码

规格	主油口直径/mm	规格	主油口直径/mm
00	0＜ϕ≤2.5	02	4＜ϕ≤6.3
01	2.5＜ϕ≤4	03	6.3＜ϕ≤8

续表

规格	主油口直径/mm	规格	主油口直径/mm
04	8＜ϕ≤10	10	32＜ϕ≤40
05	10＜ϕ≤12.5	11	40＜ϕ≤50
06	12.5＜ϕ≤16	12	50＜ϕ≤63
07	16＜ϕ≤20	13	63＜ϕ≤80
08	20＜ϕ≤25	14	80＜ϕ≤100
09	25＜ϕ≤32		

1.9　对液压阀的基本要求

尽管不同的液压系统所使用的液压阀类型不同，但其基本要求却近乎相同。

① 制造精度高，动作灵敏、使用可靠，工作时冲击振动小。

② 阀口开启，液流通过时压力损失小；阀口关闭时，密封性能好。

③ 结构紧凑，安装、调节、使用、维护方便。

④ 工作效率高，通用性和互换性好。

第2章 液压阀中的共性问题

2.1 液压阀常用阀口的流量压力特性

2.1.1 常用阀口形式及其流量压力特性通用公式

如前章所述,各类液压控制阀都是由阀体、阀芯和驱动阀芯运动的操纵控制机构所组成。常用的液压阀阀口形式有圆柱滑阀阀口、锥阀阀口和节流阻尼孔等,其通用流量压力特性公式为

$$q = C_d A \sqrt{\frac{2}{\rho} \Delta p} \qquad (2\text{-}1)$$

式中,q 为通过流量;C_d 为流量系数;A 为阀口通流面积;ρ 为油液密度;Δp 为进出口压差。

此公式表达了通过流量与阀的开口大小(阀口开度或通流面积)及进出口压差之间的关系,适用于各类液压阀口形式,只是通流面积 A 及流量系数 C_d 因阀口形式不同而已。而流量系数 C_d 除了与阀口形状、尺寸及阀口开度有关外,还与反映液流流态的雷诺数 Re 有关

$$Re = 4 v D_h / \nu \qquad (2\text{-}2)$$

式中,v 为阀口液流平均流速,$v = q/A$;D_h 为阀口水力直径,$D_h = 4A/\chi$,χ 为湿周;ν 为油液的运动黏度。

2.1.2 圆柱滑阀的流量压力特性

图 2-1(a) 所示为圆柱滑阀结构简图(阀芯直径为 d,阀口开度为 x,阀芯与阀体内孔之径向间隙为 Δ),液流经圆柱滑阀阀口的流量可用式(2-1)计算,但阀口的通流面积为

$$A = W \sqrt{x^2 + \Delta^2} \qquad (2\text{-}3)$$

式中,W 为滑阀通流面积梯度(阀口过流周长),即通流面积随滑阀位移的变化率,对圆柱滑阀,$W = \pi d$。如果滑阀为理想滑阀,即 $\Delta = 0$,则通流面积 $A = \pi d x$。

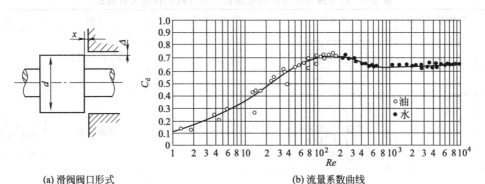

(a) 滑阀阀口形式   (b) 流量系数曲线

图 2-1 具有棱边阀口的圆柱滑阀及其流量系数曲线

圆柱滑阀的阀口水力直径为

$$D_h = \frac{4Wx}{2(W+x)} = \frac{2Wx}{W+x} \qquad (2\text{-}4)$$

当 $W = \pi d \gg x$ 时,$D_h = 2x$,雷诺数为

$$Re = 8xv/\nu \qquad (2\text{-}5)$$

其流量系数可由图 2-1(b) 所示的曲线图查得,当 $Re = 2q/(\pi d \nu) > 100$ 时,其流量系数 $C_d = 0.67 \sim 0.74$。

2.1.3 锥阀的流量压力特性

图 2-2(a) 所示为具有座面的锥阀结构简图,液流经锥阀阀口的流量仍用式(2-1)计算。但通流面积

$$A = \pi(R_1 + R_2) x \sin\phi \{1 - x \sin 2\phi / [2(R_1 + R_2)]\} \qquad (2\text{-}6)$$

锥阀阀口的流量系数可由图 2-2(b) 查得,当雷诺数 Re 较大时,流量系数 C_d 可达 $0.78 \sim 0.82$。

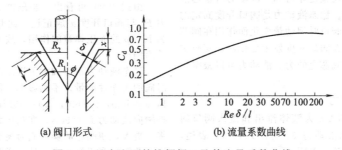

(a) 阀口形式   (b) 流量系数曲线

图 2-2 具有座面的锥阀阀口及其流量系数曲线

2.1.4　节流阻尼孔的流量压力特性

节流阻尼孔在不同长径比 l/d 的流量系数见图 2-3。对于孔长较短的节流阻尼孔，当雷诺数 Re 较大时，流量系数 C_d 可达 $0.78\sim0.80$。

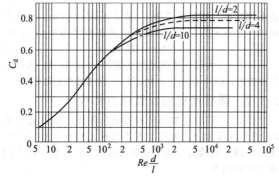

图 2-3　节流阻尼孔的流量系数曲线

2.2　液压阀上的作用力

液压阀在工作过程中，阀芯要受到多种力的作用，了解和掌握各作用力的特性与分析计算方法，对于液压阀的原理分析、正确使用和维护、故障的快速准确诊断与排除等都十分重要。

2.2.1　液压作用力

在液压阀中，因为液体重力引起的压力差相对于工作压力来说是极小的，故通常可忽略不计，认为同容腔中各点的液体工作压力 p 近乎相等。液体压力对与其相接触的固壁的作用力的计算，因固壁形式不同而分为以下两种情况。

① 平面固壁上的液压作用力 F_p 等于压力 p 与承压面积 A 的乘积，即

$$F_p = pA \tag{2-7}$$

② 曲面固壁上的液压作用力在某一方向（例如水平 x 方向）的分力（F_{px}）等于压力 p 与曲面在该方向的垂直面内投影面积即承压面积（A_x）的乘积，即

$$F_{px} = pA_x \tag{2-8}$$

液压阀中的常见固体壁面形式及其液压作用力计算式见表 2-1。

表 2-1　液压阀中常见固体壁面形式及其液压作用力计算式

序号	固体壁面形式	示意图	作用力计算式	举例	说明
1	平面		$F_x = p\dfrac{\pi}{4}d^2$	圆柱滑阀阀芯	
2	球面		$F_y = p\dfrac{\pi}{4}d^2$	球阀芯等	F_x 为水平方向作用力；F_y 为垂直方向作用力
3	锥面		$F_y = p\dfrac{\pi}{4}d^2$	锥阀芯等	

2.2.2　液动力

液体流经阀口时，由于流动方向和流速的变化引起液体动量的变化，使阀芯受到附加的作用力，此即为液动力。液动力对液压阀的工作性能有着重大影响。

由液体动力学中的动量定律可知，液动力有稳态液动力和瞬态液动力两种。稳态液动力是阀口开度固定的稳定流动下，液流流过阀口时因动量变化而作用在阀芯上的力。瞬态液动力是在阀口开度发生变化时，阀腔中因加速或减速而作用在阀芯上的力。液动力可以根据动量定律进行分析计算。

（1）滑阀的液动力

① 稳态液动力。图 2-4 为液体流出和流入阀口的两种情况，其轴向稳态液动力 F_s 均由式(2-9)表达，其方向都是始终使阀口趋于关闭。

$$F_s = \rho qv\cos\phi = (2C_dC_vW\cos\phi)x\Delta p = K_sx\Delta p \tag{2-9}$$

式中，C_d 为流量系数；C_v 为流速系数；W 为阀口通流面积梯度；ϕ 为液流的射流角；x 为阀口开度；Δp 为液流流经阀口的前后压力差，$\Delta p = p_1 - p_2$；K_s 为液动力系数，$K_s = 2C_dC_vW\cos\phi$。

由式(2-9)可看出，当压差 Δp 一定时，稳态液动力 F_s 与阀口开度 x 成正比。此时，液动力相当于刚度为 $K_s\Delta p$ 的液压弹簧的作用，故 $K_s\Delta p$ 也被称为稳态液动力刚度。

稳态液动力不但加大了操纵滑阀所需的力，并且对滑阀的工作性能带来不利影响。例如当 $C_d = 0.7$，$C_v = 1$，$\omega = 1cm$，$\phi = 69°$，$\Delta p = 10MPa$，$x = 0.1cm$ 时，稳态轴向液动力 $F_s = 50N$。在高压大流量情况时，这个力将会更大，使阀芯的操纵成为突出的问题。此时，除了采取两级或多级控制方式外，通常要采取一些措施来补

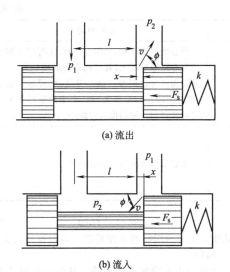

(a) 流出

(b) 流入

图 2-4　滑阀的稳态液动力

偿或消除稳态液动力，表 2-2 为几种常用的补偿方法。

表 2-2　补偿稳态液动力的几种方法

结构措施	简图	描述
采用特种阀腔形状的负力窗口	阀套 阀芯	出流对阀芯造成一个与稳态液动力反向的作用力；缺点是阀芯与阀体（套）形状复杂，不便加工
阀套上开斜孔	阀套 阀芯	使流出与流入阀腔的液体动量互相抵消，从而减小轴向液动力；缺点是斜孔布置、加工不便
改变阀芯的颈部尺寸	阀套 阀芯	使液流流过阀芯时有较大的压降，以便在阀芯两端面上产生不平衡液压力，抵消轴向液动力；缺点是流量较小时效果不佳

② 瞬态液动力。瞬态液动力是滑阀在移动过程中（即开口大小发生变化时）阀腔中液流因加速或减速而作用在阀芯上的力。这个力只与阀芯移动速度有关（即与阀口开度的变化率有关），与阀口开度本身无关。

图 2-5 为液体流出和流入阀口的两种情况，其瞬态液动力 F_i 为

$$F_i = -\rho l \frac{dq}{dt} = -\rho l C_d W \sqrt{\frac{2}{\rho}\Delta p}\frac{dx}{dt}$$

$$= -C_d W l\ \sqrt{2\rho\Delta p}\frac{dx}{dt} = K_1\frac{dx}{dt} \qquad (2\text{-}10)$$

式中，l 为阀腔长度；K_1 为阻尼系数，$K_1 = -C_d W l$
$\sqrt{2\rho\Delta p}$；其余符号意义同前。

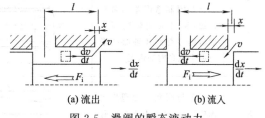

(a) 流出　　　　　　(b) 流入

图 2-5　滑阀的瞬态液动力

由式（2-10）可看出，瞬态液动力 F_i 与滑阀的移动速度（dx/dt）成正比，故它起到黏性阻尼力的作用。阻尼系数 K_1 的大小与阀腔长度 l 及阀口前后的压差 $\sqrt{\Delta p}$ 有关。当液体从阀口流出时［图 2-5(a)］，瞬态液动力的方向与阀芯的移动方向相反，该力阻止阀芯移动，为正阻尼，K_1 取正值；当液体从阀口流入时［图 2-5(b)］，瞬态液动力的方向与阀芯的移动方向相同，该力助长阀芯移动，为负阻尼，K_1 取负值；负阻尼是造成滑阀工作不稳定的原因之一。

（2）锥阀的液动力

锥阀的结构形式很多，不同结构的锥阀所受的液动力情况不同，但都可用动量定律进行分析计算。对于图 2-6 所示的常用锥阀，其稳态液动力 F_s 为

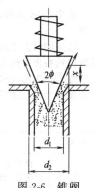

图 2-6　锥阀的液动力

$$F_s = \rho q v \cos\phi = (C_d C_v \pi d_m \sin 2\phi)x\Delta p = K_s \Delta p x$$

$$= \frac{\pi}{4}d_m^2 \Delta p (4C_d C_v \frac{x}{d_m}\sin 2\phi) \qquad (2\text{-}11)$$

式中，K_s 为液动力系数，$K_s = C_d C_v \pi d_m \sin 2\phi$；$d_m$ 为平均直径，$d_m = (d_1 + d_2)/2$。

图 2-6 所示结构锥阀，不论流向如何，其稳态液动力 F_s 始终使阀芯趋于关闭。

综上所述，在阀芯所受的各种作用力中，由于瞬态液动力的数值所占比重不大，故在一般液压阀中忽略不计，仅当分析计算动态响应较高的伺服阀或比例阀等阀时才予以考虑。

2.2.3　液压侧向力与摩擦力

滑阀的阀孔与阀芯之间的间隙很小，当滑阀副具有几何形状误差（制造误差）和同心度误差（位置误差）时，阀芯将由于径向液压力分布不均匀而受到液压侧向力的作用。滑阀液压侧向力的几种典型情况见表 2-3。

表 2-3　液压侧向力的几种典型情况

序号	滑阀副情况	简图	液压侧向力
1	阀芯与阀孔无几何形状误差，阀芯与阀孔轴心线平行但不重合		阀芯周围缝隙内的压力为线性分布，且各向相等，故阀芯上不会出现液压侧向力

序号	滑阀副情况	简图	液压侧向力
2	阀芯因制造误差而带有倒锥(锥部大端朝向高压腔),阀芯与阀孔轴心线平行但不重合时的情况		阀芯受到液压侧向力的作用,使阀芯与阀孔间的偏心距越来越大,直到两者表面接触为止,这时液压侧向力达到最大值。但是,如阀芯带有顺锥(锥部大端朝向低压腔)时,产生的液压侧向力将使阀芯和阀孔间的偏心距减小
3	阀芯与阀孔均为理想的圆柱形,但轴线不平行引起倾斜		阀芯受到液压侧向力的作用

由表 2-3 中序号 2 所示滑阀副,导出的液压侧向力 F_{max} 估算公式为

$$F_{max} \leqslant 0.27ld\Delta p \qquad (2-12)$$

式中,Δp 为阀芯左右两端压力差,其余符号含义见图。

液压侧向力使阀芯压紧在阀孔壁面上,缝隙中的存留液体被挤出,阀芯和阀套间的摩擦变成半干摩擦乃至干摩擦,使阀芯受到比黏性摩擦阻力大得多的摩擦力,最大摩擦力 F_{fmax} 的估算公式为

$$F_{fmax} \leqslant 0.27fld\Delta p \qquad (2-13)$$

式中,f 为滑阀副的摩擦系数,其余符号含义与式(2-12)相同。

上述摩擦力影响阀芯的运动,甚至会出现"卡死"现象(此时,摩擦力随时间逐渐增加,一般约 5min 后趋于某一稳定值,这个阻力可以大到几百牛顿)。因此,必须采取一些结构措施,以消除或减轻液压侧向力的影响。减小液压侧向力的措施见表 2-4。

表 2-4　减小液压侧向力的措施

序号	措　施	说　明
1	提高液压阀的加工和装配精度,避免阀芯与阀套出现偏心	一般阀芯的不圆度和锥度允差为 $0.003 \sim 0.005mm$,而且要求带顺锥,阀芯的表面粗糙度 Ra 的数值不大于 $0.20\mu m$,阀孔的 Ra 的数值不大于 $0.40\mu m$,配合间隙不宜过大
2	在阀芯的外表面开设一定数量的环形均压槽(参见图 2-7)	环形均压槽如图 2-7 所示,槽宽 $0.3 \sim 1mm$,槽深 $0.3 \sim 1mm$ 图 2-7 中,曲线 A_1 和 A_2 围成的面积表示未开均压槽以前的液压侧向力;开设均压槽后,由于同一条均压槽内的压力处处相等,p_1 到 p_2 间的压降被分成几段(图上的 p_{r1}、p_{r2}、…),使向上的液压侧向力(由曲线 B_1 和 B_2 围成的几块阴影线面积来表示)减小了许多 在阀芯上,开一条槽可使卡紧力减少到无均压槽时的 $50\% \sim 60\%$,开三条槽可降到 $20\% \sim 25\%$。通常一个凸肩上开 $3 \sim 5$ 条槽
3	对阀芯或阀套施加高频小振幅颤振信号	用高频小振幅($50 \sim 200Hz$,幅值不超过 20% 的正弦或其他波形的电流)振动或摆动信号(颤振)激励于阀芯或阀套的轴向或周向,以消除库仑摩擦,使阀芯处于摩擦力较低的动摩擦状态,且可防止因滑阀停留时间过长而产生卡紧力。此种方法普遍用于电液伺服阀和电液比例阀中

除了上述液压侧向力引起的摩擦力外,在对液压阀的动态特性进行分析时,通常还要考虑滑阀副上与相对运动速度成正比的黏性摩擦阻力的影响。理论上,黏性摩擦阻力可按液压流体力学中的牛顿内摩擦定律计算,但由于小间隙边界层液体分子黏附力的作用等因素的影响,按此计算出的黏性摩擦阻力偏小,故黏性摩擦阻力难以准确计算,这一点在进行分析计算时应引起注意。

2.2.4　弹簧力、重力与惯性力

（1）弹簧力

几乎每个液压阀中,都设有作用不同(如复位、调压或平衡等)的弹簧。阀在工作过程中,与弹簧相接触的阀芯及其他构件上所受的弹簧力 F_t 为

$$F_t = K(x_0 \pm x) \qquad (2-14)$$

式中,K 为弹簧刚度;x_0 为弹簧的预紧量;x 为弹簧的变形量。

液压阀中所使用的弹簧多为圆柱螺旋压缩弹簧 [图 2-8(a)],其弹簧力和变形量为线性关系,弹簧刚度 K 为常数;某些阀使用碟形弹簧 [通常将单片碟形弹簧同向重叠成图 2-8(b) 所示的弹簧组或反向堆叠成弹簧柱],其弹簧力和变形量为非线性关系,弹簧刚度 K 是变化的,用以满足某些弹簧变形量-弹簧力特性关系有特殊要求的液压阀(例如远程调压阀等);有时,还将圆柱螺旋压缩弹簧与碟形弹簧组合使用 [图 2-8(c)],

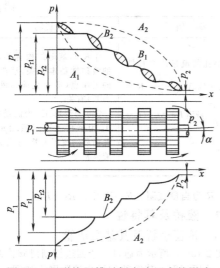

图 2-7　环形均压槽对侧向液压力的影响

弹簧特性的组合。上述三种弹簧的变形量-弹簧力特性曲线见图 2-8(d)。

（2）重力和惯性力

两者均属质量力。液压阀的阀芯等运动件所受的重力一般与其他作用力相比可忽略不计。而运动零部件的惯性力及相关的液体质量所产生的惯性力（包括管道中的液体质量的惯性力），静态分析计算时可以不计；但在进行液压阀的动态分析时，均应计算，否则将可能造成较大误差。惯性力的计算要视具体的液压阀及其具体结构而进行具体分析。

2.2.5　液压阀上的总作用力

除了上述几种作用力之外，操作力（如手柄推力、电磁吸力）等也是液压阀芯上的作用力，此处不再详述。

对于液压阀上总作用力，不能将各种作用力简单地相加，而应视具体工况进行分析和计算，例如几种力的最大值是否同时出现，是否因作用方向有所抵消等。

以满足某些特殊要求，其弹簧力和变形量的特性为两种

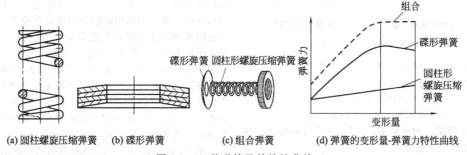

(a) 圆柱螺旋压缩弹簧　　(b) 碟形弹簧　　(c) 组合弹簧　　(d) 弹簧的变形量-弹簧力特性曲线

图 2-8　三种弹簧及其特性曲线

2.3　液压阀的阻力控制原理

2.3.1　液阻及其特性

尽管液压阀的品种、类型繁多，功能不尽相同，但其实质都是通过控制阀芯的位置而对阀口的液流阻力（尼）进行控制，从而达到调节压力或流量的目的。从此角度而言，任何一个液压阀均可视为由各种液压阻力控制装置（如串联、并联、桥路等）即液阻网络构成。与变量泵或变量马达的容积控制方式相比，液压阻力控制存在压力损失，但由于液压阀芯的行程 s 和操纵力 F 相对较小（一般 $s = 0.1 \sim 1\text{mm}$，$F = 10 \sim 100\text{N}$），故用

较小功率的驱动操纵装置即可实现控制调节，从而为微电子技术与液压技术的整合或一体化提供了有利条件。

（1）液压阻力（尼）

液阻是构成液压阀的基本单元，其特性可用液压阻力（尼）来描述。借助电液对应方法，有液压欧姆定律：液阻 R（相当于电阻）为压差变化 Δp（相当于电压 U）对相应流量变化 Δq（相当于电流 I）的比值。

$$R = \Delta p / \Delta q \, (\text{N} \cdot \text{s/m}^5) \qquad (2\text{-}15)$$

在已知液阻的流量-压力特性方程情况下，利用式(2-15)，可以求出其液阻。表 2-5 列出了层流型和紊流型液阻的流量-压力特性方程及其液阻的表达式。

表 2-5　层流型和紊流型液压阻力装置的液阻

类型	结构	流量-压力特性方程	液阻 R	举例	说明
层流型	细长小孔及缝隙	$q = C\Delta p$	$R = 1/C$	细长小孔的流量压力特性方程为 $q = \dfrac{\pi d^4}{128\eta l}\Delta p$，系数 $C = \dfrac{\pi d^4}{128\eta l}$，液阻 $R = 1/C = \dfrac{128\eta l}{\pi d^4}$	①C 为与液阻结构与油液黏度有关的系数，若结构尺寸与油液黏度等不变，则液阻 R 不因工作点的变化而变化 ②q 为流量；d、l 为小孔直径、长度；Δp 为小孔前后流液压力差（压降）；η 为液体动力黏度

续表

类型	结构	流量-压力特性方程	液阻 R	举　例	说明
紊流型	薄壁小孔或棱边型液阻	$q=K\Delta p^{1/2}$	$R=\Delta p^{1/2}/K$	薄壁小孔的流量压力特性方程为 $q=C_{\mathrm{d}}A_0\sqrt{\dfrac{2\Delta p}{\rho}}$，$K=C_{\mathrm{d}}A_0\sqrt{\dfrac{2}{\rho}}$，液阻 $R=\Delta p^{\frac{1}{2}}/K=\Delta p^{\frac{1}{2}}\dfrac{1}{C_{\mathrm{d}}A_0}\sqrt{\dfrac{\rho}{2}}$	① K 与液阻结构有关,但与油液黏性基本无关,液阻与阀的工作点(即小孔前后液流压力差)有关 ② q 为流量; C_{d} 为流量系数; A_0 为小孔通流面积; Δp 为小孔前后液流压力差(压降); ρ 为液体密度

（2）液阻的串联与并联及其特性

液压阀中常见的液压阻力装置的组合形式是液阻的串联与并联（图 2-9）。

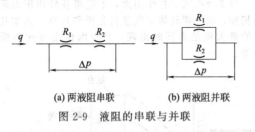

(a) 两液阻串联　　(b) 两液阻并联

图 2-9　液阻的串联与并联

① 串联液阻。两液阻 R_1 与 R_2 串联时的压力、流量和液阻之间的关系为：

$$\Delta p=q(R_1+R_2)=qR \qquad (2\text{-}16)$$

式中，R 为当量液阻，$R=R_1+R_2$。

② 并联液阻。两液阻 R_1 与 R_2 并联时的压力、流量和液阻之间的关系为：

$$\Delta p=qR_1R_2/(R_1+R_2)=qR \qquad (2\text{-}17)$$

式中，R 为当量液阻，$R=R_1R_2/(R_1+R_2)$。

2.3.2　液桥及其特性

（1）液压全桥及其基本功能

图 2-10(a) 所示为通过一个四边控制滑阀控制双杆液压缸的原理图，其等效的可变液阻网络如图 2-10(b) 所示，对四个阀口的可变液阻 $R_1\sim R_4$ 控制，使液压缸两端产生一定压差而运动。此网络可类似惠斯顿电桥的形式来表示［见图 2-10(c)］，故称之为液桥。图中的四边滑阀，是一个典型的四臂可变液压全桥。其中，阀口液阻 R 相当于电桥中的电阻 R，压力 p 或 Δp 相当于电桥中的电压 U，流量 q 相当于电桥中的电流 I。液桥的总工作压差为供油压力 p_0 与回油压力 p_R 之差，液桥的两个液阻（控制阀口）控制一个排油腔（即液压缸的一个控制腔）；y 为外加控制信号。图中双线空心箭头表示 y 增大时，R_1、R_4 的阀口开度增大而液阻减小；单线箭头表示 y 增大时，R_2、R_3 的阀口开度减小而液阻增大；p_A、q_A 与 p_B、q_A 分别为液压缸左右两腔的压力、流量。

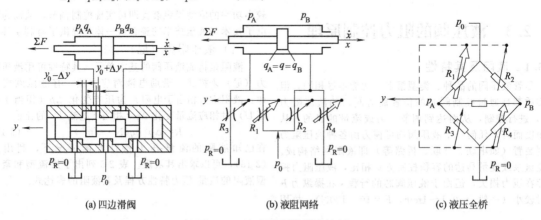

(a) 四边滑阀　　　　(b) 液阻网络　　　　(c) 液压全桥

图 2-10　四边控制滑阀及液桥

（2）液压半桥的基本功能与特性

在液压阀中，为了控制阀芯的运动，需要在阀芯端面上形成一个可控的液压力。此可控的液压力，一般通过液压半桥获得。几乎所有的液压控制阀均采用这一原理，只是液压半桥的形式不同而已。不同类型的全桥，都可以从半桥的组合获得。

液压控制阀的先导控制油路多为液压半桥原理，故常称为先导级液压半桥。以液压系统中常用的传统溢流阀的先导液压半桥（图 2-11）说明如下：图中 R_1 为固定液阻，R_3 为某种形式的先导阀口。A 腔为功率级主阀的敏感腔，ΣF 是作用于主阀另一端面上液压力、弹簧力、液动力、摩擦力等作用力的合力。该半桥就是单臂可变的液压半桥。其中，与油液输入的高压侧相连的 R_1 为输入液阻，与低压侧相连的 R_3 为输出液阻。

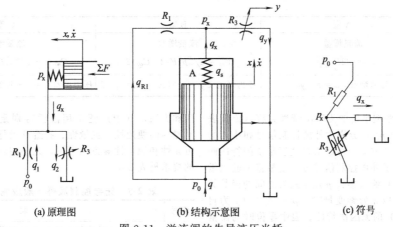

(a) 原理图　　　　　(b) 结构示意图　　　　　(c) 符号

图 2-11　溢流阀的先导液压半桥

液压半桥的基本功能为：被控对象（负载）处于稳定工况时，起位移-压差转换器作用；被控对象处于从一个稳定工况向另一个稳定工况过渡时（控制变化过程）起转换器和功率放大器双重作用。

常用的液压半桥为 A、B、C 三种类型，其结构原理、符号与特性等如表 2-6 所列。其中各液压半桥的无因次特性曲线均按滑阀全周阀口的特性给出，其通流面积与外加控制信号 y 成线性关系。如果采用圆孔或锥形阀口，其过流断面积与 y 成非线性关系。

表 2-6　常用液压半桥的结构原理、符号与特性曲线及特性参数

类型	A 型	B 型	C 型
输入液阻	可变	固定	可变
输出液阻	可变	可变	固定
结构原理			
符号			
特性方程	$\dfrac{q}{q_0} = \dfrac{1}{2}\left(1+\dfrac{y}{y_0}\right)\sqrt{1-\dfrac{p}{p_0}} - \dfrac{1}{2}\left(1-\dfrac{y}{y_0}\right)\sqrt{\dfrac{p}{p_0}}$ 其中：$q_0 = 2By_0\sqrt{p_0}$	$\dfrac{q}{q_0} = \sqrt{1-\dfrac{p}{p_0}} - \left(1-\dfrac{y}{y_0}\right)\sqrt{\dfrac{p}{p_0}}$ 其中：$q_0 = By_0\sqrt{p_0}$	$\dfrac{q}{q_0} = \left(1-\dfrac{y}{y_0}\right)\sqrt{1-\dfrac{p}{p_0}} - \sqrt{\dfrac{p}{p_0}}$ 其中：$q_0 = By_0\sqrt{p_0}$
	$B = C_d\pi d\sqrt{2/\rho}$；$-1 \leqslant y/y_0 \leqslant 1$；$-1 \leqslant q/q_0 \leqslant 1$；$-1 \leqslant p/p_0 \leqslant 1$；		
特性曲线			

类型	A 型	B 型	C 型
特性参数	流量增益 $C_{q0}=\sqrt{2}B\sqrt{p_0}$	流量增益 $C_{q0}=\sqrt{2p_0}B/2=C_{q0}/2$	流量增益 $C_{q0}=-\sqrt{2p_0}B/2=-C_{q0}/2$
	压力增益 $C_{p0}=p_0/y_0$	压力增益 $C_{p0}=1/2(p_0/y_0)=C_{p0}/2$	压力增益 $C_{p0}=-1/2(p_0/y_0)=-C_{p0}/2$

表 2-6 所示的各型半桥的无因次特性方程（流量表达式）中，y/y_0 和 p/p_0 分别为外加控制信号和压力的相对量。按各特性方程即可绘出各液压半桥的特性曲线，特性曲线表示了外加控制信号 y 与受控排油腔（敏感腔或分流集流点）液压参数 p 及 q 三者之间的函数关系，各曲线图均是以 q 为参变量时，$p=f(y)$（y 为自变量，p 为因变量）的无因次特性。表中零位时的流量增益 C_{q0} 与压力增益 C_{p0} 是评价液压半桥工作特性的两个重要特征参数，可通过对特性方程求导数得到，即

$$C_{q0}=\frac{\partial q}{\partial y}\bigg|_{y=0,\,p=p_0} \qquad (2\text{-}18)$$

$$C_{p0}=\frac{\partial q}{\partial y}\bigg|_{y=0,\,q=0} \qquad (2\text{-}19)$$

流量增益 C_{q0} 表示液压半桥在零位附近调节时，将如何影响输出流量或被控件的运动速度；压力增益 C_{p0} 表示液压半桥在零位（平衡状态）附近调节时将使其输出的控制压力或被控件的力产生多大变化，即表示它的压力或力灵敏度。上述特性参数均是在零位时求得，而事实上，各特性参数值是随工作点的变化而变化的。

由表 2-6 中的特性曲线可知，B 型和 C 型半桥的特性相同，只是固定液阻在桥中的位置不同，故两者的特性曲线族以横坐标为对称线而互为镜像。A 型液压半桥的压力增益与流量增益均为 B 型和 C 型液压半桥的一倍，而且 A 型半桥具有对称性好、线性度高的优点，其缺点是因要控制双边的轴向尺寸精度，工艺要求较高。而 B 型和 C 型液压半桥结构简单，工艺要求低，所以应用较为普遍。

（3）构成液压半桥的基本原则

因为液压半桥是由液阻构成的无源网络，故需要主控制级或外部油源提供压力油。就液压半桥的构成来说，需遵循的基本原则见表 2-7。

表 2-7　构成液压半桥的基本原则

序号	基 本 原 则
1	输入液阻和输出液阻中，至少应有一个可变液阻（可以为多个并联或串联液阻组合形成的当量液阻）
2	可变液阻的变化，必须受先导输入信号（手动、机动、电动、液动、电液比例等）的控制
3	从输入液阻和输出液阻之间引出先导半桥的输出信号
4	液压半桥可以是并联和多级的。对于多级半桥，前一级半桥的输出即为次级液桥的输入

（4）对先导控制液桥的要求

先导式液压控制是液压阀中普遍使用的一种控制原理和方法，其中广泛采用液桥特别是 B 型液压半桥。从操纵的便捷性、灵敏性、制造及运行的经济性、工作可靠性和稳定性等方面考虑，先导控制液桥一般应满足的要求见表 2-8。

表 2-8　先导控制液桥一般应满足的要求

序号	要 求
1	可变液阻的控制力要小，先导级移动部分应有较小的惯性，以保证较高的灵敏度
2	先导液桥的控制流量要小，以减少控制功率消耗
3	固定液阻和可变液阻，都应采用对小流量敏感结构；同时要兼顾有适当的通流面积，以防止阻塞
4	液桥对敏感腔的输出压力 p 和流量 q，应与控制信号 y 呈足够近似的线性关系和较大的增益
5	先导级和功率级之间，必须设置反馈回路，以提高控制元件的稳定性和控制精度；先导级的结构和液阻网络的组成，应考虑建立机械、液压反馈的可能性，当然也可采用电反馈方式

2.3.3　动态液压阻尼

在液压阀中，经常采用固定节流孔以增加阻尼力，起到动态减振作用，而对阀的静态性能不产生任何影响，故把这种液阻称为动态液压阻尼（简称动态液阻）。动态液阻可能处于先导液桥的不同位置。较常见的是设置在阀芯的上、下腔间或一腔的通路上。例如图 2-12 所示为常见的先导型压力阀，动态液阻 R_3 设置在了主级的敏感腔与半桥的输入液阻 R_1 和输出液阻 R_y 之间，主级阀芯的面积为 A_x，设 R_3 的通流面积为 A_3，当阀芯向上运动时，由于液阻 R_3 的作用，阀芯上部产生压力 p_x，由此阀芯上部产生运动阻力 F_v：

$$F_v=p_x A_x \qquad (2\text{-}20)$$

若液阻为层流型（参见表 2-5），其流量压力特性方程为 $q=C\Delta p$，考虑到 $q=A_x\dot{x}$，则有

$$F_v=\frac{A_x^2}{C}\dot{x} \qquad (2\text{-}21)$$

说明作用在阀芯上的阻力与速度 $\dot{x}$ 成反比，故是一个阻尼力。

节流阻尼孔的阻尼系数 C_V 为

$$C_V=\frac{\partial F_v}{\partial \dot{x}} \qquad (2\text{-}22)$$

减小阻尼孔的孔径或增大面积 A_x，可以显著增大阻尼系数。但为了防止污物阻塞，阻尼孔孔径不宜过小，通常均大于 0.5mm。

对于紊流型液阻，也可作类似分析，与层流型液阻所不同的是，阻尼孔流量 q 和工作点将对阻尼系数产生

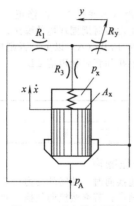

图 2-12　动态液压阻尼

影响，而层流型液阻的阻尼系数与工作流量无关。

2.4　液压阀的噪声

2.4.1　液压阀噪声及其测量

随着液压技术朝高压化、高速化、大功率化方向发展，噪声已成为液压技术中的一个突出的问题。因为噪声除了造成人的听力损伤外，还会分散操作者的注意力，还可能淹没报警信号，造成人身、设备事故等。

研究表明，液压阀是液压系统中的主要噪声源之一（表 2-9）。因此，降低液压阀的噪声是控制整个液压系统噪声的主要途径。为了分析液压控制阀的噪声大小、诱因并采取适当的控制措施，需测定液压装置的噪声。

表 2-9　液压元件产生噪声和传递辐射噪声的排列顺序

元件名称	液压泵	液压阀			液压缸	过滤器	油箱	管路
		溢流阀	节流阀	换向阀				
产生噪声次序	1	2	3	4	5	6	7	5
传递辐射噪声次序	2	3	4	3	2	4	1	2

（1）噪声测试仪器

常用的噪声测试仪器有声级计、频率分析仪和记录仪器等。声级计是应用较为普遍、适宜现场的一种噪声测试仪器。它既能测量噪声的声压级和声级，还可通过滤波器进行频率分析，用加速度计代替其传声器测量振动。按照测量精度和用途的不同声级计可分为普通型、精密型和脉冲精密型三种。液压元件和液压装置的噪声测量通常采用精密声级计。按照显示及

指针式　　　数字式

图 2-13　声级计外形

读数方式不同，声级计有指针式和数字式之分（见图 2-13），使用方法和注意事项可参照声级计的产品使用说明书。

（2）测试环境及位置

噪声的测量比较理想的是在人为建成的自由音场的消声室中进行，要求消声室内壁面的吸音条件良好，无反射声，除了被测元件外，其他装置都要设在其外面，以免造成影响。因此这种噪声测量的消声室都是特别设计的。然而在工程实际中，往往不具备这种消声室的条件而要求在一般试验室或工作场所来进行测量，此时，为了使测量结果具有足够的准确性，应该避免其他声音的干扰和声音反射等影响。

在选择测试位置时，应注意声场的分布特性。图 2-14 中的阴影区域，声压级会随测量距离 r 的改变而波动，不宜进行测量。故应尽可能将测点选在自由声场（边界影响可以不计的声场）的远场区域内，在该区域内测量的特点是数据稳定可靠，距离 r 每增加一倍，噪声降低 6dB（A），由此可用声级计概略找到自由声场的远场区。

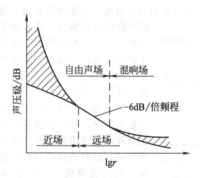

图 2-14　噪声源的声场分布特性

测点位置选择的具体做法如下。

① 选在距被测装置表面 1.5m 处、离地面 1.5m 处。若噪声源尺寸较小（如小于 0.25m），则测点应与被测装置表面较近（如 0.5m）。且应注意测点应与室内反射面相距 2～3m 以上。力求传声器正对被测装置的几何中心。

② 测点应在所测表面四周均布，一般不应少于 4点。若相邻点测得的声级相差 5dB（A）以上，则应在其间增加测点，噪声级取各测点的算术平均值，按此法算出的声级与能量平均法算出的声级之差不会大于 7dB（A）。

③ 若两噪声源相距较近，则测点宜距被测噪声源很近（0.2m 或 0.1m）。

④ 如需了解噪声源对人体的危害，可把测点选在操作者位置的人耳处，或者在操作者经常活动、工作的范围内，以人耳高度为准选择几个测点。

（3）消除和减少环境的影响

① 电源、气流、反射等的影响。如果仪器的电源电压不稳定，应使用稳压器；使用干电池时，若电压不足应予更换。室外测量宜选择在无风天气。风速超过 4

级时，可在传声器上戴上防风罩或包上一层绸布。传声器应避开风口和气流。应尽量排除测量现场的反射物，不能排除时，传声器应置于噪声源和反射物间的适当位置，并力求远离反射物，例如离墙壁和地面最好在 1m以上。测量噪声时，传声器在所有测点都要保持同样的

入射方向。

② 背景噪声（本底噪声）的修正。背景噪声是指被测噪声源停止发声时周围环境的噪声。背景噪声应低于被测对象噪声 10dB（A）以上，否则应按表 2-10 在所测出的噪声中扣除背景噪声值 ΔL。

表 2-10　存在背景噪声的修正值

合成噪声和背景噪声级差/dB(A)	1	2	3	4	5	6	7	8	9	10
修正值 ΔL /dB(A)	6.9	4.4	3.0	2.3	1.7	1.25	0.95	0.75	0.6	0.4

例如，测得某液压阀合成噪声为 84dB（A），背景噪声为 78dB（A），合成噪声与背景噪声之差为 84－78＝6dB（A）。由表 2-10 查得对应的修正值为 1.25dB（A），则被测液压阀的噪声为 84－ΔL＝82.75dB（A）。

2.4.2　液压阀噪声的诱因及其对策

液压阀噪声的根源是振动，所以其噪声的控制归结为振动的控制。液压阀噪声的主要诱因及其对策如下。

（1）阀芯振动或颤振噪声

为了控制压力（压力差）或使阀芯复位，液压控制阀均作用有弹簧力。这种阀芯、弹簧结构，是一个易振动体。实质上，一个液压阀可以等效为一个具有一定质量（m）、弹性（K）和阻尼（C）的振动系统（图 2-15），通常为单自由度简谐激振力（$F_0 \sin \omega t$）作用的强迫振动系统，其工作过程即为一个振荡过程。当液压油源存在周期性的流量脉动，且脉动频率与阀的固有频率相近或成整数倍时，阀芯将出现颤振，产生噪声。为此，可选用瞬时理论流量均匀的泵为油源，或通过改变弹簧刚度以改变阀的固有频率，或设置液压阻尼削弱其影响。

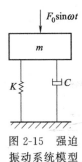

图 2-15　强迫振动系统模型

（2）气穴噪声

任何液压阀口都可看做一个具有节流作用的阀口，当节流口前、后压力差较小时，其噪声仅为不大的流速声。但压力差过大，阀口液流速度过高时，节流口出口流场中的局部压力可能低于油液中空气的分离压，使溶解于油液中的空气分离出来，或者局部压力低于油液的饱和蒸气压，使油液汽化。两种情况都会使油液中产生气泡，这些气泡随液流到压力较高处后会被瞬时压破，产生噪声，这类噪声称为气穴噪声。为了改善这种状况，可采取的措施有：① 合理选定控制阀节流口前后的工作压差，一般取 $\Delta p = 0.3 \sim 0.5$MPa。还可采用多级节流形式以降低每一级的工作压差。由于定量泵供油系统在快速转换为工进但尚未碰到负载时，节流阀前后的压力差很大，故应尽量缩短这一转换时间。若负载变化很大，则不宜采用节流调速。② 溢流阀的出口应直接接回油箱，不要与其他回油管连接，以免形成有害的背压。③ 在系统高处设置排气装置，排除阀内的空气。

（3）冲击压噪声

换向阀快速换向时，油路的压力会急剧上升，以至于产生冲击压噪声；若突然换向使执行元件所产生的加速度 a 较大（$a \gg 0.3g$）时，会产生冲击压振动噪声。液压阀反应动作不灵敏，如溢流阀不能迅速开启也会造成过大压力超调，产生冲击压噪声。为了降低冲击压噪声，具体的措施有：① 在换向阀阀芯上设置锥面或三角节流槽（图 2-16），使阀口通流截面缓变；或者将阀芯设计成圆弧形（图 2-17），以改变液体流动状态，避免产生漩涡及压力波动，降低流体噪声。② 尽可能选用直流电磁铁的换向阀。③ 采用电液比例换向阀，并通过调节阻尼器延缓主阀换向时间，或将先导控制压力调至主阀芯换向所需的最低压力。④ 在液压缸中设置缓冲机构，以缓和撞击力等。

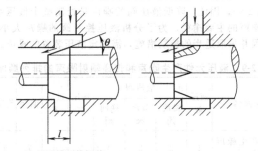

(a) 设置锥面的阀芯　　(b) 设置三角节流槽的阀芯

图 2-16　在换向阀阀芯上设置锥面或三角节流槽

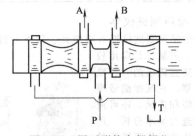

图 2-17　圆弧形换向阀阀芯

（4）高速喷射涡流声

溢流阀在工作时，高压大流量的液流经阀口高速泄压回油箱，此时全部压力能转化为速度能和热能。由于液流的高速喷射造成流速极不均匀的涡流，或者由于液流被剪切，从而产生噪声。为此要合理设计阀内液流通

道和细部结构,如三级同心先导式溢流阀的主阀设置防振尾等。

(5)电磁阀的电磁噪声和衔铁撞击噪声

电磁阀工作中会因电流的交变或电压、电流不当产生电磁噪声;电磁铁松动等原因会引起衔铁撞击噪声,为了降低这两种噪声,具体措施有:①选用直流电磁铁或浸油型电磁铁。②避免电源的电压与电流过大。③电磁铁应有恰当的防松装置等。

2.5　液压阀的级间耦合

小流量液压阀多为结构简单的单级阀,而大多数液压阀多采用具有不同功能的分级组合形式,以便达到所要求的工作性能。多级阀中的每一级的结构组成(如液阻网络等)及功能不尽相同,但一般都是通过级与级之间的物理量(如压力、流量、位移、速度等)或特定结构实现级间耦合。常用的耦合方式有液压力耦合、位置耦合、位移-力耦合、电信号耦合及由这些耦合方式中的两种或两种以上所组成的复合耦合。

直接利用液压力耦合是各种液压阀中最为简便、最为常用的耦合方式。此处通过液压力耦合说明液压阀的耦合原理及特点:图 2-11(b)为先导式溢流阀的结构示意图,其实质是由固定液阻 R_1 和先导阀口可变(可调)液阻(可以是锥阀、球阀或滑阀中的任何一种)R_3 构成的 B 型液压半桥与主阀两大部分组成,先导级与主阀级间靠液桥的控制压力 p_x 进行联系(实现耦合)。其工作原理众所周知,当压力大于先导阀弹簧的调压值时,先导阀口开启而产生流动,固定液阻(节流孔)R_1 两端的压差使主阀上腔的压力减小,主阀随之开启而溢流。此种耦合方式在溢流阀、减压阀及顺序阀等压力控制阀中具有广泛应用。

位置耦合的典型例子是控制电磁铁与阀芯连接在一起,此种耦合方式在各类电磁换向阀中具有广泛应用。

通过电液控制阀中的力矩马达、比例电磁铁、步进电机等电-机械转换器输出的力或力矩,可以使先导阀获得相应的位移,此即为位移-力耦合方式,在电液伺服阀、比例阀、数字阀中具有广泛应用。

电信号耦合是指通过流量、压力、位移、速度等传感器进行检测并转换为电信号后,直接反馈至放大器的输入端构成全程闭环系统,可为显著提高阀的动、静态特性创造有利条件,并且有可能灵活采用各种电量校正和控制方法,但因价昂,故主要用于某些电液伺服阀和比例阀中。

当采用单一级间耦合方式不能满足液压阀的某些要求时,则会应用到几种耦合方式的组合,例如新型电液比例流量调节阀中采用的流量-位移-力反馈耦合。

2.6　液压阀的控制输入装置

2.6.1　控制输入装置及其功用

各种液压阀的操纵、控制都是通过力(力矩)或位移(角位移)形式的机械量来实现的,它可以用手动、机动、气动、液动、电动及其组合等方式来进行。当控制规律比较复杂或要求达到较高的控制性能(如较快的响应速度和较高的控制精度)时,一般都需要采用电控方式。由于这种方式的控制输入信号是较弱的电量,所以需将微弱的控制信号经控制放大器处理和功率放大后,由某种形式的电气-机械转换器将电量转换成控制液压阀运动需要的机械量。因此,控制输入装置,即控制放大器和电气-机械转换器是电控液压阀必不可少的重要部分。当输入控制信号足以满足电气-机械转换器的转换要求(如由继电器输出的电量去控制开关式液压阀的电磁铁)时,则可不采用控制放大器。

2.6.2　控制放大器

(1)功用与要求

控制放大器的主要功用是驱动、控制受控的电气-机械转换器,满足系统的工作性能要求。在闭环控制场合它还承担着反馈检测信号的测量放大和系统性能的控制校正作用。控制放大器是电液控制系统中的第一个环节,其性能优劣直接影响着系统的控制性能和可靠性。对控制放大器的一般要求见表 2-11。

表 2-11　对控制放大器的一般要求

序号	要　　　求
1	控制功能强,能实现控制信号的生成、处理、综合、调节、放大
2	线性度好,精度高,具有较宽的控制范围和较强的带载能力
3	动态响应快,频带宽
4	功率放大级的功耗小
5	抗干扰能力强,有很好的稳定性和可靠性
6	输入输出参数、连接端口和外形尺寸标准化、规范化

(2)分类与选用

按受控的电气-机械转换器的种类不同,控制放大器主要分为四种类型,其适用对象见表 2-12。还可按结构形式和功率级工作原理对控制放大器进行详细分类(见表 2-13)。

表 2-12　按转换器的种类对控制放大器的分类

类型	匹配的电气-机械转换器	适用对象
伺服控制放大器	力矩马达,力马达	伺服阀,伺服系统控制器
比例控制放大器	比例电磁铁	比例阀,比例系统控制器
开关控制放大器	高速开关电磁铁	高速开关阀,数字系统控制器
步进电动机控制放大器	步进电动机	步进式数字阀,步进式数控系统控制器

表 2-13　按结构形式和功率级工作原理对控制放大器的分类

类　型		特　点	适用对象
按通道数分	单通道	只能控制一个电气-机械转换器	单个电气-机械转换器
	双通道或多通道	相当于两个或多个放大器的有机组合,结构紧凑	两个或多个电气-机械转换器的独立控制
按是否带电反馈分	带电反馈	设有测量、反馈电路和调节器,但不一定有颤振信号发生器,常被置于阀的内部	电反馈电液控制阀,某些闭环控制系统的控制器
	不带电反馈	没有测量、反馈电路和调节器,但一般有颤振信号发生器	不带电反馈的电液控制阀
按功放管工作原理分	模拟式	属于连续电压控制形式,功放管工作在线性放大区,电气-机械转换器控制线圈两端的电压为连续的直流电压,功耗较大	伺服阀、比例阀,及其相应的控制系统控制器
	开关式	功放管工作在截止区或饱和区,即开关状态,电气-机械转换器控制线圈两端电压为脉冲电压,功耗很小	高速开关阀、步进式数字阀、数控比例阀及其相应的数控系统控制器,其中数控比例阀可以是普通的比例阀
按输出信号极性分	单极性	只能输出单向控制信号	比例阀,单向工作的电气-机械转换器
	双极性	能输出双向控制信号	伺服阀,双向工作的电气-机械转换器
按输出信号类型分	恒压型	内部电压负反馈	各类控制电动机
	恒流型	内部电流负反馈,时间常数小,稳定性好	各类控制阀,电气-机械转换器
	全数字式	以微处理器(单片机)为核心构成全数字式控制电路,实现计算机直接控制	脉宽调制(PWM)控制阀,步进电动机

（3）设计选用

控制放大器应根据电气-机械转换器的形式、规格等进行设计选用。例如,当电气-机械转换器为直流伺服电机时,其控制放大器应采用具有输出电压负反馈的功率放大级,以提高伺服电机转速控制的响应特性。当电气-机械转换器为线圈电感较大的比例电磁铁、伺服型力马达(或力矩马达)时,则应采用电流负反馈式的伺服放大器,以免因线圈转折频率低而限制电气-机械转换器的频宽。当电气-机械转换器为步进电机时,则控制放大器应具有变频信号源和脉冲分配器;对于开关型数字阀而言,则应采用脉宽调制形式的控制放大器等。

（4）典型构成与示例

① 典型构成。控制放大器的结构、原理和参数因电气-机械转换器的形式和受控对象的不同而异。控制放大器的典型构成如图 2-18 所示,它通常包括: a. 用以产生各处电路所需直流电压的电源变换电路; b. 满足各种外部设备需要的输入信号发生电路(模拟量输入接口、数字量输入接口、遥控接口等); c. 为适应不同控制对象与工况要求的信号处理电路(斜坡、阶跃发生器,平衡电路,初始电流设定电路等); d. 用于改善电反馈控制阀或系统动态品质的调节器〔有比例(P)、积分(I)、微分(D)、比例-积分(P-I)、比例-微分(PI)、比例-积分-微分(PID)等形式〕; e. 为减小摩擦力等因素导致电控阀出现滞环的颤振信号发生器,以及测量放大电路和功率放大电路等。对于不同类型的控制放大器在结构上有一定差别,尤其是信号处理电路,常需要根据系统要求进行专门设计。根据不同的适用场合与要求,也常省略某些部分,以简化结构和成本并提高工作可靠性。

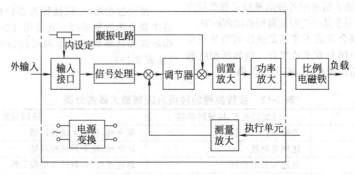

图 2-18　控制放大器的典型构成

② 控制放大器示例。

a. 伺服控制放大器。其作用是控制伺服阀中的电气-机械转换器（通常是力矩马达或动圈式力马达），并对电液伺服控制系统进行闭环控制。其特点是有多个输入接口供各类控制信号和反馈信号输入，双向输出控制，输出功率较小。图 2-19 为一种典型的伺服控制放大器电路原理图。它包括上、下两部分，上半部分为控制放大器，下半部分为直流稳压电源，其中控制放大器又由前置级运放 OA_1 和功率级运放 OA_2 等组成。前置级可综合四个信号，能调节信号灵敏度，在较宽的范围内调节增益，并能调节零位偏置。四个输入口 U_1、U_2、U_3 及 U_4，分别输入辅助信号、平衡信号、反馈信号及指令信号，而 R_{10} 可调整零位，对阀的零位偏置进行补偿或使系统的零位得到调整。图中实线所示的情况用于比例放大，可调电阻 R_{16} 使增益可在 100：1 范围内调节。若对电路加以适当改接（利用图中虚线表示的一些元件），如移开 R_{15}，改用 C_{11}、R_{41} 和 R_{14}，就可实现积分调节，并能在 25：1 范围内改变积分增益。也可使用 C_6 得到纯积分调节。

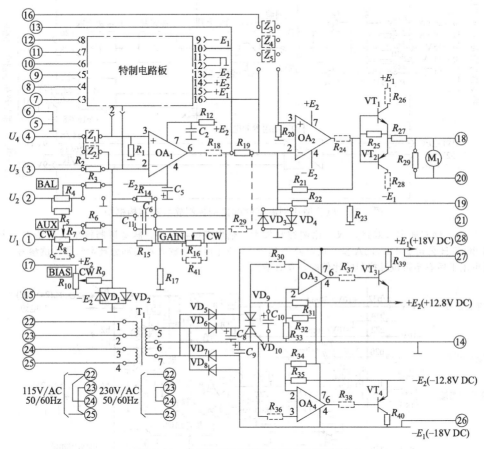

图 2-19　典型伺服控制放大器电路原理图

功率放大级包括运放 OA_2 和两个功率管 VT_1 及 VT_2。电流负反馈是这种放大器的特点，图中 R_{23} 为采样电阻。它使输出电流保持稳定，使阀线圈的电感及由于温度变化而引起的电阻变化等对系统不产生影响。特殊回路的印刷电路板可根据需要设置位移传感器的载波激励、颤振信号发生、零位检测及电流极限控制等功能。

图 2-20 为一种伺服控制放大器的实物外形。

b. 比例控制放大器。其作用是控制比例阀中的比例电磁铁，并对比例阀或电液比例控制系统构成开环或闭环调节。常见的比例控制放大器有单路和双路两种。前者用于控制单个比例电磁铁驱动工作的比例阀，如比例流量阀、压力阀、二位（三位）比例方向阀（单电磁铁）等；后者主要用于控制双比例电磁铁驱动工作的三

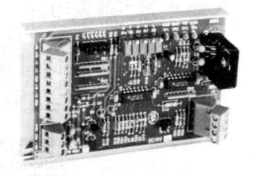

图 2-20　伺服控制放大器的实物外形
（美国 Parker 公司 BD99 系列）

位比例方向阀等。双路比例控制放大器工作时，始终只让其中一个比例电磁铁通电，这是三位比例方向阀工作要求的，因此它不是双通道控制放大器。

图 2-21 为电反馈比例溢流阀的比例控制放大器结构框图，该比例控制放大器是单路、带电反馈、模拟式比例控制放大器。它的反馈线路构成了比例电磁铁衔铁位置电反馈闭环，电磁铁衔铁行程正比于电指令输入信号。电磁铁衔铁行程用一个位移传感器检测。在线路板上，改变焊接点（M4A、M4B），可以使电路带斜坡信号发生器或不带斜坡信号发生器。当带有斜坡信号发生器时，压力上升和下降速度可以用"斜坡上升"和"斜坡下降"旋转电位器分别调节。图中的控制器为常用的 PID（比例-积分-微分）调节器，而功率放大级采用模拟式结构。

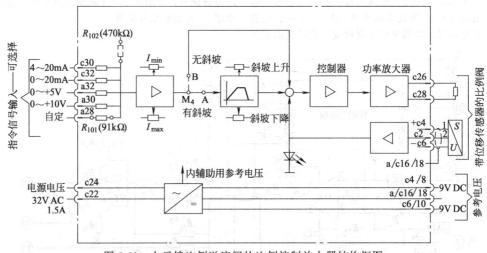

图 2-21　电反馈比例溢流阀的比例控制放大器结构框图

图 2-22 为一种双通道（双路）双工比例控制放大器（德国 BOSCH 公司 2M45-2.5A 型）的电路原理图，该放大器可用于所有不带位移控制的比例阀，具有输入输出带短路保护，脉宽调制输出级的特点。表 2-14 为该比例控制放大器的部分技术参数，供参考。

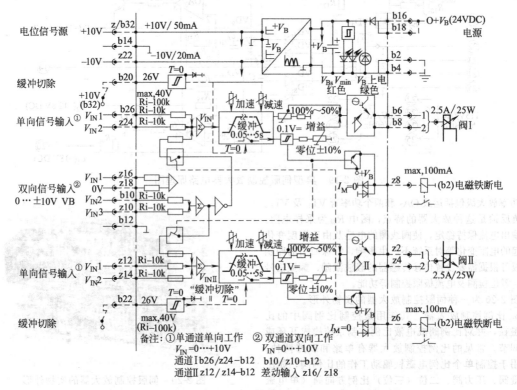

图 2-22　双通道（双路）双工比例控制放大器的电路原理图

表 2-14 比例控制放大器（图 2-22）**的部分技术参数**

应用对象	所有不带位移控制的比例阀	
电磁铁	2.5A/25W	
质量/kg	0.25	
单通道单向工作输入信号 $V_{IN}=0\sim+10V$	通道 1	通道 2
	b26 和/或 z24	z12 和/或 z14
	两通道中，都以 b12 作为控制零的参考点	
双通道双向工作输入信号 $V_{IN}=0\sim\pm10V$	要么是差动输入信号 z16/z18(0V)，要么是以 b12 为控制零参考点，输入脚为 b10 或 z10 输入信号；放大器处于双向工作时，在 b26/z24Ω 及 z12/z14Ω 脚不能有任何信号	
双向工作时的输出	$V_{IN}=+$ 时：通道 1(b6/b8)；$V_{IN}=-$ 时：通道 2(z2/z4)	
缓冲时间	0.05～5s 可调	
缓冲切除	通道 1	通道 2
	b20	b22
	$V=6\cdots40V$，来自 b32 的 10V	

图 2-23 为一种比例换向阀控制放大器的实物外形。

图 2-23 压力和流量比例的功率放大器实物外形（上海立新液压 VT-2000 型）

2.6.3 电气-机械转换器

(1) 功用、要求及分类

① 功用。电气-机械转换器是电液控制阀的直接输入器件，它将来自控制放大器的电信号转换成力或力矩，去操纵液压阀阀芯的位移或转角，液压阀乃至整个液压系统的稳态控制精度、动态响应性能和工作可靠性，都在很大程度上取决于电气-机械转换器性能的优劣。

② 要求。对电气-机械转换器的一般要求包括：a. 具有足够的输出力和位移；b. 稳态特性好，线性度好，灵敏度高，死区小，滞环小；c. 动态性能好，响应速度快；d. 结构简单、尺寸紧凑、制造方便，输入输出参数和连接尺寸标准化、规范化；e. 在某些情况下要求能在特殊环境（如高压、高温、易爆、腐蚀等）下使用。

③ 分类。电气-机械转换器的种类繁多，按照作用原理与磁系统特征不同分为电磁式、感应式、电动力式、电磁铁式、永磁式、极化式；动圈式、动铁式；直流、交流等类型。按结构形式与性能特点分为：开关型电磁铁、比例电磁铁、动圈式力马达、动铁式力矩马达、伺服电动机、步进电动机等类型。

(2) 开关型电磁铁

阀用开关型电磁铁是一种特定结构的牵引电磁铁，它根据线圈电流的"通"、"断"使衔铁吸合或释放，故只有"开"和"关"两个工作状态。根据工作频率不同，分为普通开关电磁铁和高速开关电磁铁。前者功率大，多数与换向阀配套，组成普通电磁换向阀或电液动换向阀（参见第 4 章），工作频率较低［通常为几赫（兹）］；而后者功率较小，多用于脉宽调制（PWM）式数字阀（参见第 12 章），工作频率很高（可达几千赫兹）。

① 普通开关电磁铁。普通开关电磁铁有交流型、直流型和交流本整型（本机整流型）三种形式。交流本整型电磁铁，其插座内本身带有半波整流器件，采用交流电源进行本机整流后，由直流进行控制，电磁铁仍为一般的直流型，并无其他特殊之处。

交流电磁铁与直流电磁铁都是主要由线圈、衔铁及推杆等组成，线圈通电后，在上述零件中产生闭合磁回路及磁力（吸力特性见图 2-24），吸合衔铁，使推杆移动。断电时电磁吸力消失，依靠阀中设置的弹簧的作用力而复位。两种电磁铁的特点比较见表 2-15。

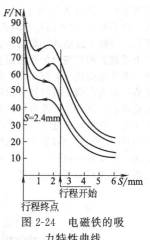

图 2-24 电磁铁的吸力特性曲线
F—吸力；S—行程

表 2-15 交流和直流阀用电磁铁的特点比较

项 目	特 点	
	交流电磁铁	直流电磁铁
电源要求	不需要特殊电源	需要专门的直流电源或整流装置
使用电压	常用的电源电压为 220V(有的用 380V、127V、110V 或 36V)，频率为 50Hz	直流电磁铁常用的电源电压为 24V(有的用 110V)

项　目		特　点	
		交流电磁铁	直流电磁铁
启动电流及功耗		启动电流为吸持电流的 2～5 倍,有无功损耗	启动电流与吸持电流相同;无功损耗较小
负载		电感性负载,温升时吸力变化小	电阻性负载,温升时吸力下降大
反应速度	通电后	立即产生额定吸力	滞后 0.5s 达到额定吸力
	断电后	吸力很快消失	滞后 0.5s 吸力才消失
允许切换频率		较低,通常为数十次每分钟	高,一般允许 120 次/min;甚至高达 300 次/min
冲击与噪声		较大	较小
导磁材料与结构		硅钢片;层叠结构,磁极形状为平面形	工业纯铁;磁极形状为锥形火盆口形
阀芯卡阻后果		线圈因电流过大而烧坏	不会烧坏线圈
体积		较大	小
可靠性		较差	较高
寿命		短,数百万次到一千万次	长,可达一千万次以上
说明		交流和直流电磁铁的工作电压波动范围应在额定电压的 ±(115%～85%),电压太高容易使电磁铁线圈发热烧坏,反之则电磁铁吸力不足,影响换向阀的工作可靠性	

按照衔铁工作腔是否有油液浸入,包括交流本整型在内的每种电磁铁又有干式和湿式两种。干式电磁铁与阀体之间有密封膜隔开,电磁铁内部没有工作油液,湿式则相反。如图 2-25 所示,干式电磁铁与方向阀连接时,在推杆 10 的外周有密封圈,可以避免油液进入电磁铁,线圈 9 的绝缘性能也不受油液的影响,但由于推杆上受密封圈摩擦力的作用而会影响电磁铁的换向可靠性。湿式电磁铁(见图 2-26)的导磁套是一个密封筒状结构,与方向阀连接时仅套内的衔铁 1 的工作腔与滑阀直接连接,推杆 5 上没有任何密封,套内可承受一定的液压力。线圈 7 仍处于干的状态。湿式电磁铁由于取消了推杆上的密封而提高了可靠性,衔铁工作时处于润滑状态,并受到油液的阻尼作用而使冲击减弱,因此正在逐渐取代传统的干式电磁铁。

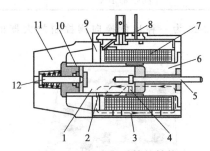

图 2-26　湿式电磁铁的结构

1—衔铁;2—穿过气隙的磁通;3—磁力线;4—不导磁部分;5—推杆;6—轭铁;7—线圈;8—电源插头;9—垫圈;10—耐压套;11—端盖;12—手动突出件

② 高速开关电磁铁。高速开关电磁铁的结构与上述普通型湿式直流电磁铁类似,只是体积较小,结构更简单,衔铁与阀芯连接成一体。它由脉宽调制(PWM)信号控制,输入高电平时带动阀芯动作,低电平时通过弹簧复位,其工作特性与图 2-24 相同。

(3) 比例电磁铁

比例电磁铁是电液比例控制元件中应用最为广泛的电气-机械转换器,其功用是将比例控制放大器输给的电信号(通常为 24V 直流,800mA 的或更大的额定电流)转换成力或位移信号输出。比例电磁铁具有结构简单、成本低廉、输出推力和位移大、对油质要求不高、维护方便等特点。

比例电磁铁的特性及工作可靠性,对电液比例控制系统和元件具有十分重要的影响。比例电磁铁的主要要求有:a. 水平的位移-力特性,即在比例电磁铁有效工作行程内,当线圈电流一定时,其输出力保持恒定,与位移无关;b. 稳态电流-力特性具有良好的线性度,较

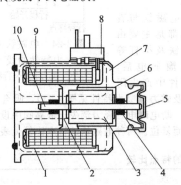

图 2-25　干式电磁铁的结构

1—壳体;2—穿过气隙的有效磁通;3—衔铁;4—粉末冶金轴承;5—拱手动操作的橡胶后盖;6—穿过气隙的磁通;7—端盖;8—电源插头;9—线圈;10—推杆

小的死区及滞回；c. 动态特性阶跃响应快，频响高。

按照输出位移的形式，比例电磁铁有单向和双向两种，而单向比例电磁铁较常用。

① 单向比例电磁铁。典型的耐高压单向比例电磁铁结构原理图如图 2-27 所示，它由推杆 1、衔铁 7、导向套 10、壳体 11、轭铁 13 等部分组成。导向套前后两段为导磁材料（工业纯铁），导向套前段有特殊设计的锥形盆口。两段之间用非导磁材料（隔磁环 9）焊接成整体。筒状结构的导向套具有足够的耐压强度，可承受 35MPa 油液压力，耐高压电磁铁因此而得名。壳体 11 与导向套 10 之间，配置同心螺线管式控制线圈 3。衔铁 7 前端所装的推杆 1，用以输出力或位移，后端所装的调节螺钉 5 和弹簧 6 组成调零机构，可在一定范围内对比例电磁铁及整个比例阀的稳态控制特性进行调整，以增强其通用性（几种阀共用一个电磁铁）。衔铁支承在轴承上，以减小黏滞摩擦力。比例电磁铁通常为湿式直流控制（内腔要充入液压油），使其成为一个衔铁移动的阻尼器，以保证比例元件具有足够的动态稳定性。

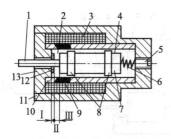

图 2-27　耐高压单向比例电磁铁结构原理图
1—推杆；2—工作气隙；3—线圈；4—非工作气隙；
5—调节螺钉；6—弹簧；7—衔铁；8—轴承环；
9—隔磁环；10—导向套；11—壳体；
12—限位片；13—轭铁

工作时，线圈通电后形成的磁路经壳体、导向套、衔铁后分为两路，一路由导向套前端到轭铁而产生斜面吸力，另一路直接由衔铁断面到轭铁而产生表面吸力，两者的合成力即为比例电磁铁的输出力（见图 2-28）。由图可见，比例电磁铁在整个行程区内，可以分为吸合区 Ⅰ、有效行程区 Ⅱ 和空行程区 Ⅲ 三个区段：在吸合区 Ⅰ，工作气隙接近于零，输出力急剧上升，由于这一区段不能正常工作，因此结构上用加不导磁的限位片（图 2-27 中的件 12）的方法将其排除，使衔铁不能移动到该区段内；在空行程区 Ⅲ 工作气隙较大，电磁铁输出力明显下降，这一区段虽然也不能正常工作，但有时是需要的，例如用于直接控制式比例方向阀的两个比例电磁铁中，当通电的比例电磁铁工作在工作行程区时，另一端不通电的比例电磁铁则处于空行程区 Ⅲ；在有效行程区（工作行程区）Ⅱ，比例电磁铁具有基本水平的位移-力特性，工作区的长度与电磁铁的类型等有关。由于比例电磁铁具有与位移无关的水平的位移-力特性，所以一定的控制电流对应一定的输出力，即输出力与输入电流成比例（图 2-29），改变电流即可成比例的改变输出力。当电磁铁输入电流往复变化时，相同电流对应

的吸力不同，一般将相同电流对应的往复输入电流差的最大值与额定电流的百分比称为滞环。引起滞环的主要原因有电磁铁中软磁材料的磁化特性及摩擦力等因素。为了提高比例阀等比例元件的稳态性能，比例电磁铁的滞环越小越好，还希望比例电磁铁的零位死区（比例电磁铁输出力为零时的最大输入电流 I_0 与额定电流的百分比）小且线性度好。

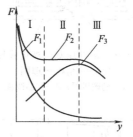

图 2-28　单向电磁铁的位移-吸力特性
y—行程；F_1—表面力；F_2—合成力；F_3—斜面力

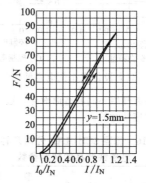

图 2-29　比例电磁阀的电流-力特性
I—工作电流；I_N—额定电流；F—吸力；y—行程

② 双向比例电磁铁。图 2-30 为耐高压双向极化式比例电磁铁的结构原理。这种比例电磁铁采用了左、右对称的平头-盆口形动铁式结构。左、右线圈中各有一个激磁线圈 1 和控制线圈 2。当激磁线圈 1 通入恒定的激磁电流 I_j 后，在左右两侧产生极化磁场。仅有激磁电流时，由于电磁铁左右结构及线圈的对称性，左右两端吸力相等，方向相反，衔铁处于平衡状态，输出力为零。当控制线圈通入差动控制电流后，左右两端总磁通分别发生变化，衔铁两端受力不相等而产生与控制电流数值与方向对应的输出力。

该比例电磁铁把极化原理与合理的平头-盆口动铁式结构结合起来，使其具有良好的位移-力水平特性以及良好的电流-输出力比例特性（图 2-31），且无零位死区、线性度好、滞环小，动态响应特性好。不但用于组成比例阀，还可作为动铁式力马达用于组成工业伺服阀。

表 2-16 是德国 SCHULTZ 公司的几种比例电磁铁产品的技术参数，通过此表可对比例电磁铁的性能参数有一个全面了解。尽管比例电磁铁的端面外形尺寸和螺孔安装尺寸基本上标准化，但同一规格的比例电磁铁产

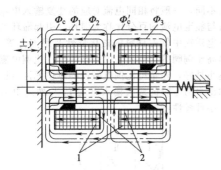

图 2-30   耐高压双向极化式比例
电磁铁结构原理图
1—励磁线圈；2—控制线圈

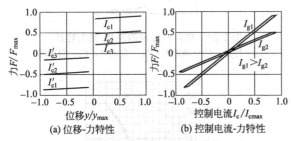

(a) 位移-力特性   (b) 控制电流-力特性

图 2-31   双向极化式比例电磁铁的控制特性

品的结构、参数却因不同制造商而异，这是在比例电磁
铁选用中特别应注意的。

**表 2-16   德国 SCHULTZ 公司几种比例
电磁铁产品的技术参数**

参 数 名 称	型　　号		
	035	045	060
衔铁质量/kg	0.03	0.06	0.14
电磁铁质量/kg	0.43	0.75	1.75
总行程/mm	4±0.3	6±0.3	8±0.4
有效行程/mm	2	3	4
理想工作行程范围/mm	0.5～1.5	0.5～2.5	0.5～3.5
空行程/mm	2	3	4
额定电磁输出力/N	50	60	145
静态输出力滞环/%	～1.2	～1.7	～1.9
动态输出力滞环/%	～2	～3	～3.5
额定电流滞环/%	<2.5	<2.5	<4
非线性度误差/%	2	2	2
额定线圈电阻/Ω	24.6	21	16.7
额定电流/A	0.68	0.81	1.11
最大限制电流/A	0.68	0.81	1.11
线性段起始电流/A	0.14	0.15	0.15
始动电流/A	0.05	0.02	0.05
额定功率/W	11.4	13.8	21

（4）动圈式电气-机械转换器

可动件是控制线圈的电气-机械转换器称为"动圈式"。输入电流信号后，产生相应大小和方向的力信号，再通过反馈弹簧（复位弹簧）转化为相应的位移量输出，在液压元件中简称为动圈式"力马达"（平动式）或"力矩马达"（转动式）。动圈式力马达和力矩马达的工作原理是位于磁场中的载流导体（即动圈）受力作用。

图 2-32 所示为力马达的结构原理图，永久磁铁 1 及内、外导磁体 2、3 构成闭合磁路，在环状工作气隙中安放着可移动的控制线圈 4，它通常绕制在线圈骨架 5 上以提高结构强度。当线圈中通入控制电流时，按照载流导线在磁场中受力的原理移动并带动阀芯 7 移动，此力的大小与磁场强度、导线长度及电流大小成比例，力的方向由电流方向及固定磁通方向按电磁学中的左手定则确定。图 2-33 所示为动圈式力矩马达，与力马达所不同的是采用扭力弹簧或轴承加盘圈扭力弹簧悬挂控制线圈 2。当线圈中通入控制电流时，按照载流导线在磁场中受力的原理使转子 3 转动。

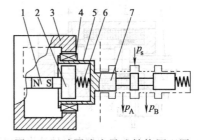

图 2-32   动圈式力马达结构原理图

1—永久磁铁；2—内导磁体；3—外导磁体；4—可动
控制线圈；5—线圈骨架；6—弹簧；7—滑阀阀芯

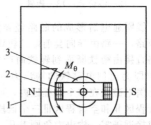

图 2-33   动圈式力矩马达

1—永久磁铁；2—线圈；3—转子

动圈式力马达和力矩马达中磁场的励磁方式有永磁式和电磁式两种，工程上多采用永磁式结构，其尺寸紧凑。对于大功率的则宜采用恒流励磁方式。

动圈式力马达和力矩马达控制电流较大（可达几百毫安至几安培），输出行程也较大［±(2～4)mm］，而且稳态特性线性度较好，滞环小，因而应用较多。但其体积较大，且由于动圈受油的阻尼较大，其动态响应不如动铁式力矩马达快。多用于控制工业伺服阀，也有用于控制高频伺服阀的特殊结构动圈式力马达。

（5）动铁式电气-机械转换器

可动件是控制衔铁的电气-机械转换器称为"动铁

式"。常见的动铁式电气-机械转换器为动铁式力矩马达，其输入为电信号，输出为力矩。图 2-34 所示为动铁式力矩马达的结构原理图。它由左右两块永久磁铁 3 及 7、上下两块导磁体 2 及 5、带扭轴（弹簧管）6 的衔铁 4 及套在线圈上的两个控制线圈组成。衔铁固定在弹簧管上端，又弹簧管支承在上、下导磁体的中间位置，可以绕弹簧管的转动中心做微小的转动。衔铁两端与上、下导磁体（磁极）形成四个工作气隙①、②、③、④。上、下导磁体除作为磁极外，还为永久磁铁产生的极化磁通和控制线圈产生的控制磁通提供磁路。永久磁铁将上、下导磁体磁化，一个为 N 极，另一个为 S 极。无信号电流时，即 $i_1 = i_2$，衔铁在上、下导磁体的中间位置，由于力矩马达结构是对称的，永久磁铁在四个工作气隙中所产生的极化磁通是一样的，使衔铁两端所受的电磁吸力相同，力矩马达无力矩输出。当有信号电流通过线圈时，控制线圈产生控制磁通，其大小和方向取决于信号电流的大小和方向。假设由放大器 1 输给控制线圈的信号电流 $i_1 > i_2$，如图 2-34 所示，在气隙①、③中控制磁通 Φ_c 与极化磁通 Φ_g 方向相同，而在气隙②、④中控制磁通与极化磁通方向相反。因此，气隙①、③中的合成磁通大于气隙②、④中的合成磁通，于是在衔铁上产生顺时针方向的电磁力矩，使衔铁绕弹簧管转动中心顺时针方向转动。当弹簧管变形产生的反力矩与电磁力矩相平衡时，衔铁停止转动。如果信号电流反向，则电磁力矩也反向，衔铁向反方向转动，电磁力矩的大小与信号电流的大小成比例，衔铁的转角也与信号电流成比例。

动铁式力矩马达输出力矩较小，适合控制喷嘴挡板之类的先导级阀。其优点是自振频率较高，动态响应快，功率重量比较大，抗加速度零漂性好。缺点是限于气隙的形式，其转角和工作行程很小（通常小于 0.2mm），材料性能及制造精度要求高，价格昂贵；此外，它的控制电流较小（仅几十毫安），故抗干扰能力较差。

（6）伺服电动机

伺服电动机（简称伺服电机）是指用于自动控制与调节、远距离测量以及随动系统的微特电机，是一种应用最为普遍的连续旋转式电气-机械转换器。在电液控制元件中，伺服电机仅作为液压阀的控制电机来使用。直流伺服电机主要由磁极（定子）、电枢（转子）、电刷及换向片三部分组成，按定子磁场产生方式可分永磁式和他励式两类，由于永磁式直流伺服电机不需要外加励磁电源，故应用较多。

直流伺服电机具有响应迅速、精度和效率高、启动转矩大，调速范围广，机械特性和调节特性的线性度好，控制方便等优点，但换向电刷的磨损和易产生火花会影响其使用寿命。

直流伺服电机常用的控制方式为电枢电压控制，即在定子磁场不变的情况下，通过控制施加在电枢绕组两端的电压信号对电机的转速和输出转矩进行控制。直流伺服电机的转矩-转速机械特性曲线是一组斜率相同的直线簇［图 2-35(a)］，每条机械特性和一种控制电压 U_a 相对应，与 n（转速）轴的交点是该电压下的理想空载转速，与 T（转矩）轴的交点则是该电压下的启动转矩；直流伺服电机的电压-转速调节特性也是一组斜率相同的直线簇［图 2-35(b)］，每条调节特性和一种电磁转矩相对应，与 U_a 轴的交点是启动时的控制电压。此外，从图 2-35(b) 中还可看出，调节特性的斜率为正，说明在一定负载下，电机转速随控制电压的增加而增加；而机械特性的斜率为负，说明在控制电压不变时，电机转速随负载转矩增加而降低。

为了提高直流伺服电机的动态响应，在普通的直流伺服电机的基础上发展出了空心杯转子型、印刷绕组型

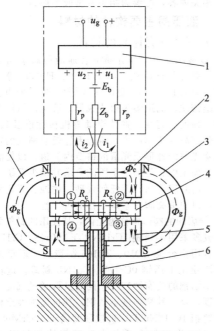

图 2-34　动铁式力矩马达结构原理图
1—放大器；2—上导磁体；3、7—永久磁铁；
4—衔铁线圈；5—下导磁体；6—弹簧管

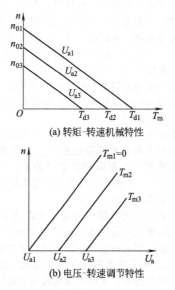

(a) 转矩-转速机械特性

(b) 电压-转速调节特性

图 2-35　直流伺服电机的典型特性曲线

和无槽型等多种低惯量直流伺服电机。直流伺服电机的输出转速/输入电压的传递函数可视为一阶惯性环节，其机电时间常数一般小于20ms。

直流伺服电机的额定转速比较高，小功率电机的转速在3000r/min以上，甚至大于10000r/min。因此，作为液压元件的控制电机时需要配用高速比的机械变换器（减速器），根据需要可以是旋转变换器（直齿轮、链传动减速器）、直线变换器（如齿轮齿条、丝杆螺母等）或方向变换器（锥齿轮或凸轮等）三种之一，对于齿轮式变换器（减速器），应注意齿隙会对电液控制元件的性能产生不利影响。

直流力矩电机作为一种低速直流伺服电机，可以在数十转每分的低速下，甚至在长期堵转的条件下工作，因此可以不需要减速而直接驱动被控件。但力矩电机的盘状转子的惯量较大，故其动态响应性能的提高受到了一定限制。

（7）步进电机

它是一种数字式的回转运动电气-机械转换器，它将电脉冲信号转换成相应的角位移。它由专用的驱动电源（控制器）供给电脉冲，每输入一个脉冲，电机输出轴就转动一个步距角（每一脉冲信号对应的电机转角），实现步进式运动。步进电机既可以按输入指令进行位置控制，也可以进行速度控制。步进电机常见的步距角有0.75°、0.9°、1.5°、1.8°、3°等。

按工作原理不同，步进电机有反应式（转子为软磁材料）、永磁式（转子材料为永久磁铁）和混合式（转子中既有永久磁铁又有软磁体）等，各式步进电机的具体工作原理可参阅相关文献资料。其中反应式步进电机结构简单，应用普遍；永磁式步进电机步距角大，不适合控制；混合式步进电机自定位能力强且步距角较小。研究实践表明，混合式步进电机用作电液数字流量阀和电液数字压力阀的电气-机械转换器，控制性能和效果良好。

因为步进电机直接用数字量控制，不需DAC（数/模转换器）即能与微型计算机联用，控制方便，调速范围大，位置控制精度高，工作时的转数不易受电源波动和负载变化的影响，所以常通过一定的传动机构（如丝杆-螺母机构、凸轮机构等）构成电液数字阀用以驱动阀芯运动，也能作为一般的转角转换元件。但是，由于步进角固定，影响分辨率和精度；且其承受大惯量负载能力差；动态响应速度较慢，效率较低，驱动电源负载结构复杂，价格昂贵。

步进电机需要专门的驱动电源，要求的步距角越小则驱动电源和电动机的结构越复杂。转矩-频率特性是指动态输出转矩与控制脉冲频率的关系，其示例见图2-36，由图可见，在连续运行下，步进电机的电磁转矩会随工作频率升高而急剧下降。

当决定采用步进电机作为液压元件的电气-机械转换器时，应根据实际使用要求的负载力矩、运行频率、控制精度等依据制造商的产品样本及使用指南提供的运行参数和转矩-频率特性曲线选择合适的步进电机型号及其配套的驱动电源。步进电机在使用中应注意合理定运行频率，否则将导致带载能力降低而产生丢步甚至

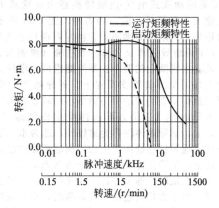

图2-36　转矩-频率特性曲线

停转现象，使步进电机工作失常。

除了以上所述几类常用的电气-机械转换器外，还有压电晶体、磁致伸缩型等电气-机械转换器，篇幅所限，此处不再赘述，读者可以参阅有关文献。

2.7　液压阀制造工艺简介

液压阀的制造，首先是按设计图样、工艺文件和技术要求精心加工阀芯、阀体等零件，其次是择优选购配套件（如电气-机械转换器等）；最后精心装配，通过按相关标准试验得到优质产品。

由于液压阀的组成零件很多，不便逐一论述，故本节仅就液压阀中的阀体（壳体）、阀芯、阀套等主要零件的材料、加工和装配工艺进行简要介绍，如读者欲详细了解相关内容，可参阅相关专著或手册。

2.7.1　液压阀主要构件的材料

（1）阀体（壳体）的材料

① 以液压油为工作介质的普通液压阀中阀体的材料绝大多数为孕育铸铁（如HT250、HT300等）或球墨铸铁（如QT400-15、QT500-3等），少量采用合金铸铁和蠕墨铸铁，油道多为铸造成形。液压件铸件毛坯要有足够的强度、韧性、弹性模量等机械性能及致密性，以便承受较高的工作压力；铸造毛坯要有精确的定位基准、准确光整的外形及光滑的铸造内流道，以便满足数控机床、加工中心等加工手段的要求并减少系统压力损失；铸件内腔应清洁，无任何残砂、锈蚀、氧化皮及其他杂物，以便提高阀及系统工作的可靠性。

② 伺服阀的阀体常称为壳体，其使用的材料种类较多，一般多采用不锈钢1Cr18Ni9Ti、9Cr18、Cr17Ni2制造。也有用铝合金LD10、ZL105制造的。近年来逐步采用沉淀硬化不锈钢0Cr17Ni4Cu4Nb制造。这种钢具有一般不锈钢的抗腐蚀特性，同时又可通过沉淀硬化提高其强度，是一种高强度不锈钢，其抗腐蚀性近似于奥氏体不锈钢1Cr18Ni9Ti，抗拉强度优于30CrMnSi。

③ 以水为工作介质的水压阀阀体的材料可选用LD5、LD10等锻铝，加工后对铝件表面进行阳极氧化处理，也可采用1Cr18Ni9Ti等奥氏体不锈钢材料。

（2）阀芯与阀套的材料

① 油压阀中阀芯、阀套等精密零件一般选用 45 钢、40Cr、Cr12MoV、12CrNi3A、18CrMnTi、18CrNiWA 及 GCr15 等高级工具钢、高合金结构钢、优质钢或轴承钢等材料。要求材料具有良好的耐磨性、线胀系数和变形量小等优点。为了提高阀芯的耐磨性，必须使材料表面达到一定的硬度（一般要求≥58HRC）。因而，针对不同的材料可选用淬火、渗碳、渗氮等不同的热处理手段。

② 水压阀中阀芯的材料除了要求能达到较高的硬度外，还应有良好的耐淡水或海水腐蚀性能。虽然奥氏体不锈钢的耐腐蚀性能较好，但难以通过热处理提高材料的表面硬度，因此不适宜作为阀芯材料。一般可选用 2Cr13、1Cr17Ni2 等马氏体不锈钢、0Cr17Ni4Cu4Nb 等沉淀硬化不锈钢或工程陶瓷作为水压阀阀芯的材料。其中马氏体不锈钢只能用于淡水，0Cr17Ni4Cu4Nb 是一种高强度不锈钢，抗腐蚀性能接近 1Cr18Ni9Ti 奥氏体不锈钢。该不锈钢加工时一般先进行固溶处理，在精密加工前进行沉淀强化处理（当时效温度在 420℃，保温 10h 以上时，可获得最高硬度）。水压阀中阀套的材料首先应具有良好的耐腐蚀、磨损性能。此外阀套与阀芯材料的合理搭配也十分重要，应防止阀套与阀芯材料发生黏着磨损、腐蚀磨损等，以提高水压阀的寿命和工作可靠性。阀套一般可选用耐腐蚀性好的 QAl9-4 青铜或高分子材料。其中高分子材料应具有强度高、耐磨性好、线胀系数小、吸水率低、加工性能好等特点。

2.7.2　液压阀主要构件的加工工艺

（1）一般要求

液压阀要求阀芯在阀体孔内移动灵活、工作可靠，泄漏小且寿命长。在油压阀中，通常各种滑阀的配合间隙为 0.005～0.035mm，配合间隙公差为 0.005～0.015mm。其圆度和圆柱度的允差一般为 0.002～0.008mm。对于台阶式阀芯和阀孔，各圆柱面的同轴度允差为 0.005～0.01mm。对于平板阀阀芯与阀座的平面度误差应不大于 0.0003mm。

阀芯与阀孔的配合表面，一般要求表面粗糙度 Ra 值为 0.1～0.2μm。考虑到孔的加工比外圆困难。一般规定阀芯外圆的表面粗糙度 Ra 值为 0.1μm，阀孔内圆表面的 Ra 值为 0.2μm。

可见，对阀芯和阀孔的形状精度、位置精度及其表面粗糙度都有较严格的要求。若对于水压阀，则上述各项要求会更高。为达到所要求的加工精度，阀芯的加工在进行车、铣、磨后，最后还需光整加工。阀芯外圆常用的光整加工方法有研磨和高光洁度磨削。阀孔的加工一般在进行钻孔、扩孔、铰孔、镗孔、磨孔后，再光整加工。孔常用的光整加工方法有精细镗、珩磨、研磨和挤压等。

（2）工艺装备

目前，国内主要液压元件厂对液压阀零件的加工大多数采用数控机床、加工中心和高效专机相结合的工艺装备，辅助工序则采用通用机床。

（3）阀体的机械加工工艺

不同类型、品种液压阀的阀体加工工艺有所不同。例如普通液压阀中的电液换向阀的阀体，其主孔与阀芯的配合间隙很小，要求在高压下阀芯在主孔内换向灵活，同时又要求阀的内泄漏量不超过规定值；各连接面不得有外泄漏。所以，阀体的主孔及其他各面的加工中，应达到很高的尺寸精度、形状精度和较低的表面粗糙度。阀体内各轴向尺寸也必须控制在其公差范围内，以确保阀芯各台阶尺寸配合位置正确，阀体主要尺寸及精度要求见图 2-37。采用卧式加工中心对电液换向阀体的加工工艺流程大致为：粗铣各平面镗主孔两端→加工阀体底面及底面上各孔→加工阀体两端面、顶面及两端面各孔、加工主孔及孔内各槽节距→去刺、清洗→主孔珩磨等。

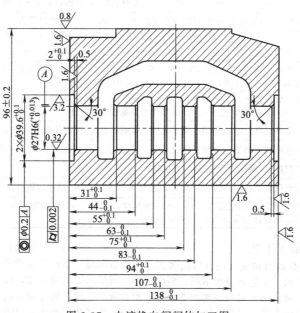

图 2-37　电液换向阀阀体加工图

伺服阀的壳体常见结构如图 2-38 所示。孔 D 与阀套配合，配合间隙为 0.001～0.003mm，表面粗糙度为 $Ra0.2\mu m$，圆柱度为 0.0005mm。孔 d 和喷嘴体成过盈配合，过盈量为 0.005～0.007mm，表面粗糙度为 $Ra0.4\mu m$，圆柱度为 0.0005mm，与上端面的平行度为 0.03mm。此外还有油滤孔，其两端堵头多采用密封圈密封结构。图中 d_1、d_2 孔的精度比前述两孔低，表面粗糙度为 $Ra1.6\mu m$，精度等级大多为 IT7～IT9，长径比在 8～12。壳体中有较多的油路连接小孔，其直径一般为 $\phi 1$～1.5mm，并多为斜孔，长径比在 30 以内。底面的安装孔及通油孔大部分已标准化，其中通油孔的端面密封槽，有内墙结构形式和无内墙结构形式，尺寸精度要求一般为 7～10 级，粗糙度为 $Ra1.6\mu m$。为了便于加工，也可以把壳体结构做成组合式的，即分成几个部分加工，然后再组合成一体。这种结构加工方便，也易于保证加工质量，但阀体的强度、刚度和密封性较差。伺服阀的壳体的主要加工工序见表 2-17。

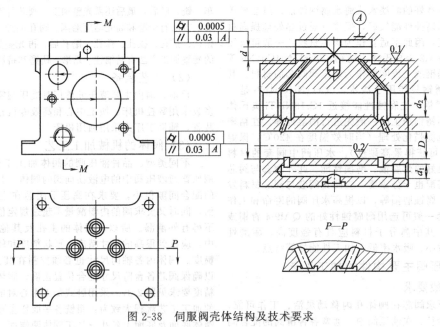

图 2-38　伺服阀壳体结构及技术要求

表 2-17　伺服阀壳体的加工工序

序号	工序名称	工序内容及加工要求
5	调质处理	淬火及高温回火硬度 25～30HRC，消除材料应力，改善材料工艺性能
10	加工外形	粗铣外形，除定位基准面外，外形基本加工完成，一般尺寸精度为 0.05mm，粗糙度为 $Ra3.2\mu m$，可采用数控铣床，加工中心等高效率设备和组合铣刀，整体硬质合金专用铣刀等高效率刀具
15	修正基准	平磨修整外形基准，外形六个面之间的平行度。垂直度控制在 0.01mm 以内，粗糙度为 $Ra1.6\mu m$
20	加工配套孔	在车床上使用可调弯板，组合夹具或专用夹具，钻、铰、镗三个配套孔（见图 2-38 中 D、d_1、d_2）尺寸精度为 H7，与定位基准的平行度为 0.02mm，粗糙度为 $Ra1.6\mu m$
25	加工喷嘴体孔	在坐标镗床上加工喷嘴体孔（见图 2-38 中 d，一般为 $\phi3H7$）尺寸精度为 H7，与定位基准的平行度为 0.02mm，粗糙度为 $Ra1.6\mu m$，采用专用螺旋铰刀加工
30	电火花加工	加工各非圆形通油孔和不便于机械加工的通油孔，控制位置精度在 0.05mm 以内
35	加工通油孔	在钻床或工具铣床上加工各油路小孔，去除加工后的毛刺，并加工各螺纹孔，安装孔，并刻号等
40	热处理	真空淬火，硬度为 ≥38HRC（Cr17Ni2）
45	珩磨	珩磨配套孔，圆柱度为 0.001mm，粗糙度为 $Ra0.2\mu m$，尺寸一致性在 0.01mm 以内
50	研磨	研磨配套孔，圆柱度为 0.0005mm，粗糙度为 $Ra0.1\mu m$，与阀套的配合间隙为 0.001～0.003mm，与喷嘴体的配合过盈为 0.005～0.007mm

（4）阀芯与阀套的加工工艺

① 普通液压阀的阀芯有滑阀和提升阀（锥阀和球阀）之分，故阀芯结构及其加工工艺有很大不同。现以方向控制阀的滑阀阀芯为例，对其加工过程说明如下：方向控制阀为滑阀阀芯装在阀体主孔内，其一般配合间隙为 0.01mm 左右。它在阀体主孔内可以轴向自由滑动，不得有阻滞。这就要求阀芯应有较高的尺寸精度和圆柱度，较低的表面粗糙度，以保证阀芯换向时灵敏度高而泄漏量小。阀芯的主要结构尺寸及其技术要求如图 2-39 所示。主要的制造工艺过程为：车削各外圆→其端面→

去除各棱边毛刺→清洗→渗碳，淬火→粗磨外圆→电加工外圆三角槽→半精磨外圆→去刺→精磨外圆，保证与阀体孔配合间隙→去刺→清洗→防锈。

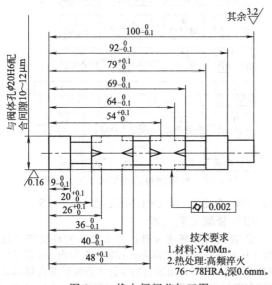

图 2-39　换向阀阀芯加工图

② 电液伺服阀中阀芯和阀套称为滑阀偶件，靠两者的轴向相对运动改变节流孔面积，对液流进行控制。滑阀偶件的制造精度特别是阀芯和阀套的配合间隙、节流工作边的尺寸和形状以及它们的相互位置精度直接影响到伺服阀的多项性能，也会影响伺服阀的使用寿命。伺服阀的滑阀偶件要比普通液压阀的技术要求高，见表 2-18。

图 2-40 所示为四通断续节流窗口阀套和全周边（内环槽）节流窗口阀套。其内孔与阀芯配套，保证间隙 0.001～0.003mm；其外圆与壳体配套，保证间隙 0.001～0.003mm；表面 H 与内孔 B 相交处去毛刺保留锐边（R 不大于 0.005mm）；图 2-40(a) 中 16 个矩形孔宽度 b 相差不大于 0.01mm；同一个 H 面上 4 个矩形孔工作边的位置度公差（通常习惯叫共面度）为 0.002mm。阀套内孔直径一般为 $\phi4\sim19$mm，深径比 L/D 为 7～12。阀套外圆与壳体一般采用间隙密封，也有采用过盈量很小（过盈量为 0.002mm）的过盈配合，或者采用橡胶圈密封。采用橡胶圈密封时可适当加大配合间隙，但对胶圈沟槽的制造有严格的尺寸和粗糙度要求。这两种最常见阀套的典型加工工艺过程见图 2-41。

表 2-18　伺服阀滑阀偶件的技术要求

	内孔形状精度	内孔表面粗糙度	节流工作边精度				阀套阀芯配合间隙	工作边重叠量误差
阀套	圆度 0.2 圆柱度 0.3 母线直线度 0.3	$Ra\leq0.08$	节流边对内孔轴线垂直度	同一组节流边的位置度	节流边表面粗糙度	节流边与内孔相交处 R_{max}	1～3	1%～2% 的阀芯位移量（零重叠）
			2	2	$Ra\leq0.2$	5		
阀芯	外圆形状精度	外圆表面粗糙度 $Ra\leq0.08$	台、肩端面精度			中槽与反馈杆小球配合间隙		
	圆度 0.2 圆柱度 0.3 母线直线度 0.3		对外圆轴线垂直度	与外圆相交处 R_{max}	表面粗糙度	0～1.5		
			1	5	$Ra\leq0.2$			

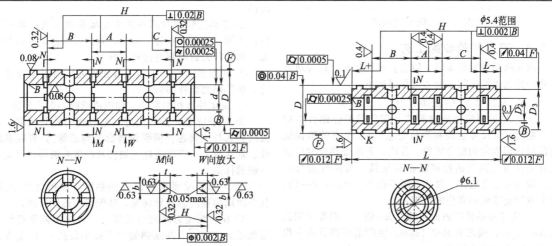

(a) 四通断续节流窗口阀套　　　　　　　　(b) 全周边（内环槽）节流窗口阀套

图 2-40　伺服阀阀套

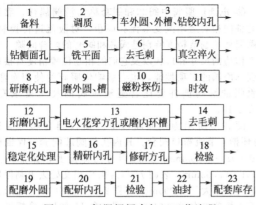

图 2-41 伺服阀阀套加工工艺流程

典型阀芯的结构简图如图 2-42 所示，其外圆 d 与阀套内孔配磨，保证间隙 0.001～0.003mm；四个台肩工作边的轴向位置尺寸 A、B、C 与阀套上相应的节流工作边配磨，保证重叠量要求；反馈槽两端与反馈杆小球配磨，保证间隙 0～0.0015mm；外圆和槽的形状位置精度也都很严格，故阀芯的加工难度较大。阀芯的典型加工工艺过程见图 2-43。

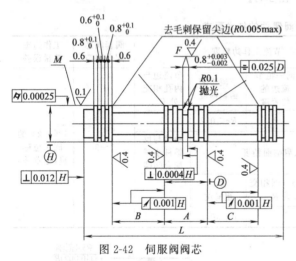

图 2-42 伺服阀阀芯

2.7.3 液压阀的装配工艺

液压阀品种规格多样，但组装过程相似。以普通液压阀中的电磁换向阀装配为例介绍如下。

(1) 关键零件精整加工中的注意事项

① 严格控制液压阀内阀芯、阀套等配合偶件的精加工精度（含尺寸公差和形位公差），以便有效地保证装配时达到规定的配合间隙。为此，要配备相应的精加工设备及与之匹配的检测仪器和量具，对偶件进行认真、恰当的分组选配，尺寸间隔可以 0.002mm 为一挡，并采取防止磕碰和划伤的措施。

② 注意关键件的表面粗糙度 Ra 值。一般要求阀孔为 $Ra0.2\mu m$，阀芯为 $Ra0.16\mu m$。装配前要查看表面粗糙度及有无擦伤或锈蚀。

③ 检查铸件内部质量；对阀芯热处理变形进行校直；

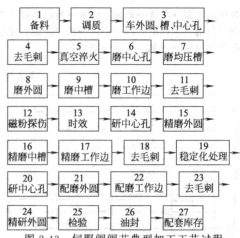

图 2-43 伺服阀阀芯典型加工工艺过程

检查弹簧、电磁铁、橡胶密封圈的性能是否达标等。

(2) 装配工艺过程

① 装配间的环境条件：要有较高的环境清洁度（如净化车间）；能对室温进行控制；车间内 3m 高度应控制在 20℃±2℃；组装前的零件和组装试验合格的成品要有密封和保护措施；要求实行干装配，以防二次污染，保证装配清洁。

② 装配过程的安排：选配和配餐→装配阀体阀芯偶件（忌用锤子敲击阀芯）→安装一端弹簧座、密封圈、弹簧、电磁铁→安装另一端各零件→安装底面密封圈及节流器→自检是否漏装。

上述过程可以采用流水作业，即多人安装，一个人完成一个工步，适合零件加工质量稳定及大批量生产企业；也可以采用一个人完成所有工步的集中作业，有利于快速解决组装中出现的问题，是当今多数企业采用的作业方式。

③ 试验：组装后的整体阀，在确认无误后立即交试验工序，在相应试验台架上进行试验。

(3) 装配过程中的注意事项

① 装配所使用的工作台面、各种工具、辅具必须清洁。

② 正确安装密封圈并防止金属零件锐边破坏密封圈；按规定数量、胶种、方式，对组装中规定使用某种黏结剂进行密封的零件进行涂抹。

③ 使用规定的方法和工具正确完成需过盈压装或冷、热装配的组件的装配。

④ 避免外形相似零件（如电磁阀阀芯等）装错。

⑤ 对于精密配合的偶件（电磁阀阀体与阀芯、溢流阀阀套与主阀芯、伺服阀阀套与阀芯等），要轻拿轻放、垂直旋入，严防磕碰、划伤及产生毛刺等，以免影响阀的性能。

⑥ 对无选配要求的偶件的装配，如单向顺序阀，其单向阀的锥阀芯遇导向套，装配后应运动灵活。

⑦ 在装配压力阀调节装置时，必须使调节杆处于最低压力状态（即调压弹簧处于最小负荷），以免在试验时出现意外事故。

⑧ 应按图纸要求用转矩扳手拧紧各种连接螺钉。

第3章 液压阀产品系列概览及常用液压阀选型要点

3.1 液压阀产品系列总览

目前国内生产和市场销售的液压阀产品，系列品种繁多，归属源系不一：既有自行开发的，又有仿制消化的，既有引进国外技术生产制造的，又有中外合资生产或国外公司独资生产的。按当前的技术水平及统计资料，液压阀主要产品系列及其性能比较与适用场合如表3-1所列。从总体上了解液压阀这些现有产品情况，有利于各类产品的正确选择和使用。

表3-1 液压阀主要产品系列及其性能比较与适用场合

性能＼类型	普通液压阀（压力阀、方向阀、流量阀）	特殊液压阀						微型液压阀	水压阀
		多路阀	叠加阀	插装阀	电液控制阀				
					伺服阀	比例阀	数字阀		
压力范围/MPa	2.5～65	0.6～42	20～31.5	31.5～42	2.5～31.5	～32	～21	～55	～21
公称通径/mm	6～80	10～32	6～32	16～160	6～63			一般≤4	
额定流量/(L/min)	～1250	～400	～250	～18000	～600	～1800	～500	1～100	2～120
控制方式	开关控制	多为开关控制	开关控制	开关控制	连续控制			开关控制和连续控制	开关控制和连续控制
连接方式	管式、板式	管式、法兰式	叠加式	插装式	多为板式			管式、板式叠加式、插装式	管式、板式
抗污染能力	最强	较强	最强	最强	差	较强	强	中等	不尽相同
价格	最低	比普通阀略高	比普通阀略高	比普通阀略高	普通阀的10倍	普通阀的3～6倍			
目前货源	充足	较充足	较充足	较充足	较充足	较充足	不足	不足	不足
产品系列	见表3-2	见表3-5	见表3-6	见表3-7	见表3-8	见表3-9	见表3-10	见表3-11	见表3-12
目前的主要应用场合	一般液压传动系统	车辆与工程机械液压系统	各类设备中等流量液压传动系统	高压大流量液压传动系统	自动化程度和综合性能要求较高的液压控制系统			高压中小流量液压传动和控制系统	有防燃、防污染等要求的液压系统

注：同一类型不同系列的液压阀产品，其性能参数互不相同，具体可查阅液压阀厂商的产品样本。

3.2 普通液压阀产品系列概览

普通液压阀包括方向、压力和流量三大类液压阀，国内生产和销售的普通液压阀产品系列概览见表3-2。

表 3-2　国内生产和销售的普通液压阀产品系列概览

系列	开发单位、特点及应用	主要技术参数				生产厂或销售商代号
		公称压力/MPa	通径φ/mm	流量/(L/min)	型号说明	
广研中低压系列液压阀	1966～1968年以广州机床研究所为主联合开发设计而成,包括方向、压力、流量三大类阀,该系列广泛应用于机床、生产自动线、轻工机械等行业。其安装连接尺寸不符合国际标准,目前正在被其他系列液压阀所替代	2.5,6.3		～300	见表3-3	①②③④⑤⑥等
广研GE系列中高压液压阀	1987年由广州机床研究所研制成功,包括方向、压力、流量三大类阀约130多个品种,近3000个规格。该系列阀结构具有力士乐阀的一些优点,铸造阀体、机加工流道;安装连接尺寸符合国际标准。可用于机床、冶金、船舶交通、起重、建筑等的液压设备中,完全可以替代广研所中低压系列阀的换代产品,对原使用中低压系列板式阀的设备可以采用过渡板连接	16	6、10、16、20	300	方向阀见第4章,压力阀见第5章,流量阀见第6章	①③④⑤⑦⑧等
榆次中高压系列液压阀	1965年从日本油研(YUKEN)公司引进,产品结构与美国VIKERS公司同类产品接近。安装连接尺寸不完全符合国际标准,主要用于工程机械、冶金设备。目前正在被新油研系列液压阀所替代	21,个别35	6、10、20、32、50、80	～1200	见表3-4	⑨⑩⑪等
联合设计系列高压阀	20世纪70年代有关科研院所和企业联合设计与试制,吸取了国际上同类产品的先进技术,遵循了标准化、系列化和通用化的设计原则,安装连接尺寸符合国际标准	31.5	6、10、20、32、50、80	～1250	见生产厂产品样本	⑫⑬⑭等
大连D系列液压阀	1986年由大连组合机床研究所推出,安装板面符合国际标准	10,方向阀为20	6、10、16、20	—		⑮
新YUKEN系列液压阀	于1992年开始,按日本油研公司技术合资生产,安装连接尺寸符合国际标准,是原榆次中高压系列液压阀的换代产品	21、25、31.5	01、03、06、10	—		⑯
威格士(VICKERS)系列液压阀	1980年从美国威格士(VICKERS)公司引进的38个图号的液压阀产品,工艺性好,便于批量生产,连接尺寸符合国际标准	20、25、电磁阀35	6、10、20(25)、32、50、80	900	方向阀见第4章,压力阀见第5章,流量阀见第6章	⑨⑰等
力士乐(REXROTH)系列液压阀	1980年从联邦德国力士乐(REXROTH)公司引进,包括60多个品种,大多数符合国际标准,具有体积小、通流能力强等特点	25、31.5个别阀63		1200		⑱⑲⑳⑬㉑等
北部精机(NORTHMAN)系列液压阀	北部精机(中国)股份有限公司(Northman Co.,Ltd.)于1974年建厂于中国台湾台北,1976年以来,先后开始专业设计制造方向阀、压力阀和流量阀及其他液压阀,产品外形美观,品种规格齐全。1997年起,陆续在大陆服务网络开始销售	7、21、25、31.5、35		～2500		㉒
阿托斯(ATOS)系列	意大利阿托斯(ATOS)公司总部设在意大利,在北京、上海、大连、济南设有代表处,在上海建有生产工厂,依照欧洲质量标准进行制造,产品受母公司(ATOS)控制。普通液压阀产品有(管式和板式单向阀压力阀、流量阀)、换向阀(电磁阀、特殊阀),安装连接尺寸符合国际标准。所有阀件表面经过ECP(增强防腐蚀)处理,通过镀锌处理、抗氧化处理和塑封处理的方法,确保在任何工况下的防锈蚀特性	21、25、31.5、35、40、50	6、10、16、20、25、32	～1000	见生产厂产品样本	㉓

续表

系列	开发单位、特点及应用	主要技术参数				生产厂或销售商代号
		公称压力 /MPa	通径 φ /mm	流量 /(L/min)	型号说明	
派克(PARKER)系列	美国派克汉尼汾公司液压控制公司设在德国卡斯特,在全球 48 个国家和地区拥有近 200 个制造厂[包括中国派克汉尼汾流体传动产品(上海)有限公司和派克汉尼汾香港有限公司],在北京、广州、成都、长沙设有办事处。普通液压阀产品有换向阀、单向阀(含梭阀)、压力阀、流量阀、压力继电器等,安装连接尺寸符合国际标准	31.5、35	6、10、16、25、32	～4000	见生产厂产品样本	㉔

注：1. 广州机床研究所现名为广州机械科学研究院,下同。大连组合机床研究所原隶属于机械工业部,已于 2000 年 8 月整体并入大连机床集团。

2. 厂商代号：①广州机械科学研究院(广州机床研究所)；②天津液压件一厂；③南通富达液压有限公司(原南通液压件厂)；④上海高行液压气动成套总厂；⑤佛山市康思达液压机械有限公司(原佛山液压件厂等)；⑥成都液压件厂；⑦西安液压件厂；⑧安阳殷都液压有限责任公司(原安阳液压件厂)；⑨榆次液压集团有限公司(原榆次液压件厂)；⑩四平市兴中液压件厂(原四平液压件厂)；⑪武汉楚源液压件有限公司(原武汉液压件厂)；⑫上海液二液压件制造有限公司；⑬沈阳液压件制造有限公司(原沈阳液压件厂)；⑭邵阳维克液压有限责任公司(原邵阳液压件厂)；⑮海门液压件厂有限责任公司；⑯榆次油研液压有限公司；⑰上海液压件一厂；⑱北京华德液压工业集团公司液压阀分公司；⑲天津液压件厂；⑳上海立新液压有限公司(上海立新液压件厂)；㉑济南超越液压件制造有限公司(原济南液压件厂)；㉒北部精机(中国)股份有限公司；㉓意大利阿托斯(ATOS)公司；㉔派克汉尼汾流体传动产品(上海)有限公司。

3. 各类液压阀的外形连接尺寸请见厂商的产品样本。

4. 各生产厂的联系方式等请见本书书末附录。

表 3-3　广研中低压系列液压阀型号说明

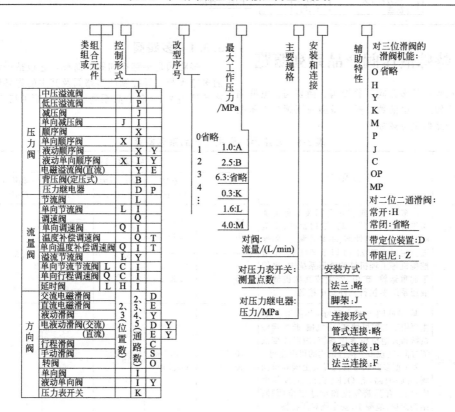

表3-4　榆次液压件厂中高压系列液压阀型号意义

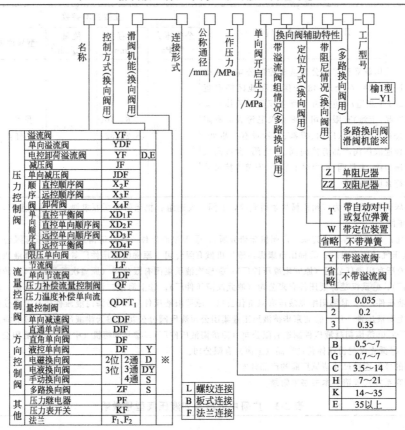

3.3　特殊液压阀产品系列概览

特殊液压阀包括多路阀、叠加阀、插装阀、电液伺服阀、电液比例阀、电液数字阀、微型液压阀与水压控制阀等，其产品概览分述如下。

3.3.1　多路阀

多路阀是多路换向阀的简称，它包括手动直接控制的多路阀与先导控制的多路阀及其中的先导阀。其主流产品见表3-5。各产品系列的详细介绍见第7章。

表3-5　多路换向阀主流产品系列概览

系列型号	特点及应用	主要技术参数					生产厂或销售商代号
		通径/mm	流量/(L/min)	额定压力/MPa	先导阀压力/MPa	背压力/MPa	
Z系列多路阀	由多路换向阀和安全阀及各种附加阀组合而成。压力高、结构紧凑、安全阀性能好、可靠性高、不易外漏、通用性强。主要用于ZL40以下装载机、小型挖掘机等工程机械的液压系统中，也用于起重运输、矿山、农业或其他机械中液压系统多执行元件集中控制	15　20	63　100	32	0.6~2.2	2.5	①②③④
		25	160				①②④⑤
ZS系列多路阀	是一种以手动换向为主体的组合阀，主要用于工程机械、矿山机械、起重运输机械和其他机械液压系统，用以改变液流方向，实现多个执行机构的集中控制　ZS1型多路阀带有先导安全阀和单向阀，并联油路，有O、R、Y、A、B、N等滑阀机能，有弹簧复位和钢球定位两种；结构简单、泄漏小、安全阀启闭特性好	10、15　20、25	40、63、100、160	16、20			①⑥⑨

续表

系列型号	特点及应用	主要技术参数					生产厂或销售商代号
		通径/mm	流量/(L/min)	额定压力/MPa	先导阀压力/MPa	背压力/MPa	
ZS 系列多路阀	ZS2 型多路阀是在 ZS1 系列基础上改进设计的,各项指标进一步提高;取消了安装角铁,利用阀体上的三个底脚直接安装	10、15 20、25	40、63、100、160	16、20			①⑥⑨
	ZS4 型多路阀是在 ZS1(2)系列基础上改进设计的,主要对 ZS 系列阀的外形进行了流线设计,阀体外形尺寸减小,阀体重量减轻						
	ZS3 型多路换向阀是在原 ZS 型换向阀的基础上进行了改进设计,不但继承了 ZS 系列多路阀的各种优点还具有良好的调速性能。使启动停止平稳可靠						
ZFS 系列多路阀	是手动换向阀的组合阀,由 2～5 个三位六通手动换向阀、溢流阀、单向阀组成,阀在中位时,主油路有中间全封闭、压力口封闭式及 B 腔常闭式及中间位置压力油短路卸荷等主油路,主要用于多个工作机构(液压缸或液压马达)的集中控制	10、20、25	30、75、130	10.5～14			⑤⑥⑦⑨⑩
DF 系列整体式多路阀	油路为串并联形式,有手动操纵、液控操纵。定位复位方式为弹簧复位与钢球定位两种形式。该阀压力高、流量大、压力损失小、微动特性好、附加阀齐全、操纵力小、结构紧凑、工作可靠、维修方便。适用于装载机、推土机、压路机等大中型工程机械的液压系统中多个执行机构的集中控制	25、32	160、250	20			①②⑤⑦⑧
DL-8 系列多路阀	阀为片式结构,每联都有单向阀。现有阀芯为 O 型机能,定位方式有弹簧复位和钢球定位两种,油路为串联油路。参照多田野汽车起重机下车阀改进设计而成,主要用于控制汽车起重机支腿的伸缩,设计中除保证原有的性能外,还注重考虑了加大通往上车阀的油路通道,使中位压力损失大为下降,减小了系统发热	8	80	20		液控单向阀开锁压力:≤2.8	①④
DC 系列多路换向阀	是根据国内外工程机械液压系统优化设计而成,该阀为片式结构,有并联、串并联油路,可单泵或双泵供油,多级压力控制与分、合流回路等,滑阀可在任意一端伸出,滑阀端部有舌状和叉状两种结构,除国内已有机能外,还增加了 G、R、W 等特殊机能,最多可控制 10 个工作机构。广泛用于装载机、汽车起重机、推土机、压桩机等工程机械和大吨位叉车、冶金、农业等机械的液压系统中,是主机实现进口元件国产化的理想产品	20、25、32	100、160、250 最大150、250、400	25、最大 31.5		≤3	①

续表

系列型号	特点及应用	主要技术参数					生产厂或销售商代号
		通径/mm	流量/(L/min)	额定压力/MPa	先导阀压力/MPa	背压力/MPa	
CDB 系列多路换向阀	是根据国内 1～10t 叉车、小型装载机、平地机液压系统,并引进、消化、吸收先进技术而设计的新产品。片式结构,1～10 联可任意组合;油路为并联、串并联形式;进油阀内设有稳流装置,保证转向系统正常工作;可带过载阀、补油阀等附加阀;滑阀机能有 O、A、R、Y、O$_x$ 等;有弹簧复位、钢球定位和反冲复位等定复位方式;各种机能均有良好微动性能。适用于叉车、小型装载机、平地机液压系统以及起重运输机械、矿山机械的液压系统中,是主机实现进口元件国产化的理想产品	15	80	16、20		2	①②⑦
		20	160	16、20、25			
QF28 型全负载反馈多路换向阀	全负载反馈,各工作油口均可按主机执行机构的要求,提供相应的流量,且保证执行机构的工作速度不受负载变化的影响,并具有优良的微动特性。高效节能,若由负载反馈泵提供油源,其中位几乎无压力损失,系统处于低压待命工作状态,在换向工作时,油源提供的流量仅为执行机构所需的流量。抗干扰,在进行复合动作时,各执行机构的动作速度相互均无影响。操纵控制形式多,具有手动、液压比例控制和电液比例控制多种操纵控制方式	28	400	24.5	0.5～2.4	≤2	①
DP20 型负载反馈多路换向阀	根据矿山机械、工程机械的需要成功地采用了负载反馈技术,使之成为一种高精度控制的节能型产品,在矿山机械和工程机械方面具有很高的推广价值。全负载反馈,各工作油口均可按主机执行机构的要求,提供相应的流量,且保证执行机构的工作速度不受负载变化的影响,并具有优良的微动性能。操作轻便;换向阀体与工作滑阀之间不设置动密封,故操纵力仅为同类产品的一半。高效节能:如果由负载反馈泵提供油源,其中位时几乎无压力损失,系统处于低压待命工作状态,在换向工作时,油源提供的流量仅为执行机构所需的流量。抗干扰:在进行复合动作时,各执行机构的动作速度相互均无影响	20	100	16、20、25		负载反馈阀压差值:0.7～0.9	①
D-32、D1-32 型多路换向阀	是液压比例操纵的多路换向阀,是为引进美国卡特彼勒(Caterpillar)950、966 和 980 轮式装载机技术的国产化配套元件。操纵力小,工作机构速度控制自如;Q 型机能的比例性能与三位阀相同,第四位用液控补油阀实现,配套的先导阀型号为 DJS2-TD、DDB 或 DJS3-TD、DDB、TT 或 DJS2、Z-TD、DDB;辅助功能齐全,可以在任一工作油口设置过载阀、补油阀。安全阀启闭特性好,补油压力低。二联阀可实现并联油路	32	250 最大 400	20 最大 25		K 口控制压力:0.4～2.3	①②

续表

系列型号	特点及应用	主要技术参数					生产厂或销售商代号
		通径/mm	流量/(L/min)	额定压力/MPa	先导阀压力/MPa	背压力/MPa	
DCV 系列多路换向阀	消化吸收意大利的产品技术,同时借鉴国外知名品牌的优点,结合国内企业的使用要求,开发研制的多路换向阀。所有铸件都是壳模铸造,压降低,所有阀芯由高性能钢材加工镀镍而成,阀芯为径向平衡结构,具有良好灵敏性;所有阀芯均可互换。有整体式、分体式两种结构;有并联油路、串联油路、串并联油路等油路形式;有手动、气控+手动、液控+手动、电液控、电气控等多种操纵控制方式	油口螺纹从 Gl/4~Glin不等(lin = 0.0254m)	20、35、60、40、90、100、140、200	最大压力 35		5、6	⑪
B 系列减压式比例先导阀	是为引进德国利勃海尔挖掘机技术而开发的国产化元件。有 6 种固定型号专为进口机型设定,也可用于国产机型。其中 B2 型先导阀为片式结构,每片为 1 个手柄两个控制口,用户可根据需要在 10 联内任意选择。操作简单、控制灵敏、工作可靠、安装维修方便,具有良好的比例控制特性。适用于大中型工程机械对液动换向阀进行比例先导控制	油口螺纹规格:M14×1.5	16	最大 3	控制压力:0.3~2.8		①
BJS 型减压比例先导阀	是为引进美国卡特彼勒(Caterpillar)950、966 和 980 轮式装载机的国产化配套元件。操作简单、控制灵敏、工作可靠、安装维修方便,实现远距离控制。适用于大中型工程机械对液动换向阀进行比例先导控制		10最大 15	2.5最大 5	控制压力:0.3~2.2		①
DJS 型减压式比例先导阀	是为引进国外 950B、966D 和 980S 轮式装载机的国产化配套元件。该阀与 D32 液动多路换向阀组合,主要配套于 ZL40、ZL50、ZL60 等大、中型装载机,亦可用于推土机等其他大、中型工程机械的工作装置液压系统。阀采用分片式结构,便于通用和组合;先导阀在举升和收斗位置设有电磁定位,通过调整动臂和转斗上的限位器,可方便地实现铲斗任意位置的自动放平控制和动臂举升高度的垂直限位,简化了操作程序,减轻劳动强度;先导阀控制油口输出的二次压力呈线性变化,使调速性能更好,相应调速范围更宽		10最大 15	2.5最大 5	控制压力:0.4~2.8	电磁铁工作电压:DC24V	①②
起重机系列用阀 QFZMG ※ H 全负载敏感多路换向阀	阀内设有二次压力安全阀、流量负载压力补偿器,重复精度高、滞环低,液压控制。可通过阀芯行程限位进行流量调节。可用于大吨位履带式起重机和其他工程机械等与负载压力无关的流量分配的闭式变量泵	12、15、28、32	100、150、400、600	35、38、40	0.5~2.4;0.6~2.5	2、3	⑩
工程机械系列用阀 HCD4、6 型多路换向阀	以手动换向阀为主体的组合,有公共进出油口,可组成串并联油路,具有多种滑阀机能,有弹簧复位和弹跳定位两种定位方式。主要用于工程机械、石油矿山机械等液压系统	15、20	80、100	25、31.5		3	

系列型号	特点及应用	主要技术参数					生产厂或销售商代号
		通径/mm	流量/(L/min)	额定压力/MPa	先导阀压力/MPa	背压力/MPa	
矿山机械系列用阀 PSV 负载敏感式比例多路换向阀	具有压力适应功能,可实现负荷传感随动控制,减少泵的负荷,减少动力消耗和发热,并改善阀的流量调节特性,能进行多泵供油分流合流控制,是力矩限矩器电信号转换的机电液一体化元件,主要适用于煤矿掘进机的操纵控制	20	120	40			

注:1. 各系列多路阀的型号意义、液压原理请见第 7 章或厂商产品样本。

2. 厂商代号:①四川长江液压件有限公司(原四川长江液压件厂);②浙江临安海宏集团公司(原浙江临海液压件厂);③天津石化通用机械研究所;④上海高行液压气动成套总厂;⑤榆次液压集团有限公司(原榆次液压件厂);⑥江苏(扬州)晨光液压制造有限公司;⑦合肥长源液压有限责任公司(原合肥液压件总厂);⑧青州液压件厂有限公司;⑨锦州液压件总厂;⑩锦州市力特缸泵阀液压制造有限公司;⑪上海强田流体技术有限公司。

3. 各类液压阀的外形连接尺寸请见厂商的产品样本。

4. 各厂商的联系方式等请见本书书末附录。

3.3.2　叠加阀

国内生产和销售的部分叠加阀产品系列概览见表 3-6,各产品系列的详细介绍见第 8 章。

表 3-6　国内生产和销售的部分叠加阀产品系列概览

系列名称	基 本 情 况	主要技术参数		生产厂或销售商代号
		公称压力/MPa	公称通径/mm	
广研所系列	由原广州机床研究所开发,连接尺寸符合国际标准,通径仅有 2 个,但其中有一些机床行业所需的新型阀(如复合相关背压阀,电磁调速阀等)	20	6、10	①
大连组合所系列	由大连组合机床研究所开发。连接尺寸符合国际标准。与国外同类产品相比,通径齐全(共 5 个),其中有一些机床行业所需的新型阀(如顺序节流阀,电动单向调速阀等)	20	6、10、16、20、32	②③④
联合设计系列	1990～1992 年间,由榆次液压件厂和大连组合机床研究所联合设计试制,是具有我国特色的高压系列叠加阀系列。吸取了国内外同类产品的优点,性能参数接近和达到联邦德国力士乐(REXROTH)和美国威格士(VICKERS)同类产品水平,品种规格包容了力士乐和威格士同类产品。通径共 3 个	31.5	6、10、16	⑤
榆次油研系列	按日本油研(YUKEN)公司当前技术合资生产,通径共有 4 个。结构合理,性能参数优越,质量可靠	25	6、10、16、20	⑥
力士乐系列	我国从联邦德国力士乐(REXROTH)公司引进许可证生产,连接尺寸符合国际标准,通径规格共 4 个,具有体积小,压力高、通流能力强等特点	31.5	4、6、10、16、22	⑦⑧⑨
威格士系列	我国从美国威格士(VICKERS)公司引进许可证生产,通径规格共 4 个	31.5	4、6、10、16	⑩⑪⑫
北部精机系列	由北部精机股份有限公司(Northman Co.,Ltd.)设计和制造,通径规格共 4 个,连接面符合国际标准,广泛用于机床、船舶和轧钢设备的液压系统中,国内设有多家代理商(公司)	21,25	6、10、16、20	⑬⑭⑮⑯

续表

系列名称	基　本　情　况	主要技术参数		生产厂或 销售商代号
		公称压力 /MPa	公称通径 /mm	
阿托斯系列	意大利阿托斯(ATOS)公司产品,通径规格共4个	21,35	6,10,16,25	⑰
派克系列	派克汉尼汾(上海)有限公司生产,通径规格共4个	35	6,10,16,25	⑱
说明	各系列叠加阀均有相应基块(底板块)图纸或产品可供			

注: 1. 各系列叠加阀的型号意义请见第8章或厂商产品样本。

2. 厂商代号:①广州机械科学研究院液压研究所;②沈阳液压件二厂;③江苏省海门市液压件厂有限责任公司;④浙江象山液压气动工业公司;⑤榆次液压集团有限公司(原榆次液压件厂);⑥榆次油研液压有限公司;⑦北京华德液压集团公司液压阀分公司;⑧上海立新液压有限公司(上海立新液压件厂);⑨沈阳液压件制造有限公司(原沈阳液压件厂);⑩上海液压成套公司;⑪宁波经济技术开发区新大洋贸易有限公司;⑫佛山市生力液压机械配件中心;⑬北部精机股份有限公司(台北);⑭新会北部精机有限公司;⑮乐世门机电(深圳)有限公司;⑯乐世门(上海)流体技术有限公司;⑰意大利阿托斯(ATOS)公司;⑱派克汉尼汾流体传动产品(上海)有限公司。

3. 各系列叠加阀的外形连接尺寸请见厂商的产品样本。

4. 各生产厂的联系方式等请见本书书末附录。

3.3.3　插装阀

国内生产和销售的部分插装阀产品系列概览见表3-7,各产品系列的详细介绍见第9章。

表 3-7　国内生产和销售的部分插装阀产品系列概览

结构 形式	系列 代号	基　本　情　况	主要技术参数		主要生产和 销售商代号
			公称压力 /MPa	公称通径 /mm	
盖板式	Z	1976年以来,由济南铸造锻压机械研究所开发,迄今已改进5次,通径规格齐全(10个),安装尺寸符合ISO/DP 7368和DIN 24342标准(DN125和DN160除外),盖板为平板结构	35	16、25、32、40、50、63、80、100、125、160	①②③等
	JK※	由北京冶金液压机械厂研制,通径规格8个,安装尺寸符合DIN24342标准,盖板为方形结构和圆形结构	31.5	16、25、32、40、50、63、80、100	④
	TJ	20世纪80年代以来,由上海七〇四研究所开发,通径规格齐全,安装孔尺寸符合DIN 24342标准,盖板为凸台结构	31.5	16、25、32、40、50、63、80、100	⑤⑥⑦等
	力士乐 L	由我国从德国力士乐公司引进技术生产。通径规格因不同的控制方式而不尽相同。安装孔尺寸符合DIN 24342标准(DN125和DN160除外),控制盖板有多种形式。减压和顺序控制的插装阀为新开发的产品,使用时需向厂家咨询。该系列插装阀是目前公称压力最高的插装阀	方向和溢流控制阀 42	16、25、32、40、50、63、80、100、125、160	⑧⑨等
			减压和顺序控制阀 35	16、25、32、40、50、63	
				16、25、32、40、50	
	CV	1984年以来,我国从美国威格士(VICKERS)公司引进技术生产,通径规格较少,安装孔尺寸符合DIN 24342标准,控制盖板为凸台结构	31.5	16、25、32、40、50、63、	⑩⑪⑫等
	油研 L	1992年以后,榆次油研液压有限公司生产了日本油研(YUKEN)公司的全系列插装阀,通径规格共8个,安装孔尺寸符合DIN 24342标准,控制盖板为凸台结构	31.5	16、25、32、40、50、63、80、100	⑬
	阿托斯LI系列	意大利阿托斯(ATOS)公司生产,该系列阀能够实现压力、流量方向及单向控制。通径规格共8个,流量高达8000L/min,压力可达350bar(1bar＝10^5Pa)。模块化结构,安装孔尺寸符合ISO 7368和DIN 24342标准。该系列插装阀由一个安装在标准化尺寸的孔腔内的二通插装件和一个此功能盖板组成。插件由一个座阀芯和一个带孔的阀套组成,阀芯由液压先导控制并在阀套内滑动,弹簧保持阀芯关闭。座阀芯通过盖板上的内部通道实现液压先导控制。外部先导压力能够直接作用或由装在盖板上的电磁阀或溢流阀控制。对每一个通径阀,可选很多种不同功能的盖板,从而构成完整的阀的系列。阀芯可有不同的几何形状和面积比,从而得到优化的压力、流量和方向控制。还可提供把标准元件和插装阀集成到一个紧凑功能阀块上的集成电液系统	35	16、25、32、40、50、63、80、100	⑭

续表

结构形式	系列代号	基 本 情 况	主要技术参数		主要生产和销售商代号
			公称压力/MPa	公称通径/mm	
盖板式	派克CE系列	派克汉尼汾流体传动产品(上海)有限公司生产,通径规格共 8 个,控制流量高达 11000L/min。孔的尺寸和油口位置按 DIN 24342 标准已标准化。该系列阀是一种无阀体的座式锥阀插装单元,它无特定功能。其主要结构包括阀套、阀锥、弹簧和挡板,它们构成了插件 CE 以及盖板 C。为了实现其功能,插装阀被装在控制块里必要的连接孔中。孔的尺寸和油口位置已标准化。孔由盖板进行封闭。盖板的结构决定了插装阀的功能。阀锥直接受弹簧力的作用,并通过相关的液控压力被打开或关闭,对于不同的要求,例如:压力、流量、截止或换向功能,阀锥有不同的阀座形状并且可以选择不同的面积比。对于不同的功能需要先导控制时,先导控制可以装在盖板单上或通过控制孔与盖板单元相连。插装阀有如下结构:初始位置通过弹簧关闭(常闭);初始位置通过弹簧打开(常开)。插装阀每一种公称尺寸有一种阀套,允许安装所有的阀锥结构。借此可简化:通过更换阀锥可以改变其功能。元件少也可以减少库存。每个规格有三种盖板可供选择,可适用于所有标准功能阀。对于不同的功能来讲,4 种不同的阀锥带有不同的阀座几何形状,其可以实现最佳流量匹配。通过使阀锥与阀座实现最佳的同心度,阀可使 A 口和 B 口之间实现无泄漏密封。可选择使 B 口和弹簧腔 C 之间实现无泄漏密封。接口大(超过标准尺寸)可使整个控制系统的压力损失小。阀套带有两个导向装置使得阀锥的移动无滞后以及启动力小。插装件和盖板也可以作为单个元件进行供货。电气的终点位置监控装置可以供货。CE 系列二通插装阀主要产品除插件、盖板外,还有溢流阀、比例溢流阀、顺序阀、背压阀、液控单向阀、单向阀及梭阀等先导控制元件	35	16、25、32、40、50、63、80、100	⑮
螺纹式	海宏F	包括电磁阀、压力控制阀、方向控制阀、流量控制阀、负载控制阀和比例控制阀等;通径规格共 10 个;压力高,流量范围宽,公称压力因不同的阀而不尽相同,公称流量也因不同的阀而不尽相同(最小 2L/min,最大达 300L/min);该系列螺纹插装阀的关键零部件均采用优质合金钢淬火或渗碳淬火处理,以保证有长效的工作寿命	21、24、31.5、42	4、6、8、10、12、15、16、20、25、32	⑯
	强田V	包括单向阀、流量阀、溢流阀、顺序阀、平衡阀、叠加阀和方向控制阀等。阀体由高等级冷拔钢制造,阀芯经淬火及镀锌处理,油路块由高强度冷铝合金制成,阀块上所有油口均为英制螺纹,从 G1/4~G1in 不等(1in=0.0254m);最大流量达 240L/min;所有密封件都是 BUNAN 标准	最大 30、35、40	1/4~G1in	⑰
	威格士V	美国威格士公司(VICKERS)生产,产品全面系统,包括换向阀、压力阀、流量阀及比例阀等,压力高,流量较大(高达 227L/min),可靠性高	35,41.5	8、10、12、16、20	⑱
	阿托斯	意大利阿托斯(ATOS)生产,产品品种较少,仅见溢流阀和单向阀	35	G1/4in、G3/8in、G1/2in;M14、M20、M32、M33、M35	⑭
说明		各系列插装阀均有相应插装件和集成块图纸或产品可供			

注:1. 各系列插装阀的型号意义请见第 9 章或厂商产品样本。

2. 厂商代号:①济南巨能液压机电工程有限公司(济南铸锻机械研究所);②山东邹县液压试验厂;③浙江余姚液压装置厂;④北京冶金液压机械厂;⑤上海航海仪器厂;⑥中船重工重庆液压机电有限公司(原重庆液压件厂);⑦上海华岳液压机电公司;⑧北京华德液压工业集团有限公司液压阀分公司;⑨上海立新液压有限公司;⑩上海液压件一厂;⑪上海液二液压件制造有限公司;⑫天津高压泵厂;⑬榆次油研液压有限公司;⑭意大利阿托斯公司;⑮美国派克汉尼汾公司;⑯宁波海宏液压有限公司;⑰上海强田流体技术有限公司;⑱美国威格士公司。

3. 各系列插装阀的安装连接尺寸请见厂商的产品样本。

4. 各厂商的联系方式等请见本书书末附录。

3.3.4　电液伺服阀

国内生产和销售的电液伺服阀主流产品系列概览如

表 3-8 所列。各种原理结构的电液伺服阀的技术性能参数见第 10 章。

表 3-8　国内生产和销售的电液伺服阀主流产品概览

系列	主要类型及原理结构	供油压力范围/MPa	额定流量/(L/min)	生产厂
FF	液压放大器有两级、三级两类,主要有双喷嘴挡板力反馈式、双喷嘴挡板电反馈式、动压反馈式、阀芯力综合反馈式等原理结构	2~28,1~21,2~21、7~21	~400	①
YF(YFW)	两级液压放大器,主要为双喷嘴挡板力反馈式原理结构	1~21	~400	②
QDY	液压放大器有一级、两级、三级三类,主要有双喷嘴挡板力反馈式、双喷嘴挡板电反馈式、动圈式滑阀直接反馈型等原理结构	1.5~32,2~28,1~21	~800	③
YF7、YJ	两级液压放大器,主要为动圈式滑阀直接反馈型原理结构	3.2~6.3,3.2~20	~630	④
SV、SVA	两级液压放大器,主要有动圈式滑阀直接反馈型等原理结构	2.5~20,2.5~31.5	~250	⑤
DYSF	液压放大器有两级、三级两类,主要为双喷嘴挡板力反馈式和电反馈式原理结构	1~21,4~21	~400	⑥
CSDY	两级液压放大器,主要为射流管力反馈式原理结构	2.5~31.5	450	⑦⑧
DY	两级液压放大器,主要为动圈式滑阀直接反馈型原理结构	1~6.3	~500	⑨⑩
V	两级液压放大器,动圈式电反馈型原理结构	1~31.5	~750	⑪
MOOG	液压放大器有两级、三级两类,主要有双喷嘴挡板力反馈式、双喷嘴挡板电反馈式、阀芯力综合反馈式等原理结构	1~28,1.4~21,1.4~14,7~35,7~28,2~21、7~21	~2800	⑫
BD	两级液压放大器,主要为双喷嘴挡板力反馈式原理结构	1~21,1~31.5	~151	⑬
DOWTY	液压放大器有两级、三级两类,主要有双喷嘴挡板力反馈式、电反馈式原理结构	7~28	900	⑭
4WS	液压放大器有两级、三级两类,主要有双喷嘴挡板力反馈式、电反馈式原理结构	1~31.5,2~31.5	1000	⑮

注:1. 生产厂:①中国航空研究院第六○九研究所(湖北襄樊);②航空航天工业秦峰机械厂(陕西汉中);③北京机床研究所精密机电公司;④北京冶金液压机械厂;⑤北京机械工业自动化研究所;⑥航空工业第三○三研究所(北京丰台);⑦中船重工集团七○四研究所;⑧九江仪表厂(江西九江);⑨上海液压件一厂;⑩上海科鑫电液设备公司;⑪美国 TEAM 公司;⑫美国 MOOG(穆格)公司;⑬美国 PARKER(派克)公司;⑭英国 DOWTY(道蒂)公司;⑮德国 REXROTH(力士乐)公司。

2. 各系列电液伺服阀的型号意义及安装连接尺寸请见产品样本。

3. 各厂商的联系方式等请见本书书末附录。

3.3.5　电液比例阀

国内生产和销售的电液比例阀主流产品系列概览如

表 3-9 所列。各种原理结构的电液伺服阀的技术性能参数见第 11 章。

表 3-9　国内生产和销售的电液比例阀主流产品概览

系列	主要产品类型	通径/mm	压力/MPa	流量/(L/min)	生产厂
上海液二系列	是国内最早研制成功的比例阀系列,主要有比例溢流阀、三通比例调速阀和比例方向流量阀等产品	8、10、16、20、25、32、50	31.5	~500	①
广研系列	广州机床研究所于 20 世纪 80 年代研制成功,主要有比例方向阀(在伺服阀基础上演变而来)、比例溢流阀和比例流量阀(在常规液压阀基础上发展起来)及电液比例复合阀等产品	6、8、10、15、20、25、32	31.5	~600	②

续表

系列	主要产品类型	通径/mm	压力/MPa	流量/(L/min)	生产厂
浙大系列	浙江大学于 20 世纪 80 年代初开始研制,主要产品有比例溢流阀、比例节流阀、比例二通调速阀、比例三通调速阀和比例方向阀等,应用了压力直接检测,级间动压反馈及流量-位移-力反馈等新原理,主要性能指标较好	16、25	31.5	~450	③
引进力士乐技术系列	引进德国力士乐技术生产,主要有比例方向阀、比例溢流阀、比例减压阀、比例调速阀、比例插装阀等产品	6、10、16、25、32、40、50、63	31.5	~1800	④⑤
油研 E 系列	按照日本油研公司的技术图纸生产,主要产品有比例先导式溢流阀、比例溢流阀、比例溢流减压阀、比例流量阀等产品	3、6、10、20、25	25	~500	⑥
北部精机（NORTHMAN）ER 系列	主要有直动式比例溢流阀、先导式比例溢流阀、比例压力流量阀、比例压力流量复合阀及配套的放大板等产品	6、10、20	25	~250	⑦
伊顿 K 系列	主要有比例方向节流阀（带单独驱动放大器）、方向和节流阀（先导式）、带内装电子装置）、电液比例压力溢流阀、电液比例流量控制阀等产品	规格：03、05、06、07、08、10	21、28、31、35	~300	⑧
ATOS（阿托斯）系列	主要有比例溢流阀、比例减压阀、比例流量控制阀、比例方向阀、高频响比例方向阀等产品	6、10、16、20、25、32、50	31.5	~1500	⑨
PARKER（派克）系列	主要有比例溢流阀（直动式、先导式）、比例减压阀（直动式、先导式）、比例流量阀、插装式比例节流阀、比例方向阀、高频响比例方向阀等产品	6、10、16、20、25、32、50	21、35	~4000	⑩

注：1. 生产厂：①上海液二液压件制造有限公司；②广州机械科学研究院；③宁波高新协力机电液有限公司（宁波电液比例阀厂）；④北京华德液压集团液压阀分公司；⑤上海立新液压有限公司；⑥榆次油研液压公司；⑦北部精机（NORTHMAN）公司；⑧伊顿（EATON）流体动力（上海）有限公司；⑨意大利 ATOS（阿托斯）公司中国代表处；⑩派克汉尼汾流体传动产品（上海）有限公司。

2. 各系列电液比例阀的型号意义及安装连接尺寸请见产品样本。

3. 各厂家的联系方式等请见本书末附录。

3.3.6　电液数字阀

国内自 20 世纪 80 年代中期开始数字阀的研究工作,但迄今尚未形成通用型、商品化系列产品。国外的电液数字阀,美国、德国、英国、加拿大和日本等国相继进行了开发研究,以日本较为领先,已开发出了规格齐全、性能稳定的增量式数字压力阀、流量阀和方向流量阀产品,并已广泛应用于工业控制中。快速开关数字阀仍处于研究阶段,未见有商品化的系列产品报道。

表 3-10 所列为日产 D 系列增量式电液数字阀产品概览,其详细型号意义、职能符号及性能参数请参见第 12 章。

表 3-10　日产 D 系列增量式电液数字阀概览

型式	规格	最大流量/(L/min)	最高压力/MPa	步进数
数字压力控制阀	02	2		
	03	80		
	06	200		250
	10	400		
数字流量控制阀	01	10		
	02	130		
	03	250	21	100
	06	500		
	10	1000		
数字方向流量控制阀	01	30		
	02	70		
	04	130		±157
	06	250		
	10	500		

注：生产厂：日本东京计器（TOKIMEC）公司。

3.3.7　微型液压阀主流产品系列概览

目前，微型液压阀系列（表 3-11），尚未见到国内有厂家生产，国外有瑞士 WANDFLUH（万福乐）公司和美国 LEE（莱）公司等。

表 3-11　微型液压阀主流产品概览

产品系列	主要产品类型	通径/mm	压力/MPa	流量/(L/min)	生产厂
瑞士 WANDFLUH	结构紧凑，动力密度大，机能、操纵方式和产品系列完整。其中有若干个符合国际标准 ISO 4401-02，较多的符合欧洲标准 CETOP。方向阀产品有换向阀（操纵方式：电磁、防爆电磁、手动、机动、液动、气动、比例；安装连接方式：板式、叠加式、插装式等）、单向阀与液控单向阀（管式、叠加式、插装式）等。压力阀产品有板式/叠加式溢流阀、插装式溢流阀插件、减压阀、背压阀、卸荷阀、比例溢流阀和减压阀等。流量阀产品有管式节流阀和单向节流阀、板式/叠加式及插装式调速阀等 油液工作黏度范围 $\nu=12\sim320\text{mm}^2/\text{s}$，耐污染度按 ISO 4406，为 18/14 级，比例阀为 16/13 级。温度范围为 $-20\sim70℃$	3、4；插装件螺纹：M18×1.5；M22×1.5	20、21、25、31.5、35 等	1、5、6、6.3、8、12、12.5、15、20、60、80、100	①
美国 LEE	主要有单向阀、梭阀、溢流阀、节流阀（含各种阻尼器、限流器）、调速阀及各类接头、阀配件等产品。突出特点是全部采用插装技术和滤网保护技术。插装件和安全滤网已经系列化和通用化。几乎每个阀上均装有独特的高强度安全滤网，以防污染。阀体材料有铝、不锈钢及钛合金等。阀内静密封由耦合件在插装压入时的材料膨胀"咬合"而实现	插件：2.36～16.7（0.093～0.656in）	插件：~220(32000psi)；节流阀：20.67(3000psi)；调速阀：55.12(8000psi)；溢流阀：37.2(~5400psi)		②

注：1. 生产厂：①万福乐（上海）统有限公司；②美国 LEE（莱）公司。
2. 各系列电液比微型液压阀的型号意义及安装连接尺寸请见产品样本。

3.3.8　水压控制阀主流产品系列概览

丹麦 Danfoss 公司是国际上最为著名的水压控制元件厂商，其生产的 Nessie 系列水压控制阀产品概览如表 3-12 所列。

表 3-12　丹麦 Danfoss 公司的 Nessie 系列水压控制阀产品概览

产品名称	主要技术参数		备注	
	压力/MPa	流量/(L/min)	机能	用途
方向控制阀	~14	0～120	电磁控制，二位二通、二位四通、三位四通	控制水压缸和水压马达的运动方向
压力控制阀	~14	15～120		限定水压系统压力和防止元件过载
流量控制阀	~14	2～30	节流阀、调速阀	控制水流量，从而调节和控制缸和马达的速度

3.4　常用液压阀选型要点

选择合适的液压阀，是使液压系统设计合理、技术经济性能优良、安装维护简便，并保证系统正常工作的重要条件。

3.4.1　选型的一般原则

① 按系统的拖动与控制功能要求，合理选择液压阀的机能和品种，并与液压泵、执行元件和液压辅件等一起构成完整的液压回路与系统原理图。

② 优先选用现有标准定型系列产品，除非不得已才自行设计专用液压阀。

③ 根据系统工作压力与通过流量（工作流量）并考虑阀的类型、安装连接方式、操纵方式、工作介质、尺寸与重量、工作寿命、经济性、适应性与维修方便性、货源及产品历史等从液压手册或产品样本中选取。

3.4.2　类型选择

液压系统性能要求的不同，对所选择的液压阀的性能要求也不同，而许多性能又受到结构特点的影响。

例如对于换向速度要求快的系统，一般选择交流电磁换向阀；反之，对换向速度要求较慢的系统，则可选择直流电磁换向阀。如液压系统中对阀芯复位和对中性能要求特别严格，可选择液压对中型结构。

如果使用液控单向阀，且反向出油背压较高，但控制压力又不可能提得很高的场合，则应选择外泄式或先导式结构。

对于保护系统安全的压力阀，要求反应灵敏，压力超调量小，以避免大的冲击压力，且能吸收换向阀换向时产生的冲击。这就必须选择能满足上述性能要求的元件。

如果一般的流量阀由于压力或温度的变化，而不能满足执行机构运动的精度要求，则应选择带压力补偿装置或温度补偿装置的调速阀。

3.4.3　公称压力与额定流量的选择

① 公称压力（额定压力）的选择。可根据液压系统的工作压力选择相应压力级的液压阀，并应使系统工作压力适当低于产品标明的公称压力值。高压系列的液压阀，一般都能适用于该额定压力以下的所有工作压力范围。但是，高压液压元件在额定压力条件下制订的某些技术指标，在不同工作压力情况下会有些不同，而有些指标会变得更好。

液压系统的实际工作压力，如果短时期内稍高于液压阀所标明的额定压力值，一般也是允许的。但不允许长期处在这种状态下工作，否则将会影响产品的正常寿命和某些性能指标。

② 额定流量的选择。各液压控制阀的额定流量一般应与其工作流量相接近，这是最经济、合理的匹配。阀在短时超流量状态下使用也是可以的，但如果阀长期在工作流量大于额定流量下工作，则易引起液压卡紧和液动力并对阀的工作品质产生不良影响。

一个液压系统中各油路通过的流量不可能都是相同的，故不能单纯根据液压源的最大输出流量来选择阀的流量参数，而应考虑到液压系统在所有设计状态下各阀可能通过的最大流量，例如串联油路各处流量相等；同时工作的并联油路的流量等于各条油路流量之和；对于差动液压缸的换向阀，其流量选择应考虑到液压缸换向动作时，无杆腔排出的流量要比有杆腔排出的流量大许多，甚至可能比液压泵输出的最大流量还要大；对于系统中的顺序阀和减压阀，其工作流量不应远小于额定流量，否则易产生振动或其他不稳定现象；对于节流阀和调速阀，应注意其最小稳定流量。

3.4.4　安装连接方式的选择

由于阀的安装连接方式对液压成套装置或产品的结构形式有决定性的影响，故选择液压阀时应对液压控制阀组的集成化方式（请参见第14章）做到心中有数。例如采用板式连接液压阀，因阀可以装在油路板或油路块上，一方面便于系统集成化和液压装置设计合理化，另一方面更换液压阀时不需拆卸油管，安装维护较为方便；如果采用叠加阀，则需根据压力和流量研究叠加阀的系列型谱进行选型等。

液压阀的安装连接方式的类别及其特点参见第1章。以液压传动系统为例，其液压阀安装连接方式的选择，通常应考虑如下四个方面的因素。

① 体积与结构。液压系统工作流量在 100L/min 以下时，可优先选用叠加阀，这样会大大减少油路块（或通道体）的数量，从而使系统体积减小，重量减轻；系统工作流量在 200L/min 以上时，可优先考虑使用插装阀，这时插装阀的一系列优点可得到充分发挥；系统流量在 100～200L/min 时，优先顺序应是普通阀、叠加阀、插装阀。

② 价格。实现同等功能时，相同规格不同类型的阀相比较，常规液压阀价格最低，叠加阀次之，而插装阀最高。随着国内叠加阀、插装阀生产厂商的增多和技术不断进步，其价格将会与普通阀接近。另外，虽然单个叠加阀、插装阀的价格最高，但是由它组成系统时油路块的简化反而会抵消一部分成本。从目前发展趋势看，叠加阀与插装阀的使用量处于增长和上升状态，而普通阀则保持以往水平或稍有下降。

③ 货源。国内生产普通阀的历史较长且制造厂家较多，技术工艺也比较成熟，因此显得货源充足，价格低廉。生产叠加阀的厂家较少，产品品种规格不全，货源远不如普通阀充足，从而造成系统设计中不能大量采用叠加阀。但目前随着一批合资企业和独资企业在国内对叠加阀的批量生产，叠加阀货源不足问题已较之以前大大改善。

制造插装阀的厂家较多，但目前的状况是，以盖板式二通插装阀为例，各制造厂家出于自身经济效益目的，一般不愿意将插装阀（插装件与盖板）以元件的形式出售给用户使用，希望提供成套插装阀液压系统。但插装阀系统价格一般较高，致使用户难以接受，从而在一定程度上限制了插装阀的大量推广应用。但插装阀已成为诸多重型设备大流量液压系统公认和普遍采纳的最佳解决方案。

④ 其他。现代液压系统日趋复杂，通常一个液压系统往往包含许多回路或支路，各支路通过流量和工作压力不尽相同，这种情况下若牵强、机械地选用同一类型的液压阀有时未必合理。这时可统筹考虑，根据系统工况特点，混合选用几类阀（如有的回路选用普通阀，而有的回路则选用叠加阀或插装阀）。同等功能相同规格的普通阀与叠加阀比较，一般普通阀性能指标要优于叠加阀，所以对于性能指标有较高要求的系统在选择液压阀时除了考虑压力、流量的合理匹配外，还应对液压阀的性能指标有所了解。

3.4.5　操纵方式的选择

液压阀有手动、机动、电动、液动、电液动、气动等多种操纵方式，各种操纵方式的特点与适用场合参见第1章，可根据系统的操纵需要和电气控制系统的配置能力来选择。

例如小型和不常用的系统，工作压力的调整，可直接靠人工调节溢流阀进行；如果溢流阀的安装位置离操作位置较远，直接调节不方便，则可加装远程调压阀，以进行远距离控制；如果液压泵启闭频繁，则可选择电磁溢流阀，以便采用电气控制，还可选择初始或中间位置能使液压泵卸荷的换向阀，以获得同样的要求。在许多场合，采用电磁换向阀或电液换向阀，容易与电气控制系统组合，以提高系统的自动化程度。而某些场合，为简化电气控制系统，并使操作简便，则宜选用手动换向阀等。在有些易燃易爆场合，则应选用气控换向阀。

3.4.6　液压工作介质的选择

液压阀的工作介质，通常与整个液压系统对工作介质的要求相同。而液压系统的工作介质目前多采用石油型液压油（机械油，汽轮机油、普通液压油及专用液压油等）和难燃型液压油（水包油乳化液、油包水乳化液及水-乙二醇液和磷酸酯液等），工作油液的一般要求与选择依据如下。

（1）一般要求

① 合适的黏度，受温度的变化影响小，一般，运动黏度 $\nu = (11.5 \sim 41.3) \times 10^{-6}\,\mathrm{m^2/s}$。

② 良好的润滑性。即油液润滑时产生的油膜强度高，以免产生干摩擦。

③ 质地纯净，不含有腐蚀性物质等杂质。

④ 良好的化学稳定性。油液不易氧化、不易变质，以免产生黏质沉淀物影响系统工作以及油液氧化后变为酸性对金属表面起腐蚀作用。

⑤ 抗泡沫性和抗乳化性好，对金属和密封件有良好的相容性。

⑥ 体积膨胀系数低，比热容和传热系数高；流动点和凝固点低，闪点和燃点高。

⑦ 可滤性好。即工作介质中的颗粒污染物等，容易通过滤网过滤，以保证较高的清洁度。

⑧ 价格低廉，对人体无害。

（2）选择要点

正确选用液压油（液），对于液压系统适应各种工作环境条件和工作状况的能力、延长系统和元件的寿命、提高主机设备的可靠性、防止事故发生等方面，都有重要意义。液压工作介质的选用原则见表 3-13。

表 3-13　液压工作介质选用原则

选用原则	考　虑　因　素
液压系统的环境条件	室内、露天、水上、地下；热带、寒区、严寒区；固定式、移动式；高温热源、火源、旺火等
液压系统的工作条件	使用压力范围（润滑性、承载能力）；使用温度范围（黏度、黏-温特性、热氧化安定性、低温流动性）；液压泵类型（抗磨性、防腐蚀性）；水、空气进入状况（水解安定性、抗乳化性、抗泡性、空气释放性）；转速（汽蚀、对轴承浸润力）
工作液体的质量	物理化学指标；对金属和密封件的适应性；防锈、防腐蚀能力；抗氧化安定性；剪切安定性
技术经济性	价格及使用寿命；维护保养的难易程度

① 品种的选择。目前各类液压设备使用的液压介质中，液压油达 85%，具体选用时可从以下三方面入手。

a. 按工作环境和使用工况（液压系统的工作压力及温度）选择液压油（表 3-14）。

表 3-14　根据工作环境和使用工况选择液压油（液）的品种

工况 环境	压力 7MPa 以下温度 50℃ 以下	压力 7～14MPa 温度 50℃ 以下	压力 7～14MPa 温度 50～80℃	压力 14MPa 以上温度 80～100℃
室内固定液压设备	HL 或 HM	HL 或 HM	HM	HM
寒天寒区或严寒区	HV 或 HR	HV 或 HS	HV 或 HS	HV 或 HS
地下水上	HL 或 HM	HL 或 HM	HM	HM
高温热源明火附近	HFAS HFAM	HFB HFC	HFDR	HFDR

b. 按泵的结构类型选择液压油。此时，主要考虑泵对油液抗磨性的要求。液压泵对抗磨性要求的高低顺序为叶片泵＞柱塞泵＞齿轮泵，对于以叶片泵为主泵的液压系统，无论压力高低，都应选用 HM 油；对于以柱塞泵为主泵的液压系统，一般应选用 HM 油，低压时可选用 HL 油。各类泵适宜的液压油品种见表 3-15，按照泵选择的油液一般对液压阀也适用。

表 3-15　根据液压泵选用液压油（液）的品种和黏度

液压泵类型	压力 /MPa	40℃时的运动黏度 $\nu/(\mathrm{mm^2/s})$		适用品种和黏度等级
		5～40℃	40～80℃	
叶片泵	＜7	30～50	40～75	HM 油，32、46、68
	＞7	50～70	55～90	HM 油，46、68、100
螺杆泵		30～50	40～80	HL 油，32、46、68
齿轮泵		30～70	95～165	HL 油（中、高压用 HM），32、46、68、100、150
径向柱塞泵		30～50	65～240	HL 油（高压用 HM），32、46、68、100、150
轴向柱塞泵		40	70～150	HL 油（高压用 HM），32、46、68、100、150

c. 检查液压油液与材料的相容性。初选液压油品种后，应仔细检查所选油液及其中的添加剂对液压阀中的所有金属材料、非金属材料、密封材料、过滤材料及涂料的相容性。如发现有与油液不相容的材料，则应改变材料或改选油液品种。

② 黏度等级（牌号）的选择。黏度等级（牌号）是液压油液选用中最重要的考虑因素，因黏度过大，将增大液压系统的压力损失和发热，降低系统效率，反之，将会使泄漏增大也使系统效率下降。尽管各种液压元件产品都指定了应使用的液压油（液）牌号，但考虑到液压泵是整个系统中工作条件最严峻的部分，故通常可根据泵的要求（类型、额定压力和系统工作温度范围），确定液压油（液）黏度等级（牌号）（见表 3-16），按照泵的要求选择的油液黏度，一般对液压阀和其他元件也适用（伺服阀除外）。

表 3-16　按液压泵选用液压工作介质的黏度等级

液压泵类型	压力	40℃运动黏度 ν/(mm²/s)		适用品种
		液压系统温度 5～40℃	液压系统温度 40～80℃	
齿轮泵		30～70	65～165	HL 油
叶片泵	＜7MPa	30～50	40～75	HM 油
	≥7MPa	50～70	55～90	
径向柱塞泵		30～50	65～240	HL 油 或 HM 油
轴向柱塞泵		40	70～150	

（3）关于水介质

为了应对绿色环保的新挑战，目前以水（淡水或海水）作为工作介质的水液压技术，已在理论上和应用研究上，取得了一定进展，其应用将日益增多。

水液压技术具有无污染危害，阻染性与安全性好，温升小，介质经济性好维护监测成本较低，黏度对温度变化不敏感，压力损失小，发热少，传动效率高，流量稳定性好；系统的刚性大等优势。但同时在水压控制阀与其他水压元件研发和使用中，面临着材料腐蚀与老化、泄漏与磨损、汽蚀与冲击、振动与噪声以及设计理论和方法等技术难题。研究结果已表明，不锈钢、青铜、特殊处理的铝合金、玻璃纤维、陶瓷、塑料、PVC 等均是抗腐蚀性强的、可直接用作水液压阀、水箱（亦即通常所说的油箱）、管件等元辅件制造或保护层的可选材料。

丹麦 DANFOSS 公司是国际上著名的以淡水为工作介质的水液压元件和系统的生产商，其研制的水压泵、水压控制阀、水压马达、水压缸均形成系列产品（见图 3-1）。我国的水液压技术的研究、开发和应用部门目前还较少，尚未看到商品化的水压控制阀及其他水压元件供应的报道。

3.4.7　经济性及其他因素的选择

合理选择液压阀对于简化油路结构，降低液压系统乃至主机的造价及尺寸和重量，提高性能价格比非常重要。所以，在液压系统原理图设计中一定要在满足主机拖动控制功能前提下，将可留可去的液压阀去掉，并尽可能选用造价和成本较低的液压阀。例如对于速度稳定性要求不高的系统，则可用节流阀而不采用调速阀；对于工作循环为"快速进给→慢速进给→快速退回"的液压系统，则可采用单向行程流量阀（组合阀）而不采用三个分立的单向阀、行程阀和流量阀。

另外还应考虑液压阀的工作寿命；适应性，即液压阀是否适应用户的习惯，是否能与类似产品互换；维修方便性，即液压阀能否在工作现场快速维修；货源及产品历史，即液压阀是否容易购置，产品的性能和生产、使用及验收的历史状况如何；作为液压系统的设计师及使用和维护人员，应对国内外液压阀的生产销售厂商（公司）的分布及其产品品种、性能、服务、声誉、新旧产品的替代与更换具有较为全面的了解。这样才能实现液压阀正确、合理地选择。

(a) 水压泵　(b) 水压阀
(c) 水压马达　(d) 水压缸
(e) 水压辅件　(f) 水压液压站

图 3-1　DANFOSS 公司的水液压元件和系统产品

3.4.8　方向阀、流量阀与压力阀选型一览表

作为示例，表 3-17 给出了液压传动系统中普通液压阀（包括方向阀、流量阀与压力阀）的选型依据及所需考虑的因素。

表 3-17　普通液压阀的选型依据与所需考虑的因素

序号	选型依据与考虑因素	方向控制阀	流量控制阀	压力控制阀
1	公称压力(额定压力)	▽	▽	▽
2	额定流量或通径	▽	▽	
3	流量调节范围		▽	
4	压力调节范围			▽
5	压力补偿		▽	
6	温度补偿		▽	
7	操纵方式	▽	▽	▽
8	安装连接方式	▽	▽	▽
9	节流特性		▽	
10	冲击压力	▽		▽
11	精确度		▽	▽
12	重复精度		▽	
13	响应时间	▽		▽
14	泄油方式	▽		▽
15	尺寸和重量	▽	▽	▽
16	购置费用	▽	▽	▽
17	维修方便性	▽	▽	▽
18	适应性	▽	▽	▽
19	货源	▽	▽	▽
20	产品史与声誉	▽	▽	▽

注：▽表示选型时需考虑此因素。

第2篇 普通液压阀

第4章 方向控制阀

4.1 功用及分类

方向控制阀（简称方向阀）的主要功用是控制液压系统中液流方向，以满足执行元件启动、停止和运动方向的变换等工作要求；有些方向阀的功用则是沟通或切断油路，以便系统的拆卸、检修和压力的显示与检测等。按功能不同，方向阀的分类见图 4-1。各种阀的详细分类、作用、工作原理、典型结构、技术性能、使用要点、常见故障及诊断排除和典型产品等分述如下。

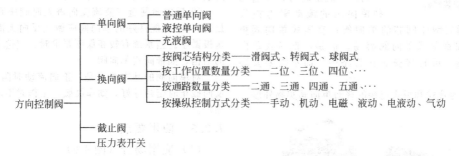

图 4-1 方向控制阀的分类

4.2 普通单向阀

4.2.1 主要作用

普通单向阀在液压系统中的作用是只允许液流沿管道一个方向通过，另一个方向的流动则被截止。按阀芯形状不同，普通单向阀有球阀式和锥阀式两种。

4.2.2 工作原理

图 4-2 所示为普通单向阀（锥阀式）的工作原理及图形符号。当液流从 p_1 口流入时，p_1 口的液压力克服作用在阀芯 2 上的 p_2 口压力油所产生的液压力、弹簧 3 的作用力、阀芯 2 与阀体 1 之间的摩擦阻力，顶开阀芯，油液从 p_1 口流向 p_2 口，实现正向流动 [图 4-2(a)]。反之，当压力油从 p_2 口流入时，在 p_2 口液体压力和弹簧力共同作用下，阀芯被紧紧压在阀体的阀座上，液体流动被切断，实现反向截止 [图 4-2(b)]。

4.2.3 典型结构

按流道不同，普通单向阀有直通式和直角式两种典型结构。直通式单向阀（图 4-3）的液流进、出流道直通，故一般为管式连接（通过阀体 1 两端的锥管或直管螺纹孔与管接头连接于系统中）；其中图 4-3(a) 和图 4-3(b) 所示的单向阀的阀芯分别为钢球式和锥阀式。

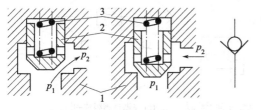

(a) 正向流动 (b) 反向截止 (c) 图形符号

图 4-2 普通单向阀的工作原理及图形符号
1—阀体；2—阀芯；3—弹簧

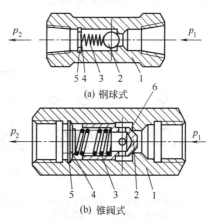

(a) 钢球式

(b) 锥阀式

图 4-3 直通式单向阀
1—阀体；2—阀芯；3—弹簧；4、5—挡圈；6—径向过流孔

钢球式阀的结构简单，但由于钢球无导向部分，故其反向截止时的密封性能不如锥阀式，一般用于流量较小的场合。锥阀式虽然加工要求较钢球式严格，但其导向性好、密封可靠，故应用最广。

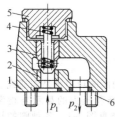

直角式单向阀（阀芯 3 为锥阀）（图 4-4）的液流进、出流道成直角形式，故一般为板式连接（阀通过螺钉 6 固定在安装底板上）。为了避免阀芯锥面与阀座接触处直接承受较大挤压应力，设有与阀体 1 材质不同的高强度材质阀座 2。

图 4-4　直角式单向阀
1—阀体；2—阀座；3—阀芯；4—弹簧；5—螺母；6—安装螺钉

直通式锥阀阀芯的单向阀由于油液要流过阀芯上的四个径向过流孔，直角式单向阀由于流道转弯，故这两种单向阀的流动阻力损失要大于直通式钢球阀芯的单向阀；直通式单向阀更换弹簧不如直角式单向阀容易。但是，直通式单向阀结构紧凑，可直接安装在管路中，而不需要安装底板。

图 4-5 为管式和板式连接的普通单向阀实物外形。

(a)管式（联合系列）　(b)板式（GE系列）

图 4-5　单向阀实物外形（上海高行产品）

4.2.4　主要性能

① 正向最小开启压力（使阀芯刚开启的进液腔最小压力）p_A。设单向阀的出液口 [见图 4-2(a)] 压力为零，由阀芯的力平衡条件，可得正向最小开启压力为：

$$p_A > \frac{F_t + F_f + G}{A} \qquad (4-1)$$

式中，p_A 为正向最小开启压力，MPa；F_t 为弹簧力，N；F_f 为阀芯上的摩擦阻力，N；G 为阀芯重力，N（仅在阀芯为垂直安装时考虑，在大多数情况下可忽略不计）；A 为阀座口的面积，m^2。

单向阀的正向最小开启压力因应用场合不同而异，对于同一个单向阀，不同等级的开启压力可通过更换阀的弹簧实现：若只作为控制液流单向流动的单向阀，弹簧刚度选得较小，其开启压力仅需 0.03～0.05MPa；若作为液压系统的背压阀使用，则需换上刚度较大的弹簧，使单向阀的开启压力达到 0.2～0.6MPa。

② 压力损失（单向阀正向通过额定流量时所产生的压力降）。压力损失包含由于弹簧力、摩擦力等造成的开启压力损失和液流的流动损失两部分。为了减少压力损失，可以选用开启压力低的单向阀。

③ 反向泄漏量（液流反向进入时阀座孔处的泄漏量）。一个性能良好的单向阀应做到反向无泄漏或泄漏量极微小。当系统有较高保压要求时，应选用泄漏量小的结构，如锥阀式单向阀。

对单向阀的基本要求是，正向流动时阻力损失小，反向截止时密封性好，动作灵敏，工作时不应有振动与噪声。

4.2.5　使用要点

（1）应用场合（图 4-6）

① 安置在液压泵的出口处 [图 4-6(a)]，防止系统中的液压冲击影响泵的工作，或当检修泵及多泵合流系统停泵时防止油液倒灌。

② 安装在不同油路之间 [图 4-6(b)]，防止油路间相互干扰。

③ 在液压系统中作背压阀使用 [图 4-6(c)]，提高执行元件的运动平稳性。

④ 与流量阀（如节流阀、调速阀）和压力阀（如顺序阀、减压阀）等组合成单向复合阀，例如图 4-6(d) 为单向节流阀。

⑤ 其他需要控制液流单向流动的场合，如单向阀群组的半桥和全桥与其他阀组成的回路 [图 4-6(e)]。

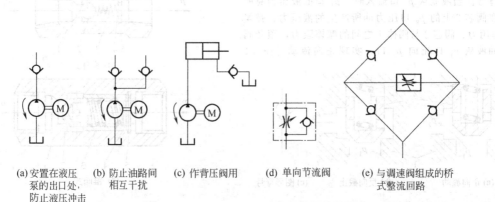

(a)安置在液压泵的出口处，防止液压冲击　(b)防止油路间相互干扰　(c)作背压阀用　(d)单向节流阀　(e)与调速阀组成的桥式整流回路

图 4-6　单向阀的应用

（2）使用注意事项

① 在选用单向阀时，除了要根据需要合理选择开启压力外，还应特别注意工作时流量应与阀的额定流量相匹配，因为当通过单向阀的流量远小于额定流量时，单向阀有时会产生振动。流量越小，开启压力越高，油中含气越多，越容易产生振动。

② 安装时，须认清单向阀的进、出口方向，以免影响液压系统的正常工作。特别对于液压泵出口处安装的单向阀，若反向安装可能会损坏液压泵及原动机。

4.2.6 故障诊断

单向阀的常见故障诊断见表 4-1。

表 4-1 单向阀的常见故障及其诊断排除方法

故障现象	产生原因	排除方法
1. 单向阀反向截止时，阀芯不能将液流严格封闭而产生泄漏	①阀芯与阀座接触不紧密 ②阀体孔与阀芯的不同轴度过大 ③阀座压入阀体孔有歪斜 ④油液污染严重	①重新研配阀芯与阀座 ②检修或更换 ③拆下阀座重新压装 ④过滤或更换油液
2. 单向阀启闭不灵活，阀芯卡阻	①阀体孔与阀芯的加工精度低，两者的配合间隙不当 ②弹簧断裂或过分弯曲 ③油液污染严重	①修整 ②更换弹簧 ③过滤或更换油液

4.3 液控单向阀

4.3.1 主要作用

液控单向阀是一类特殊的单向阀，它除了具有普通单向阀的功能外，还可根据需要由外部油压控制，实现逆向流动。液控单向阀的阀芯多为锥阀式；阀的安装连接方式有管式、板式和法兰式等。

4.3.2 工作原理

图 4-7 所示为液控单向阀的工作原理和图形符号。与普通单向阀相比，液控单向阀增加了一个控制活塞 4 及控制口 K。当控制口 K 不通入控制压力油时，它的工作原理与普通单向阀完全相同，即油液从 p_1 流向

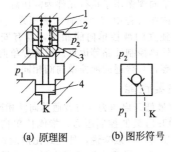

(a) 原理图　(b) 图形符号

图 4-7　液控单向阀的原理图与图形符号
1—阀体；2—阀芯；3—弹簧；4—控制活塞

p_2 口，为液控单向阀的正向流动；当控制口 K 中通入控制压力油时，使控制活塞顶开锥阀芯 2，实现油液从 p_2 到 p_1 口的流动，为液控单向阀的反向开启状态。

由阀芯的力平衡条件可得液控单向阀反向开启应满足的关系式：

$$(p_K - p_A)A_K - F_{kf} > (p_B - p_A)A + F_t + F_f + G$$
(4-2)

式中，p_K 为控制口油液压力；A_K 为控制活塞面积；F_{kf} 为控制活塞摩擦阻力；p_B 为 p_2 口反向进油压力；其余符号意义同式(4-1)。

4.3.3 典型结构

按控制活塞泄油方式的不同，液控单向阀有内泄式和外泄式之分；按照阀芯结构又可分为简式和复式两类；还有两个同样结构的液控单向阀共用一个阀体的双液控单向阀（双向液压锁）。

（1）简式液控单向阀

图 4-8(a) 所示的内泄式液控单向阀（管式连接），其特点是控制活塞 6 的上腔与 p_1 口直接相通，结构简单、制造较方便。由式(4-2)可看出，当 p_1 口压力较高时，反向开启控制压力 p_K 较大，而受结构限制，控制活塞直径不可能比阀芯 2 的直径大很多，故适用于 p_1 口无压力或压力较小的场合。为了克服内泄式液控单向阀受 p_1 腔压力影响大的缺陷，出现了图 4-8(b) 所示的外泄式液控单向阀（管式连接）。与内泄式液控单向阀所不同的是，其控制活塞为两节同心配合式结构，从而使控制活塞上腔与 p_1 口隔开，并增设了外泄口 L（接油箱），减小了 p_1 口压力在控制活塞上的作用面积及其对反向开启控制压力的影响，适用于 p_1 口压力较高的场合。

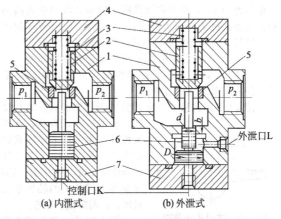

(a) 内泄式　　(b) 外泄式

图 4-8　简式液控单向阀
1—阀体；2—阀芯；3—弹簧；4—上盖；
5—阀座；6—控制活塞；7—下盖

（2）复式液控单向阀

此种阀的特征是带有卸载阀芯，图 4-9 为复式液控单向阀的示意图，图 4-9(a) 为法兰式连接，图 4-9(b) 为板式连接并且带有电磁先导阀。以图 4-9(a) 为例说明其工作原理如下。

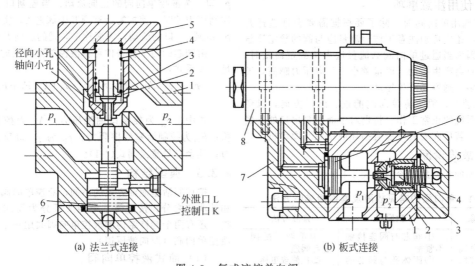

(a) 法兰式连接　　　　　　　　(b) 板式连接

图 4-9　复式液控单向阀

1—阀体；2—主阀芯；3—卸载阀芯；4—弹簧；5—上盖；6—控制活塞；7—下盖；8—电磁先导阀

锥阀式主阀芯 2 上下端开有一个轴向小孔和四个径向小孔，轴向小孔由一个小的锥阀式卸载阀芯 3 封闭。当 p_2 口的高压油液需反向流入 p_1 口（一般为液压缸保压结束后的工况）、控制压力油将控制活塞 6 向上顶起时，控制活塞首先将卸载阀芯向上顶起一段较小的距离，使 p_2 口的高压油瞬即通过主阀芯的径向小孔及轴向小孔与卸载阀芯下端之间的环形缝隙流出，p_2 口的油液压力随即降低，实现释压；然后，主阀芯被控制活塞顶开，使反向油流顺利通过。由于卸载阀芯的控制面积较小，仅需要用较小的力就可以顶开卸载阀芯，故大大降低了反向开启所需的控制压力。其控制压力仅约为工作压力的 5%，而不带卸载阀芯的简式液控单向阀的控制压力高达工作压力的 40%～50%。所以带卸载阀芯的液控单向阀特别适合高压大流量液压系统使用。

图 4-9(b) 中的电磁先导阀 8 固定在单向阀的下盖 7 上，用于控制压力油的通断控制，可以简化油路系统，使液压系统结构紧凑。

图 4-9 所示的液控单向阀的锥阀式卸载阀芯结构复杂，加工较难，为此，有的液控单向阀采用了球阀式卸载阀芯（图 4-10），钢球 1 压入弹簧座 2 内，利用钢球的圆球面将主阀芯上的轴向小孔封闭，从而简化了工艺。

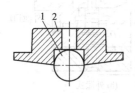

图 4-10　球阀式卸载阀芯

1—钢球；2—弹簧座

图 4-11 为一种液控单向阀的实物外形。

（3）双液控单向阀

如图 4-12(b) 所示，在双液控单向阀（双向液压锁）中，二同结构的液控单向阀共用一个阀体，阀体 6 上开设四个主油孔 A、A_1 和 B、B_1。当液压系统一条油路的液流从 A 腔正向进入该阀时，液流压力自动顶开左阀芯 2，使 A 腔与 A_1 腔连通，油液从 A 腔向 A_1 腔正向流通。同时，液流压力将中间的控制活塞 3 右

图 4-11　液控单向阀实物外形（板式，联合设计系列）

推，从而顶开右阀芯 4，使 B 腔与 B_1 腔连通，将原来封闭在腔 B_1 通路上的油液经 B 腔排出。反之，液压系统一条油路的液流从 B 腔正向进入该阀时，液流压力自动顶开右阀芯 4，使 B 腔与 B_1 腔连通，油液从 B 腔向 B_1 腔正向流通。同时，液流压力将中间的控制活塞 3 左推，从而顶开左阀芯 2，使 A 腔与 A_1 腔连通，将原来封闭在 A_1 腔通路上的油液经 A 腔排出。

总之，双液控单向阀的工作原理是当一个油腔正向进油时，另一个油腔为反向出油，反之亦然。而当 A 腔或 B 腔都没有液流时，A_1 腔与 B_1 腔的反向油液被阀芯锥面与阀座的严密接触而封闭（液压锁作用）。

双液控单向阀多用于执行元件为液压缸，且缸的两腔均需保压或在行程中需锁紧缸的液压系统中，此时，与采用两个独立的液控单向阀相比，具有安装使用简便、不需要外接控制油路等优点。双液控单向阀的规格和连接方式等，与普通的液控单向阀相同。

4.3.4　主要性能

① 正向最低开启压力（与普通单向阀相同）。

② 反向开启最低控制压力。指能使单向阀打开的控制口最低压力。一般来说，外泄式比内泄式反向开启最低控制压力小，复式比简式反向开启最低控制压力小，在 $p_A = 0$ 时，约为 $0.05p_B$。

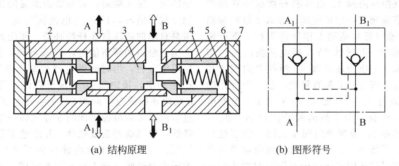

(a) 结构原理　　　　　　　(b) 图形符号

图 4-12　双液控单向阀的结构原理与图形符号

1—左弹簧；2—左阀芯；3—控制活塞；4—右阀芯；5—右弹簧；6—阀体；7—端盖

③ 反向泄漏量（与普通单向阀相同）。

④ 压力损失。液控单向阀的压力损失有控制口不起作用（控制口压力为零）时的压力损失和控制口起作用时的压力损失两种。前者为控制口压力为零时液控单向阀通过额定流量时所产生的压力降，与普通单向阀相同。对于后者，当液控单向阀是在控制活塞作用下打开时，不论此时是正向流动还是反向流动，它的压力损失仅是由油液的流动阻力而产生的，与弹簧力无关。因此，在相同流量下，它的压力损失要小于控制活塞不起作用时的正向流动压力损失。

一个性能良好的液控单向阀，除了应具有普通单向阀的基本性能外，还要满足控制活塞的泄漏量小、反向开启时控制压力低和反向压力损失小等要求。

4.3.5　使用要点

（1）应用场合

① 锁紧液压缸。通过两个单独的液控单向阀或一个双液控单向阀构成的锁紧回路，可将液压缸锁紧（固定）在任何位置。如图 4-13 所示，将两个液控单向阀 4 与 5 分别设置在液压缸 6 两端的进、出油路上，通过三位四通电磁阀 3 工作位置的切换，可以使液压缸完成进（右行）、退（左行）运动和锁紧三种工作状态；当电磁

铁 1YA 通电使换向阀 3 切换至左位时，油源 1 的压力油经阀 3、正向通过液控单向阀 4，进入缸 6 的无杆腔，同时经控制油路 b 反向导通液控单向阀 5，使液压缸的有杆腔原来封闭的油液排回油箱 2，从而实现活塞右行；当电磁铁 2YA 通电使换向阀 3 切换至右位时，油源 1 的压力油经阀 3、正向通过液控单向阀 5，进入缸 6 的有杆腔，同时经控制油路 a 反向导通液控单向阀 4，使液压缸的无杆腔原来封闭的油液排回油箱 6，从而实现活塞左行；当电磁铁 1YA 和 2YA 均断电使换向阀 3 复至中位时，由于换向阀的油口 A、B、T 相互连通并接至油箱 2，液控单向阀 4 和 5 均关闭，液压缸两腔油液均不能流出，故液压缸活塞便被锁紧在停止位置。如果液控单向阀反向无泄漏，则液压缸锁紧的可靠性与精度仅与液压缸的内泄漏及管路系统的外泄漏有关。

② 防止立置液压缸自重下落。为了防止立置液压缸及其拖动的工作部件因自重 G 自行下落，可在活塞下行的油路上串联安装液控单向阀（见图 4-14）。电磁铁 1YA 通电使三位四通电磁阀 3 切换至左位时，油源 1 的压力油经阀 3 进入立置液压缸 6 的无杆腔，同时经

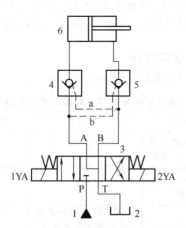

图 4-13　利用液控单向阀的液压缸锁紧回路

1—油源；2—油箱；3—三位四通电磁换向阀；
4、5—液控单向阀；6—液压缸；
a、b—控制油路

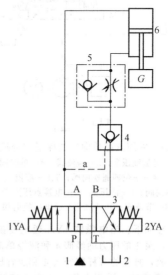

图 4-14　利用液控单向阀的防液压缸自重下落回路

1—油源；2—油箱；3—三位四通电磁换向阀；
4—液控单向阀；5—单向节流阀；6—液压缸

控制油路 a 导通液控单向阀 4，缸 6 有杆腔的油液经单向节流阀 5 中的节流阀及液控单向阀 4 和阀 3 排回油箱 2，液压缸 6 的活塞（杆）拖动工作部件下行，下行速度由节流阀开度调节。电磁铁 2YA 通电使换向阀 3 切换至右位时，油源 1 的压力油经阀 3、液控单向阀 4 和阀 5 中的单向阀进入液压缸 6 的有杆腔，缸 6 无杆腔的油液经阀 3 排回油箱 2。当电磁铁 1YA、2YA 均断电时，换向阀 3 复至中位，由于换向阀的油口 A、B、T 相互连通并接至油箱 2，液控单向阀 4 关闭，液压缸有杆腔油液被封闭而不能流出，故液压缸活塞便被锁定在所要求的位置，并可防止因换向阀内泄漏引起的活塞下落。但液压缸锁定的可靠性要受到液压缸的内泄漏及管路系统的外泄漏的影响。

③ 用于液压系统保压与释压。液控单向阀可以用于液压系统的保压和释压。图 4-15 所示的回路采用定量液压泵 1 供油，液压缸 6 采用三位四通电磁阀 4 控制运动方向，其 M 型中位机能用于等待期间液压泵低压卸荷（经单向阀 3）。液压缸的进油路上串联的液控单向阀 5 用于液压缸到达行程端点后的保压，电接点压力表 7 用于控制保压期间的压力波动范围和补压动作；液压缸的进油路上并联的液控单向阀 9 用于液压缸保压结束后换向前的释压，以防突然减压引起的冲击、振动和噪声，液控单向阀 9 的反向导通由二位二通电磁阀 10 控制。

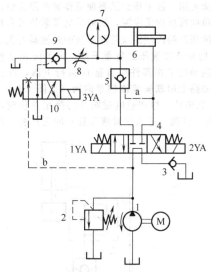

图 4-15　采用液控单向阀的保压与释压回路
1—定量液压泵；2—溢流阀；3—单向阀；
4—三位四通换向阀；5、9—液控
单向阀；6—液压缸；7—电接点压力表；
8—节流阀；10—二位二通电磁换向阀

工作原理如下：当电磁铁 1YA 通电使换向阀 4 切换至左位时，泵 1 的压力油经阀 4 和液控单向阀 5 进入缸 6 的无杆腔，缸 6 的有杆腔经阀 4 和起背压作用的单向阀 3 向油箱排油，活塞右行；活塞右行到端点位置时，电磁铁 1YA 断电，换向阀 4 复至中位，液控单向阀 5 关闭，对系统进行保压，泵 1 经阀 4 和单向阀 3 低

压卸荷。保压期间，若系统因泄漏使压力降至表 7 的下触点调压值时，1YA 通电使换向阀 4 切换至左位，液压泵自动向液压缸无杆腔补液，使压力回升，当压力上升至上触点的调压值时，1YA 断电，液压泵转为卸荷。保压结束后，由时间继电器控制，电磁铁 3YA 略超前 2YA 通电，换向阀 10 切换至右位，压力油经控制油路 b 反向导通液控单向阀 9，使液压缸无杆腔的压力油经过节流阀 8 和液控单向阀 9 释放掉一部分，使压力逐渐降低，以减缓冲击或振动，释压速度取决于节流阀 8 的开度。继之，2YA 通电使换向阀 4 切换至右位，泵 1 的压力油经阀 4 进入缸 6 的有杆腔，同时经控制油路 a 反向导通液控单向阀 5，使液压缸无杆腔的油液经阀 5、阀 4 和阀 3 排回油箱，实现液压缸活塞的后退（左行）。

以上列举了液控单向阀的几种主要应用场合。事实上，对于许多需在控制下实现反向流动的液压回路或系统中，均可考虑采用液控单向阀。

（2）使用注意事项

① 在液压系统中使用液控单向阀时，应确保其反向开启流动时具有足够的控制压力。

② 根据液控单向阀在液压系统中的位置或反向出油腔后的液流阻力（背压）大小合理选择液控单向阀的结构（简式还是复式）及泄油方式（内泄还是外泄），如果选用了外泄式液控单向阀，应注意将外泄口单独接至油箱。

③ 用两个液控单向阀或一个双单向液控单向阀实现液压缸锁紧的液压系统中（图 4-13），应注意选用 Y 型或 H 型中位机能的换向阀，以保证中位时，液控单向阀控制口的压力能立即释放，单向阀立即关闭，活塞停止。但选用 H 型中位机能应非常慎重，因为当液压泵大流量流经排油管时，若遇到排油管道细长、或局部阻塞、或其他原因而引起的局部摩擦阻力（如装有低压滤油器、或管接头多等），可能使控制活塞所受的控制压力较高，致使液控单向阀无法关闭而使液压缸发生误动作。Y 型中位机能则不会形成这种结果。

④ 工作时的流量应与阀的额定流量相匹配。

⑤ 安装时，不要搞混主油口、控制油口和泄油口，并认清主油口的正、反方向，以免影响液压系统的正常工作。

4.3.6　故障诊断

液控单向阀的常见故障诊断见表 4-2。

表 4-2　液控单向阀的常见故障及其诊断排除方法

故障现象	产生原因	排除方法
1. 反向截止时（即控制口不起作用时），阀芯不能将液流严格封闭而产生泄漏	同表 4-1 中 1	同表 4-1 中 1
2. 复式液控单向阀不能反向卸载	阀芯孔与控制活塞孔的不同轴度超标、控制活塞端部弯曲，导致控制活塞顶杆顶不到卸载阀芯，使卸载阀芯不能开启	修整或更换

续表

故障现象	产生原因	排除方法
3. 液控单向阀关闭时不能回复到初始封油位置	同表 4-1 中 2	同表 4-1 中 2
4. 噪声大	①与其他阀共振 ②选用错误	①更换弹簧 ②重新选择

4.4　充液阀

4.4.1　主要作用

充液阀是一种特殊的液控方向阀，其主要作用是从油箱（或充液油箱）向液压缸或系统补充油液，以免出现吸空现象。带控制的充液阀还能起快速排油的作用。

4.4.2　工作原理

充液阀的一般原理如图 4-16(a) 所示，A 腔接液压缸 5 或系统，B 腔接油箱 4。当 A 腔出现负压时，油箱中的油液在大气压的作用下通过 B 腔，克服弹簧 3 的作用力和阀芯 1 与导向套 2 的摩擦力，将阀芯推开流向 A 腔。当 A 腔压力略大于大气压时，阀芯关闭；而且随着 A 腔压力的升高，阀芯将更紧密地压在阀座上。该充液阀相当于一个开启压力很低的单向阀，其开启压力可用式(4-3) 计算。

$$p_B' = \frac{1}{A}(F_t + F_f - G) \qquad (4-3)$$

式中，p_B' 为开启压力；A 为阀口面积；F_t 为弹簧力；F_f 为摩擦阻力；G 为阀芯重力。

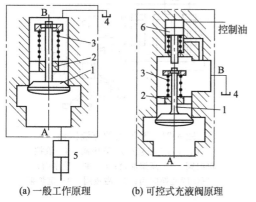

(a) 一般工作原理　　(b) 可控式充液阀原理

图 4-16　充液阀的工作原理
1—阀芯；2—导向套；3—弹簧；4—油箱；
5—液压缸；6—控制活塞

常用的充液阀绝大部分是可控的 [图 4-16(b)]，当 A 腔出现负压时，油箱 4 中的油液流入 A 腔。当 A 腔油液需排回油箱时，控制油则推动控制活塞下移，并将主阀芯 1 顶开（A 腔压力较低时）。此时控制油压力必须满足下列条件：

$$p_k = p_A \frac{A}{A_k} + \frac{1}{A_k}(F_t + F_{tk} - G - G_k) \qquad (4-4)$$

式中，p_k 为充液阀开启时的控制油压力；p_A 为 A 腔压力；A_k 为控制活塞面积；F_t 为控制活塞回程弹簧力；F_{tk} 为控制活塞摩擦力；G_k 为控制活塞重力。

当 A 腔油液不需要排回油箱时，只要降低控制油压（通常将控制油口与油箱连通），控制活塞在其弹簧力作用下上移，主阀即可关闭。

4.4.3　典型结构

充液阀有常闭式和常开式两种典型结构。

(1) 常闭式充液阀

它有不可控和可控两种形式。图 4-17 是一种不可控式充液阀，它由阀芯 1、导向套 2、复位弹簧 3、阀体 4 和连接法兰 5、6 等主要零件组成。阀芯是蘑菇形的，结构较紧凑，流阻损失小，阀芯重量轻，惯性小，动作灵敏。

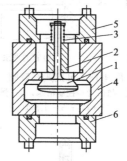

图 4-17　不可控式充液阀
1—阀芯；2—导向套；3—复位弹簧；
4—阀体；5、6—连接法兰

图 4-18 是两种可控式充液阀。控制油通入控制缸 1 的上腔，控制活塞 2 就可使阀芯 4 开启。控制缸上腔接油箱时，控制活塞在弹簧 3 的作用下复位。控制缸下腔与充液油箱是相通的。这两种结构的充液阀都直接安装在液压缸的端部，安装方便，节省了与工作缸 5 连接的管道。图 4-18(a) 为浸入式结构，即其上部全浸在充液油箱中，结构很紧凑，流阻损失很小。但充液油箱必须安装在液压缸的底部，还要解决充液油箱与液压缸缸底之间的密封问题。检修不太方便。图 4-18(b) 为管式连接结构，即通过管道和法兰与充液油箱相连，与浸入式相比，充液油箱的位置布置较灵活，检修也较方便，但结构显得庞大，流阻损失也稍大。

(2) 常开式充液阀

常开式充液阀的优点在于充液过程中不需要克服弹簧力，从而减少了吸油阻力。但结构较复杂，制造要求也较高。图 4-19 为一种常开式充液阀，阀芯 1 在弹簧 2 的作用下停在阀的上部，充液阀处于开启状态。当转入工作行程时，先在充液阀的控制口通入压力油，阀芯 1 下行，充液阀关闭。由于阀芯 1 上部的面积略大于其下部的面积，故随着液压缸油压的升高，充液阀越关越紧。当活塞回程时，液压缸先行卸压，且充液阀的控制口与油箱连通，充液阀可自动开启，使液压缸中的油液大量排回充液油箱。

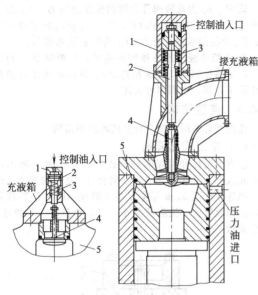

(a) 浸入式　　　(b) 管道连接式

图 4-18　可控式充液阀

1—控制缸；2—控制活塞；3—弹簧；
4—阀芯；5—工作缸

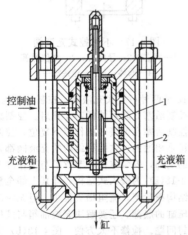

图 4-19　常开式充液阀

1—阀芯；2—弹簧

图 4-20 所示为一种充液阀的实物外形。

图 4-20　充液阀实物外形
（深圳金亿液压公司）

4.4.4　主要性能

充液阀的性能及要求与液控单向阀的基本相同，仅是充液阀的反向泄漏量应更小，正向开启压力和压力损失应更低。

4.4.5　使用要点

（1）应用场合

充液阀主要应用于需从油箱（或充液油箱）向液压缸或液压系统补充油液的场合，以免出现吸空现象。例如液压机、注塑机等机械设备的工况特点是轻载高速及重载低速，由于峰值载荷与峰值速度并非同时出现，故必须考虑功率利用的合理性问题。为了在满足工况要求的前提下减小液压泵容量，可以采用充液阀构成充液回路（图 4-21）。图中，除了主液压缸（柱塞缸）1 外，成对设置了辅缸 2，液控单向阀 4 作充液阀用。当三位四通换向阀 7 切换至右位时，定量泵 9 的压力油经阀 7 同时进入两个辅缸 2 的无杆腔，活塞向下行。同时，主缸 1 被带动一齐下行，由于形成负压，则通过液控单向阀 4 从高架油箱 5 充液，当压板与工件接触后，系统压力上升，打开顺序阀 3，压力油通过顺序阀进入主缸，产生大的向下作用力，实现加压过程。当换向阀 7 切换至左位时，泵 9 的压力油经阀 6 中的单向阀进入辅助缸 2 的有杆腔，活塞返回，同时由并联的控制油路反向导通液控单向阀 4，使主缸中的油液经阀 4 返回高架油箱 5。

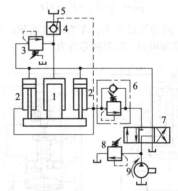

图 4-21　充液阀的充液回路

1—主缸；2—辅缸；3—顺序阀；4—液控单向阀；5—高架油箱；6—单向顺序阀；7—三位四通换向阀；8—溢流阀；9—定量泵

（2）注意事项

① 为了避免吸空现象，充液阀的通径不能过小；当充液油箱不带压时，充液阀的流速应限制在 1.5～2.5m/s，当充液油箱带压时，流速可适当高一些。

② 为了防止回程时液压系统出现冲击和振动，采用可控式充液阀时，应选择合适的控制压力或选取适当的通入控制油的时间。一般充液阀强迫开启时，液压缸内的压力低于 2～4MPa。

③ 根据充液阀的特点，除卧式充液阀外，其余类型的充液阀尽量采用垂直安装。

4.4.6　故障诊断

充液阀的常见故障诊断见表 4-3。

表 4-3　充液阀的常见故障及其诊断排除方法

故障现象	产生原因	排除方法
1. 阀口处不能严密封闭,出现泄漏	同表 4-1 中 1	同表 4-1 中 1
2. 使正向开启压力增大,液压缸出现吸空,影响液压缸的升压速度	弹簧过硬	更换
3. 设备的冲击和振动大	可控式充液阀的控制压力过大	降低控制压力

4.5　滑阀式换向阀

4.5.1　主要作用

在滑阀式、转阀式和球阀式三类换向阀中,滑阀式换向阀在液压系统中应用最为广泛。它利用阀芯相对于阀体的相对滑动,实现油路的通、断或改变液流的方向,从而实现液压执行元件的启动、停止或运动方向的变换。

4.5.2　工作原理

(1) 主体结构与原理

图 4-22(a) 所示为滑阀式换向阀的原理图,其中阀体 1 与阀芯 2 为滑阀式换向阀的结构主体。阀体中间有一个圆柱形孔(简称阀体孔或阀孔),圆柱形阀芯可在该孔内轴向滑动。阀体孔里面有环形沉割槽,每一个沉割槽与阀体底面上所开的相应的主油口(P、A、B、T)相通。阀芯上同样也有若干个环形槽,阀芯环形槽之间的凸肩(常称台肩)将沉割槽遮盖(封油)时,此槽所通油路(口)即被切断。封油时,阀芯台肩不仅遮盖沉割槽,还将沉割槽旁侧的阀体内孔(名义直径与台肩相同)遮盖一段长度(称为遮盖长度)。当台肩不遮盖沉割槽(阀芯打开)时,此油路就可以与其他油路接通,此时台肩与沉割槽之间开口的轴向长度称为开口长度。沉割槽数目(与主油口 P、A、B、T 不相通的沉割槽或是专门与泄油口 L 相通的沉割槽不计入槽数)及台肩的数目与阀的功能、性能、体积和工艺有直接关系。

由于阀芯可在阀体孔里做轴向运动。故依靠阀芯在阀孔中处于不同位置,便可以使一些油路接通而使另一些油路关闭。例如图 4-22(a) 所示换向阀,阀芯可有左、中、右三个工作位置,当阀芯 2 处于图示位置时,四个油口 P、A、B、T 都关闭,互不相通;当阀芯由

驱动装置操纵移向左端一定距离时,油口 P 与 A 相通,油口 B 与 T 相通,便使液压源▲的压力油从阀的 P 口经 A 口输向液压缸左腔;缸右腔的油液从阀的 B 口经 T 口流回油箱,缸的活塞向右运动;当阀芯移向右端一定距离时,油口 P 与 B 相通,油口 A 与 T 相通,液流反向,活塞向左运动。这类阀同样可用于液压马达旋转运动方向的控制(图中双点画线部分)。

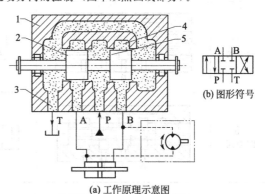

(b) 图形符号

(a) 工作原理示意图

图 4-22　滑阀式换向阀工作原理与图形符号
1—阀体；2—滑动阀芯；3—主油口(通口)；
4—沉割槽；5—台肩

圆柱形的阀芯有利于将阀芯上所受的轴向和径向力平衡,减少阀芯驱动力。因为阀芯是直线运动的,所以它特别适合于用电磁铁操纵驱动,而且其他的几乎所有操纵驱动形式也经常用于驱动圆柱形阀芯。

(2) 图形符号、位数与通路数

滑阀式换向阀的图形符号[以图 4-22(b) 为例]由相互邻接的几个粗实线方框构成,其含义为:①每一个方框代表换向阀的一个工作位置,表示阀芯可能实现的工作位置数目即方框数,称为阀的位数;②方框中的箭头"↑"表示油路连通,短垂线"⊤""⊥"表示油路被封闭(堵塞);③每一方框内箭头"↑"的首、尾及短垂线"⊤""⊥"与方框的交点数目表示阀的主油口通路数(不含控制油路和泄油路的通路数);④字母 P、A、B、T 等分别表示主油口名称,通常 P 接液压泵或压力源,A 和 B 分别接执行元件的进口和出口,T 接油箱。

位数与通路数是滑阀式换向阀的两个重要参数:换向阀阀芯可能实现的工作位置数目,称为换向阀的位数;换向阀的主油口通路数(不含控制油路和泄油路的通路数),称为阀的通路数。例如图 4-22 所示的换向阀的位数为 3,通路数为 4,故这是一个三位四通换向阀。

表 4-4 列出了滑阀式换向阀一些常见的主体部分结构形式。

表 4-4　滑阀式换向阀一些常见的主体部分结构形式

名称	原　理　图	图　形　符　号	适　用　场　合
二位二通阀			控制油路的接通与切断(相当于一个开关)

续表

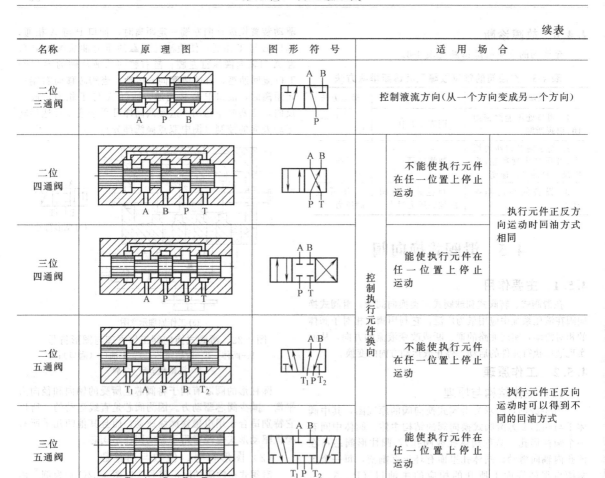

名称	原 理 图	图 形 符 号	适 用 场 合	
二位三通阀			控制液流方向(从一个方向变成另一个方向)	
二位四通阀			不能使执行元件在任一位置上停止运动	执行元件正反方向运动时回油方式相同
三位四通阀		控制执行元件换向	能使执行元件在任一位置上停止运动	
二位五通阀			不能使执行元件在任一位置上停止运动	执行元件正反向运动时可以得到不同的回油方式
三位五通阀			能使执行元件在任一位置上停止运动	

4.5.3　操纵控制方式及工作位置的判定

滑阀式换向阀可用不同的操纵控制方式进行换向，常用的操纵控制方式有手动、机动、电磁、液动、电液动、气动等，其符号表示参见表 4-5，各种操纵控制方式的结构见 4.5.5 节。

表 4-5　常用操纵控制方式的图形符号
（摘自 GB/T 786.1—2009）

操纵方式	符号	操纵方式	符号
手动		液动	
机动（滚轮式）		气动	
电磁		电液动	

具体绘制图形符号时，以弹簧复位的二位四通电磁换向阀为例（图 4-23），一般将控制源（此例为电磁铁）画在阀的通路机能同侧，复位弹簧或定位机构等画在阀的另一侧。

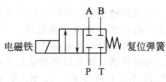

电磁铁　　　　　　　　　　复位弹簧

图 4-23　二位四通电磁换向阀

换向阀有多个工作位置，油路的连通方式因位置不同而异，换向阀的实际工作位置应根据液压系统的实际工作状态进行判别。一般将阀两端操纵驱动元件的驱动力视为推力，以图 4-23 所示的二位四通电磁阀为例，若电磁铁没有通电，此时的图形符号称阀处于右位，P、T、A、B 各油口互不相通。同理，若电磁铁通电，则阀芯在电磁铁的作用下向左移动，称阀处于左位，此时 P 口与 A 口相通，B 口与 T 口相通。之所以称阀位于"左位"、"右位"是指图形符号而言，并不是指阀芯的实际位置。

4.5.4　换向阀的机能

换向阀的阀芯没有被操纵而处于原始位置（也称停车位置）时，阀的各通口的连通方式，称为阀的机能。滑阀的不同机能可满足不同的功能要求。

① 二位二通阀的机能。二位二通阀只有两个油口，它们的连通方式只有通或断两种。如常用的弹簧复位的二位二通阀机能有常闭式（O 型）和常开式（H 型）两种（图 4-24）。

(a) 常闭(O型)　　**(b) 常开(H型)**

图 4-24　二位二通阀的机能

② 二位三通阀的机能。对应于阀芯与弹簧的不同安装方向与位置，二位三通阀有如图 4-25 所示两种机能。

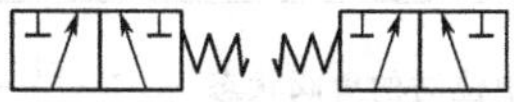

图 4-25　二位三通阀的机能

③ 二位四通阀的机能。二位四通阀的机能有多种，如表 4-6 所示。

④ 三位换向阀的机能（中位机能）。三位换向阀（四通和五通阀）的机能通常指其中位机能，不同的中位机能可通过改变阀芯形状和尺寸得到。三位换向阀常见的中位机能、型号、图形符号及其特点等如表 4-7 所示。

表 4-6　二位四通阀的机能

正向安装机能符号		反向(阀芯及弹簧更换方向)安装机能符号	

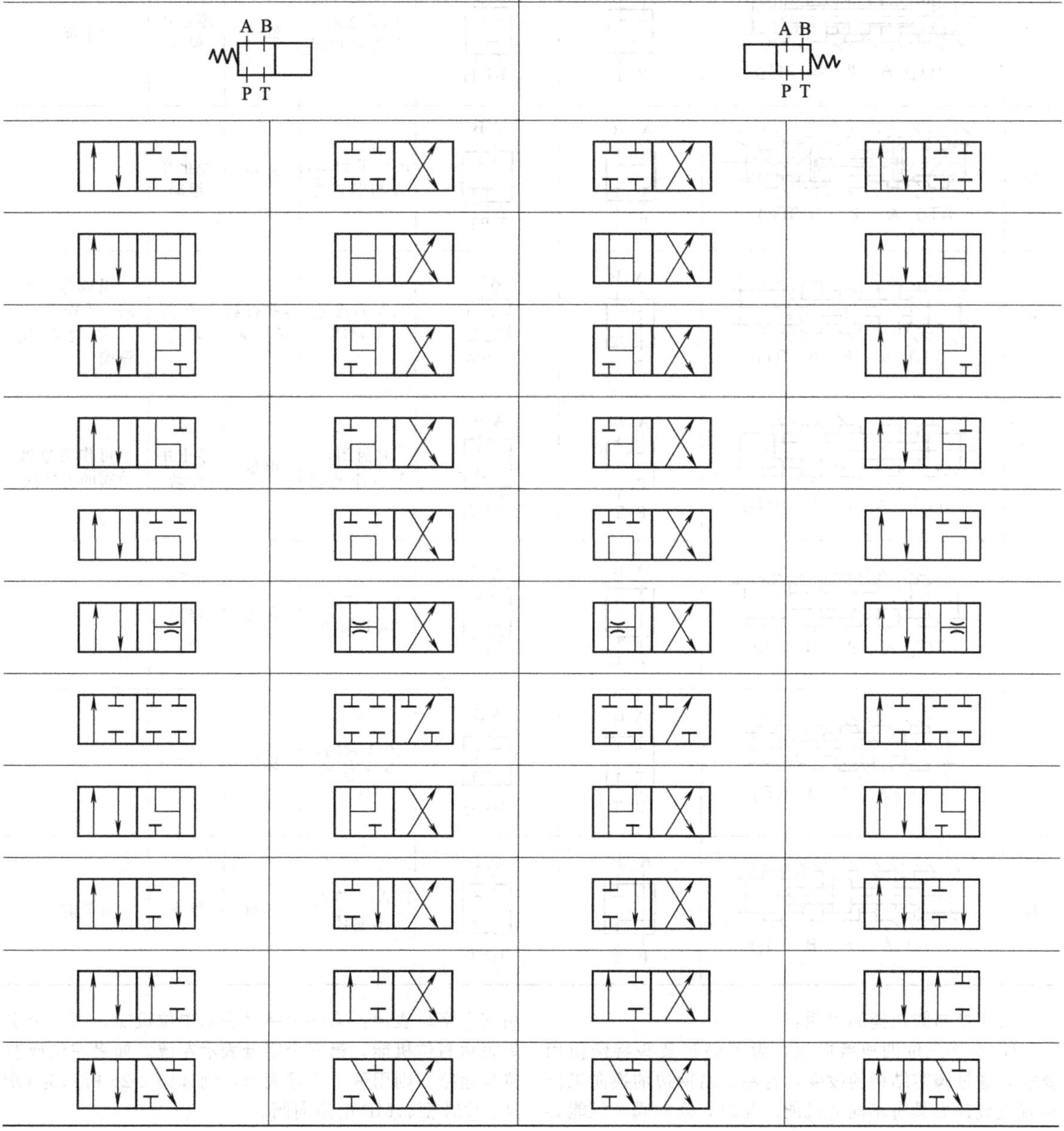

表 4-7　三位四通换向阀的中位机能、型号、图形符号及其特点

中位机能	中位时的滑阀状态	图形符号 三位四通	图形符号 三位五通	油口状况	液压泵状态	执行器状态	应用
O	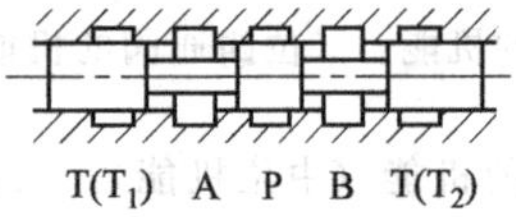	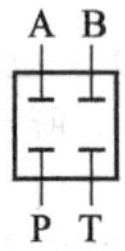 A B / P T	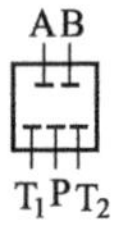 A B / T₁PT₂	P、T、A、B 互不连通	保压	停止	可组成并联系统
H	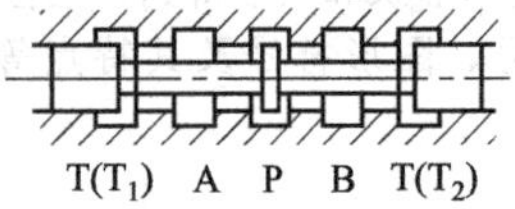	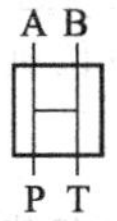 A B / P T	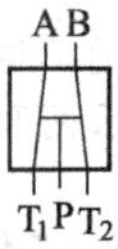 A B / T₁PT₂	P、T、A、B 连通	卸荷	停止并浮动	可节能
M	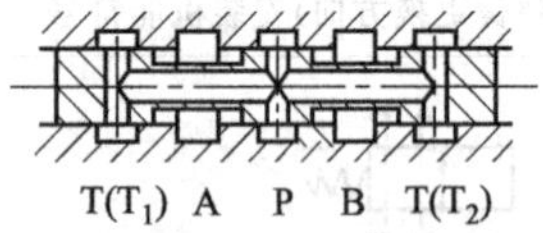	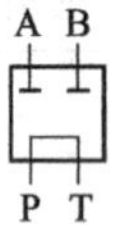 A B / P T	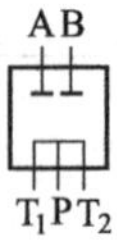 A B / T₁PT₂	P、T 连通，A 与 B 封闭	卸荷	停止并保压	可节能
U	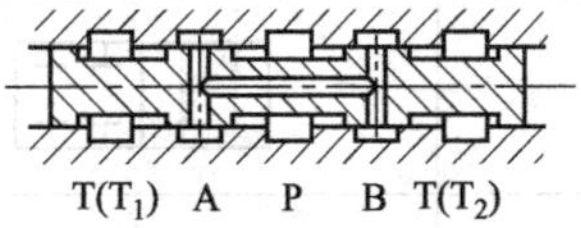	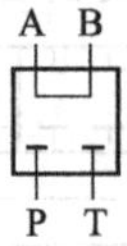 A B / P T	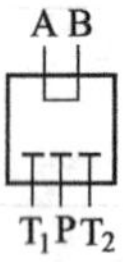 A B / T₁PT₂	P 与 T 封闭，A 与 B 连通	保压	停止并浮动	
P	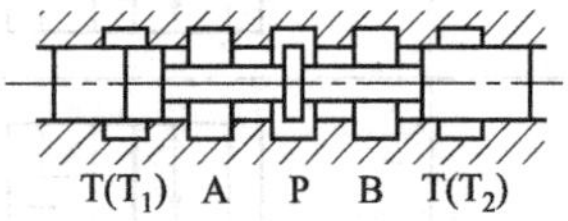	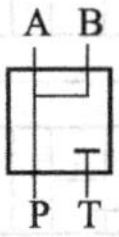 A B / P T	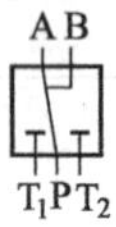 A B / T₁PT₂	P、A、B 连通，T 封闭	与执行器两腔通 液压缸差动	停止并浮动	组成差动回路，可作为电液动阀的先导阀
Y	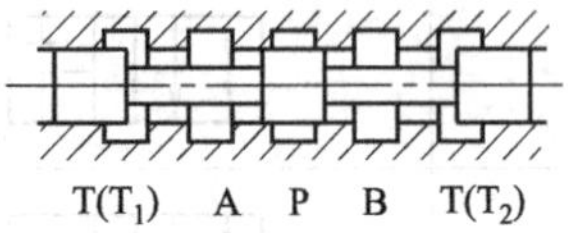	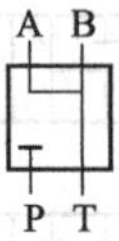 A B / P T	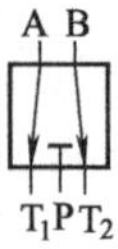 A B / T₁PT₂	P 封闭，T、A、B 连通	保压	停止并浮动	可作为电液动阀的先导阀
C	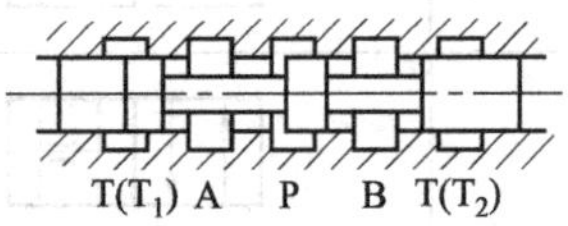	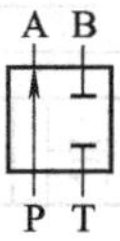 A B / P T	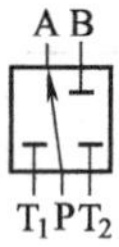 A B / T₁PT₂	P、A 连通，B、T 封闭	保压	停止	
J	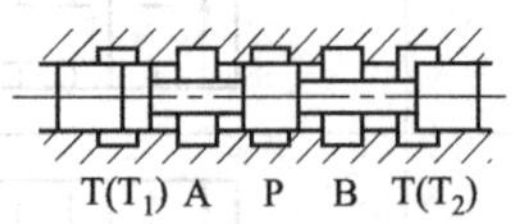	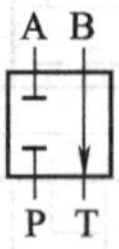 A B / P T	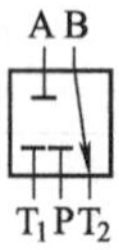 A B / T₁PT₂	P、A 封闭，B、T 连通	保压	停止	
K	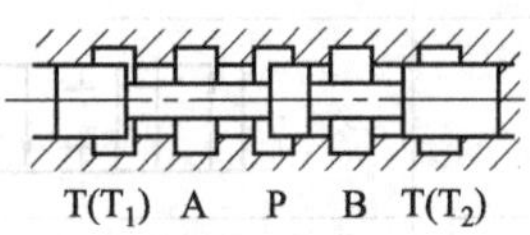	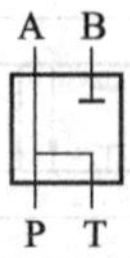 A B / P T	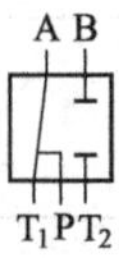 A B / T₁PT₂	P、A、T 连通，B 封闭	卸荷	停止	可节能

关于换向阀机能的说明：

① 对于三位四通换向阀，为了满足某些特殊使用要求，通过阀芯结构的改变，将左、右两边的换向工作位置也设计成具有不同的机能。此时，换向阀的机能要用三个字母表示：第一个字母表示中位机能，第二个字母表示右位机能，第三个字母表示左位。如果左位或右位为通路，则用两个字母表示，例如图 4-26 所示为 OP 型、OM 型、MP 型换向阀。

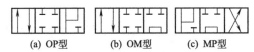

(a) OP 型　　(b) OM 型　　(c) MP 型

图 4-26 OP 型、OM 型、MP 型换向阀

② 一般的换向阀，换向过程中各个油路同时以一种状态切换至另一种状态。同一种中位机能的换向阀，通过适当改变阀芯台肩尺寸后，可以使某个通路提前开启或关闭。换向阀这种从一个位置向另一个位置切换过程中的通路机能，称为换向阀的过渡机能。

例如图 4-27 为 O 型中位机能三位四通换向阀的两种不同过渡机能：从中位切换至左位时，图 4-27(a) 是先接通 A 和 T，再接通 P 和 B；图 4-27(b) 是先接通 P 和 B，再接通 A 和 T。反之，从中位切换至右位时，也有类似的不同过渡机能。

(a) 先接通A和T，　　(b) 先接通P和B，
　　再接通P和B　　　　　再接通A和T

图 4-27 O 型中位机能三位四通
换向阀的两种不同过渡机能

通常只有液动或电液动换向阀才设计成不同的过渡机能，而电磁换向阀因为阀芯的总行程较短，故通常不设置特殊的过渡机能。

③ 三位四通换向阀，可以只使用其中间位置和左右任何一个换向位置的机能，将得到二位四通阀的多种机能；也可以只使用左右两边换向位置的机能，而将中位机能仅作为一种换向过渡状态时的机能。

4.5.5 典型结构

(1) 手动换向阀

手动换向阀是依靠手动杠杆操纵驱动阀芯运动而实现换向的阀类。按操纵阀芯换向后的定位方式有钢球定位式和弹簧自动复位式两种。

图 4-28 所示为钢球定位式的三位四通手动换向阀[图 (a) 为结构，图 (b) 为图形符号]，其中位机能为 O 型：当手柄 10 处于图示中位时，油口 P、T、A、B 互不相通。当向右推动手柄时，阀芯 2 向左运动，使 P 与 A 相通，而 B 与 T 相通。若向左推动手柄，阀芯向右运动，则 P 与 B 相通，而 A 与 T 相通。阀芯的这 3 个位置依靠钢球 12 定位。定位套 5 上开有 3 条定位槽，槽的间距即为阀芯的行程。当阀芯移动到位后，定位钢球 12 就卡在相应的定位槽中，此时即便松开手柄亦即去除了手柄上的操作力，阀芯仍能保持在工作位置上。

图 4-29 所示为弹簧复位式的三位四通手动换向阀[图 (a) 为结构，图 (b) 为图形符号]，它与钢球定位式的差别仅在于它的定位方式上，当施加在手柄上的操作力被去除后，阀芯依靠复位弹簧的作用自动弹回到中位。与钢球定位式相比，弹簧复位式的阀芯移动距离可以由手柄调节，从而调节各油口的开口量大小，使流向负载的流量得到调节。

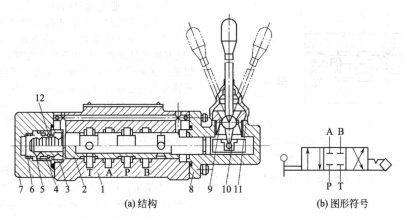

(a) 结构　　　　　　　　　　(b) 图形符号

图 4-28 三位四通手动换向阀 (钢球定位式)
1—阀体；2—阀芯；3—球座；4—护球圈；5—定位套；6—弹簧；7—后盖；8—前盖；
9—螺套；10—手柄；11—防尘套；12—钢球

图 4-30 所示为一种手动换向阀的实物外形。

(2) 机动换向阀

机动换向阀是借助主机运动部件上可以调整的凸轮或活动挡块的驱动力，自动周期地压下或抬起（依靠弹簧）装在滑阀阀芯端部的滚轮，从而改变阀芯在阀体中的相对位置，实现换向。这类阀因常用于控制机械设备的行程，故又称为行程阀。机动换向阀可以根据所控制行程的具体要求，安装在主机运动部件所经过的位置，并可进行调节。机动换向阀一般只有二位阀，即初始工作位置和一个换向工作位置。当挡铁或凸轮脱开阀芯端部的滚轮后，阀芯都是靠弹簧自动复位。它所控制的阀可以是二通、三通、四通、五通等。

图 4-31(a) 所示为二位二通机动换向阀的结构，图示位置，由弹簧 4 作用，阀芯 3 处于左端位置，油口 P、A 封闭；当滚轮 2 被挡块 1 压下时，阀芯移至右端，油口 P、A 相通。当挡块 1 的运动速度 v 一定时，通过改变挡块 1 的斜面角度 α 可改变阀芯 3 的移动速度，调节换向过程的快慢。

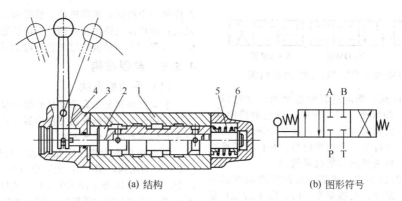

(a) 结构　　　　　　　　　(b) 图形符号

图 4-29　三位四通手动换向阀（弹簧自动复位式）

1—阀体；2—阀芯；3—前盖；4—手柄；5—弹簧；6—后盖

图 4-30　手动换向阀实物外形

（榆次油研系列）

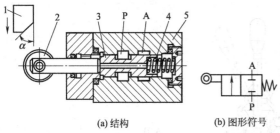

(a) 结构　　　　　　(b) 图形符号

图 4-31　二位二通机动换向阀

1—活动挡块；2—滚轮；3—阀芯；4—弹簧；5—阀体

图 4-32 所示为一种机动换向阀（凸轮操作）的实物外形。

图 4-32　机动换向阀实物外形

（新油研系列）

（3）电磁换向阀

电磁换向阀简称电磁阀，它是借助电磁铁通电时产生的推力使阀芯在阀体内做相对运动实现换向。电磁阀的控制信号可以由按钮开关、行程开关、压力继电器等元件发出的信号直接控制，也可以由计算机、可编程序控制器（PLC）等控制装置发出的信号进行控制，使用相当方便、广泛。

电磁阀中以二位、三位及二通、三通、四通和五通阀居多。根据用途不同，电磁阀有弹簧复位式和无弹簧式，三位阀有弹簧对中式和弹簧复位式。根据泄油方式的不同，电磁阀有内泄式和外泄式两种。根据电磁铁所用电源的不同，电磁阀又可分为交流和直流两种。根据电磁铁的铁芯和线圈是否浸油又分为干式电磁铁、湿式电磁铁和油浸式电磁铁三种。因为电磁铁的推力有限，故电磁换向阀仅用于流量不大的场合。

① 二位二通电磁换向阀。图 4-33(a) 所示为弹簧复位、干式电磁铁、外泄式的二位二通电磁阀。其机能为常开式，即当电磁铁 9 不通电时（图示状态），阀芯 2 在右端复位弹簧 4 作用下处于左侧，此时 P 口与 A 口相通，油液可以自由流动；反之，当电磁铁通电时，电磁铁推力经过推杆 8 将阀芯移至右侧，从而切断 P 与 A 的通路。该阀使用的是干式电磁铁，故阀芯 2 与阀体 1 配合间隙泄漏到弹簧腔的油液必须单独通过泄油口 L 和外接油管接回油箱。

② 二位三通电磁换向阀。图 4-34(a) 所示为弹簧复位、外泄式二位三通电磁换向阀。图示状态下，电磁铁 10 不通电，阀芯 2 在复位弹簧 7 弹簧力的作用下处于左侧，三个阀口中，阀口 P 与 A 相通，B 口被封闭。当电磁铁通电时，电磁铁推杆 3 的推力作用使阀芯移至右侧，阀芯的台肩将 A 口封闭，而阀口 P 与 B 相通，使液流换向。通过阀芯台肩与阀孔配合段间隙泄漏到两端弹簧腔的油液，在使用时应通过口 L 单独外接油管回油箱。

③ 二位四通电磁换向阀。图 4-35(a) 所示为弹簧复位、单电磁铁的二位四通电磁换向阀。四通阀有进油口 P、回油口 T 和通工作腔口 A、B 4 个液流通道。当电磁铁 9 不通电时，在复位弹簧 4 的作用下，阀芯 2 处于左侧，台肩上平面削口的存在，使油口 P 与 A 相通；油口 B 则与油口 T 相通。当电磁铁通电后，阀芯在电磁铁推力的作用下向右移动，使得油口 P 与 B 相通，而油口 A 则与 T 相通。

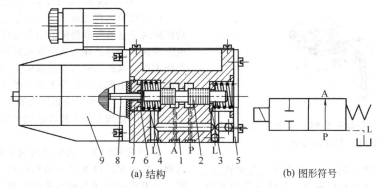

(a) 结构　　　　　　　　(b) 图形符号

图 4-33　二位二通电磁换向阀

1—阀体；2—阀芯；3—弹簧座；4—复位弹簧；5—盖板；6—挡片；7—O 形圈座；8—推杆；9—电磁铁

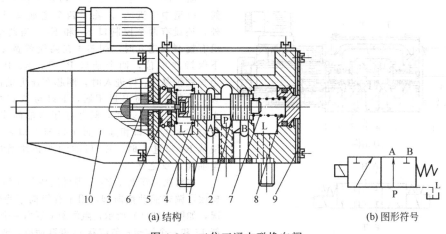

(a) 结构　　　　　　　　(b) 图形符号

图 4-34　二位三通电磁换向阀

1—阀体；2—阀芯；3—推杆；4—支承弹簧；5—弹簧座；6—O 形圈座；
7—复位弹簧；8—复位弹簧座；9—后盖；10—电磁铁

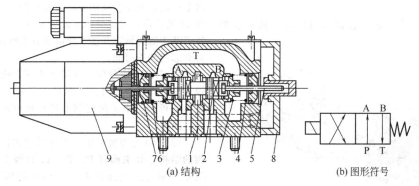

(a) 结构　　　　　　　　(b) 图形符号

图 4-35　二位四通电磁换向阀

1—阀体；2—阀芯；3—弹簧座；4—复位弹簧；5—推杆；
6—挡板；7—O 形圈座；8—后盖板；9—电磁铁

图 4-36 所示为一种二位电磁换向阀的实物外形。

④ 三位四通电磁换向阀。这是运用最为广泛的换向阀，其结构、形式及中位机能多种多样，不同的中位机能对应于不同的应用场合（参见表 4-7）。

图 4-37 所示为弹簧对中的三位四通电磁换向阀（O 型中位机能）。左、右各有一个电磁铁，阀芯两端为两个复位弹簧。当两个电磁铁均断电时，阀芯 3 在复位弹簧 4 的作用下处于中位，四个油口互不相通，当左电磁

图 4-36　二位电磁换向阀实物外形
（GE 系列，上海高行液压）

铁 1 通电时（右电磁铁需断电），阀芯 3 在电磁铁推力作用下向右移动，P 口与 B 口相通，A 口与 T 口相通。当右电磁铁通电时（左电磁铁需断电），阀芯向左移动，P 口与 A 口相通，而 B 口与 T 口相通。

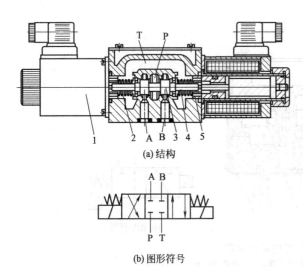

(a) 结构

(b) 图形符号

图 4-37　三位四通电磁换向阀
1—电磁铁；2—推杆；3—阀芯；4—弹簧；5—挡圈

图 4-38 所示为一种三位四通电磁换向阀的实物外形。

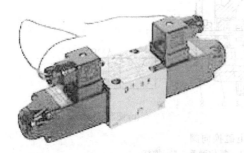

图 4-38　三位四通电磁换向阀实物外形
（力士乐系列，上海高行液压）

⑤ 阀用电磁铁的电源及浸油。按电源形式的不同，有交流和直流两种阀用电磁铁；按照铁芯和线圈是否浸油，有干式、湿式电磁铁之分，其特点比较请参见第 2 章。

（4）液动换向阀与电液动换向阀

这两种换向阀通常用于大流量液压系统的换向。液动换向阀是通过外部提供的压力油作用使阀芯换向；而电液动换向阀是由作为先导控制阀的小规格电磁换向阀和作主控制阀的大规格液动换向阀组合安装在一起的换向阀，驱动主阀芯的信号来自于通过电磁阀的控制压力油（外部提供），由于控制压力油的流量较小，故实现了小容量电磁阀控制大规格液动换向阀的阀芯换向（一级液压放大）。

① 液动换向阀。液动换向阀的阀芯结构与电磁换向阀一样，通过改变阀芯结构可以实现不同的中位机能。与电磁换向阀不同的是阀芯驱动力不是来自电磁铁，而是来自阀芯两端部控制口的压力油。液动换向阀有换向时间不可调和可调两种结构形式。

图 4-39(a) 所示为不可调式三位四通液动换向阀（O 型中位机能）。除了四个主油口 P、T、A、B 外，还设有两个控制口 K_1 和 K_2。当两个控制口都没有控制油进入时，阀芯 4 在两端弹簧 2、5 的作用下保持在中位，四个油口 P、T、A、B 互不相通。当控制油从 K_1 口进入时，阀芯在压力油的驱动下右移，使得 P 口与 B 口相通，T 口与 A 口相通。当压力油从 K_2 口进入时，阀芯在压力油的作用下左移，使得 P 口与 A 口相通，而 T 口与 B 口相通。当控制油从 K_1 口进入时，K_2 口的油液必须通过油管外泄至油箱，反之亦然。

在滑阀两端 K_1、K_2 控制油路中加装阻尼调节器即构成可调式液动换向阀，用于有换向平稳性要求的工况，如图 4-39(b) 所示，阻尼调节器由一个钢球式单向阀 12 和一个锥阀式节流器 13 并联而成，节流器的开度通过螺纹 10 调节并用螺母 9 锁定。当控制油进入将单向阀 12 顶开后，从节流器的径向孔 11 进入控制腔 8，推动换向阀芯 7 换向。当控制腔的油液排出时，压力油将单向阀芯紧压在阀座上，油液只能从节流器的节流缝隙 14 处流出，实现回油节流，换向阀芯的换向速度取决于节流器的调定开度，即调节节流阀开口大小即可调整阀芯的动作时间。

② 电液动换向阀。按用途不同，电液动换向阀有弹簧对中式和液压对中式两种。其主阀（液动换向阀）也有不可调（不带阻尼调节器）和可调（带阻尼调节器）两种。

图 4-40 为弹簧对中式不可调三位四通电液动换向阀的结构，其主阀有 P、T、A、B 四个油口。主阀芯两端分别与三位四通电磁先导阀的两个控制油口相通。按照 P 油道中有无螺塞 1，可以改变先导阀是外供控制油（从 X 口入）还是内供控制油（从 P 口入）；按照 T 油道中有无球状密封 2，可以改变先导阀的排油是外泄（从 Y 口出）还是内泄（从 T 口出）。表 4-8 列出了各种控制油供油和排油的组合情况及特点，在实际应用中应根据不同情况具体选用。图 4-40 的阀为外供外泄方式，其特点如表 4-8 的第

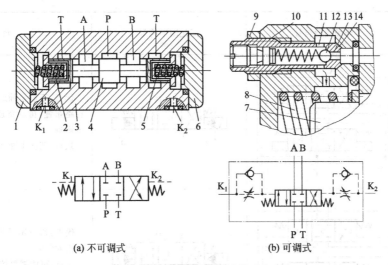

(a) 不可调式   (b) 可调式

图 4-39 三位四通液动换向阀

1、6—端盖；2、5—弹簧；3—阀体；4—阀芯；7—换向阀芯；8—控制腔；9—锁定螺母；
10—螺纹；11—径向孔；12—钢球式单向阀；13—锥阀式节流器；14—节流缝隙

一行所列。

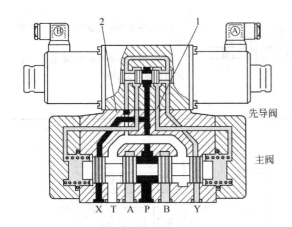

图 4-40 弹簧对中式不可调三位四通电液动换向阀
（不带阻尼调节器）结构

1—P 油道的螺塞；2—T 油道中的球状密封

图 4-40 所示的电液动换向阀中的先导阀为 Y 型中位机能，当先导阀的两个电磁铁都不通电使阀芯处于中位时，主阀芯在两端复位弹簧的作用下处于中位，主阀（即整个电液换向阀）的中位机能就由主阀芯的结构决定，图中所示的为 O 型机能。如果先导阀左端电磁铁通电，则先导阀芯右移，使主阀芯右端弹簧腔与压力油相通，主阀芯左移，从而使主阀的 P 口与 A 口相通，T 口与 B 口相通；当先导阀的右端电磁铁通电时，先导阀芯左移，主阀芯的左端弹簧腔与压力油相通，主阀芯右移，主阀的 P 口与 B 口相通，T 口则与 A 口相通。

弹簧对中式三位四通电液动换向阀的先导阀中位机能应为 Y 型或 H 型的，只有这样，当先导阀处于中位时，主阀芯两端弹簧腔压力为零，主阀芯才能在复位弹簧的作用下可靠地保持在中位。而液压对中式三位四通电液换向阀（图 4-41）的先导阀为 P 型机能，即当先导阀的两个电磁铁均不通电时，主阀芯两端控制腔都通压力油，即 $p_1 = p_1'$。为了实现液压对中目的，在原先

表 4-8 三位四通电液动换向阀控制油供油和排油的不同组合

控制油口		详细图形符号	简化图形符号	特点
供油	排油			
外部	外部			优点:换向阀的切换不受主油路中负载压力变化的影响 缺点:可能需要控制油源,增加了管路布置的复杂性

续表

控制油口		详细图形符号	简化图形符号	特点
供油	排油			
内部	外部			优点:不需要辅助控制油源,简化了管路布置,排油背压不受主阀回油背压影响 缺点:消耗主油路流量
外部	内部			优点:切换不受主油路中负载压力变化的影响 缺点:可能需要控制油源,排油受主油路回油背压的影响
内部	内部			优点:不需要控制油源,简化了管路布置 缺点:消耗主油路流量,排油受主油路回油背压的影响

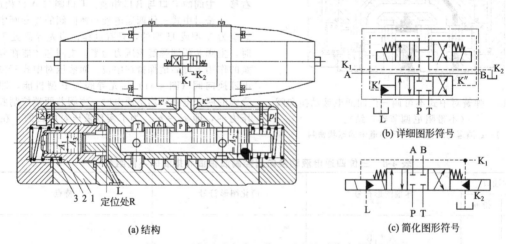

(a) 结构　　(b) 详细图形符号　　(c) 简化图形符号

图 4-41　液压对中式三位四通电液动换向阀
1—中盖;2—缸套;3—柱塞

弹簧对中型电液换向阀基础上,在阀的左端增加了中盖1、缸套 2 和柱塞 3 等零件。假设柱塞的截面积为 A_1,阀芯台肩的截面积为 A_2,缸套的截面积为 A_3,它们之间的关系一般为 $A_1 : A_2 : A_3 = 1 : 2 : 3$。当先导阀处于中位时,主阀芯两端容腔压力均为 p_1,缸套 2 在液压力的作用下被压在定位面 R 处。而柱塞 3 则向右移动顶在阀芯上,使阀芯受到一个向右的作用力 $p_1 A_1$。同时,阀芯右端所受向左的液压力为 $p_1 A_2$,它们的合力为 $p_1 A_2 - p_1 A_1 = p_1 A$,使阀芯向左移动,压在缸套上,由于缸套的截面积大,不会发生移动,就能使阀芯非常可靠地保持在中间位置。当先导阀的电磁铁中有一个通电时，主阀芯两端将有一端泄压，仍旧能与弹簧对中型电液换向阀一样实现阀芯位置的切换。液压对中型电液换向阀两端的弹簧不起复位作用，只是在安装时使阀芯和缸套等零件保持在初始位置，刚度不需要很强。为了保持零件的通用性，仍可采用普通的复位弹簧。

图 4-40 和图 4-41 所示的三位四通电液动换向阀均为不可调式（不带阻尼调节器）。为了调节阀芯的换向速度，可在主阀左右两端各加设一个阻尼调节器，或者在先导阀 1 与主阀 2 之间加设一个双单向节流器 3（也称节流板）（图 4-42），通过调节节流器的开度即可实现上述目的。

图 4-43(a)、(b) 分别为一种液动换向阀和电液动换向阀的实物外形。

（5）气控液压换向阀

此类阀是气控液压系统中的气液转换元件，其工作原理是用气压控制来实现液压换向阀的换向与复位，从而满足液压系统中改变液流方向的要求。在生产实际中，气控液压换向阀可以解决因环境恶劣（如潮湿、高温、高压、有腐蚀气体等）或其他原因而造成的电磁阀换向可靠性差，换向频率低等问题。

图 4-44 是一种弹簧复位式二位四通气控换向阀，换向阀有 P、A、B、T 四个主油口，一个气口 K。其原理为：在图示位置，K 口通入压缩空气，阀芯 2 右移，油口 P、A 相通，B、T 口相通；当去除压缩空气时，在复位弹簧 3 的弹簧力作用下，汽缸 5 中的活塞 4 通过顶杆 6 使阀芯左移，油口 P、B 相通，A、T 口相通。

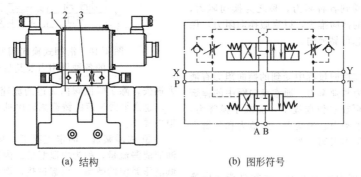

(a) 结构   (b) 图形符号

图 4-42 带双单向节流器的电液动换向阀
1—先导阀；2—主阀；3—双单向节流器

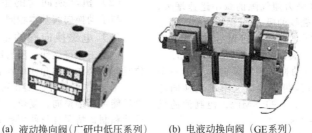

(a) 液动换向阀（广研中低压系列）   (b) 电液动换向阀（GE系列）

图 4-43 液动换向阀和电液动换向阀实物外形（上海高行液压）

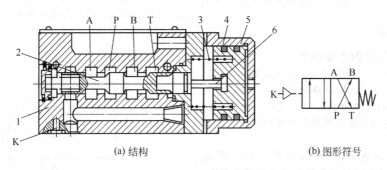

(a) 结构   (b) 图形符号

图 4-44 弹簧复位式二位四通气控换向阀
1—阀体；2—阀芯；3—复位弹簧；4—活塞；5—汽缸；6—顶杆

图 4-45 是一种用于载重汽车自动装卸系统的气控换向阀实物外形。

图 4-45 用于载重汽车自动装卸系统的
气控换向阀实物外形（上海高行液压）

4.5.6 换向阀阀芯的作用力

换向阀工作中会受到各种阻力，称之为换向阻力，故换向阀必须有足够的换向推力，以克服换向阻力，保证滑阀式换向阀的阀芯可靠换向。

（1）换向阻力

换向滑阀的阀芯在换向过程中受到的换向阻力有液动力、卡紧力、摩擦力和弹簧力。通常换向阀中的弹簧为复位弹簧，在保证可靠复位前提下，应减小弹簧力，以免增加换向阻力。液动力、卡紧力、摩擦力和弹簧力的分析计算方法请参见本书第 2 章。

（2）换向推力

① 手动或机动换向滑阀的推力，通常总能适应换向过程的要求，一般不会出现推力不足的情况。

② 电磁阀的换向推力特性与阀用电磁铁的形式有关。由于交流电磁铁的电磁力随气隙的减小迅速增大，所以交流电磁铁比直流电磁铁的吸力-行程特性陡，即工作行程越大，起始吸力越小。故工作行程不能过大，以免电磁铁的吸力明显降低，通常工作行程为 3~6mm。

③ 液动换向阀或电液动换向阀的换向推力为一个限定的范围，为了保证既能可靠换向又不出现换向冲击，通常控制油压 $p_{cmin}=0.5~1.5MPa$。控制油的供入方式及其特点请参见表 4-8。

④ 气控液压换向阀的控制气压一般为 $p_A=0.5~0.7MPa$。

滑阀式换向阀在换向过程中的各种作用力及其变化规律如图 4-46 所示。

4.5.7 主要性能

（1）手动换向阀的主要性能

包括工作可靠性、压力损失和内泄漏量等。

① 工作可靠性。手动换向滑阀换向时，应轻便灵活、无卡阻现象，对于弹簧自动复位式阀（如图 4-29 所示的换向阀），还应保证在操纵外力撤除后能立即自动复位。

② 压力损失。油液流经换向阀后的压力降，称为压力损失，主要由阀内流动损失和阀口节流损失产生。在保证换向阀正常工作前提下，应设法减小换向阀的压

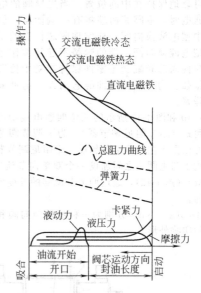

图 4-46 滑阀式换向阀换向过程中
的各种作用力及其变化规律

力损失，除了降低阀内流道的流速（一般应在 3~5m/s），通常平滑过渡的铸造流道比机械加工流道中的压力损失要小。

③ 内泄漏量。额定工况下，从高压腔到低压腔的油液泄漏流量，称为内泄漏量。内泄漏量过大不仅会降低液压系统的效率，引起过热，而且还会影响执行元件的正常工作。内泄漏量的大小主要与阀的制造精度、封油长度及阀前后工作压差有关。

（2）机动换向阀的主要性能

与手动换向阀基本相同。

（3）电磁换向阀的主要性能

包括工作可靠性、压力损失、内泄漏量、换向和复位时间、换向频率和使用寿命等。

① 工作可靠性。工作可靠性指电磁换向阀通、断电后能可靠地换向、复位。工作可靠性主要取决于阀的设计和制造情况且与使用有关。作用在阀芯上的各种换向阻力中，尤以液动力与卡紧力的大小对工作可靠性影响较大，而此两力与通过阀的液流压力和流量有关，故电磁阀只有在一定的压力和流量范围内才能正常工作。这个工作范围的极限称为换向界限（图 4-47）。

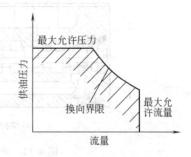

图 4-47 电磁阀的换向界限

②压力损失。电磁换向阀的压力损失也是由流动损失和阀口节流损失两部分组成。但由于电磁换向阀的开口量较小，所以节流损失较大。故相对于手动换向阀，油液流经电磁换向阀所造成的压力损失比较大。

③内泄漏量（与手动换向阀相同）。

④换向和复位时间。从电磁铁通电到阀芯换向终止的时间称为换向时间；从电磁铁断电到阀芯回复到初始位置的时间称为复位时间。减小换向和复位时间对提高工作效率有利，但会引起液压冲击。从采用位移传感器直接测量的电磁铁-阀芯组件的换向过程曲线（图4-48）可看出，换向时间 t 由换向滞后时间 t_1 和换向运动时间 t_2 两部分组成，而复位时间 t' 由复位滞后时间 t_1' 和复位运动时间 t_2' 组成，通常复位时间比换向时间稍长。

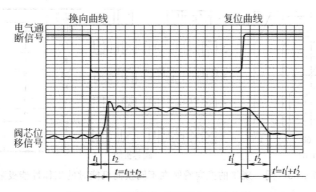

图 4-48　实测的电磁阀换向过程曲线

交流电磁阀的换向时间为 $0.01\sim0.03\mathrm{s}$（动作较慢的一般也不超过 $0.08\mathrm{s}$），换向冲击较大；直流电磁阀的换向时间为 $0.02\sim0.07\mathrm{s}$（动作慢的为 $0.1\sim0.2\mathrm{s}$），换向冲击较小。

⑤换向频率。在单位时间内电磁阀所允许的换向次数称为换向频率。换向频率主要受电磁铁特性的限制。一般交流电磁铁的换向工作频率在 60 次/min 以下（性能好的可达 120 次/min）。湿式电磁铁的散热条件较好，所以换向频率比干式高些。直流电磁铁由于不受启动电流的限制，换向频率可达 $250\sim300$ 次/min。换向频率不能超过阀的换向时间所规定的极限，否则无法完成完整的换向过程。

⑥使用寿命。它是指电磁阀用到某一零件损坏，不能进行正常的换向和复位动作，或者到了其主要性能指标明显恶化且超过规定值时所具有的换向次数。换向阀的使用寿命主要取决于电磁铁的工作寿命。湿式交流电磁铁比干式交流电磁铁的使用寿命长，直流电磁铁比交流电磁铁的使用寿命长。交流电磁铁的寿命仅为数十万次到数百万次，而直流电磁铁的使用寿命一般在一千万次以上，有的高达四千万次。

（4）液动换向阀与电液动换向阀的主要性能

①工作可靠性。电液动换向阀的工作可靠性是指在规定的工作条件下，阀进行换向和复位的可靠程度。工作可靠性不仅与控制压力和弹簧复位力的大小有关，更重要的是先导电磁换向阀的工作可靠性。

②压力损失与内泄漏量。由于电液换向阀流道面积大、阀芯行程长，所以它的压力损失小，其内泄漏量也小。液动换向阀和电液动换向阀的内泄漏量是特指其主阀部分的内泄漏量。而有外泄口的电液动换向阀，其内泄漏量应包括从该外泄口流出的泄漏量。

③最低控制压力。液动换向阀和电液动换向阀的最低控制压力是指在额定压力和流量下，使阀能正常换向的最低控制压力。在确保阀的工作可靠性前提下，最低控制压力越低越好。

④换向和复位时间。液动换向阀的换向和复位时间，由于受控制油液流量、压力及回油背压的影响，故通常不作为考核指标，具体使用时可以通过改变控制条件改变换向和复位时间。

电液动换向阀的换向时间是指从先导电磁阀的电磁铁通电到主阀芯换向终止所需的时间；而复位时间是指从先导电磁阀的电磁铁断电到主阀芯回复到初始位置所需的时间。比较而言，电液动换向阀的换向和复位时间要明显比电磁换向阀长，一般达数百毫秒。

⑤换向压力冲击。高压大流量下工作的液动换向阀和电液动换向阀换向过程中，如果换向时间短促，油路切换迅速，往往会造成油路的压力冲击，故换向动作迅速与换向平稳性是一对矛盾。

在换向平稳性要求较高的场合，可通过在主阀芯两端控制油路上设置阻尼调节器（见图4-39）或在阀芯的凸肩上设置制动锥或三角槽进行缓冲（见图4-49）等措施来减缓或消除换向压力冲击。当然，也可以在液压系统设计中，通过设置高灵敏度的小型安全阀、减速阀或

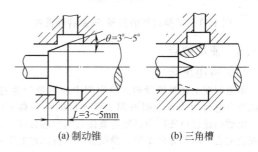

(a) 制动锥　　　　(b) 三角槽

图 4-49　在阀芯凸肩上设置制动锥或三角槽进行缓冲

适当加大油管直径、缩短管路长度、采用软管等措施防止液压冲击及其对液压系统性能的影响。

⑥ 电磁换向阀的最大过流能力与流量极限。稳态液动力是电磁阀换向过程中不可忽视的换向阻力，且液动力随着流量的加大而加大，由于电磁铁推力所限，电磁换向阀的最大过流能力受到限制。由于不同换向机能的液动力可能不同，所以电磁换向阀的最大过流能力还与不同的阀芯机能有关。同一规格的换向阀在不同机能时的工作性能极限不同。图 4-50 表示了同一规格（通径）的换向滑阀，换向机能不同时的工作性能极限，其中曲线 1 所对应的机能是把四通阀的一个油口封闭，作为三通阀使用时的工作极限，此种使用方式的液动力最大，故允许的最大流量较小。

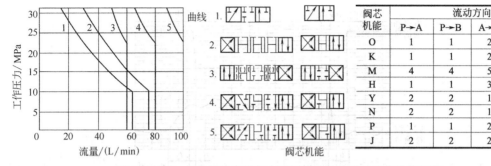

阀芯机能	流动方向			
	P→A	P→B	A→T	B→T
O	1	1	2	2
K	1	1	2	2
M	4	4	5	6
H	1	1	3	4
Y	2	2	1	2
N	2	2	2	3
P	1	1	2	2
J	2	2	2	2

图 4-50 同一规格的换向滑阀在不同换向机能时的工作性能极限

此外，对于换向阀而言，实际上不存在"额定流量"的概念。因为只要工作压力和流量没有超出最大压力和换向可靠性所规定的极限，允许通过的流量数值可大可小，并没有严格的规定。例如对于图 4-51 所示的某换向阀（图中 $\nu=36mm^2/s$ 为油液在温度 $t=50℃$ 时的运动黏度），如果每个流动方向允许的压力损失不超过 0.2MPa，则只能适用于流量小于 60L/min 的场合；若允许压力损失为 0.6MPa，则阀的流量可增加到 100L/min 或更大。从而使用户有较大的选择余地。

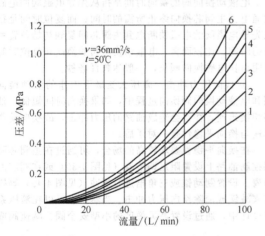

图 4-51 某换向阀的流量-压差特性曲线

4.5.8 使用要点

（1）应用场合

电磁阀在上述各种滑阀式换向阀中应用最为普遍，故此处以电磁阀为例说明滑阀式换向阀的一些典型应用。电磁阀通过电磁铁的通断电直接控制阀芯位移，实现液流的通、断和方向变换，操纵各种执行元件的动作（例如液压缸的往复运动、液压马达的连续回转运动），液压系统的卸荷、升压、多执行元件间的顺序动作控制等。使用电磁阀的液压系统及其主机设备，自动化程度高、操纵控制方便、布局美观大方。

① 液压泵（系统）卸荷。如图 4-52 所示，将常闭式二位二通电磁阀 2 并联在液压泵 1 出口可构成旁路卸荷回路。图示状态，阀 2 不通电，其右位工作，泵 1 向系统提供压力油（压力由溢流阀 3 设定）；阀 2 通电切换至左位时，泵 1 的油液经阀 2 直接排回油箱，实现卸荷，从而减少系统在等待期间的能耗。此回路中，阀 2 的规格应与泵 1 的规格相当。在多液压泵数字控制系统中，正是利用这一原理，在各台泵的出口并联一个二位二通电磁阀，通过各电磁阀的通断电组合，实现多泵组合供油，从而达到节能目的。

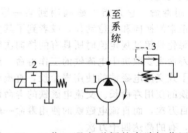

图 4-52 二位二通电磁阀的旁路卸荷回路
1—液压泵；2—二位二通电磁换向阀；3—溢流阀

采用 M 型或 H、K 型中位机能的三位四通电磁换向阀可以方便地构成卸荷回路。例如图 4-53 中的 M 型中位机能三位四通电磁阀 3，其电磁铁 1YA 通电时，将切换至左位，液压泵 1 的压力油经阀 3 的 P→A 进入液压缸 4 的无杆腔，液压缸前进（右行），缸有杆腔的油液经阀 3 的 B→T 排回油箱；2YA 通电时，阀 3 切换至右位，泵 1 的压力油经阀 3 的 P→B 进入液压缸 4 的有杆腔，液压缸退回（左行），缸无杆腔的油液经阀 3 的 A→T 排回油箱；当电磁铁 1YA 和 2YA 均断电时，换向阀 3 处于图示中位，液压泵的油液直接经阀 3 的 P→T 排回油箱，实现卸荷。此类卸荷方法较为简单经济，在工程实际中常被使用。

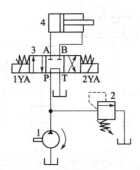

图 4-53 M 型中位机能三位四通
电磁换向阀的卸荷回路
1—液压泵；2—溢流阀；3—三位四通
电磁换向阀；4—液压缸

图 4-54 所示是将二位二通电磁阀 2 接至先导式溢流阀 3 的远程控制口构成的卸荷回路。图示状态，电磁阀 2 未通电，工作在左位，由于溢流阀（原理见第 5 章）的先导阀控制腔开启并直接通油箱，故溢流阀主阀芯处于全开状态，液压泵 1 卸荷。当阀 2 通电切换至右位时，溢流阀的先导阀控制腔被封闭，系统开始升压，压力由阀 3 调节设定。此回路也可以采用常闭式二位二通电磁换向阀，则回路在电磁铁通电时，液压泵卸荷。用溢流阀的卸荷回路中，由于流经二位二通电磁换向阀的流量是溢流阀的先导控制流量（通常为整个溢流阀公称流量的 1%），故二位二通电磁换向阀的规格（通径或流量）较小，这一点在液压系统设计中的元件选型阶段应给予足够重视，以免冗余及浪费。

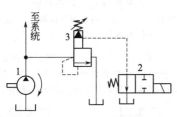

图 4-54 二位二通电磁阀与先导式溢流阀的卸荷回路
1—液压泵；2—二位二通电磁阀；3—先导式溢流阀

② 液压缸差动快速回路。利用 OP 型机能的三位四通电磁换向阀可以构成液压缸的差动快速回路（图 4-55），以减小液压源的流量规格，实现节能。图示状态，所有电磁铁均不通电，主换向阀 4 处于中位，液压缸停止不动，期间，换向阀 2 处于左位，液压泵 1 卸荷（原理参见图 4-54）；当电磁铁 2YA 通电使换向阀 4 切换至左位时，1YA 也通电使换向阀 2 切换至右位，泵 1 由卸荷转为供油状态，泵的压力油经阀 4 进入液压缸 5 的无杆腔，同时有杆腔的油液经阀 4 的 P 型机能反馈至缸的无杆腔，实现差动快速（速度为 v_1）前进（右行）；当电磁铁 3YA 通电使换向阀 4 切换至右位时，泵 1 的压力油经阀 4 进入液压缸的有杆腔，液压缸快速

（速度为 v_2）退回（左行），无杆腔的油液经阀 4 排回油箱。若液压缸的缸筒内径 D 和活塞杆直径 d 之间满足关系：$D = \sqrt{2} d$，则可使液压缸得到相同的前进和退回速度，即 $v_1 = v_2$。

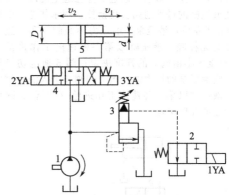

图 4-55 OP 型机能三位四通电磁换向阀
的液压缸差动快速回路
1—液压泵；2—二位二通电磁阀；3—先导式溢流阀；
4—OP 型机能三位四通电磁换向阀；5—液压缸

③ 速度换接回路。图 4-56 所示为用二位二通电磁换向阀实现快慢速换接的回路，可实现快速前进→慢速前进→快速退回的工作循环。液压缸 7 采用二位四通阀 3 换向，液压缸 7 的有杆腔回油路上并联有单向阀 4、节流阀（原理见第 6 章）5 和二位二通电磁换向阀 6。当阀 6 不通电处于左位，且阀 3 的左位接入回路时，节流阀 5 被短路，液压泵 1 的压力油经阀 3 进入液压缸 7 的无杆腔，有杆腔的排油经阀 6 和阀 3 回油箱，液压缸快速右行；当阀 6 通电切换至右位时，该阀关闭，液压缸有杆腔的油液必须经节流阀 5 才能流回油箱，活塞因此转为慢速工作进给。当换向阀 3 切换至右位时，液压泵的压力油经单向阀 4 进入液压缸的有杆腔，缸快速向左退回。此回路可以灵活的布置电磁阀的安装位置，但速度换接平稳性与换接点位置不易控制（即换接精度稍差）。如将二位二通电磁换向阀改用二位二通机动换向阀（行程阀），则换接过程比较平稳，换接精度较高，但行程阀的安装位置不能任意布置，管路连接较为

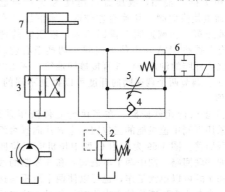

图 4-56 二位二通电磁阀的快慢速度换接回路
1—液压泵；2—溢流阀；3—二位四通换向阀；4—单向阀；5—节流阀；6—二位二通电磁阀；7—液压缸

复杂。

图 4-57 所示为采用两个调速阀（原理见第 6 章）和一个二位三通电磁阀的二次工作进给速度换接回路。图中两个调速阀 3 与 4 并联，两个调速阀可以独立调节各自的流量，互不影响。通过二位三通电磁阀 5 的通断电改变液压缸的进油通路实现换接。图示状态，电磁阀 5 断电处于左位，液压泵 1 的压力油经 3 和 5 进入液压缸 6 的无杆腔，液压缸以第一种速度工作进给（右行），速度大小由阀 3 的开度决定；阀 5 通电切换至左位时，则液压泵的压力油经阀 4 和阀 5 进入液压缸的无杆腔，液压缸以第二种速度工作进给（右行），速度大小由阀 4 的开度决定。

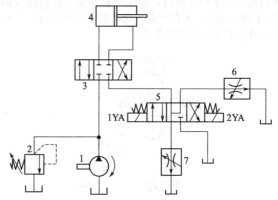

图 4-58　P 型中位机能三位四通电磁阀
的三次速度换接回路

1—液压泵；2—溢流阀；3—三位四通主换向阀；
4—液压缸；5—P 型中位机能的三位四通电磁阀；
6、7—调速阀

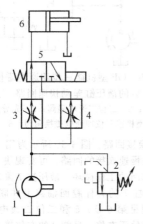

图 4-57　二位三通电磁换向阀的
二次工进速度换接回路

1—液压泵；2—溢流阀；3、4—调速阀；
5—二位三通电磁换向阀；6—液压缸

采用 P 型中位机能三位四通电磁换向阀的三次速度换接回路如图 4-58 所示。图中液压缸 4 采用主换向阀 3 换向，通过三位四通电磁阀 5 改变液压缸有杆腔的回油通路，可以获得三种不同的前进速度。液压缸前进（右行）时，换向阀 3 的左位接入回路，液压泵 1 的压力油经阀 3 直接进入缸的无杆腔；当换向阀 5 的电磁铁均不通电而处于中位时，则液压缸有杆腔的油液经调速阀 6 和 7 排回油箱，液压缸的速度为 v_1；当电磁铁 1YA 通电使换向阀 5 切换至左位时，则液压缸有杆腔的油液经阀 5 和调速阀 7 排回油箱，液压缸的速度为 v_2；当电磁铁 2YA 通电使换向阀 5 切换至右位时，则液压缸有杆腔的油液经阀 5 直接排回油箱，液压缸的速度为 v_3。调节两个调速阀的开度可以得到不同的 v_1 和 v_2 数值。

④ 多执行元件回路。在多执行元件液压系统中，通过采用不同中位机能的三位四通电磁换向阀可组成并联串联回路。图 4-59 为采用 O 型中位机能三位四通电磁阀的并联回路。图中两个电磁阀 4 和 5 控制的液压马达 6 和 7 既可以单独工作，也可以使两个液压马达同时工作。当各主电磁阀均处于中位时，通过二位二通电磁换向阀 2 控制先导式溢流阀 3 使液压泵 1 卸荷，以降低能耗。

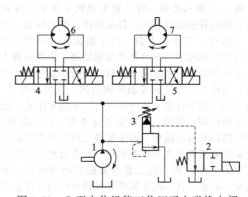

图 4-59　O 型中位机能三位四通电磁换向阀
的多执行元件并联回路

1—液压泵；2—二位二通电磁换向阀；3—溢流阀；
4、5—三位四通主换向阀；6、7—液压马达

图 4-60 为采用 M 型中位机能的三位四通电磁阀的串联回路。图中前面的电磁阀 3 的回油口与后面的电磁阀 4 的进油口相连，所以同一时间内只能使一个液压缸

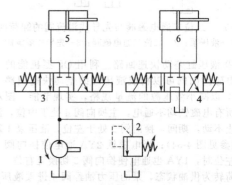

图 4-60　M 型中位机能三位四通电磁
换向阀的多执行元件串联回路

1—液压泵；2—溢流阀；3、4—M 型中位能
三位四通主换向阀；5、6—液压缸

工作。系统的工作压力受到电磁阀回油口允许压力的限制。串联的阀越多，阻力及压力损失越大，对液压泵的供油压力要求越大，从而造成较大的功率损失。

（2）注意事项

① 应根据所需控制的流量选择合适的换向阀通径。如果阀的通径大于 10mm，则宜选用液动换向阀或电液动换向阀。使用时不能超过制造厂样本中所规定的额定压力以及流量极限，以免造成动作不良。

② 应根据整个液压系统各种液压阀的连接安装方式协调一致的原则，选用合适的安装连接方式，以便液压阀组的设计、制造和安装。

③ 应根据自动化程度的要求和主机工作环境情况选用适当的换向阀操纵控制方式。如工业设备液压系统，由于工作场地固定，且有稳定电源供应，故通常要选用电磁换向阀或电液动换向阀。而野外工作的液压设备系统，主机经常需要更换工作场地且没有电力供应，或某些场合，为简化电气控制系统，并使操作简便，则宜选用手动换向阀。再如在恶劣环境（如潮湿、高温、高压、有腐蚀气体等）下工作的液压设备系统，为了保证人身设备的安全，则可考虑选用气控液压换向阀。

④ 要根据液压系统的工作要求，选用合适的滑阀机能与对中方式。

⑤ 对电磁换向阀，要根据所用的电源、使用寿命、切换频率、安全特性等选用合适的电磁铁。

⑥ 回油口 T 的压力不能超过规定值。

⑦ 双电磁铁电磁阀的两个电磁铁不能同时通电，在设计液压设备的电控系统时应使两个电磁铁的动作互锁。

⑧ 对于液动换向阀和电液动换向阀，应根据系统的需要，选择合适的先导控制供油和排油方式（参见表4-8）。并根据主机与液压系统的工作性能要求决定所选择的阀是否带有阻尼调节器或行程调节装置等。

⑨ 电液换向阀和液动换向阀在内部供油时，对于那些中间位置使主油路卸荷的三位四通电液换向阀，如M、H、K 等滑阀机能，应采取措施保证中位时的最低控制压力，如在回油口上加装背压阀等。

4.5.9　故障诊断

滑阀式换向阀在使用中可能出现的故障现象有阀芯不能移动、外泄漏、操纵机构失灵、噪声过大等，产生故障的原因及其排除方法如表4-9所列。

表 4-9　滑阀式换向阀使用中可能出现的故障及其诊断排除方法

故障现象	产　生　原　因	排　除　方　法
阀芯不能移动	换向阀阀芯表面划伤、阀体内孔划伤、油液污染使阀芯卡阻、阀芯弯曲	卸开换向阀，仔细清洗，研磨修复阀体，校直或更换阀芯
	阀芯与阀体内孔配合间隙不当。间隙过大，阀芯在阀体内歪斜，使阀芯卡住；间隙过小，摩擦阻力增加，阀芯移不动	检查配合间隙。间隙太小，研镗阀芯，间隙太大，重配阀芯，也可以采用电镀工艺，增大阀芯直径，阀芯直径小于 20mm 时，正常配合间隙在 0.008～0.015mm 范围内；阀芯直径大于 20mm 时，间隙在 0.015～0.025mm 正常配合范围内
	弹簧太软，阀芯不能自动复位；弹簧太硬，阀芯推不到位	更换弹簧
	手动换向阀的连杆磨损或失灵	更换或修复连杆
	电磁换向阀的电磁铁损坏	更换或修复电磁铁
	液动换向阀或电液动换向阀两端的单向节流器失灵	仔细检查节流器是否堵塞、单向阀是否泄漏并进行修复
	液动或电液动换向阀的控制压力油压力过低	检查压力低的原因，对症解决
	气控液压换向阀的气源压力过低	检修气源
	油液黏度太大	更换黏度适合的油液
	油温太高，阀芯热变形卡住	查找油温高原因并降低油温
	连接螺钉有的过松，有的过紧，致使阀体变形，致使阀芯移下不动，另外，安装基面平面度超差，紧固后面体也会变形	松开全部螺钉，重新均匀拧紧。如果因安装基面平面度超差阀芯移不动，则重磨安装基面，使基面平面度达到规定要求
电磁铁线圈烧坏	线圈绝缘不良	更换电磁铁线圈
	电磁铁铁芯轴线与阀芯轴线同轴度不良	拆卸电磁铁重新装配
	供电电压太高	按规定电压值来纠正供电电压
	阀芯被卡住，电磁力推不动阀芯	拆开换向阀，仔细检查弹簧是否太硬、阀芯是否被脏物卡住以及其他推不动阀芯的原因，进行修复并更换电磁铁线圈
	回油口背压过高	检查背压过高原因，对症来解决

故障现象	产 生 原 因	排 除 方 法
外泄漏	泄油腔压力过高或 O 形密封圈失效造成电磁阀推杆处外渗漏	检查泄油腔压力,如对于多个换向阀泄油腔串接在一起,则将它们分别接回油箱;更换密封圈
	安装面粗糙、安装螺钉松动、漏装 O 形密封圈或密封圈失效	磨削安装面使其粗糙度符合产品要求(通常阀的安装面的粗糙度 Ra 不大于 $0.8\mu m$);拧紧螺钉;补装或更换 O 形密封圈
噪声过大	电磁铁推杆过长或过短	修整或更换推杆
	电磁铁铁芯的吸合面不平或接触不良	拆开电磁铁,修整吸合面,清除污物

4.6　转阀式换向阀

4.6.1　主要作用

转阀式换向阀在液压系统中的作用是通过旋转圆柱形阀芯改变与阀体的相对位置,接通或关闭油路实现液压执行元件的换向。由于操作阀时要使阀芯旋转,所以这种阀一般采用手动或机动操纵控制方式。与滑阀式换向阀类同,转阀式换向阀也有二位阀(二通、四通、五通)、三位阀(四通、五通)等常见类型。

4.6.2　工作原理

以图 4-61 所示三位四通转阀为例,说明转阀式换向阀的工作原理。三位四通转阀由阀体 1、阀芯 2 和操纵手柄(图中未画出)等主要元件组成。阀体 1 上有四个(P、A、B、T)通口,阀芯 2 上开有沟槽和孔道。当阀芯处于 Ⅱ 位时,四个油口 P、A、B、T 都关闭,互不相通;当阀芯顺时针方向转动到 Ⅰ 位时,则油口 P→B 相通,油口 A→T 相通;当阀芯逆时针转动到 Ⅲ 位时,则油口 P→A 相通,油口 B→T 相通。如果改用挡块等机械装置操纵时,便是一个三位四通机动阀。由图形符号可知,转阀的工作位置数与通路数及工作位置的判定方法与滑阀式换向阀基本相同。

4.6.3　典型结构

图 4-62 所示为三位四通手动换向转阀的结构图。当阀芯 1 处于图示位置时,压力油从油口 P 进入,通过环形槽 c,油沟 b 与油口 A 相通,油口 B 经过沟槽 e、环形槽 a 与回油口 T 相通。手柄 2 将阀芯 1 再过 45°时,油沟 b、e 与油口 A、B 断开,这时油路不通。如将阀芯再转过 45°,油口 B 通过油沟 d 和油口 P 相通,这样就实现了换向。图中 5 和 6 是两个叉形拨杆,可以利用两个挡块分别碰撞拨杆 5 和 6 使转阀机动换向。三位四通手动换向转阀的图形符号参见图 4-61(b)。

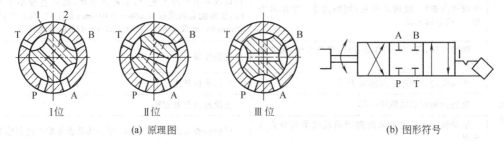

(a) 原理图　　　　　　　　　　　　　(b) 图形符号

图 4-61　手动转阀的原理与图形符号

图 4-63 所示为一种手动换向转阀的实物外形。

4.6.4　使用要点

转阀式换向阀结构简单紧凑,但密封性差,且阀芯的径向力不平衡,不同油液通路的压力差会使阀芯的一侧压向阀体内壁使得操纵转矩很大,操作困难。为了克服这一缺点,可将其制成径向力平衡的结构,但结构较复杂,并且将使泄漏量增加。所以转阀式换向阀工作压力一般较低,允许通过的流量也较小,一般在中低压系统(特别是金属切削机床的液压系统)作先导阀或作小型换向阀使用。

(1) 应用场合

① 作液动换向阀的先导阀。图 4-64 所示换向回路中,液压缸 5 由二位四通液动换向阀(主阀)3 换向,二位四通手动转阀 4 作为阀 3 的先导阀,对阀 3 控制油路进行换向。液压泵 1 是缸 5 的油源,同时兼作二位四通液动换向阀 3 的控制油源。图示状态,阀 4 处于下位,控制油经阀 4 进入阀 3 的左侧控制腔使阀 3 左位切入回路,右侧控制腔经阀 4 向油箱排油,所以液压泵的压力油经阀 3 进入缸 5 的无杆腔,有杆腔经阀 3 向油箱排油,液压缸右行;当先导阀 4 切换至上位时,控制油经阀 4 进入主阀 3 的右侧控制腔,左侧控制腔的油液经阀 4 排回油箱,主阀 3 换向切换至右位,从而液压泵 1 的压力油经阀 3 进入缸 5 的有杆腔,无杆腔经阀 3 向油箱排油,液压缸换向左行退回。

② 执行元件的速度换接。图 4-65 所示为某多刀液压半自动车床采用二位二通手动转阀控制其后刀架液压缸速度换接的回路。图示位置,液压泵的压力油经二位四通电磁换向阀 3 右位、单向阀 4 进入液压缸 7 的有杆腔,液压缸左行退回;当电磁阀 3 通电切换至左位时,

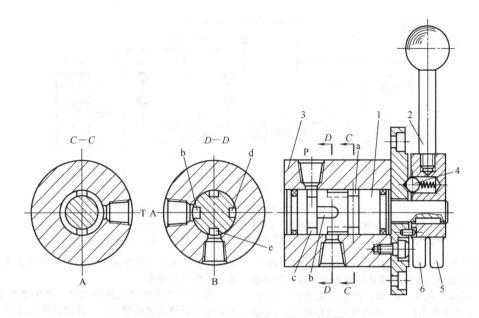

图 4-62　三位四通手动换向转阀的结构
1—转阀阀芯；2—手柄；3—阀体；4—定位钢球；5、6—叉形拨杆

图 4-63　手动换向转阀实物外形（广研
中低压系列 340 型，上海华岛液压）

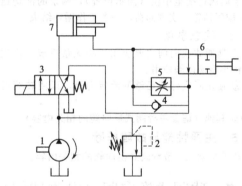

图 4-65　二位二通手动转阀控制液压缸速度换接的回路
1—液压泵；2—溢流阀；3—二位四通电磁换向阀；4—单向阀；
5—调速阀；6—二位二通手动转阀；7—液压缸

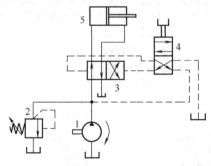

图 4-64　二位四通转阀作液动换向阀先导阀的换向回路
1—液压泵；2—溢流阀；3—二位四通液动换向阀；
4—二位四通手动转阀；5—液压缸

液压泵 1 的压力油经阀 3 进入缸 7 的无杆腔，有杆腔回油经二位二通手动转阀和阀 3 排入油箱，液压缸快速右行，右行期间，当阀 6 切换至右位时，液压缸有杆腔只有经调速阀 5 回油，液压缸由快速转为工作进给速度。从而实现了液压缸的速度换接。

③ 作小型换向阀。图 4-66 所示为三位四通手动转阀作小型换向阀的液压系统，同时作为输变电导线的压接钳的超高压液压系统。压接钳的工作装置是由液压缸

驱动的压接钳头和成型模具，下模与液压缸的活塞杆相连。工作时，将需要压接的导线放入成型模具内，液压缸的活塞杆带动下模上移，通过上下模具的挤压，实现导线的压接接合。通过更换钳头和模具，可以实现不同规格导线的压接作业。如图 4-66 所示，系统的执行元件为液压缸 14（活塞杆与压接钳的下模相连），油源为二级定量液压泵，其中泵 5 为中压泵，泵 7 为超高压泵，两泵共用一台电动机 8 驱动，泵 5 和泵 7 的最高供油压力分别由溢流阀 4 和溢流阀 3 设定，系统的工作压力通过压力表 1 显示。油源与液压缸 14 通过快速接头 9、10 连接。由于油源的总流量仅为 2.86L/min，故液压缸的运动方向采用三位四通手动转阀 11 控制。

压接作业时，转阀 11 切换至右位，泵 5 的压力油经单向阀 2 与泵 7 的压力油汇合一并通过阀 11 进入液压缸 14 无杆腔，由于流量较大，故液压缸的活塞杆带动下模快速上移至上下模合模后，系统压力开始增加，

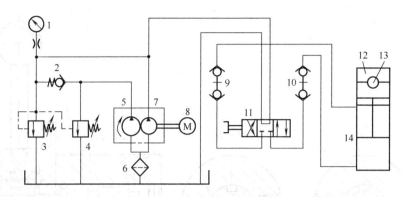

图 4-66　三位四通手动转阀作小型换向阀

1—压力表；2—单向阀；3—高压溢流阀；4—中压溢流阀；5—中压泵；6—过滤器；7—超高压泵；
8—原动机；9、10—快速接头；11—三位四通手动转阀；12—压接钳头；13—成型模；14—液压缸

当压力增至溢流阀 4 的调定值时，泵 5 通过阀 4 卸荷，仅泵 7 向液压缸供油，随着模具对导线的压紧，液压缸负载增加，从而系统压力增加，直至压接结束。此时，可将转阀 11 切换至左位，两泵的压力油经阀 11 一并进入液压缸有杆腔，活塞杆带动下模快速下移，退回原位后，换向阀切换至中位（图示位置），两泵的油均通过阀 10 排回油箱，实现卸荷，一个工作循环结束。

（2）注意事项

① 转阀式换向阀主要应用于小流量系统，作先导阀或作小型换向阀使用。

② 使用时应保证足够的旋转力矩，以使转阀可靠换向。

③ 其他（请参考滑阀式换向阀的相关内容）。

4.6.5　主要性能与故障排除

请见本章 4.5 节滑阀式换向阀的相关内容。

4.7　球阀式换向阀（电磁球阀）

4.7.1　作用、特点与类型

（1）主要作用

球阀式换向阀属于提升阀类阀，即它以钢球为阀芯，由于此类换向阀多为电磁铁操纵方式，故又称电磁球阀，其作用与前述滑阀式换向阀相同。电磁铁、杠杆机构和换向阀主体（阀体与钢球阀芯）是电磁球阀的三个主要组成部分，工作时，通过杠杆机构将电磁铁推力放大，推动钢球阀芯实现油路的通断和切换。

（2）电磁球阀特点

① 通过杠杆机构可将电磁铁推力放大 3～4 倍，减小了电磁铁规格和功耗。

② 密封性好。依靠球面或锥面密封切断油路，可实现所有工作压力范围内无泄漏。

③ 阀芯为钢球，钢球位移小，无轴向密封长度，反应灵敏，响应速度快（换向时间仅 0.03～0.04s，复位时间仅 0.02～0.03s）；换向频率高（250 次/min 以上）。

④ 换向过程中不会出现液压卡紧现象，受液动力影响小，换向与复位所需的力很小，可以适应高压的要求，工作可靠性高。

⑤ 对工作介质的适应能力强，既可使用石油型油液，也可以使用难燃型油液，还可以使用纯水。并且抗污染能力强。

⑥ 与滑阀式换向阀相比，电磁球阀的机能变更与组合较为困难和复杂。

（3）类型

目前电磁球阀多为二位阀，而且以二位三通阀为基本结构；二位四通电磁球阀可由二位三通阀和附加阀板组合而成；三位四通电磁球阀则需由两个二位三通阀来组合。

4.7.2　工作原理及典型结构

（1）二位三通电磁球阀

二位三通电磁球阀有常开和常闭两种类型，此处以常开式为例进行介绍。图 4-67 为常开式二位三通电磁球阀［图（a）为结构，图（b）为图形符号］。安放在

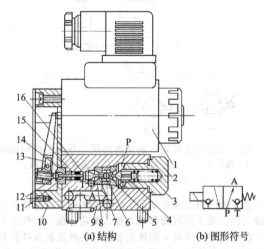

图 4-67　常开式二位三通电磁球阀

1—电磁铁；2—导向螺母；3—复位弹簧；4—复位杆；
5—右阀座；6—钢球；7—隔环；8—左阀座；9—阀体；
10—杠杆盒；11—定位球套；12—钢球；13—杠杆机构；
14—衬套；15—Y 形密封圈；16—推杆

左阀座 8 和右阀座 5 之间的钢球阀芯 6 是实现油路通断的关键零件，其作用与滑阀的阀芯相似。电磁铁 1 平卧于阀体 9 上方，它对阀芯的作用通过杠杆机构 13 及推杆 16 实现。当电磁铁断电时，复位弹簧 3 通过复位杆 4 将钢球 6 压在左阀座 8 上，切断 A 口与 T 口的通路，而使 P 口与 A 口相通；当电磁铁通电时，电磁铁的推力经杠杆机构放大后，经由推杆 16 将钢球 6 压在右阀座 5 上，使 A 口与 T 口相通，而将 P 口切断。

（2）二位四通电磁球阀

由常开式二位三通电磁球阀和附加阀板所组成的二位四通电磁球阀如图 4-68 所示，其工作原理可用图 4-69 来说明：菱形阀芯 2 由活塞 1 推动。当电磁铁断电时［图 4-69(a)］，P 口与 A 口相通，压力油作用在活塞 1 的左端，使阀芯 2 向右移动而将 P 口与 B 口的通路封闭，T 口与 B 口相通。电磁铁通电时［图 4-69(b)］，A 口与 T 口相通，阀芯 2 被作用在阀芯右端的压力油推向左端，将 B 口与 T 口的通路封闭，使 P 口与 B 口相通。

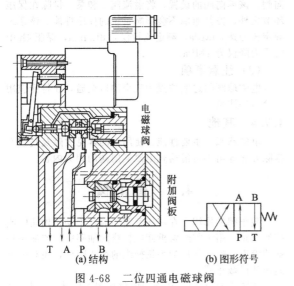

图 4-68 二位四通电磁球阀

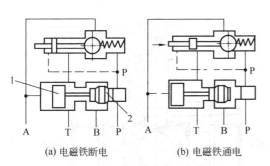

(a) 电磁铁断电　　(b) 电磁铁通电

图 4-69 二位四通电磁球阀的工作原理

图 4-70 是一种电磁球阀的实物外形。

4.7.3 使用要点

（1）应用场合

① 电磁球阀的通径为 6mm 或 10mm，其应用与滑阀式电磁换向阀类似，在小流量系统中可以直接控制主

图 4-70 电磁球阀实物外形（QDF 系列，宁波欧意达液压气动公司）

油路换向，在大流量系统中可用作先导控制元件，多用于控制插装阀。例如由两个二位电磁球阀组合成三位阀用于液压缸的换向（见图 4-71）；或由两个电磁球阀 2 作四个插装阀 1 的先导阀，用于控制液压缸 3 的换向（见图 4-72）。

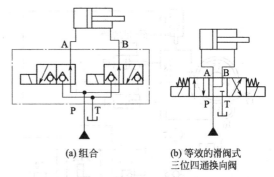

(a) 组合　　(b) 等效的滑阀式
　　　　　　三位四通换向阀

图 4-71 用两个二位阀组合成三位阀的换向回路

② 由于密封性能好，可实现无泄漏，故特别适用于微量进给及要求保压的系统。电磁球阀的综合应用实例如下：软铝连续挤压生产线主机的功能是通过对经过模具的铝坯摩擦挤压，加工成所需的各类型材，该机的超高压液压传动系统（图 4-73）用于控制主机摩擦挤压模具的启闭以及挤压过程中模具的闭锁。如图所示，系统的执行元件为横向锁紧液压缸 11、12 以及垂直锁紧液压缸 13，液压缸的进给油源为超高压液压泵 3，液压缸的退回油源为辅助系统。缸 11、12 的运动由二位三通电磁球阀 8 控制，缸 13 的运动由二位三通电磁球阀 9 控制。系统的最高工作压力由溢流阀 4 设定，二位二通电磁球阀 10 用于系统的卸荷和升压控制。单向阀 5 用于系统保压，压力继电器 6 用于压力发信，控制生产线的后续动作。

工作时，首先电磁铁 1YA 通电使电磁球阀 10 切换至下位，系统开始升压。再使电磁铁 3YA 通电，电磁球阀 8 切换至下位，液压泵 3 的压力油经阀 8 进入液压缸 11、12 的无杆腔，活塞杆推动模具体 14 至挤压轮 15，提供横向锁紧力。然后，使电磁铁 2YA 通电，电磁球阀 9 切换至上位，泵 3 的压力油经阀 9 进入缸 13 的无杆腔，液压缸 13 下行，提供模具的垂直锁紧力。模具锁紧后，坯料 17 在挤压轮 15 和导轮 16 的旋转摩

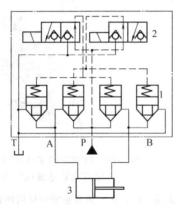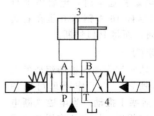

(a) 电磁球阀作先导阀回路　　　　(b) 等效的滑阀式三位四通电液动阀回路

图 4-72　电磁球阀作插装阀的先导阀控制液压缸换向的回路

1—插装阀；2—二位电磁球阀；3—液压缸；4—三位四通电液动换向阀

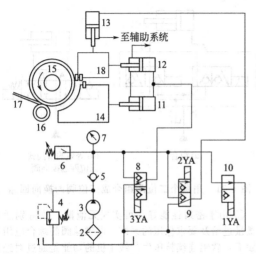

图 4-73　采用电磁换向球阀的超高压液压系统原理图

1—油箱；2—过滤器；3—超高压液压泵；4—溢流阀；
5—单向阀；6—压力继电器；7—压力表；8、9—二位
三通电磁换向球阀；10—二位二通电磁换向球阀；
11、12—横向液压缸；13—垂直液压缸；
14—模具体；15—挤压轮；16—导
轮；17—坯料；18—出料口

擦、挤压下，以半熔状态在模具体的出料口 18 挤出，形成各种型材。工作完毕后，依次使电磁铁 2YA、3YA、1YA 断电，各电磁球阀复至图示位置，由辅助系统提供的液压油使液压缸 13 和 11、12 依次退回原位，模具开启。该系统连续工作，要求压力波动要小，以确保挤压质量。必要时系统需保压。系统达到额定压力后，由压力继电器 6 发出信号，以控制生产线的后续动作。

为达到保压指标，该系统所有与保压相关的元件，均采用了球式座阀结构，充分保证了各阀口关闭时无间隙、泄漏量最少。阀 8、9 和 10 为由德国 FAG 公司引进的 W 系列电磁换向球阀。此种阀可保证内外泄漏几乎为零。保压单向阀 5 选用 CDF-B4N 型超高压球式单

向阀。该单向阀的设置，将溢流阀 4 和泵 3 排除在保压环节之外，使其泄漏不会影响系统的保压性能。该系统额定压力达 80MPa，额定流量仅 0.8L/min，保压 4h 中的压力降仅为 1MPa。

（2）注意事项

电磁球阀的过渡位置为三个油口全通，在特殊应用场合需要注意。

4.7.4　其他

电磁球阀的主要性能、使用中的常见故障及其诊断排除方法等请参考滑阀式电磁换向阀的相关内容。

4.8　截止阀

截止阀的作用是在液压管路中通过手动机构切断或接通油路，用于需经常拆卸或检修的油路中，如油箱外部的管道。除了常用的手轮操纵的截止阀外，还有一种高压球形截止阀。

如图 4-74 所示，高压球形截止阀由阀体 1、球体 2

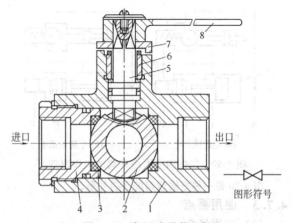

图 4-74　高压球形截止阀

1—阀体；2—球体；3—密封圈；4—螺套；
5—调节杆；6—压套；7—定位板；8—扳手

及扳手 8 等零件组成。图示位置，球阀处于关闭油路状态，球体 2 与密封圈 3 之间严密密封。当将扳手 8 旋转 90°时，球体 2 中间的孔就将进出口接通，油液即可通过。调整螺套 4 可以调整球体与密封圈的预紧力，以达到最好的密封效果和合适的扳手调节力。

此种结构的截止阀可耐高压，阀体常采用不锈钢材质，但由于作用在球体上的液压力不平衡，故在高压情况下旋转扳手控制球体的转动比较困难。

图 4-75 所示为一种高压球形截止阀的实物外形。

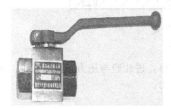

图 4-75　高压球形截止阀实物外形
（QJH 型，榆次天兴液力公司）

4.9　压力表开关

4.9.1　作用与分类

压力表开关是一种小型截止阀，其作用是切断或接通压力表和油路的连接，以通过压力表测量并显示系统某一部分的压力，通过开关的阻尼作用，减轻压力表在压力脉动下的跳动，防止压力表损坏。压力表开关也可作一般截止阀用。

根据结构形式和工作原理，压力表开关可分为单点式、多点式和卸荷式等，其图形符号如图 4-76 所示。根据安装方式，压力表开关又可分为管式和板式两种。

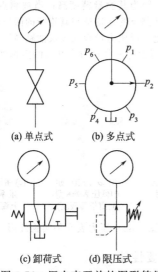

(a) 单点式　　　(b) 多点式

(c) 卸荷式　　　(d) 限压式

图 4-76　压力表开关的图形符号

4.9.2　典型结构及工作原理

（1）单点式压力表开关

图 4-77 所示为 KF 型单点式压力表开关的结构，

图 4-77(a) 能与压力表直接连接为一体，通过接头螺母 5 可任意调整压力表表盘（面）的方向，以便观测压力，故称为直接连接式；图 4-77(b) 无接头螺母，需通过管接头及管路与压力表连接，故称为间接连接式。工作时，调节手轮 1，不但可以通过阀杆 2 使压力表开关开或关，还可以调节锥阀阀口开度的大小以改变阻尼，减缓压力表指针的跳动，防止压力表被损坏。

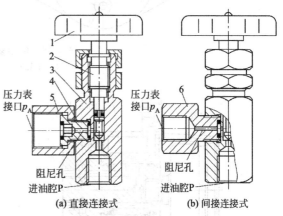

(a) 直接连接式　　　(b) 间接连接式

图 4-77　KF 型单点式压力表开关
1—手轮；2—阀杆；3—阀体；4—中间
接头；5—接头螺母；6—接头

（2）多点式压力表开关

图 4-78 所示为 K 型多点式压力表开关结构。它采用转阀式的结构，$p_A \sim p_F$ 是各测压点的接口，p_1 是压力表接口，T 是回油管口。图示为非测量位置，此时压力表与测量点被阀杆 2 隔断，压力表内的油液通过槽 a 回油箱。若将手轮 1 推入，阀杆右移，槽 a 便将压力表和测量点 p_A 相通，同时切断 p_1 与油箱的通路，便可以测得 p_A 的压力。若将手轮转动到另一测量点，便可以测得另一点的压力。由于它采用的转阀式结构，各测量点的压力靠间隙密封隔开，当压力高时，各测量点的压力容易窜通，使测量不准。同时阀杆所受径向力很大，不易操纵，故只适用于低压系统。K 型多点式压力表开关，按所能测量压力点的数目分有一点、三点和六点等几种类型。

图 4-79 所示为一种带压力表的多点压力表开关。压力表安装在手轮中间，通过阀体 1 和阀套 2 中的孔使压力表与六个测压点的一个连通来测压。旋转手轮可选择所需测压的接点或使压力表卸荷，在每两个测压点的中间有一个压力表卸荷位置。手轮旋转方位由定位机构 3 来确定。

（3）卸荷式压力表开关

图 4-80 为卸荷式压力表开关的结构。它实际上是一个按钮式的二位三通手动换向阀。它有三个接口：P 接系统测压点，T 接油箱，p_A（接头螺母 5）安装压力表。在图示初始位置时，压力表接口 p_A 与回油腔 T 相通，压力表处于卸荷状态。当按下按钮 1 时，阀芯 2 左移，则压力表接口 p_A 与进油腔 P 相通而切断与回油

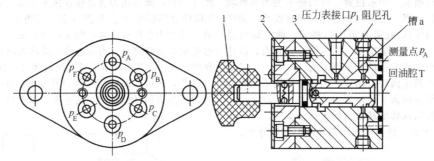

图 4-78　K 型多点式压力表开关
1—手轮；2—阀杆；3—阀体

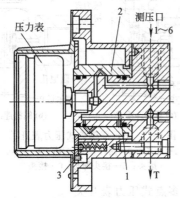

图 4-79　带压力表的多点压力表开关
1—阀体；2—阀套；3—定位机构

腔 T 的通路，这时就能测得油路的压力。当放松按钮后，在复位弹簧 3 的作用下，压力表又处于卸荷状态。这种压力表开关操作简便，既能实现压力的测量，又能使压力表长期处于卸荷状态而受到保护。

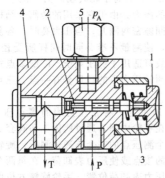

图 4-80　卸荷式压力表开关
1—按钮；2—阀芯；3—复位弹簧；4—阀体；
5—接头螺母

（4）限压式压力表开关

图 4-81 所示为限压式压力表开关的结构。当进油腔 P 的压力大于由调节螺钉 1 调定的压力时，阀芯 3 左移，进油腔与压力表接口 p_A 之间的锥形阀口被封闭以避免压力表遭太高压力而损坏。而当进油腔的压力较低

时，阀杆右移，进油腔与压力表接口相通，可以正常地测得油路压力。

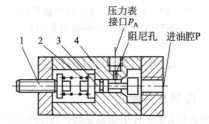

图 4-81　限压式压力表开关
1—调节螺钉；2—调压弹簧；3—阀芯；4—阀体

限压式压力表开关主要用于被测点压力高而且压力幅值变化的场合。将多个限压式压力表开关装在一个被测点，每一个压力表开关上装一个一次压力仪表。各压力表的量程不同，其上各自连接的压力表开关调定的限压压力略低于仪表最大量程。当被测点压力低时，读低压仪表读数，因为其测量精度高；当被测点压力高时，低压仪表与被测点的通道被其连接的限压式压力表开关切断，避免了低压力量程仪表被油路高压破坏。

图 4-82 所示为三种压力表开关的实物外形。

(a) 单点式(GE系　(b) 多点式(广研　(c) 带压力表(力士
列KF型，上海　中低压系列K型，　乐系列MS2型，
高行液压)　上海华岛液压)　上海立新液压)

图 4-82　压力表开关实物外形

4.9.3　主要性能

压力表开关的主要性能有测压准确性、内泄漏量、外泄漏量等。

① 测压准确性。它是指当压力表开关全开时，在压力表接口处测得的压力，该压力应与在测压点不通过压力表开关直接由压力表测得的压力值相同。

② 内泄漏量。它是指当压力表开关全闭时，KF 型压力表开关从压力表接口处流出的流量；K 型压力开关从测量点相邻的两点接口处流出的流量。

③ 外泄漏量。它是指 K 型压力表开关全关闭时，从回油腔流出的流量，KF 型压力表开关无此项性能。

4.9.4 使用要点

（1）应用场合

① 一般应用。图 4-83 所示为压力表开关的应用回路图。图 4-83(a) 为六点式压力表开关用于切断或接通压力表和五个测量点的回路；图 4-83(b) 为卸荷式压力表开关用于切断或接通压力表与测压管路的回路；图 4-83(c) 为限压式压力表开关用于自动切断或接通测压管路与不同量程压力表的回路，设系统压力范围为 2.5～32MPa，要求在不同压力时都能测得较准确的数值，为此使用五个限压式压力表开关 1～5 与测压管路并联，并分别接上五个不同量程的压力表 6～10（量程依次为 0～4MPa、0～10MPa、0～16MPa、0～40MPa、0～60MPa），同时将五个限压式压力表开关，分别调至限压压力为 2.5MPa、6.3MPa、10MPa、20MPa、32MPa。当油路压力低于 2.5MPa 时，由压力表 6 测量压力值，当压力高于 2.5MPa 时，压力表开关 1 便自动关闭，以保护压力表 6，此时由压力表 7 测量压力值。以此类推，直至油液压力高于 20MPa 时，四个限压式压力表开关 1～4 都自动关闭，以保护各自连接的压力表。此时由压力表 10 测量压力值。这样既能较准确地测量不同范围的压力值，又能在高压时保护低量程的压力表。

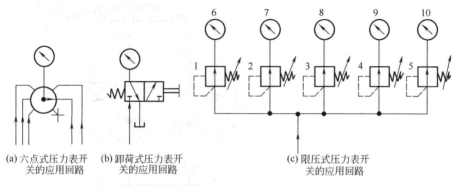

(a) 六点式压力表开 关的应用回路　(b) 卸荷式压力表开 关的应用回路　(c) 限压式压力表开 关的应用回路

图 4-83　压力表开关的应用回路图

② 压力表开关的替代。在有些场合，压力表开关也可以用二位阀替代。例如图 4-84 所示的磁卡层压机液压系统，执行元件为单作用柱塞式液压缸 29，采用高压小流量泵 3 和低压大流量泵 4 组合供油，泵 3 和 4 的压力分别由溢流阀 5 和 6 设定，单向阀 7 和 8 用于防止液压油倒灌。为了满足磁卡的压制工艺要求，系统设有四级保压释压回路，各级保压释压回路由二位三通电磁换向球阀 15～18、溢流阀 19～22 和电接点式压力表 23～26 组成，保压上限压力和下限压力由电接触式压力表设定，电磁换向球阀实质上作压力表开关用，溢流阀用于防止保压期间因磁卡热膨胀超压（限压）；保压过程中单向阀 12、液控单向阀 13 封闭液压缸的回油，液压泵停机，如果因泄漏压力降至下限压力，则开泵补油升压；蓄能器 27 在较高压力段补偿系统泄漏，以提高系统的保压性能。

系统的工作过程和原理为：液压泵 3、4 启动，与此同时电磁铁 2YA、3YA 通电使换向阀 9 和换向阀 15 均切换至左位，液压泵 3 和 4 的压力油经单向阀 7 和 8、换向阀 9、单向阀 12 一并进入柱塞缸 29，推动工作平台及各层发热板连同待压磁卡相继快速上移，直至压到顶层发热板使系统压力升高；当压力达到压力继电器 11 的设定值时发信，使大流量泵 4 停机，而小流量泵 3 继续供油加压；当压力达到一级压力表的上限时，电接点压力表 23 上限触点接通使泵 3 停机、电磁铁 2YA 断电，系统靠单向阀 12、液控单向阀 13 及溢流阀 19 保持一级压力。在保压期间，若因泄漏使系统压力降至一级压力表 23 的下限时，压力表 23 低限触点接通又使泵 3 启动、电磁铁 2YA 通电，泵 3 向系统补油升压，直至达到一级压力表 23 的上限使泵 3 停机、电磁铁 1YA 断电；在停泵保压期间，因发热板继续加热使磁卡材料膨胀而导致压力升高，当压力超过预调的一级限定压力时，释压溢流阀 19 开启释压，直至使系统的压力降到一级限定压力的预调值使溢流阀 19 关闭为止。从而使系统的压力在预定的一段时间内始终保持在设定的范围内。

当系统达到一级保压的预定时间时，电磁铁 3YA 断电使换向阀 15 复至右位，切断一级压力的保压、补压、释压控制油路，同时启动泵 3、电磁铁 2YA、4YA 通电，接通二级压力控制油路，其保压、补压、卸压的过程与一级压力相同。三级、四级压力依此类推。从一级到四级压力的分级加压、保压均在连续加热、保温过程中进行。

当第四级保压完成后，所有发热管、电磁换向阀及液压泵电机均断电，系统停止供油供热；同时接通冷却水系统（是否冷却取决于产品要求，由程序预定），对各层发热板及其中的磁卡进行冷却，此时的液压系统靠单向阀 12 和液控单向阀 13 保压（冷却时因材料收缩压力会略有下降）。

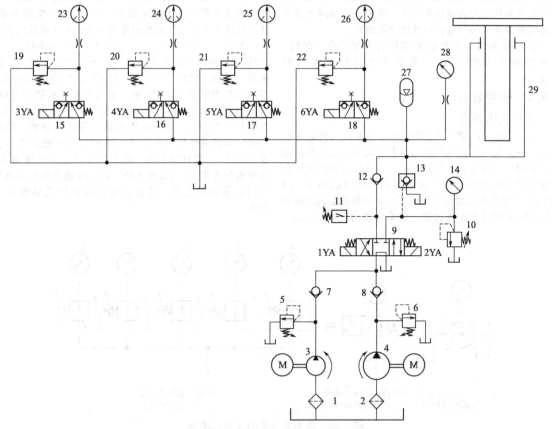

图 4-84　磁卡层压机液压系统原理图

1、2—过滤器；3—高压小流量液压泵；4—低压大流量液压泵；5、6、10、19~22—溢流阀；7、8、12—单向阀；
9—三位四通电磁换向阀；11—压力继电器；13—液控单向阀；14、28—压力表；15~18—二位三通电磁
换向球阀；23~26—电接点压力表；27—蓄能器；29—柱塞式液压缸

当冷却到预定的温度时，高压泵 3 启动、电磁铁 1YA 通电使换向阀 9 切换至右位，泵 3 的压力油经单向阀 7、换向阀 9 进入液控单向阀 13 的控制口，导通液控单向阀 13，液压缸内的油液便在柱塞、工作台、发热板及被压磁卡自重作用下经液控单向阀 13 排回油箱，发热板连同压制成形的磁卡相继下移至各层的终点（由吊板导向槽定位），随后便可取出磁卡，至此完成了一个工作循环（随后的磁卡移至冷压机继续冷压至常温）。

为了提高保压的稳定性和卸压的灵敏性，系统中采用电磁球阀、电接触压力表、溢流阀和蓄能器组成的保压、释压回路，并将各级溢流阀的释压压力 p_d 调至高于对应电接触压力表设定的上限压力 p_h，使压力表限定的上限压力 p_h 和下限压力 p_l 始终处于溢流阀的开启点 p_k 与闭合点 p_b 之内（即 $p_h \leqslant p_b$，$p_l \leqslant p_k$），以保证系统压力达到压力表设定的上限压力时能及时切断系统供油，并保证此时溢流阀能完全关闭以保压，而在加压材料热膨胀超压时溢流阀能及时开启释压，当压力降至电接触压力表设定的上限压力时溢流阀又能完全关闭。蓄能器在较高压力段起补偿泄漏作用（低压段无需蓄能

器已能达到满意的保压效果），从而保证在各级保压范围内压力的稳定性和超压时释压的灵敏性，又不至于频繁启动电动机。

（2）注意事项

① 压力表开关的承压能力应满足系统最高使用压力的要求并应留有一定压力储备量，以防液压冲击时损坏。

② 若压力表开关与压力表的接口螺纹不同，可用变径管接头过渡。

③ 压力表开关与压力表的接口处应进行良好密封，常用的密封材料有液态密封胶或聚四氟乙烯密封带等。

④ 板式连接的压力表开关，安装底板表面应光滑无痕迹，压力表开关与底板接触面处不要漏装密封圈。

⑤ 若选用了多点式压力表开关，而系统测压点数目少于压力表开关具有的测压点数目，则需将多余的测压点封堵。

4.9.5　故障排除

压力表开关的常见故障及诊断排除方法见表 4-10。

表 4-10 压力表开关的常见故障及诊断排除方法

故障现象	故障原因	排除方法
1. 测压不准确	①阻尼孔堵塞,压力表指针剧烈跳动 ②阻尼调节过大,压力表指针摆动迟缓	①清洗或换油 ②阻尼大小调节适当
2. 内泄漏增大	①KF 型压力表开关长期使用后,阀口磨损过大,无法严格关闭,内泄漏量增大,压力表指针随进油腔压力变化而变化 ②K 型压力表开关由于密封面磨损过大,间隙增大,内泄漏量增大,使各测量点的压力互相窜通	修复或更换被磨损的零件
3. 外渗漏增大	①压力表接口处密封不良 ②板式连接的压力表安装面处的密封圈失效	①重新加装密封材料 ②更换密封圈

4.10 典型产品

4.10.1 广研 GE 系列中高压方向阀

广研 GE 系列中高压液压阀概览请参见第 3 章表 3-2,其压力阀和流量阀的技术参数请分别见第 5 章和第 6 章。本节介绍的方向控制阀包括单向阀、换向阀和压力表开关三类。

(1) 单向阀和液控单向阀

其图形符号、型号意义及技术参数分别见表 4-11 和表 4-12。

(2) 电磁换向阀

其图形符号、型号意义及技术参数见表 4-13,阀芯机能见表 4-14。

(3) 电液动换向阀

其图形符号、型号意义及技术参数见表 4-15,阀芯机能见表 4-16。

(4) 液动换向阀

液动换向阀的图形符号、型号意义及技术参数见表 4-17,阀芯机能与电液动换向阀相同（参见表 4-16）。

(5) 压力表开关

压力表开关见表 4-18。

表 4-11 广研 GE 系列单向阀的图形符号、型号意义及技术参数

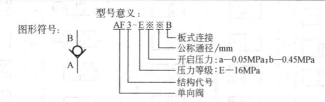

型　　号	额定压力/MPa	最高使用压力/MPa	开启压力/MPa	推荐流量/(L/min)	质量/kg
AF3-Ea10B	16	20	0.05	80	2.1
AF3-Eb10B			0.45		2.1
AF3-Ea20B			0.05	160	4.1
AF3-Eb20B			0.45		4.1

注：外形连接尺寸请见生产厂产品样本,下同。

表 4-12 广研 GE 系列液控单向阀的图形符号、型号意义及技术参数

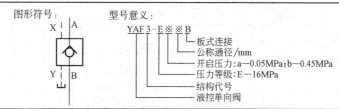

型　　号	额定压力/MPa	最高使用压力/MPa	开启压力/MPa	额定流量/(L/min)	控制压力/MPa	控制容积/mL	质量/kg
YAF3-Ea10B	16	20	0.05	80	≥0.8	3.8	2.7
YAF3-Ea20B			0.05	160		6.2	4.8
YAF3-Eb10B			0.45	80		3.8	2.7
YAF3-Eb20B			0.45	160		6.2	4.8

表 4-13　广研 GE 系列电磁换向阀的图形符号、型号意义及技术参数

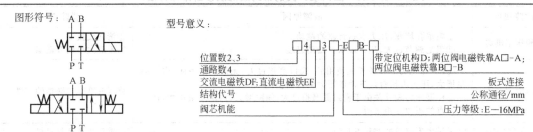

通径 /mm	额定 压力 /MPa	最高使用 压力/MPa		通过流量 /(L/min)	使用 油温 /℃	油液黏度 /(m²/s)	质量/kg		使用电压/V		励磁功率/W		通电持续 100%/(1/h)	
		P、A、 B 口	T 口				单电 磁铁	双电 磁铁	直流	交流	直流	交流	直流	交流
4				6			1.0	1.5			12	30		
6	16	20	6.3	25	10～60	$(7～320)\times$ 10^{-6}	1.8	2.3	24 110	110 127 220	19	48	3000	3000
10				60			3.9	4.9			26	60		
16				80			8.6	1.0			36	75		

表 4-14　广研 GE 系列电磁换向阀的阀芯机能

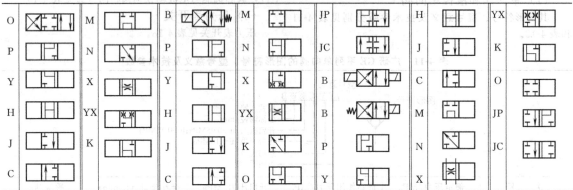

表 4-15　广研 GE 系列电液动换向阀的图形符号、型号意义及技术参数

通径/mm			10	16	20
额定压力 /MPa	P、A、B 口			16	
	T 口	Y 内泄		6.3	
		Y 外泄		16	
额定流量/(L/min)			80	160	300
使用油温/℃				10～60	
油液黏度/(m²/s)				$(7～320)\times10^{-6}$	
质量 /kg	普通型	二位	6.5	10.5	18.5
		三位	7.0	11.0	19.5
	低功率型	二位	5.2	9.2	15.7
		三位	6.2	10.2	16.1
最低控制压力/MPa				0.6	
主阀控制腔容积/cm³			10.0	15.53	33.31
换向过 程所需 容积/cm³	二位阀	a→b	10.8	13.8	19.3
		b→a	0.8	13.8	19.3
	三位阀	中位→ab	5.4	6.9	9.7
		ab→ba	10.8	13.8	19.3
先导阀参数			见 6 通径 电磁阀	与 10 通径 电磁阀同	

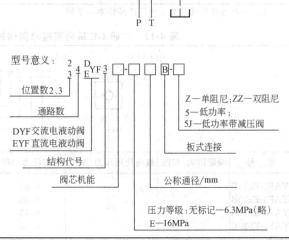

表 4-16　广研 GE 系列电液动换向阀的阀芯机能

滑阀机能	图形符号	滑阀机能	图形符号
O	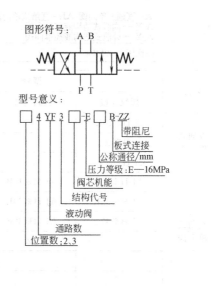	K	
P		M	
Y		MP	
H		OP	
J		O	
C		H	
N			

表 4-17　广研 GE 系列液动换向阀的图形符号、型号意义及技术参数

		通径/mm	10	16	20
额定压力 /MPa		P、A、B 口	16		
		T 口	16		
额定流量/(L/min)			80	160	300
使用油温/℃			10～60		
油液黏度/(m²/s)			(7～320)×10⁻⁶		
最大控制压力/MPa			16		
最小控制压力/MPa			0.6		
换向所需容积/cm³	二位阀	a→b	10.8	13.8	19.3
		b→a	10.8	13.8	19.3
	三位阀	中位→ab	5.4	6.9	9.7
		a→b b→a	10.8	13.8	19.3
质量/kg			4.7	9.0	15.5

图形符号：

型号意义：

□ 4 YF 3 □-E □ B-ZZ

带阻尼
板式连接
公称通径/mm
压力等级:E—16MPa
阀芯机能
结构代号
液动阀
通路数
位置数：2、3

表 4-18　广研 GE 系列压力表开关的图形符号、型号意义及技术参数

型　　号	使用压力/MPa	可测点数	质量/kg
KF3-E1B(L)	16	1	1.0
KF3-E3B		3	1.4
KF3-E6B		6	1.7

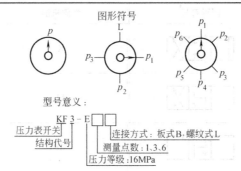

图形符号

型号意义：

KF 3 - E □ □

压力表开关
结构代号

连接方式：板式B、螺纹式L
测量点数：1、3、6
压力等级：16MPa

4.10.2 联合设计系列方向阀

联合设计系列液压阀概览见表 3-2，其压力阀和流量阀见第 5 章和第 6 章，本节介绍此系列方向阀。

（1）A 型单向阀及 AY 型液控单向阀

A 型单向阀有直通式和直角式两种。AY 型液控单向阀可以利用控制油压，打开单向阀，使油流在两个方向都可以自由流动。控制油的泄漏方式有内泄式和外泄式两种。在油流反向出口无背压的油路中，可用内泄式；否则需用外泄式，以降低控制油压力。

A 型单向阀和 AY 型液控单向阀的型号意义及技术规格见表 4-19。

（2）S 型手动换向阀

型号意义及技术规格见表 4-20，滑阀机能见表 4-21。

（3）电磁换向阀

本系列电磁换向阀阀有二位四通和三位四通两类，其型号意义及技术规格见表 4-22，滑阀机能见表 4-23。

表 4-19 联合设计系列 A 型单向阀及 AY 型液控单向阀的型号意义及技术规格

型号意义：

A—直通式单向阀；AJ—直角式单向阀；
A_1Y—内泄式结构液控单向阀；
A_2Y—外泄式结构液控单向阀

公称压力：32MPa

连接形式：L—螺纹连接；B—板式连接；F—法兰连接
通径/mm
正向开启压力/MPa：a — 0.04；b—0.4

名称	型号			通径 /mm	压力 /MPa	流量 /(L/min)	开启压力 /MPa	控制压力 /MPa
	螺纹连接	板式连接	法兰连接					
直通式单向阀	A-H※10L			10		40	a：0.04 b：0.4	$\Delta p \geqslant 1.6$
	A-H※20L			20		100		
	A-H※32L			32		200		
直角式单向阀	AJ-H※10L	AJ-H※10B		10		40	a：0.04 b：0.4	$\Delta p \geqslant 1.6$
	AJ-H※20L	AJ-H※20B		20		100		
	AJ-H※32L	AJ-H※32B	AJ-H※32F	32		200		
		32	AJ-H※50F	50		500		
			AJ-H※65F	65	32	800		
			AJ-H※80F	80		1250		
液控单向阀	A※Y-H※10L	A※Y-H※10B		10		40	a：0.04 b：0.4	$\Delta p \geqslant 1.6$
	A※Y-H※20L	A※Y-H※20B		20		100		
	A※Y-H※32L	A※Y-H※32B	A※Y-H※32F	32		200		
			A※Y-H※50F	50		500		
			A※Y-H※65F	65		800		
			A※Y-H※80F	80		1250		

表 4-20 联合设计系列 S 型手动换向阀的型号意义及技术规格

型号意义:

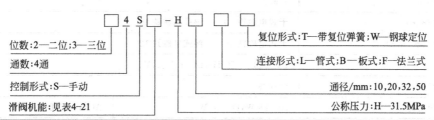

位数:2—二位;3—三位
通数:4 通
控制形式:S—手动
滑阀机能:见表4-21

复位形式:T—带复位弹簧;W—钢球定位
连接形式:L—管式;B—板式;F—法兰式
通径/mm:10,20,32,50
公称压力:H—31.5MPa

通径		连接形式			滑阀机能	最大工作压力/MPa	流量/(L/min)	质量/kg
		管式	板式	法兰式				
二位	10	—	√	—	O、H、X		40	3.8
三位		—	√	—	O、H、Y、M、N、P、J、K、C、YX、X			3.8
二位	20	√	√	—	O、H、X		100	10
三位		√	√	—	O、P、M、N、J、C、Y、K、YX、X、H	31.5		10
二位	32	—	√	√	O、H、X		200	40
三位		√	√	√	J、C、Y、K、X、O、H、X、M、N、P			40
二位	50	—	—	√	O、H、X		500	73
三位		—	—	√	O、P、M、N、J、C、Y、K、H、YX、X			73

表 4-21 联合设计系列 S 型手动换向阀的滑阀机能

滑阀机能	图形符号	滑阀机能	图形符号
O		K	
M		YX	
H		N	
P		J	
C		X	

表 4-22 联合设计系列电磁换向阀的型号意义及技术规格

型号意义:

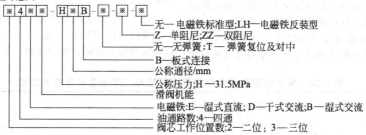

无—电磁铁标准型;LH—电磁铁反装型
Z—单阻尼;ZZ—双阻尼
无—无弹簧;T—弹簧复位及对中
B—板式连接
公称通径/mm
公称压力:H—31.5MPa
滑阀机能
电磁铁:E—湿式直流;D—干式交流;B—湿式交流
油通路数:4—四通
阀芯工作位置数:2—二位;3—三位

通径/mm	6	10
公称流量/(L/min)	10	40
公称压力/MPa	31.5	

续表

允许背压/MPa	<6.3	
换向频率/(次/min)	干式电磁铁 30　湿式电磁铁 60	
最高换向频率/(次/min)	干式电磁铁 60　湿式电磁铁 120	
电压	AC:220V　50 Hz;DC:12V、24V	
允许电压变动范围	±10%	
电磁铁功耗(吸持时)	AC:26 W,DC:40 W	AC:40 W,DC:42 W

表 4-23　联合设计系列电磁换向阀的滑阀机能

代号	三位四通电磁阀 弹簧对中型	二位四通电磁阀 电磁铁标准型	二位四通电磁阀 电磁铁反装型	代号	三位四通电磁阀 弹簧对中型	二位四通电磁阀 电磁铁标准型	二位四通电磁阀 电磁铁反装型
I₃		图形符号	图形符号	YX	图形符号	图形符号	图形符号
I₁		图形符号	图形符号	X	图形符号	图形符号	图形符号
I₂		图形符号	图形符号	C	图形符号	图形符号	图形符号
O	图形符号	图形符号	图形符号	J	图形符号	图形符号	图形符号
H	图形符号	图形符号	图形符号	N	图形符号	图形符号	图形符号
P	图形符号	图形符号	图形符号	M	图形符号	图形符号	图形符号
Y	图形符号	图形符号	图形符号	K	图形符号	图形符号	图形符号

4.10.3　榆次油研（YUKEN）系列方向阀

榆次油研（YUKEN）系列液压阀的概览请见第 3 章表 3-2。其压力阀和流量阀的技术参数请分别见第 5 章和第 6 章，本节分述方向控制阀的类型及其技术参数等。

（1）单向阀和液控单向阀

该系列单向阀在设定的开启压力下使用，控制液流单方向流动，完全阻止反向流动。液控单向阀，除具有单向阀功能外，可以通过先导控制压力，实现反向流动。单向阀和液控单向阀的图形符号、型号意义及技术参数分别见表 4-24 和表 4-25。

（2）DSG-01/03 型电磁换向阀

DSG-01/03 型电磁换向阀配有强吸力的湿式电磁铁，具有高压、大流量、压力损失低等特点。无冲击型可以将换向时的噪声和配管的振动抑制到很小。其型号意义及技术参数见表 4-26，电磁铁参数见表 4-27，阀的机能见表 4-28。

（3）微小电流控制型电磁换向阀

本阀可以用微小电流（10mA）来控制阀的动作，以便实现信号控制和程序控制。其型号意义见表 4-29。

表 4-24　榆次油研系列单向阀的图形符号、型号意义及技术参数

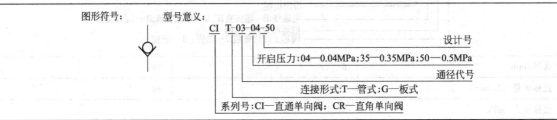

续表

型号		额定流量[①]/(L/min)	最高使用压力/MPa	开启压力/MPa	质量/kg
管式连接（直通单向阀）	CIT-02-※-50	16		0.04	0.1
	CIT-03-※-50	30			0.3
	CIT-06-※-50	85		0.35	0.8
	CIT-10-※-50	230		0.5	2.3
管式连接（直角单向阀）	CRT-03-※-50	40	25	0.04	0.9
	CRT-06-※-50	125		0.35	1.7
	CRT-10-※-50	250		0.5	5.6
板式连接	CRG-03-※-50	40		0.04	1.7
	CRG-06-※-50	125		0.35	2.9
	CRG-10-※-50	250		0.5	5.5

① 额定流量是指开启压力 0.04MPa，使用油相对密度 0.85、黏度 20mm²/s，自由流动压力下降值为 0.3MPa 时的大概流量。

注：1. 阀的外形连接尺寸请见生产厂产品样本。

2. 与老产品的互换性请见生产厂产品样本。

表 4-25　榆次油研系列液控单向阀的图形符号、型号意义及技术参数

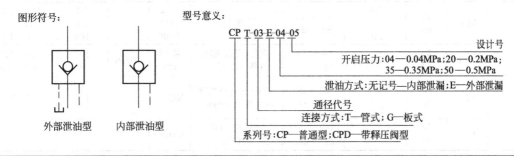

型　号		额定流量[①]/(L/min)	最高使用压力/MPa	开启压力/MPa	质量/kg
管式连接	CP※T-03-※-※-50	40			3.0
	CP※T-06-※-※-50	125		0.04　0.2	5.5
	CP※T-10-※-※-50	250	5		9.6
底板连接	CP※G-03-※-※-50	40		0.35　0.5	3.3
	CP※G-※-※-50	125			5.4
	CP※G-10-※-※-50	250			8.5

① 额定流量是指开启压力 0.04MPa，使用油相对密度 0.85、黏度 20mm²/s，自由流动压力下降值为 0.3MPa 时的大概流量。

表 4-26　DSG-01/03 型电磁换向阀的型号意义及技术参数

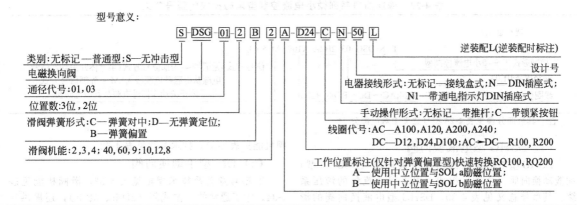

续表

类别	型　号	最大流量/(L/min)	最高使用压力/MPa	T 口允许背压/MPa	最高换向频率/(次/min)	质量/kg	
						AC	DC、R、RQ
普通型	DSG-01-3C※-※-50 DSG-01-2D2-※-50 DSG-01-2B※-※-50	63	31.5 25（阀机能 60）	16	AC、DC：300 R：120	2.2 2.2 1.6	
无冲击型	S-DSG-01-3C※-※-50 S-DSG-01-2B2-※-50	40	16	16	DC、R：120	2.2 1.6	
普通型	DSG-03-3C※-※-50 DSG-03-2D2-※-50 DSG-03-2B※-※-50	120	31.5 25（阀机能 60）	16	AC、DC：240 R：120	3.6 2.9	5 3.6
无冲击型	S-DSG-03-3C※-※-50 S-DSG-03-2D2-※-50	120	16	16	120	5 3.6	

表 4-27　DSG-01/03 型电磁换向阀的电磁铁参数

电源	线圈型号	频率/Hz	电压/V		电源	线圈型号	频率/Hz	电压/V	
			额定电压	使用范围				额定电压	使用范围
交流 AC	A100	50 60	100 100 110	80～110 90～120	直流 DC	D12 D24 D100	—	12 24 100	0.8～13.2 21.6～26.4 90～110
	A120	50 60	120	96～132 108～144	交流（交直流转换型 AC→DC）	R100 R200	50/60	100 200	90～110 180～220
	A200	50 60	200 200 220	160～220 180～240	交流（交直流快速转换型 AC→DC）	RQ100	50/60	100	90～110
	A240	50 60	240	192～264 216～288	DSG-03 电磁换向阀	RQ200		200	180～220

表 4-28　DSG-01/03 型电磁换向阀的机能

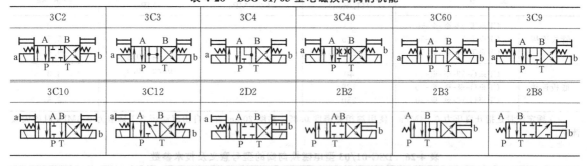

3C2	3C3	3C4	3C40	3C60	3C9
3C10	3C12	2D2	2B2	2B3	2B8

表 4-29　榆次油研系列微小电流控制型电磁换向阀型号意义

型号意义：

T-S-DSG-03-2B2A-A100-M-50-L

控制形式：T—微小电流控制型

通径代号：01，03

线圈代号：AC—A100，A200；DC—D24；AC→DC—R100，R200

信号方式：无记号—内部信号方式（半导体开关动作信号电源从电磁铁电源接入）；M—外部信号方式（半导体开关动作信号电源从其他电源接入）

注：其余部分参见表 4-26 型号意义中对应部分。

（4）DSHG 型电液换向阀

　　DSHG 型电液换向阀由电磁换向阀（DSG-01 型）和液动换向阀（主阀）组成，用于较大流量的液压系统。其型号意义见表 4-30，DSHG 型电液换向阀的滑阀机能见表 4-31，技术参数见表 4-32。

（5）DM 型手动换向阀

　　其型号意义及技术规格见表 4-33，滑阀机能见表 4-34。除了通常的二位式阀（2D※、2B※），还提供使用中间位置（2#）与单侧位置（1# 或 3#）的两种二 B），表中带○符号的表示尺寸规格具有二位滑阀形式。
位式阀，见表 4-35（2B※A、2D※A，2B※B，2D※

表 4-30 DSHG 型电液换向阀型号意义

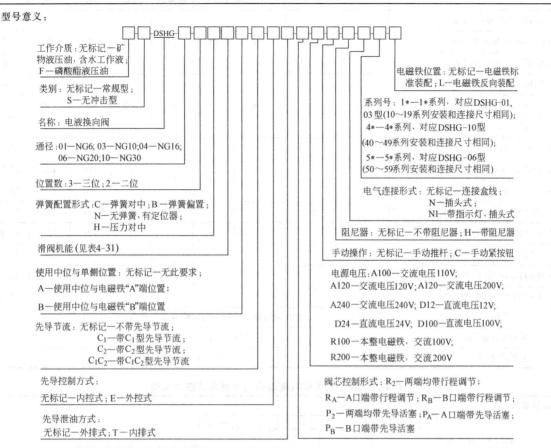

表 4-31 DSHG 型电液换向阀的滑阀机能

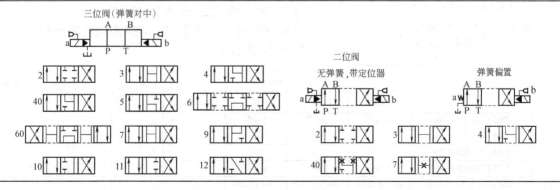

表 4-32 DSHG 型电液换向阀技术参数

型　号	最大流量/(L/min)	最大工作压力/MPa	最高先导压力/MPa	最低先导压力/MPa	最高允许背压/MPa		最高切换频率/(次/min)			质量/kg
					外排式	内排式	AC	DC	R	
DSHG-01-3C※-※-1※	40	21	21	1	16	16	120	120	120	3.5
DSHG-01-2B※-※-1※										2.9

续表

型　　号	最大流量/(L/min)	最大工作压力/MPa	最高先导压力/MPa	最低先导压力/MPa	最高允许背压/MPa 外排式	内排式	最高切换频率/(次/min) AC	DC	R	质量/kg
DSHG-03-3C※-※-1※										7.2
DSHG-03-2N※-※-1※	160	25	25	0.7	16	16	120	120	120	7.2
DSHG-0B-2B※-※-1※										6.6
DSHG-04-3C※-※-5※										8.8
(S-)DSHG-04-2N※-※-5※	300	31.5	25	0.8	21	16	120	120	120	8.8
(S-)DSHG-04-2B※-※-5※										8.2
(S-)DSHG-06-3C※-※-5※										12.7
(S-)DSHG-06-2N※-※-5※	500	31.5	25	0.8	21	16	120	120	120	12.7
(S-)DSHG-06-2B※-※-5※										12.1
(S-)DSHG-06-3H※-※-5※			21	1			110	110	110	13.5
(S-)DSHG-10-3C※-※-4※			25				120	120	120	45.3
(S-)DSHG-10-2N※-※-4※	1100	31.5	25	1	21	16	100	100	100	45.3
(S-)DSHG-10-2B※-※-4※			21				60	60	50	44.7
(S-)DSHG-10-3H※-※-4※			21				60	60	50	53.1
介质	矿物液压油,磷酸酯液压油,含水工作液									
介质黏度/(m²/s)	$(15\sim400)\times10^{-6}$									
介质温度/℃	$-15\sim70$									

表 4-33　DM 型手动换向阀的型号意义及技术规格

型号意义:

F － DM□ － □□□□□ － 50

特殊密封:F—使用磷酸酯油液
名称代号:手动换向阀
连接形式:T—管式　G—板式
公称尺寸:

03	06	06X	01、03、
$R_c 3/8$	$R_c 3/4$	$R_c 1$	04、06、
10	10X		10
$R_c 1\frac{1}{4}$	$R_c 1\frac{1}{2}$		

设计号:50、30、30、10、50、21、40
使用中位或单侧位置的阀,不使用时省略
滑阀机能:2、3、4、40、5、6、60、7、8、9、10、11、12
阀芯复位形式:C—弹簧对中;D—无弹簧钢球定位;B—弹簧偏置
位数:3—三位;2—二位

	型　　号	最大流量/(L/min)				最高使用压力/MPa	允许背压/MPa	质量/kg
		7MPa	14MPa	21MPa	31.5MPa			
管式连接	DMT-03-3C※-50	100①	100①	100①	—	25	16	5.0
	DMT-03-3D※-50	100	100	100	—			
	DMT-03-3D※-50	100	100	100	—			
	DMT-03-3B※-50	100①	100①	100①	—			
	DMT-06※-3C※-30	300(200)②	300(120)②	300(100)②	—	21	滑阀移动时:7 滑阀静止时:21	12.9
	DMT-06※-3D※-30	300	300	300	—			
	DMT-06※-2D※-30	300	300	300	—			
	DMT-06※-2B※-30	200	120	100	—			
	DMT-10※-3C※-30	500(315)②	500(315)②	500(315)②	—	21	滑阀移动时:7 滑阀静止时:21	22
	DMT-10※-3D※-30	500	500	500	—			
	DMT-10※-2D※-30	500	500	500	—			
	DMT-10※-2B※-30	315	315	315	—			

续表

型　号	最大流量/(L/min)				最高使用压力/MPa	允许背压/MPa	质量/kg
	7MPa	14MPa	21MPa	31.5MPa			
DMG-01-3C※-10	35	35	35	—	25	14	1.8
DMG-01-3D※-10							
DMG-01-2D※-10							
DMG-01-2B※-10							
DMG-03-3C※-50	100①	100①	100①	—	25	16	4.0
DMG-03-3D※-50	100	100	100	—			
DMG-03-2D※-50	100	100	100	—			
DMG-03-2B※-50	100①	100①	100①	—			
DMG-04-3C※-21	200	200	105		21	21	7.4
DMG-04-3D※-21	200	200	200				
DMG-04-2D※-21	200	200	200				
DMG-04-2B※-21	90	60	50	—			7.9
DMG-06-3D※-50	500	500	500	500	31.5	21④	11.5
DMG-06-3D※-50	500	500	500	500			
DMG-06-2D※-50	500	500	500	500			
DMG-06-2B※-50	500	500	500	500			12
DMG-10-3C※-40	1100③	1100③	1100③	1100③	31.5	21④	48.2
DMG-10-3D※-40	1100	1100	1100	1100			
DMG-10-2D※-40	1100	1100	1100	1100			
DMG-10-2B※-40	670	350	260	200			50

（左侧纵向标注：板式连接）

① 因滑阀形式不同而异，详细内容请参照 DSG-01/03 系列电磁换向阀标准型号表（50Hz 额定电压时）。
② 括号内的值表示 3C3、3C5、3C6、3C60 的最大流量。
③ 因滑阀形式不同而异。与 DSHG-10（先导压力为 1.5MPa）相同。
④ 回油背压超过 7MPa 时，泄油口直接和油箱连接。
注：最大流量指阀切换无异常的界限流量。

表 4-34　DM 型手动换向阀的滑阀机能

滑阀形式		DMG-01			DMT-03 DMG-03			DMT-06※ DMT-10※		DMG-04 DMG-06 DMG-10	
		3C 3D	2D	2B	3C 3D	2D	2B	3C 3D	2D 2B	3C 3D	2D 2B
2	 〔图〕	○	○	○	○	○	○	○	○	○	○
3	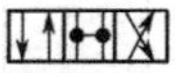 〔图〕	○	○	○	○	—	○	○	○	○	○
4	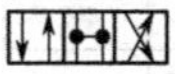 〔图〕	○	○	—	○	—	—	○	○	○	○
40	 〔图〕	○	○	—	○	—	—	○	—	○	—
5	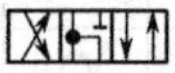 〔图〕	○	—	—	—	—	—	—	—	—	—
	 〔图〕	—	—	—	—	—	—	○	—	○	—
6	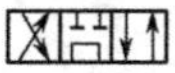 〔图〕	—	—	—	—	—	—	—	—	○	—
	 〔图〕	—	—	—	—	—	—	○	—	—	—

续表

滑阀形式		DMG-01			DMT-03 DMG-03			DMT-06※ DMT-10※		DMG-04 DMG-06 DMG-10	
		3C 3D	2D	2B	3C 3D	2D	2B	3C 3D	2D 2B	3C 3D	2D 2B
60		○	—	—	○	—	—	—	—	○	—
		—	—	—	—	—	—	○	—	—	—
7		○	○	—	○	—	—	○	○	○	○
8		○	○	○	—	—	○	○	○	—	—
9		○	—	—	○	—	—	○	—	○	—
10		○	—	—	○	—	—	○	—	○	—
11		○	—	—	—	—	—	○	—	○	—
12		○	—	—	○	—	—	○	—	○	—

注：1.

位置 3#
位置 2#　(DM_G^T-01-/3B*，DM_G^T-03/2D* 的场合，1# 变为 2#)
位置 1#

2. "○"标记标示相应阀具有的滑阀机能。

表 4-35　使用中间位置（2#）与单侧位置（1# 或 3#）的阀

阀形式		液压符号		规　格			阀形式		液压符号		规　格			
弹簧偏置	钢球定位	AB PT	AB PT	*DMT-03 DMG-03	DMT-06※ DMT-10※	DMG-04 DMG-06 DMG-10	弹簧偏置	钢球定位	AB PT	AB PT	DMG-01	*DMT-03 DMG-03	DMT-06※ DMT-10※	DMG-04 DMG-06 DMG-10
2B2A	2D2A			○	○	○	2B2B	2D2B			○	○	○	○
2B3A	2D3A			○	○	○	2B3B	2D3B			○	○	○	○
2B4A	2D4A			—	○	○	2B4B	2D4B			○	—	○	○
2B40A	2D40A			—	○	○	2B40B	2D40B			—	—	○	○
—	—			—	—	—	2B5B	2D5B			○	—	—	○
2B5A	2D5A			—	○	○					—	—	○	○
2B6A	2D6A			—	—	○	2B6B	2D6B			—	—	—	○
				—	○	—					○	—	○	○
2B60A	2D60A			—	—	○	2B60B	2D60B			○	○	—	○
				○	○	—					—	—	○	○
2B7A	2D7A			—	○	○	2B7B	2D7B			○	—	—	○
2B8A	2D8A			—	○	○	2B8B	2D8B			○	—	—	○
2B9A	2D9A			—	○	○	2B9B	2D9B			○	○	○	○
2B10A	2D10A			○	—	○	2B10B	2D10B			○	○	○	○
2B11A	2D11A			—	○	○	2B11B	2D11B			○	—	○	○
2B12A	2D12A			○	○	○	2B12B	2D12B			○	○	○	○

★位置1#　★位置2#
★位置2#　★位置3#

注：钢球定位的阀均无带 * 标记规格。

（6）DC 型凸轮操作换向阀

DC 型凸轮操作换向阀靠凸轮压下滑阀改变油液的流动方向，其型号意义及技术规格见表 4-36，凸轮位置与液流方向见表 4-37，特性曲线见表 4-38。

表 4-36 DC 型凸轮操作换向阀的型号意义及技术规格

型号意义：

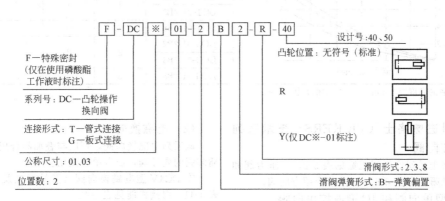

F—特殊密封（仅在使用磷酸酯工作液时标注）
系列号：DC—凸轮操作换向阀
连接形式：T—管式连接　G—板式连接
公称尺寸：01、03
位置数：2

设计号：40、50
凸轮位置：无符号（标准）　R　Y（仅 DC※-01标注）
滑阀形式：2、3、8
滑阀弹簧形式：B—弹簧偏置

型　号	最大流量/(L/min)	最高使用压力/MPa	允许背压/MPa	质量/kg
DCT-01-2B※-40 DCG-01-2B※-40	30	21	7	1.1
DCT-03-2B※-50 DCG-03-2B※-50	100	25	10	4.5(管式) 3.8(板式)

表 4-37 DC 型凸轮操作换向阀的凸轮位置与液流方向

型　号	液压符号	凸滚轮位置与液流方向 从偏置位置起滚轮的行程/mm 偏置位置　　　　切换完了位置
DCT/DCG-01-2B2		P→B A→T　全口关闭　P→A B→T 0　　3.8　　4.6　　9.5
DCT/DCG-01-2B3		P→B A→T　全口关闭　P→A B→T 0　　3.8　　4.6　　9.5
DCT/DCG-01-2B8		A.T　P→B 关闭　A.T　P→A 关闭 0　　3.8　　　　9.5
DCT/DCG-03-2B2		P→B B→T　全口关闭　P→A A→T 0　　3.8 4.1　　7
DCT/DCG-03-2B3		P→B B→T　全口关闭　P→A A→T 0　　3.3　　4.3　　7
DCT/DCG-03-2B8		A.T　P→A 关闭　全口关闭　A.T　P→B 关闭 0　　4.0　4.9　　7

表 4-38　DC 型凸轮操作换向阀的特性曲线

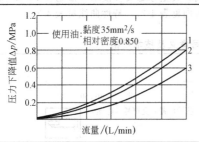

型　　号	压力下降曲线编号			
	P→A	B→T	P→B	A→T
DCT-01-2B2	1	1	2	1
DCT-01-2B3				
DCT-01-2B8	2	—	2	—
DCG-01-2B2	2	2	3	3
DCG-01-2B3				
DCG-01-2B8	3	—	3	—

注：使用油的黏度为 35mm²/s，相对密度为 0.850。

4.10.4　引进威格士（VICKERS）技术系列方向阀

引进威格士系列液压阀概览见表 3-2，其压力阀和流量阀分别见第 5 章和第 6 章，本节介绍方向阀。

（1）C 型单向阀和 4C 型液控单向阀

其型号意义及技术规格分别见表 4-39 和表 4-40。

（2）电磁换向阀

该系列电磁换向阀，可以与叠加阀合用，也可以作插装阀的先导阀，或者单独使用。

① DG4V 型电磁换向阀（型号意义及技术参数见表 4-41，滑阀机能见表 4-42）。

表 4-39　C 型单向阀的型号意义及技术规格

型号意义：

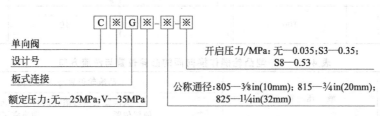

型　　号	通　径		最高压力 /MPa	公称流量 /(L/min)	开启压力 /MPa	质量 /kg
	in	mm				
C2G-805-※	3/8	10	31.5	40	无：0.035	1.5
C5G-815-※	3/4	20	35.0	80	S3：0.35	3.0
C5C-825-※	1¼	32	35.0	380	S8：0.53	6.2

表 4-40　4C 型液控单向阀的型号意义及技术规格

型号意义：

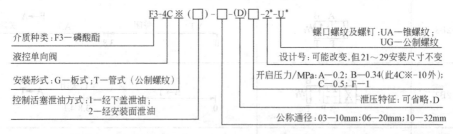

型　　号	通径/in	最高工作压力/MPa	开启压力/MPa	最大流量/(L/min)	质量/kg
4C※-03-※	3/8		A：0.2	45	2.8
4C※※-06-※	3/4	21	B：0.34 C：0.5	114	5.7
4C※1-10-※	1¼		F：1	284	11.9

注：1in=0.0254m。

表 4-41　DG4V 型电磁换向阀的型号意义及技术参数

型号意义：

```
            DG4V-3-□□-□-VM-S-UL-□□-60
    F13-DG4V-5-□□J-□-VM-□U-□□6-20
```

油液与密封相容性：
F13—用于水乙二醇的直流电压型；
无标记—其他型

名称：高性能的湿式电磁换向阀

规格代号：3,5(通径:6mm,10mm)

滑阀机能：见表4-42

阀芯弹簧配制(参见表4-42)：
A—单电磁铁弹簧偏置，端至端；
AL—与A相同，但左手配置；
B—单电磁铁弹簧偏置，端至中心；
BL—与B相同，但左手配置；
C—双电磁铁弹簧对中；
N—无弹簧，带定位

阀芯设计(仅限DG4Y—5型)：
J—所有直流阀，但OA型直流阀除外，交流型仅适用8B(L)
和8C型滑阀机能和弹簧配置；
无标记—OA型直流阀和8B(L)、8C型除外的全部交流阀

手动操作：H—在电磁阀两端的防水手动操作器；
Z—两端均无手动操作器；
无标记—仅电磁铁端普通手动操作器

电磁铁通电标识：V—电磁铁A在油口A端或电磁铁B在油口B端，
与滑阀机能无关；
无标记—要求电磁铁A通电时P通A或电磁铁B
通电时P通B，与滑阀机能无关

设计号：10—10系列；60—60系列；
20—20系列(可能改变,但10~19
系列,60~69系列,20~29系列,
尺寸与结构不变)

油口T额定压力：2—1MPa(适用
S3、S4、S5位置指示开关)；
5—10MPa[适用DG4V-3(S)
带交流直流电磁铁]；
6—16MPa(6、7适用S6指示开关)；
7—21MPa

线圈电压：
交流 A—110V,50Hz；
B—110V,50Hz/120V,60Hz；
C—220V,50Hz/240V,60Hz；
直流 G—12V；H—24V
小功率 HL—24V；GL—12V；
CL—220V,50Hz或240V,60Hz

指示灯：L—配灯；无标记—不需灯

电磁铁形式接线：U—ISO4400(DIN43650)安装座；
FW—1/2in锥管螺纹接线盒；FJ—M20螺纹接线盒；
FTJ—M20螺纹接线盒接线板；
FPA—仅Insta插座型；FPA5W—带5针插头的接线盒

阀芯位置指示开关：S6—直流电开关(适用
DG4V-3-※AL-VM型滑阀机能0,2,22型)；
S3—交流开关(常开)；S4—交流开关(常闭)
[仅适用DG4V-3-※A(L)-(Z)-(V)M-S※-FPA5W型]

型　号		DG4V-3	DG4V-5
最高工作压力/MPa	P、A、B油口	35	31.5
	O 油口	10	12(交流)16(直流)
最大流量/(L/min)		80	120
介质		矿物油,油包水乳液,磷酸酯油液,水乙二醇	
介质黏度/(m²/s)		(13~500)×10⁻⁶,推荐范围(13~54)×10⁻⁶	
介质温度/℃		-20~70	
电磁铁工作性质		连续 ED:100%	
保护装置 ISO 4400		IEC947 等级 IP65	
允许电压波动量		±10%	
质量/kg		交流:1.5(单电磁铁);1.8(双电磁铁) 直流:1.6(单电磁铁);2.2(双电磁铁)	交流:4.0(单电磁铁);4.5(双电磁铁) 直流:4.8(单电磁铁);6.3(双电磁铁)

表 4-42　DG4V 型电磁换向阀的滑阀机能

二位四通单电磁铁			三位四通双电磁铁	二位四通双电磁铁
A 型:弹簧偏置标准型(端到端)	B 型:弹簧对中标准型	F 型:弹簧偏置标准型(端到中)	F 型:弹簧偏置标准型(端到中)	N 型:无复位弹簧型(机械定位)
AL 型:弹簧偏置反装型(端到端)	BL 型:弹簧对中反装型	FL 型:弹簧偏置反装型(端到中)		

续表

二位四通单电磁铁			三位四通双电磁铁	二位四通双电磁铁
0A=	0B=	0F=	0C=	0N=
2A=	1B=	1F=	1C=	2N=
6A=	2B=	2F=	2C=	6N=
7A=	3B=	3F=	3C=	
22A=	6B=	6F=	6C=	
0AL=	7B=	7F=	7C=	
2AL=	8B=	8F=	8C=	
6AL=	11B=	11F=	31C=	
7AL=	31B=	31F=	33C=	
22AL=	33B=	33F=		
	0BL=	0FL=		
	1BL=	1FL=		
	2BL=	2FL=		
	3BL=	3FL=		
	6BL=	6FL=		
	7BL=	7FL=		
	8BL=	8FL=		
	11BL=	11FL=		
	31BL=	31FL=		
	33BL=	33FL=		

注：▲为瞬时过渡机能。

② DG4V型软切换电磁换向阀。该阀通过电磁铁衔铁中的节流孔降低阀芯移动速度和在阀芯棱边开节流槽口等措施，减少系统在阀切换时的冲击。其型号意义及技术参数见表4-43，滑阀机能见表4-44。

表4-43　DG4V型软切换电磁换向阀型号意义及技术参数

型号意义：

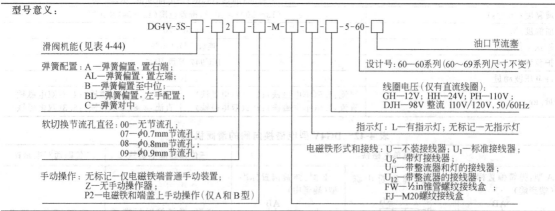

DG4V-3S-□-2□-M-□-□-5-60-□

滑阀机能(见表4-44)

弹簧配置：A—弹簧偏置，置右端；
　　　　AL—弹簧偏置，置左端；
　　　　B—弹簧偏置至中位；
　　　　BL—弹簧偏置，左手配置；
　　　　C—弹簧对中

软切换节流孔直径：00—无节流孔；
　　　　07—ϕ0.7mm节流孔；
　　　　08—ϕ0.8mm节流孔；
　　　　09—ϕ0.9mm节流孔

手动操作：无标记—仅电磁铁端普通手动装置；
　　　　Z—无手动操作器；
　　　　P2—电磁铁和端盖上手动操作(仅A和B型)

油口节流塞

设计号：60—60系列(60～69系列尺寸不变)

线圈电压(仅有直流线圈)：
GH—12V；HH—24V；PH—110V；
DJH整流 110V/120V，50/60Hz

指示灯：L—有指示灯；无标记—无指示灯

电磁铁形式和接线：U—不装接线器；U1—标准接线器；
U6—带灯接线器；
U11—带整流器和灯的接线器；
U12—带整流器的接线器；
FW—½in锥管螺纹接线盒；
FJ—M20螺纹接线盒

最高压力 /MPa	P、A、B油口	35		介质黏度/(m²/s)		(13～54)×10⁻⁶	
	T油口	10		介质温度/℃		−20～70	
最大流量/(L/min)	40			电磁铁线圈特性	最大功率/W	最大电流/A	线圈电阻/Ω
工作性质	连续 ED=100%			线圈形式　DJH	35	0.38	275
介质	矿物液压油，油包水乳化液，磷酸酯油液			GH(12V)	39	3.1	3.8
				HH(24V)	36	1.5	15.6
				PH	37	0.34	328

表 4-44　DG4V 型软切换电磁换向阀滑阀机能

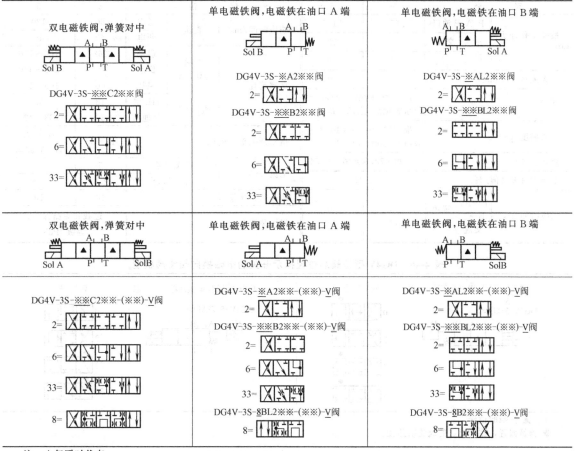

注：▲仅瞬时状态。

③ DG4V 型带阀芯位置指示开关的电磁换向阀。该阀带有阀芯位置指示开关，可显示弹簧复位的阀芯位置，从而确定油流通的状态。可以用在多缸顺序动作、联锁等 PIC 控制系统中。其型号意义及技术参数见表 4-45，滑阀机能见表 4-46。

（3）DG5V 型电液换向阀

其型号意义见表 4-47，技术规格见表 4-48，DG5V-5 型和 DG5V-7 型滑阀机能分别见表 4-49 和表 4-50。

表 4-45　DG4V 型带阀芯位置指示开关的电磁换向阀型号意义及技术规格

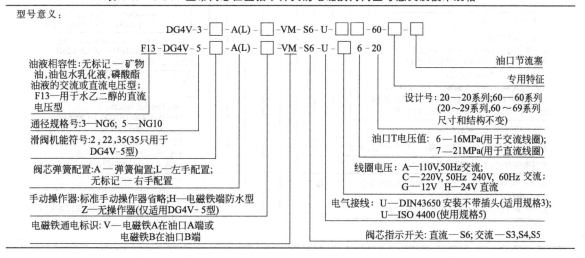

续表

规　格			3	5	规　格			3	5
最高工作压力/MPa	P、A、B油口		35	31.5	响应时间/ms	直流	通电	60	120
	T口	交流	16	12			断电	40	45
		直流	21	16	功率消耗	交流/V·A	启动	268	700~750
最大流量/(L/min)			80	120			稳态		375~440
介质			矿物油,磷酸酯油液,油包水乳化液,水乙二醇				保持	60	105~130
介质黏度/(m²/s)			推荐(13~54)×10⁻⁶,一般(13~500)×10⁻⁶			直流/W	HL型	18	32
							其他型	30	38~42
介质温度/℃			−20~70,含水液10~54		指示开关输入电压/V			10~35	直流,允许4V波动
电压允许波动值/%			±10		电流/mA		开关开启	5	5
响应时间/ms	P→A, B→T 交流	通电	18	30			开关闭合	255	255
					最高切换频率/Hz			10	10
		断电	32	40	保护装置IEC947			过载和短路保护,等级IP65	

表 4-46   DG4V 型带阀芯位置指示开关的电磁换向阀滑阀机能

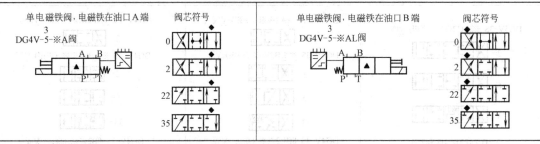

注: ▲ 仅瞬时位置。
　　◆ 弹簧偏置,在切换点的阀流动路径。

表 4-47   DG5V 型电液换向阀型号意义

型号意义:

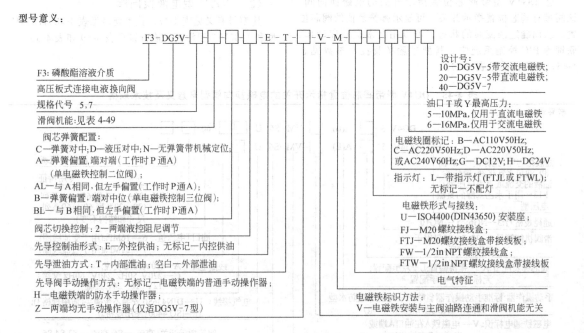

表 4-48 DG5V 型电液换向阀技术规格

型 号		最高工作压力/MPa	最大流量/(L/min)	控制压力	
				压力/MPa	滑阀机能
DG5V 外泄油口 P、T、A、B、K		31.5	160	0.45	0、1、8、11
油口 Y	直流电磁铁	21		0.8	6
	交流电磁铁	16			
内泄阀油口 P、A、B、X、Y		31.5		1.0	2、3、31、33、52
油口 T	直流电磁铁	16			
	交流电磁铁	21			
DG5V-7 外泄阀油口 P、A、B、T、K		35	70、14、21、28、35 压力条件下	最低控制压力 0.35	
Y 油口		10	全部为 300(滑阀机能为 0、2、3、6、31、33、52 或 521)		
L 油口		0.05			
内泄阀油口 P、A、B 和 X		35	260、220、120、100、90(滑阀机能为 1、4、9、11)		
油口 T		10	300、300、250、165、140(机能为 8)		

表 4-49 DG5V-5 型滑阀机能

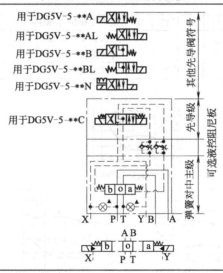

用于 DG5V-5-**A
用于 DG5V-5-**AL
用于 DG5V-5-**B
用于 DG5V-5-**BL
用于 DG5V-5-**N
用于 DG5V-5-**C

其他先导阀符号
先导级
可选液控阻尼板
弹簧对中主级

X P T Y B A
A B
X P T Y

表 4-50 DG5V-7 型滑阀机能

0　1　2　3
6　8　11　31
33　52
b o a
0　1　2　3
6　9　11　31
33,34　52　521　Y2
a o b
X33　Y33　4　8

注：1. 在某些 2 倍阀中，0 位变成附加的瞬时位置，即在 DG3V-7 * A (L) 和 DG5V-7- * N 阀中。
2. 33 型和 34 型阀芯的性能仅在中位不同。

4.10.5 引进力士乐（REXROTH）技术系列方向阀

引进力士乐系列液压阀概览见表 3-2，其压力阀和流量阀分别见第 5 章和第 6 章，本节介绍方向阀。

（1）S 型单向阀及 SV/SL 型液控单向阀

S 型单向阀为锥阀式结构，压力损失小。主要用于泵的出口处，作背压阀和旁路阀。其型号意义、技术规格及特性曲线见表 4-51。

SV/SL 型液控单向阀为锥阀式结构，只允许油流正向通过，反向则截止。当接通控制油口 X 时，压力油使锥阀离开阀座，油液可反向流动。其型号意义、技术规格及特性曲线见表 4-52。

（2）Z2S 型叠加式液控单向阀

其型号意义、技术规格和图形符号及特性曲线见表 4-53。

（3）WE 型电磁换向阀

WE 型电磁换向阀的型号意义及技术规格见表 4-54，滑阀机能见表 4-55，特性曲线见表 4-56。

表 4-51 S 型单向阀的型号意义、技术规格及特性曲线

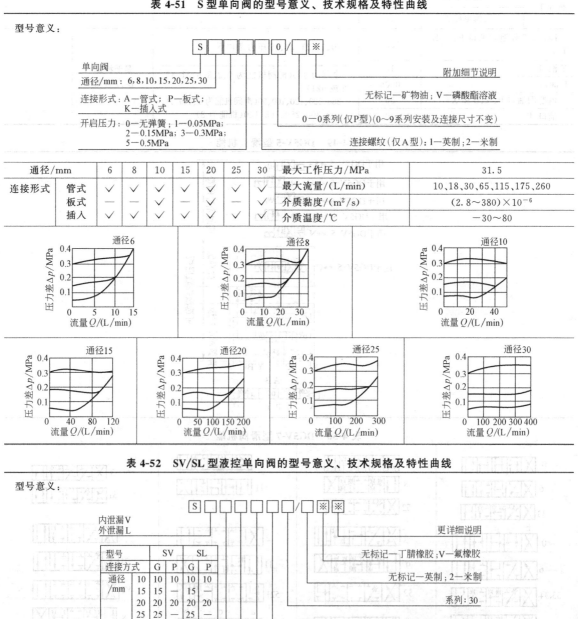

表 4-52 SV/SL 型液控单向阀的型号意义、技术规格及特性曲线

阀形式	SV10	SL10	SV15&20	SL15&20	SV25&30	SL25&30
X 口控制容积/cm³	2.2		8.7		17.5	
Y 口控制容积/cm³		1.9		7.7		15.8
液流方向	A→B 自由流通,B→A 自由流通(先导控制时)					
工作压力/MPa	～31.5					
控制压力/MPa	0.5～31.5					
液压油	矿物油,磷酸酯液					
油温范围/℃	−30～70					
黏度范围/(mm²/s)	2.8～380					
质量/kg	SV/SL10	SV15&20	SL15&20	SV/SL25	SV/SL30	
	2.5	4.0	4.5	8.0		

SL10,SV10	SV15,SV20	SL15、20、25、30,SV25、30
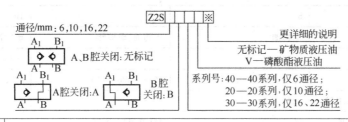		

表 4-53　Z2S 型叠加式液控单向阀型号意义、技术规格和图形符号及特性曲线

型号意义：

Z2S □ □ □ ※

通径/mm：6,10,16,22

A₁ B₁ A、B 腔关闭：无标记

A₁ B₁ A腔关闭：A
A₁ B₁ B腔关闭：B

更详细的说明
无标记—矿物质液压油
V—磷酸酯液压油

系列号：40—40系列,仅6通径；
20—20系列,仅10通径；
30—30系列,仅16、22通径

介质	矿物质液压油、磷酸酯液压油			
介质温度/℃	−20～70		工作压力/MPa	～31.5
介质黏度/(m²/s)	(2.8～380)×10⁻⁶		单向阀的开启压力/MPa	0.1
通径/mm	6	10	16	22
面积比	$A_1/A_2=1/2.97$	$A_1/A_2=1/2.78$ $A_3/A_2=1/16$	$A_1/A_2=1/11.88$ $A_3/A_2=1/2.77$	$A_1/A_2=1/12.3$ $A_3/A_2=1/2.78$
质量/kg	0.8	2	11.7	11.7

图　形　符　号		特　性　曲　线	
Z2S/…	Z2SA/…	Z2S6	Z2S10

右上角：续表

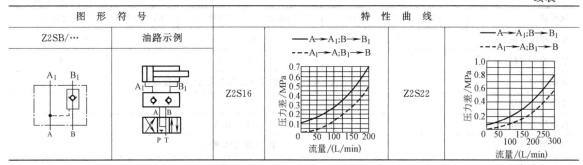

图　形　符　号		特　性　曲　线	
Z2SB/⋯	油路示例	Z2S16	Z2S22

表 4-54　WE 型电磁换向阀的型号意义及技术规格

型号意义：

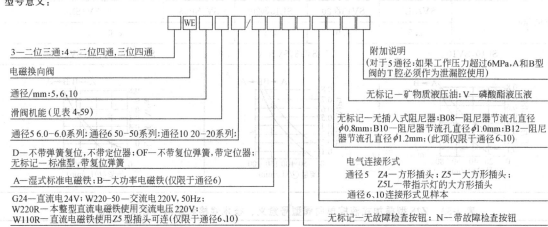

3—二位三通；4—二位四通,三位四通

电磁换向阀

通径/mm：5,6,10

滑阀机能（见表 4-59）

通径 5 6.0—6.0 系列；通径 6 50—50 系列；通径 10 20—20 系列；

D—不带弹簧复位,不带定位器；OF—不带复位弹簧,带定位器；
无标记—标准型,带复位弹簧

A—湿式标准电磁铁；B—大功率电磁铁（仅限于通径 6）

G24—直流电 24V；W220—50—交流电 220V, 50Hz；
W220R—本整型直流电磁铁使用交流电压 220V；
W110R—直流电磁铁使用 Z5 型插头可连（仅限于通径 6,10）

附加说明
（对于 5 通径：如果工作压力超过 6MPa,A 和 B 型
阀的 T 腔必须作为泄漏腔使用）

无标记—矿物质液压油；V—磷酸酯液压液

无标记—无插入式阻尼器；B08—阻尼器节流孔直径
$\phi 0.8mm$；B10—阻尼器节流孔直径 $\phi 1.0mm$；B12—阻尼
器节流孔直径 $\phi 1.2mm$；（此项仅限于通径 6,10）

电气连接形式
通径 5　　Z4—方形插头；Z5—大方形插头；
　　　　　Z5L—带指示灯的大方形插头
通径 6,10 连接形式见样本

无标记—无故障检查按钮；N—带故障检查按钮

通径			5	6	10
介质			矿物油	矿物油、磷酸酯	矿物油、磷酸酯
介质温度/℃			−30～80	−30～80	−30～80
介质黏度/(m²/s)			$(2.8～380)×10^{-6}$	$(2.8～380)×10^{-6}$	$(2.8～380)×10^{-6}$
工作压力/MPa	A、B、P 腔		625	31.5	31.5
	T 腔		66	16(直流)、10(交流)	16
额定流量/(L/min)			15	60	100
质量/kg			1.4	1.6	4.2～6.6
电源电压/V	交流	50Hz	110、220	110、220	110、220
		60Hz	120、220	120、220	120、220
	直流		12、24、110	12、24、110	12、24、110
消耗功率/W			26(直流)	26(直流)	35(直流)
吸合功率/V·A			46(交流)	46(交流)	65(交流)
启动功率/V·A			130(交流)	130(交流)	480(交流)
接通时间/ms			40(直流)、25(交流)	45(直流)、30(交流)	
断开时间/ms			30(直流)、20(交流)	20	60(直流)、25(交流)
最高环境温度/℃			50	50	50
最高线圈温度/℃			150	150	150
开关频率/(1/h)			15000(直流)、7200(交流)	1500(直流)、7200(交流)	1500(直流)、7200(交流)

表 4-55　WE 型电磁换向阀的滑阀机能

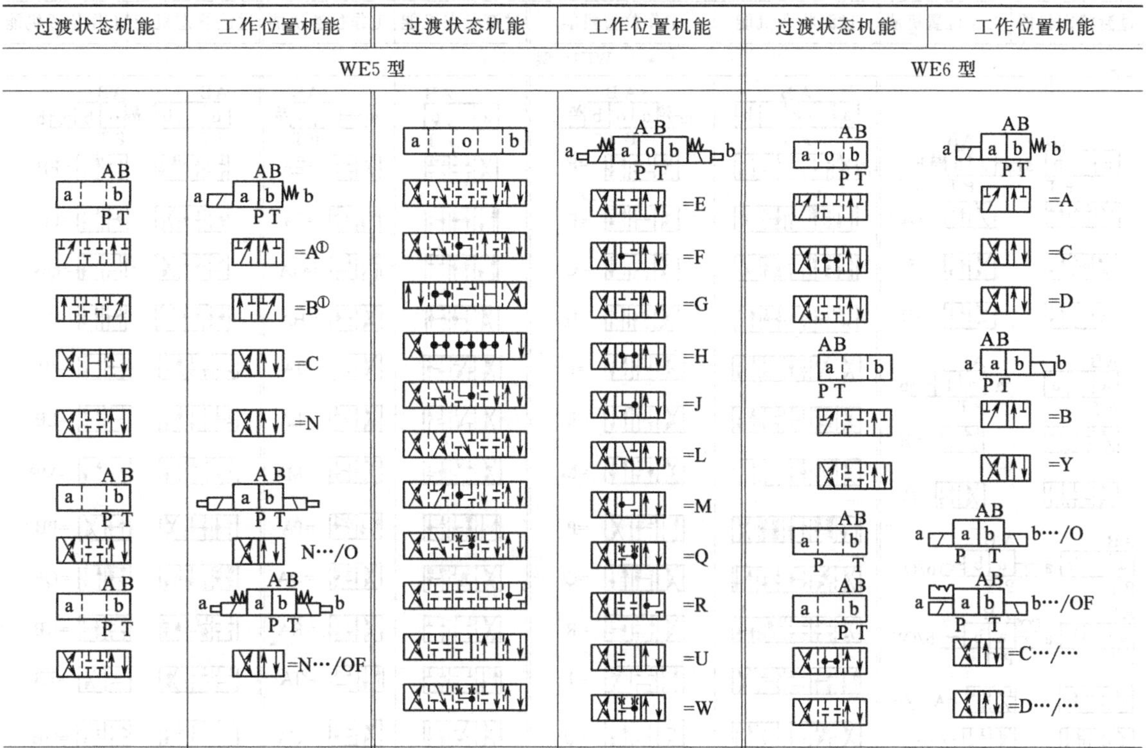
过渡状态机能
工作位置机能
过渡状态机能
工作位置机能
过渡状态机能
工作位置机能
WE5 型
WE6 型
=A①
=B①
=C
=N
N…/O
=N…/OF
=E
=F
=G
=H
=J
=L
=M
=Q
=R
=U
=W
=A
=C
=D
=B
=Y
b…/O
b…/OF
=C…/…
=D…/…

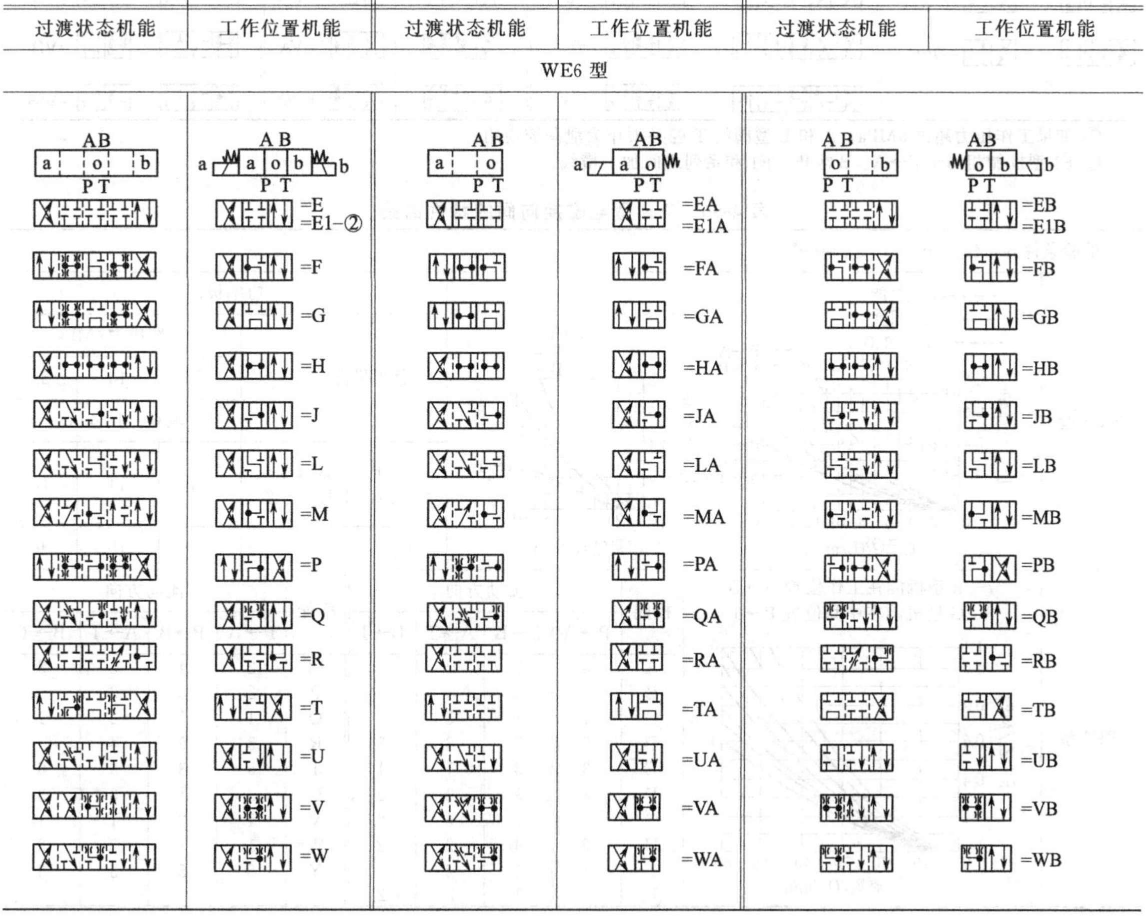
过渡状态机能
工作位置机能
过渡状态机能
工作位置机能
过渡状态机能
工作位置机能
WE6 型
=E
=E1-②
=F
=G
=H
=J
=L
=M
=P
=Q
=R
=T
=U
=V
=W
=EA
=E1A
=FA
=GA
=HA
=JA
=LA
=MA
=PA
=QA
=RA
=TA
=UA
=VA
=WA
=EB
=E1B
=FB
=GB
=HB
=JB
=LB
=MB
=PB
=QB
=RB
=TB
=UB
=VB
=WB

续表

过渡状态机能	工作位置机能	过渡状态机能	工作位置机能	过渡状态机能	工作位置机能	过渡状态机能	工作位置机能

WE10 型

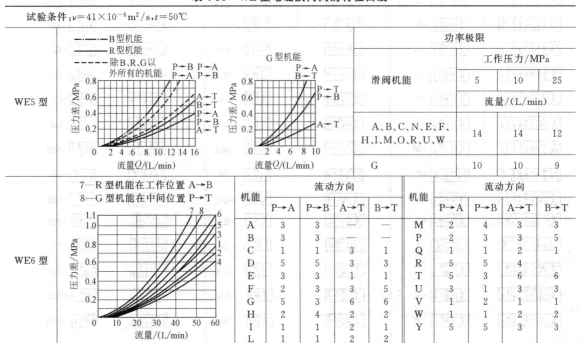

① 如果工作压力超过 6MPa，A 和 B 型阀的 T 腔必须作为泄漏腔使用。

② E1 型机能相当于 P→A、B 常开，E1 和系列之间加一横线。

表 4-56　WE 型电磁换向阀的特性曲线

试验条件：$\nu = 41 \times 10^{-6}\,\mathrm{m^2/s}$，$t = 50℃$

滑阀机能	功率极限		
	工作压力/MPa		
	5	10	25
	流量/(L/min)		
A、B、C、N、E、F、H、I、M、O、R、U、W	14	14	12
G	10	10	9

7—R 型机能在工作位置 A→B
8—G 型机能在中间位置 P→T

机能	流动方向				机能	流动方向			
	P→A	P→B	A→T	B→T		P→A	P→B	A→T	B→T
A	3	3	—	—	M	2	4	3	3
B	3	3	—	—	P	2	3	3	5
C	1	1	1	1	Q	1	1	2	1
D	5	5	3	3	R	1	5	6	6
E	2	2	1	1	T	3	3	3	3
F	2	3	1	1	U	1	1	3	3
G	5	3	6	6	V	1	2	1	1
H	2	4	2	2	W	1	1	2	2
I	1	1	1	2	Y	5	5	3	3
L	1	1	2	2					

续表

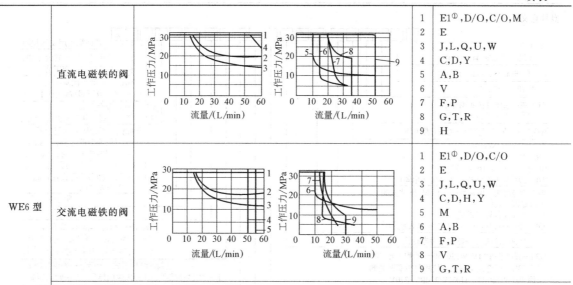

WE6 型	直流电磁铁的阀	1 E1①,D/O,C/O,M 2 E 3 J,L,Q,U,W 4 C,D,Y 5 A,B 6 V 7 F,P 8 G,T,R 9 H
	交流电磁铁的阀	1 E1①,D/O,C/O 2 E 3 J,L,Q,U,W 4 C,D,H,Y 5 M 6 A,B 7 F,P 8 V 9 G,T,R

　　阀的切换特性与过滤器的黏附效应有关。为达到所推荐的最大流量值，建议在系统中使用 $25\mu m$ 的过滤器。作用在阀内部的液动力也影响阀的通流能力，因此不同的机能，有着不同的功率极限特性曲线。在只有一个通道的情况下，如四通阀堵住其 A 腔或 B 腔作为三通阀使用时，其功率极限差异较大，这个功率极限是电磁铁在热态和降低 10%电压的情况下测定的

　　电气连接必须接地

WE10 型

6—G 和 T 型机能在中间位置 P-T；
7—R 型机能在工作位置 A-B

机能	流动方向				机能	流动方向			
	P→A	P→B	A→T	B→T		P→A	P→B	A→T	B→T
A	1	1	—	—	M	3	3	6	6
B	1	1	—	—	P	2	2	4	4
C	1	1	5	5	Q	1	1	5	5
D	1	1	5	5	R	2	6	5	—
E	2	2	6	6	T	5	5	5	6
F	2	2	4	4	U	1	1	5	5
G	1	1	5	5	V	2	2	5	5
H	3	3	5	5	W	2	2	5	5
J	2	2	5	5	Y	1	1	5	5
L	1	1	5	6					

滑阀机能	压力级/MPa			
	5	10	21	
	流量/(L/min)			
E,H,M,C/O,D/O,D,Y,V	75	70	60	
J,C,L,Q,W,U	75	65	45	
G,R,F,P,T	50	50	45	
A,B,A/O	45	35	25	

　　阀的切换特性与过滤器的黏附效应有关。为达到所推荐的最大流量值，建议在系统中使用 $25\mu m$ 的过滤器。作用在阀内部的液动力也影响阀的通流能力，因此不同的机能有着不同的功率极限特性曲线

　　在只有一个通道的情况下，如四通阀堵住其 A 腔或 B 腔，作为三通阀使用时，其功率极限差异较大。这个功率极限是电磁铁在热态和降低 10%电压的情况下测定的

　　① E1 型机能相当于 P→A、B 常开。

（4）WEH 型电液换向阀和 WH 型液控换向阀

　　WEH 型电液换向阀和 WH 型液控换向阀的型号意义见表 4-57，三位阀的机能符号见表 4-58，二位阀详细符号和简化符号见图 4-85，各通径电液阀的技术规格见表 4-59～表 4-62，电气参数见表 4-63。

表 4-57　WEH 型电液换向阀和 WH 型液控换向阀的型号意义

型号意义:

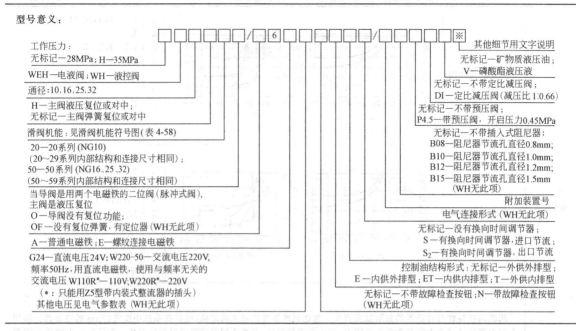

左侧说明(自上而下):

工作压力:
无标记—28MPa;H—35MPa

WEH—电液阀;WH—液控阀

通径:10、16、25、32

H—主阀液压复位或对中;
无标记—主阀弹簧复位或对中

滑阀机能:见滑阀机能符号图(表 4-58)

20—20系列(NG10)
(20~29系列内部结构和连接尺寸相同);
50—50系列(NG16、25、32)
(50~59系列内部结构和连接尺寸相同)

当导阀是用两个电磁铁的二位阀(脉冲式阀),
主阀是液压复位
O—导阀没有复位功能;
OF—没有复位弹簧,有定位器(WH无此项)

A—普通电磁铁;E—螺纹连接电磁铁

G24—直流电压24V;W220-50—交流电压220V,
频率50Hz,用直流电磁铁,使用与频率无关的
交流电压 W110R*—110V;W220R*—220V
(*:只能用Z5型带内装式整流器的插头)
其他电压见电气参数表(WH无此项)

右侧说明(自上而下):

其他细节用文字说明

无标记—矿物质液压油;
V—磷酸酯液压液

无标记—不带定比减压阀;
DI—定比减压阀(减压比 1:0.66)

无标记—不带预压阀;
P4.5—带预压阀,开启压力0.45MPa

无标记—不带插入式阻尼器;
B08—阻尼器节流孔直径0.8mm;
B10—阻尼器节流孔直径1.0mm;
B12—阻尼器节流孔直径1.2mm;
B15—阻尼器节流孔直径1.5mm
(WH无此项)

附加装置号

电气连接形式(WH无此项)

无标记—没有换向时间调节器;
S—有换向时间调节器,进口节流
S₂—有换向时间调节器,出口节流

控制油结构形式:无标记—外供外排型;
E—内供外排型;ET—内供内排型;T—外供内排型

无标记—不带故障检查按钮;N—带故障检查按钮
(WH无此项)

表 4-58　三位阀的机能符号

弹簧对中式型号	滑阀机能	机能符号	过渡机能符号
4WEH …E…/…	E	a  ⊠ ┼┼┼ ↑↓ b	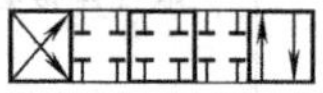 ⊠ ┼┼┼ ↑
4WEH …F…/…	F	 ⊠ ┼┼┼ ↑	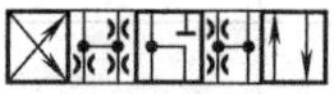 ⊠ ┼┼┼ ↑
4WEH …G…/…	G	 ↑↓ ⊠ ↑	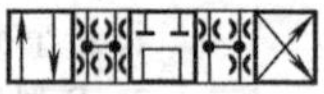 ┼┼┼ ↑
4WEH …H…/…	H	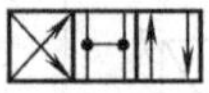 ⊠ ┼┼┼ ↑	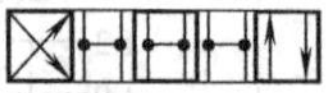 ⊠ ┼┼┼ ↑
4WEH …J…/…	J	 ⊠ ┼┼┼ ↑	 ⊠ ┼┼ ↑
4WEH …L…/…	L	 ⊠ ┼┼┼ ↑	 ⊠ ┼┼┼ ↑
4WEH …M…/…	M	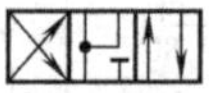 ⊠ ┼┼┼ ↑	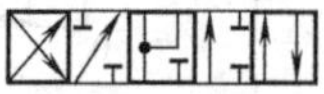 ⊠ ┼┼ ↑
4WEH …P…/…	P	 ⊠ ┼┼┼ ↑	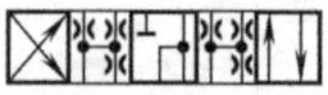 ⊠ ┼┼ ↑
4WEH …Q…/…	Q	 ⊠ ┼┼┼ ↑	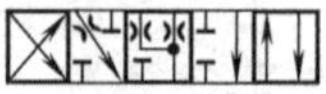 ⊠ ┼┼ ↑
4WEH …R…/…	R	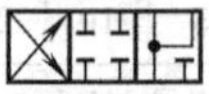 ⊠ ┼┼┼ ↑	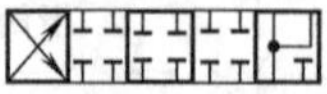 ┼┼┼ ↑
4WEH …S…/…	S	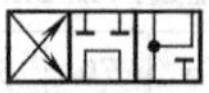 ⊠ ┼┼┼ ↑	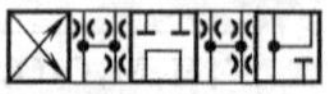 ⊠ ┼┼┼ ↑
4WEH …T…/…	T	 ↑↑ ⊠ ↑	 ↑↓ ┼┼ ↑
4WEH …U…/…	U	 ⊠ ┼┼┼ ↑	 ⊠ ┼┼┼ ↑
4WEH …V…/…	V	 ⊠ ┼┼┼ ↑	 ⊠ ┼┼ ↑
4WEH …W…/…	W	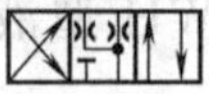 ⊠ ┼┼┼ ↑	 ⊠ ┼┼ ↑

注:WEH25 和 WEH32 型换向阀没有 "S" 型机能。

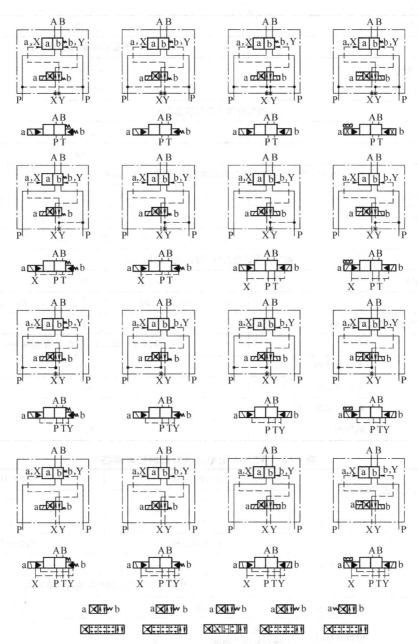

图 4-85 二位阀的详细符号和简化符号

表 4-59 WEH10 型电液换向阀的技术规格

最高工作压力 P、A、B/MPa		H-4WEH10	4WEH10
		~35	~28
油口 T/MPa	控制油内排	~16(直流电压)	~10(交流电压)
油口 Y/MPa	控制油外排	~16(直流电压)	~10(交流电压)
最低控制压力/MPa	控制油外排	1.0 弹簧复位三位阀、二位阀	
	控制油内供	0.7 液压复位二位阀(不适合于 C、Z、F、C、H、P、T、V)	
	控制油内供(适合于 C、Z、F、C、H、P、T、V)	0.65[如果在中位由 P→T(三位阀)或当阀经中位(二位阀)运动时，流量足够确保由 P→T 的压降为 0.65MPa，才能用内部控制油供给]	

最高控制压力/MPa	～25							
介质	矿物液压油,磷酸酯液压液							
介质黏度/(mm²/s)	2.8,500							
介质温度/℃	－30～80							
换向过程中控制容量/cm³								
三位阀弹簧对中	2.04							
二位阀	4.08							
阀从"O"位到工作位置的换向时间(交流和直流电磁铁)/ms								
先导控制压力/MPa	7		14		21		28	
三位阀(弹簧对中)	30	65	25	60	20	55	15	50
二位阀	30	80	30	75	25	70	20	65
阀从工作位置到"O"位的换向时间/ms								
三位阀(弹簧对中)	30							
二位阀	35	40	30	35	25	30	20	25
换向时间较短时的控制流量/(L/min)	≈35							
安装位置	任选(液压复位型如 C、D、K、Z、Y 应水平安装)							
质量/kg	单电磁铁阀	6.4						
	双电磁铁阀	6.8						
	换向时间调节器	0.8						
	减压阀	0.5						

表 4-60　WEH16 型电液换向阀的技术规格

		H-4WEH16	4WEH16
最高工作压力 P、A、B 腔/MPa		～35	～28
油口 T/MPa	控制油外排	～25	～25
	控制油内排	直流电磁铁	交流电磁铁
		～16	～10
		液压对中的三位阀控制油内排不可能	
油口 Y/MPa	控制油外排	直流16	交流10
最低控制压力/MPa	控制油外供 控制油内供	二位阀　1.2 弹簧复位二位阀 1.2 液压复位二位阀　1.2	
	控制油内供	用预压阀或流量足够大,滑阀机能为 C、F、C、H、P、T、V、Z、S 型阀　0.45	
最高控制压力/MPa		～25	
介质		矿物质液压油;磷酸酯液压液	
介质温度范围/℃		－30～80	
介质黏度范围/(mm²/s)		2.8～500	
换向过程中控制油最大的容量/cm³			
弹簧对中的三位阀		5.72	
二位阀		11.45	

续表

液压对中的三位阀	WH	WEH
从"O"位到工作位置"a"	2.83	2.83
从工作位置"a"到"O"位	2.9	5.73
从"O"位以工作位置"b"	5.72	5.73
从工作位置"b"到"O"位	2.83	8.55

从"O"位到工作位置的换向时间(交流和直流电磁铁)[1]/ms

先导控制压力/MPa	~5		~15		~25	
弹簧对中的三位阀	35	65	30	60	30	58
二位阀	45	65	35	55	30	50
液压对中的三位阀	a	b	a	b	a	b	a	b	a	b	a	b
	30	65	25	55	63	20	25	55	60

从工作位置到"O"位的换向时间[1]/ms

弹簧对中的三位阀	30~45　用于交流;30　用于直流					
二位阀	45~60	45	35~50	35	30~45	30
液压对中的三位阀	a	b	a	b	a	b	a	b	a	b	a	b
	20~30	20	20~35	20	20~35	20
安装位置	除 C、D、K、Z、Y 型液压复位的阀水平安装外,其余的任意安装					
换向时间较短时的控制流量/(L/min)	≈35					
质量/kg	≈8.6　WH　约 7.3					

① 换向时间指从导阀电磁铁吸合到主阀全部打开的时间。

表 4-61　WEH25 型电液换向阀的技术规格

最高工作压力 P、A、B 腔/MPa		~35(H-4WHE25);~28(4WEH25)	
油口 T/MPa	控制油外排	~25	
	控制油内排	直流电磁铁	交流电磁铁
		~16	~10
		液压对中的三位阀控制油内排不可能	
油口 Y/MPa	外部控制油泄油 直流电磁铁	16	
	交流电磁铁	≈10	
	用于 4WH 型	25	
最低控制压力/MPa	控制油外供 控制油内供	弹簧对中的三位阀　1.3;液压对中的三位阀　1.8;弹簧复位二位阀　1.3;液压复位二位阀　0.8	
	控制油内供	用预压阀或流量相应大时,滑阀机能为 F、C、H、P、T、V、C 和 Z 型阀　0.45	
最高控制压力/MPa		~25	
介质		矿物质液压油,磷酸酯液压液	
介质黏度范围/(mm²/s)		2.8~500	
介质温度范围/℃		-30~80	

续表

换向过程中控制油最大的容量/cm³		
弹簧对中的三位阀	14.2	
弹簧复位的二位阀	28.4	
液压对中的三位阀	WH	WEH
从"O"位到工作位置"a"	7.15	7.15
从工作位置"a"到"O"位	14.18	7.0
从"O"位到工作位置"b"	14.18	14.15
从工作位置"扩到"O"位	19.88	5.73

从"O"位到工作位置的换向时间(交流和直流电磁铁)[①]/ms								
先导控制压力/MPa	～7		～14		～21		～25	
弹簧对中的三位阀	50	85	40	75	35	70	30	65
弹簧复位的二位阀	120	160	100	130	85	120	70	105
液压对中的三位阀	a	b	a	b	a	b	a	b	a	b	a	b	a		b
	30	35	55	65	30	35	55	65	25	30	50	60	25	30	50	60

从工作位置到"O"位的换向时间[①]/ms							
弹簧对中的三位阀	40～55　用于交流；40　用于直流						
弹簧复位的二位阀	120	125	95	100	85	90	75	80
液压对中的三位阀	a	b	a	b	a	b	a	b	a	b	a	b	a	b
	30～35	30	35	30～35	30	35	30～35	30	35	30～35	30	35

安装位置	除 C、D、K、Z、Y 型液压复位的阀水平安装外，其余任意安装
换向时间较短时的控制流量/(L/min)	≈35
质量/kg	整个阀　≈18　WH　≈17.6

① 换向时间指从导阀电磁铁吸合到主阀全部打开的时间。

表 4-62　WEH32 型电液换向阀的技术规格

最高工作压力 P、A、B 腔/MPa		H-4WEH32	4WEH32
		～35	～28
油口 T/MPa	控制油外排	～25	
	控制油内排	直流电磁铁	交流电磁铁
		～16	～10
		液压对中的三位阀，当控制油内排时不可能	
油口 Y/MPa	控制油外排	直流电磁铁:16；交流电磁铁:10	
最低控制压力/MPa	控制油外供 控制油内供	0.8　三位阀；1　弹簧复位二位阀；0.5　液压复位二位阀	
	控制油内供	用预压阀或流量相应大时，滑阀机能为 F、C、H、P、T、V、C　和 Z 型阀　0.45	
最高控制压力/MPa		～25	
介质		矿物质液压油,磷酸酯液压液	
温度范围/℃		－30～80	
黏度范围/(mm²/s)		2.8～500	

续表

换向过程中控制油最大的容量/cm^3												
弹簧对中的三位阀	29.42											
弹簧对中的二位阀	58.8											
液压对中的三位阀												
从"O"位到工作位置"a"	14.4											
从工作位置"a"到"O"位	15.1											
从"O"位到工作位置"b"	29.4											
从工作位置"b",到"O"位	14.4											
从"O"位到工作位置的换向时间(交流和直流电磁铁)①/ms												
先导控制压力/MPa	～5				～15				～25			
弹簧对中的三位阀	75		105		55		90		45		80	
弹簧复位的二位阀	120		155		100		135		90		125	
液压对中的三位阀	a	b	a	b	a	b	a	b	a	b	a	b
	55	60	100	105	40	45	85	95	35	40	85	95
从工作位置到"O"位的换向时间①/ms												
弹簧对中的三位阀	60～75　用于交流;50　用于直流											
弹簧复位的二位阀	115～130		90		85～100		70		65～80		65	
液压对中的三位阀	a	b	a	b	a	b	a	b	a	b	a	b
	35～65		30	40	60～90		30		105～155		50	
安装位置	对于液压复位的 H、C、D、K、Z、Y 型的阀应水平安装外,其余任意安装											
换向时间较短时的控制流量/(L/min)	≈50											
质量/kg	带 1 个电磁铁的阀　≈40.5											
	带 2 个电磁铁的阀 ≈41　WH　≈39.5											

① 换向时间指从导阀电磁铁吸合到主阀全部打开的时间。

表 4-63　电气参数

电压类别	直流电压	交流电压	运行状态	连续
电压/V	12、34、42、60、96、110、180、195、220	42、110、127、220/50Hz 110、120、220/60Hz	环境温度/℃	50
消耗功率/W	26	—	最高线圈温度/℃	50
吸合功率/V·A	—	46		
启动功率/V·A	—	130	保护装置	IP65,符合 DIN 40050

4.10.6　意大利阿托斯（ATOS）系列方向阀

阿托斯（ATOS）系列普通液压阀概览请参见第 3 章表 3-2，其压力阀和流量阀的技术参数请分别见第 5 章和第 6 章，方向阀的主要类型及技术参数如表 4-64 所列。

表 4-64　ATOS 系列方向阀主要类型及技术参数

类　别		型　号	最大压力/bar	通径/mm	最大流量/(L/min)	说　明
单向阀	管式单向阀	ADR 型单向阀	400	G1/4～G1¼in	～500	管式安装直动单向阀

类　别		型　号	最大压力 /bar	通径/mm	最大流量 /(L/min)	说　明
液控 单向阀	管式液控 单向阀	ADRL 型先导式 单向阀	400	G3/8～ G1¼in	～300	管式安装的先导式单向阀
	板式液控 单向阀	AGRL、AGRLE 型先导式单向阀	315	10、20、32	～500	板式安装的先导式单向阀;其中 AGRLE 型为先导腔外泄型
换向阀	手动和机 动换向阀	DH、DK、DP 型 手动和机动换向阀	315、350	6、10、 16、25	50、100、 140、300、650	是二位或三位、三通或四通手动和机动 操作滑阀
	电磁 换向阀	DHI、DHU 型电 磁换向阀	350	6	60	为二位或三位、三通或四通板式电磁滑 阀;湿式电磁铁、带手动应急按钮。DHI 型 适合于交直流电源,DHU 型适合于直流电 源;有各种滑阀机能。适合野外作业机械 液压系统
		DHE、DHER 型电 磁换向阀	350	6	80	为新产品,是二位或三位、三通或四通板 式电磁滑阀;两种电磁铁,DHE 型装有螺 纹电磁铁,DHER 同 DHE 型带有北美标准 电磁铁;用于交流和直流供电
		DKE、DKER 型电 磁换向阀	315	10	125	是二位或三位、三通或四通板式电磁滑 阀;两种电磁铁,DKE 型装有标准电磁铁, DKER 的电磁铁推力更大;用于交流和直 流供电
		DLOH、DLOK 型电磁换向阀	DLOH：350, DLOK：315	6	DLOH：12 DLOK：30	是锥阀型二位三通或三通板式电磁座 阀;标准化阀芯插件。用于要求无泄漏液 压系统
	液控 换向阀	DH、DK、DP 型 液控换向阀	315、350	6、10、 16、25、32	50、160、300、 700、1000	是二位或三位、三通或四通液控滑阀,带 换向时间调节装置
	电液 换向阀	DPH 型电液换 向阀	350	10、16、 25、32	160、300、 700、1000	是二位或三位、三通或四通两级电磁换 向滑阀,带换向时间调节装置
	气控 换向阀	DH、DK、DH 型 气控换向阀	315、350	6、10、16、 25、32	50、160、300、 700、1000	是二位或三位、三通或四通气控操作换 向滑阀,带换向时间调节装置
	新系列不 锈钢电磁 换向阀	X 型、XS 型不锈 钢防爆阀	250、315、 350、400	6、25 和 非标准	10～400	不锈钢防爆换向阀,X 型为内外部零件 均为不锈钢材质,XS 型仅外部零件为不锈 钢材质;有锥阀型三通零泄漏阀和滑阀型 四通阀两类;适用于有腐蚀的环境中

注：1. 除本表所列产品外,尚有安全阀、防爆阀等。
　　2. 阀的图形符号、型号意义、各类操纵控制形式换向阀的滑阀机能以及外形连接尺寸请见生产厂产品样本。

4.10.7　美国派克（PARKER）系列方向阀

派克（PARKER）普通液压阀概览请参见第 3 章表 3-2。该系列压力控制阀和流量控制阀的技术参数请分别见第 5 章和第 6 章。本节介绍的方向控制阀包括单向阀（含液控单向阀和充液单向阀）和换向阀两大类。

① 单向阀、液控单向阀和充液单向阀见表 4-65。
② 换向阀见表 4-66。

表 4-65　PARKER 系列单向阀、液控单向阀和充液阀的类型及技术参数

类别型号		公称通径/mm	流量/(L/min)	工作压力/bar	说　明
管式 单向阀	C	1/8～1in	40、65、110、 112、155、160	210、350	管式安装,阀只允许油液从某一方向上流过而反 向截止。该阀适于在液压或气动系统中使用
板式 单向阀	CS	1/4～1in	65、110、112、 155、160	210、350	该板式单向阀只允许油液从某一方向上流过而反 向截止。该阀适于在液压或气动系统中使用

续表

类别型号		公称通径/mm	流量/(L/min)	工作压力/bar	说　明
螺纹旋入式单向阀	RK、RB	螺纹尺寸:G1/8A～G1/2A	10、20、50、80	500、700	该单向阀可方便地旋入螺纹孔中。阀体密封通过118°锥角所形成的台肩上的O形圈来实现。阀体由相互卷边(RK)或压合(RB)连接的两部分组成,且在它们之间装有弹簧和由耐磨轴承钢经淬火和抛光处理的锥体。阀座也经过淬火和磨削处理
插装式单向阀	SPR 系列	10、25	120、300	350	该单向阀可以使油液从一个方向自由流过,而反向截止。配备有不同的关闭弹簧。阀的组件为派克标准的插装阀
球阀式液控单向阀	RHC3/2	—	25	500	球阀结构,不带预负荷的阀。当液控时,全部的过流面积迅速打开。控制活塞的换向速度被缓冲,按运行情况控制油管路应装一个附加的节流孔或使用带预卸荷的装置
球阀式液控单向阀	RHC33V	—	55		阀的结构为一个球面的经磨削的阀芯(球座)带有装入的球形单向阀。带预卸荷阀,在液控时,在主阀芯被打开之前它已被打开并且使得节流横截面平稳地打开。主要用于高压和大流量的场合。控制管路的附加的阻尼孔可以提高预卸荷的缓冲效果
先导式液控单向阀	CPS	3/8in、3/4in	95	210	先导式液控单向阀,可使油液从某一方向上自由流过,而反向截止。通过接通控制压力可从反方向上流过。为了满足不同的工作条件,具有不同控制比供用户选用
螺纹旋入式液控单向阀	CRH		55	210	先导控制单向阀,可方便地旋入阀体孔中。在接触位置上进口至出口的密封是通过在阀体油口处的端面带有O形圈支承的密封肩边和加工中心孔所形成的凸缘(像普通的118°钻头顶角所形成的台肩一样)来实现的。该阀可以使油液从B→A的方向自由流而反向截止。截止的流动方向A→B可以通过液控的方式将其打开
电液控单向阀	SVP	10、25	120、300	350	可以使油液自由地由A流向B,而反向截止。通过一个电磁换向阀控制插装阀可以使流动方向由B流向A
充液单向阀	F	25、32、40、50、63、80、100、125、160	100、160、250、400、630、1000、1600、2500、4000	400	在压力机控制系统中当快速行程时充液单向阀被用于抽吸和排空液压缸的油液。在反方向上无泄漏密封(蝶形座阀)

表 4-66　PARKER 系列换向阀主要类型及技术参数

类别		型号	工作压力/bar	通径/mm	最大流量/(L/min)	说　明
换向阀	手动换向阀	D※型手动式换向阀	350	6、10、16、25	80、130、300、700	二位四通或三位四通滑阀式换向阀。阀通过手柄进行换向。手柄可以选择在左端或右端,阀芯采用弹簧对中和卡槽定位,阀是耐海水的
	机动换向阀	D1V 型机械式换向阀	350	6	80	二位四通滑阀式换向阀,阀是通过滚轮推杆进行机械式换向的
	电磁换向阀	D1V 型电动式换向阀	350	6	80	三油腔二位四通或三位四通滑阀式换向阀,通过带有旋入式衔铁管的湿式换向电磁铁进行直接操纵
		D1D 型电动式换向阀	350	6	80	五油腔电控式三位四通通或二位四通通滑阀或换向换向阀通过带有螺纹衔铁管的湿式换向电磁铁进行直接操纵
		D1VW、D1DW型电动式换向阀	350	6	80	通过电磁铁直接操纵的带电感位置控制的二位四通换向阀,可被用作监控阀。可以有选择地对初始位置或终点位置进行监控。只有单电磁铁阀可以用于位置控制。断电时换向阀的可靠位置为初始位置,其通过复位弹簧来保持

续表

类别		型号	工作压力/bar	通径/mm	最大流量/(L/min)	说　明
换向阀	电磁换向阀	D3W 型电动式换向阀	350	10	115(交流)、150(直流)	三油腔、电控、二位四通或三位四通滑阀式换向阀,通过带有螺纹衔铁管的湿式换向电磁铁进行直接操纵
		D3DW 型电动换向阀	350	10	130	五油腔、电控、二位四通或三位四通滑阀式换向阀,通过带有螺纹衔铁管的湿式电磁铁进行直接操纵换向
		D3W/D3DW 型电动换向阀	350	10	150	通过电磁铁直接操纵的带电感位置控制的二位四通换向阀可被用作监控阀。可以有选择的对初始位置或终点位置进行监控。只有单电磁铁阀可以用于位置控制。断电时换向阀的可靠位置为初始位置,其通过复位弹簧来保持的
	液控换向阀	D1VP 型液动式换向阀	350	6	80	液动式二位四通或三位四通滑阀式换向阀,阀的操纵可选择通过连接块上的控制油流道 X 和 Y 的油来实现,或者在阀体上直接与外部的控制油管路相连
		D3DP 型液动换向阀	350	10	130	液动式二位四通或三位四通滑阀式换向阀。阀是利用流经油路块上控制油流道 X 和 Y 的压力油进行换向的
		D4P~D11P 型液动换向阀	350	16、25、32	300、700、2000	液动式二位四通或三位四通滑阀式换向阀,用于控制油流的方向。主阀动阀芯通过由 X 口和 Y 口来的控制油的压力换到所要求的位置上并通过定位机构或弹簧保持在其位置上
	电液换向阀	D3~D11 型先导式换向阀	350	10、16、25、32	100、300、700、2000	滑动阀芯式的先导式换向阀用于控制油流的方向。主滑动阀芯通过控制油的压力换到所要求的位置上并通过止挡机构、定位机构或弹簧保持在其位置上
	电磁球阀	D1SE 型座阀式换向阀	350	6	20	装有气密式湿式电磁铁,无泄漏锥形座阀,通过二位三通结构可使 A 口与 P 相通,或者卸荷至油箱。阀通过复位弹簧自动地处在初始位置上(电磁铁不通电时),电磁铁通电时,阀切换至换向位置上

注:阀的图形符号、型号意义、各类操纵控制形式、换向阀的滑阀机能以及外形连接尺寸请见生产厂产品样本。

4.10.8　北部精机系列方向阀

北部精机系列普通液压阀概览请参见第 3 章表 3-2。该系列压力控制阀和流量控制阀的技术参数请分别见第 5 章和第 6 章。本节介绍的方向控制阀包括单向阀(含液控单向阀和充液单向阀)和换向阀两大类。

① 单向阀、液控单向阀和充液单向阀见表 4-67。

② 换向阀见表 4-69。

表 4-67　北部精机系列单向阀、液控单向阀和充液阀的型号意义及技术参数

	型号	液压符号	通径/mm	流量/(L/min)	最高压力/MPa	型号意义
直通单向阀	CI-T03		10	40		单向阀型号意义: 阀名称和代号:CI—管式直通单向阀　CI-T-03-05-10 CV—板式直角单向阀 安装(螺纹)形式:T—PT螺纹; G—板式安装 通径:见表4-68 设计号:10—非ISO规格;20—ISO规格 开启压力:05—0.05MPa;50—0.35MPa
	CI-T04		16	60		
	CI-T06		20	100		
	CI-T08		25	180	25	
	CI-T10		32	350		
	CI-T12		40	600		
	CI-T16		50	1000		
直角单向阀	CV-G03		10	40		
	CV-G06		20	125	25	
	CIV-G10		32	250		

续表

型号		液压符号	通径/mm	流量/(L/min)	最高压力/MPa	型号意义
液控单向阀	PCV/PCDV-03	内泄式	10	40		液控单向阀型号意义： 阀名称和代号：　　　　　　　　　PCV-T-03-05-E-10 　PCV—液控单向阀；　　设计号：10—非ISO规格； 　PCDV—释压型液　　　　　　　20—ISO规格 　　控单向阀　　　控制方式：E—外控内泄； 安装(螺纹)形式：T—PT螺纹；　ET—外控外泄 　NPT—NPT螺纹；　开启压力：05—0.05MPa； 　G—板式安装　　　　　50—0.35MPa 　　　　　　　　通径：见表4-68
	PCV/PCDV-06	外泄式	20	125	21	
	PCV/PCDV-10		32	250		
充液单向阀	NOF-16	CL	管径2in	200		充液单向阀型号意义： 　　　　　　　　　　　NOF-24 阀名称和代号：　　通径：16—2in；24—3in； 　NOF—充液单向阀　28—3½in；32—4in； 　　　　　　　　　40—5in；40—6in
	NOF-24		管径3in	400		
	NOF-28		管径3½in	630	25	
	NOF-32		管径4in	1000		
	NOF-40	R	管径5in	1600		
	NOF-48	PL	管径6in	2500		

表 4-68 北部精机系列液压阀的公称通径

代号	01	02	03	04	06	08	10	12	16
公称通径/mm	3	6	10	16	20	25	32	40	50

表 4-69 北部精机系列换向阀产品型号意义与技术参数

名称类型		型号	规格		最大流量/(L/min)	最大压力/MPa	型号意义
			代号	通径/mm			
手动换向阀	板式	HD-G	02、03、04、06	6、10、16、20	100	21	HD-T-03-2-C2-10 系列号：HD—手动换向阀　设计号 安装形式：T—螺纹连接 　G—板式连接　阀芯形式：见产品样本 通径：见表4-68　阀位数：2—二位阀； 　　　　　3—三位阀
	管式	HD-T	02、03、04、06、10	6、10、16、20、32	300		
机动换向阀		DC-G DC-T	02、03	6、10	120	21	DC-T-03-B2S-10 系列号：DC—机动换向阀　设计号 安装形式：T—螺纹连接 　G—板式连接　阀芯形式：见产品样本 通径：见表4-68
电磁换向阀		SWH-G	02、03	6、10	120	31.5	SWH-G-03-C2-R220-10-LS 系列号：高压大流量　　附加功能或特殊形式： 　电磁换向阀　　　空白—标准型； 安装形式：板式连接　LS—低冲击电压； 通径：见表4-68　　M—减振型 　　　　接线方式：见产品样本 阀芯形式，见产品样本　线圈型号，见产品样本
电液换向阀		SW-G	04	20	1100	31.5	SW-G-03-C2-ET-R220-10-AB-K 系列号：　　　　　调整控制： 高压大流量　　　空白—未加旋钮； 电液换向阀　　　K—附加旋钮 安装形式：G—板式连接 通径：见表4-68　阀芯控制：见产品样本 阀芯形式：见产品样本 油液控制：见产品样本　接线方式：见产品样本 　　　　　　线圈型号：见产品样本

注：1. 图形符号及外形连接尺寸等见产品样本。

2. 除本表所列产品外，还有低功率电磁换向阀和中压电磁换向阀。

第5章 压力控制阀

5.1 功用及分类

压力控制阀（简称压力阀）的功用是控制液压系统中的油液压力，以满足执行元件对输出力、输出转矩及运动状态的不同需求。压力阀的种类繁多，分类方法各异（见图5-1），但都是利用液压力和弹簧力的平衡原理进行工作。调节弹簧的预压缩量（预调力）即可获得不同的控制压力。各种阀的详细分类、作用、工作原理、典型结构、技术性能、使用要点、常见故障及诊断排除和典型产品等分述如下。

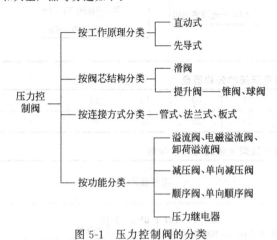

图 5-1 压力控制阀的分类

5.2 溢流阀

5.2.1 主要作用

几乎任何一个液压系统都要用到溢流阀。溢流阀的主要作用是通过阀口的溢流，使被控系统或回路的压力维持恒定，实现调压、稳压或限压（防止过载）作用。

溢流阀的种类较多，基本工作原理是可变节流与压力反馈。阀的受控进口压力来自液体流经阀口时产生的节流压差。根据结构类型及工作原理的不同，溢流阀可以分为直动式和先导式两大类，统称为普通溢流阀。将先导式溢流阀与电磁换向阀或单向阀等液压阀进行组合，还可以构成电磁溢流阀或卸荷溢流阀等复合阀。

5.2.2 工作原理

本节主要介绍应用最为广泛的普通溢流阀的工作原理及图形符号。电磁溢流阀与卸荷溢流阀的原理将在溢流阀的典型结构中进行介绍。

（1）直动式溢流阀

从控制理论角度而言，直动式溢流阀是一个闭环自动控制元件（图5-2），其输入量为弹簧预调力，输出量为被控压力（进口压力），被控压力反馈作用在阀芯有效面积上产生一个作用力，该力与弹簧力比较，自动调节溢流阀口的节流面积，使被控压力基本恒定。

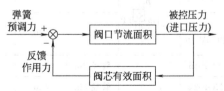

图 5-2 溢流阀的闭环自动控制原理

以图5-3(a)所示滑阀阀芯的直动式溢流阀为例说明其工作原理。直动式溢流阀由阀体2、阀芯3及调压机构（调压螺钉5、调压弹簧7）等主要部分组成。阀体左、右两端开有溢流阀的进油口P（接液压泵或被控压力油路）和出油口T（接油箱），阀体中开有阻尼孔1和内泄油孔8。

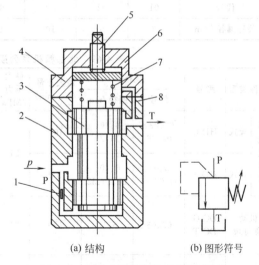

(a) 结构　　　　　　(b) 图形符号

图 5-3 直动式溢流阀的结构原理图
1—阻尼孔；2—阀体；3—阀芯；4—阀盖；5—调压螺钉；
6—弹簧座；7—调压弹簧；8—泄油孔

在直动式溢流阀中，作用在阀芯3上的液压力直接与弹簧力相平衡。图示状态，阀芯在弹簧力作用下关闭，油口P与T被隔开。当液压力大于弹簧预调力时，阀芯上移，阀口开启，压力油液经出油口T溢流。阀芯位置会因通过溢流阀的流量变化而变化，但因阀芯的移动量极小，故只要阀口开启有油液经溢流阀，溢流阀入口压力 p 基本上就是恒定的。当入口压力降低时，则弹簧力使阀芯关闭。调节弹簧7的预调力即可调整溢流压力。改变弹簧的刚度，即可改变阀的调压范围。阻尼孔1属于动态液压阻尼，用于减小压力变化时阀芯的振动，提高稳定性。经阀芯与阀体孔径向接触间隙泄漏到弹簧腔的油液直接通过内部小孔 8 与溢流油液一并排回油箱，此种泄油方式称为内泄。

图 5-4 给出了几种不同阀芯结构的直动式溢流阀的原理示意图，它们的图形符号均用图 5-3(b) 表示。

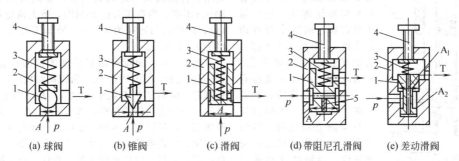

(a) 球阀　　(b) 锥阀　　(c) 滑阀　　(d) 带阻尼孔滑阀　　(e) 差动滑阀

图 5-4　几种不同阀芯结构的直动式溢流阀原理示意图
1—阀芯；2—阀体；3—弹簧；4—调压螺钉

直动式溢流阀的特点是结构简单，灵敏度高，但压力受溢流流量的影响较大，即静态调压偏差（调定压力与开启压力之差）较大，动态特性因结构形式而异，如锥阀式、球阀式溢流阀反应较快，动作灵敏，但稳定性差，噪声大，常作安全阀及压力阀的先导阀。滑阀式溢流阀动作反应慢，压力超调大，但稳定性好。

（2）先导式溢流阀

先导式溢流阀由先导阀（导阀芯 7 和调压弹簧 8）与主阀（主阀芯 2 和复位弹簧 4）两大部分构成［图 5-5(a)］，调压弹簧较硬，而复位弹簧较软。阀体 1 上有两个主油口（进油口 P 和出油口 T）和一个远程控制口 K（又称遥控口），主阀内设有阻尼孔 3 和泄油孔流道 12，主阀与先导阀之间设有阻尼孔 5。

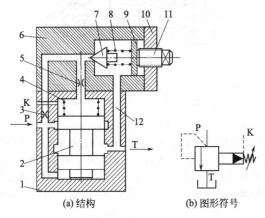

(a) 结构　　　　　(b) 图形符号

图 5-5　先导式溢流阀的结构原理图
1—主阀体；2—主阀芯（滑阀）；3、5—阻尼孔；4—复位弹簧；6—阀盖；7—导阀芯（锥阀）；8—调压弹簧；9—弹簧座；10—阀盖；11—调压螺钉；12—流道

先导式溢流阀中主阀的启、闭受控于先导阀。通过先导阀阀口可变液阻（输出液阻）和连接主阀芯上腔及进口腔之间的固定液阻 3（输入液阻）组成的液压半桥（此处为 B 型半桥，液桥的概念请参见本书 2.3.2 节）作用，控制主阀节流口的通流面积的大小，从而在液体流经主阀时产生相应的受控压力。具体过程如下。

压力油从进油口 P 进入，通过阻尼孔 3 后作用在导阀上。当进油口的压力较低，导阀上的液压作用力不足以克服导阀芯 7 右边的调压弹簧 8 的作用力时，导阀关闭，没有油液流过阻尼孔 3，所以主阀芯两端的压力相等，在复位弹簧 4 的作用下，主阀芯 2 处于最下端位置，溢流阀进油口 P 和回油口 T 隔断，没有溢流。当进油口压力升高到作用在导阀上的液压力大于导阀调压弹簧 8 的预调力时，导阀打开，压力油就可通过阻尼孔 3、经导阀和流道 12 流回油箱。由于阻尼孔 3 的作用，使主阀芯上端的液体压力小于下端。当这个压力差作用在主阀芯上的力超过主阀弹簧力、摩擦力和主阀芯自重时，主阀芯打开，油液从进油口 P 流入，经主阀阀口由出油口 T 流回油箱，实现溢流作用。用调压螺钉调节导阀弹簧的预紧力，就可调节溢流阀的溢流压力。阻尼孔 5 起动态液压阻尼作用，以消除主阀芯的振动，提高其动作平稳性。

先导式溢流阀中的远程控制口 K 有三个作用。①远程调压：通过油管接到另一个远程调压阀（远程调压阀的结构和溢流阀的先导控制部分一样），调节远程调压阀的弹簧力，即可调节溢流阀主阀芯上端的液压力，从而对溢流阀的溢流压力进行远程调压，但远程调压阀所能调节的最高压力不得超过溢流阀本身导阀的调整压力；②多级调压：通过电磁换向阀外接多个远程调压阀，便可实现多级调压；③系统卸荷：通过电磁阀将远程控制口 K 接通油箱时，主阀芯上端的压力很低，系统的油液在低压下通过溢流阀流回油箱，实现卸荷。

先导式溢流阀的导阀芯前端的孔道结构尺寸一般都较小，调压弹簧不必很强，故压力调整较为轻便。但是先导式溢流阀要导和主阀都动作后才能起控制作用，因此不如直动式溢流阀反应灵敏。另外，从控制理论角度而言，先导式溢流阀是输入弹簧预调力，对输出被控压力（进油压力）为开环控制，主阀液动力等扰动使进口压力随流量增大而升高，产生调压偏差。

5.2.3　典型结构

（1）直动式溢流阀

① 滑阀式直动溢流阀。图 5-6 所示为一种滑阀式

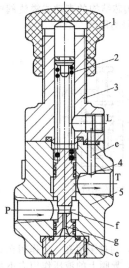

图 5-6   滑阀式直动溢流阀
1—调压螺母；2—调压弹簧；
3—上盖；4—阀芯；5—阀体

直动溢流阀（管式连接），阀体 5 左右两侧开有进油口 P 和回油腔 T，通过管接头与系统连接，所以属于管式阀。阀体中开有内泄孔道 e，滑阀芯 4 下部开有相互连通的径向小孔 f 和轴向阻尼小孔 g 及锥孔 c。受控压力油作用在阀芯下端面面积上产生的液压力与弹簧力相比较，当液压力大于弹簧预调力时滑阀开启，油液即从出油口 T 溢流回油箱。阻尼小孔 g 为动态液压阻尼，可以提高阀的稳定性，稳态时不起作用。孔道 e 用于将弹簧腔的泄漏油排回油箱（内泄）。如果将上盖 3 旋转 180°，卸掉 L 处螺堵，可在泄油口 L 外接油管将泄漏油直接通油箱，此时阀变为外泄。外泄式的溢流阀图形符号应采用图 5-7 表示，内泄式的溢流阀图形符号用图 5-5(b) 表示。

图 5-7   外泄式直动
溢流阀的图形符号

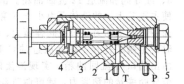

图 5-8   锥阀式直动溢流阀
1—阀体；2—阀座；3—锥阀芯；
4—调压弹簧；5—螺堵

滑阀式直动溢流阀通过改变调压弹簧的预调力，直接控制主阀进口压力，控制压力较高时，调节压力将比较困难，故适宜在中低压系统使用。国产广研中低压系列中的 P 型溢流阀（额定压力 2.5MPa）即为此类阀。

② 锥阀式直动溢流阀。图 5-8 所示为常见的锥阀式直动溢流阀，属板式连接的小流量直动溢流阀。其阀芯 3 为锥阀。该阀可作为远程调压阀、安全阀或作为先导式压力阀（溢流阀、减压阀、顺序阀）的导阀使用。通过更换锥阀式直动溢流阀的调压弹簧 4，可以改变被调节阀的调压范围。阀座 2 上的阻尼孔主要用于提高稳定性。

锥阀式直动溢流阀的尺寸较小，调压弹簧可以选的较弱，便于压力调节，因此可用于较高压力的系统中。国产联合设计系列中的 YF 型远程调压阀（公称压力 31.5MPa）即为此类阀。

③ 带阻尼活塞的直动溢流阀。带阻尼活塞的直动溢流阀是近年来出现的一种新型直动式溢流阀，与锥阀式直动溢流阀相比，阀芯带有阻尼活塞，特别适合高压大流量液压系统采用，在高压大流量下具有水平的压力-

流量特性，噪声小。力士乐系列中的 DBD 型溢流阀即为这种阀，有管式、板式和插入式三种连接方式。阀芯的结构有锥阀式和球阀式两种：锥阀式的通径从 6～30mm 不等，最高压力达 40MPa，最大流量可达 300L/min；球阀式的通径为 10mm，最高压力达 63MPa、流量为 120L/min。

图 5-9 所示为带有阻尼活塞的锥阀式直动溢流阀（插入式连接），其中图 (b) 为锥阀结构的局部放大图。锥阀芯 2 的右部带有阻尼活塞 1，左端带有偏流盘 3。活塞 1 侧面为小扁平结构，入口压力油可由此作用在活塞底部。阻尼活塞一方面在锥阀启、闭时起动态液压阻尼作用，提高锥阀的稳定性，另一方面用于保证锥阀开启后不会倾斜，以提高阀的静态特性。由于阻尼活塞与锥阀芯连接处为锥面，故锥阀开启时，进油与出油液流的稳态液动力相平衡。偏流盘 3 上开有一个环形槽，用以改变锥阀出油口的液流方向，产生一个与弹簧力反方向的射流力，抵消因溢流量增大引起的弹簧力增量。从而使阀的进口压力不受流量变化的影响，获得高压大流量水平的压力-流量特性，有利于提高阀的通过流量。另外，偏流盘还对直径较大的弹簧起支撑作用，便于阀的弹簧结构设计与布局。

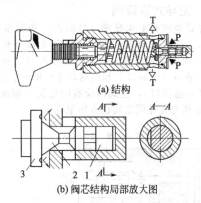

图 5-9   带有阻尼活塞的锥阀式直动溢流阀
1—阻尼活塞；2—锥阀芯；3—偏流盘

图 5-10 所示为带有阻尼活塞的球阀式直动溢流阀（插入式连接），其中图 (b) 为球阀芯部分结构的局部放大图。阀中的阻尼活塞 4 与球阀芯 2 不是刚性连接，而是通过阻尼弹簧 5 使活塞 4 与球阀芯 2 接触（活塞两端的液压力平衡）。由于活塞的阻尼作用，可以使始终

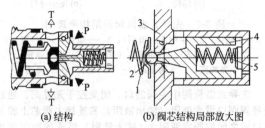

图 5-10   带阻尼活塞的球阀式直动溢流阀
1—调压弹簧；2—球阀芯；3—阀座；
4—阻尼活塞；5—阻尼弹簧

与活塞接触的球阀芯运动平稳。短孔动态液阻在稳态时两端压力相等，当阀芯运动时，封闭腔压力将发生变化，液阻产生的阻尼力可提高阀的稳定性。

图 5-11 是几种直动式溢流阀的实物外形。

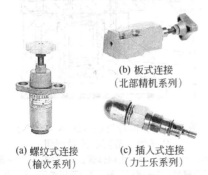

(b) 板式连接
（北部精机系列）

(a) 螺纹式连接
（榆次系列）

(c) 插入式连接
（力士乐系列）

图 5-11　直动式溢流阀实物外形
（上海高行液压和北部精机产品）

(2) 先导式溢流阀

先导式溢流阀中的导阀可以是滑阀、球阀和锥阀中的任何一种或它们的组合，但多采用锥阀结构。按照阀芯配合形式的不同，主阀有一节同心、二节同心和三节同心等形式，而二节同心和三节同心应用较多。

① 一节同心先导式溢流阀。图 5-12 所示为一节同心溢流阀，其导阀芯 8 为锥阀，结构与图 5-8 所示溢流阀的结构组成与各部分功用相似，但此阀为板式阀。主阀芯 2 为滑阀，结构与图 5-6 所示的溢流阀相似，滑阀的上、下部相同直径圆柱必须与阀体 1 的内孔同心。所不同的是主阀芯除了下部开有起动态液压阻尼作用的轴向小孔 a 外，还在上部开设了轴向小孔 b，小孔 b 的固定液阻与锥阀口的可变液阻用于组成先导液压半桥。工作时，溢流阀进口的压力油除了通过阀芯上的径向孔与轴向孔 a 进入滑阀芯下端面的 A 腔外，还经轴向小孔 b 进入滑阀芯上端面的 B 腔，并经锥阀座 9 上的小孔 d 作用在导阀的锥阀芯 8 上。当作用在锥阀上的液压力因溢

流阀进油口压力的增大而增大到高于调压弹簧 6 的预压力时，锥阀芯开启，B 腔的油液经小孔 d、锥阀口和流道 c 流入阀的出油口，然后回到油箱，因小孔 b 的前后压差，主阀芯开启，实现定压溢流。遥控口的作用与前述相同。一节同心先导式溢流阀的先导锥阀尺寸较小，调压弹簧可以选的较弱，便于压力调节，所以可以用于较高压力的系统中。由于溢流阀的滑阀移动靠两端压力差实现，故又称之为平衡活塞式溢流阀。我国广研中低压系列中的 Y 型溢流阀（额定压力 6.3MPa）即为此种结构，其实物外形如图 5-13 所示。

图 5-13　Y 型溢流阀实物外形（广研中低压系列，上海高行液压）

② 二节同心先导式溢流阀。图 5-14 所示为二节同心溢流阀的典型结构之一，该阀为板式阀。其导阀 8 为锥阀。主阀芯 1 为套装在主阀套 10 内孔的外流式锥阀，锥阀芯的圆柱面与锥面两级同心。小孔 c 为动态液压阻尼，仅在动态过程中起减振作用，对稳态特性不起作用。小孔 a 的固定液阻与导阀 8 的锥阀口的可变液阻用来组成先导液压半桥。工作时，溢流阀进油口 P 的压力油除了直接作用在主阀芯 1 下端面外，还经小孔 a、流道 b、小孔 c 进入主阀芯上端面的复位弹簧腔，并经锥阀座 7 的孔腔作用在导阀芯 8 上。当作用在阀芯 8 上的液压力因溢流阀进口压力的增大而增大到高于调压弹簧 9 的预压力时，锥阀 8 开启，复位弹簧腔的油液经小孔 c、锥阀口和流道 d 流入阀的出油口 T，然后回到油箱，因小孔 a 的前后压差，主阀芯 1 开启，P→T，实现定压溢流。图中的 K 为遥控口，其作用同前。力士乐（REXROTH）系列的 DB 型溢流阀（公称压力为 31.5MPa）即为此种结构，其实物外形见图 5-15。

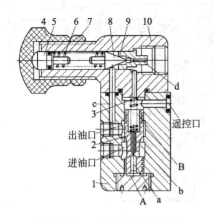

图 5-12　一节同心式溢流阀
1—主阀体；2—滑阀芯；3—复位弹簧；4—调节螺母；
5—调节杆；6—调压弹簧；7—螺母；8—锥阀芯；
9—锥阀座；10—阀盖

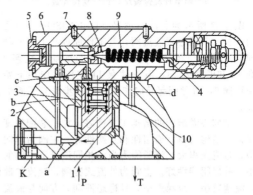

图 5-14　二节同心式溢流阀（一）
1—主阀芯；2—主阀体；3—复位弹簧；4—弹簧
座及调节杆；5—螺堵；6—阀盖；7—锥阀座；
8—锥阀芯；9—调压弹簧；10—主阀套

二节同心溢流阀的结构之二如图 5-16 所示，该阀除了为管式连接外，与图 5-14 所示的溢流阀的液阻网络也略有不同。锥阀座 6 上的固定节流小孔 c 既起动态

图 5-15　DB 型先导式溢流
阀实物外形（力士乐系列，
北京华德液压）

液压阻尼作用，也影响稳态性能。固定节流小孔 a 与固定节流小孔 c 及导阀 7 的锥阀口的可变液阻用来组成先导液压半桥。工作时，溢流阀进油口 P 的压力油在直接作用于主阀芯 3 的下端面的同时，经小孔 a 进入主阀芯上端面的复位弹簧腔，并经小孔 b、锥阀座 6 的小孔 c 作用在导阀芯 7 上。当作用在阀芯 7 上的液压力因溢流阀进油口压力的增大而增大到高于调压弹簧 8 的预压力时，锥阀 7 开启，复位弹簧腔的油液经流道 b、小孔 c、锥阀口和流道 d 流入阀的出油口 T，然后回到油箱，因小孔 a 的前后压差，主阀芯 3 开启，P→T，实现定压溢流。遥控口 K 的作用与前述相同。

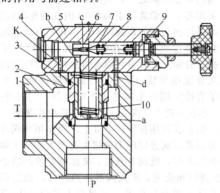

图 5-16　二节同心式溢流阀（二）
1—主阀体；2—主阀套；3—主阀芯；4—螺堵；5—阀盖；6—锥阀座；7—锥阀芯；8—调压弹簧；9—调节杆及弹簧座；10—复位弹簧

图 5-17 所示为美国丹尼逊（DENNISON）公司生产的一种二节同心式溢流阀，其工作原理与上述两种二节同心式溢流阀相同，但在导阀前腔增加了柱塞 11、导套 12 和消振垫 13，由于柱塞 11 在压差作用下始终顶住锥阀 9，对导阀起导向作用，进一步提高了阀的稳定性。

二节同心溢流阀的结构工艺性好，加工装配精度容易保证，结构简单，通用性和互换性好。主阀为单向阀结构，过流面积大，流通能力强；相同流量下主阀的开度小，故启闭特性好。主阀为外流式锥阀，液流扩散流动，流速较小，故噪声小，且稳态液动力方向与液流方向相反，有助于阀的稳定。

③三节同心式溢流阀。图 5-18 所示为三节同心式溢流阀（管式连接），其中空的主阀芯 4 上部小直径圆柱面、中部大直径圆柱（简称活塞）面和下部锥面三个直径，必须与阀盖 6 内孔、阀体 1 内孔和阀座 3 锥面保持同心。活塞环形受压面积，上部略大于下部（面积比通常为 1.04∶1），以使导阀 8 未开启时液压力合力方

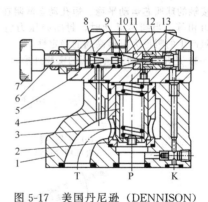

图 5-17　美国丹尼逊（DENNISON）
公司的二节同心式溢流阀
1—阀体；2—阀套；3—主阀弹簧；4—主阀芯；5—阀盖；6—调节螺钉；7—调压手轮；8—调压弹簧；9—锥阀；10—锥阀座；11—柱塞；12—导套；13—消振垫

向与弹簧力相同，使主阀关闭。主阀芯 4 中间的孔用来通过内泄先导油液。主阀的控制节流口是下部的内流式锥阀。主阀芯下端的尾蝶（凸缘）2 可以通过射流作用，保证主阀液动力处于使阀口关闭的方向。活塞上有一个固定节流孔 a，它与锥阀座 7 上的固定节流孔 c（作用同二节同心式溢流阀，即既起动态阻尼作用，也影响稳态性能）及先导阀可变节流口液阻串联构成液压半桥，调节主阀节流口压力，从而控制阀的进油口压力。当阀的进油口 P 压力增大时，阀的进油口、阻尼孔 a、流道 b、阻尼孔 c 及先导阀芯前腔内的压力随之上升，当压力达到并超过由调压弹簧 9 调定的先导阀开启压力时，先导阀开启，压力油经主阀芯中间孔流至出油口 T，液流经阻尼孔 a 产生压差。而后流经该阻尼孔的流量随着进油口压力继续增加，直至液流经阻尼孔 a 的压差作用在环形面积上的合力克服弹簧力时主阀开启。此时，阀的流量一分为二，少量先导流量经主阀芯

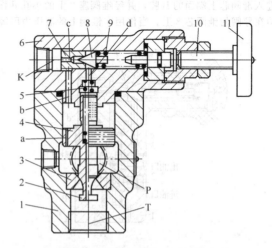

图 5-18　三节同心式溢流阀
—主阀体；2—尾蝶；3—主阀座；4—主阀芯；5—复位弹簧；6—阀盖；7—锥阀座；8—锥阀芯；9—调压弹簧；10—调节螺钉；11—调节手轮

中间孔流至出油口 T，大部分流量则经主阀节流口流至回油腔 T，从而实现了定压溢流。稳态时，主阀芯在上、下腔压力、弹簧力和液动力等作用下保持平衡。通过改变调压弹簧的预调力，即可直接控制主阀上腔压力，进而间接控制主阀进油口压力。K 口为遥控口，其作用与前述相同。

图 5-19 所示的三节同心式溢流阀，与图 5-18 的三节同心式溢流阀原理基本相同，但在结构上将阀体和阀盖作成了一体，板式连接，主阀轴线与导阀轴线平行地布置在同一垂直面上。

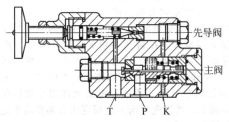

图 5-19 阀体阀盖整体式三节同心溢流阀

由于主阀芯带有活塞，故有时将这种溢流阀称为三节同心平衡活塞式溢流阀。与前述一节同心式溢流阀相比，主阀的封油部分为锥阀，所以较滑阀的密封性好，且动作灵敏，适于高压化（可达 31.5MPa）；三段式的主阀阀芯可以得到较大差压面积，系统压力的微小变化既可引起阀芯移动，相应地改变阀口，压力稳定性好。与二节同心式溢流阀相比，三节同心阀多一节同心，结构复杂，加工装配不太方便；而且因过流面积较小，启闭特性不如二节同心阀好。

榆次油研（YUKEN）系列中的 B 型溢流阀、威格士（VICKERS）系列中的 C 型溢流阀及国产榆次中高压系列中的 YF 型溢流阀均为此种结构，其实物外形见图 5-20。

(a)榆次油研　　(b)威格士　　(c)榆次中高压系列YF
系列B型　　　系列C型　　　型(济南超越液压)

图 5-20 几种三节同心溢流阀实物外形

（3）电磁溢流阀

此类阀是由小规格电磁换向阀与溢流阀构成的复合阀，具有溢流阀的全部作用，并且可以通过电磁阀的通、断电控制，实现液压系统的卸荷或多级压力控制。还可以通过在溢流阀与电磁阀之间加装缓冲阀，以适应不同的卸荷要求。用于高压大流量系统中的电磁溢流阀，其中先导式溢流阀的主阀多为前述二节同心或三节同心结构。电磁溢流阀中的电磁阀有二位二通阀或三位四通阀等形式。

① 二位二通阀和二节同心先导式溢流阀组成的电磁溢流阀。O 型机能（即常闭）的二位二通电磁换向阀和二节同心溢流阀组合成的电磁溢流阀如图 5-21 所示。图中电磁阀安装在先导式溢流阀的阀盖 6 上。P、T、K 分别为溢流阀的进油口、出油口和遥控口；P_1和 T_1 为电磁阀的两个通口，并分别接溢流阀的主阀弹簧腔和导阀的弹簧腔。图示位置，电磁阀未通电，由于电磁阀为常闭阀，从溢流阀进油口 P 经阻尼孔 c、主阀弹簧腔、流道 a 的流来的压力油进入导阀前腔，由于 P_1 和 T_1 口封闭，故压力油不能经过电磁阀而被堵住，此时系统在溢流阀的调压值下工作。当电磁阀通电换向时，P_1 和 T_1 口连通，进入主阀弹簧腔及导阀前腔的油液便通过 P_1 和 T_1 口和溢流阀的导阀弹簧腔及主阀体上的流道 d，经主阀的回油口 T 排回油箱，从而使主阀近似于一个弹簧力很小的直动溢流阀，主阀在极低压力下打开使系统卸荷。当电磁铁断电阀芯复位后，P_1、T_1 口重新被封闭，系统便又升压至溢流阀的调定压力。

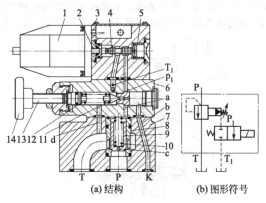

(a) 结构　　　　(b) 图形符号

图 5-21 二位二通电磁换向阀和二节同心溢流阀组合成的电磁溢流阀

1—电磁铁；2—推杆；3—电磁铁体；4—电磁阀阀芯；5—电磁阀弹簧；6—阀盖；7—阀体；8—阀套；9—主阀芯；10—复位弹簧；11—锥阀；12—调压弹簧；13—调节螺钉；14—调压手轮

② 二位二通电磁阀和三节同心溢流阀组成的电磁溢流阀。H 型机能的二位二通电磁换向阀和三节同心溢流阀组合成的电磁溢流阀如图 5-22 所示。图中常开的电磁阀也安装在先导式溢流阀的阀盖上。P、T、K 分别为溢流阀的进油口、出油口和遥控口；P_1、T_1 分别为电磁阀的两个通口。图示位置，电磁阀未通电，由于电磁阀为常开阀，系统卸荷。当电磁阀通电后，关闭先导阀的回油路，系统升压至溢流阀的调定压力。

上述电磁溢流阀中二位二通电磁换向阀的机能可以任选，但不同机能所适宜的工况类型不同。例如对于 O 型机能的二位二通电磁阀组成的电磁溢流阀，只有电磁铁通电时才能使系统卸荷，所以适用于工作时间长、卸荷时间短的工况；而 H 型机能的二位二通电磁阀组成的电磁溢流阀，则适用于工作时间短，卸荷时间长的工况。

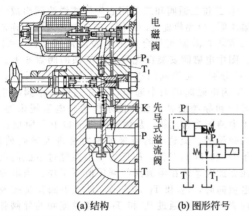

(a) 结构　　(b) 图形符号

图 5-22　二位二通电磁换向阀和三节同心
溢流阀组合成的电磁溢流阀

③ 三位四通电磁阀和二节同心溢流阀组成的电磁溢流阀。图 5-23(a) 所示为华德液压公司所产 DB3U20E-3-30/315 G 24Z5 L 型多级电磁先导溢流阀。该阀为先导控制的二节同心式三级溢流阀，主阀和导阀均为锥阀式结构。通过电磁换向阀可以控制系统的压力实现三级变化。

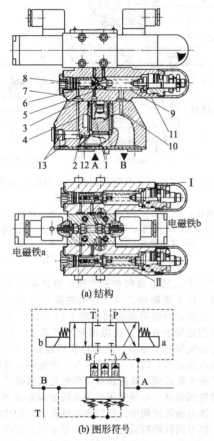

(a) 结构

(b) 图形符号

图 5-23　DB3U20E-3-30/315 G 24Z5 L
型多级电磁先导溢流阀

1—主阀芯；2、3—阻尼器；4、5、10、12—通道；6—锥
阀芯；7—先导阀；8—调压弹簧；9—弹簧腔；
11—调压螺钉；13—遥控口及其螺塞

它主要由主阀、5 通径三位四通电磁阀和三个先导阀组成。导阀 I、II 为直动型溢流阀。三位四通电磁阀的中位机能为 O 型，如图 5-23(b) 所示。阀的工作过程如下。

当电磁铁断电时，A 腔压力由导阀 7 控制。A 腔的压力油作用在主阀芯 1 下端的同时，通过阻尼器 2、3 和通道 12、4 和 5 作用在主阀芯上端和先导阀 7 的锥阀芯 6 上。当系统压力超出调压弹簧 8 调定的压力时，锥阀芯 6 被打开，同时主阀芯上端的压力油通过阻尼器 3、通道 5、弹簧腔 9 及通道 10 排回油箱。这样，压力油通过阻尼器 2、3 时在主阀芯上产生一个压力差，主阀芯在此压力差的作用下打开。此时，在调定的压力下压力油从 A 腔流到 B 腔溢流。

当电磁铁 a 通电时，A 腔压力由先导阀 II 控制。当电磁铁 b 通电时，A 腔压力由先导阀 I 控制。由于不论先导阀 I 和 II 哪个工作时，A 腔压力油都要通过阻尼器 2、3 和通道 12、4 和 5 作用在主阀芯上端和先导阀 7 的锥阀芯 6 上，再通过电磁阀作用在先导阀 I 或 II 的锥阀上，所以先导阀 7 的调定压力都要高于先导阀 I 和 II 的调定压力。

如将上述溢流阀中的 O 型中位机能三位四通电磁阀改为 "H" 型，其型号为 DB3U20H-3-30/315G 24Z5 L 型多级溢流阀 (图 5-24)，则在断电时 A 腔压力油作用在主阀芯 1 下端的同时，通过阻尼器 2、3 和通道 12、4 和 5 作用在主阀芯上端并通过电磁阀中位直接回油箱，所以主阀芯打开，系统处于卸荷状态，而系统压力的两级控制分别由先导阀 I 和 II 调定。但此时先导阀 7 的调定压力仍然要高于先导阀 I 和 II 的调定压力，这个调定压力可起到安全阀的作用。

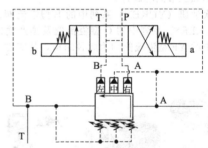

图 5-24　DB3U20H-3-30/315 G 24Z5 L
型多级电磁先导溢流阀

在高压大流量系统中使用上述电磁溢流阀使系统卸荷时，为防止因短时间内释压而产生剧烈振动，可在电磁阀和先导阀之间设置一个缓冲阀（又称缓冲器），其结构原理和图形符号如图 5-25 所示。当电磁换向阀的 P 口与 T 口不通时，溢流阀的导阀前腔压力经阀芯 1 上的沟槽 a 作用在其左端面，压缩弹簧 2 使阀芯右移并将阀口 x 关小至阀芯被弹簧座 3 和调节螺钉 4 限位，此时溢流阀在调定压力下工作。当电磁阀 P 口与 T 口接通时，导阀前腔压力需经阀口 T 才能经电磁阀 P 口与回油相通。电磁阀 P 口与 T 口相通时，阀芯 1 在弹簧力作用下左移时受槽 a 的节流作用影响而形成一个缓冲过程，这样可减少因突然释压而产生的冲击和振动。调整

调节螺钉可改变活塞行程和弹簧预调力，从而改变卸荷时间。完全拧紧调节螺钉 4，缓冲阀全开，节流口开度和弹簧力最大，卸荷时间最短，基本不起缓冲作用；反之，完全松开调节螺钉 4，节流口开度和弹簧力最小，卸荷时间最长，卸荷过程较平稳。

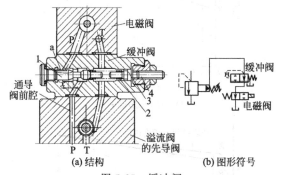

图 5-25　缓冲阀
1—阀芯；2—弹簧；3—弹簧座；4—调节螺钉

图 5-26 是几种电磁溢流阀的实物外形。

(a) GE系列YDF型　(b) 威格士CG型　(c) 榆次油研BS型
(上海高行液压)　(佛山生力液压)

图 5-26　几种电磁溢流阀的实物外形

（4）卸荷溢流阀

卸荷溢流阀是在二节同心或三节同心溢流阀基础上加设导阀控制活塞和出口单向阀而成的复合阀，故又称单向溢流阀，由于主要用于蓄能器系统中泵的自动卸荷及加载和高低压双泵系统中低压大流量泵的卸荷，故有时径直称为卸荷阀。

图 5-27 所示为国产联合设计系列中的 HY 型卸荷溢流阀，它由二节同心溢流阀与锥阀式单向阀组合而

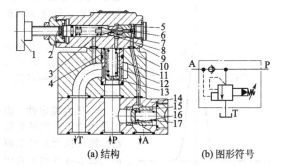

图 5-27　卸荷溢流阀
1—调压手轮；2—调节螺钉；3—调压弹簧；4—主阀弹簧；5—活塞套；6—控制活塞；7—锥阀座；8—锥阀；9—阀盖；10—主阀阀体；11—阀套；12—主阀芯；13—阻尼孔；14—单向阀体；15—单向阀芯；16—单向阀座；17—单向阀弹簧

成。其结构原理如下：锥阀式单向阀设在先导式溢流阀的下端，单向阀体 14 下端面开有溢流阀的进油口 P（接液压泵）、出油口 T（接油箱），并开设了单向阀的出油口 A，油腔 A 通向液压系统（如系统设有蓄能器，则蓄能器与 A 腔连接的油路并联）。单向阀体 14 的右侧开设了通向所加设的控制活塞 6 右端的流道（该流道与 A 相通），控制活塞的左端与主阀弹簧腔相通。控制活塞左右两端的液压力与调压弹簧预调力的大小决定了控制活塞的位置，亦即决定了导阀的启、闭。当液压系统的压力（即单向阀出油口 A 及控制活塞右端的压力）达到溢流阀的调定压力时，控制活塞左移将导阀（即锥阀 8）打开，从而使主阀 12 打开，液压泵卸荷；当系统压力降低到一定值时，导阀关闭，从而使主阀关闭，泵向系统加载。

图 5-28 为日本油研公司的 BUCG 型卸荷溢流阀（压力达 21MPa，流量达 250L/min），它由三节同心溢流阀与锥阀式单向阀组合而成。锥阀式单向阀设在先导式溢流阀的右侧，阀体 1 开有溢流阀的进油口 P（接液压泵）、出油口 T（接油箱），并开设了单向阀的出油口 A，油口 A 通向液压系统（如系统设有蓄能器，则蓄能器与 A 口连接的油路并联）；调压弹簧腔的油液经外泄油口 L 排回油箱。主阀芯 2 的大圆柱腔上方开设了通向所加设的控制活塞 7 右端的流道，控制活塞的左端的 K 为外接控制压力油口。控制活塞左右两端的液压力与调压弹簧 5 预调力的大小决定了控制活塞的位置，亦即决定了导阀的启、闭。当外控压力达到溢流阀的调定压力时，控制活塞左移将导阀（即锥阀 6）打开，从而使主阀 2 打开，液压泵的油液从 P→T 实现卸荷；当外控压力降低到一定值时，导阀关闭，从而使主阀关闭，泵向系统加载。

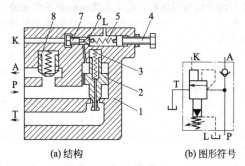

图 5-28　三节同心式卸荷溢流阀
1—阀体；2—主阀芯；3—复位弹簧；4—调压螺钉；5—调压弹簧；6—导阀芯；7—控制活塞；8—单向阀芯

上述两种卸荷溢流阀的实物外形见图 5-29。

5.2.4　主要性能

溢流阀的性能有静态（稳态）特性和动态特性两类。前者指稳态情况下，溢流阀某些参数之间的关系；后者指溢流阀被控参数在工况瞬变情况下，某些参数之间的关系。

（1）直动式溢流阀与先导式溢流阀的特性

① 静态特性及性能指标。直动式溢流阀的静态特性可用溢流阀口开启溢流时的阀芯受力平衡方程和压力

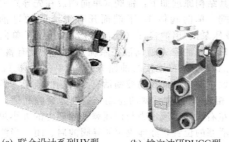

(a) 联合设计系列HY型
(上海高行液压)　　(b) 榆次油研BUCG型

图 5-29　卸荷溢流阀实物外形

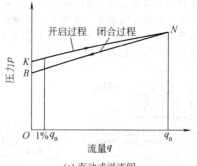

(a) 直动式溢流阀

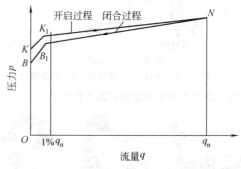

(b) 先导式溢流阀

图 5-30　溢流阀的启闭特性曲线

流量方程描述；先导式溢流阀的静态特性要用先导阀芯的受力平衡方程、先导阀口的压力流量方程、流经阻尼孔的压力流量方程、主阀芯受力平衡方程和主阀口压力流量方程 5 个方程加以描述。

溢流阀的静态性能指标包括调压范围、流量-压力特性（启闭特性）、压力稳定性、压力损失、卸荷压力、密封性和泄漏量等。

a. 调压范围。溢流阀的调压范围指阀的进口压力的可调数值。在这个范围内使用溢流阀时，阀的被控压力能够平稳升、降，无压力突跳或迟滞现象。

b. 流量-压力特性（启闭特性）。使用溢流阀的主要目的是期望将系统压力保持在所调定的压力值，但由于通过溢流阀的流量的变化将引起阀的开度、调压弹簧的压缩量的变化，故液动力及弹簧力都会发生变化，阀在稳态时的被控压力也将有所变动，溢流阀的定压精度可用流量-压力特性的品质进行评价。

溢流阀的流量-压力特性又称为启闭特性，即开启特性与闭合特性的统称，它是溢流阀的最重要的静态特性。图 5-30(a)、(b) 分别为直动式溢流阀和先导式溢流阀的典型启闭特性曲线。其中开启特性系指溢流阀从关闭状态逐渐开启过程中，阀的通过流量与被控压力之间的关系，具有流量增加时被控压力升高的特点；闭合特性系指溢流阀从全开状态逐渐关闭过程中，阀的通过流量与被控压力之间的关系，具有流量减小时被控压力降低的特点。由于开启与闭合时阀芯摩擦力方向不同的影响，阀的开启特性曲线与闭合特性曲线不重合。

图 5-30(a) 所示的直动式溢流阀启闭特性曲线中，K 与 B 点分别对应阀的开启压力 p_k 和闭合压力 p_b，改变调压弹簧的压缩量可以使 K 与 B 点及整个曲线上下移动。N 点对应的压力为阀的调定压力 p_n（通过额定流量 q_n 时的压力）。

先导式溢流阀工作中，开启时，导阀开启后主阀才能开启，而闭合时正好与此相反，所以其启闭特曲线中有两个开启点及两个闭合点。如图 5-30(b) 所示的先导式溢流阀启闭特性曲线中，K 与 B 点分别对应导阀的开启压力 p_k 和闭合压力 p_b，K_1 与 B_1 分别对应主阀的开启压力 p_{k1} 和闭合压力 p_{b1}。N 点对应的压力为阀的调定压力 p_n（通过主阀口机械限位前可能通过的最大流量 q_n 时的压力）。

由于溢流阀开启和关闭点零流量的压力很难测得，故目前规定通过 1% 额定流量时的压力为溢流阀的开启压力和闭合压力。开启压力与调定压力之比（百分比），称为开启比；闭合压力与调定压力之比（百分比），称为闭合比。开启比和闭合比越大，溢流阀的调压偏差 $|p_n-p_k|$ 或 $|p_n-p_b|$ 越小，表明阀的定压精度越高。为此，一般而言，溢流阀的开启比不应低于 85%，而闭合比不应低于 80%。由图 5-30 可看出，在相同的调定压力和流量变化下，先导式溢流阀的启闭特性曲线比直动式溢流阀的平坦，说明先导式溢流阀的启闭特性要比直动式溢流阀的好，即定压精度远优于直动式溢流阀。

顺便指出，溢流阀的启闭特性曲线还可以用图 5-31 所示的习惯画法来表示。

c. 压力稳定性。由于供油液压泵的流量脉动、液压执行元件负载的变化或者其他干扰因素的影响，溢流阀的被控压力会产生一些摆动。溢流阀应该具有良

图 5-31　溢流阀的启闭特性曲线习惯画法

好的工作稳定性，压力的振摆和偏移量要小，并且工作时无噪声。

d. 压力损失。溢流阀在全开口下通过额定流量时的进出口压力差，称为溢流阀的压力损失。

e. 卸荷压力。当溢流阀的遥控口与油箱接通，阀在全开口工作使系统卸荷时，溢流阀的进出油口的压力差，称为卸荷压力。卸荷压力越低，液流经过溢流阀的压力损失越小。

f. 密封性和泄漏量。溢流阀处于关闭状态时要求密封性好，特别是溢流阀作安全阀使用时，要求阀具有可靠的密封性。溢流阀的泄漏量包括内泄漏量和外泄漏量。

② 动态特性及性能指标。溢流阀的动态特性反映其工况发生突变时被控压力变化的过程，通常用时域特性进行评价。输入信号（流量或压力）作阶跃变化时，试验获得的溢流阀典型响应特性曲线如图 5-32 所示（试验原理见图 5-33）。由图 5-32 可以看到，当向阀输入一个阶跃信号时，阀迅即作出响应而使被控压力迅速升高到某一峰值，而后逐渐衰减波动至稳定的调压值，整个动态响应过程是一个过渡过程。时域特性反映了溢流阀的快速性、稳定性和准确性等，具体指标如下。

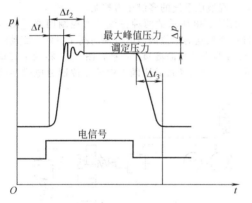

图 5-32 溢流阀的阶跃响应特性曲线
Δp—压力超调量；Δt_1—升压时间；Δt_2—压力回升时间；Δt_3—压力卸荷时间

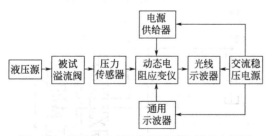

图 5-33 溢流阀动态特性试验系统原理方框图

a. 压力超调量 Δp。它是指最大峰值压力与稳态时的调定压力之差 Δp，它反映了溢流阀工作的相对稳定性。超调量应尽可能小，否则有可能损坏管路系统及相关元件。优良溢流阀的压力超调量应小于 30%。

b. 升压时间 Δt_1。压力第一次上升到调定值所需的时间 Δt_1，称为升压时间或上升时间，它反映了溢流阀的响应快速性。优良溢流阀的升压时间应不大于 0.10s。

c. 压力回升时间 Δt_2。压力从开始上升，到压力达到调定压力处于稳定状态所需的时间 Δt_2，它反映了溢流阀的响应快速性以及阻尼状况和稳定性。

d. 压力卸荷时间 Δt_3。由调定压力降低到卸荷压力所需的时间 Δt_3，称压力卸荷时间，它也是一个快速性指标。通常此值应不大于数十毫秒。

总之，一个优良的溢流阀的受控压力的阶跃响应特性应具有较小的压力超调量，较少的压力振荡以及达到稳态时较短的调整时间。

应当指出，试验获得的动态性能是阀与试验系统的综合性能。试验系统的管道液容和阀的结构形式、设计参数乃至装配质量等均会对试验结果产生明显影响。因此，动态试验应按相关试验标准（例如 GB/T 8105—1987 和 GB/T 8107—2012）的规定来进行。

③ 溢流阀特性的数字仿真研究。现代计算方法与微型计算机技术的发展为液压阀的静态和动态特性的研究提供了强有力的手段。近年来最引人注目的应用是，采用微型计算机数字仿真技术和实物试验相结合的方法，探讨影响溢流阀及其他液压阀动态特性的因素和改善动态性能的途径，为新元件和系统的研究提供理论依据的一系列研究。与传统研究方法相比，计算机数字仿真技术具有研究周期短、费用低、便于修改和更改设计参数等显著特点。除了建模外，仿真研究的重要工作之一是仿真软件的编制和选择。无疑，采用现有仿真语言或仿真软件可以使设计师在仿真研究中摆脱复杂的程序设计。目前常用的仿真软件除了 MATLAB 外，还有 FLUID SIM 和 AME SIM 等通用软件系统可供包括液压阀在内的液压气动元件及系统的仿真研究。

（2）电磁溢流阀与卸荷溢流阀的性能

① 静态性能。电磁溢流阀与卸荷溢流阀的静态性能包括前述普通溢流阀的各种性能，但电磁溢流阀应增加阀中电磁阀的各种性能（见第 4 章），且动作可靠性应在电磁阀反复通断电时，观察升压与卸荷是否正常；而卸荷溢流阀要考察与系统连接的 A 口 [参见 5.2.3 节之（4）] 的压力变化特性，即卸荷溢流阀的主阀升压和卸荷时 A 口所允许的压力变化范围，通常其数值为调定压力的 10%～20%。

② 动态性能。电磁溢流阀的动态性能与前述先导式溢流阀的相同，只是阀的阶跃信号是通过电磁阀的突然通电或断电直接输入。卸荷溢流阀的动态特性主要是记录 A 口的压力变化及变化所需的时间等。

5.2.5 使用要点

（1）应用场合

① 定压溢流。定压溢流是溢流阀的最主要用途之一。在定量液压泵与流量阀（节流阀或调速阀）组成的串联（进油或回油）节流调速液压系统中，将溢流阀并联在泵的出口处，作为主油路的旁路，与泵一起组成恒压液压源。例如进油节流调速液压系统（见图 5-34），

当执行元件在快速工况（即液压泵 1 的压力油通过二位二通换向阀 5 进入液压缸 6）时，负载产生的系统压力低于溢流阀的开启压力时，溢流阀关闭，此时系统压力取决于负载；直至执行元件转为慢速工况（即液压泵 1 的压力油通过节流阀 4 进入液压缸），系统压力达到溢流阀的调压值时，溢流阀常开，并限定系统压力，当执行元件的负载速度变化引起流量变化时，溢流阀的调节作用使系统压力保持基本恒定，并将多余油液溢回油箱，从而实现定压溢流。

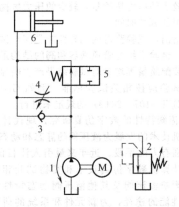

图 5-34　进油节流调速液压系统的定压溢流回路
1—定量泵；2—溢流阀；3—单向阀；4—节流
阀；5—二位二通换向阀；6—液压缸

② 安全保护。如图 5-35 所示，在定量泵供油的并联节流调速、变量泵-定量马达（或定量泵-变量马达、变量泵-变量马达）容积调速以及变量泵供油的容积节流调速液压回路等场合，溢流阀常用作安全阀，以防系统超载。正常工况下，溢流阀常闭，当系统由于故障、载荷异常等原因导致系统压力过高时，溢流阀打开溢流，保护整个液压系统安全。

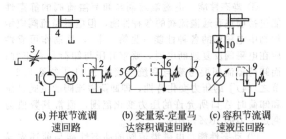

(a) 并联节流调速回路　　(b) 变量泵-定量马达容积调速回路　　(c) 容积节流调速液压回路

图 5-35　溢流阀作安全阀的液压回路
1—定量泵；2、6、9—溢流阀；3—节流阀；4、11—液压缸；5、8—变量泵；7—定量马达；10—调速阀

③ 作背压阀。将溢流阀 2 接在执行元件 4 的回油路上（见图 5-36），造成一定的回油阻力，以改善执行元件的运动平稳性。但将引起附加能量损失。

④ 远程调压（见图 5-37）。用管路将直动溢流阀 3 与先导式溢流阀 2 的遥控口连接，调节直动溢流阀，便能对先导式溢流阀在设定的压力范围内进行远程调压。

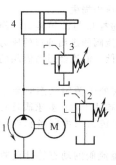
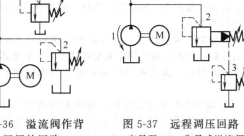

图 5-36　溢流阀作背压阀的回路
1—定量泵；2、3—溢流阀；4—液压缸

图 5-37　远程调压回路
1—定量泵；2—先导式溢流阀；3—直动溢流阀；4—液压缸

⑤ 多级压力控制。通过独立的电磁换向阀将多个小型直动式溢流阀与先导式溢流阀的遥控口连接，利用电磁换向阀不同工作位置的切换，可以实现液压系统的多级压力控制。也可以通过管路将多个直动溢流阀与电磁溢流阀的换向阀连接，利用电磁阀不同工作位置的切换，实现液压系统的多级压力控制。

如图 5-38 所示的两种三级压力控制回路 [图（a）通过一个独立的三位四通电磁换向阀 4 将两个直动溢流阀 2、3 与先导式溢流阀 1 连接；图（b）将两个直动溢流阀 2、3 与先导式溢流阀 1 中的三位四通电磁换向阀

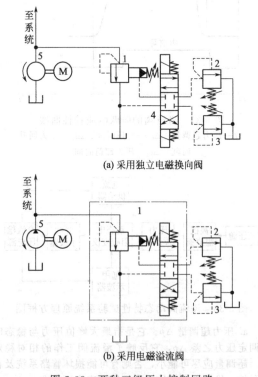

(a) 采用独立电磁换向阀

(b) 采用电磁溢流阀

图 5-38　两种三级压力控制回路
1—溢流阀 [图（a）] 或电磁溢流阀 [图（b）]；2、3—直动溢流阀；4—三位四通电磁换向阀；5—定量泵

连接]。以图（a）为例，设三个溢流阀的调压值分别为 p_1、p_2、p_3。当电磁阀 4 处于中位时，系统的工作压力 $p \leqslant p_1$；当电磁阀 4 分别切换至左、右两个位置时，则系统的工作压力分别为 $p \leqslant p_2$ 和 $p \leqslant p_3$。

⑥ 系统卸荷。将电磁换向阀接至先导式溢流阀的遥控口，可以实现液压系统卸荷，以使系统在等待期间节约能量，减少发热。

图 5-39 所示为采用先导式溢流阀和二位二通电磁换向阀的卸荷回路。图示位置，系统卸荷；当电磁阀 2 通电切换至右位时液压系统在溢流阀 3 的设定压力下工作。图 5-40 所示为采用二位四通电磁换向阀与溢流阀组合成一体的电磁溢流阀 2 的卸荷回路。图示位置，系统在阀 2 中溢流阀的设定压力下工作，当电磁阀通电切换至右位时，系统经电磁阀的 H 型机能卸荷。图 5-41 为采用三位四通电磁换向阀与溢流阀组合成一体的电磁溢流阀 1 的卸荷及多级调压回路。图示位置，系统经三位四通电磁换向阀的 H 型中位机能卸荷，当电磁阀切换至上位或下位时，系统在直动溢流阀 2 或 3 的设定压力下工作。

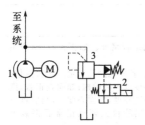

图 5-39 先导式溢流阀和二位二通电磁换向阀的卸荷回路
1—定量泵；2—二位二通电磁换向阀；3—先导式溢流阀

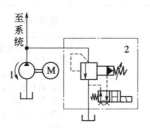

图 5-40 电磁溢流阀的卸荷回路
1—定量泵；2—电磁溢流阀

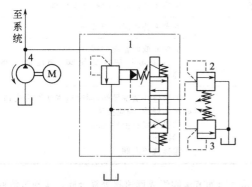

图 5-41 电磁溢流阀的卸荷及多级调压回路
1—电磁溢流阀；2、3—直动溢流阀；4—定量泵

图 5-42 所示为采用卸荷溢流阀的蓄能器卸荷回路，当蓄能器 3 的充液压力达到卸荷溢流阀 2 的调定压力时，该压力使阀 2 中的单向阀关闭，溢流阀开启使液压泵经溢流阀卸荷，此时，系统由蓄能器提供压力。当蓄能器油液压力下降至使阀 2 中的溢流阀关闭时，液压泵

1 即升压加载并打开单向阀，再次向蓄能器 3 充液加压。

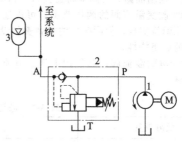

5-42 卸荷溢流阀的蓄能器卸荷回路
1—定量泵；2—卸荷溢流阀；3—蓄能器

图 5-43 所示为采用高低压双泵组合供油的卸荷回路。系统在高速轻载阶段时，系统压力低而流量大，故卸荷溢流阀 3 关闭，低压大流量泵 1 的液压油经阀 3 中的单向阀与高压小流量泵 2 的压力油一并进入系统；当系统在低速重载阶段时，系统压力升高而流量需求减小，故阀 3 中的溢流阀开启，低压大流量泵 1 经溢流阀卸荷，而阀 3 中的单向阀关闭，高压小流量泵 2 在溢流阀 4 设定压力下单独向系统供油。

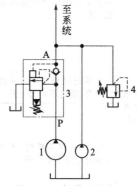

图 5-43 卸荷溢流阀用于高低压双泵组合供油的卸荷回路
1—低压大流量泵；2—高压小流量泵；3—卸荷溢流阀；4—溢流阀

（2）注意事项

① 应根据液压系统的工况特点和具体要求选择溢流阀的类型，通常直动式溢流阀响应较快，宜作安全保护阀使用，而先导式溢流阀启闭特性较好，宜作调压和定压阀使用。

② 应尽量选用启闭特性较好的溢流阀，以提高执行元件的速度负载特性和回路效率。就动态特性而言，所选择的溢流阀应在响应速度较快的同时，稳定性好。

③ 正确使用溢流阀的连接方式，正确选用连接件（安装底板或管接头），并注意连接处的密封；阀的各个油口应正确接入系统，外部泄油口必须直接接回油箱。

④ 根据系统的工作压力和流量合理选定溢流阀的额定压力和流量（通径）规格，对于作远程调压阀的溢流阀，其通过流量一般为遥控口所在的溢流阀通过流量的 0.5%～1%。

⑤ 应根据溢流阀在系统中的用途和作用确定和调节调定压力，特别是对于作安全阀使用的溢流阀，其调定压力不得超过液压系统的最高压力。

⑥ 调压时应注意以正确旋转方向调节调压机构，调压结束时应将锁紧螺母固定。

⑦ 如果需通过先导式溢流阀的遥控口对系统进行远程调压、卸荷或多级压力控制，则应将遥控口的螺堵拧下，接入控制油路；否则应将遥控口严密封堵。

⑧ 如需改变溢流阀的调压范围，可以通过更换溢流阀的调压弹簧实现，但同时应注意弹簧的设定压力可能改变阀的启闭特性。

⑨ 对于电磁溢流阀，其使用电压、电流及接线形式必须正确。

⑩ 卸荷溢流阀的回油口应直接接油箱，以减少背压。

⑪ 溢流阀出现调压失灵或噪声较大等故障时，可参考表 5-1 介绍的方法进行诊断排除，拆洗过的溢流阀组成零件应正确安装，并注意防止二次污染。

5.2.6　故障诊断

溢流阀的常见故障及其诊断排除方法见表 5-1。

表 5-1　溢流阀的常见故障及其诊断排除方法

	故障现象	故障原因	诊断排除方法
普通溢流阀	1. 调紧调压机构,不能建立压力或压力不能达到额定值	①进出口装反 ②先导式溢流阀的导阀芯与阀座处密封不严,可能有异物(如棉丝)存在于导阀芯与阀座间 ③阻尼孔被堵塞 ④调压弹簧变形或折断 ⑤导阀芯过度磨损,内泄漏过大 ⑥遥控口未封堵 ⑦三节同心式溢流阀的主阀芯三部分圆柱不同心	①检查进出口方向并更正 ②拆检并清洗导阀,同时检查油液污染情况,如污染严重,则应换油 ③拆洗,同时检查油液污染情况,如污染严重,则应换油 ④更换 ⑤研修或更换导阀芯 ⑥封堵遥控口 ⑦重新组装三节同心式溢流阀的主阀芯
	2. 调压过程中压力非连续上升,而是不均匀上升	调压弹簧弯曲或折断	拆检换新
	3. 调松调压机构,压力不下降甚至不断上升	①先导阀孔堵塞 ②主阀芯卡阻	①检查导阀孔是否堵塞。如正常,再检查主阀芯卡阻情况 ②拆检主阀芯,若发现阀孔与主阀芯有划伤,则用油石和金相砂纸先磨后抛;如检查正常,则应检查主阀芯的同心度,如同心度差,则应拆下重新安装,并在试验台上调试正常后再装上系统
	4. 噪声和振动	先导阀弹簧自振频率与调压过程中产生的压力-流量脉动合拍,产生共振	迅速拧调节螺杆,使之超过共振区,如无效或实际上不允许这样做(如压力值正在工作区,无法超过),则在先导阀高压油进口处增加阻尼,如在空腔内加一个松动的堵,缓冲先导阀的先导压力-流量脉动
电磁溢流阀	1. 电磁阀工作失灵	见第 4 章中电磁换向阀相关内容	见第 4 章电磁换向阀相关内容
	2. 溢流阀调压失灵	见本表普通溢流阀部分	见本表普通溢流阀部分
	3. 卸荷时噪声过大	①电磁溢流阀中缓冲阀失灵 ②溢流阀的溢流口背压过低	①检修或调整缓冲阀 ②在溢流口加装背压阀(调压值一般为 0.5MPa)
卸荷溢流阀	不能加载或卸荷	①因污染导阀或控制活塞卡阻 ②导阀芯过渡磨损 ③调压弹簧变形 ④单向阀芯与阀座密封不严	①拆检并清洗导阀,同时检查油液污染情况,如污染严重,则应换油 ②研修或更换导阀芯 ③换新 ④拆洗单向阀

5.3　减压阀

5.3.1　主要作用

减压阀的主要作用是减小液压系统中某一支路（例如液压系统的夹紧、控制润滑等回路）的压力，并使其保持恒定，这类减压阀称为定值减压阀。有的减压阀其一次压力（进口压力）与二次压力之差能保持恒定，可

与其他阀如节流阀组成调速阀等复合阀，实现节流阀口两端的压力补偿及输出流量的恒定，此类减压阀称为定差减压阀。还有的减压阀的二次压力与一次压力成固定比例，此类阀称为定比减压阀。

减压阀的基本工作原理是可变节流与压力或压差反馈。其中定值和定差减压阀通过压力或压差的反馈与输入量（弹簧预调力）的比较作用，自动调节减压阀口节流面积大小，使输出的二次压力或一、二次压差基本

保持恒定；定比减压阀的输入是一次压力，输入压力、输出压力在阀芯上的作用面积是固定的。通过输出压力的反馈与输入压力比较，自动调节阀口的节流面积，使输入、输出压力之比与作用面积比接近，基本保持恒定。

上述三类减压阀中应用最多的是定值减压阀。和溢流阀类似，按照结构和工作原理的不同，定值减压阀也可分为直动式减压阀与先导式减压阀两类，并可与单向阀组合构成单向减压阀。

5.3.2　工作原理

（1）直动式减压阀

直动式减压阀也是一个闭环自动控制元件，如图5-44所示，其输入弹簧预调力与输出二次压力的反馈相比较，自动调节减压阀口的节流面积，使二次压力基本恒定。

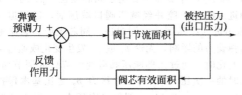

图 5-44　定值减压阀的自动控制原理

直动式减压阀的结构原理如图5-45（a）所示，阀上开有三个油口：一次压力油口（进油口，下同）p_1、二次压力油口（出油口，下同）p_2 和外泄油口 L。来自液压泵或高压油路的一次压力油从 p_1 腔，经阀芯（滑阀）3的下端圆柱台肩与阀孔间形成常开阀口（开度 x），从二次油腔 p_2 流向低压支路，同时通过流道 a 反馈在阀芯（滑阀）3底部面积上产生一个向上的液压作用力，该力与调压弹簧的预调力相比较。当二次压力未达到阀的设定压力时，阀芯3处于最下端，阀口全开；当二次压力达到阀的设定压力时，阀芯3上移，开度 x 减小实现减压，以维持二次压力恒定，不随一次压

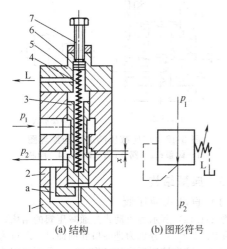

图 5-45　直动式减压阀的结构原理
1—下盖；2—阀体；3—阀芯；4—调压弹簧；
5—上盖；6—弹簧座；7—调节螺钉

力变化而变化。由于二次油腔不接回油箱，所以泄漏油口 L 必须单独接回油箱。

（2）先导式减压阀

图5-46（a）所示为先导式减压阀的结构原理图，它由先导阀（导阀芯7和调压弹簧8）和主阀（主阀芯2和复位弹簧4）两大部分构成。阀体1上开有两个主油口（入口 p_1 和出口 p_2）和一个远程控制口 K（也称遥控口）、一个外泄油孔，主阀内设有阻尼3，主阀与先导阀之间设有阻尼孔5。

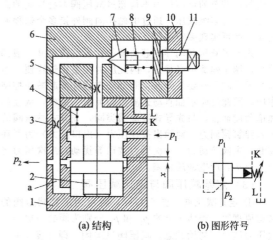

图 5-46　先导式减压阀的结构原理
1—主阀体；2—主阀芯（滑阀）；3、5—阻尼孔；4—复位弹簧；6—阀盖；7—导阀芯（锥阀）；8—调压弹簧；9—弹簧座；10—阀盖；11—调压螺钉

先导式减压阀的主阀口常开，开度 x 大小受控于先导阀。通过先导阀阀口可变液阻（输出液阻）和连接主阀芯上腔及进口腔之间的固定液阻3（输入液阻）组成的液压半桥（此处为 B 型半桥，液桥的概念请参见本书2.3.2节）作用，控制主阀节流口的通流面积大小，从而控制二次压力，使之基本恒定。具体过程如下。

压力油从 p_1 口进入，通过主阀口后经流道 a 进入主阀芯下腔，再经阻尼孔3进入主阀芯上腔，同时作用在导阀芯7上。主阀芯上、下压力差与主阀弹簧力平衡，调节调压弹簧8便改变了主阀上腔压力，从而调节了二次压力。当二次压力未达到调压弹簧8的设定压力时，主阀芯2处在最下方，主阀口全开，即开度 x 最大，整个阀不工作，二次压力几乎与一次压力相等；当二次压力升高到作用在导阀上的液压力大于导阀调压弹簧8的预调力时，导阀打开，压力油就可通过阻尼孔3、经导阀和油孔 L 流回油箱。由于阻尼孔3的作用，主阀芯上端的液体压力小于下端。当这个压力差作用在主阀芯上的力超过主阀弹簧力、摩擦力和主阀芯自重时，主阀芯2上移，开度 x 减小，以维持二次压力基本恒定。此时，整个阀处于工作状态，如果出口压力减小，则主阀芯2下移，主阀口开度 x 增大，主阀口阻力减小，亦即压降减小，使二次压力回升到设定值上；反之，则主阀芯上移，主阀口开度 x 减小，主阀口阻力增

大，亦即压降增大，使二次压力下降到设定值上；用调压螺钉调节导阀弹簧的预紧力，就可调节减压阀的输出压力。阻尼孔 5 起动态液压阻尼作用，以消除主阀芯的振动，提高其动作平稳性。

先导式减压阀中的远程控制口 K 有两个作用。①远程调压：通过油管接到另一个远程调压阀去（远程调压阀的结构和减压阀的先导控制部分一样），调节远程调压阀的弹簧力，即可调节减压阀主阀芯上端的液压力，从而对减压阀的二次压力实行远程调压。但是，远程调压阀所能调节的最高压力不得超过减压阀本身导阀的调整压力。②多级减压：通过电磁换向阀外接多个远程调压阀，便可实现多级减压。

先导式减压阀的导阀芯前端的孔道结构尺寸一般都较小，调压弹簧不必很强，因此压力调整比较轻便。但是先导式减压阀要导阀和主阀都动作后才能起减压控制作用，因此反应不如直动式溢流阀灵敏。另外，从控制理论角度而言，与先导式溢流阀类同，先导式减压阀的输入弹簧预调力，对输出被控压力（出口压力）为开环控制，主阀液动力、一次压力波动等扰动对二次压力将产生影响，产生调压偏差。

（3）定差减压阀与定比减压阀

① 定差减压阀。图 5-47(a) 所示为定差减压阀的结构原理图。阀体 1 上的 p_1 和 p_2 分别为阀的一次和二次压力油口。初始状态，减压阀口关闭，即开度 $x=0$，阀芯 2 不工作。当一次压力油进入阀腔在阀芯环形面积 $A=A_1-A_2$ 上产生一个液压作用力大于调压弹簧预调压力时，减压阀口打开，二次压力油便经阀口和 p_2 进入减压回路，同时二次压力油经阀芯中间的阻尼孔进入阀上腔，并作用于阀芯的环形面积 $A=A_1-A_2$ 上，如忽略液动力、阀芯自重和摩擦力，则定差减压阀在稳定工作时的上下腔液压作用力之差和调压弹簧预调力相平衡，由于上下腔作用面积相等，因此一次压力 p_1 与二次压力 p_2 之差与弹簧预调压力相等，即 $\Delta p=p_1-p_2=K(x+x_0)$。或者说 Δp 由调压弹簧力和阀芯有效承压面积确定。在弹簧刚度和阀的结构尺寸一定的情况下，弹簧预压缩量越大，调压弹簧力越大，定差减

压阀的压力差 Δp 也就越大；反之，压力差越小。改变弹簧预调力就可以改变一次压力 p_1 与二次压力 p_2 之差。而阀在工作时，由于阀口开度的变化较小，所以其变化对调压弹簧力的影响也就很小，因此调压弹簧在预压缩量一定时，一次压力 p_1 与二次压力 p_2 之差 Δp 就近似地是一个定值。例如如果二次压力 p_2 增大使压差 Δp 减小，则阀口开度 x 减小，阀口阻力增大，使 p_2 下降，从而使压差 Δp 回升到设定值上；反之，如果二次压力 p_2 减小使压差 Δp 增大，则阀口开度 x 增大，阀口阻力减小，使 p_2 增大，从而使压差 Δp 下降到设定值上。

② 定比减压阀。此类阀的作用类似于电力变压器，它能使阀的二次压力与一次压力成固定比例。其结构原理图如图 5-48(a) 所示。阀体 2 上的 p_1 和 p_2 分别为一次压力和二次压力油口，它们对阀芯 4 的作用面积分别为 A_1 和 A_2，弹簧 3 主要用于阀芯复位。p_1 的一次压力油进入阀芯下腔并经减压阀口减压后，经流道 a 从 p_2 流出进入减压回路，同时进入阀芯上腔。忽略液动力与弹簧力的影响，无论 p_1 或 p_2 发生变化或通过流量发生变化时，通过比例减压阀可变节流口的调节作用，稳态时的一次压力 p_1 与二次压力 p_2 之比基本保持不变，即 $p_1/p_2=A_2/A_1$。例如二次压力 p_2 增大使减压比 p_1/p_2 减小时，则阀芯下移，节流口开度 x 减小，阻力增大，使 p_2 减小，从而使减压比 p_1/p_2 回升到原来的数值附近。反之也是一样。通过选择不同的面积 A_1 和 A_2 可得到要求的减压比。总之，定比减压阀与液压增压器的结构类同，但作用和工作过程相反，液压增压器是将一次低压输入转换为二次高压输出，增压比取决于大腔与小腔的面积比；定比减压阀则是将一次高压输入转换为二次低压输出，减压比取决于小腔与大腔的面积比。

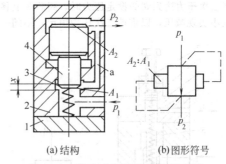

图 5-48　定比减压阀的结构原理图
1—阀盖；2—阀体；3—弹簧；4—阀芯

5.3.3　典型结构

（1）直动式减压阀

图 5-49(a) 所示为直动式三通减压阀的结构，阀体 3 上的 P、T（Y）分别为进油口和回油口；A 口为与负载腔相通、输出控制压力的工作油口。滑阀式阀芯 4 中部两凸缘构成 P-A 和 A-T 之间两可变节流口。A 口压力油经流道 7 在阀芯 4 右端面上的液压作用力与输入弹

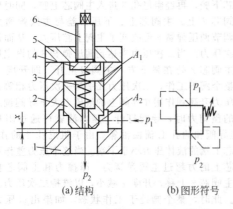

图 5-47　定差减压阀的结构原理图
1—阀体；2—阀芯；3—调压弹簧；4—弹簧座；
5—阀盖；6—调压螺钉

簧力相比较，形成反馈闭环，当 A 口压力超过调压弹簧 2 的设定值时，阀芯左移，通过 P-A 间的可变节流口作用，使 A 口输出压力保持不变。弹簧腔内的泄漏油经油口 T（Y）从外部泄回油箱。单向阀 5 为可选件，用于实现油液油口 A 到油口 P 之间的反向流动。油口 A 如流入反向冲击流量，则作用在阀芯 4 右端面的冲击压力将使 A-T（Y）间的节流口开大，排出冲击流量，可缓解冲击压力。二次压力（A 口压力）可通过在接口 6 处外接一个压力表进行观测。

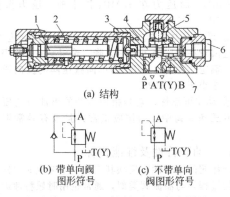

(a) 结构

(b) 带单向阀　　　(c) 不带单向
图形符号　　　　　阀图形符号

图 5-49　直动式三通减压阀
1—压力设定件；2—调压弹簧；3—阀体；4—阀芯；
5—单向阀；6—压力表接口；7—流道

这种三通减压阀为板式连接，具有结构紧凑、体积小、重量轻、使用方便、安全可靠的优点。力士乐（REXROTH）系列的 DR6DP 型直动式减压阀［通径 5mm（流量达 15L/min）、压力达 31.5MPa］即为此种结构，其外形见图 5-50。

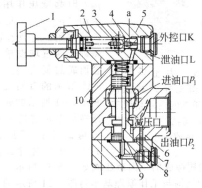

图 5-50　三通直动式减压阀实物外形（力士乐系列 DR6DP 型，北京华德液压）

（2）先导式减压阀

先导式减压阀的导阀通常为锥阀式结构；而主阀有全周开口节流口的滑阀结构和弓形节流口的插装式结构，两者的液阻半桥中的固定液阻（阻尼孔）的位置不同，前者固定液阻与主阀芯成一体，后者固定液阻则是独立的，结构与主阀芯无关。

图 5-51 所示为先导式减压阀（管式连接），阀体 6 上开有进油口 p_1 和出油口 p_2，阀盖 5 上开有遥控口 K 和外泄油口 L。主阀芯中部的阻尼孔 9 为液压半桥的输入液阻（固定液阻）。减压阀稳态工作时，二次压力油进入主阀芯底部，并经阻尼孔 9 进入主阀弹簧腔，并进入先导阀芯 3 前腔，导阀上的液压力与调压弹簧 2 的设定力相平衡并使导阀开启，主阀芯上移，实现减压和稳压。调节调压手轮 1 即可改变调压弹簧的设定力从而改变减压阀的二次压力设定值。导阀泄油通过外泄口 L 接回油箱；通过管路在遥控口 K 外接电磁换向阀和远程调压阀，可以实现多级减压。榆次中高压系列中的 JF 型先导式减压阀（压力达 32MPa）即为此

种结构，其外形与 YF 型先导式溢流阀基本相同［参见图 5-20(b)］。

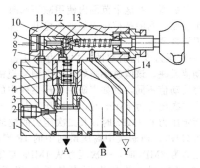

图 5-51　主阀为滑阀的先导式减压阀
1—调压手轮；2—调压弹簧；3—先导阀芯；4—先导阀座；5—阀盖；6—阀体；7—主阀芯；8—端盖；9—阻尼孔；10—复位弹簧

图 5-52 所示为主阀为插装结构的先导式减压阀（板式连接）。阀体上的 A、B、Y 分别为二次压力油口、一次压力油口和外泄油口。可动阀芯 4 相对于阀套 3 上下移动，串联的阻尼孔 2 和 7 组成的固定液阻与导阀 11 的可变液阻形成先导液压半桥。稳态工作时，二次压力油经阻尼孔 2、流道 6 进入导阀前腔，并经阻尼孔 9 进入主阀上腔，二次压力克服调压弹簧 12 的弹簧力将导阀开启，先导油液经流道 14 和油口 Y 排回油箱，主阀芯 4 上移开启，实现减压与稳压。阻尼孔 9 为动态液压阻尼，用以提高平稳性。通过调节调压机构，即可改变二次压力的设定值。遥控口用于外接远程调压阀实现多级减压。力士乐（REXROTH）系列的 DR10 型先导式减压阀［通径 10mm（流量达 80L/min、压力达 31.5MPa）］即为此种结构。对于这种先导式减压阀，制造厂通常备有可选的单向阀（通常装在阀体 A、B 孔之间的壁上），以满足液流从 A→B 的需要。另外，其调压机构除了图 5-52 所示的手柄形式外，还有带保护罩的内六角调节螺栓和带锁手柄两种形式。图 5-53 所示为 DR10 型先导式减压阀的实物外形。

图 5-52　主阀为插装结构的先导式减压阀
1—阀体；2、7、9—阻尼孔；3—阀套；4—主阀芯；5—复位弹簧；6、14—流道；8—遥控口；10—阀盖；11—导阀芯；12—调压弹簧；13—调压机构

图 5-53　力士乐系列 DR10 型先导式减压阀（带保护罩的内六角调节螺栓）实物外形（北京华德液压）

（3）单向减压阀

该阀在正向流动（$p_1 \rightarrow p_2$）时起减压作用，反向流动（$p_2 \rightarrow p_1$）时，起单向阀作用。它是在减压阀基础上通过增设单向阀组合而成的复合阀。例如图 5-49 所示的直动式减压阀和图 5-51 所示的先导式减压阀加上可选的单向阀即可构成单向减压阀。图 5-51 所示的先导式减压阀加上单向阀构成的单向减压阀如图 5-54 所示，其减压阀部分的结构与工作原理基本与图 5-51 所示的先导式减压阀相同。当压力油从出油口 p_2 反向流入进油口 p_1 时，单向阀开启，减压阀不起作用。国产 JDF 型单向减压阀（压力达 32MPa）即为此种结构。

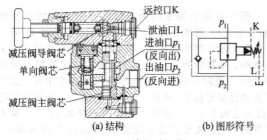

（a）结构　　　　（b）图形符号

图 5-54　单向减压阀

远控口K
泄油口L
进油口p_1（反向出）
出油口p_2（反向进）
减压阀导阀芯
单向阀芯
减压阀主阀芯

5.3.4　主要性能

与溢流阀一样，减压阀的性能也有静态（稳态）特性和动态特性两类。

（1）静态特性及性能指标

减压阀的静态（稳态）特性指稳态情况下，减压阀某些参数之间的关系。其静态性能指标包括调压范围、一次压力变化引起的二次压力变化量、通过流量（亦称负载流量）的变化引起的二次压力变化量、压力稳定性、反向压力损失、动作可靠性等。

① 调压范围。它是指减压阀的二次压力（出口压力）的可调数值。在这个范围内使用减压阀时，能保证阀的基本性能。阀的被控压力能够平稳升、降，无压力突跳或迟滞现象。

② 一次压力变化引起的二次压力变化量。它可用压力波动值反映，该值越小越好。不同型号规格的减压阀的压力波动值不同，例如广研中低压系列中的 J 型减压阀，当二次压力为 1MPa 时，一次压力从 1.5MPa 变化到其额定压力 6.3MPa 时，其二次压力的波动值不得超过 ±0.1MPa。而榆次中高压系列中的 JF 型减压阀，当二次压力为 2MPa 时，一次压力从 4MPa 变化到其额定压力 32MPa 时，其二次压力的波动值不得超过 ±0.8MPa。

③ 通过流量（亦称负载流量）的变化引起的二次压力变化量。它可用二次压力的不均匀度 δ ［式（5-1）

表示，δ 越小，减压阀的稳压特性越好。

$$\delta = (p_{20} - p_{2s})/p_{2s} \times 100\% \qquad (5\text{-}1)$$

式中，p_{20} 为减压阀通过流量为零时的二次压力；p_{2s} 为减压阀通过额定流量时的二次压力。

④ 压力稳定性。它是指减压阀二次压力的振摆。压力振摆越小，阀的稳压性能越好。不同型号规格的减压阀的压力波动值不同，例如广研中低压系列中的 J 型减压阀，其压力振摆为 0.1MPa。而榆次中高压系列中的 JF 型减压阀，当压力为 16MPa 以下时，压力振摆为 ±0.3MPa，而压力在 16MPa 以上时，压力振摆为 ±0.5MPa。

⑤ 反向压力损失。它是指单向减压阀反向进油时，阀通过流量在额定值下的压力降。希望反向压力损失小一些。额定压力为 32MPa 的单向减压阀的反向压力损失通常应小于 0.4MPa。

⑥ 动作可靠性。它是指减压阀的出油口的压力在反复升压和卸荷中，动作应正常并且没有异常声音和振动。

（2）动态特性及性能指标

减压阀的动态性能反映其工况发生突变时二次压力变化的过程，与溢流阀类似，通常也用时域特性进行评价。将减压阀或单向减压阀的出油口突然卸荷或突然升压，通过液压试验系统和压力传感器及相关二次电气仪表，即可得到升压与卸荷时的瞬态特性曲线（图 5-55）。整个动态响应过程是一个过渡过程。时域特性反映了减压阀或单向减压阀的快速性、稳定性和准确性等，具体指标及意义如下。

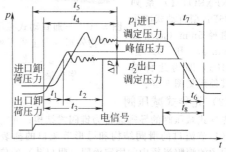

图 5-55　减压阀的动态特性曲线

Δp—出口压力超调量；t_1—出口压力升压时间；t_2—出口压力升压稳定时间；t_3—出口压力回升时间；t_4—升压过程时间；t_5—升压动作时间；t_6—出口压力卸荷时间；t_7—卸荷过程时间；t_8—卸荷动作时间

出口压力超调力 Δp 是指过渡过程中出口处峰值压力和调定压力之间的差值。出口压力升压时间 t_1 指出口压力由卸荷状态时的压力升至调定压力时所需的时间；出口压力升压稳定时间 t_2 指出口压力升到调定压力后至压力稳定时所需的时间；出口压力回升时间 t_3 是指出口压力由卸荷状态时的压力升至调定压力稳定时所需的时间；升压过程时间 t_4 是指出口压力由卸荷力状态升至进口压力达稳定时所需的时间；升压动作时间 t_5 是指发出电信号至进口压力升压到稳定时所需的时间；出口压力卸荷时间 t_6 指出口压力由调定压力状态卸荷至卸荷压力时所需的时间；卸荷过程时间 t_7 指进口压力由调定压力状态到出口压力至卸荷压力时所需的时间；卸荷动作时间 t_8 指发出电信号使出口压力到卸荷压力时所需的时间。

一个性能优良的减压阀的被控压力（出口压力）应具有较小的压力超调量，较少的压力振荡即达到稳态时较短的调整（稳定）时间。

5.3.5　使用要点

（1）应用场合

① 减压稳压。减压阀在液压系统中的主要用途是减压稳压。对于机床及某些试验设备，通常是在工件（试件）夹紧后才能进行切削加工或试验等后续工作，并且要求后续工作中，工件处于可靠的夹紧状态，直到加工或试验工作结束。为此，要在负责夹紧的液压缸油路上串接定值减压阀组成的减压回路，通过减压阀的减压稳压作用，保证夹紧力不受供油压力及其他因素的影响。例如图 5-56 所示为 MF-600WX 试验机（商检部门和海关口岸的一种自动化检测设备，主要功能是利用机构的往返摆动来模拟试件桶的运输状态，以检测其密封性能）带有减压回路的液压系统。其油源为定量液压泵 1，泵的压力由溢流阀 3 设定并由压力表及其开关 2 显示；液压泵可以通过二位三通电磁阀 4 控制实现卸荷。系统的两个执行元件为夹紧液压缸 8 和驱动试件摆动机构的主液压缸 18，缸 8 和 18 的运动方向分别由三位四通电磁阀 7 和 17 控制，两缸的回油路设有精过滤器 9 和 16；缸 8 的夹紧力所需的压力由减压阀 5 设定，单向阀 6 用于防止油液倒灌和短时保压；缸 18 采用节流阀 15 回油节流调速。导轨 14 的润滑油

由二位二通电磁阀 10 控制通断，由进油调速阀 12 控制油流大小，进回油路设有精过滤器 11 和 13，以保证导轨不被污染。由于设置了减压阀 5 和单向阀 6，故保证了主缸驱动试件摆动机构试验中试件的可靠夹紧。

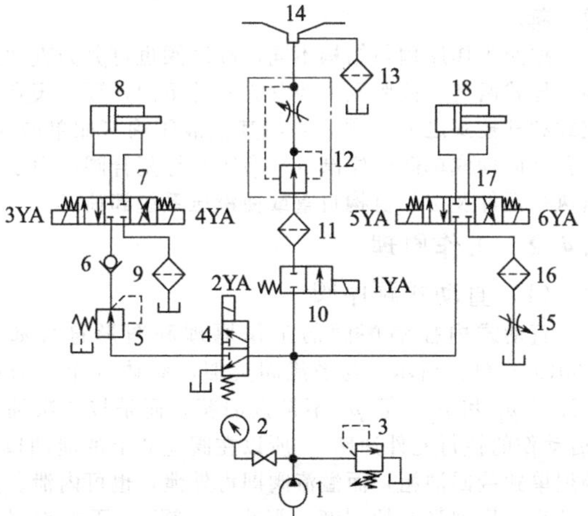

对于采用了液动或电液动换向阀的液压系统（图5-57），主油路和控制油路可以共用一个液压泵供油。主油路工作压力由溢流阀设定，通过在控制油路设置减压阀给液动或电液动换向阀 4 提供稳定可靠的控制压力。回路中的单向阀用于主油路中位卸荷时，保证减压阀有一定的进口压力。

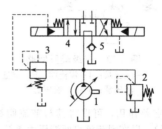

图 5-57　采用减压阀的电液动换向阀控制油路
1—变量液压泵；2—溢流阀；3—减压阀；
4—三位四通电液动换向阀；5—单向阀

② 多级减压。利用先导式减压阀的遥控口外接远程调压阀，可以组成二级、三级等减压回路。例如图5-58 所示为二级减压回路，液压泵 6 的最大压力由溢流阀 5 设定。远程调压阀 2 是否起作用由二位二通换向阀 3 控制，使回路获得二级压力，但调压时必须使阀 2 与先导式减压阀 1 的调整压力满足 $p_2 < p_1$。固定节流器 4 用于避免压力变换时出现压力冲击。

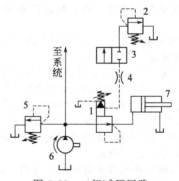

图 5-58　二级减压回路
1—先导式减压阀；2—远程调压阀；3—二位二通换向阀；
4—固定节流器；5—溢流阀；6—定量液压泵；7—液压缸

通过在液压源处并接几个减压阀也可实现多级减压。例如图 5-59 所示的三级减压回路，液压泵 5 最高工作压力由溢流阀 4 设定，液压源处并接三个调压值互不相等的减压阀 1~3，得到了几条独立的减压回路。

③ 直动式减压阀可作为缓冲阀使用，以减小液压冲击。

④ 与节流阀等组成复合阀。利用定差减压阀对进

图 5-56　带有减压回路的试验机液压系统原理图
1—定量液压泵；2—压力表及其开关；3—溢流阀；4—二位三通电磁换向阀；5—减压阀；6—单向阀；7、17—三位四通电磁换向阀；8—夹紧液压缸；9、11、13、16—精过滤器；10—二位二通电磁换向阀；12—调速阀；14—导轨；15—节流阀；18—主液压缸

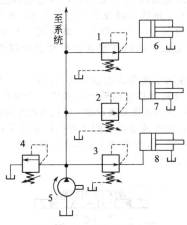

图 5-59   三级减压回路
1～3—减压阀；4—溢流阀；5—定量
液压泵；6～8—液压缸

出口压力的定差作用，可以将其与节流阀组成调速阀（参见第 6 章），以实现节流口两端压力差补偿和输出流量的恒定。

（2）注意事项

① 应根据液压系统的工况特点和具体要求选择减压阀的类型，并注意减压阀的启闭特性的变化趋势与溢流阀相反（即通过减压阀的流量增大时二次压力有所减小）。另外应注意减压阀的泄油量较其他控制阀多，始终有油液从导阀流出（有时多达 1L/min 以上），从而影响到液压泵容量的选择。

② 正确使用减压阀的连接方式，正确选用连接件（安装底板或管接头），并注意连接处的密封；阀的各个油口应正确接入系统，外部卸油口必须直接接回油箱。

③ 根据系统的工作压力和流量合理选定减压阀的额定压力和流量（通径）规格。

④ 应根据减压阀在系统中的用途和作用确定和调节二次压力，必须注意减压阀设定压力与执行元件负载压力的关系。主减压阀的二次压力设定值应高于远程调压阀的设定压力。二次压力的调节范围决定于所用的调压弹簧和阀的通过流量。最低调节压力应保证一次与二次压力之差为 0.3～1MPa。

⑤ 调压时应注意以正确旋转方向调节调压机构，调压结束时应将锁紧螺母固定。

⑥ 如果需通过先导式减压阀的遥控口对系统进行多级减压控制，则应将遥控口的螺堵拧下，接入控制油路；否则应将遥控口严密封堵。

⑦ 卸荷溢流阀的回油口应直接接油箱，以减少背压。

⑧ 减压阀出现减压失常或噪声振动较大等故障时，可参考表 5-2 介绍的方法进行诊断排除，拆洗过的减压阀组成零件应正确安装，并注意防止二次污染。

5.3.6   故障诊断

减压阀的常见故障及其诊断排除方法见表 5-2。

表 5-2   减压阀的常见故障及其诊断排除方法

故障现象	故障原因分析	诊断排除方法
1. 不能减压或无二次压力	①泄油口不通或泄油通道堵塞，使主阀芯卡阻在原始位置，不能关闭	①检查拆洗泄油管路、泄油口，使其通畅；若油液污染，则应换油
	②无油源	②检查油路排除故障
	③主阀弹簧折断或弯曲变形	③更换弹簧
2. 二次压力不能继续升高或压力不稳定	①先导阀密封不严	①修理或更换先导阀或阀座
	②主阀芯卡阻在某一位置，负载有机械干扰	②同本表 1.①，检查排除执行元件机械干扰
	③单向减压阀中的单向阀泄漏过大	③拆检、更换单向阀零件
3. 调压过程中压力非连续升降，而是不均匀下降	调压弹簧弯曲或折断	拆检换新
4. 噪声和振动	同溢流阀（见表 5-1）	同溢流阀（见表 5-1）

5.4   顺序阀

5.4.1   主要作用

顺序阀在液压系统中的主要作用是控制多个执行元件之间的顺序动作。通常顺序阀可视为二位二通液动换向阀，其启、闭压力可用调压弹簧设定，当控制压力（阀的进口压力或液压系统某处的压力）达到或低于设定值时，阀可以自动启、闭，实现进、出口间的通、断。

按照工作原理与结构不同，顺序阀也可分为直动式和先导式两类；按照压力控制方式的不同，顺序阀有内控式和外控式之分。顺序阀与其他液压阀（如单向阀）组合可以构成单向顺序阀（平衡阀）等复合阀，用于平衡执行元件及工作机构自重或使液压系统卸荷等。

5.4.2   工作原理

（1）直动式顺序阀

直动式内控顺序阀的工作原理和图形符号如图 5-60(a)、(b) 所示。与溢流阀类似，阀体 3 上开有两个油口 p_1 和 p_2，但 p_2 不是接油箱，而是接二次油路（后动作的执行元件油路），所以在阀盖 6 上的泄油口 L 必须单独接回油箱，而溢流阀即可外泄，也可内泄。为了减小调压弹簧 5 的刚度，阀芯（滑阀）4 下方设置了控制柱塞 2。

系统工作时，油源压力 p_1 克服负载使液压缸 I 动作。如果缸 I 的负载较小，p_1 腔的压力小于阀的调定压力，则阀芯 4 处于下方，阀口关闭。液压缸 I 的活塞左行到达其极限位置时，系统压力（即一次压力）p_1 升高。当经内部流道 a 进入柱塞 2 下端面上油液的液压力超过弹簧预调力时，阀芯 4 便上移，使一次压力油腔

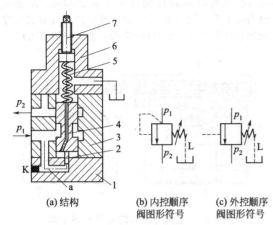

(a) 结构　　(b) 内控顺序　　(c) 外控顺序
阀图形符号　　阀图形符号

图 5-60　直动式顺序阀的工作原理与图形符号
1—端盖；2—柱塞；3—阀体；4—阀芯（滑阀）；5—调
压弹簧；6—阀盖；7—调压螺钉；Ⅰ、Ⅱ—液压缸

p_1 与二次压力油腔 p_2 接通。油源压力油经顺序阀口后克服液压缸Ⅱ的负载使其活塞向上运动。从而利用顺序阀实现了 p_1 口压力驱动液压缸Ⅰ和由 p_2 口压力驱动缸Ⅱ的顺序动作。顺序阀在阀开启后应尽可能减小阀口压力损失，力求使出口压力接近进口压力。这样，当驱动液压缸Ⅱ所需 p_2 腔的压力大于阀的调定压力时，系统的压力略大于驱动液压缸Ⅱ的负载压力，因而压力损失较小。如果驱动液压缸Ⅱ所需 p_2 腔的压力小于阀的调定压力，则阀口开度较小，在阀口处造成一定的压差以保证阀的进口压力不小于调定压力，使阀打开，p_1 口与 p_2 口在一定的阻力下连通。综上可知，内控式顺序阀开启与否，取决于其进口压力，只有在进口压力达到弹簧设定压力时阀才开启。内控式顺序阀的进口压力可通过改变调压弹簧的预调力实现，更换调压弹簧即可得到不同的调压范围。

如果将端盖 1 转过 90°或 180°，并打开外控口螺堵 K，则上述内控式顺序阀就可变为外控式顺序阀，其图形符号如图 5-60(c) 所示。外控式顺序阀是用液压系统其他部位的压力控制其启、闭，阀启、闭与否和一次压力油的压力无关，仅取决于外部控制压力的大小。因弹簧只需克服阀芯摩擦副的摩擦力使阀芯复位，所以外控油压可以较低。

直动式顺序阀具有结构简单、动作灵敏的优点，但是由于弹簧设计的限制，尽管采用小直径控制活塞结构，弹簧刚度仍较大，故调压偏差大限制了压力的提高，所以一般调压范围低于 8MPa，而压力较高时应采用先导式顺序阀。

（2）先导式顺序阀

与先导式溢流阀相仿，先导式顺序阀也是由主阀和先导阀两部分组成，只要将直动式顺序阀的阀盖和调压弹簧去除，换上先导阀和主阀芯复位弹簧，即可组成先导式顺序阀。一般情况下，相同规格的先导式顺序阀与先导式减压阀的先导阀通用，用来调节阀的顺序动作压力。而先导式顺序阀的工作原理与先导式溢流阀的工作

原理基本相同，只是顺序阀的出口接负载，而溢流阀的出口口要接油箱。图 5-61 是先导式顺序阀的图形符号。

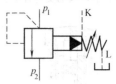

图 5-61　先导式顺序阀的图形符号

与直动式顺序阀相比，先导式顺序阀由于主阀弹簧刚度大为减小，故可省去直动式顺序阀中的控制活塞，主阀芯面积可增大，所以启闭特性显著改善，提高了工作压力。

应当指出，顺序阀除了泄油为外泄和出油口接负载这两点与溢流阀不同外，工作压力也有不同：溢流阀的工作压力是调定不变的，而顺序阀在开启后系统工作压力还会随其出口负载进一步升高。对先导式顺序阀，这将使先导阀的通过流量随之增大，引起功率损失和油液发热，这是先导式顺序阀的一个缺点。先导式阀不宜用于流量较小的系统，因为在负载压力很大时，先导阀流量也较大。这将降低系统的负载刚度，甚至导致执行元件出现爬行现象。

5.4.3　典型结构

（1）直动式顺序阀

图 5-62 所示为直动式顺序阀（内控外泄）的结构（管式连接）。若将底盖 7 旋转 180°并拧开外控口 K 的螺堵即为外控外泄直动式顺序阀。滑阀式阀芯 5 中空以使阀芯下端容腔泄漏油经弹簧腔外泄回油箱。采用小直径控制活塞 6 检测进油口压力，有助于减小调压偏差并易于弹簧及其容腔的结构设计。然而，也有用整个阀芯端面来检测压力的顺序阀，例如图 5-63 所示的广研中低压系列中的 X-B 型顺序阀（额定压力 2.5MPa）就不带控制活塞，进口压力油经阀芯 4 的中间阻尼孔 6 直接进入阀芯下端面，与调压弹簧 3 的预调力相比较决定阀开启与否。

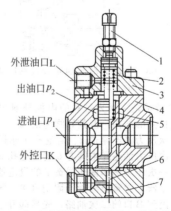

图 5-62　直动式顺序阀的结构（带控制活塞）
1—调节螺钉；2—调压弹簧；3—阀盖；4—阀体；5—阀芯；6—控制活塞；7—底盖

国产 XF 型顺序阀（额定压力 32MPa，最高顺序压力 8MPa）即为图 5-62 所示的结构，美国威格士的 R 型顺序阀的结构也与此相近。图 5-64 所示为两种国产直

动式顺序阀的实物外形。

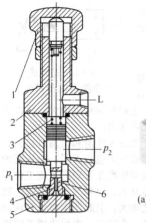

图 5-63　直动式顺序阀
的结构（不带控制活塞）

1—调节螺母；2—阀盖；
3—调压弹簧；4—阀芯；
5—阀体；6—阻尼孔

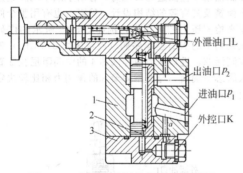

(a) 榆次中高压　(b) 广研中低压
系列XF型　　系列X-B型

图 5-64　直动式顺序阀
的实物外形

（2）先导式顺序阀

图 5-65 所示是主阀为滑阀的先导式顺序阀（板式连接）的结构，其导阀为锥阀。图示为内控外泄，改变底盖 3 的安装方位并取下外控口 K 螺堵，即变为外控内泄。阀的工作原理与先导式溢流阀相仿。

图 5-65　主阀为滑阀的先导式顺序阀

1—阀体；2—阻尼孔；3—底盖

图 5-66 所示是主阀为锥阀的内控外泄先导式顺序阀（板式连接）的结构，但其导阀为滑阀。工作时，从 A 口来的一次压力油经流道 2、阻尼孔 1 作用在先导阀芯 3 上，一次压力油还经主阀芯 6 的阻尼孔 5 进入主阀弹簧腔。当一次压力达到调压弹簧 7 的设定值时，先导阀芯右移，主阀芯弹簧腔油液经阻尼孔 8、导阀控制台肩和流道 9 流到 B 口的二次油路，先导阀开启后，主阀便开启，于是压力油从 A 口流至 B 口。导阀的泄漏油则经 10 或 11 接回油箱。实现顺序动作后，二次压力将继续升高，直至达到液压系统中溢流阀的设定压力。此时，先导阀一直保持开启状态，所以其泄漏量较大，不宜用于小流量液压系统。图中的单向阀 12 为可选元件，用以构成先导式单向顺序阀。力士乐（REXROTH）系

列的 DZ 型先导式顺序阀（压力达 21MPa，流量至450L/min）即为图 5-66 的结构。图 5-67 为先导式顺序阀的实物外形（力士乐系列 DZ 型，北京华德液压）。

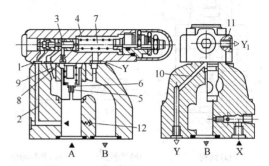

图 5-66　主阀为锥阀的先导式顺序阀

1、5、8—阻尼孔；2—控制流道；3—先导阀芯（滑阀）；
4—阀盖；6—主阀芯（锥阀）；7—调压弹簧；9—控制
回油流道；10、11—泄漏油口；12—单向阀

图 5-67　先导式顺序阀的实物外形
（力士乐系列 DZ 型，北京华德液压）

（3）单向顺序阀

单向顺序阀在液压系统中多用于平衡立置液压缸及其拖动的工作机构的自重，以防其自行下落，因此又将单向顺序阀称为平衡阀。单向顺序阀由顺序阀和单向阀组合而成的复合阀，按照其中顺序阀的结构不同，单向顺序阀也有直动式和先导式之分。

图 5-68 所示为直动式单向顺序阀（管式连接）的结构，它由直动式顺序阀和单向阀两部分构成。其顺序

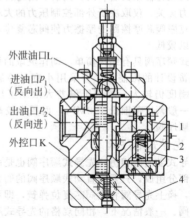

图 5-68　直动式单向顺序阀（管式连接）

1—单向阀座；2—单向阀弹簧；3—单向阀芯；4—底盖

阀部分的结构与工作原理和图 5-62 所示的顺序阀相仿，也为内控方式。通过改变底盖的安装方向，也可变为外控方式。单向阀的阀芯为锥阀结构。当压力油从进口 p_1 流入，从出口 p_2 流出时，单向阀关闭，顺序阀工作。反之，当压力油从 p_2 流入，从 p_1 流出时，单向阀开启，顺序阀关闭，油液流经单向阀的压力损失很小。国产 XDF 型单向顺序阀即为此种结构，威格士 RF 型单向顺序阀的结构也与此相近。

图 5-69 所示为板式连接的直动式单向顺序阀结构，单向阀 4 为可选元件。不装单向阀时，即作顺序阀使用，以设定压力向二次油路供油。顺序阀的压力由件 1 设定，弹簧 2 使顺序阀阀芯（滑阀）3 保持初始关闭位置，油口 P 中压力通过控制流道 5 作用在阀芯的右端面上，当油口 P 中压力达到设定值时，阀芯克服弹簧力左移，使油口 P 与油口 A 连通。此时，油液进入与油口 A 连通的油路，但油口 P 中的压力不降。控制油也可以经油口 B（X）从外部引入。装上单向阀 4 时，即可实现压力油液自 A 向 P 的流动。而阀上的顺序压力观测与控制可由压力表接口 6 实现。力士乐系列的 DZ * DP 型直动式顺序阀（压力达 21MPa，流量达 80L/min）即为图 5-69 的结构。

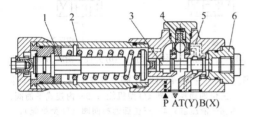

图 5-69 直动式单向顺序阀（板式连接）
1—设定件；2—调压弹簧；3—顺序阀芯（滑阀）；
4—单向阀芯；5—控制流道；6—压力表接口

对于先导式顺序阀，例如图 5-65 所示的顺序阀，通过增设可选单向阀，容易构成先导式单向顺序阀。故此处不再详述。

单向顺序阀的图形符号如图 5-70 所示，其实物外形与单向减压阀类同。

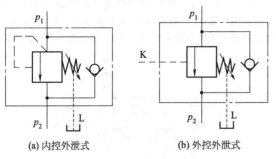

(a) 内控外泄式　　　(b) 外控外泄式
图 5-70 单向顺序阀的图形符号

5.4.4 主要性能

与溢流阀和减压阀一样，顺序阀的性能也有静态（稳态）特性和动态特性两类。

(1) 静态特性及性能指标

顺序阀的静态性能与溢流阀基本相同，但最重要的是启闭特性，为了保证较高调压精度，直动式顺序阀的开启压力比通常为 75%～80%，闭合压力比通常为 70%～75%；先导式顺序阀的开启压力比通常为 90%～95%，闭合压力比通常为 70%～75%；其次，为了保证液压系统顺序动作的准确性，阀在关闭时的内泄漏量要小；对于单向顺序阀，应具有较小的正、反向压力损失，通常正向压力损失应 <0.5MPa；反向压力损失应 <0.4MPa。

(2) 动态特性

顺序阀的动态性能反映其工况发生突变时一次压力与二次压力变化的过程，与溢流阀类似，通常也用时域特性进行评价。将顺序阀或单向顺序阀的进油口和出油口突然卸荷或突然升压，通过液压试验系统及压力传感器及相关二次电气仪表，即可得到图 5-71 所示的进油口和出油口在升压与卸荷时的瞬态特性曲线。整个动态响应过程是一个过渡过程。时域特性反映了顺序阀或单向顺序阀的快速性、稳定性和准确性等，具体指标及意义如下。

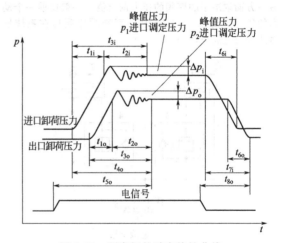

图 5-71 顺序阀的动态特性曲线
Δp_i—进口压力超调量；Δp_o—出口压力超调量；t_{1i}—进口压力升压时间；t_{1o}—出口压力升压时间；t_{2i}—进口压力升压稳定时间；t_{2o}—出口压力升压稳定时间；t_{3i}—进口压力回升时间；t_{3o}—出口压力回升时间；t_{4o}—升压过程时间；t_{5o}—升压动作时间；t_{6i}—进口压力卸荷时间；t_{6o}—出口压力卸荷时间；t_{7i}—卸荷过程时间；t_{8o}—卸荷动作时间

Δp_i 和 Δp_o 分别指过渡过程中进口和出口峰值压力和调定压力之间的差值。t_{1i} 和 t_{1o} 分别指进口和出口压力由卸荷状态时的压力升至调定压力时所需的时间；t_{2i} 和 t_{2o} 分别指进口和出口压力升到调定压力后至压力稳定时所需的时间；t_{3i} 和 t_{3o} 分别指进口和出口压力自卸荷状态时的压力升至调定压力稳定时所需的时间；t_{4o} 指进口压力由卸荷状态到使出口压力升压至压力稳定时所需的时间；t_{5o} 指发出电信号使出口压力升至压力稳定时所需的时间；t_{6i} 和 t_{6o} 分别指进口和出口压力由调定压力状态卸荷至卸荷压力时所需的时间；t_{7i}指进口压力由调定压力状态到出口压力卸荷至卸荷压力所需的时间。t_8指发出电信号使出口压力卸荷至卸荷压力时所需的时间。

与溢流阀和减压阀类同，一个性能优良的顺序阀的压力应具有较小的压力超调量，较少的压力振荡即达到稳态时较短的调整（稳定）时间。

5.4.5　使用要点

（1）应用场合

① 多执行元件顺序动作控制。顺序阀在液压系统中的主要用途是控制多执行元件间的顺序动作。图 5-72 所示为用两个内控式单向顺序阀的双缸顺序动作回路。当换向阀 5 切换至左位且单向顺序阀 4 的调定压力大于液压缸 1 的最大前进工作压力时，液压源的压力油先进入液压缸 1 的无杆腔，实现动作①；当缸 1 行至终点后，压力上升，压力油打开顺序阀 4 进入缸 2 的无杆腔，实现动作②；同样，当换向阀切换至右位且单向顺序阀 3 的调定压力大于液压缸 2 的最大返回工作压力时，两液压缸按③和④的顺序返回。这种回路能否严格按规定的顺序动作，一方面取决于顺序阀的性能优劣，另一方面取决于顺序阀的压力调定值，一般比前一个动作的压力高出 $0.8 \sim 1.0$MPa，否则顺序阀易在系统压力波动时造成误动作。

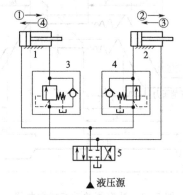

图 5-72　用顺序阀的压力控制顺序动作回路
1、2—液压缸；3、4—单向顺序阀；
5—三位四通换向阀

② 系统保压。采用顺序阀的保压回路如图 5-73 所示。当立置液压缸 1 拖动重物 W 上升，系统压力超过顺序阀 3 的调定压力后，液压缸 2 才开始动作。这样液压缸 2 尚未加载时，不致因系统压力过低而使液压缸 1 的活塞在重物 W 作用下下落。

③ 立置液压缸的平衡。图 5-74(a) 为采用内控式单向顺序阀的平衡回路。适当调节顺序阀 2 的开启压力，可使立置液压缸拖动的重物 W 下降时液压缸 3 的有杆腔中产生的背压平衡活塞自重，防止重物超速下降发生事故和气穴现象。此平衡回路工作较平稳，但因缸 3 需克服内控顺序阀 2 的压力回油，故能量损失较大。

图 5-74(b) 为采用外控式单向顺序阀的平衡回路，

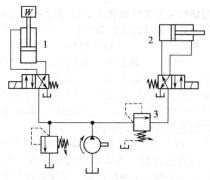

图 5-73　用顺序阀的保压回路
1—立置液压缸；2—水平液压缸；3—顺序阀

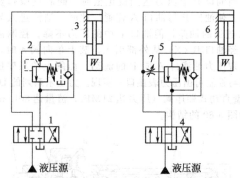

(a) 内控平衡阀的平衡回路　(b) 外控平衡阀的平衡回路

图 5-74　采用单向顺序阀（平衡阀）的平衡回路
1—三位四通换向阀（O 型机能）；2—内控式平衡阀；
3、6—液压缸；4—三位四通换向阀（H 型机能）；
5—外控式平衡阀；7—节流阀

外控顺序阀 5 的启、闭取决于控制油口油压的高低，与顺序阀的进口压力无关。液压缸 6 下行时，顺序阀被无杆腔压力（即顺序阀控制压力）打开，背压消失，故能量损失较小。控制油路中设置的小规格节流阀或可变液阻 7，可防止因液压缸下行时控制压力变化导致顺序阀时开时断的振动现象而降低液压缸的运动平稳性。

④ 系统卸荷。将外控顺序阀并接至液压泵出口，可使系统中压力达到设定值时实现卸荷。例如图 5-75 所示回路，低压大流量泵 1 出口并接外控顺序阀 3。在

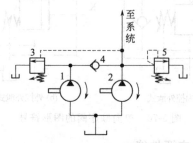

图 5-75　高低压双泵油源的卸荷回路
1—低压大流量泵；2—高压小流量泵；
3—液控顺序阀；4—单向阀；5—溢流阀

液压执行元件快速运动时，泵 1 输出的压力油经单向阀 4 与高压小流量泵 2 输出的压力油一并进入系统；在执行元件慢速行程中，系统的压力升高，当压力达到外控顺序阀 3 的调压值时，阀 3 打开使泵 1 卸荷，泵 2 单独向系统供油。系统的工作压力由溢流阀 5 调定，阀 5 的调定压力必须大于阀 3 的调定压力，否则泵 1 无法卸荷。这种双泵油源对于轻载时需要很大流量、而重载时却需高压小流量的场合特别合适，回路效率较高。

⑤ 作背压阀。与溢流阀相仿，将内控式顺序阀接至执行元件的回油口作背压阀，可提高执行元件运动平稳性。

（2）注意事项

顺序阀的使用注意事项可参照溢流阀的相关内容，同时还应注意以下几点。

① 顺序阀多为外泄方式，对此必须将泄油口接至油箱并注意泄油路背压不能过高，以免影响顺序阀正常工作。

② 应根据液压系统的具体要求选用顺序阀的控制方式，对于外控式顺序阀应提供适当的控制压力油，以使阀可靠启、闭。

③ 启闭特性太差的顺序阀，通过流量较大时会使一次压力过高，导致系统效率降低。

④ 所选用的顺序阀，开启压力不能过低，否则会因泄漏导致执行元件误动作。

⑤ 顺序阀的通过流量不宜小于额定流量过多，否则将产生振动或其他不稳定现象。

5.4.6 故障诊断

顺序阀的常见故障及其诊断排除方法见表 5-3。

表 5-3　顺序阀的常见故障及其诊断排除方法

故障现象	产生原因	诊断排除方法
1. 不能起顺序控制作用（子回路执行元件与主回路执行元件同时动作，非顺序动作）	①先导阀泄漏严重 ②主阀芯卡阻在开启状态不能关闭 ③调压弹簧损坏或漏装	①拆检、清洗与修理 ②拆检、清洗与修理，过滤或更换油液 ③更换调压弹簧或补装
2. 执行元件不动作	①先导阀不能打开、先导管路堵塞 ②主阀芯卡阻在关闭状态不能开启、复位弹簧卡死	①拆检、清洗与修理，过滤或更换油液 ②拆检、清洗与修理，过滤或更换油液，修复或更换复位弹簧
3. 作卸荷阀时液压泵一启动就卸荷	①先导阀泄漏严重 ②主阀芯卡阻在开启状态不能关闭	①同 1.① ②同 1.②
4. 作卸荷阀时不能卸荷	①先导阀不能打开、先导管路堵塞 ②主阀芯卡阻在关闭状态不能开启、复位弹簧卡死	同 2

5.5　溢流阀、减压阀、顺序阀的综合比较

溢流阀、减压阀和顺序阀均属压力控制阀，结构原理与适用场合既有相近之处，又有很多不同之处，其综合比较见表 5-4，具体使用中应该特别注意加以区别，以正确有效地发挥其在液压系统中的作用。

表 5-4　溢流阀、减压阀和顺序阀的综合比较

比较内容	溢流阀		减压阀		顺序阀	
	直动式	先导式	直动式	先导式	直动式	先导式
图形符号						
先导液压半桥形式		B		B		B
阀芯结构	滑阀、锥阀、球阀	滑阀、锥阀、球阀式导阀；滑阀、锥阀式主阀	滑阀、锥阀、球阀	滑阀、锥阀、球阀式导阀；滑阀、锥阀式主阀	滑阀、锥阀、球阀	滑阀、锥阀、球阀式导阀；滑阀、锥阀式主阀
阀口状态	常闭	主阀常闭	常开	主阀常开	主阀常闭	主阀常闭
控制压力来源	入口	入口	出口	出口	入口	入口
控制方式	通常为内控	既可内控又可外控	内控	既可内控又可外控	既可内控又可外控	既可内控又可外控
二次油路	接油箱	接油箱	接次级负载	接次级负载	通常接负载；作背压阀或卸荷阀时接油箱	通常接负载；作背压阀或卸荷阀时接油箱

续表

比较内容	溢流阀		减压阀		顺序阀	
	直动式	先导式	直动式	先导式	直动式	先导式
泄油方式	通常为内泄,可以外泄	通常为内泄,可以外泄	外泄	外泄	外泄	外泄
组成复合阀	可与电磁换向阀组成电磁溢流阀	可与电磁换向阀组成电磁溢流阀,或与单向阀组成卸荷溢流阀	可与单向阀组成单向减压阀	可与单向阀组成单向减压阀	可与单向阀组成单向顺序阀	可与单向阀组成单向顺序阀
适用场合	定压溢流、安全保护、系统卸荷、远程和多级调压、作背压阀		减压稳压	减压稳压、多级减压	顺序控制、系统保压、系统卸荷、作平衡阀、作背压阀	

5.6 压力继电器

5.6.1 主要作用

压力继电器又称压力开关,是利用液体压力与弹簧力的平衡关系来启、闭电气微动开关（简称微动开关）触点的液压-电气转换元件。在液压系统的压力上升或下降到由弹簧力预先调定的启、闭压力时,它使微动开关通、断,发出电信号,控制电气元件（如电动机、电磁铁、各类继电器等）动作,用以实现液压泵的加载或卸荷、执行元件的顺序动作或系统的安全保护和互锁等功能。

压力继电器主要由压力-位移转换机构和电气微动开关组成。前者通常包括感压元件、调压复位弹簧和限位机构等。有些压力继电器还带有传动杠杆。感压元件有柱塞端面、橡胶膜片、弹簧管和波纹管等结构形式。

按感压元件的不同,压力继电器可分为柱塞式、薄膜式、弹簧管式和波纹管式四种类型。其中柱塞式应用较为普遍,按其结构不同有单柱塞式、双柱塞式之分,而单柱塞式又有柱塞、差动柱塞和柱塞-杠杆三种形式。按照微动开关的结构不同,压力继电器有单触点和双触点之分。

5.6.2 典型结构及其工作原理

(1) 柱塞式压力继电器

柱塞式压力继电器如图 5-76 所示。其工作原理是:当从控制油口 P 进入柱塞 1 下端的油液的压力达到弹簧 5 预调力设定的开启压力时,作用在柱塞 1 上的液压力克服弹簧通过顶杆 2 使微动开关 4 切换,发出电信号。同样当液压力下降到闭合压力时,柱塞 1 在弹簧作用下复位,顶杆 2 则在微动开关 4 触点弹簧力作用下复位,微动开关也复位。调节螺钉 3 可调节弹簧预紧力,即压力继电器的启、闭压力。图中 L 为外泄油口。柱塞式压力继电器结构简单,但灵敏度和动作可靠性较低。国产 DP-320 型压力继电器（最大调定压力达 32MPa）和力士乐系列的 HED1 型压力继电器（最大调定压力 50MPa）均为图 5-76 所示的结构。

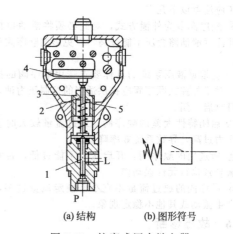

(a) 结构　　(b) 图形符号

图 5-76　柱塞式压力继电器

1—柱塞；2—顶杆；3—调节螺钉；4—微动开关；5—弹簧

(2) 薄膜式压力继电器

它又称膜片式压力继电器,如图 5-77 所示。当控制油口 P 中的液压力达到弹簧 10 的调定值时,液压通过薄膜 2 使柱塞 3 上移。柱塞 3 压缩弹簧 10 至弹簧座 9 达限位为止。同时,柱塞 3 锥面推动钢球 4 和 6 水平移动,钢球 4 使杠杆 1 绕销轴 12 转动,杠杆的另一端压下微动开关 14 的触点,发出电信号。调节螺钉 11 可调节弹簧 10 的预紧力,即可调节发信的液压力。当油口 P 压力降低到一定值时,弹簧 10 通过钢球 8 将柱塞 3 压下,钢球 6 靠弹簧 5 的力使柱塞定位,微动开关触点的弹簧力使杠杆 1 和钢球 4 复位,电路切换。当控制油使柱塞 3 上移时,除克服弹簧 10 的弹簧力外,还需克服摩擦阻力;当控制油压降低时,弹簧 10 使柱塞 3 下移,摩擦反向。所以当控制油压上升使压力继电器动作（此压力称开启压力或动作压力）之后,如控制压力稍有下降,压力继电器并不复位,而要在控制压力降低到闭合压力（或称复位压力）时才复位。调节螺钉 7 可调节柱塞 3 移动时的摩擦阻力,从而使压力继电器的启、闭压力差在一定范围内改变。

薄膜式压力继电器的位移小、反应快、重复精度高，但不宜高压化，且易受控制压力波动的影响。广研中低压系列中的 DP-63 型压力继电器（最大调定压力为 6.3MPa）即为此种结构。

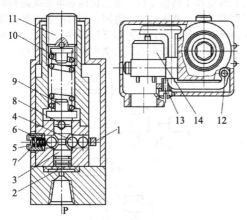

图 5-77　薄膜式（膜片式）压力继电器

1—杠杆；2—薄膜；3—柱塞；4、6、8—钢球；5—钢球弹簧；7—调节螺钉；9—弹簧座；10—调压弹簧；11—调节螺钉；12—销轴；13—连接螺钉；14—微动开关

（3）弹簧管式压力继电器

图 5-78 所示为弹簧管式（又称波登管式）压力继电器的结构。弹簧管 1 既是感压元件又是弹性元件。当从 P 口进入弹簧管 1 的油液压力升高、下降时，弹簧管伸展或复原，与其相连的压板 4 产生位移，从而启、闭微动开关 2 的触点 3 发信。

该压力继电器的特点是调压范围大，启、闭压差小，重复精度高。力士乐系列的 HED2 型压力继电器（调定压力达 40MPa）即为此种结构。

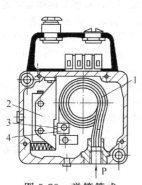
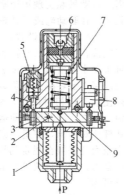

图 5-78　弹簧管式　　　图 5-79　波纹管式
　　压力继电器　　　　　　压力继电器

1—弹簧管；2—微动开关；　　1—波纹管组件；2—铰轴；
3—触点；4—压板　　　　　3—微调螺钉；4—区间滑柱；5—副弹簧；6—调压螺钉；7—调压弹簧；8—微动开关；9—杠杆

（4）波纹管式压力继电器

其结构如图 5-79 所示，作用在波纹管组件 1 下方

的油压使其变形通过芯杆推动绕铰轴 2 转动的杠杆 9。弹簧 7 的作用力与液压力相平衡，通过杠杆上的微调螺钉 3 控制微动开关 8 的触点，发出电信号。

由于杠杆有位移放大作用，芯杆的位移较小，故重复精度较高。但因波纹管侧向耐压性能差，波纹管式压力继电器不宜用于高压系统。DP-(10、25、40) 型压力继电器（调定压力分别达 10MPa、25MPa、40MPa）即为此种结构。

图 5-80 为几种压力继电器的实物外形。

(a) 力士乐系列的HED1　(b) 广研中低压系列　(c) 榆次油研ST
型(上海立新液压)　　DP-63型(乐清基恩)　型(双微动开关)

图 5-80　压力继电器实物外形

5.6.3　主要性能

压力继电器的主要性能包括调压范围、灵敏度和通断调节区间、重复精度和升、降动作时间等。

① 调压范围。它是指压力继电器能发出电信号的最低工作压力和最高工作压力的范围。

② 灵敏度和通断调节区间。压力升高时接通电信号的压力（开启压力）和压力下降时复位切断电信号的压力（闭合压力）之差称为压力继电器的灵敏度。为避免压力波动时压力继电器频繁通、断，要求启、闭压力间有一个可调的差值称为通断调节区间。

③ 重复精度。在一定的设定压力下，多次升压和降压过程中，开启压力和闭合压力的差值称为重复精度。

④ 升、降压动作时间。压力由卸荷压力升到设定压力，微动开关发出电信号的时间，称为升压动作时间；反之称为降压动作时间。

在上述性能中，最重要的是灵敏度和重复精度。一个性能优良的压力继电器，应具有较好的灵敏度和较高的重复精度。

5.6.4　使用要点

（1）应用场合

① 液压泵的卸荷与加载。图 5-81 所示为一个用压力继电器的液压泵卸荷加载回路。当主换向阀 5 切换至左位时，液压泵 1 的压力油经单向阀 2 和阀 5 进入液压缸 6 的无杆腔，液压缸向右运动并压紧工件。当进油压力升高至压力继电器 3 的设定值时，发出电信号使二位二通电磁阀 7 通电切换至上位，液压泵 1 即卸荷，单向阀 2 随即关闭，液压缸 6 由蓄能器 4 保压。当液压缸压力下降时，压力继电器复位使泵启动，重新加载。调节压力继电器的工作区间，即可调节液压缸中压力的最大

和最小值。

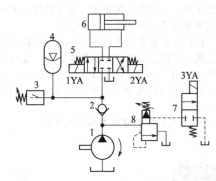

图 5-81　用压力继电器的卸荷与加载回路
1—定量液压泵；2—单向阀；3—压力继电器；4—蓄能
器；5—三位四通电磁换向阀；6—液压缸；7—二位
二通电磁换向阀；8—先导式溢流阀

② 顺序动作控制。图 5-82 为用压力继电器控制双油路顺序动作的回路。当支路工作中，压力达到设定值时，压力继电器 5 发信，操纵主油路电磁换向阀动作，主油路工作。当主油路压力低于支路压力时，单向阀 3 关闭，支路由蓄能器 4 补油并保压。

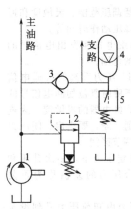

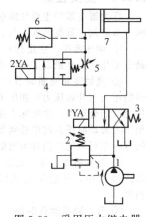

图 5-82　用压力继电器控
制顺序动作的回路

图 5-83　采用压力继电器
控制液压缸换向的回路

1—定量液压泵；2—先导式
溢流阀；3—单向阀；4—蓄
能器；5—压力继电器

1—定量液压泵；2—溢流阀；
3—二位四通电磁换向阀；4—二
位二通电磁换向阀；5—节流阀；
6—压力继电器；7—液压缸

③ 执行元件换向。图 5-83 为采用压力继电器控制液压缸换向的回路。节流阀 5 设置在进油路上，用于调节液压缸 7 的工作进给速度，二位二通电磁换向阀 4 提供液压缸退回通路。二位四通电磁换向阀 3 为回路的主换向阀。图示状态，压力油经阀 3、阀 5 进入液压缸 7 的无杆腔，当液压缸右行碰上死挡铁后，液压缸进油路压力升高，压力继电器 6 发信，使电磁铁 1YA 断电阀 3 切换至右位，电磁铁 2YA 通电阀 4 切换至左位，液压缸快速返回。

④ 限压和安全保护。压力继电器经常用于液压系统的限压与安全保护。例如图 5-84 示为用压力继电器

的限压和换向回路。当二位四通电磁换向阀 3 通电切换至右位时，液压缸无杆腔进油右行，当无杆腔压力超过顺序阀 6 的设定值时开启，由节流阀 5 引起的回油背压使压力继电器 4 动作发信，使二位四通电磁换向阀断电复至图示左位，液压缸向左退回。回路的特点是：压力继电器承受的是低压，只需用低压元件，设定压力只需调整顺序阀，而不必调整压力继电器，精确方便。

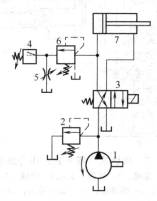

图 5-84　用压力继电器的限压和换向回路
1—定量液压泵；2—溢流阀；3—二位四通电磁换向阀；
4—压力继电器；5—节流阀；6—顺序阀；7—液压缸

⑤ 压力继电器的工程应用实例
a. 实例 1——客运索道液压张紧系统压力监控。图 5-85 所示为一种采用液压张紧装置的循环式客运索道结构示意图，两条闭合的运载索 2 套在索道两端的驱动轮 1 及回转轮 4 上，线路上设有支架，支架上装有托索轮或索轮，它随地形变化将运载索托起或压下，按一定间距将乘客吊厢用抱索器固定在运载索上，驱动运载索，带动吊厢实现运送乘客目的。为保证运载索的恒定张力，在驱动轮或回转轮上设有液压缸驱动的张紧装置 5。张紧装置通常设置在乘客迂回站，张紧液压缸和小车铰接在一起，活塞杆固定在混凝土立柱上。通过液压缸带动小车沿轨道往复移动，从而调节运载索的张力。当线路上游客减少即负载变小时，运载索张力变小，必须使活塞杆相对回缩，从而使运载索张力增大到规定值；反之，游客增加即运载索张力增大时，则必须使活塞杆相对伸出，使运载索张力下调到规定张力值。运载索张力应保持在规定的误差范围之内，以保证驱动力、制动力、合理折角等要求，从而保证乘客及索道设备安全可靠。

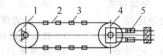

图 5-85　客运索道结构示意图
1—驱动轮；2—运载索；3—吊厢；
4—回转轮；5—液压张紧装置

图 5-86 所示为客运索道液压张紧系统的原理图。系统的执行元件为两个张紧液压缸 20。系统的油源为

定量齿轮泵 1,手动液压泵 8 为备用调整泵。溢流阀 2 用于设定运载索基准张力要求的工作压力。溢流阀 5 用于设定系统的最高压力（比阀 2 的设定值高约 15%），以防系统在未运行时过载。钢丝绳张紧所允许最大误差为工作压力的 ±10%,由两套精密压力继电器 14 来监控（一套的动作压力按误差 -5% 和 -10% 设定,另一套的动作压力按误差 +5% 和 +10% 设定）。当 ±10% 压力继电器动作时,索道将由电控减速停车,液压装置关闭。当压力超过设定工作压力 ±5% 的偏差时,±5% 压力继电器动作,电机通过活性联轴器驱动齿轮泵 1,可调时间继电器将启动液压系统运行一段时间,使压力调整到相对设定压力 ±5% 压力误差范围之内,以保证运载索的恒定张力。

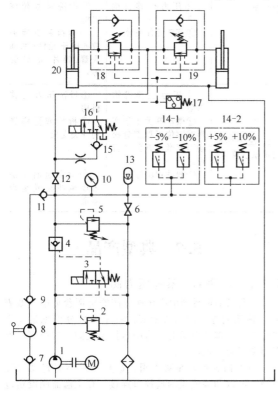

图 5-86 客运索道液压张紧系统原理图

1—定量齿轮泵;2,5—溢流阀;3,16—二位三通电磁换向阀;
4—液控单向阀;6,12—手动截止阀;7,9,11,15—单向阀;
8—手动液压泵;10—压力表;13—蓄能器;14—±5%、
±10% 压力继电器;17—压力继电器;
18,19—防爆阀;20—液压缸

由二位三通电磁换向阀 3 控制导通与否的液控单向阀 4,用于液压缸 20 有杆腔的放油卸压和进油,使系统压力在误差 ±5% 时调整到设定的工作压力。二位三通电磁换向阀 16 控制防爆阀 18 与 19 中的压力阀的启闭,与手动截止阀 6 配合,用于液压缸 20 有杆腔的放油卸压和锁紧后进油增压（手动泵 8 提供压力油并由压力继电器 17 监控）,使系统压力在误差 ±10% 时调整到设定的工作压力。蓄能器 13 用于系统工作期间的充液

和放液,以使液压泵 1 间歇供油。通过截止阀 6 排放液压缸 20 锁死时的有杆腔油液降低压力可以对误差 -5% 和 -10% 的压力继电器进行测试;通过手动液压泵 8 向液压缸 20 锁死时的有杆腔进油增压可以对误差 +5% 和 +10% 的压力继电器进行测试。

系统的具体工作原理如下。

由于线路负载的变化,系统压力超过设定工作压力 ±5% 误差时,压力继电器 14 的 ±5% 开关动作发信,启动齿轮泵 1 使其工作。同时,换向阀 3 通电切换至左位,导通液控单向阀 4,使压力油可在两个方向流动。如果压力过低超过 -5% 时,齿轮泵 1 的压力油经阀 4、阀 12、阀 18 与 19 的单向阀进入液压缸 20 的有杆腔（无杆腔的油液直接排回油箱）,使液压缸回缩,压力调整增加到设定范围内;如果压力过高超过 +5% 时,由于阀 4 被开启,液压缸有杆腔的压力油就会由阀 2 排回油箱,从而使系统压力调整降低到设定的工作压力范围内。当压力调整到相对工作压力 ±5% 偏差范围内后,压力继电器 14 发信控制电机停机,泵 1 停止工作。正常状态下,阀 3 断电复至左位,阀 4 关闭,对系统保压。

在索道高速运行工况下,由于乘客快速上下车,线路负载快速变化,从而引起运载索张力急剧变化。然由于张力超过相对基准张力 ±5% 的偏差,泵 1 已运行,但由于张力变化太快,压力来不及调整到 ±5% 偏差范围之内,使张力已超过 ±10% 的偏差时,压力继电器 14 的 ±10% 压力继电器动作发信,使索道由电控而减速停车,并关闭液压装置,张紧站控制室中的 ±10% 发光二极管发出报警信号。这时工作人员进行手动操作,使压力调整到规定范围之内。当系统压力超过 +10% 偏差时,索道停车,工作人员手动按钮使换向阀 16 通电切换至左位,压力油导通阀 18 和 19 中的压力阀,操作截止阀 6 使缸的有杆腔经阀 18 与 19 的压力阀及截止阀 6 进行卸压,调整降低到设定的工作压力后,关闭阀 6。反之,当系统压力超过 -10% 偏差时,索道停车,换向阀 16 断电复至右位,液压缸被锁死,以防压力进一步下降。此时,可以按下换向阀 16 上的手动紧急操作销,由手动泵经单向阀 9、阀 11 向缸的有杆腔供油加压建立要求的伺服压力,压力开关 17 对伺服压力进行监控,从压力表 10 上即可读出系统压力,从而为下一步开车做好了准备。

该索道液压张紧系统属于一个压力变换与调节为主的系统,压力监控通过两套压力继电器实现;压力误差在 ±5% 时,系统压力自动调整;压力误差在 ±10% 时,自动报警人工操作实现系统压力手动调整。液压泵间歇工作,降低了液压泵组的噪声,改善了操作者和游客的工作环境和旅游环境;系统发热少,能耗和温升低,延长了液压元件及整个系统的使用寿命;系统运行安全可靠。

b. 实例 2——数控龙门铣床液压张紧系统的启停和保压。20/15-11 GM600 CNC/27 m 数控龙门铣床是某公司从国外引进的大型数控机床,其拉刀高压液压系统通过两只压力开关（即压力继电器）监测,启动或停止

液压泵电机，实现系统保压，图 5-87 所示为系统原理图。机床送电后，高压柱塞泵 5 开始工作，当压力升至 11MPa 时，压力开关 1 接通，使电机断电，液压系统达到监测压力开始保压；当系统压力降至 10MPa 时，压力开关 2 接通，使电机通电，泵 5 开始工作，这时系统压力升高。如此循环压力开关监测切换方法使机床液压系统压力保持在 10.0～11.0MPa 范围内，以保证机床的拉刀、角铣头拉爪旋转、滑板倾角、滑枕及滑板的夹紧等需要。

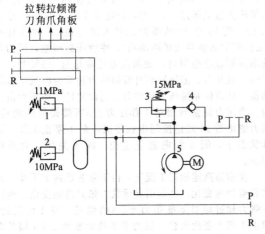

图 5-87　数控铣床拉刀高压液压系统原理图
1、2—压力开关；3—保险阀；4—单向阀；
5—柱塞泵

如果压力开关 1 在系统压力达到额定值后未接通，则系统压力会继续升高直至保险阀 3 的调定值（15MPa），且电机和高压柱塞泵不停，造成系统压力油过热、压力过高，加速系统密封老化和破损，造成系统漏油、高压柱塞泵损坏。为防止系统压力过高或电机和高压柱塞泵不停，压力开关 1 在 90s 后不接通则电控系统报警，电机自动停止，机床不能正常工作。

（2）注意事项

① 根据具体用途和系统压力选用适当结构形式的压力继电器，为了保证压力继电器动作灵敏，应避免低压系统选用高压压力继电器。

② 应按照制造厂的要求，以正确方位安装压力继电器。

③ 按照所要求的电源形式和具体要求对压力继电器中的微动开关进行接线。

④ 压力继电器调压完毕后，应锁定或固定其位置，以免受振动后位置变动。

5.6.5　故障诊断

压力继电器的常见故障及其诊断排除方法见表 5-5。

表 5-5　压力继电器的常见故障及其诊断排除方法

故障现象	产生原因	排除方法
1. 压力继电器失灵	微动开关损坏不发信号	修复或更换
	微动开关发信号，但①调节弹簧永久变形②压力-位移机构卡阻③感压元件失效	①更换弹簧②拆洗压力-位移机构③拆检和更换失效的感压元件（如弹簧管、膜片、波纹管等）
2. 压力继电器灵敏度降低	①压力-位移机构卡阻②微动开关支架变形或零位可调部分松动引起微动开关空行程过大③泄油背压过高	①拆洗压力-位移机构②拆检或更换微动开关支架③检查泄油路是否接至油箱或是否堵塞

5.7　典型产品

5.7.1　广研 GE 系列压力阀

广研所 GE 系列中高压液压阀概览请参见第 3 章表 3-2。该系列方向阀和流量阀的技术参数分别见第 4 章和第 6 章。本节介绍的压力阀包括溢流阀、减压阀、顺序阀和压力继电器等。

① YTF3 型远程调压阀。这是一种小型直动式溢流阀，可以和溢流阀的遥控口连接，在主溢流阀设定范围内实现远程控制。表 5-6 是该阀的型号意义及技术参数。

表 5-6　YTF3 型远程调压阀的型号意义及技术参数

型号意义：

YTF3-□ 6 B

阀及结构代号

压力等级：C(略)—6.3MPa；E—16MPa

连接形式：B—板式

通径/mm

型　号	通径/mm	额定流量/(L/min)	调压范围/MPa	质量/kg
YTF3-6B	6	2	0.5～6.3	0.9
YTF3-E6B			0.5～16	0.9

② YF3 型先导式溢流阀和 Y※F3 型电磁溢流阀。该溢流阀的主要功能是维持液压系统压力的恒定，防止系统压力超载。Y※F3 型电磁溢流阀由溢流阀和电磁阀组合而成，用于液压系统的卸荷与多级压力控制。YF3 型溢流阀和 Y※F3 型电磁溢流阀的型号意义及技术规格分别见表 5-7 和表 5-8。

表 5-7　YF3 型先导式溢流阀的型号意义及技术参数

型号意义：

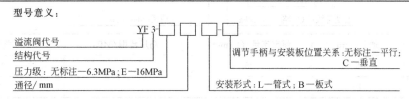

型　号	通径/mm	额定流量/(L/min)	调压范围/MPa	卸荷压力/MPa	质量/kg
YF3-10L	10	63	0.5～6.3	0.45	1.6　(L)
YF3-E10B			0.5～16		1.9　(B)
YF3-20B	20	120	0.5～6.3		3.7
YF3-E20B			0.5～16		

注：外形连接尺寸见生产厂产品样本，下同。

表 5-8　Y※F3 型电磁溢流阀的型号意义及技术参数

型号意义：

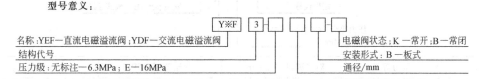

型　号	通径/mm	额定流量/(L/min)	调压范围/MPa	电磁阀额定电压/V	质量/kg
YDF3-10B YEF3-10B	10	63	0.5～6.3	直流　24 交流　220	3.2
YDF3-E10B YEF3-E10B			0.5～16		
YDF3-20B YEF3-20B	20	120	0.5～6.3		4.7
YDF3-E20B YEF3-E20B			0.5～16		

③ JF3 型减压阀和 AJF3 型单向减压阀见表 5-9。
④ YJF3 型溢流减压阀。该阀主要用于机械设备的配重平衡系统，是一种复合压力控制阀，兼有溢流阀和减压阀的功能，其型号意义及技术规格见表 5-10。

表 5-9　JF3 型减压阀和 AJF3 型单向减压阀的型号意义及技术规格

型号意义：

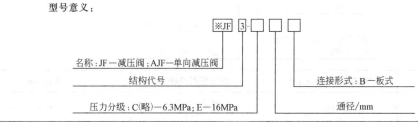

通径/mm	压力等级	额定流量/(L/min)	调压范围/MPa	质量/kg
10	C	63	0.5～6.3	2.85
	E		4～16	2.85
20	C	120	0.5～6.3	
	E		4～16	

表 5-10 YJF3 型溢流减压阀的型号意义及技术规格

型号意义：

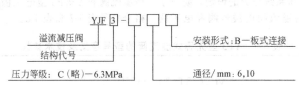

型 号	通径/mm	额定流量/(L/min)	调压范围/MPa	质量/kg
YJF3-6B	6	25	0.5~6.3	1.40
YJF3-10B	10	63		3.75

⑤ XF3 型顺序阀和 AXF3 型单向顺序阀。该阀由单向阀与顺序阀组成，用来控制执行元件动作的先后顺序，当系统达到顺序阀的调定压力时，顺序阀开启（或闭合），以实现自动控制。其型号意义及技术规格见表 5-11。

表 5-11 XF3 型顺序阀和 AXF3 型单向顺序阀的型号意义及技术规格

型号意义：

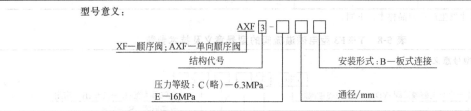

通径/mm	压力等级	额定流量/(L/min)	调压范围/MPa	质量/kg
10	C	63	0.5~6.3	2.95
	E		0.5~16	
20	C	120	0.5~6.3	4.5
	E		0.5~16	

⑥ FBF3 型负荷相关背压阀。该阀可使背压随载荷变化而变化，载荷增大，背压自动降低，载荷减小则背压增加，使运动平稳性好，提高系统效率。其型号意义及技术规格见表 5-12。

表 5-12 FBF3 型负荷相关背压阀的型号意义及技术规格

型号意义：

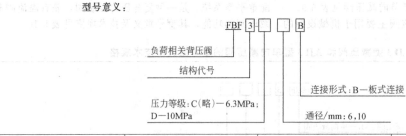

型 号	额定流量/(L/min)	调压范围/MPa	质量/kg
FBF3-6B FBF3-D6B	25	0.5~6.3 1.0~10	2.5
FBF3-10B FBF3-D10B	63	0.5~6.3 1.0~10	4.06

5.7.2 联合设计系列压力阀

联合设计系列液压阀概览请参见第 3 章表 3-2；该系列方向阀和流量阀请分别见第 4 章和第 6 章，压力阀的类型、型号意义及其主要技术规格分述如下。

① Y 型远程调压阀　这是一种小流量锥阀式直动型溢流阀，一般与溢流阀、减压阀和顺序阀等组合，实现压力遥控或远距离操作。阀的型号意义及技术规格见表 5-13。

表 5-13　Y 型远程调压阀的型号意义及技术规格

型号意义：

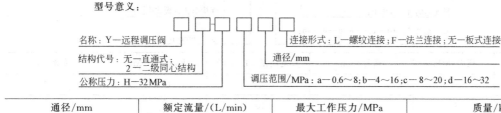

通径/mm	额定流量/(L/min)	最大工作压力/MPa	质量/kg
6	2	32	1.3(管式) 1.4(板式)

② Y2 型先导式溢流阀、电磁溢流阀　该阀主要用于保持系统压力恒定。它采用二级同心结构。Y2 型电磁溢流阀由电磁阀和溢流阀组合而成，用于液压系统卸荷与多级压力控制。阀的型号意义及技术规格见表 5-14。

表 5-14　Y2 型先导式溢流阀、电磁溢流阀的型号意义及技术规格

型号意义

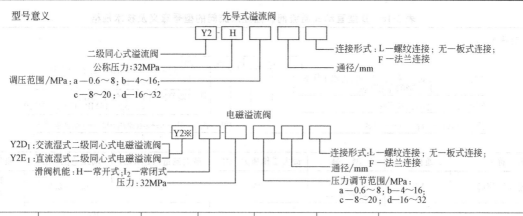

先导溢流阀型号	电磁溢流阀型号	通径/mm	压力/MPa	额定流量/(L/min)	调压范围/MPa	质量/kg	
						先导溢流阀	电磁溢流阀
Y2-H*10L	Y2$_{E_1}^{D_1}$※-H*10L	10		40		2.8	4.5
Y2-H*10	Y2$_{E_1}^{D_1}$※-H*10	10		40			4.7
Y2-H*20L	Y2$_{E_1}^{D_1}$※-H*20L	20		100		4.7	
Y2-H*20	Y2$_{E_1}^{D_1}$※-H*20	20		100	a—0.6～8 b—4～16 c—8～20 d—16～32		7
Y2-H*32L	Y2$_{E_1}^{D_1}$※-H*32L	32	32	200		9.4	
Y2-H*32	Y2$_{E_1}^{D_1}$※-H*32	32		200			11
Y2-H*32F	Y2$_{E_1}^{D_1}$※-H*32F	32		200			
Y2-H*50F	Y2$_{E_1}^{D_1}$※-H*50F	50		500			
Y2-H*65F	Y2$_{E_1}^{D_1}$※-H*65F	65		800			
Y2-H*80F	Y2$_{E_1}^{D_1}$※-H*80F	80		1250			

③ HY 型卸荷溢流阀　该阀由溢流阀和单向阀组合而成，适用于带蓄能器的液压系统和高低压组合泵液压系统，实现自动卸压和自动升压。阀的型号意义及技术规格见表 5-15。

表 5-15　HY 型卸荷溢流阀的型号意义及技术规格

型号意义：

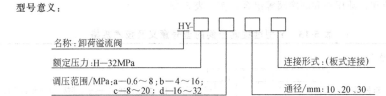

HY-□□□□

名称：卸荷溢流阀

额定压力：H—32MPa

调压范围/MPa：a—0.6～8；b—4～16；
c—8～20；d—16～32

连接形式：(板式连接)

通径/mm：10、20、30

型　号	压力/MPa	通径/mm	额定流量/(L/min)	调压范围/MPa	质量/kg
HY-H※10		10	40	0.6～8	
HY-H※20	32	20	100	4～16 8～20	10
HY-H※32		32	200	16～32	

5.7.3　榆次油研（YUKEN）系列压力阀

榆次油研（YUKEN）系列液压阀概览请见第 3 章表 3-2。该系列方向阀和流量阀分别见第 4 章和第 6 章，本节介绍压力阀。

① D 型直动式溢流阀、遥控溢流阀　D 型直动式

溢流阀用于防止系统压力过载和保持系统压力恒定；遥控溢流阀主要用于先导型溢流阀的远程压力调节。型号意义及技术规格见表 5-16，D 型直动式溢流阀的特性曲线如图 5-88 所示。

表 5-16　D 型直动式溢流阀、遥控溢流阀的型号意义及技术规格

型号意义：

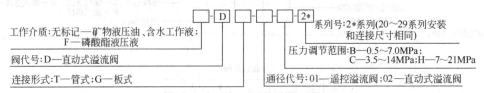

□—D—□—□—2*

工作介质：无标记—矿物液压油、含水工作液；
F—磷酸酯液压液

阀代号：D—直动式溢流阀

连接形式：T—管式；G—板式

系列号：2*系列(20～29系列安装和连接尺寸相同)

压力调节范围：B—0.5～7.0MPa；
C—3.5～14MPa；H—7～21MPa

通径代号：01—遥控溢流阀；02—直动式溢流阀

名　称	通径/in	型　号	最大工作压力/MPa	最大流量/(L/min)	调压范围/MPa	质量/kg
遥控溢流阀	1/8	DT-01-22 DG-01-22	25	2	0.5～2.5	1.6 1.4
直动式溢流阀	1/4	DT-02-※-22 DG-02-※-22	21	16	B：0.5～7.0 C：3.5～14.0 H：7.0～21	1.5

注：1in＝0.0254m。

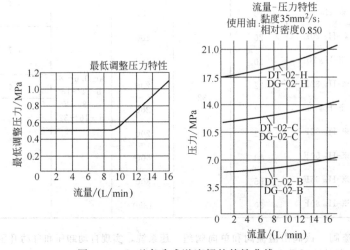

图 5-88　D 型直动式溢流阀的特性曲线

②B 型先导式溢流阀　该阀用于保持系统压力稳定和防止系统压力过载,其型号意义及技术规格见表 5-17。

③BUC 型卸荷溢流阀　该阀用于带蓄能器的液压系统,使泵自动加载,或用于高低压复合液压系统,使泵在最小载荷下工作。其型号意义及技术规格见表 5-18,特性曲线见图 5-89。

表 5-17　B 型先导式溢流阀型号意义及技术规格

型号意义:

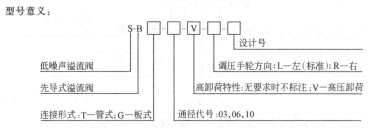

名　　称	公称通径/in	型　　号	调压范围/MPa	最大流量/(L/min)	质量/kg
先导式溢流阀	3/8	BT-03-※-32 BG-03-※-32	0.5～25.0	100	5.0 4.7
	3/4	BT-06-※-32 BG-06-※-32		200	5.0 5.6
	1¼	BT-10-※-32 BG-10-※-32		400	8.5 8.7
低噪声溢流阀	3/8	S-BG-03-※-L-40	0.4～25.0	100	4.1
	3/4	S-BG-※-※-L-40		200	5.0
	1¼	S-BG-10-※-40		400	10.5

注:1in＝0.0254m。

表 5-18　BUC 型卸荷溢流阀型号意义及技术规格

型号意义:

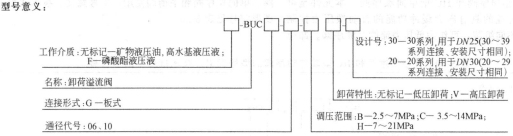

通径/mm	25	30	通径/mm	25	30
最大流量/(L/min)	125	250	介质黏度/(m²/s)	(15～400)×10⁻⁶	
最大工作压力/MPa	21		介质温度/℃	-15～70	
介质	矿物液压油、高水基液压液、磷酸酯液压液		质量/kg	12	21.5

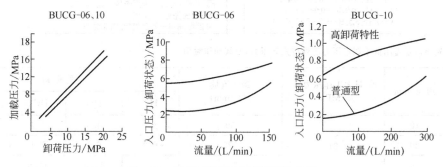

图 5-89　BUC 型卸荷溢流阀特性曲线

④ R 型先导式减压阀和 RC 型单向减压阀　该阀用于控制液压系统的支路压力，使其低于主回路压力。主回路压力变化时，它能使支路压力保持恒定。型号意义及技术规格见表 5-19。

表 5-19　R 型先导式减压阀和 RC 型单向减压阀的型号意义及技术规格

型号意义：

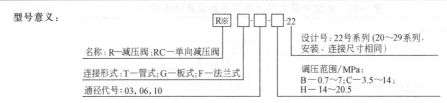

型　　号		最高使用压力/MPa	最大流量		泄油量/(L/min)	质量/kg			
管式连接	板式连接		设定压力/MPa	最大流量/(L/min)		RCT 型	RCG 型	RT 型	RC 型
R(C)T-03-※-22	R(C)G-03-※-22	21.0	0.7~1.0	40	0.8~1	4.8	5.4	4.3	4.5
			1.0~20.5	50					
R(C)T-06-※-22	R(C)G-06-※-22	21.0	0.7~1.0	50	0.8~1.1	7.8	8.1	6.9	6.8
			1.0~1.5	100					
			1.5~20.5	125					
R(C)T-10-※-22	R(C)G-10-※-22	21.0	0.7~1.0	130	1.2~1.5	13.8	13.8	12.0	11.0
			1.0~1.5	180					
			1.5~10.5	220					
			10.5~20.5	250					

注：1. 最大流量是一次压力在 21.0MPa 时的值。
2. 泄油量是一次油口压力与二次油口压力的压力差为 20.5MPa 时的值，指先导流量。

⑤ H 型顺序阀和 HC 型单向顺序阀　本元件是可以内控和外控的具有压力缓冲功能的直动型压力控制阀。通过不同组装，可作为低压溢流阀、顺序阀、卸荷阀、单向顺序阀和平衡阀使用。型号意义、技术规格及图形符号见表 5-20。

表 5-20　H 型顺序阀和 HC 型单向顺序阀的型号意义、技术规格及图形符号

型号意义：

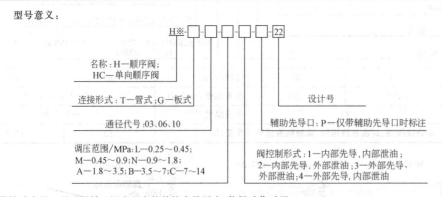

注：带辅助先导口是需用低于调定压力的外控先导压力，使阀动作时用。

通径代号	通径/mm	最大工作压力/MPa	最大流量/(L/min)	质量/kg			
				HT	HG	HCT	HCG
03	10		50	3.7	4.0	4.1	4.8
06	20	21	125	6.2	6.1	7.1	7.4
10	30		250	12.0	11.0	13.8	13.8

续表

图形符号：

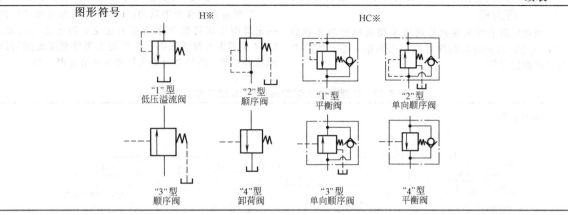

"1"型　　　　　　　　"2"型　　　　　　　　"1"型　　　　　　　　"2"型
低压溢流阀　　　　　　顺序阀　　　　　　　平衡阀　　　　　　单向顺序阀

"3"型　　　　　　　　"4"型　　　　　　　　"3"型　　　　　　　　"4"型
顺序阀　　　　　　　　卸荷阀　　　　　　单向顺序阀　　　　　　平衡阀

⑥ RB 型平衡阀　见表 5-21。　　　　　　　⑦ S 型压力继电器　见表 5-22。

表 5-21　RB 型平衡阀的型号意义、技术规格及图形符号

通径代号	通径/mm	最大工作压力/MPa	压力调节范围/MPa	最大流量/(L/min)	溢流流量/(L/min)	质量/kg
03	10(3/8in)	14	0.6～13.5	50	50	4.2

表 5-22　S 型压力继电器型号意义及技术规格

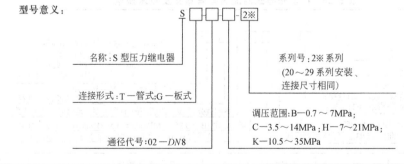

型　号	ST-02-*-20	SG-02-*-20	微型开关参数			
			负载条件	交流电压		直流电压
				常闭接点	常开接点	
最大工作压力/MPa	35	35	阻抗负载	125V,15A 或 250V,15A		125V,0.5A 或 250V,0.25A
介质黏度/(m²/s)	(15～400)×10⁻⁶		感应负载	125V,4.5A 或 250V,3A	125V,2.5A 或 250V,1.5A	125V,0.5A 或 250V,0.03A
介质温度/℃	−20～70		电动机;白炽电灯,电磁铁负载			—
质量/kg	4.5	4.5				

5.7.4 引进威格士（VICKERS）技术系列压力阀

引进威格士技术系列普通液压阀概览见第 3 章表 3-2，其方向阀和流量阀详见第 4 章和第 6 章，本节介绍该系列压力阀。

（1）C 型直动式溢流阀及 CGR 型遥控溢流阀

C 型溢流阀有两个系列：C-175 系列为直动式溢流阀主要用于保持液压系统压力恒定，防止系统过载；CGR 系列为遥控溢流阀，主要用于先导型溢流阀的远程压力调节。阀的型号意义及技术规格见表 5-23。

表 5-23　C 型直动式溢流阀及 CGR 型遥控溢流阀

型号意义：

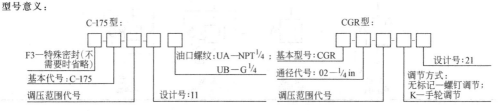

通径 /in	型号	调压范围/MPa			最大流量 /(L/min)	介　质	介质黏度 /(m²/s)	介质温度/℃	质量 /kg
		B	C	F					
1/4	C175	0.5~7	3.5~14	10~21	12	矿物液压油	(13~860)×	矿物油　−20~80	1.6
	CGR-02	0.5~7	0.5~14	0.5~21	4	磷酸酯液压液 高水基液压液	10⁻⁶	水基液　10~54	1.3

注：1in＝0.0254m。

（2）C 型先导式溢流阀

C 型先导式溢流阀型号意义及技术规格见表 5-24。

（3）X 型先导式减压阀及 XC 型单向减压阀

X 型减压阀为定值输出式减压阀，一次油路压力变化时，能自动保持二次油路压力的恒定。XC 型单向减压阀是减压阀和单向阀的组合。阀的型号意义及技术规格见表 5-25。

（4）R 型顺序阀及 RC 型单向顺序阀

本系列顺序阀为常闭式元件，采用压力驱动的滑阀式结构。当控制压力未达到调定压力之前，此阀关闭；当控制压力达到调定值后，此阀开启，油流进入二次压力油路，使下一级元件动作。阀的型号意义及技术规格见表 5-26。

（5）S※307 型压力继电器

S※307 型压力继电器型号意义及技术规格见表 5-27。

表 5-24　C 型先导式溢流阀型号意义及技术规格

型号意义：

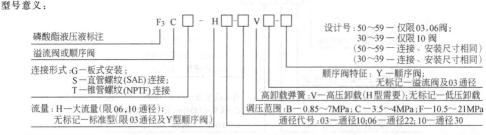

型　号	最高压力 /MPa	压力调节范围 /MPa	最大流量/(L/min)		油口连接螺纹		质量/kg	M 泄油口 (仅 Y 型有)
			标准	"H"大流量	CS 型	CT 型		
C_G^S-03-*-50		0.85~7	170	—	M22×1.5	—	2.7(S 型) 7(G 型)	
C_T^S-06-*-50	21	3.5~14	227	340	M27×2	G¾① Rc	2.7	M14×1.5
C_T^S-10-*-30		10.5~21	454	680	M42×2	G¼① Rc	6.4	

① 不优先选用。

表 5-25　X 型先导式减压阀及 XC 型单向减压阀型号意义及技术规格

型号意义：

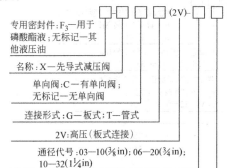

专用密封件：F_3一用于磷酸酯液；无标记一其他液压油

名称：X一先导式减压阀

单向阀：C一有单向阀；无标记一无单向阀

连接形式：G一板式；T一管式

2V：高压（板式连接）

通径代号：03—10($\frac{3}{8}$in)；06—20($\frac{3}{4}$in)；10—32($1\frac{1}{4}$in)

最高压力：1—0.7MPa；2—14MPa；3—20MPa
A—0.2～3.5MPa；B—0.5～7MPa；C—0.5～14MPa；
F—0.5～21MPa；G—0.5～35MPa（适用2V型）

油口螺纹：UB—G直管螺纹

设计号：20系列（20～29系列安装连接尺寸不变）；10系列（10～19系列安装连接尺寸不变）适合2V型

通径 /mm	代号	最低压力 /MPa	最大流量 /(L/min)
10	B	0.52	26
	F	1.04	53
20	B	0.52	57
	F	1.38	114
32	B	0.69	95
	F	1.55	284

手动调节方式（仅适用板式连接）：
K—带锁螺旋装置；M—不带锁螺旋装置；
W—螺旋/锁紧螺母

通径代号		03	06	10	通径代号	03	06	10
通径/mm		10	20	32	介质	矿物液压油、高水基、水乙二醇磷酸酯液		
最大工作压力进油口/MPa	管式	21	21	21	介质黏度/(m²/s)	推荐(13～54)×10⁻⁶ 一般为(10～500)×10⁻⁶		
	板式		35					
最大工作压力泄油口/MPa	管式	0.17	0.17	0.17	介质温度/℃	-20～70		
	板式	0.17	0.2	0.17	质量/kg	X型	3.2	5.6(管式) 4.8(板式)	12.1
最大流量/(L/min)		53	114	284		XC型	—	5.9(管式) 4.8(板式)	13

表 5-26　R 型顺序阀及 RC 型单向顺序阀型号意义及技术规格

型号意义：

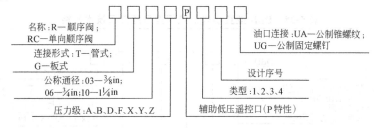

名称：R一顺序阀；RC一单向顺序阀

连接形式：T一管式；G一板式

公称通径：03—$\frac{3}{8}$in；06—$\frac{3}{4}$in；10—$1\frac{1}{4}$in

压力级：A、B、D、F、X、Y、Z

油口连接：UA—公制锥螺纹；UG—公制固定螺钉

设计序号

类型：1、2、3、4

辅助低压遥控口（P特性）

电磁溢流阀型号	通径/in	额定流量 /(L/min)	最高压力/MPa		压力级/MPa （调压范围）
			主油口	遥控口	
R / RC ※-03-※	$\frac{3}{8}$	45			A：0.5～1.7 B：0.9～3.5 D：1.7～7 F：3.5～14 X：0.07～0.2 Y：0.14～0.4 Z：0.24～0.9
R / RC ※-06-※	$\frac{3}{4}$	114	21	14	
R / RC ※-10-※	$1\frac{1}{4}$	284			

表 5-27　S※307 型压力继电器型号意义及技术规格

型号意义：

```
            S  □  307- □ - □ - □□
```

连接形式：T—管式；G—板式
名称：压力继电器

螺纹组合(仅 ST307 型)：
B—管螺纹 G¼ 油口；
S—SAE 油口

调压范围：55-0.5～5.5MPa；
150-2～5MPa；350-2～35MPa

安装形式：无标记—两螺孔
用于底座安装(仅 T 型)；
SCH—面板安装；F—底板安装

调节方式：无标记—带锁定螺钉；
V_2—带锁定螺钉旋钮；
V_2AS-H2—带锁旋钮

介质黏度/(m²/s)	$(13～380)×10^{-6}$
介质温度/℃	$-50～100$
最大工作压力/MPa	35
切换精度	小于调定压力 1%

<table>
<tr><td colspan="7" align="center">切　换　容　量</td></tr>
<tr><td colspan="2" align="center">交　流　电　压</td><td colspan="5" align="center">直　流　电　压</td></tr>
<tr><td rowspan="2">电压/V</td><td rowspan="2">阻性负载/A</td><td rowspan="2">电压/V</td><td rowspan="2">阻性负载/A</td><td colspan="2">灯泡负载金属灯丝/A</td><td rowspan="2">感性负载
/A</td></tr>
<tr><td>常闭</td><td>常开</td></tr>
<tr><td>110～125
220～250</td><td rowspan="2">3</td><td>≤15</td><td>3</td><td>3</td><td>1.5</td><td>3</td></tr>
<tr><td>>15～30</td><td>3</td><td>3</td><td>1.5</td><td>3</td></tr>
<tr><td></td><td></td><td>>30～50</td><td>1</td><td>0.7</td><td>0.7</td><td>1</td></tr>
<tr><td>灯泡负载金属灯丝/A</td><td>感性负载/A</td><td>>50～75</td><td>0.75</td><td>0.5</td><td>0.5</td><td>0.25</td></tr>
<tr><td rowspan="2">0.5</td><td rowspan="2">3</td><td>>75～125</td><td>0.5</td><td>0.4</td><td>0.4</td><td>0.05</td></tr>
<tr><td>>125～250</td><td>0.25</td><td>0.2</td><td>0.2</td><td>0.03</td></tr>
<tr><td colspan="2">绝缘保护装置</td><td colspan="5" align="center">IP65</td></tr>
<tr><td colspan="2">质量/kg</td><td colspan="5" align="center">0.62</td></tr>
</table>

5.7.5　引进力士乐（REXROTH）技术系列压力阀

引进力士乐技术系列液压阀概览见第 3 章表 3-2，方向阀和流量阀见第 4 章和第 6 章，本节介绍该系列压力阀。

(1) DBD 型直动式溢流阀

阀的型号意义及技术规格见表 5-28，特性曲线见图 5-90。

表 5-28　DBD 型直动式溢流阀型号意义及技术规格

型号意义：

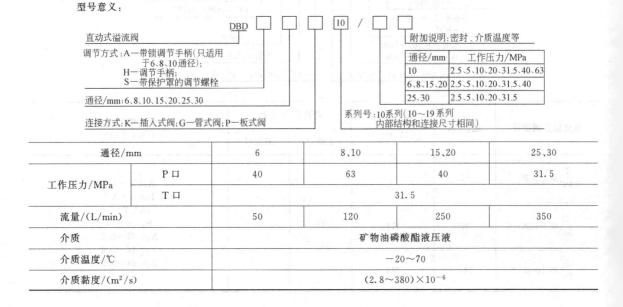

```
      DBD □ □ □      10 / □
```

直动式溢流阀
调节方式：A—带锁调节手柄(只适用
于 6、8、10 通径)；
H—调节手柄
S—带保护罩的调节螺栓
通径/mm：6、8、10、15、20、25、30
连接方式：K—插入式阀；G—管式阀；P—板式阀

附加说明：密封、介质温度等

通径/mm	工作压力/MPa
10	2.5、5、10、20、31.5、40、63
6、8、15、20	2.5、5、10、20、31.5、40
25、30	2.5、5、10、20、31.5

系列号：10 系列(10～19 系列
内部结构和连接尺寸相同)

通径/mm		6	8、10	15、20	25、30
工作压力/MPa	P 口	40	63	40	31.5
	T 口			31.5	
流量/(L/min)		50	120	250	350
介质			矿物油磷酸酯液压液		
介质温度/℃			$-20～70$		
介质黏度/(m²/s)			$(2.8～380)×10^{-6}$		

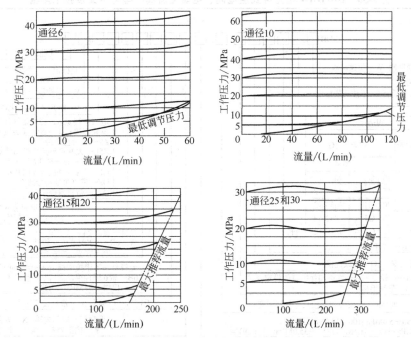

图 5-90　DBD 型直动式溢流阀特性曲线

（2）DBT/DBWT 型遥控溢流阀

此类阀是直动式结构溢流阀，DBT 型溢流阀用于遥控系统压力，而 DBWT 型用于遥控系统压力并借助于电磁阀使之卸荷。阀的型号意义及技术规格见表 5-29。

表 5-29　DBT/DBWT 型遥控溢流阀的型号意义及技术规格

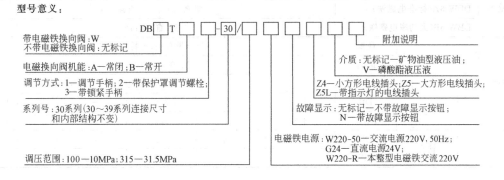

型　　号	最大流量/(L/min)	工作压力/MPa	背压/MPa	最高调节压力/MPa
DBT	3	31.5	≈31.5	10、31.5
DBWT	3	31.5	交流，≈10；直流，≈16	10、31.5

（3）DB/DBW 型先导式溢流阀、电磁溢流阀（5X 系列）

DB/DBW 型先导式溢流阀具有压力高、调压性能平稳、最低调节压力低和调压范围大等特点。DB 型阀主要用于控制系统的压力；DBW 型电磁溢流阀也可以控制系统的压力并能在任意时刻使之卸荷。阀的型号意义及技术规格见表 5-30，特性曲线见图 5-91。

（4）DA/DAW 型先导式卸荷溢流阀、电磁卸荷溢流阀

该阀是先导控制式卸荷阀，在蓄能器工作时，可使液压泵卸荷；或者在双泵系统中，高压泵工作时，可使低压大流量泵卸荷。阀的型号意义及技术规格见表 5-31，图形符号与特性曲线见表 5-32。

表 5-30　DB/DBW 型先导式溢流阀、电磁溢流阀的型号意义及技术规格

型号意义：

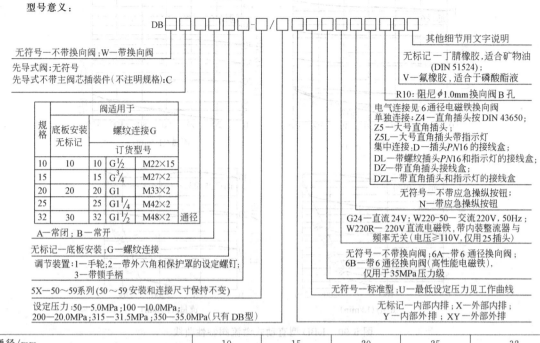

通径/mm		10	15	20	25	32
最大流量/(L/min)	板式	250	—	500	650	
	管式	250	500	500	500	650
工作压力油口 A、B、X/MPa		≤35.0				
背压/MPa	DB	≤31.5				
	DBW 6A（标准电磁铁）			交流：10　　直流：16		
	DBW 6B（大功率电磁铁）			交（直）流：16		
调节压力/MPa	最低			与流量有关，见特性曲线		
	最高			5、10、20、31.5、35		
过滤精度				NAS1638　　九级		
质量/kg	板式　DB	2.6	—	3.5	—	4.4
	板式　DBW	3.8	—	4.7	—	5.6
	管式　DB	5.3	5.2	5.1	5.0	4.8
	管式　DBW	6.5	6.4	6.3	6.2	6.0

表 5-31　DA/DAW 型先导式卸荷溢流阀、电磁卸荷溢流阀的型号意义及技术规格

型号意义：

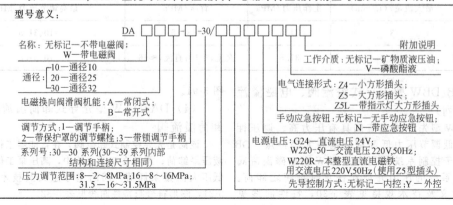

续表

通径/mm		10	25	32
最大工作压力/MPa			31.5	
最大流量/(L/min)		40	100	250
切换压力/MPa(P→T 切换 P→A)			17%以内(见表 5-32)	
介质温度/℃			−20～70	
介质黏度/(m² · s)			(2.8～380)×10⁻⁶	
质量/kg	DA	3.8	7.7	13.4
	DAW	4.9	8.8	14.5

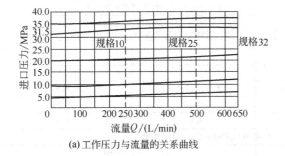

(a) 工作压力与流量的关系曲线

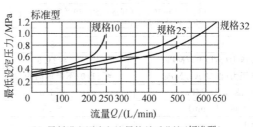

(b) 最低设定压力与流量的关系曲线(标准型)

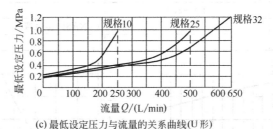

(c) 最低设定压力与流量的关系曲线(U 形)

图 5-91 DB/DBW 型先导式溢流阀、电磁溢流阀特性曲线

表 5-32 DA/DAW 型先导式卸荷溢流阀、电磁卸荷溢流阀的图形符号与特性曲线

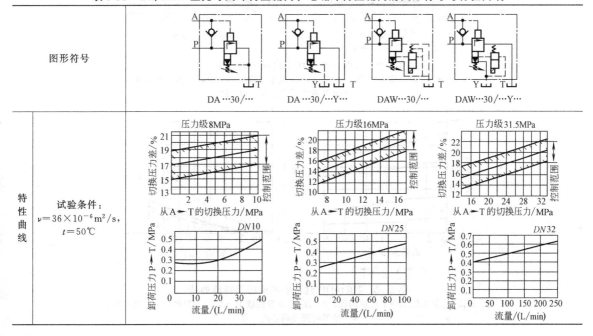

（5）DR※DP 型直动式减压阀

阀的型号意义及技术规格见表 5-33，特性曲线见图 5-92 和图 5-93。

表 5-33　DR※DP 型直动式减压阀型号意义及技术规格

型号意义：

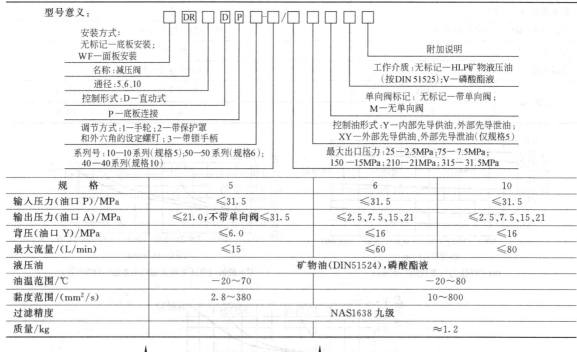

规　　格	5	6	10
输入压力（油口 P）/MPa	≤31.5	≤31.5	≤31.5
输出压力（油口 A）/MPa	≤21.0；不带单向阀≤31.5	≤2.5、7.5、15、21	≤2.5、7.5、15、21
背压（油口 Y）/MPa	≤6.0	≤16	≤16
最大流量/（L/min）	≤15	≤60	≤80
液压油	矿物油（DIN51524），磷酸酯液		
油温范围/℃	−20～70	−20～80	
黏度范围/（mm²/s）	2.8～380	10～800	
过滤精度	NAS1638 九级		
质量/kg	≈1.2		

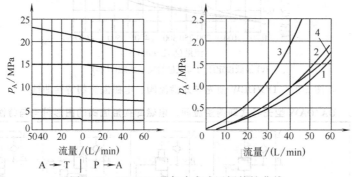

图 5-92　DR6DP 型直动式减压阀特性曲线
1—P→A（最小压降）；2—A→T（Y）（最小压降）；3—只经单向阀的压降；
4—经单向阀和全开的主阀芯的压降

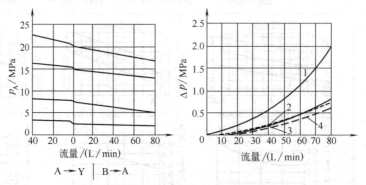

图 5-93　DR10DP 型直动式减压阀特性曲线
1—压降/流量曲线 A→Y 经单向阀；2—压降/流量曲线 B→A；3—只经单向阀的压降；
4—经单向阀和阀芯的压降

（6）DR 型先导式减压阀

该阀主要由先导阀、主阀和单向阀组成，用于降低液压系统的压力。其型号意义及技术规格见表 5-34，特性曲线见表 5-35。

（7）DZ※DP 型直动式顺序阀。

阀的型号意义及技术规格见表 5-36，特性曲线见图 5-94。

表 5-34　DR 型先导式减压阀型号意义及技术规格

型号意义：

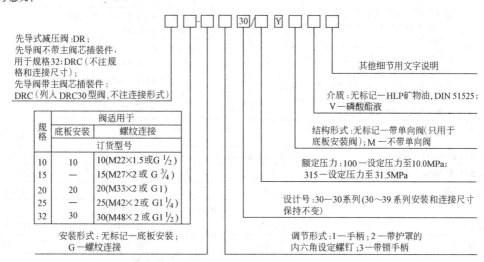

通径/mm	8	10	15	20	25	32
工作压力/MPa	≤10 或 31.5					
进口压力,B 口/MPa	31.5					
出口压力,A 口/MPa	0.3～31.5			1～31.5		
背压,Y 口/MPa	≤31.5					

通径/mm		8	10	15	20	25	32
介质		矿物液压油,磷酸酯液					
介质黏度/(m²/s)		(2.8～380)×10⁻⁶					
介质温度/℃		−20～70					
流量/(L/min)	管式	80	80	200	200	200	300
	板式	—	80	—	—	200	300

表 5-35　DR 型先导式减压阀特性曲线

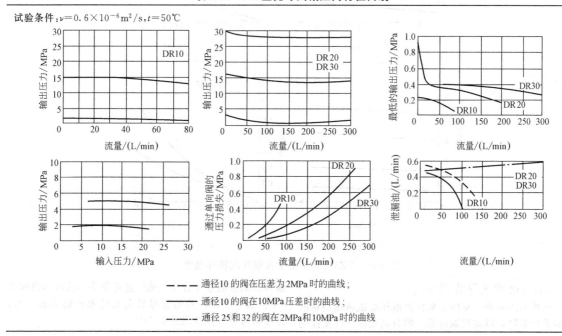

表 5-36　DZ※DP 型直动式顺序阀型号意义及技术规格

型号意义：

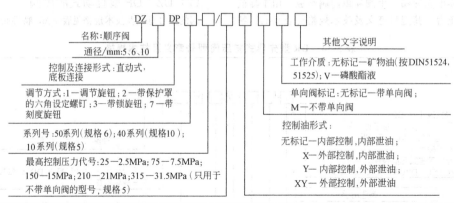

通径/mm	5	6	10
输入压力，油口 P,B(X)/MPa	≤21.0;不带单向阀≤31.5	<31.5	631.5
输出压力，油口 A/MPa	≤31.5	≤21.0	≤21.0
背压，油口(Y)/MPa	≤6.0	≤16.0	≤16.0
液压油	矿物油(DIN51524);磷酸酯液		
油温范围/℃	−20～70	−20～80	−20～80
黏度范围/(m²/s)	2.8～380	100～380	10～380
过滤精度	NAS1638 九级		
最大流量/(L/min)	15	60	80

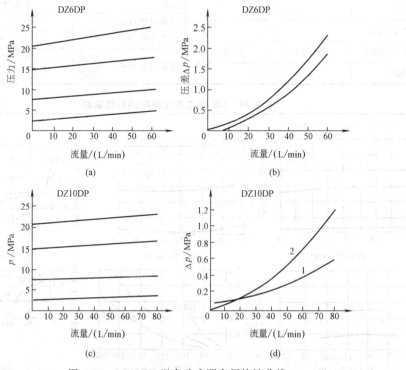

图 5-94　DZ※DP 型直动式顺序阀特性曲线

（8）DZ 型先导式顺序阀

该阀利用油路本身压力来控制液压缸或液压马达的先后动作顺序，以实现油路系统的自动控制。改变控制油和泄漏油的连接方法，该阀还可作为卸荷阀和背压阀（平衡阀）使用。阀的型号意义及技术规格见表 5-37，图形符号及特性曲线见表 5-38。

表 5-37 DZ 型先导式顺序阀型号意义及技术规格

型号意义：

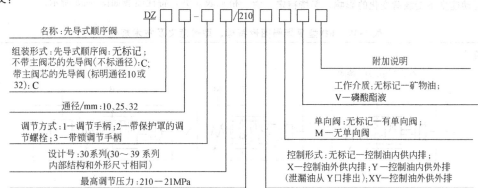

DZ□□-□□/210□□□

名称:先导式顺序阀

组装形式:先导式顺序阀:无标记;
不带主阀芯的先导阀(不标通径):C;
带主阀芯的先导阀(标明通径10或
32): C

通径/mm:10、25、32

调节方式:1—调节手柄;2—带保护罩的调
节螺栓;3—带锁调节手柄

设计号:30系列(30～39系列
内部结构和外形尺寸相同)

最高调节压力:210—21MPa

附加说明

工作介质:无标记—矿物油;
V—磷酸酯液

单向阀:无标记—有单向阀;
M—无单向阀

控制形式:无标记—控制油内供内排;
X—控制油外供内排;Y—控制油内供外排
(泄漏油从 Y 口排出);XY—控制油外供外排

通径/mm	10	25	32	通径/mm	10	25	32
介质	矿物质液压油、磷酸酯液			连接口 Y 的背压力/MPa	≤31.5		
介质温度范围/℃	−20～70			顺序阀动作压力/MPa	0.3(与流量有关)～21		
介质黏度范围/(m²/s)	(2.8～380)×10⁻⁶			流量/(L/min)	≈150	≈300	≈450
连接口 A、B、X 的工作压力/MPa	≤31.5						

表 5-38 DZ 型先导式顺序阀图形符号及特性曲线

图 形 符 号	

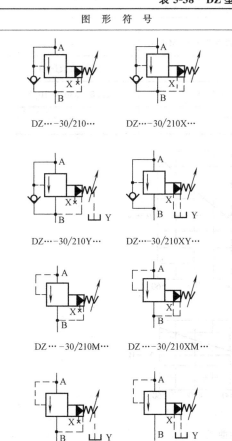

DZ···-30/210···   DZ···-30/210X···

DZ···-30/210Y···   DZ···-30/210XY···

DZ···-30/210M···   DZ···-30/210XM···

DZ···-30/210YM···   DZ···-30/210XYM···

试验条件:ν=36×10⁻⁶m²/s,t=50℃;曲线适用于控制油无背压外部
回油的工况,当控制油内排时,输入压力大于输出压力

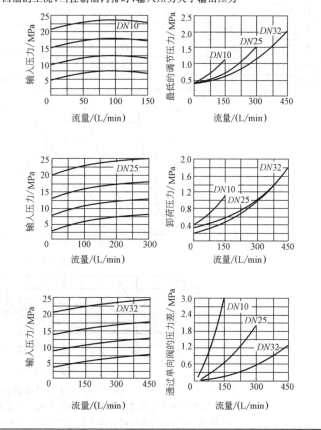

（9）FD 型平衡阀

该阀主要用于起重机械的液压系统，使液压缸或液压马达的运动速度不受载荷变化的影响，保持稳定。它附加的单向阀功能，可防止管路损坏或制动失灵时重物自由降落，以避免事故。图形符号、型号意义及技术规格见表 5-39，特性曲线如图 5-95 所示。

表 5-39   FD 型平衡阀图形符号、型号意义及技术规格

图形符号：

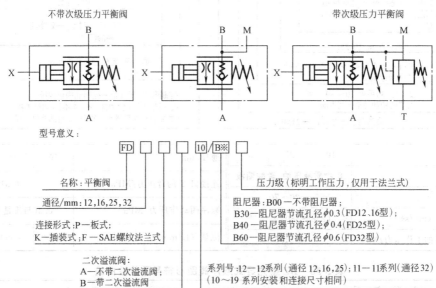

型号意义：

FD □ □ □ 10/B※ □

名称：平衡阀

通径/mm：12,16,25,32

连接形式：P—板式；K—插装式；F—SAE螺纹法兰式

二次溢流阀：
A—不带二次溢流阀；
B—带二次溢流阀

压力级（标明工作压力，仅用于法兰式）

阻尼器：B00—不带阻尼器；
B30—阻尼器节流孔径 ϕ0.3（FD12、16型）；
B40—阻尼器节流孔径 ϕ0.4（FD25型）；
B60—阻尼器节流孔径 ϕ0.6（FD32型）

系列号：12—12系列（通径 12,16,25）；11—11系列（通径 32）
（10～19 系列安装和连接尺寸相同）

通径/mm	12	16	25	32	二次溢流阀调节压力/MPa	40
流量/(L/min)	80	200	320	560	介质	矿物质液压油
工作压力(A、X 口)/MPa	31.5				介质黏度/(m²/s)	$(2.8\sim380)\times10^{-6}$
工作压力(B 口)/MPa	42				介质温度/℃	$-20\sim70$
先导压力(X 口)/MPa	最小 2～3.5；最大 31.5					
开启压力(A→B)/MPa	0.2					

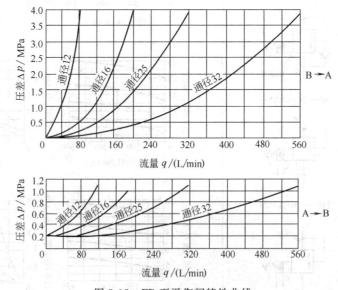

图 5-95   FD 型平衡阀特性曲线

注：1. 从 B→A 为通过节流阀时的压差与流量的关系曲线（节流全开、$p_x=6$MPa）。

2. 从 A→B 为通过单向阀时的压差与流量的关系曲线。

（10）HED 型压力继电器

HED1、4 型压力继电器为柱塞式结构，当作用在柱塞上的液体压力达到弹簧调定值时，柱塞产生位移，使推杆压缩弹簧，并压下微动开关，发出电信号，使电器元件动作，实现回路自动程序控制和安全保护。

HED2、3 型压力继电器是弹簧管式结构，弹簧管在压力油作用下产生变形，通过杠杆压下微动开关，发出电信号，使电气元件动作，以实现回路的自动程序控制和安全保护。型号意义及技术规格见表 5-40。

表 5-40　HED 型压力继电器型号意义及技术规格

型号意义：

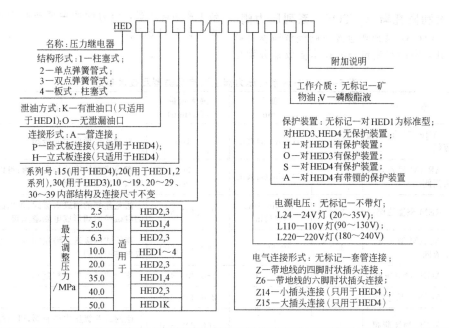

型号	额定压力 /MPa	最高工作压力（短时间）/MPa	复原压力/MPa		动作压力/MPa		切换频率 /(次/min)	切换精度
			最低	最高	最低	最高		
HED1K	10.0	60.0	0.3	9.2	0.6	10	300	小于调压的 ±2%
	35.0	60	0.6	32.5	1	35		
	50.0	60	1	46.5	2	50		
HED1O	5	5	0.2	4.5	0.35	5	50	小于调压的 ±1%
	10	35	0.3	8.2	0.8	10		
	35	35	0.6	29.5	2	35		
HED2O	2.5	3	0.15	2.5	0.25	2.55	30	小于调压的 ±1%
	6.3	7	0.4	6.3	0.5	6.4		
	10	11	0.6	10	0.75	10.15		
	20	21	1	20	1.4	20.4		
	40	42	2	40	2.6	40.6		
HED3O	2.5	3	0.15	2.5	0.25	2.6	30	小于调压的 ±1%
	6.3	7	0.4	6.3	0.6	6.5		
	10	11	0.6	10	0.9	10.3		
	20	21	1	20	1.8	20.8		
	40	42	2	40	3.2	41.2		

续表

型号	额定压力/MPa	最高工作压力(短时间)/MPa	复原压力/MPa		动作压力/MPa		切换频率/(次/min)	切换精度
			最低	最高	最低	最高		
HED4O	5	10	0.2	4.6	0.4	5	20	小于调压的±1%
	10	35	0.3	8.9	0.8	10		
	35	35	0.6	32.2	2	35		

5.7.6 意大利阿托斯（ATOS）系列压力阀

阿托斯（ATOS）系列普通液压阀概览请参见第 3 章表 3-2，其方向阀和流量阀的技术参数请分别见第 4 章和第 6 章，压力阀的主要产品类型及技术参数如表 5-41 所列。

表 5-41   ATOS 系列压力阀主要产品类型及技术参数

类别		型号	最大压力/bar	通径/mm	最大流量/(L/min)	说明
溢流阀	管式溢流阀	ARE 型直动溢流阀	500	G1/4in,G1/2in	100	直动式锥形压力安全阀
		ARAM 型先导式溢流阀	350	G3/4in,G1¼in	350 500	座阀式螺纹连接的溢流阀;可以配装电磁换向阀形成电磁溢流阀
	法兰式溢流阀	REM 型溢流阀	350	G3/4in、1in、G1¼in	200、400、600	法兰连接的两级溢流阀;可以配装用于卸荷的电磁换向阀形成电磁溢流阀
	板式溢流阀	AGAM 型先导式溢流阀	350	10、20、32	200、400、600	座阀式两级压力溢流阀;可以配装电磁阀形成电磁溢流阀
减压阀		AGIR 型减压阀	350	10、20、32	160、300、400	座阀式两级压力控制阀
顺序阀		AGIS 型顺序阀			200、400、600	座阀式两级压力控制阀
卸荷阀		AGIU 型卸荷阀			100、200、300	座阀式两级压力控制阀,可以配装用于卸荷的电磁阀形成电磁卸荷阀
压力继电器		MAP 型压力继电器	650	G1/4in、G3/8in、G1/2in		柱塞式压力继电器,螺纹连接;当液压系统压力达到设定值时,产生一个连接/断开的电信号

注：阀的图形符号、型号意义以及外形连接尺寸请见生产厂产品样本。

5.7.7 美国派克（PARKER）系列压力阀

派克（PARKER）普通液压阀概览请参见第 3 章表 3-2。该系列方向阀和流量阀的技术参数请分别见第 4 章和第 6 章。压力阀的主要产品类型及技术参数如表 5-42 所列。

表 5-42   PARKER 系列压力阀主要产品类型及技术参数

类别	型号	最大压力/bar	通径/mm	最大流量/(L/min)	说明
直动式压力阀	VB 型溢流阀	25~210	6、10	见产品样本特性曲线	为可调弹簧加载的直动式减振活塞式滑阀,滞后小。VB 型阀为直动式弹簧加载二通滑阀;VS 型阀具有溢流和背压功能;VM 型阀直动式弹簧加载的三通滑阀
	VS 型溢流阀				
	VM 型减压阀				
溢流阀及电磁溢流阀	DSD 型溢流阀	350	6	10	该阀为直动式溢流阀,通过压力口 P 的开启使油液流回油箱来限定系统压力。该直动式阀也可用作先导式溢流阀的先导阀
	R 型先导式溢流阀	350	10、25	200、400	由标准的插装阀作为主级以及螺纹插装阀作为先导级所组成。通过节流孔可限制控制油流以及保持给定压力的稳定。控制油流可选择内控和外控。它有两种连接口可供使用

续表

类 别	型 号	最大压力/bar	通径/mm	最大流量/(L/min)	说 明
溢流阀及电磁溢流阀	RS型电磁溢流阀	350	10、25	200、400	先导式溢流阀,它由一个筒形插装阀作为主级以及螺纹式插装阀作为先导级所组成的。通过安装在阀体上的电磁换向阀可进行电控卸压
	DSDU型先导式溢流阀	50~350	25	220~370	先导式溢流阀通过压力口开启使油液流回油箱来限定系统压力。该阀有平稳的流量-压力特性曲线,用于蓄能器系统安全
减压阀	DWL型减压阀、DWK型单向减压阀	0~350	10、25、32	150、250、350	可以使二次端的压力按设定值保持不变

注:阀的图形符号、型号意义以及外形连接尺寸请见生产厂产品样本。

5.7.8 北部精机系列压力阀

北部精机系列普通液压阀概览请参见第3章表3-2。该系列方向阀和流量阀的技术参数请分别见第4章和第6章。压力阀产品的主要类型及技术参数如表5-43所列。

表 5-43 北部精机系列压力阀主要产品型号及技术参数

名称	型号	规格			压力/MPa		型号意义
		代号	通径/mm	流量/(L/min)	调压范围	最高压力	
直动式溢流阀	RF-G RF-T	01、02	3、6	2、20			RF-T-02-1-30 直动式或先导式溢流阀代号 安装(螺纹安装): G—板式安装; PT—PT螺纹; NPT—NPT螺纹 通径:参见表4-68 设计号:30—标准型 32—低底压型 压力调节范围:0~0.7~3.5MPa; 1—0.7~7MPa; 2—3.5~14MPa; 3—7~25MPa
先导式溢流阀	RF-G, RF-T RF-PT, RF-NPT	03、06、10	10、20、32		0.7~25	25	
低噪声溢流阀	HRF-G	03、06、10	10、20、32	100、200、400			HRF-G-03-1-R-30 低噪声先导式溢流阀代号 安装形式:G—板式安装 通径:参见表4-68 设计号:30—标准型 32—低底压型 结合方式: L—组合式; R—订制品 压力调节范围: 1—0.7~7MPa; 2—3.5~14MPa; 3—7~25MPa
电磁控制溢流阀	SRF-G SRF-T	04、06、10	16、20、32		0.7~25	25	SRF-G-04-1PN-1-A220-10-30-A1-N 电磁控制溢流阀代号 安装形式:G—板式连接; T—板式连接 通径:参见表4-68 控制方式:1PN—常开式;1PN—常闭式 2P—两段式;2PN—两段加常 开式; 3P—三段压力式 压力调节范围:1—0.7~7MPa; 2—3.5~14MPa; 3—7~25MPa 螺纹形式:N—英制螺纹; NPT—管螺纹; 无标记—PT管螺纹 电磁阀位置:A1—水平; 无标记—垂直 设计号:同溢流阀,30;32 接线方式:10—带指示灯盒 20—带指示灯插头连接 线圈电压:见产品样本

续表

名称	型号	规格			压力/MPa		型号意义
		代号	通径/mm	流量/(L/min)	调压范围	最高压力	
低噪声电磁溢流阀	HSRF-G	03、06、10	10、20、32	100、200、400	0.7~25	25	HSRF-G-04-1PN-1-A220-10-R-30 低噪声电磁控制溢流阀代号 安装形式：G—板式连接 通径：参见表4-68 控制方式：1PN—常开式卸荷；1NP—常闭保压 设计号：同溢流阀，30；32 调节旋钮位置：L—标准型；R—订制品 接线方式：10—带指示灯盒；20—带指示灯插头连接 线圈电压：见产品样本 压力调节范围：1—0.7~7MPa；2—3.5~14MPa；3—7~25MPa
电磁卸荷溢流阀	HSUR-G	03、06、10	10、20、32	100、150、250			HSUR-G-04-1PN-1-A220-10-10 电磁卸荷溢流阀代号 安装形式：G—板式连接 通径代号：参见表4-68 控制方式：1PN—常开式卸荷；1NP—常闭保压 设计号 接线方式：10—带指示灯盒；20—带指示灯插头连接 线圈电压：见产品样本 压力调节范围：1—0.7~7MPa；2—3.5~14MPa；3—7~25MPa
减压阀	PRV-G PRV-PT PRV-NPT	03、06、10	10、20、32	50、125、250	0.7~21	21	PRV-G-03-1-20 减压阀代号：PRV—减压阀；PRCV—单向减压阀 安装(螺纹)形式：G—板式安装；PT—PT螺纹；NPT—NPT螺纹 设计号 压力调节范围：1—0.7~7MPa；2—3.5~14MPa；3—7~25MPa 通径代号：参见表4-68
单向减压阀	PRCV-G PRCV-PT PRCV-NPT						
顺序阀	SV-G SV-PT SV-NPT	03、06、10	10、20、32	50、125、250	1.8~14	21	SV-G-03 1 ET-20 顺序阀代号：SV—顺序阀；SCV—单向顺序阀 安装(螺纹)形式：G—板式安装；PT—PT螺纹；NPT—NPT螺纹 通径代号：参见表4-68 设计号 控制方式：无标记—内控内泄；E—外控内泄；T—内控外泄；ET—外控外泄 压力调节范围：0—1.8~3.5MPa；2—3.5~7.0MPa；3—7.0~14MPa
单向顺序阀	SCV-G SCV-PT SCV-NPT						
背压阀	RFB-G	06、10	20、32	200、400	0.7~21	25	RFB-G-06-1-10 背压阀代号 安装形式：G—板式安装 通径代号：参见表4-68 设计号 压力调节范围：1—0.7~7MPa；2—3.5~14MPa；3—7~25MPa

注：阀的图形符号与外形连接尺寸等请见产品样本。

第6章 流量控制阀

6.1 功用及分类

流量控制阀（简称流量阀）在液压系统中的功用是通过改变阀口通流面积的大小或通道长短来改变液阻，控制阀的通过流量，从而实现执行元件（液压缸或液压马达）的运动速度（或转速）的调节和控制。

按照结构和原理的不同，流量阀的分类如图 6-1 所示。

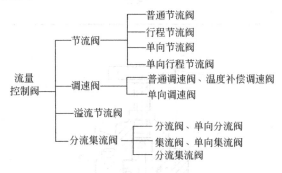

图 6-1　流量控制阀的分类

6.2　节流阀

6.2.1　主要作用

节流阀是结构最简单但应用最广泛的流量阀，经常与溢流阀配合组成定量泵供油的各种节流调速回路或系统。按操纵方式的不同，节流阀可以分为手动调节式普通节流阀、行程挡块或凸轮等机械运动部件操纵式行程节流阀等；节流阀还可以与单向阀等组成单向节流阀、单向行程节流阀等复合阀。按安装连接方式不同，节流阀也有管式和板式之分。

6.2.2　工作原理

以图 6-2(a) 所示的轴向三角槽式节流口型普通节流阀为例，说明节流阀的工作原理如下：阀体上开有进油口 p_1 和出油口 p_2，阀芯 2 端部开有轴向三角槽式节流通道，油液从进油口 p_1 流入，经三角槽节流后从出油口 p_2 流出，通向执行元件或油箱。通过外部调节机构使阀芯做轴向移动，即可改变节流口的通流截面积实现流量的调节。普通节流阀的图形符号见图 6-2(b)。除了上述轴向三角槽式节流通道（口）外，还有针阀式、偏心式、周边缝隙式、轴向缝隙式等节流口形式，其简图、工作原理（流量调节方法）及特点等如表 6-1 所列。

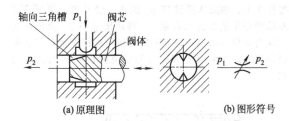

(a) 原理图　　　　　　　(b) 图形符号

图 6-2　节流阀的工作原理与图形符号

表 6-1　常见的节流口形式、流量调节方法原理及特点

序号	节流口形式	结构简图	工作原理（流量调节方法）	特　点
1	针阀式		使针阀做轴向移动即可改变环形节流开口的大小，以调节流量	结构加工简单，但节流口长度大，水力半径小，易堵塞，流量受油温影响较大，用于要求不高的场合
2	偏心式		在阀芯上开一个截面为三角形的偏心槽，转动阀芯就可以改变节流口的大小，由此调节流量	与针阀式节流口相同，但容易制造；其缺点是阀芯上的径向力不平衡，旋转阀芯时较费力，用于低压大流量和稳定性要求不高的场合
3	轴向三角槽式		在阀芯端部开有一个或两个斜的三角槽，轴向移动阀芯就可以改变三角槽通流面积从而调节流量	水力半径较大，小流量时的稳定性较好。当三角槽对称布置时，液压径向力得到平衡，故适用于高压场合

续表

序号	节流口形式	结构简图	工作原理 （流量调节方法）	特　点
4	周边缝隙式		这种节流口在阀芯上开有狭缝，油液可以通过狭缝流入阀芯内孔再经左边的孔流出，旋转阀芯可以改变缝隙节流开口的大小	节流口可做成薄刃结构，从而获得较小的最低稳定流量，但是阀芯受径向不平衡力，故只在低压节流阀中采用
5	轴向缝隙式		在套筒上开有轴向缝隙，轴向移动阀芯就可以改变缝隙的通流面积大小，调节流量	可以做成单薄刃或双薄刃式结构，因此流量对温度变化不敏感，此外，此种节流口水力半径大，小流量时稳定性好，用于性能要求高的场合

6.2.3　典型结构

（1）普通节流阀

图 6-3 所示为板式连接的普通节流阀结构，阀体 6 上开有进油口 p_1 和出油口 p_2，阀芯 2 左端开有轴向三角槽式节流通道 6，阀芯在弹簧 1 的作用下始终贴紧在推杆 3 上。油液从进油口 p_1 流入，经孔道 a 和阀芯 2 左端的三角槽 6 进入孔道 b，再从出油口 p_2 流出，通向执行元件或油箱。调节手把 4 通过推杆 3 使阀芯 2 做轴向移动，即可改变节流口的通流截面积实现流量的调节。

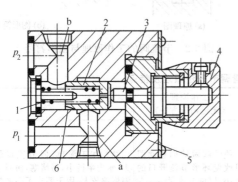

图 6-3　普通节流阀
1—弹簧；2—阀芯；3—推杆；4—调节手把；
5—阀体；6—轴向三角槽

图 6-4 为管式连接的滑阀液压平衡式普通节流阀，节流口开度由调节手轮 8 调整。由于滑阀式阀芯 3 上、下两端分别通过流道 b 和径向通油口 a 与进油口 p_1 相通，故可实现阀芯上下两端液压平衡，阀芯只受复位弹簧 5 的作用紧贴推杆 7，以保持原已调节好的节流口开度。因此，所需调节力矩小，高压下操纵轻便。国产联合设计系列中的 L 型节流阀、榆次油研系列中的 SRT 型节流阀即为此种结构。

图 6-5 为两种普通节流阀的实物外形。

（2）行程节流阀

此类阀又称减速阀，它是依靠行程挡块或凸轮等机

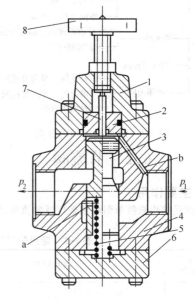

图 6-4　滑阀液压平衡式普通节流阀
1—顶盖；2—导套；3—阀芯；4—阀体；5—复位
弹簧；6—底盖；7—推杆；8—调节手轮

(a) 板式（GE系列LF型，　　(b) 管式（联合设计系列
　上海华岛液压）　　　　　　L型，上海华岛液压）

图 6-5　普通节流阀实物外形

械运动部件推动阀芯以改变节流口通流面积，从而控制通过流量的元件。图 6-6(a) 所示为行程节流阀的结构，行程挡块通过滚轮 1 推动阀芯 4 上下运动。

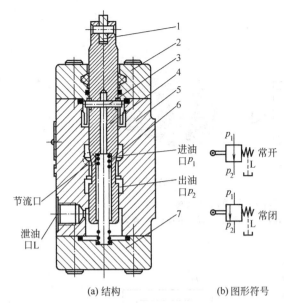

(a) 结构　　　　　　(b) 图形符号

图 6-6　行程节流阀

1—滚轮；2—端盖；3—定位销；4—阀芯；
5—阀体；6—弹簧；7—螺盖

在行程挡块未接触滚轮时，节流口开度最大（常开），从进油口 p_1 进入的压力油经节流口后由出油口 p_2 流出，阀的通过流量最大；在行程挡块接触滚轮后，节流口开度随阀芯逐渐下移逐渐减小，阀的通过流量逐渐减少；当带动挡块的执行元件到达行程终点（规定位置）时，挡块将使阀的节流口趋于关闭，通过流量趋于零，执行元件逐渐停止运动。

泄漏到弹簧腔的油液从泄油口 L 接回油箱。通过改变行程挡块的结构形状，可以使行程节流阀获得不同的流量变化规律，以满足执行元件多种不同运动速度的要求。阀芯结构也可做成节流口开度从零到逐渐开大的形式（常闭式），以使通过阀的流量从小到大变化。

图 6-7　行程节流阀实物外形（榆次油研系列 ZG 型）

图 6-7 为一种板式行程节流阀的实物外形。

（3）单向节流阀

图 6-8 所示为滑阀型压差式单向节流阀。当压力油从 p_1 流向 p_2 时，阀起节流阀作用，反向时起单向阀作用。阀芯 4 的下端和上端分别受进、出油口压力油的作用，在进出油口压差和复位弹簧 6 的作用下，阀芯紧压在调节螺钉 2 上，以保持原来调节好的节流口开度。国产联合设计系列中的 LA 型单向节流阀和榆次油研系列中的 SCT 型单向节流阀即为此种结构。LA 型单向节流阀的实物外形与图 6-5(b) 所示基本相同，SCT 型板式单向节流阀的实物外形见图 6-9。

图 6-10(a) 所示为可以直接安装在管路上的单向节

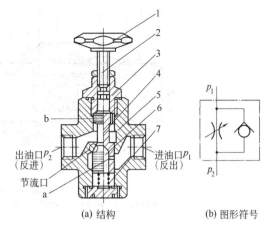

(a) 结构　　　　　　(b) 图形符号

图 6-8　滑阀压差式单向节流阀

1—调节手轮；2—调节螺钉；3—螺盖；4—阀芯；
5—阀体；6—复位弹簧；7—端盖

流阀。节流口为轴向三角槽式结构，旋转调节套 3，可改变节流口通流面积的大小，实现流量调节。正向流动时（B→A）起节流阀作用；反向流动时（A→B）起单向阀作用，由于有部分油液可在环形缝隙中流动，可以清除节流口上的沉积物。阀芯左端有刻度槽，调节套上有刻度圈，

图 6-9　滑阀压差式单向节流阀实物外形（榆次油研系列 SCT 型）

以标志调节流量的大小。该阀流量调节必须在无压力下进行。德国力士乐公司的 MK 型单向节流阀即为此种结构，图 6-10(b) 是其实物外形。

（4）单向行程节流阀

它是行程阀与单向阀组合而成的复合阀（图 6-11）。当压力油从进油口 p_1 流向出油口 p_2 时，起行程节流阀的作用，当压力油反向从出油口 p_2 流向进油口 p_1 时，起单向阀作用，单向阀的压力损失很小。

6.2.4　主要性能

节流阀的性能包括流量-压差特性，最小稳定流量和流量调节范围，内泄漏量，正、反向压力损失和调节特性等。

（1）流量-压差特性

节流阀的流量-压差特性决定于其节流口的结构形式，它常用式(6-1)来描述：

$$q = CA(p_1 - p_2)^{\varphi} = CA\Delta p^{\varphi} \qquad (6-1)$$

式中，C 为由节流口形状、液体流态、油液性质等因素决定的系数，具体数值由实验得出；A 为节流口的通流面积；$\Delta p = p_1 - p_2$ 为节流阀压差；φ 为由节流口形状决定的节流阀指数，其值在 $0.5 \sim 1.0$ 中，由实验求得。

由式(6-1)可知，通过节流阀的流量 q，是通过调节节流口的通流面积获得的，图 6-12 所示为节流阀在

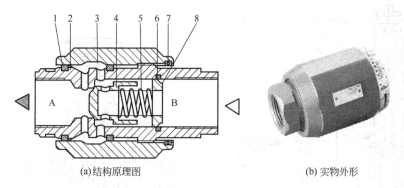

(a)结构原理图　　　　　　　　　(b)实物外形

图 6-10　可以直接安装在管路上的单向节流阀

1—密封圈；2—阀体；3—调节套；4—单向阀；5—弹簧；6,7—卡环；8—弹簧座

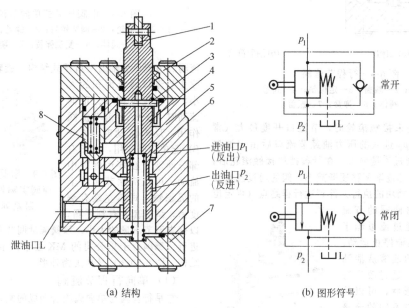

(a) 结构　　　　　　　　　(b) 图形符号

图 6-11　单向行程节流阀

1—滚轮；2—端盖；3—定位销；4—阀芯；5—阀体；6—弹簧；7—螺盖；8—单向阀芯

不同通流面积下的流量-压差特性曲线。在通流面积调毕后，流量能否稳定在所调出的流量上，与节流口前后的压差，油温以及节流口形状等因素密切相关。

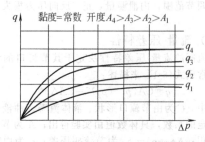

图 6-12　节流阀的流量-压差特性曲线

在使用中，如果节流阀装在执行元件的进油路上，则节流阀出口压力亦即负载压力会因负载的变化而变化，故节流阀前后的压差亦在变化，使流量不稳定。节

流阀流量抵抗压差变化的能力可用节流阀刚性 k [式6-2]反映，k 越大，节流阀流量抵抗压差变化的能力越强，即阀的流量稳定性越好。

$$k=\frac{\partial \Delta p}{\partial q}=\frac{\Delta p^{1-\varphi}}{CA\varphi} \tag{6-2}$$

式(6-2) 中的 φ 越大，k 越小，Δp 的变化对流量的影响亦越大，因此薄壁孔（$\varphi=0.5$）节流口比细长孔（$\varphi=1$）节流口好。

油液温度的变化引起黏度变化，从而对流量发生影响，这在细长孔式节流口上是十分明显的。对薄壁孔式节流口来说，当雷诺数大于临界值时，流量系数不受油温影响，但当压差小，通流截面积小时，流量系数与雷诺数有关，流量要受到油温变化的影响。

（2）最小稳定流量和流量调节范围

当节流阀的通流截面积很小时，在保持所有因素不变的情况下，通过节流口的流量会出现周期性的脉动，甚至造成断流,此即为节流阀的阻塞现象。节流口的阻塞会使液压系统中执行元件的速度不均匀。因此每个节流阀都有一个能正常工作的最小流量限制,称为节流阀的最小稳定流量。

节流口发生阻塞的主要原因是油液中含有杂质或油液高温氧化后析出胶质、沥青等黏附在节流口的表面上。当附着层达到一定厚度时,就会造成节流阀断流。减小阻塞现象的有效措施是采用水力半径大的节流口。另外,选择化学稳定性好和抗氧化稳定性好的油液,并注意精心过滤,定期更换,都有助于防止节流口阻塞。

流量调节范围指通过阀的最大流量和最小流量之比,一般在 50 以上,高压流量阀则在 10 左右。

(3) 内泄漏量

它是指节流阀全闭时,进油口压力调至额定压力下,从阀芯与阀体间隙由进油口漏至出油口的流量。

(4) 正、反向压力损失

节流阀全开并通过额定流量时,进出口之间的压力差值,称为正向压力损失;单向节流阀反向流经单向阀时的压力差,称为阀的反向压力损失。

(5) 调节特性

节流阀的调节应轻便、准确。在小流量调节时,如通流面积相对于阀芯位移的变化率较小,则调节的精确性较高。

6.2.5 使用要点

(1) 应用场合

节流阀的优点是结构简单、价格低廉,调节方便,但由于没有压力补偿措施,所以流量稳定性较差。常用于负载变化不大或对速度控制精度要求不高的定量泵供油节流调速液压系统中。有时也用于变量泵供油的容积节流调速液压系统中。

① 串联节流调速。将执行元件的进口前串接一个、出口后串接一个或进口前、出口后各串接一个节流阀,可以组成进油节流调速回路、回油节流调速回路或进回油节流调速回路(见图 6-13),通过调节节流阀的通流面积即流量,即可实现执行元件的速度调节。在串联节流调速回路中,液压泵出口主油路上必须并联溢流阀,以保证节流阀工作时,将液压泵多余的流量溢回油箱。

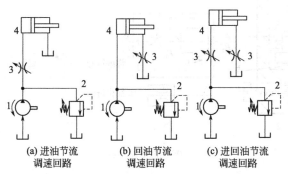

图 6-13 采用节流阀的串联节流调速回路
1—定量液压泵;2—溢流阀;3—节流阀;4—液压缸

② 并联(旁路)节流调速。将执行元件的进口前并接一个节流阀,可以组成并联(旁路)节流调速回路(见图 6-14),通过调节节流阀的通流面积即流量,即可实现执行元件的速度调节。在并联节流调速回路中,液压泵出口主油路上必须并联溢流阀,对系统实施安全保护。

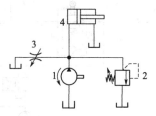

图 6-14 采用节流阀的并联节流调速回路
1—定量液压泵;2—溢流阀;3—节流阀;4—液压缸

③ 执行元件减速。图 6-15 所示为采用行程减速阀的执行元件减速回路。二位四通换向阀 4 切换至左位时,液压泵 1 的压力油进入液压缸 6 的无杆腔,活塞快速右行,液压缸经行程节流阀 5 和换向阀 4 向油箱排油,活塞到达规定位置时,挡块 7 逐渐压下行程节流阀 5,使活塞运动减速直至阀 5 的节流口完全关闭,此时,液压缸回油经单向节流阀 3 中的节流阀向油箱排油,液压缸的速度由节流阀 3 的开度决定。换向阀 4 切换至图示右位时,泵 1 的压力油经阀 4、单向节流阀 3 中的单向阀进入缸 6 的有杆腔,液压缸快速退回。该回路结构简单,减速行程可通过调整挡块 7 的位置实现。

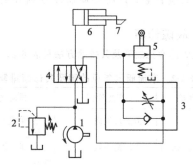

图 6-15 采用行程节流阀的执行元件减速回路
1—定量液压泵;2—溢流阀;3—单向节流阀;
4—二位四通换向阀;5—行程节流阀;
6—液压缸;7—挡块

④ 执行元件缓冲。图 6-16 所示为采用单向行程节流阀的执行元件缓冲回路。双杆液压缸进出口油路设置了单向行程节流阀 4 和 5,当二位四通换向阀 3 左位工作时,液压泵 1 的压力油经阀 3、阀 4 的单向阀进入液压缸的左腔,右腔的油液经阀 4 中的行程节流阀回油,活塞杆右行,当液压缸行程接近右端终点时,随同活塞杆一并运动的活动挡块 8 逐渐压下阀 5 中的行程节流阀,直至关闭,使液压缸速度逐渐变慢,直至平缓停止,以免出现终点冲击,达到缓冲目的。而液压缸左行时的缓冲则由单向行程节流阀 4 实现,工作原理与右行时相同。

(2) 注意事项

① 普通节流阀的进口和出口,有的产品可以任意对调,但有的产品则不可以对调,具体使用时,应按照

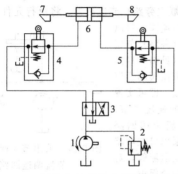

图 6-16　用单向行程节流阀的缓冲回路
1—定量液压泵；2—溢流阀；3—二位四通
换向阀；4、5—单向行程节流阀；
6—液压缸；7、8—挡块

产品使用说明正确接入系统。

② 节流阀不宜在较小开度下工作，否则极易阻塞并导致执行元件爬行。

③ 行程节流阀和单向行程节流阀应用螺钉固定在行程挡块路径的已加工基面上，安装方向可根据需要而定；挡块或凸轮的行程和倾角应参照产品说明制作，不应过大。

④ 节流阀开度应根据执行元件的速度要求进行调节，调闭后应锁紧，以防松动而改变调好的节流口开度。

6.2.6　故障诊断

节流阀的常见故障及其排除方法见表 6-2。

表 6-2　节流阀的常见故障及其诊断排除

故障现象	产生原因	排除方法
1. 流量调节失灵	①密封失效	①拆检或更换密封装置
	②弹簧失效	②拆检或更换弹簧
	③油液污染致使阀芯卡阻	③拆开并清洗阀芯或换油

续表

故障现象	产生原因	排除方法
2. 流量不稳定	①锁紧装置松动	①锁紧调节螺钉
	②节流口堵塞	②拆洗节流阀
	③内泄漏量过大	③拆检或更换阀芯与密封
	④油温过高	④降低油温
	⑤负载压力变化过大	⑤尽可能使负载不变化或少变化
3. 行程节流阀不能压下或不能复位	①阀芯卡阻	①拆检或更换阀芯
	②泄油口堵塞致使阀芯反力过大	②泄油口接油箱并降低泄油背压
	③弹簧失效	③检查更换弹簧

6.3　调速阀

6.3.1　主要作用

调速阀是为了克服节流阀因前后压差变化影响流量稳定的缺陷而发展的一种流量阀。普通调速阀是由节流阀与定差减压阀串联而成的复合阀，其中节流阀用于调节通流面积，从而调节阀的通过流量；减压阀则用于压力补偿，以保证节流阀前后压差恒定，从而保证通过节流阀的流量亦即执行元件速度的恒定，故定差减压阀又称为压力补偿器。通过增设温度补偿装置，可以构成温度补偿调速阀，它可使调速阀的通过流量不受油温变化的影响。调速阀在结构上增加一个单向阀还可以组成单向调速阀，油液正向流动时起调速作用，反向流动时起单向阀作用。与节流阀类似，调速阀经常与溢流阀配合组成定量泵供油的各种节流调速回路或系统。

6.3.2　工作原理

调速阀由节流阀和定差减压阀串联而成。定差减压阀可以串接在节流阀之前，也可以串接在节流阀之后，两种结构的原理图及图形符号见图 6-17 和图 6-18。由于减压阀串接在节流阀之前的结构应用较多，故以此种结构的调速阀说明其工作原理如下。

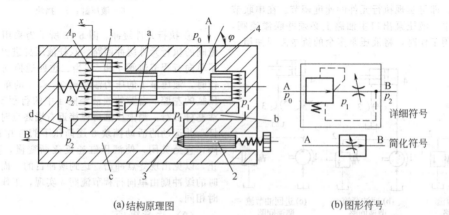

(a) 结构原理图　　　　　　　(b) 图形符号

图 6-17　调速阀的结构原理（减压阀在前）
1—减压阀芯；2—节流阀芯；3—节流阀口；4—减压阀口

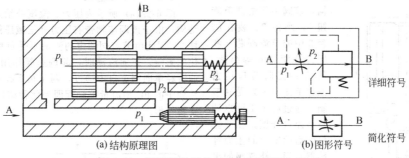

(a) 结构原理图　　　　　　(b) 图形符号

图 6-18　调速阀的结构原理（减压阀在后）

如图 6-17 所示，调速阀的进口 A 即为定差减压阀的进口，定差减压阀的出口即为节流阀的进口，而节流阀的出口 B 也就是调速阀的出口。液压油从减压阀口 4 流入后将调速阀进口压力降至 p_1，并分别通过流道 a 和 b 与节流阀通向减压阀芯大圆柱右端和小圆柱左端，节流阀阀口 3 又将 p_1 降至 p_2 并通过流道 d 与减压阀芯 1 左端的弹簧腔相通。调速阀的外压差 Δp_w，是整个阀的进油口 A 的压力 p_0 与出油口 B 的压力 p_2 的压差，$\Delta p_w = p_0 - p_2$；调速阀的内压差 Δp_n，是节流阀的进油口压力 p_1 与出油口的压力 p_2 的压差，$\Delta p_n = p_1 - p_2$，该压差实质就是定差减压阀的反馈压差。

由图 6-17(a) 可建立节流阀的进出口压差公式 (6-3) 和流量公式 (6-4)：

$$p_n = p_1 - p_2 = \frac{k(x_0 - x) - \rho qv\cos\varphi}{A_j} \tag{6-3}$$

$$q = CA\Delta p_n^\varphi = CA(p_1 - p_2)^\varphi \tag{6-4}$$

式中，A_j 为定差减压阀的阀芯有效作用面积；k 为定差减压阀的弹簧刚度；x_0 为定差减压阀弹簧压缩量；x 为定差减压阀的阀芯位移；ρ 为油液密度；$v\cos\varphi$ 为油液进入定差减压阀的流速轴向分量。其余符号意义参见上述及式 (6-1)。

通常在调速阀的结构设计中使 A_j 和 x_0 较大，k 较小，所以式 (6-3) 中分子上的弹簧力 $k(x_0 - x)$ 和液

动力 $\rho qv\cos\varphi$，在压差 Δp_w 变化时，变化量就不大，使得 Δp_n 变化较小。例如负载压力亦即节流阀出口压力 p_2 增大使调速阀的内压差 Δp_n，即节流阀的进油口压力 p_1 与出油口的压力 p_2 的压差（$\Delta p_n = p_1 - p_2$）减小时，则作用在减压阀芯左端的液压力增大，使阀芯迅速右移，减压阀的开口自动加大达到某一平衡位置，减压作用减弱，因而使节流阀进口压力 p_1 随之增大，结果使调速阀的内压差 Δp_n，即节流阀的进油口压力 p_1 与出油口的压力 p_2 的压差（$\Delta p_n = p_1 - p_2$）恢复到内压差 Δp_n 变化前的数值。反之亦然。这样就使通过调速阀的流量恒定不变，执行元件的运动速度稳定，不受负载变化之影响。但是，与节流阀相比，由于液流经过调速阀时，多经过一个可变液阻，产生压降 $p_0 - p_1$，及无效热能，既损失液压功率，又产生对油液和系统有害的温升，尤其是当调速阀外部负载很小时，液压功率几乎全部损失于压力补偿器上。

6.3.3　典型结构

(1) 普通调速阀

图 6-19 所示为普通调速阀的结构（板式连接）。调速阀中的减压阀和节流阀均采用阀芯、阀套式结构。调速阀的流量通过节流调节部分调节，节流阀前后压差变化由减压阀补偿。国产 QF 型调速阀即为此种结构。

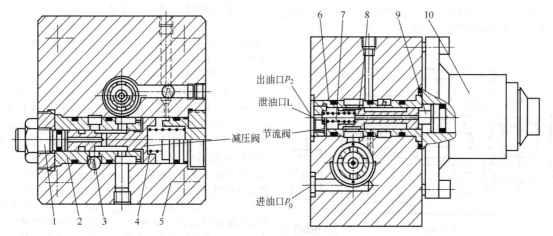

图 6-19　普通调速阀的结构

1—调节螺钉；2—减压阀套；3—减压阀芯；4—减压阀弹簧；5—阀体；6—节流阀套；
7—节流阀弹簧；8—节流阀芯；9—调节螺杆；10—节流调节部分

图 6-20 所示为一种二通调速阀（板式连接）的结构，该阀主要由调节旋钮 1、阀体 2、装在阀套 3 中的节流阀芯 9 和压力补偿器 6 等组成。从 A 口流向 B 口压力油在节流口 8 处受到节制。通过旋钮 1 可以调节节流口开度。在节流口的后面安装的压力补偿器 6 用于补偿阀的出口压力变化。弹簧 7 分别压紧压力补偿器 6 和节流阀芯 8。当没有油流过阀时，弹簧压紧压力补偿器，使它处于开启状态。一旦油液通过阀时，来自 A 的压力油通过节流孔 5 在压力补偿器上产生一个力。压力补偿器 6 动作，直到其上的作用力互相平衡，达到一个调定位置。若 A 口的压力升高，压力补偿器向关闭位置运动，直到其上的作用力再次平衡。由于压力补偿器的这种恒定"随动作用"，调速阀能获得恒定的流量。力士乐系列中的 2FRM 型调速阀即为此种结构。

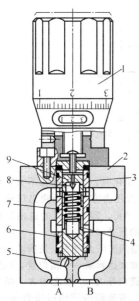

图 6-20　二通调速阀

1—调节旋钮；2—阀体；3—阀套；4—减压阀口；5—节流孔；6—压力补偿器；7—弹簧；8—节流口；9—节流阀芯

（2）温度补偿调速阀

此类阀的原理是借助温度补偿装置，使调速阀中的节流阀口大小随油温变化自动作相应改变，利用节流阀口的变化对流量的影响来补偿油温变化对流量的影响，从而保证调速阀流量的稳定。最常用的温度补偿装置是一个温度补偿杆 2，如图 6-21(a) 所示（图中未画出减压阀）。它与节流阀阀芯 4 相连。当油温升高（或降低）时，温度补偿杆 2 受热伸长（或缩短），于是带着节流阀阀芯 4 移动使节流开口 3 减小（或增大）。

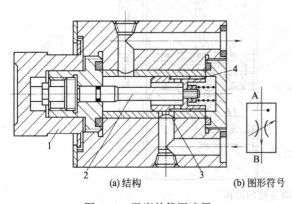

(a)结构　　(b)图形符号

图 6-21　温度补偿调速阀

1—手柄；2—温度补偿杆；3—节流口；4—节流阀阀芯

（3）单向调速阀

图 6-22(a) 所示为压力、温度补偿式单向调速阀的结构，由于该调速阀带有压力补偿减压阀 3 和温度补偿杆 5，因此由节流阀调定的流量不受负载压力及油温变化的影响。正向流动时，起调速阀作用，反向流动时，油液经单向阀 2 自由通过，调速阀不起作用。榆次油研系列中的 FC 型流量控制阀即为此种结构，图 6-23 是其实物外形。

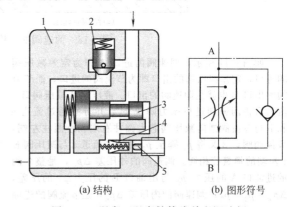

(a) 结构　　(b) 图形符号

图 6-22　压力、温度补偿式单向调速阀

1—阀体；2—单向阀芯；3—减压阀芯；4—节流阀芯；5—温度补偿杆

图 6-23　单向调速阀（榆次油研系列中的 FC 型）

6.3.4　主要性能

调速阀的性能有静态（稳态）特性和动态特性两类。静态（稳态）特性指稳态情况下，调速阀某些参数之间的关系；动态特性指溢流阀被控参数在工况瞬变情况下，某些参数之间的关系。

（1）静态特性

① 流量-压差特性。由式(6-3) 和式(6-4) 可绘出调速阀在不同节流阀口开度（由小到大分别为 A_1、A_2、A_3、A_4、A_5）下，逐渐改变调速阀的进、出口压差 Δp_w 的流量-压差变化特性曲线簇（见图 6-24）。曲线的水平度越好，其流量稳定性越好，即调速阀调定流量的抗负载干扰能力越好。但由于定差减压阀弹簧是有预压缩量的，所以在反馈压差合力 $\Delta p_n A_j$ 小于弹簧预压缩力时，也就是 $\Delta p_n < \Delta p_{nmin}$（$\Delta p_{nmin}$ 是反馈压差合力与弹簧预压缩力及液动力合力相等时的节流阀口压差）时，压力补偿器不起作用，它的减压节流口是一个不变的节流口。在此工作区段内，调速阀只是一个不变开度的液阻与可变开度的液阻串联的节流阀。与 Δp_{rmin}

相对应，有一个调速阀负载压差的 Δp_{wmin} 值，即最小工作压差，在不同的节流阀口开度下，Δp_{wmin} 值不同。因此，将节流阀口最大开度的 Δp_{wmin} 值作为调速阀的最小工作压差，低于此工作压差，减压阀口全开，调速阀不能保证恒流量控制。因此，调定 p_0 和 p_2 时，必须保证 $p_0 - p_2$ 大于最小工作压差。

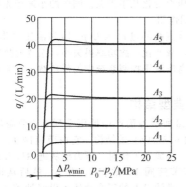

图 6-24　调速阀的流量-压差特性曲线

② 最小稳定流量。调速阀能正常工作的最小流量称为最小稳定流量。

③ 流量调节范围。调速阀的最小稳定流量和最大流量之间的范围称为流量调节范围。

④ 反向压力损失。在公称流量下液压油反向流过单向调速阀时的压力损失称为反向压力损失。

（2）动态特性

动态特性通常用调速阀的出口压力即负载压力阶跃特性描述。用图 6-25 所示的流量控制阀的动态特性试验系统 [手动变量泵 1 为液压源，被试阀 5 可以是调速阀、节流阀以及溢流节流阀。如果被试阀是溢流节流阀（见 6.4 节）则可以从被试阀的 T 口另接一根直接回油箱的管道，此时溢流阀 2 就起系统安全阀作用。而在其他情况下，阀 2 起定压溢流作用。快速二位二通电磁阀 8 和一对节流阀 7、9 用于被试阀加载，是系统的负载压力调节装置。动态流量计 11 用于测量被试阀的流量]，可测得调速阀的负载压力阶跃特性曲线。

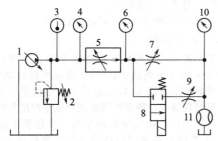

图 6-25　调速阀动态特性试验系统
1—手动变量泵；2—溢流阀；3—温度计；4、6、10—压力计；5—被试阀；7、9—节流阀；8—二位二通电磁换向阀；11—动态流量计

例如，调速阀的流量调定为某一值（如 35L/min）时，使加载节流阀 7 全闭，加载节流阀 9 全开，换向阀

8 处于断电位置（上位），此时，调速阀进口压力 p_0 和出口压力 p_2 均为溢流阀设定压力（假设为 18MPa），通过调速阀的流量为零（系统油液从溢流阀 2 回油箱）。此时，当换向阀 8 突然通电切换至下位，出口压力 p_2 突然从 18MPa 负向阶跃至零压，所记录的调速阀流量响应特性曲线如图 6-26 所示。被试阀的流量响应时间约为 130ms，流量超调率比较大，大约为 220%。

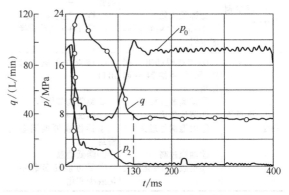

图 6-26　调速阀负载压力阶跃响应特性曲线

通常要求调速阀的响应时间要快，流量超调率要小。此类调速阀的动态性能主要取决于定差减压阀的动态特性。由于调速阀前、后压差 Δp_{w} 阶跃变化时，减压阀阀芯响应滞后，使节流阀口的压差 Δp_{n} 突然增大，造成通过的流量超调。减压阀的初始位置常为全开状态，当突然投入工作时，主节流口受到全压差作用；另一方面，减压阀阀芯从原始位置快速进入工作位置时，要从弹簧腔排出液体。这两个因素造成调速阀流量瞬时超调量非常大。

6.3.5　使用要点

（1）应用场合

调速阀的优点是流量稳定性好，但压力损失较大。常用于负载变化大而对速度控制精度又要求较高的定量泵供油节流调速液压系统中。有时也用于变量泵供油的容积节流调速液压系统中。在定量泵供油节流调速液压系统中，可与溢流阀配合组成串联节流（进口节流、出口节流、进出口节流）和并联（旁路）节流调速回路或系统。其回路原理图只要将图 6-13 与图 6-14 所示的节流阀调速回路中的节流阀用调速阀替代即可得到。

（2）注意事项

① 调速阀（不带单向阀）通常不能反向使用，否则，定差减压阀将不起压力补偿器的作用。

② 为了保证调速阀正常工作，调速阀的工作压差应大于阀的最小压差 Δp_{min}。高压调速阀的最小压差 Δp_{min} 一般为 1MPa，而中低压调速阀的最小压差 Δp_{min} 一般为 0.5MPa。

③ 流量调整好后，应锁定位置，以免改变调好的流量。

④ 在接近最小稳定流量下工作时，建议在系统中调速阀的进口侧设置管路过滤器，以免阀阻塞而影响流

量的稳定性。

6.3.6　故障诊断

调速阀的常见故障及其诊断排除方法见表 6-3。

表 6-3　调速阀的常见故障及其诊断排除方法

故障现象	产生原因	排除方法
1. 流量调节失灵	①密封失效 ②弹簧失效 ③油液污染致使阀芯卡阻	①拆检或更换密封装置 ②拆检或更换弹簧 ③拆开并清洗阀或换油
2. 流量不稳定	①调速阀进出口接反,压力补偿器不起作用 ②锁紧装置松动 ③节流口堵塞 ④内泄漏量过大 ⑤油温过高 ⑥负载压力变化过大	①检查并正确连接进出口 ②锁紧调节螺钉 ③拆洗阀 ④拆检或更换阀芯与密封 ⑤降低油温 ⑥尽可能使负载不变化或少变化

6.4　溢流节流阀

6.4.1　主要作用

溢流节流阀是另一种形式的带有压力补偿装置的流量控制阀,这种阀是由节流阀与一个起稳压作用的溢流阀并联组合而成的复合阀。其中,节流阀用于调节通流面积,从而调节阀的通过流量;溢流阀用于压力补偿,以保证节流阀前后压差恒定,从而保证通过节流阀的流量亦即执行元件速度的恒定。溢流节流阀多用于定量泵供油的进口节流调速系统或变量泵供油的联合调速系统。

6.4.2　工作原理

图 6-27(a) 所示为溢流节流阀的结构原理图。定差溢流阀 2 与节流阀 3 并联,P 口接非恒压油源液压泵;经减压阀口后的油液一部分经节流阀后通过 A 口接负

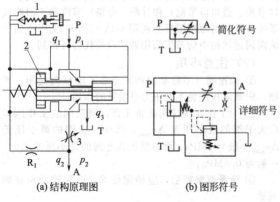

(a) 结构原理图　　(b) 图形符号

图 6-27　溢流节流阀的原理
1—先导压力阀；2—定差溢流阀；3—节流阀

载,其压力为 p_2,另一部分经 T 口溢回油箱。节流阀口两端压力 p_1 和 p_2 分别引到定差溢流阀阀芯左右两端,与作用在阀芯上的弹簧力相平衡。在负载压力 p_2 变化时,作为压力补偿器的定差溢流阀,使 P 口压力 p_1 相应变化,保持节流阀口的工作压差 $\Delta p(\Delta p = p_1 - p_2)$ 基本不变,从而使通过节流阀口的流量为恒定值,而与负载压力变化几乎无关。图中的小通径先导压力阀 1 起安全阀作用。

溢流节流阀的进口压力 p_1 即为液压泵出口压力,因其能随负载变化,故功率损失小,系统发热减小,这对于中、高压液压控制系统中的低负载工况来说,十分有价值。

6.4.3　典型结构

图 6-28 所示为国产中低压系列 LY 型溢流节流阀(额定压力 6.3MPa)的结构,它由节流阀 1、安全阀 2 和溢流阀 3 构成。工作时,压力油从进油口 h 进入沉割槽 a,再经节流阀 1、油腔 c、孔 b,最后从出油口流出。同时,进油口 h 的压力油还可以经油腔 g,溢流阀的溢流口、沉割槽 f,最后从回油口溢出。节流阀的压力油作用于溢流阀阀芯大台肩的左边,并通过中心孔 e 作用于阀芯左端面上。节流阀后的压力油经流道孔 d 和 i 作用于溢流阀阀芯右端,使阀芯进行自动调节。节流阀后的油液还经流道孔 d 作用在安全阀 2 的锥阀芯上,一旦系统过载,安全阀将打开,从液压泵来的油液全部溢回油箱。

图 6-29 所示为威格士系列 FRG-03 型溢流节流阀(最高工作压力 21MPa)的结构,该阀由起稳压作用的溢流阀(压力补偿装置)4 和节流阀(温度补偿式节流装置)2 并联而成。进油口的油液压力为 p_1,油液一部分进入节流装置,另一部分经溢流口流回油箱。节流阀后的出油压力为 p_2,p_1 和 p_2 又分别作用到溢流阀阀芯的右端和左端。当负载增加,即 p_2 增加时,阀芯右移,关小溢流口,使 p_1 增加,因而节流阀前后的压力差($p_1 - p_2$)基本保持不变。当负载减小时,即 p_2 减小,阀芯左移,溢流口加大,压力 p_1 降低,压力差($p_1 - p_2$)仍保持不变,因而流量也基本不变。当 L 口接油箱时,可使液压泵卸荷。

图 6-30 为一种溢流节流阀的实物外形。

6.4.4　主要性能

溢流节流阀的主要性能是流量-负载压力特性。图 6-31 所示为溢流节流阀的流量-负载压力特性曲线簇,图中节流阀口的开度为 $A_1 < A_2 < A_3$。曲线平行于横坐标轴的平行度越高,则说明阀的调定流量的抗负载干扰能力越好。同样,溢流节流阀也有一个最低工作压力 Δp_{min}。通常溢流节流阀中压力补偿装置的弹簧较硬,故压力波动较大,流量稳定性较普通调速阀差,通过流量较小时更为明显。

6.4.5　使用要点

(1) 应用场合

由于溢流节流阀的流量稳定性不如调速阀好,故只

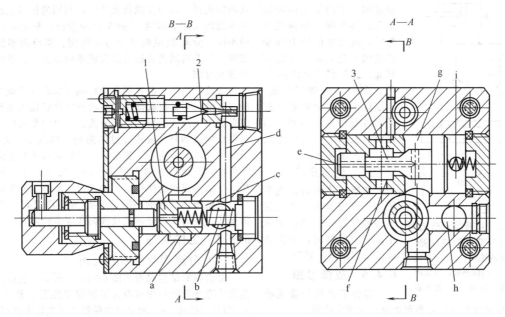

图 6-28　中低压溢流节流阀
1—节流阀；2—安全阀；3—溢流阀
a、f—沉割槽；b、d、i—流道孔；c、g—油腔；e—中心孔；h—进油口

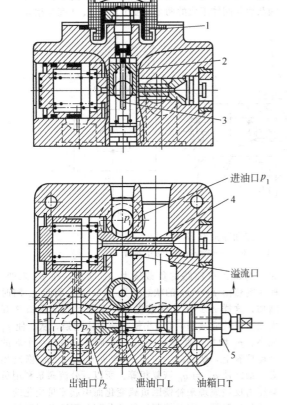

图 6-29　FRG-03 型溢流节流阀
1—调节轴；2—温度补偿式节流装置；3—温度补偿杆；
4—压力补偿装置；5—安全阀

图 6-30　溢流节流阀的实物外形
（榆次油研系列 FB 型）

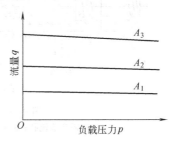

图 6-31　溢流节流阀的流量-负载压力特性曲线簇

适用于速度稳定性要求不太高而功率较大的节流调速系统。另外由于溢流节流阀使泵的出口压力随负载压力变化而变化，且两者仅相差节流阀口压差，故使用中溢流节流阀只能布置在液压泵的出口。

图 6-32 所示为采用溢流节流阀的进口节流调速回路。三位四通电磁换向阀 3 切换至左位时，定量液压泵 1 的压力油经换向阀 3、溢流节流阀 4 进入液压缸 6 的无杆腔（有杆腔的油液经阀 3 和背压单向阀 2 回油箱），液压缸右行，其速度取决于溢流节流阀中的节流阀开度决定的流量，泵的出口压力取决于负载大小，多余流量

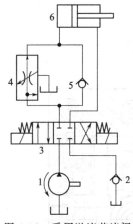

图 6-32　采用溢流节流阀
的进口节流调速回路
1—定量液压泵；2、5—单向
阀；3—三位四通电磁换向阀；
4—溢流节流阀；6—液压缸

通过阀 4 中的溢流阀溢回油箱；换向阀 3 切换至右位时，液压泵的压力油全部经阀 3 进入液压缸的有杆腔，无杆腔经单向阀 5、阀 3 和阀 2 向油箱排油，液压缸退回。如果液压缸伸出过程中系统超载，则溢流节流阀 4 中的安全阀打开，液压泵溢流。

（2）注意事项

如果所使用的溢流节流阀带有安全阀，则系统不必另配置安全阀；在使用溢流节流阀时，要注意溢流口回油背压要低。

6.4.6　故障诊断

溢流节流阀的常见故障及其诊断排除方法可参照调速阀的相关内容。

6.5　分流-集流阀（同步阀）

6.5.1　主要作用

分流-集流阀用来保证液压系统中两个或两个以上的执行元件，在承受不同负载时仍能获得相同或成一定比例的流量，从而使执行元件间以相同的位移或相同的速度运动（同步运动），故又称同步阀。根据液流方向的不同，分流-集流阀可分为分流阀、集流阀和分流集流阀，与单向阀组合还可以构成单向分流阀、单向集流阀等复合阀。

分流阀按固定的比例自动将输入的单一液流分成两股支流输出；集流阀按固定的比例自动将输入的两股液流合成单一液流输出；单向分流阀与单向集流阀使执行元件反向运动时，液流经过单向阀，以减小压力损失；分流阀及单向分流阀、集流阀及单向集流阀只能使执行元件在一个运动方向起同步作用，反向时不起同步作用。分流集流阀能使执行元件双向运动都起同步作用。

根据结构原理的不同，分流-集流阀又可分为换向活塞式、挂钩式、可调式及自调式等多种形式。

6.5.2　工作原理

（1）分流阀及单向分流阀

分流阀的结构原理如图 6-33(a) 所示，它由两个结构尺寸完全相同的薄刃圆孔型固定节流孔 1 和 2，阀体 5、阀芯（滑阀）6，两个对中弹簧 7 等主要零件所组成。P 为进油口，A 和 B 为分流出口。阀芯 6 的中间凸台将阀分成完全对称的左、右两部分。位于左边的油室 a 通过阀芯中心小孔 d 与滑阀右端弹簧腔相通，位于右边的油室 b 通过阀芯的另一个中心小孔 c 与滑阀左端弹簧腔相通。装配时对中弹簧保证阀芯处于中间位置，阀芯两端凸肩与阀体组成的两个可变节流口 3、4 完全相等。

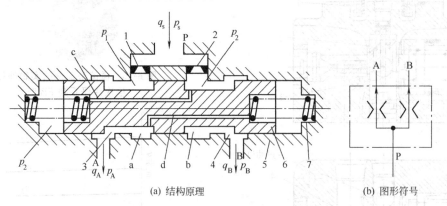

(a) 结构原理　　　　　　　　　　(b) 图形符号

图 6-33　分流阀的结构原理和图形符号
1、2—固定节流孔；3、4—可变节流口；5—阀体；6—阀芯；7—对中弹簧

稳态工况下，分流阀的进口压力油分成两个并联支路，经过固定节流孔 1 和 2，分别进入油腔 a、b，然后由可变节流口 3、4 经阀的出口 A、B 通向两个执行元件，压力分别为 p_A 和 p_B，流量分别为 q_A 和 q_B。由于可变节流口 3、4 相同，故油腔 a、b 的压力 p_1、p_2 相等，固定节流孔前后的压力差 $\Delta p_1 = p_s - p_1 = p_s - p_2 = \Delta p_2$，根据流量公式可知，经节流孔的流量也即通往执行元件的两条支路的流量 $q_A = q_B = q_s/2$，所以在两个执行元件结构尺寸完全相同时，运动速度将保持同步。

工作中，如果 A、B 出口油路的负载压力不相同时，例如 A 口油路的负载压力 p_A 增加，而 p_B 未变，此时突然由 $p_A = p_B$ 的状态变为 $p_A > p_B$，引起 p_1 瞬时增加，这样 $p_1 > p_2$，阀芯左移，于是可变节流口 3 开大使节流效应减弱、4 关小使节流效应增强，从而使 p_1 减小，p_2 增加，直至 $p_1 = p_2$ 时，阀芯停留在一个新的平衡位置上，使 $\Delta p_1 = p_s - p_1$ 与 $p_s - p_2 = \Delta p_2$ 恢复相等，最终使 q_A 与 q_B 恢复相等。所以，分流阀是利用负载压力反馈原理来补偿因负载变化而引起流量变化的一种流量控制阀。它只控制流量的分配，而不控制流量的大小。

在上述分流阀基础上添加两个单向阀即可构成单向

分流阀，其结构原理和图形符号如图 6-34 所示。P 为进油口，A 和 B 为分流出口。当压力油从 P 口进入从分流口 A 和 B 流出时，单向阀 5、6 关闭，油液经分流阀起分流作用；当油液反向从油口 A 和油口 B 流入，从油口 P 流出时，单向阀 5、6 打开，分流阀不起作用，油液流经阀时的阻力损失很小。限位螺钉 3、4 用以限制分流阀芯 2 的左右移动位置。

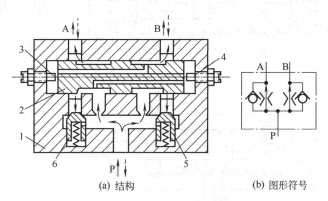

(a) 结构　　　　　　(b) 图形符号

图 6-34　单向分流阀的结构原理与图形符号
1—阀体；2—分流阀芯；3、4—限位螺钉；5、6—单向阀

（2）集流阀和单向集流阀

集流阀及单向集流阀与上述分流阀及单向分流阀的结构工作原理相似，只是集流阀是按固定的比例自动将输入的两股液流合成单一液流输出；单向集流阀使执行元件反向运动时，液流经过单向阀，以减小压力损失；集流阀及单向集流阀只能使执行元件在一个运动方向起同步作用，反向时不起同步作用。集流阀及单向集流阀的图形符号如图 6-35 所示。

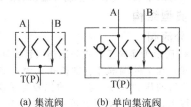

(a) 集流阀　　　　(b) 单向集流阀

图 6-35　集流阀及单向集流阀的图形符号

（3）分流集流阀

图 6-36 所示为分流集流阀的结构原理与图形符号，其中图 (a) 为分流阀工况，图 (b) 为集流阀工况。为叙述方便起见，在图 (a) 上注有中心线 O—O，将靠拢 O—O 称为内侧，背离 O—O 称为外侧。图 (a)、(b) 均为 $p_B > p_A$ 的工况状态。

在图 6-36(a) 中，1 与 2 是左、右两个对称的阀芯，3 为阀体，d_A 与 d_B 分别是左、右两个阀芯上的固定节流孔，此两孔的直径应相等，b_A 与 b_B 分别是左、右阀芯圆孔与阀体上相对应的沉割槽形成的可变节流口。在集流工况时，可变节流口由圆孔与沉割槽内侧边组成可变节流口。左固定节流孔 d_A 与可变节流口 b_A 之间形成左侧油腔 a，腔内压力为 p_1。右固定节流孔 d_B 与可变节流口 b_B 之间形成右侧油腔 b，腔内压力为 p_2。阀中的一个内侧弹簧 4 和一对外侧弹簧 5_A、5_B 的主要作用是确定分流集流阀的初始状态。A 和 B 是分流集流阀的两个工作油口，分别接通两个负载执行元件，压力分别为 p_A 和 p_B；总油口 P(T) 在分流工况将泵源的高压油引入阀，此时为进油口，由于此口在集流工况作排油口用，故在图 6-36(a) 上记作 P(T) 口；总油口在集流工况将阀内低压油排出，此时为排油口，故在图 6-36(b) 上记作 T(P)。

在图 6-36(a) 所示的分流工况下，进入 P(T) 口后的高压油被分成两股分别流向 d_A 与 d_B 两个固定节流孔，经过固定节流孔时分别产生压力降 $\Delta p_1 = p_s - p_1$ 和 $\Delta p_2 = p_s - p_2$，左、右两个阀芯 1 和 2 内侧压力都是高压 p_s，外侧分别是低于 p_s 的压力 p_1 和 p_2，强迫阀芯 1 和 2 向左、右外侧做相互背离的移动，直至阀芯上的钩子相互钩住，两个阀芯形成一个整体，而且在整个分流工况中，钩子不会松开。

在 $p_A = p_B$ 的稳态工况下，阀芯 1 和 2 由于外部条件对称而处于对称位置，可变节流阀口 b_A 与 b_B 的开口度相等，通过左、右两侧固定节流孔 d_A 和 d_B 的油液压力降 $\Delta p_1 = p_s - p_1$ 和 $\Delta p_2 = p_s - p_2$ 相等，根据流量公式，可知通过两工作油路的油液流量 $q_A = q_B$。当负载压力不相同时，如右侧负载压力 p_B 突然增加，而左侧 p_A 未变，此时突然由 $p_A = p_B$ 的状态变为 $p_B > p_A$，引发瞬态压力反馈，使压力 p_2 急剧升高，推动整体阀芯向左移动，使左侧可变节流口 b_A 关小，节流效应增强，左侧油腔 A 压力升高，同时，还由于 p_2 的升高，伴随着右路流量 q_B 减小，左路 q_A 增大，此因素也协同节流效应促使 p_1 升高，直至 $p_1 = p_2$，整体阀芯停止于左侧的新的平衡位置上，两侧的可变节流口 b_A 与 b_B 的开度是不相等的，但通过左、右两侧固定节流孔 d_A 和 d_B 的油液压力降 $\Delta p_1 = p_s - p_1$ 和 $\Delta p_2 = p_s - p_2$ 又恢复相等，最终两路流量又恢复相等状态（新的稳态），这是一种压力负反馈的结果。

在图 3-36(b) 所示的集流工况时，负载流量 q_A 和 q_B 由两侧负载通过 A 和 B 油口流入阀内，先后通过可变节流口 b_A、b_B 和固定节流口 d_A、d_B，集合于 T(P)

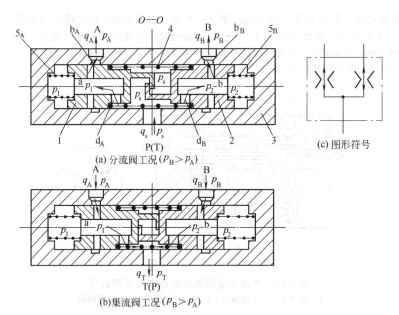

(a) 分流阀工况 $(P_B > P_A)$

(b) 集流阀工况 $(P_B > P_A)$

(c) 图形符号

图 6-36   分流集流阀的结构原理与图形符号

1—左阀芯；2—右阀芯；3—阀体；4—内侧弹簧；5_A、5_B—外侧弹簧

口流出，其过程原理与分流工况相同。但要在集流工况实现负反馈，可变节流口 b_A、b_B 必须是阀芯圆孔与阀体沉割槽内侧边相夹而组成，这样，两个阀芯不能是相钩的，而必须是内侧顶部相顶抵而构成整体。实际上，由于集流流动的特点，两个阀芯外侧压力 p_1、p_2 均大于内侧压力（即 T 口排油压力）p_T，迫使两个阀芯相顶。

分流集流阀只是稳态工况能保持两路流量相等，适用于对执行元件的速度同步控制；在瞬态过程时间内，两路流量是不相等的，如用它来控制两个执行元件的位置同步，将产生位置同步误差，分流集流阀本身没有纠正这种在瞬时工况产生的位置同步误差的能力。对位置同步控制来说，应用分流集流阀是一种开环控制。

分流集流阀即使在稳态工况，由于固定节流孔的制造误差、负载压力不同时两侧液动力、弹簧力和泄漏流量的不对称等因素的存在，每一种因素单独起作用的结果，将引起两路流量的差别，这也会在用于位置同步控制系统时引起阀本身无法纠正的位置同步误差。但是，这些因素的综合作用，有时会增加同步误差，有时会降低同步误差。此外，分流集流阀在低于设计流量工作时，负载压力的差别，将使它控制等流量的能力变差。

6.5.3   典型结构

（1）分流阀

图 6-37 所示为换向活塞式分流阀（管式连接），两个换向活塞 5 和 7 的端部开有细长孔式固定节流孔 6，依靠节流孔后的压力差 p_1 与 p_2 的比较与平衡关系使换向活塞移动，从而自动调节可变节流孔 10 的开度，实现等量控制。

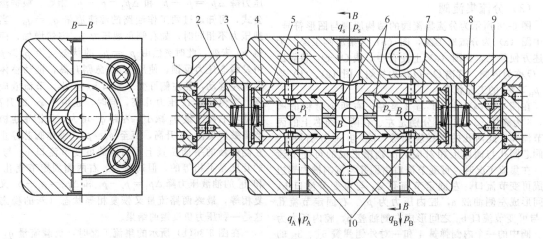

图 6-37   换向活塞式分流阀的结构

1、9—端盖；2、8—对中弹簧；3—阀体；4—阀芯；5、7—换向活塞；6—固定节流孔；10—可变节流孔

（2）集流阀

图 6-38 所示为滑阀式集流阀的一种典型结构，其工作原理与分流阀相同，只不过集流阀油室 a 的压力 p_1 作用在使油室 a 处的可变节流口 5 关小的方向，油室 b 处的压力 p_2 作用在使可变节流口 6 关小的方向。

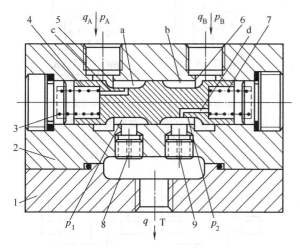

图 6-38　滑阀式集流阀

1—基座；2—阀体；3、7—弹簧；4—阀芯；
5、6—可变节流口；8、9—固定节流口

（3）分流集流阀

除了图 6-36 所示的挂钩式分流集流阀外，换向活塞式也是分流集流阀的一种常见结构。图 6-39 所示为换向活塞式分流集流阀（右侧为分流工况，左侧为集流工况），它与图 6-37 所示的分流阀结构相仿，只是多了一对可变节流孔。

分流工况时，换向活塞 5 和 6 均处于离开中心的位置，高压油由 P 口进入阀内后，分两路流向两侧固定节流孔 a_1 和 a_2，然后分别流经可变节流孔 b_{A1} 和 b_{B1} 再流入两个执行元件；如果当两个执行元件负载压力相等，即 $p_A = p_B$ 时，液流所遇的阻力相同，则 $q_A = q_B$。当负载压力 $p_A > p_B$ 时，产生 $p_1 > p_2$，使阀芯 4 左、右两侧所受压力不等，阀芯向右运动，使可变节流孔 b_{A1} 逐渐增大、可变节流孔 b_{B1} 逐渐减小，则 p_1 下降、p_2 升高。当 p_2 升高到与 p_1 相等时，阀芯就停止移动，在新的平衡位置稳定下来。由于在新的位置上固定节流孔后的压力 $p_1 = p_2$，所以流量 $q_A = q_B$。

集流工况时，两侧的换向活塞 5 和 6 均靠向中心，液流分别由 A 口和 B 口流入，先经一对集流可变节流孔口 b_{A2} 和 b_{B2}，流经中间油腔 K 和 G，再流过固定节流孔 a_1 和 a_2，集中由 T 口流回油箱。当负载压力 $p_A > p_B$ 时时，产生 $p_1 > p_2$，使阀芯 4 左、右两侧所受压力不等，阀芯向右运动，使集流可变节流孔 b_{B1}、b_{A2} 逐渐关小，b_{B2} 逐渐开大，压力 $p_1 = p_2$，阀芯在新的平衡位置稳定下来。两固定节流孔后两端的压力差相等，所以流量 $q_A = q_B$。

图 6-40 所示为 3FJL 系列同步阀（压力达 31.5MPa，流量达 185L/min，同步精度范围为 0.5%～3%）的实物外形。

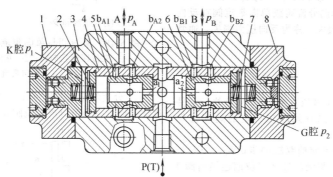

图 6-39　换向活塞式分流集流阀

1、8—端盖；2、7—弹簧；3—阀体；4—阀芯；5、6—换向活塞

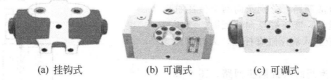

(a) 挂钩式　　　　(b) 可调式　　　　(c) 可调式

图 6-40　分流集流阀实物外形

（3FJL 系列，四平同步阀公司）

6.5.4　主要性能

（1）分流精度和集流精度

等流量分流阀和集流阀的主要性能指标是分流精度和集流精度（可统称为同步精度）。分流精度和集流精度可采用相对分流、集流误差 δ 来表示：

$$\delta = \frac{|\Delta q|}{\frac{1}{2}(q_A + q_B)} \times 100\% = \frac{2|q_A - q_B|}{(q_A + q_B)} \times 100\% \quad (6-5)$$

式中，q_A 为流经 A 口的流量；q_B 为流经 B 口的流量；$\Delta q = q_A - q_B$ 为分流集流阀的绝对分流、集流误差。

通常，分流误差和集流误差并不相等。由于 Δq、δ 值与两路负载压力差 $\Delta p = |p_A - p_B|$ 有关，所以 Δq、δ 值应为某一 Δp 下的数值。在一般情况下，Δp 愈大，δ 就愈大（见图6-41）。但由于制造误差、负载压力不同时，两侧液动力、弹簧力和泄漏流量的不对称等因素，偶然性地相互抵消各自产生的不利于同步精度的影响，有时也会发生 Δp 较大，δ 反而较小的例外情况。分流、集流误差为 2%～5%，额定流量工况下误差较小，为 1%～3%，流量减小时精度会降低。

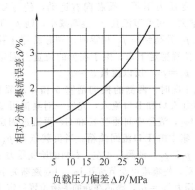

图6-41　负载压力-相对分流、集流误差曲线

（2）压力损失

分流-集流阀在公称流量下，进油口与出油口的压力差（A、B 两端中压力差较小者）称为正向压力损失，通常小于1MPa；单向分流阀或单向集流阀在反向通过额定流量时的压力损失，称为反向压力损失，通常小于 0.5MPa。

6.5.5　使用要点

（1）应用场合

分流-集流阀主要用于液压系统中 2～4 个执行元件的速度同步或控制两个执行元件按一定的速度比例运动。

① 分流阀与单向分流阀的双缸同步回路。图6-42（a）所示回路，分流阀2将液压源经三位四通换向阀1左位来的液压油等量分成两路，分别送向两个液压缸3，实现双缸单向同步运动。图6-42（b）所示回路，液压缸伸出时，单向分流阀4将液压源经三位四通换向阀1左位来的液压油等量分成两路，分别送向两个液压缸3的无杆腔，双缸同步运动；液压缸反向缩回时，液压源的压力油经阀1的右位进入液压缸有杆腔，无杆腔经阀4的单向阀回油。

② 集流阀与单向集流阀的双缸同步回路。图6-43（a）所示回路，换向阀1切换至右位时，集流阀2将两个液压缸3的无杆腔油液等量合为一股，实现双缸单向同步运动。图6-43（b）所示回路，液压缸缩回时，单向集流阀4将两液压缸3无杆腔来油等量合为一股，实现双缸同步下降运动；液压缸反向伸出时，液压源的压力油经阀1左位和阀4的两个单向阀分别进入两液压缸无杆腔，有杆腔经阀1回油。

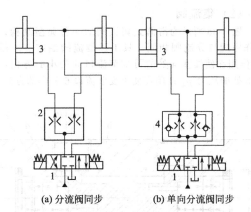

（a）分流阀同步　　　（b）单向分流阀同步

图6-42　分流阀与单向分流阀的双缸同步回路

1—三位四通换向阀；2—分流阀；
3—液压缸；4—单向分流阀

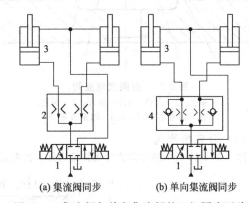

（a）集流阀同步　　　（b）单向集流阀同步

图6-43　集流阀与单向集流阀的双缸同步回路

1—三位四通换向阀；2—集流阀；3—液压缸；
4—单向集流阀

③ 分流集流阀双缸同步回路。如图6-44所示，通过输出流量等分的分流集流阀3可实现液压缸6和7的

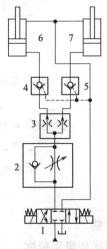

图6-44　分流集流阀的双缸同步回路

1—三位四通电磁换向阀；2—单向节流阀；3—分流集流阀；4、5—液控单向阀；6、7—液压缸

双向同步运动。当三位四通电磁换向阀 1 切换至左位时，液压源的压力油经阀 1、单向节流阀 2 中的单向阀、分流集流阀 3（此时作分流阀用）、液控单向阀 4 和 5 分别进入液压缸 6 和 7 的无杆腔，实现双缸伸出同步运动；当三位四通电磁换向阀 1 切换至右位时，液压源的压力油经阀 1 进入液压缸的有杆腔，同时反向导通液压控单向阀 4 和 5，双缸无杆腔油液经阀 4 和 5、分流集流阀 3（此时作集流阀用）、换向阀 1 回油，实现双缸缩回同步运动。

④ 分流集流阀三缸同步回路。如图 6-45 所示，通过分流比为 2∶1 和 1∶1 的两个分流集流阀 2 和 3 给三个液压缸 4、5、6 配相等的流量，实现三缸同步运动。用同样的方法还可以构成采用分流集流阀的四缸同步回路。

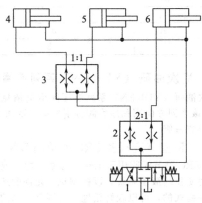

图 6-45　分流集流阀三缸同步回路
1—三位四通电磁换向阀；2、3—分流集流阀；
4～6—液压缸

（2）注意事项

① 由于通过流量对分流-集流阀的同步精度及压力损失影响很大，因此，应根据同步精度和压力损失的要求，正确选用分流-集流阀的流量规格。

② 当执行元件在行程中需停止时，为防止因两出口负载压力不相等窜油，应在同步回路中设置液控单向阀（参见图 6-44）。

③ 分流-集流阀在动态时，难以实现位置同步，因此在负载变化频繁或换向频繁的系统中，不适宜采用分流集流阀。

④ 为了避免因泄漏量不同等原因引起同步误差，在分流-集流阀与执行元件之间尽量不接入其他控制元件。

⑤ 应保证分流-集流阀阀芯轴线为水平方向安装，以免引起阀芯自垂，影响同步精度。

⑥ 由于分流-集流阀的左右两侧零件通常为选配组装方式，因此，为了保证同步精度，当出现故障清洗维修后，各零件应按原部位、方向安装。

6.5.6　故障诊断

分流-集流阀的常见故障及其诊断排除方法见表 6-4。

表 6-4　分流-集流阀的常见故障及其诊断排除方法

故障现象	产生原因	排除方法
1. 同步失灵（几个执行元件不同时运动）	油液污染或油温过高致使阀芯和换向活塞径向卡阻	拆检或清洗阀芯和换向活塞、换油、采取降温措施
2. 同步精度低	油液污染或油温过高致使阀芯和换向活塞轴向卡紧；使用流量过小和进出油口压差过小	拆检或清洗阀芯和换向活塞、换油、采取降温措施；使用流量应大于公称流量的 25%，进出口压差不应小于 0.8～1MPa
3. 执行元件运动终点动作异常	常通小孔堵塞	拆检并清洗阀

6.6　典型产品

6.6.1　广研 GE 系列流量阀

广研 GE 系列中高压液压阀概览请参见第 3 章表 3-2。该系列方向控制阀和压力控制阀请分别见第 4 章和第 5 章。本节介绍的流量控制阀包括节流阀及单向节流阀和调速阀及单向调速阀等。

① LF3 型节流阀及 ALF3 型单向节流阀见表 6-5。

② QF3 型调速阀及 AQF3 型单向调速阀见表 6-6。

表 6-5　LF3 型节流阀及 ALF3 型单向节流阀型号意义及技术规格

型号意义：

```
        ※F 3 - E □□ B
        │  │   │    └─ 板式连接
   LF—节流阀      └─ 公称直径/mm
 ALF—单向节流阀
   结构代号        压力等级：E—16MPa
```

型　　号	通径/mm	最大流量/(L/min)	额定压力/MPa	最大工作压力/MPa	使用油温/℃	油液黏度/(m²/s)	质量/kg
LF3-E6B　　ALF3-E6B	6	25	16	20	10～60	(7～320)×10⁻⁶	1.7
LF3-E10B　　ALF3-E10B	10	100					4

注：阀的外形连接尺寸请见生产厂产品样本，下同。

表 6-6　QF3 型调速阀及 AQF3 型单向调速阀型号意义及技术规格

型号意义：

※F 3 □ - □ □ B

QF—调速阀；
AQF—单向调速阀

结构代号

压力等级：无标记—6.3MPa；
E—16MPa

板式连接

流量/(L/min)；
a—6.3；b—10；c—16

公称直径/mm

型　号	QF3-6※B			AQF3-E6※B		QF3-E10B	AQF3-E10B
	a	b	c	b	c		
通径/mm	6					10	
额定压力/MPa	6.3			16			
最高使用压力/MPa	6.3			20			
最小稳定流量/(mL/min)	10	35	40	35	40	50	
最大流量/(L/min)	6.3	10	16	10	16	50	
使用油温/℃	10～60						
油液黏度/(m²/s)	$(7\sim320)\times10^{-6}$						
最低工作压力/MPa	0.5	0.7	1.2	0.7	1.2	0.7	
质量/kg	1.4	1.9				5	

6.6.2　联合设计系列流量阀

联合设计系列液压阀概览见第 3 章表 3-2。该系列方向阀和压力阀分别见第 4 章和第 5 章，此处介绍流量阀中的 Q 型调速阀及 QA 型单向调速阀（见表 6-7）。

Q 型调速阀由定差式减压阀和节流器组成。由于具有压力补偿作用，所以流经阀的流量不随负载压力变化而变化，系统调节刚度大。QA 型单向调速阀由 Q 型调速阀和单向元件组成。单向调速阀中的油液反向流动时，油流经单向阀自由流出。为减小流量调节力矩，本系列阀设有泄油口。

6.6.3　榆次油研（YUKEN）系列流量阀

榆次油研（YUKEN）系列液压阀概览请见第 3 章表 3-2。该系列方向阀和压力阀分别见第 4 章和第 5 章，本节介绍流量阀。

（1）SR 型节流阀及 SRC 型单向节流阀

SR/SRC 型节流阀用于工作压力基本稳定或允许流量随压力变化的液压系统，以控制执行元件的速度。本元件是平衡式的，可以较轻松地进行调整。阀的型号意义及技术规格见表 6-8，开度-流量特性曲线见图 6-46。

表 6-7　Q 型调速阀及 QA 型单向调速阀的型号意义及技术规格

型号意义：

Q※-H ※

通径/mm
压力：32MPa
Q：调速阀
QA：单向调速阀

名称	型号	通径/mm	流量/(L/min)	最小稳定流量/(L/min)	最高压力/MPa	质量/kg
调速阀	Q-H8	8	25	2.5	32	5.4
	Q-H10	10	40	4		9
	Q-H20	20	100	10		23.4
	Q-H32	32	200	20		46
单向调速阀	QA-H8	8	25	2.5	32	5.4
	QA-H10	10	40	4		9
	QA-H20	20	100	10		23.4
	QA-H32	32	200	20		46

表 6-8　SR 型节流阀及 SRC 型单向节流阀的型号意义及技术规格

通径代号	03	06	10
通径/mm	10	20	30
额定流量/(L/min)	30	85	230
最小稳定流量/(L/min)	3	8.5	23
质量/kg　管式	1.5	3.8	9.1
质量/kg　板式	2.5	3.9	7.5
最高工作压力/MPa	25		
介质	矿物液压油、高水基液、磷酸酯油液		
介质黏度/(m²/s)	$(15\sim400)\times10^{-6}$		
介质温度/℃	-15～70		

型号意义：

(F) - SRC T - 03 - 50

使用磷酸酯液压液

系列号：SR—节流阀；
SRC—单向节流阀

连接形式：T—管式；
G—板式；F—法兰式

设计号

通径代号：03、06、10

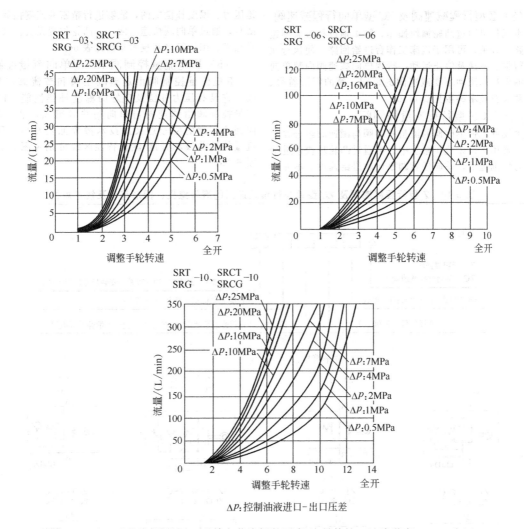

ΔP:控制油液进口-出口压差

图 6-46　SR 型节流阀及 SRC 型单向节流阀的开度-流量特性（油液黏度：30mm²/s）

（2）FB 型溢流节流阀

本元件由溢流阀和节流阀并联而成，用于速度稳定性要求不太高而功率较大的进口节流系统。它具有压力控制和流量控制的功能，其进口压力随出口负载压力变化，压差为 0.6MPa，故大幅度降低了功耗。阀的图形符号、型号意义及技术参数见表 6-9。

表 6-9　FB 型溢流节流阀的图形符号、型号意义及技术规格

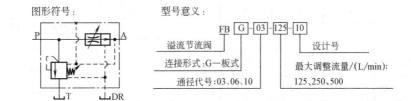

型　号	FBG-03-125-10	FBG-06-250-10	FBG-10-500-10	型　号	FBG-03-125-10	FBG-06-250-10	FBG-10-500-10
最高使用压力/MPa	25	25	25	进出口最小压差/MPa	6	7	9
额定流量/(L/min)	125	250	500	先导溢流流量/(L/min)	1.5	2.4	3.5
流量调整范围/(L/min)	1~125	3~250	5~500	最大回油背压/MPa	0.5	0.5	0.5
调压范围/MPa	1~25	1.2~25	1.4~25	质量/kg	13.3	27.3	57.3

（3）Z 型行程减速阀及 ZC 型单向行程减速阀

本元件可通过凸轮撞块操作，简单地进行节流调速及油路的开关。可用于机床工作台进给回路，使执行元件进行加、减速及停止运动。行程单向减速阀内装单向阀，油液反向流动不受减速阀的影响。阀的图形符号、型号意义及技术参数见表 6-10。

（4）UCF 型行程流量控制阀

本元件把带单向阀的流量控制阀与减速阀组合在一起，主要用于机床液压系统中。可通过凸轮从快速进给转换为切削进给，并能任意调整切削进给速度。本元件是压力、温度补偿式的，能够进行精密的速度控制。返回时，通过单向阀快速返回，与凸轮位置无关。阀的型号意义、图形符号及技术参数见表 6-11。

（5）F 型流量控制阀 FC 型单向流量控制阀

F 型流量控制阀由定差减压阀和节流阀串联组成，它具有压力补偿及良好的温度补偿性能。FC 型流量控制阀由调速阀与单向阀并联组成，油流能反向回流。阀的型号意义及技术参数见表 6-12，压力-流量特性曲线和开度-流量特性区线分别见图 6-47 和图 6-48。

表 6-10　Z 型行程减速阀及 ZC 型单向行程减速阀的型号意义、图形符号及技术规格

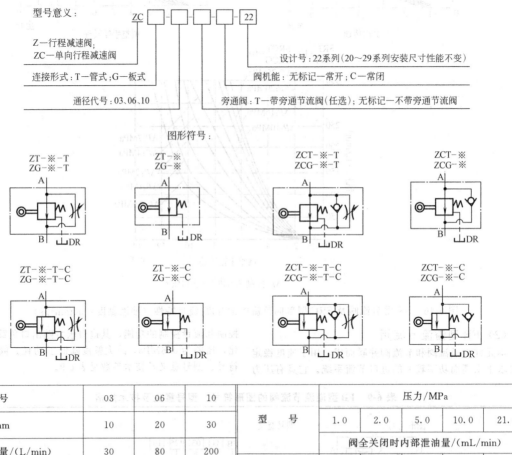

通径代号		03	06	10
通径/mm		10	20	30
最大流量/(L/min)		30	80	200
最高使用压力/MPa		21	21	21
质量/kg	T 型	4.3	8.7	17
	G 型	4.3	8.7	17
介质黏度/(m²/s)		(20～200)×10⁻⁶		
介质温度/℃		−15～70		
泄压口最大背压/MPa		0.1		

型　　号	压力/MPa				
	1.0	2.0	5.0	10.0	21.0
	阀全关闭时内部泄油量/(mL/min)				
Z※※-03	9	18	44	88	185
Z※※-06	9	17	43	86	180
Z※※-10	10	20	49	98	205

连接底板			
型号	底板型号	连接口	质量/kg
Z※G-03	ZGM-03-21	Rc⅜	2
Z※G-06	ZGM-06-21	Rc¾	3.8
Z※G-10	ZGM-10-21	Rc1¼	9

表 6-11 UCF 型行程流量控制阀的型号意义、图形符号及技术规格

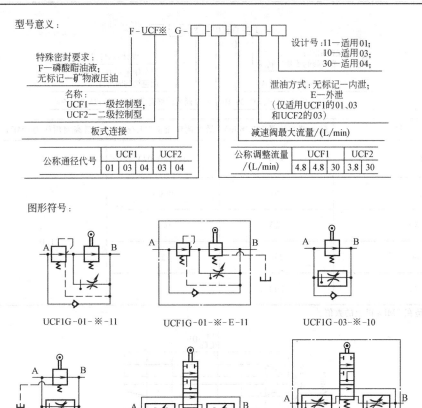

型号意义：

F-UCF※ G-□ □ □ □ □

特殊密封要求：
F—磷酸酯油液；
无标记—矿物液压油

名称：
UCF1—一级控制型；
UCF2—二级控制型

板式连接

设计号：11—适用01；
10—适用03；
30—适用04；

泄油方式：无标记—内泄；
E—外泄
（仅适用UCF1的01、03
和UCF2的03）

减速阀最大流量/(L/min)

公称通径代号	UCF1		UCF2	
	01	03	04	03	04

公称调整流量 /(L/min)	UCF1		UCF2	
	4.8	4.8	30	3.8	30

图形符号：

UCF1G-01-※-11 　　UCF1G-01-※-E-11 　　UCF1G-03-※-10

UCF1G-03-※-E-10
UCF1G-04 　　UCF2G-03-※-10 　　UCF2G-03-※-E-10
UCF2G-04

型　　号	最大流量① /(L/min)	流量调整范围 /(L/min)		自由流量 /(L/min)	最高 使用压力 /MPa	泄油口允 许背压 /MPa	质量 /kg
		一级进给	二级进给				
UCF1G-01-4-A-※-11	16(12)	0.03～4 (0.05～4)②	—	20			1.6
UCF1G-01-4-B-※-11	12(8)		—				
UCF1G-01-4-C-※-11	8(4)						
UCF1G-01-8-A-※-11	20(12)	0.03～8 (0.05～8)②	—				
UCF1G-01-8-B-※-11	16(8)		—				
UCF1G-01-8-C-※-11	12(4)				14	0.1	
UCF1G-03-4-※-10	40(40)	0.05～4	—	40			2.6
UCF1G-03-8-※-10		0.05～8					
UCF2G-03-4-※-10	40(40)	0.1～4	0.05～4	40			2.7
UCF2G-03-8-※-10		0.1～8	0.05～4				
UCF1G-04-30-30	80(40)	0.1～22	—	80			6.5
UCF2G-04-30-30		0.1～22	0.1～17				9.2

① 最大流量是行程减速阀与流量调整阀全部打开时的值。括号内是行程减速阀全开、流量阀全闭时的最大流量。
② 括号内是在压力 7MPa 以上时的数值。

表 6-12 F 型流量控制阀、FC 型单向流量控制阀的型号意义及技术参数

型号意义：

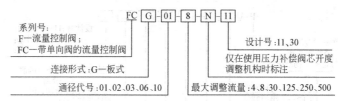

型 号	最大调整流量/(L/min)	最大调整流量/(L/min)	最高使用压力/MPa	质量/kg
$\dfrac{FG}{FCG}$-01-$\dfrac{4}{8}$-※-11	4,8	0.02(0.04)	14.0	1.3
$\dfrac{FG}{FCG}$-02-30-※-30	30	0.05		3.8
$\dfrac{FG}{FCG}$-03-125-※-30	125	0.2		7.9
$\dfrac{FG}{FCG}$-06-250-※-30	250	2	21.0	23
$\dfrac{FG}{FCG}$-10-500-※-30	500	4		52

注：括号内是在 7MPa 以上的数值。

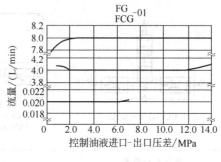

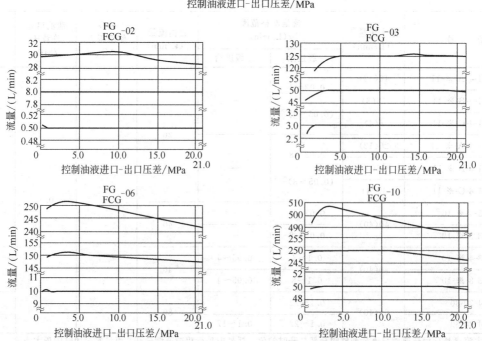

图 6-47 F 型流量控制阀、FC 型单向流量控制阀的压力-流量特性曲线

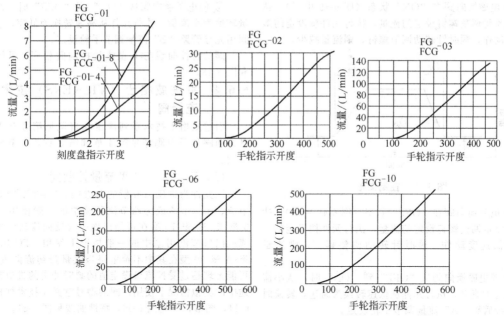

图 6-48 F 型流量控制阀、FC 型单向流量控制阀的开度-流量特性曲线

（6）FH 型先导操作流量控制阀、FHC 型先导操作单向流量控制阀

本元件用液压机构代替手动调节旋钮进行流量调节，并能使执行元件在加速、减速时平稳变化，实现无冲击控制。另外，本元件还具有压力、温度补偿功能，保证调节流量的稳定。阀的型号意义、图形符号及技术规格见表 6-13。流量调整方法如下。

表 6-13　FH 型先导操作流量控制阀、FHC 型先导操作单向流量控制阀的型号意义、图形符号及技术规格

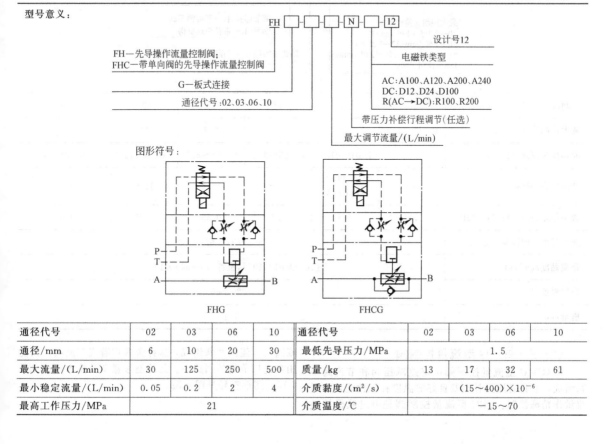

通径代号	02	03	06	10	通径代号	02	03	06	10
通径/mm	6	10	20	30	最低先导压力/MPa	1.5			
最大流量/(L/min)	30	125	250	500	质量/kg	13	17	32	61
最小稳定流量/(L/min)	0.05	0.2	2	4	介质黏度/(m²/s)	$(15\sim400)\times10^{-6}$			
最高工作压力/MPa	21				介质温度/℃	$-15\sim70$			

① 电磁换向阀在"ON"状态（图 6-49 中②），达到最大流量调整螺钉设定的流量，执行元件按设定的最高速度动作，顺时针转动调节螺钉，则流量减少。

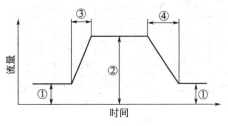

图 6-49　控制图形

② 电磁换向阀在"OFF"状态（图 6-49 中①），达到最小流量调整螺钉设定的流量，执行元件按设定的

最低速度动作，顺时针转动调整螺钉，则流量增大。

③ 使电磁换向阀从"OFF"到"ON"时，从小流量转换为大流量，执行元件从低速转换为高速，转换时间用先导管路"A"流量调节手轮设定。

④ 使电磁换向阀从"ON"到"OFF"时，从大流量转换为小流量，执行元件从高速转换为低速，转换时间用先导管路"B"流量调节手轮设定。

阀的特性曲线与 F 型流量控制阀相同，见图 6-47 和图 6-48。

6.6.4　引进威格士（VICKERS）技术系列流量阀

引进威格士技术系列液压阀概览见第 3 章表 3-2，其方向阀和压力阀详见第 4 章和第 5 章，本节介绍流量阀。

（1）F（C）G-3 型流量控制阀

该元件为带压力补偿的调整阀。FG-3 型针对进口节流、出口节流或旁路节流用途中的一般使用。FCG-3-※ ※ ※-※-10 型在可能出现较大反向流动的进口节流或出口节流用途中的一般情况下使用。FCG-3-※ ※ ※-A-※-10 型在其中不希望每当流量最初流向进口时，可能出现超过受控流量设定值的瞬时冲击的进口节流用途中的类似情况下使用。阀的型号意义及技术规格见表 6-14，图形符号见图 6-50，特性曲线见图 6-51。

表 6-14　F（C）G-3 型流量控制阀的型号意义及技术规格

型号意义：

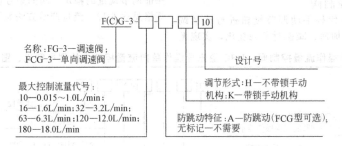

控制流量代号	10	16	32	63	120	180
最大控制流量/（L/min）	0.015～1.0	1.6	3.2	6.3	12	18
推荐控制流量/（L/min）		0.015～1.6	0.025～3.2	0.025～6.3	0.08～12	0.08～18
最高压力/MPa	31.5	31.5（FG-3） 16（FCG-3）	31.5	31.5	31.5	31.5
最小压差（A 口＞B 口）/MPa	0.85	0.5	0.5	0.85	0.85	0.85
推荐最大反向流量/（L/min）	30（FCG-3 型）					
介质黏度/（m²/s）	（10～300）×10⁻⁶，推荐（13～54）×10⁻⁶					
介质温度/℃	—20～65					
质量/kg	1.1					

（2）F（※）G 型流量控制阀

F（C）G 型流量控制阀由定差减压阀和节流阀串联组成，它具有压力补偿及良好的温度补偿性能，可对流量作精确控制。FRG 型流量控制阀是由过载保护溢流阀与节流阀并联组成，这种旁通式溢流节流阀，只能用在进口节流的回路中。阀的型号意义及技术规格见表 6-15，图形符号见图 6-52。

FG-3-※※※-※-10型,不带反向流动
单向阀

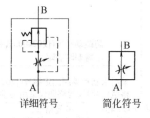

詳細符号　　　　简化符号

FCG-3-※※※-※-10型,带反向流动
单向阀

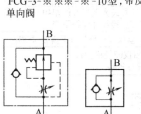

詳細符号　　　　简化符号

FCG-3-※※※-A-※-10型,带反向流动
单向阀及防跳动特征

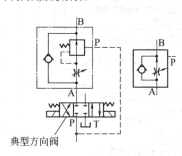

典型方向阀

图 6-50　F（C）G-3 型流量控制阀的图形符号

注：FCG-3-※※※-A 型主要是为进口节流用途设计的,在该用途中油口 P 可接到上游
某一点,从而保证至压力补偿器的连续控制压力以防止跳动。

受控流量,F(C)G-3-16/32型
从零开始的转角/(°)

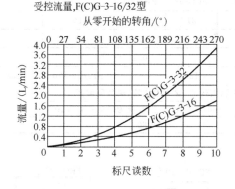

受控流量,F(C)G-3-63/120/180型
从零开始的转角/(°)

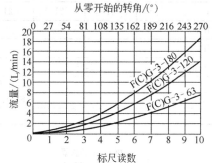

反向流动压降,FCG型

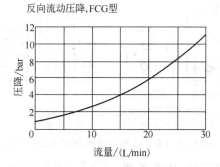

图 6-51　F（C）G-3 型流量控制阀的特性曲线

注：1. 使用矿物油（黏度 $36mm^2/s$）在 50℃ 下的典型值。

2. $1bar = 10^5 Pa$。

表 6-15　F（※）G 型流量控制阀型号意义及技术规格

型号意义：

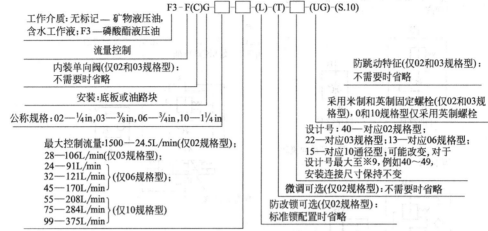

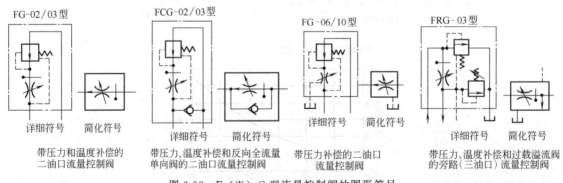

型　号	02		03			FG-06	FG-10
	FG-02	FCG-02	FG-03	FCG-03	FRG-03		
工作压力/MPa	21	21	21	21	21	14	14
泄放口压力/MPa					21	0	0
旁路口压力/MPa					0.1		
最大节流量/(L/min)	24.5		106			91、121、170	208、284、375
介质	矿物液压油、含水工作液、磷酸酯油液						
介质黏度/(m²/s)	一般为(13~860)×10⁻⁶，推荐值为(13~54)×10⁻⁶						
介质温度/℃	−20~80						

FG-02/03型　　　FCG-02/03型　　　　FG-06/10型　　　　FRG-03型

详细符号　简化符号　　详细符号　简化符号　　详细符号　简化符号　　详细符号　简化符号

带压力和温度补偿的　带压力、温度补偿和反向全流量　带压力补偿的二油口　带压力、温度补偿和过载溢流阀
二油口流量控制阀　单向阀的二油口流量控制阀　　流量控制阀　　的旁路(三油口)流量控制阀

图 6-52　F（※）G 型流量控制阀的图形符号

6.6.5　引进力士乐（REXROTH）技术系列流量阀

本系列液压阀概览见第 3 章表 3-2，方向阀和压力阀见第 4 章和第 5 章，本节介绍该系列流量阀。

(1) MG 型节流阀、MK 型单向节流阀

MG/MK 型节流阀是直接安装在管路上的管式节流

阀/单向节流阀，该阀节流口采用轴向三角槽结构，用于控制执行元件速度。阀的型号意义及技术规格见表 6-16，特性曲线见表 6-17。

表 6-16　MG 型节流阀、MK 型单向节流阀的型号意义及技术规格

型号意义：

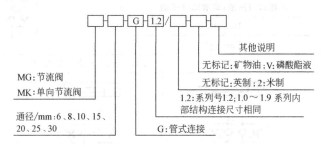

通径/mm	6、8、10、15、20、25、30	开启压力/MPa	0.05(MK 型)
流量/(L/min)	15、30、50、140、200、300、400	介质	矿物液压油、磷酸酯油液
		介质温度/℃	−20～70
最大压力/MPa	31.5	介质黏度/(m²/s)	$(2.8\sim380)\times10^{-6}$

表 6-17　MG 型节流阀、MK 型单向节流阀的特性曲线

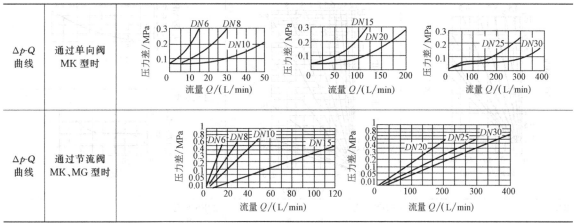

（2）Z2FS 型叠加式双单向节流阀

Z2FS 型节流阀是双单向叠加式节流阀，用来控制两个工作油口的主流量或先导油流量。将本元件垂直叠加装配在方向阀和底板之间，可以控制主流量；装在先导阀和主阀之间，可以控制先导流量。两个对称的单向节流阀在一个方向上通过调整节流口截面积大小调节流量，在另一个方向上通过单向阀回油。通过选择不同安装位置（6、10 通径）或不同型号（16、22 通径）实现进口或出口节流。阀的型号意义、图形符号及技术规格见表 6-18，特性曲线见表 6-19。

表 6-18　Z2FS 型叠加式双单向节流阀的型号意义、图形符号及技术规格

型号意义：

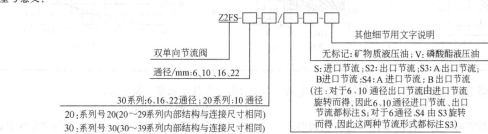

续表

通径/mm	6	10	16	22	图 形 符 号
流量/(L/min)	80	160	250	350	
工作压力/MPa	31.5	31.5	35		
介质	矿物质液压油;磷酸酯液压油				
介质黏度/(mm²/s)	10~800				
介质温度/℃	-30~80				

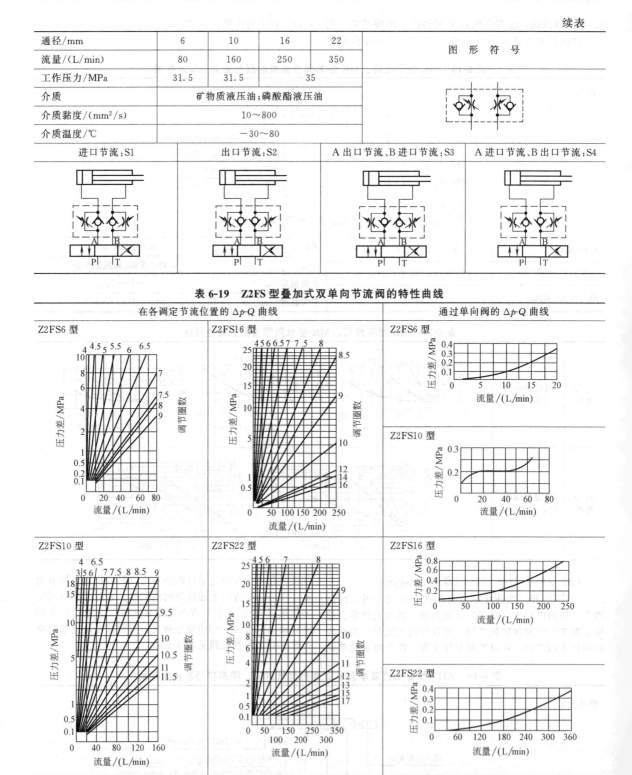

进口节流:S1　　出口节流:S2　　A出口节流、B进口节流:S3　　A进口节流、B出口节流:S4

表 6-19　Z2FS 型叠加式双单向节流阀的特性曲线

（3）DV 型节流截止阀、DRV 型单向节流截止阀

DV/DRV 型节流阀是一种简单而又精确地调节执行元件速度的流量控制阀，完全关闭时它又是截止阀。

其型号意义及技术规格见表 6-20。

（4）MSA 型调速阀

本元件为二通流量控制阀，由减压阀和节流阀串联组成。调速不受负载压力变化的影响，保持执行元件工作速度稳定。型号意义及技术规格见表 6-21。

表 6-20　DV 型节流截止阀、DRV 型单向节流截止阀型号意义及技术规格

型号意义：

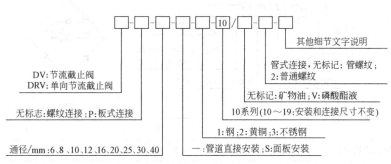

通径/mm	6	8	10	12	16	20	25	30	40	介质	矿物液压油,磷酸酯油液
流量/(L/min)	14	60	75	140	175	200	300	400	600	介质黏度/(m²/s)	$(2.8\sim380)\times10^{-6}$
工作压力/MPa	～35									介质温度/℃	$-20\sim100$
单位阀开启压力/MPa	0.05									安装位置	任意

表 6-21　MSA 型调速阀型号意义及技术规格

型号意义：

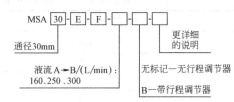

工作压力/MPa	21	介　　质	矿物质液压油
流量调节	与压力无关	介质温度/℃	$20\sim70$
最小压差/MPa	$0.5\sim1$(与 Q_{max} 有关)	介质黏度/(m²/s)	$(2.8\sim380)\times10^{-6}$

（5）2FRM 型调速阀及 Z4S 型流向调整板

2FRM 型调速阀是二通流量控制阀。该元件是由减压阀和节流阀串联构成的，由于减压阀对节流阀进行了压力补偿，所以调速阀的流量不受负载变化的影响，保持稳定。同时节流窗口设计成薄刃状，流量受温度变化很小。调速阀与单向阀并联时，油流能反向回流。若要求通过调速阀两个方向（A→B、B→A）都有稳定的流量，可以选择 Z4S 型整流板装在调速阀下。2FRM 型调速阀及 Z4S 型流向调整板的型号意义、图形符号及技术规格分别见表 6-22、表 6-23，特性曲线见表 6-24。

表 6-22　2FRM 型调速阀型号意义、图形符号及技术规格

型号意义：

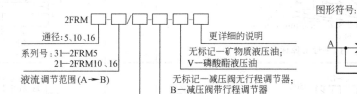

通径 5		通径 10		通径 16	
0.2L—0.2L/min	6L—6L/min	2L—2L/min	25L—25L/min	40L—40L/min	125L—125L/min
0.6L—0.6L/min	10L—10L/min	5L—5L/min	35L—35L/min	60L—60L/min	160L—160L/min
1.2L—1.2L/min	15L—15L/min	10L—10L/min	50L—50L/min	80L—80L/min	—
3L—3L/min	—	16L—16L/min	—	100L—100L/min	—

表 6-23 Z4S 型流向调整板型号意义、图形符号及技术规格

型号意义：

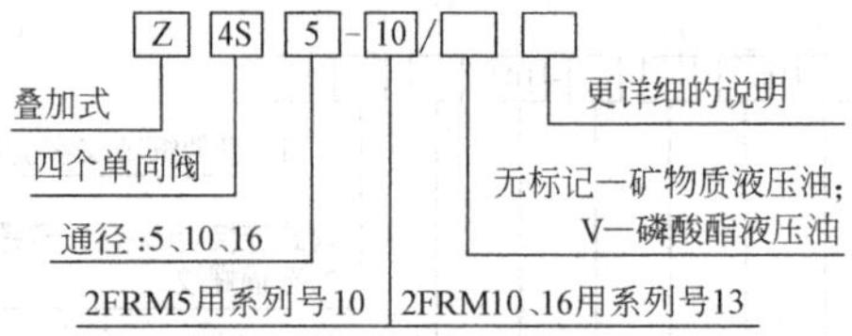
Z 4S 5 - 10 /
叠加式
四个单向阀
通径：5、10、16
2FRM5用系列号10 2FRM10、16用系列号13
更详细的说明
无标记一矿物质液压油；
V一磷酸酯液压油

Z4S和2FRM图形符号：

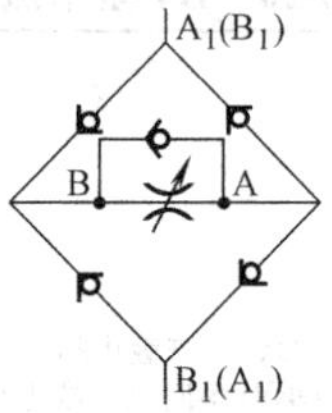
A1(B1)
B
A
B1(A1)

	项目		通径/mm													
			5							10				16		
调速阀	最大流量/(L/min)		0.2	0.6	1.2	3.0	6.0	10.0	15.0	10	16	25	50	60	100	160
调速阀	压差(B→A 回流)/MPa		0.05	0.05	0.06	0.09	0.18	0.36	0.67	0.2	0.25	0.35	0.6	0.28	0.43	0.73
调速阀	流量稳定范围($Q_{最大}$)/%	温度影响(−20～70℃)	±5	±3	±2					±2						
调速阀	流量稳定范围($Q_{最大}$)/%	压力影响［通径 5mm Δp 至 21MPa；10mm、16mm Δp 至 31.5MPa］	±2					±4		±2						
调速阀	工作压力(A 口)/MPa		21							31.5						
调速阀	最低压力损失/MPa		0.3～0.5					0.6～0.8		0.3～1.2				0.5～1.2		
调速阀	过滤精度/μm		25(Q＜5L/min)							10(Q＜0.5L/min)						
调速阀	质量/kg		1.6							5.6				11.3		
流向调整板	流量/(L/min)		15							50				160		
流向调整板	工作压力/MPa		21							31.5						
流向调整板	开启压力/MPa		0.1							0.15						
流向调整板	质量/kg		0.6							3.2				9.3		
介质			矿物质液压油、磷酸酯液压油													
介质温度/℃	−20～70		介质黏度/(m^2/s)					(2.8～380)×10^{-6}								

表 6-24 2FRM 型调速阀及 Z4S 型流向调整板的特性曲线（试验条件：$\nu=36\times10^{-6}m^2/s$，$t=50℃$）

调速阀			流向调整板	
2FRM5 型	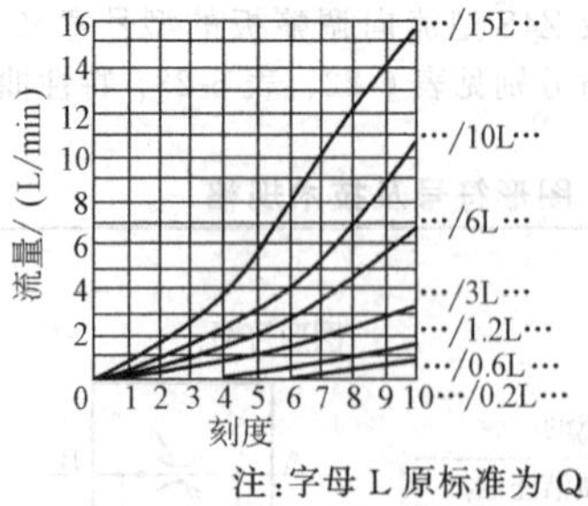 注：字母 L 原标准为 Q。	流动方向(A→B)	Z4S5 型	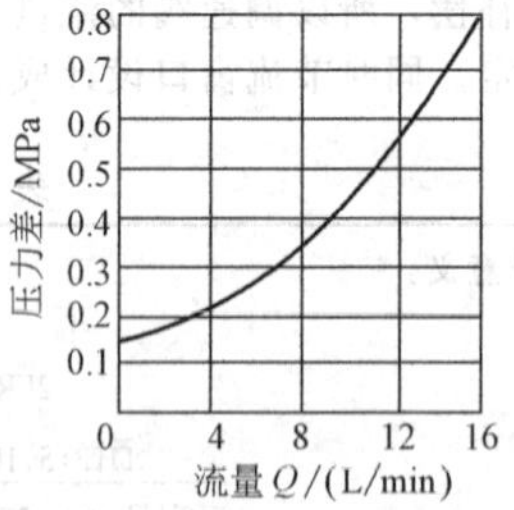
ZFRM10 型	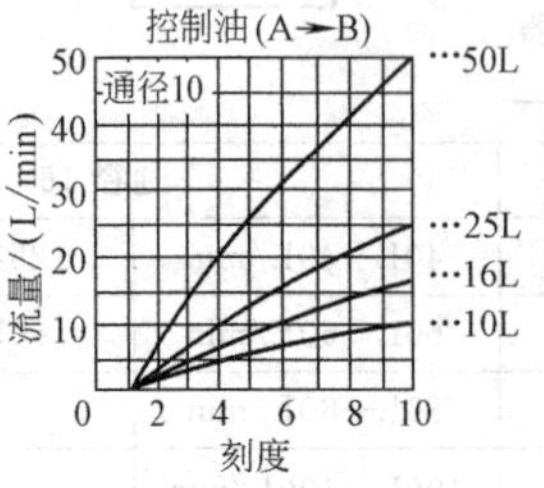	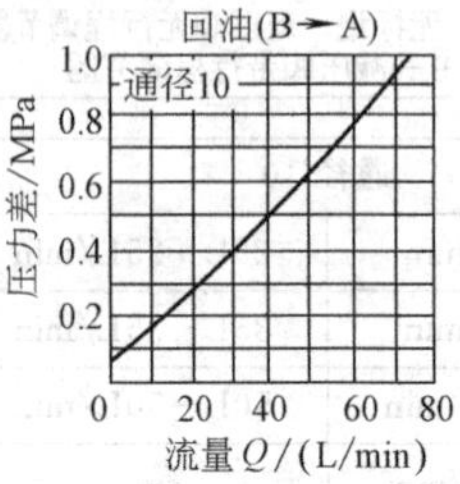	Z4S10 型	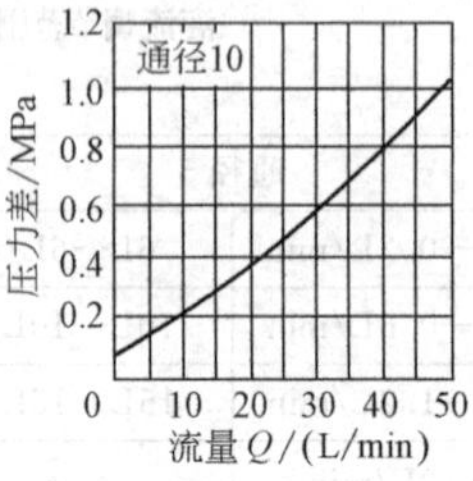

流量/(L/min)
刻度
…/15L…
…/10L…
…/6L…
…/3L…
…/1.2L…
…/0.6L…
…/0.2L…
压力差/MPa
流量Q/(L/min)
控制油(A→B)
通径10
…50L
…25L
…16L
…10L
回油(B→A)

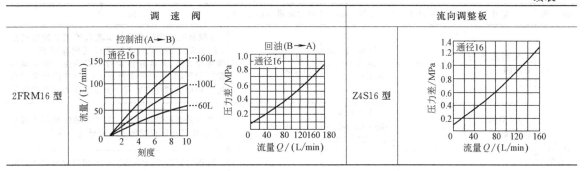

调　速　阀		流向调整板
2FRM16 型	控制油(A→B)　通径16　160L　100L　60L　回油(B→A)　通径16	Z4S16 型　通径16

6.6.6　意大利阿托斯（ATOS）系列流量阀

阿托斯（ATOS）系列普通液压阀概览请参见第 3 章表 3-2，其方向阀和压力阀的技术参数请分别见第 4 章和第 5 章，流量阀的主要产品类型及技术参数如表 6-25 所列。

表 6-25　ATOS 系列流量阀主要产品类型及技术参数

类别	型　号	最大压力/bar	通径/mm	最大流量/(L/min)	说　明
节流阀	AQRF 型节流阀	350、400（与尺寸有关）	3/8in、1/2in、3/4in、1in、1¼in	30、50、80、160、250	带单向阀、无压力补偿的节流阀，螺纹油口，单向阀允许反向自由流动
流量阀	QV-06/※型流量阀	250	6	1.5、6、11、16、24	带压力补偿器，流量与压力变化无关，通常带单向阀以便使反向自由流动（※为 1,6,11,16,24）
	QV-10/※、QV-20/※型节流阀	250	10、20	60、180	带压力补偿器，流量与压力变化无关；二通或三通；二通阀配有单向阀使反向自由流动（※为 2,3）

注：1. 阀的图形符号、型号意义以及外形连接尺寸请见生产厂产品样本。
　　2. 流量阀即调速阀。

6.6.7　美国派克（PARKER）系列流量阀

派克（PARKER）系列普通液压阀概览请参见第 3 章表 3-2。该系列方向阀和压力阀的技术参数请分别见第 4 章和第 5 章。流量阀的主要产品类型及技术参数如表 6-26 所列。

表 6-26　PARKER 系列流量阀主要产品类型及技术参数

类　别	型　号	最大压力/bar	通径/mm	最大流量/(L/min)	说　明
板式流量阀	FS 型单向节流阀	210	结构代号：200、400、600、800、1200、1600	11、25、40、50、120、250	可以在规定的流动方向上进行流量调节。在反方向上油液克服很小的流动阻力流过所装的单向阀。两级的针阀调节旋钮的前 3 圈可对小流量进行精确的调节。后 3 圈阀全部被打开。通过定位螺栓可以将阀的调节结果锁定
	NS 型截止与节流阀	210	结构代号：400、600、800、1200、16001	25、40、50、120、250	2 级针状锥面的针阀的调节旋钮的前 3 圈为第 1 级，可对流量进行灵敏地调节。后 3 圈为第 2 级，其具有普通的节流特性。为了减小黏度的影响，结构尺寸为 400 和 600 的阀可以采用带矩形切口的圆柱式针阀。流量与压力和黏度有关
管式流量阀	F 型单向节流阀	钢质阀：210、350；铜质阀：35、140	1/8in、1/4in、3/8in、1/2in、3/4in、1in、1¼in、1½in、2in	11～250	可在规定的流动方向上进行流量调节。在反方向上油液克服很小的流动阻力流过所装的单向阀。两级的针阀调节旋钮的前 3 圈可以对小流量进行很精确的调节。后 3 圈阀全部被打开。通过定位螺栓可以将阀的调节结果锁定
	6F 型单向节流阀	350	M16×1.5、M18×1.5、M22×1.5、M27×2.0	25、40、50、120	有公制的连接螺纹。在规定的流动方向可以对流量进行灵敏地调节。在与节流作用相反的方向上，油液可以自由地流过旁路的单向阀

续表

类 别	型号	最大压力/bar	通径/mm	最大流量/(L/min)	说 明
管式流量阀	N 型截止与节流阀	210、350	1/8in、1/4in、3/8in、1/2in、3/4in、1in	11、25、40、50、120、250	2 级针状锥面的截止与节流阀的调节旋钮的前 3 圈为第 1 级,可对流量进行灵敏地调节。后 3 圈为第 2 级,其具有普通的节流特性。为了减小黏度的影响,结构尺寸为 200～600 的阀可采用带矩形切口的圆柱状针阀。流量与压力和黏度有关
	6N 型截止与节流阀	350	M16×1.5、M18×1.5、M22×1.5、M27×2.0	25、40、50、120	具有公制的连接螺纹。有不同的针状阀芯可供使用,用其可以很精确地对流量进行调节
	MV 型截止与节流阀	钢质阀:210、350;铜质阀:140	结构代号:200、400、600、800、1200、1600	11～190	针阀可以选择 30°锥面、V 形切口或矩形切口的阀芯。节流口的形状影响流量调节的精度,其与压力和黏度有关。针状阀芯为不锈钢并且在阀筒内形成环状间隙。可以选择钢质或黄铜阀体以及管式安装或面板安装
	6MV 型截止与节流阀	350	M16×1.5、M18×1.5、M22×1.5、M27×2.0	25、65、105、160	阀具有公制的连接螺纹。针状阀芯可以很精确地对流量进行调节

注:阀的图形符号、型号意义以及外形连接尺寸请见生产厂产品样本。

6.6.8　北部精机系列流量阀

北部精机系列液压阀概览请参见第 3 章表 3-2。该系列方向控制阀和压力控制阀请分别见第 4 章和第 5 章。本节介绍的流量控制阀包括节流阀及单向节流阀和电磁调速阀(见表 6-27)。

表 6-27　北部精机系列流量阀产品型号及技术参数

名称	型号	规 格			最高压力/MPa	型 号 意 义
		代号	通径/mm	额定流量/(L/min)		
节流阀	TV-G TV-T TV-NPT	03、06 10	10、20 32	30、85、230	25	阀代号:TV—节流阀; TCV—单向节流阀 安装(螺纹)形式:G—板式安装; PT—PT螺纹; NPT—NPT螺纹 TV-T-03-10 设计号:10—非ISO规格 通径:参见表4-68
单向节流阀	TCV-G TCV-T TCV-NPT					
电磁调速阀	SF-G	06、10	20、32	120、240	25	电磁调速阀代号 安装形式:G—板式连接 通径:参见表4-68 线圈电压:见产品样本 SF-G-06-A220-10-10 设计号 接线方式:10—带指示灯盒; 20—带指示灯插头连接; 空白—THF

6.6.9　国产分流集流阀

(1) FL、FDL、FJL 型分流集流阀

FL、FDL、FJL 型分流集流阀又称同步阀,内部设有压力反馈机构,在液压系统中可使由同一台泵供油的 2～4 只液压缸或液压马达,不论负载怎样变化,基本上能达到同步运行。该阀具有结构紧凑、体积小、维护方便等特点。FL 型分流阀按固定比例自动将油流分成两个支流,使执行元件一个方向同步运行。FDL 型单向分流阀在油流反向流动时,油经单向阀流出,可减少压力损失。FJL 型分流集流阀按固定比例自动分配或集中两股油流,使执行元件双向同步运行。这种阀安装时应尽量保持阀芯轴线在水平位置,否则会影响同步精度,不许阀芯轴线垂直安装。当使用流量大于阀的公称流量时,流经阀的能量损失增大,但速度同步精度有所提高,若低于公称流量则能量损失减小,但速度同步精度降低。阀的型号意义及技术规格见表 6-28。

(2) 3FJLZ-L20-130H 型自调式分流集流阀

该阀流量可在给定范围内自动调整,用于保证两个或两个以上液压执行机构在外载荷不等的情况下实现同步。阀的型号意义及技术规格见表 6-29。

表 6-28　FL、FDL、FJL 型分流集流阀型号意义及技术规格

型号意义：

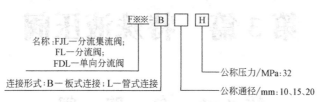

名称:FJL—分流集流阀;
FL—分流阀;
FDL—单向分流阀

连接形式:B—板式连接;L—管式连接

公称压力/MPa:32

公称通径/mm:10、15、20

名　称	型　号	公称通径/mm	公称流量/(L/min)		公称压力/MPa	速度同步误差≤/%				质量/kg
						A、B 口负载压差/MPa				
			P、O	A、B		≤1.0	≤6.3	≤20	≤30	
分流集流阀	FJL-B FJL-L	10、15、20	40、63、100	20、31.5、50	31.5	0.7	1	2	3	14
分流阀	FL-B FL-L									
单向分流阀	FDL-B FDL-L									21

注：1. 生产厂：上海液二液压件制造有限公司。
　　2. 图形符号及外形连接尺寸见产品样本。

表 6-29　3FJLZ-L20-130H 型自调式分流集流阀型号意义及技术规格

型号意义：

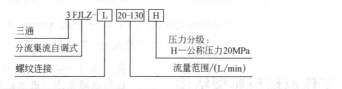

三通

分流集流自调式

螺纹连接

压力分级:
H—公称压力20MPa

流量范围/(L/min)

型　号	额定流量/(L/min)	公称压力/MPa	同步精度/%	主油路	分油路
				连接螺纹	
3FJLZ-L20-130H	20～130	20	1～3	M33×2	M27×2

注：1. 生产厂：四平兴中液压有限公司。
　　2. 图形符号及外形连接尺寸见产品样本。

第3篇 特殊液压阀

第7章 多路阀

7.1 功用及分类

多路换向阀简称多路阀，是一种以两个以上的滑阀式换向阀为主体，集换向、安全溢流阀、单向阀、补油阀、分流阀、制动阀等于一体的多功能复合阀。多路阀属于广义流量阀的范畴，从性能角度看，具有方向和流量控制两种功能，主要用于车辆（如汽车起重机、大型拖拉机等）与工程机械（如挖掘机、推土机等）及其他行走机械的液压系统，可以对多个执行元件（液压缸和液压马达）实行集中控制。与其他液压阀相比，多路阀使多执行元件液压系统结构紧凑、管路简单、压力损失小、移动滑阀阻力小、多工作位置、制造简单。

一组多路换向阀通常由几个换向阀组成，每一个换向阀为一联。多路阀的种类繁多，分类方法（见图7-1）及特点各异。

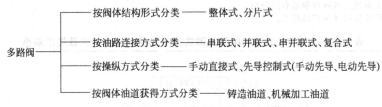

图 7-1 多路阀的分类

7.2 工作原理与典型结构

7.2.1 并联、串联、串并联及复合油路多路阀

（1）并联油路多路阀

如图7-2（a）所示，其各联换向阀之间的进油路并联［即各阀的进油口与总的压力油路相连，各回油口并联（即各阀的回油口与总的回油路相连）］，进油与回油互不干扰。常态下，液压泵的油液依次经各阀之中位卸荷回油箱，有利于节能。工作中每联阀控制一个执行元件，可以单独或同时工作。但是如果油源为单定量泵，则当同时操作各换向阀时，压力油总是首先进入压力较低（即负载较小）的执行元件，故只有各执行元件的负载（即进油腔的油液压力）相等时，它们才能同时动作。

（2）串联油路多路阀

如图7-2（b）所示，此类阀在常态下，液压泵卸荷。工作中，每联阀控制一个执行元件，可以单独或同时操纵。同时操纵时，可实现两个以上执行元件的复合动作，但其第一联阀的回油为下一联阀的进油，依次直到最后一联换向阀，液压泵的工作压力应为同时工作的各执行元件的负载压力总和。

（3）串并联油路多路阀

如图7-2（c）所示，此类阀在常态下，液压泵卸荷。其每一联换向阀的进油路与该阀之前的阀的中位回油路相连（进油路串联），各联阀的回油路与总的回油路相连（回油路并联），故称之为串并联油路。工作时，每联阀控制一个执行元件，即当一个执行元件工作时，后面的执行元件供油被切断，各执行元件只能按顺序动作，所以又称之为顺序单动油路。各执行元件能以最大能力工作，但不能实现复合动作。

（4）复合油路多路换向阀

它是上述两种或三种油路的组合，组合的方式取决于系统及主机的作业方式。

7.2.2 整体式多路换向阀

整体式多路阀是将各联换向阀及一些辅助阀装在同一阀体内的阀组。这种多路阀具有固定数目的换向阀和机能。其优点是结构紧凑、重量轻、压力损失较小；其缺点是通用性差、加工过程中只要有一个阀孔不合要求即整个阀体报废，阀体的铸造工艺也比分片式复杂。整体式多路阀适合工艺目的相对稳定及批量大的品种。

（1）手动直接式

图7-3所示为手动直接操纵整体式多路阀的结构，阀的油路为串并联连接，该阀为二联阀，由三位滑阀1、四位滑阀2、单向阀3和主安全阀4等组成。其过载阀、补油阀靠螺栓组装在阀体上。复位定位方式为三位弹簧复位和四位弹跳定位。

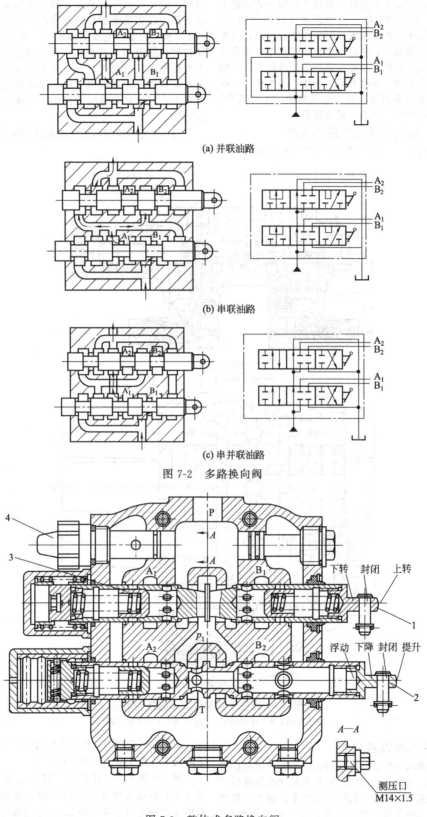

(a) 并联油路

(b) 串联油路

(c) 串并联油路

图 7-2 多路换向阀

图 7-3 整体式多路换向阀

1—三位滑阀；2—四位滑阀；3—单向阀；4—主安全阀

当滑阀 1 和 2 处于中位时，来自 P 口的压力油经中间油道直接从 T 口回油箱。当滑阀处于换向位置时，此时中位油道关闭，P 口的压力油经滑阀的径向孔打开单向阀 3 进入工作油口；从另一工作油口来油，经滑阀另一侧的径向孔回油箱。当液压系统中的油压超过主安全阀 4 的调定压力时，该阀开启，油液进入油箱。该阀属中高压大流量的多路阀，具有结构紧凑、工作可靠、性能先进、密封性好、维修方便等特点。

（2）先导控制整体式多路换向阀

如图 7-4 所示，先导控制整体式多路换向阀为四联阀，前三联属并联油路，第三联与第四联采用串并联油路，以实现液压系统复合动作的需要。图中滑阀 1 处于换向位置，它是靠两端盖上的 a、b 油口来的先导控制油使滑阀实现换向。件号 2 是补油阀，件号 3 为直接作用式过载阀，件号 4 为主安全阀。该阀为高压大流量阀，具有结构紧凑、操纵轻便、微调性能好的特点，并具有多种滑阀机能，以满足不同工作机构的需要。

图 7-5 为两种整体式多路阀的实物外形。

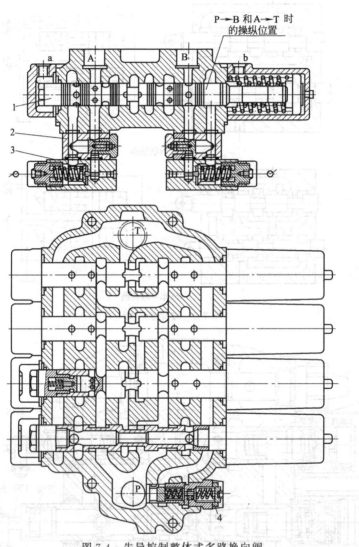

图 7-4   先导控制整体式多路换向阀
1—滑阀；2—补油阀；3—过载阀；4—主安全阀

7.2.3　分片式多路换向阀

分片式多路阀是将每联换向阀做成一片再用螺栓连接起来的阀组。其优点是可以用几种单元阀组合成多种不同功用的多路阀，扩展了阀的使用范围；加工中报废一片也不影响其他阀片，用坏的单元易于修复或更换。其缺点是体积和重量大、加工面多；各片之间需要密封、泄漏的可能性大；旋紧片间连接螺栓不当时，可能引起阀体孔道变形，导致阀杆卡阻。

图 7-6 所示为分片式（二联）三位六通多路换向阀（并联油路连接方式）的结构。进油阀体 1、回油阀体 4 和中间两片换向阀 2、3 等用螺栓 5 连接。在相邻阀体间有 O 形密封圈。进油阀体 1 内装有溢流阀

(a) ZS3 系列（四川长江液压）

(b) DF系列（山东长青石油液压）

图 7-5 整体式多路阀实物外形

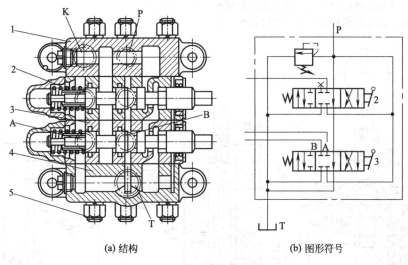

(a) 结构   (b) 图形符号

图 7-6 分片式多路换向阀
1—进油阀体；2、3—换向阀；4—回油阀体；5—螺栓

（图中只画出溢流阀的进口 K）。两联换向阀各控制一个执行元件的换向。图示位置，换向阀 2、3 的阀芯均未操纵，液压泵的压力油从 P 口进入，经阀体内部通道直通回油阀体 4，并经回油口 T 返回油箱，泵处于卸荷状态；当向左扳动换向阀 3 的阀芯时，阀内卸荷通道截断，油口 A、B 分别接通压力油口 P 和回油口 T，当反向扳动换向阀 3 的阀芯时，油路换向。

图 7-7 所示为一种分片式多路换向阀的实物外形。

图 7-7 分片式多路换向阀的实物
外形（ZS1 系列，四川长江液压）

7.3 操纵控制方式及先导阀

7.3.1 操纵控制方式

多路换向阀的操纵控制方式基本上有手动直接控制式和先导控制式两类。

（1）手动直接控制式

它是通过手柄直接驱动主阀芯的运动实现换向。采用手动操纵型多路阀的系统，需将多路阀布置在便于操作者操纵处（例如驾驶室内地面下），给主机部管带来困难，管路复杂，压力损失大，适用于低压、中小流量的简单设备液压系统。

（2）先导控制式

随着液压系统的功率增大及操作频繁的需要，为了减轻操纵力，改善操作舒适性，目前在车辆与工程机械上越来越多地采用先导控制式多路阀。先导控制式多路阀又有以下三种形式。

① 手动先导式多路阀类：此类阀通过手柄驱动先导式多路阀中的先导阀芯的运动，最终靠液压力使主阀

芯运动并定位换向。此种形式，只需将先导阀布置在便于操作处，而多路阀本体可布置于任何适当处，两者间用小直径管路连接即可，布局灵活，减小了管路损失，提高了系统效率。手动先导式多路阀是应用最多的一种形式。

② 电液比例先导阀类：它通过手柄驱动电位器，然后通过电-机械转换器使先导阀芯运动，从而控制液压力，再控制主阀芯运动并定位换向。

③ 微机电液比例先导阀类：它利用微机输出的电信号，控制电-机械转换器来控制先导阀芯运动，然后通过液压力控制主阀芯运动并定位，这是电液比例控制的更高形式。

上述②和③中的电液比例多路先导阀类通常为新型电液比例多路阀，采用这种阀的系统，只需将电控制器布置于便于操纵处，而管路布置柔性大，结构紧凑，压力损失小，系统的可靠性和效率较高。在技术较为先进，要求较高的场合逐步开始使用。

7.3.2 先导阀

先导阀是操纵先导控制的多路换向阀换向的重要元件。简介如下：图 7-8(a) 所示为操纵多路换向阀换向的减压阀式先导阀的结构，阀体 7 中装有四个结构完全相同的减压阀，每个减压阀都由阀芯 8、调压弹簧 5、导杆 6、推杆 2 和回位弹簧 9 等组成。导杆 6 上装有滑套 4 和用来限制滑套最高位置的限位螺钉，限位螺钉使调压弹簧有一定的预压缩量。回位弹簧把整个减压阀组件顶在压盘 1 上。恒压的控制油从 P 口进入，T 口接油箱，四个工作口 A、B、C 和 D 分别接两个主换向阀的四个控制腔。

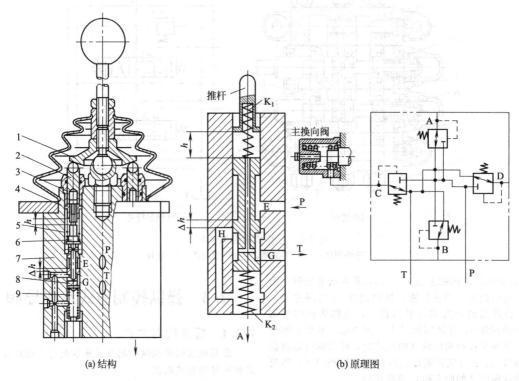

(a) 结构   (b) 原理图

图 7-8   减压阀式先导阀

1—压盘；2—推杆；3—盖；4—滑套；5—调压弹簧；6—导杆；7—阀体；8—阀芯；9—回位弹簧

图 7-8(b) 是减压阀式先导阀的工作原理图和系统符号。压盘 1 处于中位时，阀芯在回位弹簧和调压弹簧作用下处于最高位置，控制压力油从 P 口进入，并被封闭在 E 腔，A 口油经油道 H 和 G 腔到 T 口接油箱。当搬动手柄通过压盘使顶杆下移时，调压弹簧克服回位弹簧的作用力将阀芯下推，当阀芯下移量大于 Δh 后，油道 H 与 G 腔切断而与 E 腔连通，控制压力油经腔 E、油道 H 从 A 口到主阀的控制腔。A 口油的压力对阀芯有一个向上的作用力，它和回位弹簧力一起与调压弹簧力相对，使阀芯上移，直到阀芯受力平衡为止。此时，阀芯使油道 H 与 E 腔、G 腔都切断，保持 A 口压力为

某一值。很明显，调压弹簧被推杆压缩得越多，A 口油压就越大。若手柄保持在某一位置不动，则 A 口压力不变，故实际上是一个定值减压阀。

先导阀芯的受压面积很小，它输出的控制油压力较低，所以，作用在操纵手柄上的力很小。先导阀出口的油液压力对应于操纵手柄的位置，因此主换向滑阀的行程也与手柄位置相对应，这样就使主换向滑阀可停留在它行程的任何位置，因而发挥换向阀的调速性能。必须指出，这种先导阀与主换向阀必须匹配，否则就不能发挥主换向阀的调速特性。

图 7-9 为一种减压阀式比例先导阀的实物外形。

图 7-9　减压阀式比例先导阀的实物
外形（四川长江液压 BJS 型）

7.4　位数、通路数与滑阀机能

7.4.1　位数及通路数

多路换向阀的位数有三位与四位两种，阀的通路数有四通、五通和六通几种。老式的手动操纵型多路阀和新型的电液比例多路阀大多为四通阀，而应用最多的是六通阀，五通阀则应用较少。

7.4.2　滑阀机能

与单体滑阀式换向阀一样，多路换向阀也有不同的机能。对于并联和串并联油路，有 O、A、Y、OY 四种机能；对于串联油路，有 M、K、H、MH 四种机能，其图形符号如图 7-10 所示。

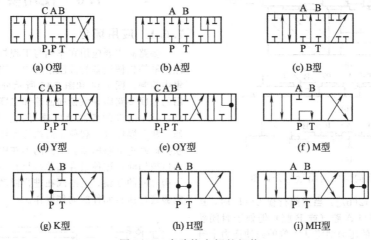

(a) O型　(b) A型　(c) B型
(d) Y型　(e) OY型　(f) M型
(g) K型　(h) H型　(i) MH型

图 7-10　多路换向阀的机能

上述八种机能中，以 O 型、M 型应用最广。A 型应用在叉车液压系统中；OY 型和 MH 型在铲土运输机械液压系统中作为浮动用；K 型用于起重机液压系统的起升机构中，当制动器失灵，液压马达要反转时，使液压马达的低压腔与滑阀的回油腔相通，补偿液压马达的内泄漏；Y 型和 H 型多用于液压马达回路，因为中位时液压马达两腔都通回油，因此马达可以自由转动。

7.5　主要性能

多路换向阀的性能主要由压力损失、内部泄漏量、换向过程中的压力冲击、微调特性及安全阀的性能来评价。

（1）压力损失

它是来自油液通过换向阀油道的摩擦损失，油道通流断面的形状、大小的突然改变引起的局部损失。

图 7-11(a) 所示为当滑阀处于中位时，通过不同流量及不同联数时，其进、回油间的压力损失曲线；图 7-11(b) 所示为多路换向阀在换向位置时，进油口 P 至工作油口 A、B 及工作油口 A、B 至回油口 T 的压力损失曲线。

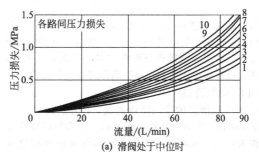

(a) 滑阀处于中位时

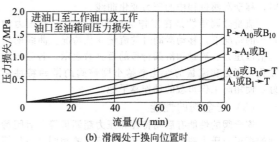

(b) 滑阀处于换向位置时

图 7-11　多路换向阀的压力损失曲线

（2）内部泄漏量

它与阀所使用的油压、油温、阀体与滑阀的配合间隙、滑阀直径、封油长度等有关。

（3）换向过程中的压力冲击

它与阀的封闭量有关。图 7-12（a）所示为 M 型换向阀中位的布置图。图中 K 为开口量，表示阀体与滑阀之间的开度。F 为封闭量，表示阀体与滑阀间的封油长度。K 和 F 决定滑阀的最小行程 L_{min}，且 $L_{min}＝K＋F$。当 $F＞K$ 时，称正封闭（或称负开口）；当 $F＝K$ 时，称零封闭（或称零开口）；当 $F＜K$ 时，称负封闭（或称正开口）。

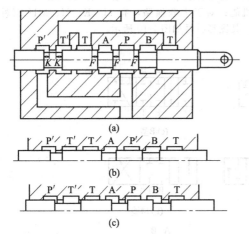

图 7-12　换向阀的封闭量与开口量

正封闭阀［图 7-12（b）］：当滑阀行程 $L＝K$ 时，P' 腔与 T' 腔切断，P 腔与 A 腔（或 B 腔）仍处于封闭状态，此时来自液压泵的压力油将从零位的回油压力上升到主安全阀的调定压力并溢回油箱。

零封闭阀：在滑阀移动过程中，也会出现短暂的压力冲击。

负封闭阀［图 7-12（c）］：在滑阀的全行程中，不会出现压力冲击，而是出现 P'、T'、P 和 A（或 B）四腔同时连通的状况，造成执行机构"点头"现象。为此，在阀体里或滑阀中设置单向阀以消除"点头"现象。

（4）微调特性

图 7-13 为滑阀的微动特性曲线，P 为进油口，A、B 为工作油口，T 为通油箱的回油口。压力微调特性是在工作油口 A、B 堵住，且多路换向阀通过公称流量时，移动滑阀过程中的压力变化曲线。

流量微调特性是在工作油口的负载为公称压力的 75％ 的情况下，移动滑阀时的流量变化情况。曲线的坐标值以压力、流量和滑阀行程的百分数表示。若随行程变化，压力和流量的变化率越小则该阀的微调特性越好，使用时工作负载的动作越平稳。

（5）安全阀的性能

安全阀的性能有启闭特性和压力超调量等。启闭特性的指标与压力超调量的定义与溢流阀的相同（参见第 5 章）。安全阀的开启比与闭合比越高，则阀的启闭特

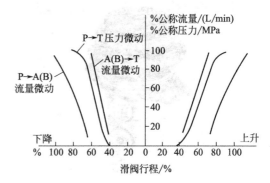

图 7-13　滑阀的微动特性曲线

性越好；压力超调量越好，阀的动态特性越好。

7.6　使用要点

7.6.1　应用场合

多路阀主要应用在车辆与工程机械、行走机械、钻探机械等机械设备的液压系统中，用于多个执行元件的集中控制。图 7-14 和图 7-15 所示分别为工程机械中常用的二联多路阀并联换向回路和二联多路阀串联换向回路，其中前者的各联换向阀可独立操作，也可联动操作。联动操作时，载荷小的执行元件先动作；后者的各联换向阀进油路串联。上游阀不在中位时，下游阀的进油口被切断，这种组合阀总是只有一个阀在工作，实现了阀之间的互锁。上游阀在进行微动调节时，下游阀还能够进行执行元件的动作操作。

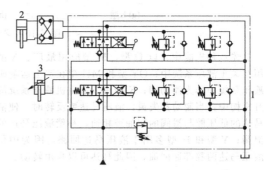

图 7-14　二联多路换向阀的并联换向回路

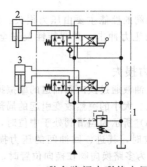

图 7-15　二联多路阀串联换向回路

7.6.2 注意事项

① 使用前，应核对多路阀的公称压力、公称流量、滑阀机能是否符合液压系统的要求。

② 在搬运、安装、存放时，不要撞击和损坏滑阀的外露部分。

③ 安装板和支架要平整，安装螺钉拧紧力要均匀，不得使阀体扭曲。

④ 安装阀外操纵机构时，应保证滑阀运动灵活，无卡滞现象。

⑤ 在振动严重的机械上安装多路阀时，应采取减振措施。

⑥ 如果在离阀很近的地方进行焊接，应防止焊渣飞溅，破坏密封圈、防尘圈及滑阀外露部分。

⑦ 工作介质（油液）的黏度范围一般为 $10\sim400mm^2/s$，温度范围控制在 $-20\sim80℃$；工作介质应清洁，油液过滤精度一般要求不大于 $10\mu m$；油液最高污染等级通常按 GB/T 14039 之 19/16。

⑧ 正确装接多路阀的进、回油口。严禁回油口进高压油，以免损坏阀体。系统管路不宜太细长，以免增加压力损失引起系统发热。

7.7 故障诊断

多路阀的常见故障及排除方法见表7-1。

表 7-1 多路阀的常见故障及其诊断排除方法

故障现象	产生原因	排除方法
1. 滑阀不能复位及定位机构不能定位	①复位弹簧变形 ②定位弹簧变形 ③定位套磨损 ④阀体与阀芯之间不清洁 ⑤阀外操纵机构不灵活	①更换复位弹簧 ②更换定位弹簧 ③更换定位套 ④拆洗 ⑤调整阀外操纵机构，重新拧紧连接螺钉
2. 外泄漏	①换向阀体两端O形密封圈损坏 ②各阀体接触面间O形密封圈损坏	更换O形密封圈

续表

故障现象	产生原因	排除方法
3. 安全阀压力调不上去或不稳定	①调压弹簧变形 ②先导阀磨损 ③锁紧螺母松动 ④主阀芯的阻尼孔堵塞 ⑤液压泵不良	①更换调压弹簧 ②更换先导阀 ③拧紧锁紧螺母 ④清洗主阀芯，使阻尼孔畅通 ⑤检修或更换液压泵
4. 滑阀在中位时工作机构明显下沉	①阀体与滑阀间因磨损间隙增大 ②滑阀位置没有对中 ③锥形阀处磨损或被污物垫住 ④R形滑阀内钢球与钢球座棱边接触不良	①修复或更换滑阀 ②使滑阀位置保持对中 ③更换锥形阀或清除污物 ④更换钢球或修整棱边

7.8 典型产品

7.8.1 Z系列多路阀

Z系列多路阀概览见表3-5，其型号意义、技术规格及滑阀机能见表7-2。图 7-16 所示为 ZL※※※-04G.M6T.Q5W 型多路阀的图形符号，压力分级及进回油口见表7-3，其 A、B 口所带的辅助阀见表7-4，定位、复位方式见表7-5。

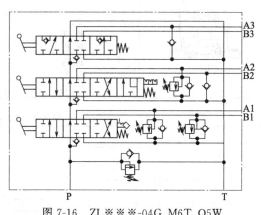

图 7-16 ZL※※※-04G.M6T.Q5W 型多路阀的图形符号

表 7-2 Z系列多路阀的型号意义、技术规格及滑阀机能

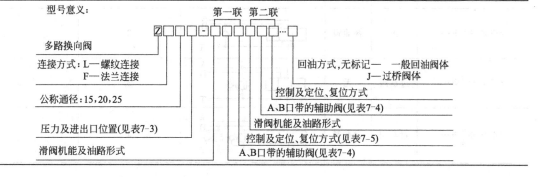

续表

型号	通径/mm	压力/MPa	流量 /(L/min)	估计总质量/kg			
				1 联	2 联	3 联	4 联
ZL15※	15		63	12.1	17.4	23.0	3.1＋5.3
ZL20※	20	32	100	20.0	27.5	38.0	12.5＋7.5
ZL25※	25		150	29.2	42.8	36.4	15.6＋3.6

滑阀机能

型　　号	油路形式	阀体形式	职能符号	代号	型　　号	油路形式	阀体形式	职能符号	代号
Z※※※-O※※…	并联	并联阀体		O	Z※※※-K※※…	串联	串联阀体		K
Z※※※-Y※※…				Y	Z※※※-O※※…				O̲
Z※※※-A※※…				A	Z※※※-Y※※…				Y̲
Z※※※-Q※※…				Q	Z※※※-A※※…				A̲
Z※※※-M※※…	串联	串联阀体		M	Z※※※-Q※※…				Q̲

表 7-3　压力分级及进、回油口

进、回油口位置	安全阀压力/MPa		
	16	25	32
P、T	E	G	H
P₁、T	E₁	G₁	H₁
P、T₁	E₂	G₂	H₂
P、T₂	E₃	G₃	H₃
P₁、T₁	E₄	G₄	H₄
P₁、T₂	E₅	G₅	H₅

表 7-4　A、B 口所带的辅助阀

型号	辅助阀		图形符号	代　　号	
	A 口	B 口		过载阀压力与进油口安全阀压力相同	过载阀压力与进油口安全阀压力不同
Z※※-※　※…	无	无		无标记	无标记
Z※※-※ $\frac{1}{1}$ ※…	无	过载阀		1	1̲
Z※※-※2※…	无	补油阀		2	
Z※※-※ $\frac{3}{3}$ ※…	过载阀	无		3	3̲
Z※※-※ $\frac{4}{4}$ ※…	过载阀	过载阀		4	4̲

续表

型号	辅助阀		图形符号	代号	
	A 口	B 口		过载阀压力与进油口安全阀压力相同	过载阀压力与进油口安全阀压力不同
Z※※-※$\frac{5}{5}$※…	过载阀	补油阀		5	<u>5</u>
Z※※-※6※…	补油阀	无		6	
Z※※-※$\frac{7}{7}$※…	补油阀	过载阀		7	<u>7</u>
Z※※-※8※…	补油阀	补油阀		8	
Z※※-※$\frac{9}{9}$※…	过载阀	过载阀		A 口过载阀 16MPa B 口过载阀 32MPa 9	A 口过载阀 32MPa B 口过载阀 16MPa <u>9</u>

表 7-5 定位和复位方式

序号	控制方式	定位复位方式	图形符号	代号	序号	控制方式	定位复位方式	图形符号	代号
1	手动控制	三位弹簧复位			6	手动控制	三位弹簧复位,第四位钢球定位,气动复位		G
2		三位弹簧复位,第四位钢球定位		T	7		三位钢球定位,气动复位		V
3		三位钢球定位		W	8		四位钢球定位,气动复位		
4		四位钢球定位			9	液压控制	三位弹簧复位		U
5		一位弹簧复位,一位钢球定位,气动复位		G	10		四位弹簧复位		

7.8.2 ZS 系列多路阀

ZS 系列多路阀概览见表 3-5,其中 ZS1 型和 ZS2 型多路阀的型号意义、技术规格、滑阀机能和图形符号见表 7-6。

7.8.3 ZFS 系列多路阀

ZFS 型多路阀概览见表 3-5,其型号意义、技术规格、滑阀机能和图形符号见表 7-7。

表 7-6 ZS1 型和 ZS2 型多路阀的型号意义、技术规格、滑阀机能和图形符号

型号意义:

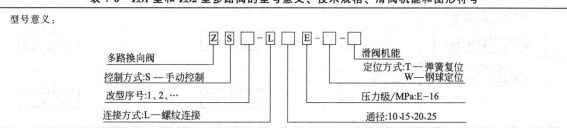

续表

型　号	通径/mm	压力/MPa	流量/(L/min)	滑阀机能	图形符号
ZS1-L10E-※-※	10		40	O、Y、A	
ZS2-L10E-※-※				O、O̲、Y、A	
ZS1-L15E-※-※	15		63	O、Y、A	
ZS2-L15E-※-※		16		O、O̲、Y、A	
ZS1-L20E-※-※	20		100	O、Y、A	
ZS2-L20E-※-※				O、O̲、Y、A	
ZS1-L25E-※-※	25		100	O、Y、A	
ZS2-L25E-※-※				O、O̲、Y、A	

滑阀机能

型号	职能符号	代号
ZS1-L※E-※-O		O
ZS1-L※E-※-Y		Y
ZS1-L※E-※-A		A
ZS2-L※E-※-O		O
ZS2-L※E-※-O̲		O̲
ZS2-L※E-※-Y		Y
ZS2-L※E-※-A		A

ZS1型多路阀

ZS2型多路阀

表 7-7　ZFS 型多路换向阀的型号意义、技术参数、滑阀机能及图形符号

图形符号：

公称通径/mm	最大流量/(L/min)	工作压力/MPa	型号	估计总质量/kg			
				2 联	3 联	4 联	5 联
10(3/8in)	30	14.0	ZFS-L10	10.5	13.5	16.5	19.5
20(3/4in)	75	14.0	ZFS-L20	24	31.0	38	45
25(1in)	130	10.5	ZFS-L25	42	53.0	64	75

ZFS滑阀机能	O 型全闭口		A 型 A 口升降用	
	Y 型油缸浮动		B 型 B 口升降用	

7.8.4　D-32、D1-32 型液压比例操纵多路阀

D-32、D1-32 型液压比例操纵多路阀概览见表 3-5，其型号意义、技术规格、图形符号和特性曲线见表 7-8。

7.8.5　DCV 系列多路阀

DCV 系列多路阀概览见表 3-5，其型号意义和技术规格见表 7-9。

7.8.6　BJS 型减压式比例先导阀

BJS 型减压式比例先导阀概览见表 3-5，其型号意义、技术规格、图形符号和特性曲线见表 7-10。

表 7-8　D-32、D1-32 型液压比例操纵多路阀的型号意义、技术规格、图形符号和特性曲线

型号意义：

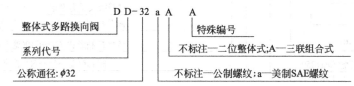

通径 /mm	额定流量 /(L/min)	额定压力 /MPa	K 口控制压力 /MPa	工作油液		
				温度/℃	黏度/(mm²/s)	过滤精度/μm
32	250	20	0.4～2.3	20～80	10～400	≤10

图形符号

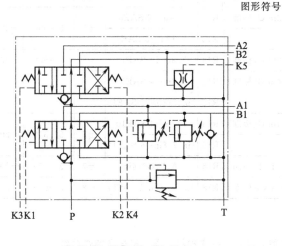

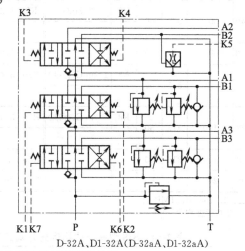

D-32、D1-32(D-32a、D1-32a)　　　　D-32A、D1-32A(D-32aA、D1-32aA)

注：二联阀可实现并联油路，且 A、B 口均可带过载阀和补油阀。

特性曲线

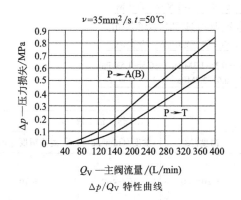

$\Delta p/Q_V$ 特性曲线

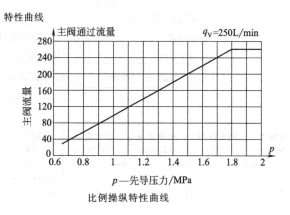

比例操纵特性曲线

表 7-9　DCV 系列多路阀的型号意义和技术规格

型号意义：

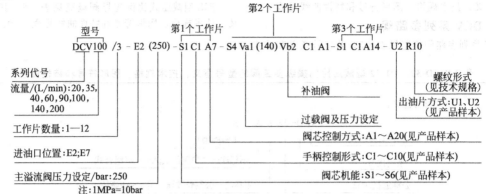

型号	最大流量/(L/min)	最大压力/bar	出口背压/bar	油　口　螺　纹						阀芯行程/mm	介质黏度/(mm²/s)	温度范围/℃
				形式	尺寸	形式	尺寸	形式	尺寸			
DCV20	20	350	60	R6	1/4in G	R7	3/8in G(标准)	R12	9/16in-18-SAE6	±5	5～500	−20～80
DCV35	35	350	60			R7	3/8in G(标准)	R12	9/16in-18-SAE6	±5	5～500	−20～80
DCV40	40	350	60	R7	3/8inG	R8	1/2in G(标准)	R11	3/4in-16-SAE8	±5	5～500	−20～80
								R12	9/16in-18-SAE6			
DCV60	60	315	50			R8	1/2in G(标准)	R13	7/8in-14-SAE10	±5	5～500	−20～80
DCV90	90	315	60	R8	1/2in G(标准)	R10	3/4in G(标准)	R13	7/8in-14-SAE10	±7	5～500	−20～80
								R15	1in、7/8in-16-SAE12			
DCV100	100	315	50	R8	1/2in G(标准)	R10	3/4in G(标准)	R13	7/8in-14-SAE10	±7	5～500	−20～80
								R15	1in、7/8in-16-SAE12			
DCV140	140	315	50	R16	P、T、T′ G1in	R16	A、B、G3/4in			±7	5～500	−20～80
DCV200	200	315	50			R17	1inGAS(标准)	R18	1in、5/16in-12-SAE16	±8	5～500	−20～80

注：1. 1bar＝0.1MPa。
　　2. 过滤精度均为 30μm。

表 7-10　BJS 型减压式比例先导阀的型号意义、技术规格、图形符号和特性曲线

型号意义：

BJ S 1 B 3 T 5 S

减压式比例先导阀
手动式
设计序号
压力级别：B—2.5MPa
控制压力范围：1—0.3～1.3MPa；2—0.5～1.5MPa；3—0.6～2.2MPa
定位或复位方式：T—弹簧复位；W—弹跳定位
控制口数目：4—四个控制口；5—五个控制口
结构特征：不标注—单手柄；S—双手柄

公称压力/MPa	最大压力/MPa	公称流量/(L/min)	最大流量/(L/min)	控制压力/MPa	工 作 油 液		
					温度/℃	黏度/(mm²/s)	过滤精度/μm
2.5	5	10	15	0.4～2.3 0.5～1.5 0.6～2.2	−20～80	10～400	≤10

续表

图形符号

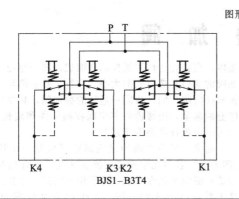

BJS1-B3T4

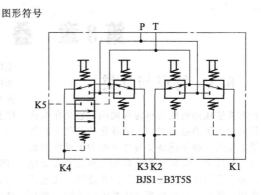

BJS1-B3T5S

特性曲线

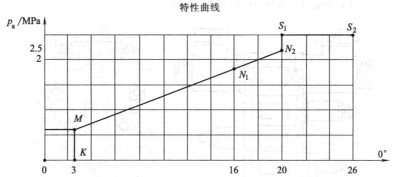

注：MN_2 直线段为控制压力，范围 0.6～2.5MPa，转角为 3°～20°，N_1 点为控制动臂下降至浮动时的起点（即 K5 口开始卸荷）。

第8章 叠加阀

8.1 特点与分类

以叠积方式连接的液压阀称为叠加阀，它是在板式连接的液压阀（以下简称板式阀）集成化的基础上发展起来的一类液压阀。叠加阀是安装在底板和板式换向阀之间，由有关的压力、流量和单向控制阀组成的集成化控制回路。每个叠加阀除了具有液压阀功能外，还起油路通道的作用。因此，由叠加阀组成的液压系统，阀与阀之间不需要另外的连接体，而是以叠加阀阀体作为连接体，直接叠合再用螺栓结合而成。同一通径的各种叠加阀的油口和螺钉孔的大小、位置、数量都与相匹配的板式换向阀相同。故同一通径的叠加阀，只要按一定次序叠加起来，用螺栓将其串联在换向阀和底板块之间，即可组成各种典型液压系统。

通常一组叠加阀的液压回路只控制一个执行元件（图8-1）。若将几个安装底板块（也都具有相互连通的通道）横向叠加在一起，即可组成控制几个执行元件的液压系统（图8-2）。图8-3所示为叠加阀组的实物外形。

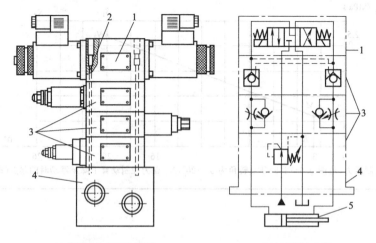

(a) 单摆叠加阀组的组装　　　　　(b) 液压叠加回路

图 8-1　控制一个执行元件的叠加阀及其液压回路

1—板式电磁换向阀；2—螺栓；3—叠加阀；4—底板块；5—执行元件（液压缸）

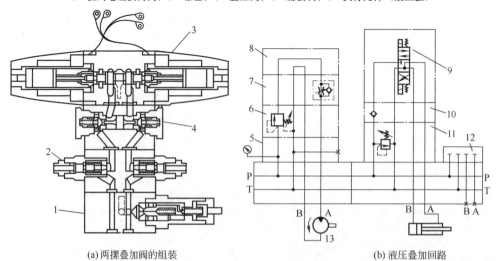

(a) 两摆叠加阀的组装　　　　　(b) 液压叠加回路

图 8-2　控制多个执行元件的叠加阀及其液压回路

1—叠加式溢流阀；2—叠加式流量阀；3—电磁换向阀；4—叠加式单向阀；5—压力表安装板；6—顺序阀；7—单向进油节流阀；8—顶板；9—换向阀；10—单向阀；11—溢流阀；12—备用回路盲块；13—液压马达

(a) 单摆叠加阀组(浙江
象山液压气动公司)

(b) 多摆叠加阀组(北部精机)

图 8-3　叠加阀组实物外形

叠加阀的连接尺寸及高度已经标准化〔国际标准 ISO 4401（国家标准 GB/T 2514）和 ISO 7790〕，使叠加阀具有更广的通用性及互换性。叠加阀目前已在机床、化工与塑机、冶金机械、工程机械等行业获得了广泛应用。

根据功能的不同，叠加阀通常分为单功能阀和复合功能阀两大类型（图 8-4）。

图 8-4　叠加阀的分类

8.2　工作原理及典型结构

8.2.1　概述

叠加阀的工作原理与一般板式阀基本相同，但在结构和连接方式上有其特点，故自成体系。每个叠加阀体上必须有 P、T、A、B 等规定用途的共用油道（口）（其例子见 φ10mm 通径叠加阀连接尺寸图 8-5），这些油道（口）自阀的底面贯通到阀的顶面，而且同一通径的各类叠加阀的 P、A、B、T 油道（口）间的相对位置是和相匹配的标准板式换向阀相一致的。故同一种控制阀，如溢流阀，因在不同的油路上起控制作用，就派生出不同

的品种，如图 8-6 所示，是大连组合所 φ10mm 通径系列叠加式溢流阀的不同品种。此外，由于结构的限制，叠加阀上的通道多数是采用精密铸造成型的异型孔。

叠加阀的阀芯一般为滑阀式或锥阀式结构。单功能阀的性能可以参照板式阀考核；而多功能特殊用途阀性能的考核必须在液压系统使用中才能做到。

8.2.2　单功能叠加阀

单功能叠加阀中的各种阀的工作原理及结构均与普通同类板式液压阀相似。所不同的是，单功能叠加阀的一个阀体中一般要有 P、A、B、T 四条通路，阀内油口根据阀的功能分别与自身相应通道相连接。因此各阀根据其控制点，可以有许多种不同的组合。此处仅以先导叠加式溢流阀和叠加式液控单向阀为例，介绍单功能叠加阀的结构原理特点。

（1）先导叠加式溢流阀

图 8-7(a) 所示为一种常见的先导叠加式溢流阀的结构。它由先导阀和主阀两部分组成。先导阀用于调节主阀压力，它由调节螺钉 1（或锁柄机构）、调压弹簧 2、锥阀芯 3 及锥阀座 4 等组成。主阀用于溢流，它由前端锥形面的圆柱形阀芯 6、阀套 7、复位弹簧 5、主阀体 8 及密封圈等组成，构成一个插装单元。叠加式溢流阀在相似的阀体内不同油路配上先导阀部分和主阀组件，即可实现 P、P1、A、B、AB 等油路的溢流功能。

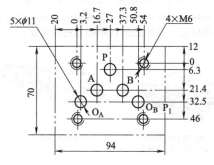

图 8-5　φ10mm 通径叠加阀连接尺寸

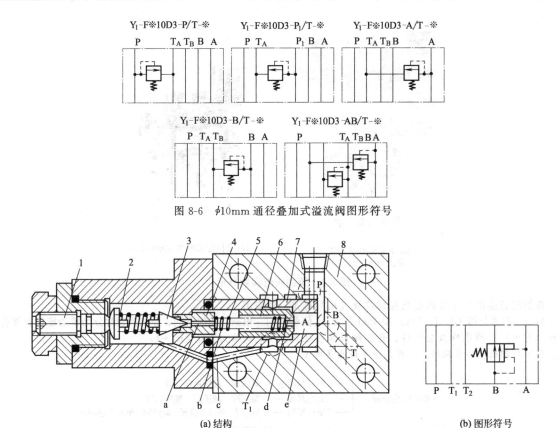

图 8-6　φ10mm 通径叠加式溢流阀图形符号

图 8-7　先导叠加式溢流阀

(a) 结构　　　　　　　　　　　　　　(b) 图形符号

1—调节螺钉；2—调压弹簧；3—锥阀芯；4—锥阀座；5—复位弹簧；6—主阀芯；7—阀套；8—主阀体

图 8-7(a) 所示溢流阀的工作原理如下：压力油从 P 口进入主阀芯右端 e 腔，作用于主阀芯 6 右端，同时通过阻尼小孔 d 进入主阀芯左腔 b，再通过小孔 a 作用于先导阀芯 3 上。当进油口压力小于阀的调整压力时，先导锥阀芯关闭，主阀芯无溢流；当进油口压力升高，达到阀的调整压力后，锥阀芯开启，液流经小孔 d、a、c 到达出油口 T₁，液流流经阻尼孔 d 时产生压力降，使主阀芯两端产生压力差，此压力差克服弹簧力使主阀芯 6 向左移动，主阀芯开始溢流。通过调节螺钉 1 可压缩弹簧 2，从而调节阀的调定压力。图 8-7(b) 所示为叠加式溢流阀的型谱符号。

大连组合所系列 Y₁-F※10D3-P/T 型叠加式溢流阀及榆次油研（YUKEN）系列、威格士（VICKERS）系列和力士乐（REXROTH）系列的叠加式先导溢流阀均为此类结构。图 8-8 为叠加式溢流阀的四种实物外形。

(2) 叠加式液控单向阀

图 8-9(a) 所示为叠加式液控单向阀（有时称叠加式双液控单向阀）的结构，由图可以看出，它由活塞和两组单向阀构成，A 至 A₁ 或 B 至 B₁ 压力油可以打开单向阀自由流动，反之则封闭。当其中一条油路有压力油且达到一定压力时，将推动中间的活塞向对面移动，克服弹簧力，推开单向阀芯，使油液反向流动。该液控单向阀的单向阀组件部分可以换成专用油塞，变成"A"或"B"油路的液控单向阀不同品种 [图 8-9(b)]。威格士系列、力士乐（REXROTH）、阿托斯（ATOS）和派克（PARKER）系列的液控单向阀均属此类结构。图 8-10 所示为一种叠加式液控单向阀的实物外形。

图 8-11 所示为采用叠加式液控单向阀的一种保压回路，为确保液控单向阀的正确关闭，在保压时换向阀的工作油口应与油箱直通以卸掉控制压力能。

(a) 大连组合所系列　　　　(b)榆次油研系列　　　　(c) 力士乐系列　　　　(d) 派克系列
　　(江苏海门液压)　　　　　　　　　　　　　　　　(上海立新液压)

图 8-8　叠加式溢流阀实物外形

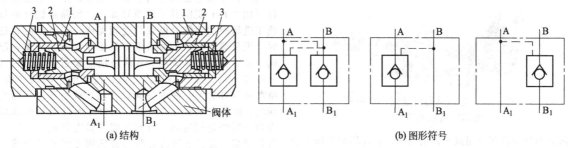

(a) 结构 (b) 图形符号

图 8-9 叠加式液控单向阀

(a) 力士乐系列Z2S型
(上海立新液压)

(b) 派克系列CPOM型

图 8-10 叠加式液控单向阀实物外形

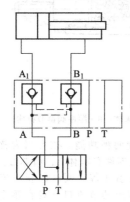

图 8-11 用叠加式液控单向阀
的一种保压回路

8.2.3 复合功能叠加阀

复合功能叠加阀又称为多机能叠加阀，它通常是指在一个控制阀芯单元中实现两种以上的控制机能的叠加阀。此处介绍三种复合功能叠加阀的结构原理特点。

（1）叠加式电动单向调速阀

此阀的结构原理如图 8-12 所示，它由板式连接的调速阀部分Ⅰ、叠加阀的主体部分Ⅱ、板式结构的先导阀部分Ⅲ三部分组合而成。阀的总体采用组合式结构，调速阀部分Ⅰ可用一般的单向调速阀的通用件，通用化程度较高。

主阀体 9 中的锥阀 10 与先导阀 12 用于回路做快速前进、工作进给、停止或再快速退回的工作循环中。快进时，电磁铁通电，先导阀 12 左移，将 d 腔与 e 腔切断，接通 e 腔与 f 腔，锥阀弹簧腔 b 的油液经 e 腔、f 腔与叠加阀回油路 T 接通而卸荷。此时锥阀 10 在 a 腔压力油作用下被打开，压力油由 A₁ 经锥阀到 A，使回路快进。工作进给时，电磁铁断电，先导阀复位（图示位置），油路 A₁ 的压力油经 d、e 到 b 腔，将锥阀阀口关闭。此时，由 A₁ 进入的压力油只能经调速阀部分到 A，使回路处于工作进给状态。当回路转为快退时，压力油由 A 进入该阀，锥阀可自动打开，实现快速退回。

图 8-13 所示为一种电动单向调速阀的实物外形。

（2）叠加式顺序背压阀

如图 8-14 所示，叠加式直动顺序背压阀是由顺序

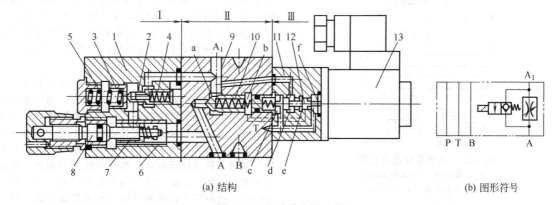

(a) 结构 (b) 图形符号

图 8-12 电动单向调速阀

1—调速阀阀体；2—减压阀；3—平衡阀；4、5—弹簧；6—节流阀套；7—节流阀芯；8—节流阀调节杆；9—主阀体；10—锥阀；11—先导阀体；12—先导阀；13—直流湿式电磁铁

图 8-13 电动单向调速阀实物外形
（北部精机系列 MSF 型）

阀和背压阀两部分组成一体的结构。其作用是在快慢速交替工作系统中，当液压执行元件快速运动时，阀不工作，保证液压缸回油畅通；当执行元件进入慢速工进过程后，顺序阀从常开状态受控关闭，背压阀开始工作，使液压缸后腔建立工作进给所需的背压。现结合由该阀

及换向阀 1 和电磁调速阀 2 等构成的机床典型进给回路（图 8-15）说明其工作原理如下：回路从快进向慢速工进转换的动作由电磁调速阀完成。当液压缸快进时，无负载阻力，A 油路压力低于顺序阀调定值，滑阀口是常开状态，此时，B 油路油液畅通回油。转入工作进给后，A 油路压力升高，超过顺序阀调压值，滑阀克服弹簧力，使顺序阀口关闭，截断油路；与此同时，B 油路回油阻力升高，压力油通过阻尼孔作用在背压阀的滑阀端面，滑阀克服弹簧力直至背压阀节流口开启，维持液压缸后腔与背压阀之间 B 油路建立起的背压值，B 油路背压油以溢流方式返回油箱。当执行元件快退时，换向阀将 A 油路接通 T 油路而失去压力，顺序阀从关闭状态又恢复到常开状态，使油液畅通无阻。

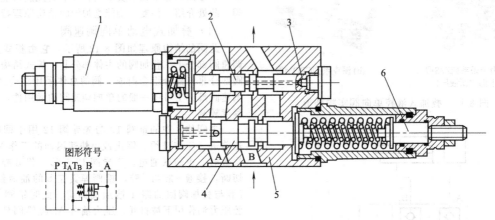

图 8-14 叠加式直动顺序背压阀
1—背压阀调压机构；2—背压阀阀芯；3—阻尼；4—顺序阀阀芯；5—阀体；6—顺序阀调节机构

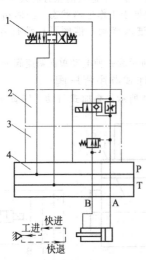

图 8-15 机床典型进给回路
1—电磁换向阀；2—电磁调速阀；
3—顺序背压阀；4—底板块

（3）叠加式顺序节流阀

它是由顺序阀和节流阀复合而成的复合阀，具

有顺序阀和节流阀两种功能。该类阀为整体式结构（图 8-16），其构成零件有阀体 1、阀芯 2、节流阀调节杆 3 和顺序阀弹簧 4 等。顺序阀和节流阀共用一个阀芯，将三角槽形的节流口开设在顺序阀阀芯的控制边上。阀的节流口随着顺序阀控制口的开闭而开闭。节流口的开、闭，取决于顺序阀控制油路 A 的压力大小。当油路 A 的压力大于顺序阀的设定值时，节流口打开，而当油路 A 的压力小于顺序阀的设定值时，节流口关闭。此阀可用于多回路集中供油的液压系统中，以解决各执行元件工作时的压力干扰问题。

以多缸液压系统为例，系统工作时各缸相互间产生的压力干扰，主要是由于工作过程中，当任意一个液压缸由工作进给转为快退时，引起系统供油压力的突然降低而造成其余执行元件进给力不足。这种压力干扰会影响加工精度。但在这样的系统中，如采用顺序节流阀，则当液压缸由工作进给转为快退时，在换向阀转换的瞬间，而油路 P 与 B 接通之前，A 油路压力降低，使顺序节流阀的节流口提前迅速关闭，保持高压油源 p_1 压力不变，从而不影响其他液压缸的正常工作。

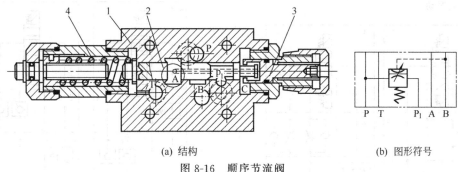

(a) 结构　　　　　　　　　　　　　　(b) 图形符号

图 8-16　顺序节流阀

1—阀体；2—阀芯；3—调节杆；4—弹簧

8.3　主要性能

各类叠加阀的性能与普通板式液压阀中的相对应的阀的特性及性能评价指标基本相同，例如8.2节介绍的先导叠加式溢流阀因采用了先导控制原理，先导阀和主阀部分分担了调定压力和溢流作用，故在系统使用中，调压范围大、静态偏差较小、启闭特性稳定、响应性和密封性良好、动作灵敏、压力损失小，有带锁手柄和用内六角扳手调节两种方式，调节特性较好。叠加式液控单向阀则一般要求开启压力小，泄漏量小等；而顺序背压阀的性能特性与直动型溢流阀基本相同，一般要求调压精度高、偏差小，顺序阀部分为使快进转工进动作稳定可靠，要求滑阀关闭时内泄漏量要小，等等。其他叠加阀的性能此处不再赘述，读者可以参看本书第2篇普通液压阀或产品样本中的有关内容。

8.4　使用要点

8.4.1　应用场合

叠加阀可根据其不同的功能组成不同的叠加阀液压系统。由叠加阀组成的液压系统具有下列特点。

① 标准化、通用化、集成化程度高，设计、加工及装配周期短。

② 结构紧凑、体积小、重量轻、占地面积小。

③ 便于通过增减叠加阀实现液压系统原理的变更，系统重新组装方便迅速。

④ 叠加阀可集中配置在液压站上，也可分散安装在主机设备上，配置形式灵活；由于是无管连接的结构，故消除了因管件间连接引起的漏油、振动和噪声，叠加阀系统使用安全可靠、维修容易、外形整齐美观。

⑤ 叠加阀通径较小，所组成的液压系统，回路形式较少，不能满足较复杂和大功率的液压系统的需要。

8.4.2　注意事项

在选用叠加阀并组成叠加阀液压系统时，应注意如下问题。

① 应优先选用型号新、性能稳定、品种齐全、质量可靠的叠加阀产品和生产企业。

② 通径及安装连接尺寸。一组叠加回路中的换

向阀、叠加阀及底板块的通径规格及安装连接尺寸必须一致，并符合国际标准 ISO 4401（国家标准 GB/T 2514）的规定。

③ 液控单向阀与单向节流阀组合。如图 8-17(a) 所示，使用液控单向阀3与单向节流阀2组合时，应使单向节流阀靠近执行元件1。反之，如果按图8-17(b)所示配置，则当B口进油、A口回油时，由于单向节流阀2的节流效果，在回油路的a～b段会产生压力，当液压缸1需要停位时，液控单向阀3不能及时关闭，有时还会反复关、开，使液压缸产生冲击。

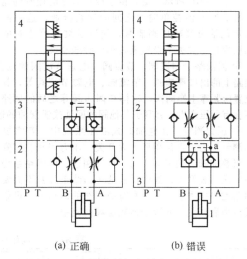

(a) 正确　　　　　　(b) 错误

图 8-17　液控单向阀与单向节流阀组合

1—液压缸；2—单向节流阀；3—液控单向阀；

4—三位四通电磁换向阀

④ 减压阀与单向节流阀组合。图 8-18(a) 所示为A、B油路都采用节流阀2，而B油路采用减压阀3的系统。这种系统节流阀应靠近执行元件1。如果按图8-18(b) 所示配置，则当A口进油、B口回油时，由于节流阀的节流作用，液压缸B腔与单向节流阀之间这段油路的压力升高。这个压力又去控制减压阀，使减压阀减压口关小，出口压力变小，造成供给液压缸的压力不足。当液压缸的运动趋于停止时，液压缸B腔压力又会降下来，控制压力随之降低，减压阀口开度加大，出口压力又增加。这样反复变化，会使液压缸运动不稳

定，还会产生振动。

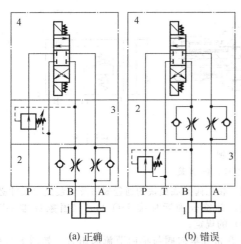

(a) 正确　　　　　(b) 错误

图 8-18　减压阀与单向节流阀组合

1—液压缸；2—单向节流阀；3—减压阀；
4—三位四通电磁换向阀

⑤ 减压阀与液控单向阀组合。图 8-19(a) 所示系统为 A、B 油路采用液控单向阀 2，B 油路采用减压阀 3 的系统。这种系统中的液控单向阀应靠近执行元件。如果按图 8-19(b) 所示布置，由于减压阀 3 的控制油路与液压缸 B 腔和液控单向阀之间的油路接通，这时液压缸 B 腔的油可经减压阀泄漏，使液压缸在停止时的位置无法保证，失去了设置液控单向阀的意义。

⑥ 回油路上调速阀、节流阀、电磁节流阀的位置。回油路上的出口调速阀、节流阀、电磁节流阀等，其安装位置应紧靠主换向阀，这样在调速阀之后的回路上就不会有背压产生，有利于其他阀的回油或泄漏油畅通。

⑦ 压力测定。在叠加阀式液压系统中，若需要观察和测量压力，需采用压力表开关。压力表开关应安放在一组叠加阀的最下面，与底板块相连。单回路系统设置一个压力表开关；集中供液的多回路系统并不需要每个回路均设压力表开关。在有减压阀的回路中，可单独设置压力表开关，并置于该减压阀回路中。

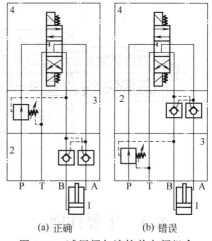

(a) 正确　　　　　(b) 错误

图 8-19　减压阀与液控单向阀组合

1—液压缸；2—液控单向阀；3—减压阀；
4—三位四通电磁换向阀

⑧ 安装方向。叠加阀原则上应垂直安装，尽量避免水平安装方式。叠加阀叠加的元件越多，重量越大，安装用的贯通螺栓越长。水平安装时，在重力作用下，螺栓发生拉伸和弯曲变形，叠加阀间会产生渗油现象。

8.5　故障诊断

由于叠加阀本身既是液压元件又是通道，故本书第 2 篇所述的普通液压阀的常见故障及其诊断排除方法完全适用于叠加阀。

8.6　典型产品

国内生产和销售的叠加阀主流产品概览请见第 3 章表 3-6，本节介绍其中几个典型叠加阀产品系列。

8.6.1　大连组合所系列叠加阀

本系列叠加阀概览见表 3-6，型号意义见表 8-1，其型谱见表 8-2，多机能叠加阀型谱见表 8-3。

表 8-1　大连组合所系列叠加阀型号意义

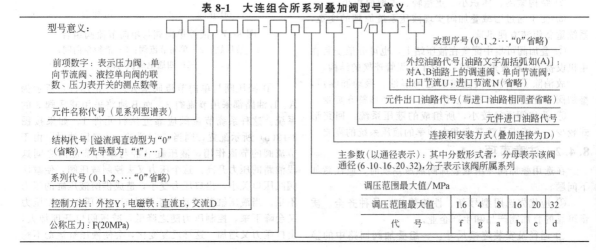

表 8-2　大连组合所系列叠加阀型谱

(1) 通径 6mm,公称压力 20MPa

元件名称	图形符号	型号	公称流量/(L/min)	备注
溢流阀	(P T B A)	Y-F※6D-P/T		※分a、c二级
溢流阀	(P T B A)	Y-F※6D-A/T		※分a、c二级
溢流阀	(P T B A)	Y-F※6D-B/T		※分a、c二级
减压阀	(P T B A)	J-F※6D-P-1		※分a、g二级
减压阀	(P T B A)	J-F※6D-P(A)-1		※分a、g二级
顺序阀	(P T B A)	X-F※6D-P-1	10	※分a、c二级
顺序阀	(P T B A)	2X-F※6D AB/BA-1		※分a、c二级
单向顺序阀	(P T B A)	XA-F$_f$6D-B		
顺序背压阀	(P T B A)	BXY-F$_g$6D-B(A)		
节流阀	(P T B A)	L-F6D-P		
节流阀	(P T B A)	L-F6D-T		
单向节流阀	(P T B A)	LA-F6D-P		
单向节流阀	(P T B A)	LA-F6D-A		
单向节流阀	(P T B A)	LA-F6D-AU		

元件名称	图形符号	型号	公称流量/(L/min)	备注
单向节流阀	(P T B A)	LA-F6D-B		
单向节流阀	(P T B A)	LA-F6D-BU		
单向节流阀	(P T B A)	2LA-F6D-AB		
单向节流阀	(P T B A)	2LA-F6D-ABU		
调速阀	(P T B A)	Q-F6D-T		
调速阀	(P T B A)	Q-F6D-P		
单向调速阀	(P T B A)	QA-F6D-A		
单向调速阀	(P T B A)	QA-F6D-AU	10	
单向调速阀	(P T B A)	QA-F6D-B		
单向调速阀	(P T B A)	QA-F6D-BU		
电动单向调速阀	(P T B A)	QAE-F6D-A		
电动单向调速阀	(P T B A)	QAE-F6D-AU		
电动单向调速阀	(P T B A)	QAE-F6D-B		
电动单向调速阀	(P T B A)	QAE-F6D-BU		
单向阀	(P T B A)	A-F6D-P		
单向阀	(P T B A)	A-F6D-T-1		

元件名称	图形符号	型号	公称流量/(L/min)	备注
单向阀	(P T B A)	2A-F6D-T/AB		
液控单向阀	(P T B A)	AY-F6D-A(B)-1		
液控单向阀	(P T B A)	AY-F6D-B(A)-1		
液控单向阀	(P T B A)	2AY-F6D-AB(BA)-1		
压力继电器	(P T B A)	PD-F※6D-A		※分a、c二级
压力继电器	(P T B A)	PD-F※6D-B	10	※分a、c二级
压力继电器	(P T B A)	PD-F※6D-P		※分a、c二级
压力继电器	(P T B A)	2PD-F※6D-AB		※分a、c二级
压力表开关	(P T B A)	3K-F6D		

(2) 通径 10mm,公称压力 20MPa

元件名称	图形符号	型号	公称流量/(L/min)	备注
溢流阀	(P T$_A$T$_B$B A)	Y$_1$-F※10D-P/T-1		※分a、c二级
溢流阀	(P T$_A$ P$_1$(T$_B$)A B)	Y$_1$-F※6/10D-P$_1$/T-1		※分a、c二级
溢流阀	(P T$_A$T$_B$B A)	Y$_1$-F※10D-A/T	40	※分a、c二级
溢流阀	(P T$_A$T$_B$B A)	Y$_1$-F※10D-B/T		※分a、c二级
溢流阀	(P T$_A$T$_B$B A)	2Y$_1$-F※10D-AB/T-1		※分a、c二级
电磁溢流阀	(P T$_A$T$_B$B A)	Y$_1$EH-F※10D-P/T-1		

元件名称	图形符号	型号	公称流量/(L/min)	备注	元件名称	图形符号	型号	公称流量/(L/min)	备注	元件名称	图形符号	型号	公称流量/(L/min)	备注
减压阀		J-F※10D-P-1		※分a、c二级	电磁节流阀		LE-F10D-B			电动单向调速阀		QAE-F6/10D-B	10	
		J-F※10D-P(A)-1	40				LA-F10D-P-1					QAE-F6/10D-BU		
		J-F※10D-P(B)-1			单向节流阀		LA-F10D-A-1					2A-F10D-T/AB		
单向顺序阀		XA-Ff6/10D-B-1 XA-Fg10D-B	10 40	※分a、c二级			LA-F10D-AU-1			单向阀		A-F10D-P		
顺序阀		X-F※10D-P-1	40	※分g、a二级			LA-F10D-B-1					A-F10D-P/PP1		
		X1-F※6/10D-P1/P-1	10	※分a、c二级			LA-F10D-BU-1					A-F10D-T		
		2X-F※10D-AB/BA-1					2LA-F10D-AB-1	40				A-F10D-B/P		
外控顺序阀		XY-F※10D-P/T(P1)-1		※分g、a二级			2LA-F10D-ABU-1			液控单向阀		AY-F10D-A(B)		
外控单向顺序阀		XYA-F※10D-B(A)-1	40		单向调速阀		2QA-F10D-AB					AY-F10D-B(A)	40	
							2QA-F10D-ABU					2AY-F10D-AB(BA)		
顺序节流阀		XYL-Fg6/10D-P1/P(A)-1	10		调速阀		Q-F10D-T			压力继电器		PD-F※10D-A		
顺序背压阀		BXY-Fg6/10D-B(A)-1	40		单向调速阀		QA-F6/10D-A					PD-F※10D-B		※分a、c二级
							QA-F6/10D-AU					PD-F※10D-P		
节流阀		L-F10D-P-1					QA-F6/10D-B					2PD-F※10D-AB		
		L-F10D-T-1	40				QA-F6/10D-BU			压力表开关		4K-F10D-1		
		L-F6/10D-P1/P-1	10		电动单向调速阀		QAE-F6/10D-A	10		(3)通径16mm，公称压力20MPa				
							QAE-F6/10D-AU			溢流阀		Y1-F※16D-P/T-1	63	※分a、c二级

续表

（左列组）

元件名称	图形符号	型号	公称流量/(L/min)	备注
溢流阀	PTXB A	Y_1-F※16D-A/T-1	63	※分a、c二级
溢流阀	PTX BA	Y_1-F※16D-B/T-1		
溢流阀	PTX B A	$2Y_1$-F※16D-AB/T-1		
电磁溢流阀	PL TXBA	Y_1EH-F※16D-P/T-1		
减压阀	PLTXBA	J-F※16D-P-1	63	
减压阀	PLTXBA	J-F※16D-P(A)-1		
减压阀	PLTXBA	J-F※16D-P(B)-1		
顺序阀	PT P_1 BA (X)	X_1-F※6/16D-P_1/P-1	10	
顺序阀	PTXB A	2X-F※16D-AB/BA	63	
单向顺序阀	PTX BA	XA-F_f6/16D-B-1	10	
单向顺序阀		XA-F※16D-B		※分g、a二级
外控顺序阀	P TP_1BA (X)	XY-F※16D-P/T(P_1)-1	63	
外控单向顺序阀	PTX BA	XYA-F※16D-B(A)-1		
顺序节流阀	PT P_1BA (X)	XYL-F_g6/16D-P_1/P(A)-1	10	
顺序背压阀	PTX B A	BXY-F_g6/16D-B(A)-1	63	

（中列组）

元件名称	图形符号	型号	公称流量/(L/min)	备注
节流阀	P TXBA	L-F16D-P	63	
节流阀	P T XBA	L-F16D-T		
节流阀	PT P_1BA (X)	L-F6/16D-P_1/P	10	
电磁节流阀	PTX BA	LE-F16D-B		
单向节流阀	P TXBA	LA-F16D-P		
单向节流阀	PTXBA	LA-F16D-A-1		
单向节流阀	PTXBA	LA-F16D-AU-1	63	
单向节流阀	PXTB A	LA-F16D-B-1		
单向节流阀	PTXBA	LA-F16D-BU-1		
单向节流阀	PTX BA	2LA-F16D-AB		
单向节流阀	PTX BA	2LA-F16D-ABU-1		
单向调速阀	PTXBA	QA-F6/16D-A-1		
单向调速阀	PTXBA	QA-F6/16D-AU-1		
单向调速阀	PTXB A	QA-F6/16D-B	10	
单向调速阀	PTXBA	QA-F6/16D-BU		
调速阀	P T XBA	Q-F16D-T	63	
电动单向调速阀	PTXB A	QAE-F6/16D-A	10	
电动单向调速阀	PTXB A	QAE-F6/16D-AU		

（右列组）

元件名称	图形符号	型号	公称流量/(L/min)	备注
电动单向调速阀	PTX BA	QAE-F6/16D-B	10	
电动单向调速阀	PTX BA	QAE-F6/16D-BU		
单向阀	P TXBA	A-F16D-P	63	
单向阀	P TP_1BA (X)	A-F16D-P/PP_1-1		
单向阀	P T XBA	A-F16D-T		
单向阀	PTX BA	A-F16D-B/P-1		
液控单向阀	PTXB A	AY-F16D-A(B)		
液控单向阀	PTX B A	AY-F16D-B(A)		
液控单向阀	PTXB A	2AY-F16D-AB(BA)		
单向截止阀	P TXBA	ZA-F16D	63	
压力表开关	PTP BA (X)	4K-F16D-1		
压力继电器	PTXB A	PD-F※16D-A-1		※分a、c二级
压力继电器	PTX BA	PD-F※16D-B-1		
压力继电器	P TXBA	PD-F※16D-P-1		
压力继电器	PTXB A	2FD-F※16D-AB-1		

表 8-3　大连组合所系列多机能叠加阀型谱

名称	符号	型号	通径/mm	额定流量/(L/min)	调压范围最大值/MPa	阀高/mm
单向顺序阀		XAF-Fc10D-B/PB(A)	10	40	6.3	70
单向顺序背压阀		BXAF-Fc10D-B/PB(A)			6.3	70
顺序溢流阀		YXF-F※10D-P₁P/PTA			※ $\begin{cases} c=6.3 \\ d=10 \\ e=16 \\ f=20 \end{cases}$	60
压力继电器和减压阀		JPDF-F※10D-PA			※ $\begin{cases} c=6.3 \\ d=10 \\ e=16 \end{cases}$	70
		JPDF-F※10D-PA(A)				
溢流双单向节流阀		2LAYF-F※10D-PABU	10	40	※ $\begin{cases} c=6.3 \\ d=10 \\ e=16 \\ f=20 \end{cases}$	
溢流单向节流阀		LAYF-F※10D-PBU				
		LAYF-F※10D-PAU				
减压双单向节流阀		2LAJF-F※10D-PABU				85
减压单向节流阀		LAJF-F※10D-PBU			※ $\begin{cases} c=6.3 \\ d=10 \\ e=16 \end{cases}$	
		LAJF-F※10D-PAU				
溢流双液控单向阀		2YAYF-F※10D-PAB			※ $\begin{cases} c=6.3 \\ d=10 \\ e=16 \\ f=20 \end{cases}$	80

续表

名称	符 号	型 号	通径 /mm	额定流量 /(L/min)	调压范围 最大值/MPa	阀高 /mm
溢流液控 单向阀		YAYF-F※10D-PB			※ $\begin{cases} c=6.3 \\ d=10 \\ e=16 \\ f=20 \end{cases}$	80
		YAYF-F※10D-PA				
单向 节流阀		LAF-F10D-P	10	40	—	60
		LAF-F10D-P₁P/P				
节流单向 节流阀		LALF-F10D-P₁P/P				

注：以上各种阀的额定压力均为 20MPa。

8.6.2 榆次油研系列叠加阀

本系列叠加阀概览见第 3 章表 3-6，技术参数见表 8-4，其型谱见表 8-5。

8.6.3 引进力士乐技术系列叠加阀

本系列叠加阀概览见第 3 章表 3-6，其型谱见表 8-6。

8.6.4 北部精机系列叠加阀

本系列叠加阀概览见第 3 章表 3-6，其型谱见表 8-7。

表 8-4 榆次油研系列叠加阀技术参数

规格	阀口径 /in	最高工作压力 /MPa	最大流量 /(L/min)	叠加数	规格	阀口径 /in	最高工作压力 /MPa	最大流量 /(L/min)	叠加数
01	1/8	25	35	1～5 级	06	3/4	25	125	1～5 级
03	3/8	25	70		10	1¼	25	250	

注：1. 叠加数包括电磁换向阀。
2. 1in=0.0254m。

表 8-5 榆次油研系列叠加阀型谱

名称	液压符号	型 号 01 规格	型 号 03 规格	阀高度/mm 01	阀高度/mm 03	质量/kg 01	质量/kg 03	备 注
电磁 换向阀		DSG-01※※※-※-50	DSG-03-※※※※-50	—	—	—	—	—
叠加式 溢流阀		MBP-01-※-30	MBP-03-※-20	40	55	1.1	3.5	※—调压范围 01 系列 C：1.2～14MPa H：7～21MPa 03 系列 B：1～7MPa H：3.5～25MPa
		MBA-01-※-30	MBA-03-※-20			1.1	3.5	

续表

名称	液压符号	型号		阀高度/mm		质量/kg		备　注
		01规格	03规格	01	03	01	03	
叠加式溢流阀	P T B A	MBB-01-※-30	MBB-03-※-20	40		1.1	3.5	※—调压范围 01系列 C:1.2～14MPa H:7～21MPa 03系列 B:1～7MPa H:3.5～25MPa
	P T B A	—	MBW-03-※-20			—	4.2	
叠加式减压阀	P T B A	MRP-01-※-30	MRP-03-※-20	40		1.1	3.8	※—调压范围 01系列 B:1.8～7MPa C:3.5～14MPa H:7～21MPa 03系列 B:1～7MPa H:3.5～24.5MPa
	P T B A	MRA-01-※-30	MRA-03-※-20			1.1	3.8	
	P T B A	MRB-01-※-30	MRB-03-※-20			1.1	3.8	
叠加式低压减压阀	P T B A DR	—	MRLP-03-10			—	4.5	调压范围: 0.2～6.5MPa
	P T B A DR	—	MRLA-03-10			—	4.5	
	P T B A DR	—	MRLB-03-10		55	—	4.5	
叠加式制动阀	P T B A	MBR-01-※-30	—	40		1.3	—	※—调压范围 C:1.2～14MPa H:7～21MPa
叠加式顺序阀	P T B A	MHP-01-※-30	MHP-03-※-20	40		1.1	3.5	※—调压范围 01系列 C:1.2～14MPa H:7～21MPa 03系列 N:0.6～1.8MPa A:1.8～3.5MPa B:3.5～7MPa C:7～14MPa
叠加式背压阀	P T B A	MHA-01-※-30	MHA-03-※-20			1.3	3.5	
	P T B A	—	MHB-03-※-20			—	3.5	
叠加式压力继电器	P T B A	MJP-01-M-※₁-※₂-10	—			1.3	—	※₁—调压范围 B:1～7MPa C:3.5～14MPa H:7～21MPa ※₂—电气接线形式 无标记:电缆连接式 N:插座式
	P T B A	MJA-01-M-※₁-※₂-10	—			1.3	—	
	P T B A	MJB-01-M-※₁-※₂-10	—			1.3	—	
叠加式流量阀(带单向阀)	P T B A	MFP-01-10	MFP-03-11			1.7	4.2	压力及温度补偿

名称	液压符号	型　　号		阀高度/mm		质量/kg		备　注
		01 规格	03 规格	01	03	01	03	
叠加式流量阀（带单向阀）		MFA-01-X-10	MFA-03-X-11			1.6	4.1	压力及温度补偿 X:出口节流用 Y:进口节流用
		MFA-01-Y-10	MFA-03-Y-11			1.6	4.1	
		MFB-01-X-10	MFB-03-X-11			1.6	4.1	
		MFB-01-Y-10	MFB-03-Y-11			1.6	4.1	
		MFW-01-X-10	MFW-03-X-11			2.1	5.2	
		MFW-01-Y-10	MFW-03-Y-11			2.1	5.2	
叠加式温度补偿式节流阀（带单向阀）		MSTA-01-X-10	MSTA-03-X-10			1.3	3.5	
		MSTB-01-X-10	MSTB-03-X-10	40	55	1.3	3.5	
		MSTW-01-X-10	MSTW-03-X-10			1.5	3.7	
叠加式节流阀		MSP-01-30	MSP-03-※-20			1.2	2.8	※—使用压力范围 （仅 03 系列） L:0.5～5MPa H:5～25MPa
叠加式单向节流阀		MSCP-01-30	MSCP-03-※-20			1.2	2.6	
叠加式节流阀（带单向阀）		MSA-01-X-30	MSA-01-X※-20			1.3	3.5	X:出口节流用 Y:进口节流用 ※—使用压力范围 （仅 03 系列） L:0.5～5MPa H:5～25MPa
		MSA-01-Y-30	MSA-03-Y※-20			1.3	3.5	
		MSB-01-Y-30	MSB-03-X※-20			1.3	3.5	

续表

名称	液压符号	型　　号		阀高度/mm		质量/kg		备　　注
		01 规格	03 规格	01	03	01	03	
叠加式节流阀（带单向阀）	P T B A	MSB-01-Y-30	MSB-03-Y※-20	40	55	1.3	3.5	X：出口节流用 Y：进口节流用 ※—使用压力范围 （仅 03 系列） L：0.5～5MPa H：5～25MPa
	P T B A	MSW-01-X-30	MSW-03-X※-20			1.5	3.7	
	P T B A	MSW-01-Y-30	MSW-03-Y※-20			1.5	3.7	
	P T B A	MSW-01-XY-30				1.5	—	
	P T B A	MSW-01-YX-30				1.5	—	
叠加式单向阀	P T B A	MCP-01-※-30	MCP-03-※-10	40	50	1.1	2.5	※—开启压力 0：0.035MPa 2：0.2MPa 4：0.4MPa
	P T B A	—	MCA-03-※-10			—	3.3	
	P T B A	—	MCB-03-※-10			—	3.3	
	P T B A	MCT-01-※-30	MCT-03-※-10			1.1	2.8	
	P T B A	—	MCPT-03-P※-T※-10			—	2.7	
叠加式液控单向阀	P T B A	MPA-01-※-40	MPA-03-※-20	40	55	1.2	3.5	※—开启压力 2：0.2MPa 4：0.4MPa
	P T B A	MPB-01-※-40	MPB-03-※-20			1.2	3.5	
	P T B A	MPW-01-※-40	MPW-03-※-20			1.2	3.7	
叠加式补油阀	P T B A	MAC-01-30	MAC-03-10			0.8	3.8	

续表

名称	液压符号	型号		阀高度/mm		质量/kg		备注
		01 规格	03 规格	01	03	01	03	
端板	P T B A	MDC-01-A-30	MDC-03-A-10	49	28	1.0	1.2	盖板
	P T B A	MDC-01-B-30	MDC-03-B-10			1.0	1.2	旁通板
连接板	P T B A	MDS-01-PA-30	—	40	55	0.8	—	P、A 管路用
	P T B A	MDS-01-PB-30	—			0.8	—	P、B 管路用
	P T B A	MDS-01-AT-30	—			0.8	—	A、T 管路用
	P T B A	—	MDS-03-10			—	2.5	P、T、B、A 管路用
基板	(P)　　P T B A (T)	MMC-01-※-40	MMC-03-T-※-21	72	95	3.5 ~ 11.5	8.5 ~ 36	联数：1,2,3,4,5,6,7,8, 9,10,…
安装螺钉组件	—	MBK-01-※-30	MBK-03-※-10	—	—	0.04 ~ 0.16	0.04 ~ 0.24	※—螺栓符号 01,02,03,04,05

名称	液压符号	型号		阀高度/mm		质量/kg		备注
		06 规格	10 规格	06	10	06	10	
电液换向阀	P T B A	DSHG-06-※※※-41	DSHG-10-※※※-※-41	—	—	—	—	
叠加式减压阀	P TYXB A	MRP-06-※-10	MRP-10-※-10	85	120	11.1	36.6	※—调压范围 B：0.7~7MPa C：3.5~14MPa H：7~21MPa
	P TYXB A	MRA-06-※-10	MRA-10-※-10			11.1	36.6	
	P TYXB A	MRB-06-※-10	MRB-10-※-10			11.1	36.6	

名称	液压符号	型　号		阀高度/mm		质量/kg		备　注
		06 规格	10 规格	06	10	06	10	
叠加式单向节流阀	P TYXB A	MSA-06-X※-10	MSA-10-X※-10	85	120	12.0	35.0	X—出口节流 Y—进口节流 ※—使用压力范围 L：0.5～5MPa H：5～25MPa
	P TYXB A	MSA-06-Y※-10	MSA-10-Y※-10			12.0	35.0	
	P TYXB A	MSB-06-X※-10	MSB-10-X※-10			12.0	35.0	
	P TYXB A	MSB-06-Y※-10	MSB-10-Y※-10			12.0	35.0	
	P TYXB A	MSW-06-X※-10	MSW-10-X※-10			12.2	35.7	
	P TYXB A	MSW-06-Y※-10	MSW-10-Y※-10			12.2	35.7	
叠加式液控单向阀	P TYXB A	MPA-06-★-10	MPA-10-★-10	85	120	11.6	36.5	★—开启压力 2：0.2MPa 4：0.4MPa ※—先导口及泄油口螺纹 无记号：Rc⅜ 　　　S：G⅜
	P TYXB A	MPA-06※-★-X-10	MPA-10※-★-X-10			13.0	38.0	
	P TYXB A	MPA-06※-★-Y-10	MPA-10※-★-Y-10			11.6	36.5	
	P TYXB A	MPB-06-★-10	MPB-10-★-10			11.6	36.5	
	P TYXB A	MPB-06※-★-X-10	MPB-10※-★-X-10			13.0	38.0	
	P TYXB A	MPB-06※-★-Y-10	MPB-10※-★-X-10			11.6	36.5	
	P TYXB A	MPW-06-★-10	MPW-10-★-10			11.6	36.5	
安装螺钉组件	—	MBK-06-※-30	MBK-10-※-10	—	—	1.1～2.4	3.9～9.2	※—螺栓符号 01,02,03,04,05

表 8-6　引进力士乐技术系列叠加阀型谱

名称	规格	型　号	符　号	最高工作压力 /MPa	压力调节范围（或开启压力）/MPa	最大流量 /(L/min)
叠加式溢流阀	通径 6	ZDB6VA2-30/$^{10}_{31.5}$		31.5	设定压力 10 或 31.5	60
		ZDB6VB2-30/$^{10}_{31.5}$				
		ZDB6VP2-30/$^{10}_{31.5}$				
		Z2DB6VC2-30/$^{10}_{31.5}$				
		Z2DB6VD2-30/$^{10}_{31.5}$			压力调节范围	
	通径 10	ZDB10VA2-30/$^{10}_{31.5}$		31.5	设定压力 10 或 31.5	100
		ZDB10VB2-30/$^{10}_{31.5}$				
		ZDB10VP2-30/$^{10}_{31.5}$				
		Z2DB10VC2-30/$^{10}_{31.5}$				
		Z2DB10VD2-30/$^{10}_{31.5}$				

续表

名 称	规 格	型 号	符 号	最高工作压力 /MPa	压力调节范围 (或开启压力)/MPa	最大流量 /(L/min)
叠加式减压阀	通径 6	ZDR6DA…30/…YM…				
		ZDR6DA…30/…Y		31.5	进口压力至 31.5 出口压力至 21.0 背压 6.0	30
		ZDR6DP…30/…YM			压力调节范围	
	通径 10	ZDR10DA…40/…YM…				
		ZDR10DA…40/…Y…		31.5	进口压力至 31.5 出口压力至 21 (DA 或 DP 型阀) 背压 T(Y)15	50
		ZDR10DP · 40/…YM…				
叠加式双单向节流阀	通径 6	Z2FS6-30/S		31.5		80
	通径 10	Z2FS10-20/S				160
	通径 16	Z2FS16-30/S		35		250
	通径 22	Z2FS22-30/S				350
	通径 6	Z2FS6-30/S2		31.5		80
	通径 10	Z2FS10-20/S2				160
	通径 16	Z2FS16-30/S2		35		250
	通径 22	Z2FS22-30/S2				350
	通径 6	Z2FS6-30/S3		31.5		80
	通径 10	Z2FS10-20/S3				160
	通径 16	Z2FS16-30/S3		35		250
	通径 22	Z2FS22-30/S3				350
	通径 6	Z2FS6-30/S4		31.5		80
	通径 10	Z2FS10-20/S4				160
	通径 16	Z2FS16-30/S4		35		250
	通径 22	Z2FS22-30/S4				350

名称	规格	型 号	符 号	最高工作压力/MPa	压力调节范围（或开启压力）/MPa	最大流量/(L/min)
叠加式单向阀	通径6	Z1S6T-※30		31.5	开启压力 1：0.05 2：0.3 3：0.5	≈40
	通径10	Z1S10T-※30				≈100
	通径6	Z1S6A-※30				≈40
	通径10	Z1S10A-※30				≈100
	通径6	Z1S6P-※30				≈40
	通径10	Z1S10P-※30				≈100
	通径6	Z1S6D-※30				≈40
	通径10	Z1S10D-※30				≈100
	通径6	Z1S6C-※30				≈40
	通径10	Z1S10C-※30				≈100
	通径6	Z1S6B-※30				≈40
	通径10	Z1S10B-※30				≈100
	通径6	Z1S6E-※30				≈40
	通径10	Z1S10E-※30				≈100
	通径6	Z1S6F-※30				≈40
	通径10	Z1S10F-※30				≈100
叠加式液控单向阀	通径6	Z2S6 40		31.5	开启压力（正向流通）	50
	通径10	Z2S10 10			0.15	80
	通径16	Z2S16 30			0.1	200
	通径22	Z2S22 30			0.1	400
	通径6	Z2S6A 40			0.25	50
	通径10	Z2S10A 10			0.15	80
	通径16	Z2S16A 30			0.1	200
	通径22	Z2S22A 30			0.1	400
	通径6	Z2S6B 40			0.25	50
	通径10	Z2S10B 10			0.15	80
	通径16	Z2S16B 30			0.1	200
	通径22	Z2S22B 30			0.1	400

表 8-7　北部精机系列叠加阀型谱

型号名称	系列	通径 ϕ /mm	额定流量 /(L/min)	最高工作压力 /MPa	液 压 符 号	备注
MRF 型叠加式溢流阀	02	6	35	25	P T B A　P T B A　P T B A MRF-※P　MRF-※A　MRF-※B P T B A　P T B A MRF-※C　MRF-※D	控制油路：P—P 孔；C—A 和 B 孔串联； A—A 孔；D—A 和 B 孔并联；B—B 孔
	03	10	70			
	04	16	200			
	06	20	190			
MSRF 型叠加式电控溢流阀	03	10	70	25	P T B A　P T B A MSRF-03P-1PN　MSRF-03P-1NP	控制油路：P—P 孔 控制形式：1PN—常开式；1NP—常闭式
MS 型叠加式顺序阀	02	6	30	25	P T B A MS-※P	控制油路：P—P 孔
	03	10	70			
MCS 型叠加式平衡阀	02	6	30	25	P T B A　P T B A MCS-※A　MCS-※B	控制油路：A—A 孔；B—B 孔
	03	10	70			
	04	16	190			
MPR 型叠加式减压阀	02	6	35	25	P T B A　P T B A　P T B A MPR-※P　MPR-※A　MPR-※B	控制油路：P—P 孔；A—A 孔；B—B 孔
	03	10	70			
	04	16	250			
	06	20	190			
MSPR 型叠加式电控减压阀	02	6	20	25	P T B A MSPR-※P	控制油路：P—P 孔
	03	10	45			
MC 型叠加式单向阀	02	6	35	21	P T B A　P T B A　P T B A　P T B A MC-02/03P　MC-02/03P　MC-02/03A　MC-02/03B P T B A　P T Y X B A　P T Y X B A MC-02/03AB　MC-04/06P　MC-04/06T	控制油路：P—P 孔；A—A 孔；T—T 孔；B—B 孔
	03	10	70			
	04	16	300			
	06	20	190			
MPC 型叠加式液控单向阀	02	6	35	21	P T B A　P T B A　P T B A MPC-※A　MPC-※B　MPC-※W	控制油路：W—A 和 B 孔；A—A 孔；B—B 孔
	03	10	70			
	04	16	300			
	06	20	190			
MSC 型叠加式电控单向阀	02	6	30	21	P T B A　P T B A　P T B A MSC-※W-※-NC-※　MSC-※A-※-NC-※　MSC-※B-※-NC-※	控制油路：W—A 和 B 孔；A—A 孔；B—B 孔
	03	10	70			
MT 型叠加式节流阀	02	6	35	21	P T B A　P T B A MT-※P　MT-※T	控制油路：P—P 孔；T—T 孔；PT—P→T
	03	10	70			

续表

型号名称	系列	通径φ /mm	额定流量 /(L/min)	最高工作压力 /MPa	液压符号	备注
MT 叠加式节单向流阀	02	6	35	21	P T B A MT-※A　　P T B A MT-※B　　P T B A MT-※W P T B A MT-※A-1　P T B A MT-※B-1　P T B A MT-※W-1	控制油路:W—A 和 B 孔;A—A 孔;B—B 孔
	03	10	70			
	04	16	300			
	06	20	190			
MST 型叠加式电磁节流阀	02	6	20	21	PTB A　MST-※A　PTB A　MST-※A-1　PT BA　MST-※B　PT BA　MST-※B-1	控制油路:A—A 孔;B—B 孔
	03	10	45			
MF 型叠加式调速阀	02	6	20	21	PTB A　MF-※P　PTB A　MF-※T　PTB A　MF-※A PTB A　MF-※P　PTB A　MF-※B-1　PTB A　MF-※B-1	控制油路:A—A 孔;B—B 孔;P—P 孔;T—T 孔
	03	10	45			
MSF 型叠加式电控调速阀	02	6	20	21	常闭型:MSF-※A　PTB A　常闭型:MSF-※A-1　PTB A　常闭型:MSF-※B　PT BA 常闭型:MSF-※B-1　PT BA　常闭型:MSF-※A-NO　常闭型:MSF-※A-1-NO 常闭型:MSF-※B-NO　PT BA　常闭型:MSF-※B-1-NO　PT BA　常闭型:MSF-※P-NO　PTB A 常闭型:MSF-※P　PTBA　常闭型:MSF-※T-NO　P TBA　常闭型:MSF-※T　P TBA	控制油路:A—A 孔;B—B 孔
	03	10	30			
MPS 型叠加式压力继电器	02	6	35	14～42	P T B A　MPS-02P/03P　P T B A　MPS-02A/03A　P T B A　MPS-02B/03B　PT BA　MPS-02W/03W	功能作动油口:A—功能作动油口为 A 口;B—功能作动油口为 B 口;P—功能作动油口为 P 口;W—功能作动油口为 A&B 口
	03	10	70			
MSG 型叠加式压力表开关	02	6	20	21	P T B A	
	03	10	45			
MB 型叠加式控制系统油路块	02	6			P　　　　　　(P) (T)　　　　　 T P T B A　P T B A	阀联数:1E—1 联;2E—2 联;3E—3 联;4E—4 联;5E—5 联
	03	10				
	06	20				
MBK 型叠加式螺栓	02	5			公制螺栓:M5×0.8P	叠加阀数:最多四个阀数,不含电磁换向阀 螺纹形式:1—公制螺纹;2—英制螺纹
	03	6			公制螺栓:M6×1P	
	06	20				

型号名称	系列	通径φ/mm	额定流量/(L/min)	最高工作压力/MPa	液 压 符 号	备注
M型叠加式盖板	02 03 06	6 10 20			P T B A　　P T B A　　T T T T 　M－※A　　　M－※B　　P T B A 　　　　　　　　　　　　M－※N	控制油路：A—P→A，B→T；B—P→B，A→T；N—全不通

8.6.5　意大利阿托斯（ATOS）系列叠加阀

本系列叠加阀概览见第 3 章表 3-6，产品技术参数见表 8-8。

8.6.6　美国派克（PARKER）系列叠加阀

本系列叠加阀概览见第 3 章表 3-6，技术参数见表 8-9。

表 8-8　阿托斯系列叠加阀产品技术参数

名称	型号	通径φ/mm	最大流量/(L/min)	最高工作压力/bar	液压符号	说明
叠加式单向阀	HR	6	60	350		有直动式和先导式两种
	KR	10	120	315		
	JPR	16、25	200、300	350		先导式
压差补偿器	HC	6	50	350		二通压力补偿器，同比例方向阀或电磁换向阀叠加装配使用。使油液在P口和A口或P口和B口之间产生一个不变的压差，保持通过节流口的压差为一个恒值，从而保持压力变化时流量的延续
	KC	10	100			
	JPC-2	16	200			
叠加式溢流阀	HMP	6	35	350		直动式溢流阀
	HM、KM	6、10	60、120			先导式平衡座阀式溢流阀
叠加式顺序阀	HS	6	40	210		滑阀型直动式顺序阀
	KS	10	80			滑阀型先导式顺序阀
叠加式减压阀	HG	6	50	210		滑阀型直动式三通减压阀
	KG	10	100	210		滑阀型两级三通减压阀
	JPG-2	16	250	210		滑阀型两级二通减压阀
	JPG-3	25	300	210	见生产厂产品样本	
叠加式压力补偿器	HC	6	50	350		二通压力补偿器，同比例方向阀或电磁换向阀叠加装配使用。使油液在P口和A口或P口和B口间产生一个不变的压差，保持通过节流口的压差为一个恒值，从而保持压力变化时的流量连续
	KC	10	100			
	JPC	16	200			
叠加式单向节流阀	HQ	6	25、80	350		不带补偿的单向节流阀，通过单向阀允许反向流动
	KQ	10	160	315		
	JPQ-2	16	200	350		
	JPQ-3	25	300	350		
叠加式快慢速控制阀	DHQ	6	控制流量达 1.5、6、11、16、24；自由流量达 36	250		由一个电磁阀和一个带压力补偿器的二通流量控制阀组成的叠加式压力补偿阀。流量控制阀内装一个单向阀，允许油液反向自由流动
	DKQ	10	控制流量达 1.5、6、11、16、24；自由流量达 120	250		

表 8-9　派克系列叠加阀产品技术参数

名称	型号	通径 ϕ /mm	最大流量 /(L/min)	最高工作压力 /bar	液压符号	说明
叠加式单向阀	CM	6、10	53、76	350		用于和带有标准化连接孔的换向阀进行叠加式连接。视功能而定,在叠加阀中的相应的流道 P、A、B、T 中可以配置 1 或 2 个单向阀。数量和作用方向用代号字母来规定
	CPOM	6、10、16、25	见产品样本的特性曲线	350、210		用于和带有标准化连接孔的换向阀进行叠加式连接。视功能而定,在叠加阀中的流道 A 和/或 B 中可以配置 1 或 2 个液控单向阀。自由流动的方向为从连接阀的面到连接底板的面。当油液流向执行元件的一端时,单向阀打开,与此同时在对面的单向阀也通过液压控制活塞被同步打开,使执行元件另外一端的油液可以回流
叠加式单向节流阀	FM	6、10、16、25	53、76、200、341	350、210		用于和带有标准化连接孔的换向阀进行叠加式连接。在两个流道 A 和 B 配置有节流阀和单向阀。通过改变安装位置和/或内部元件,可实现进口或出口节流功能。此外,节流阀还可以用于控制先导式换向阀的换向时间。在这种使用情况下,此阀安装在先导级和主级之间即可
叠加式直动溢流阀	RDM	6、10	40、80	350、315	见生产厂产品样本	该溢流阀为直动式柱塞结构,磁滞小。可作为溢流及背压控制阀使用。有四挡最大调压范围可供选择:25bar、64bar、160bar 及 210bar,阀体带有压力表测试连接口。PT 结构在初始位置为常闭并且允许油液自由地流过 P 流道。当该流道的压力超过设定值时,阀芯克服弹簧力移动并且使大量的油液流回油箱,使压力不再继续升高。泄漏油通过弹簧腔流回油箱。TT 结构可在 T 流道按所设定的值产生一个预压力,起到背压作用
叠加式先导溢流阀	RM	6、10、16、25	40、60、200、380	350、210		用于和带有标准化连接孔的换向阀进行叠加式连接。视功能用途而定,对于一些阀来讲可选择 P、A 或 B 口作为压力控制,但总是由 T 口将油液卸荷至油箱
叠加式直动减压阀	PRDM	6、10	40、80	350、315		为直动式减压阀。主要用于将液压系统中的某一支路压力调节到系统公称压力以下的某一预定值。此外,还将该支路的溢流功能集于一体。压力表接口或测量接口直接接在元件上,以便控制支路压力。该阀为常开元件,在设定值以下它允许油液自由地流过控制流道。当下游流道中压力升高至预调节的压力时,阀芯向关闭的方向移动,以减少来自主系统的流量,缓冲柱塞将自行调整,以维持预定的支路系统压力。当支路系统压力由于外力作用升高时,缓冲柱塞将克服弹簧力移动并且使大量的油液流回油箱,使压力不再继续升高。泄漏油通过弹簧腔流回油箱
叠加式先导减压阀	PRM	6、10、16、25	见产品样本特性曲线	350、210		用于和带有标准化连接孔的换向阀进行叠加式连接。减压阀除了 PRM3AA 和 BB 型号以外总是配置在 P 流道内。通过内部的控制和泄漏管路与相应的流道的连接来实现所要油口的减压
叠加式压力补偿器	LCM	6、10	20、52	350		二通式压力补偿器用于与具有标准安装形式的比例换向阀进行叠加安装,以维持该阀 P 与 A 或 P 与 B 油口间的降压稳定。因此当换向阀的过流截面不变时,过流量恒定,且不受负载影响。作用于补偿阀芯弹簧侧的控制压力通过阀控制,来自于 A 口或 B 口。流量的调节是根据油口中的最高压力自动进行的
过渡板	—	10、16	40、80	315		它为在结构紧凑的设备中进行元件相连提供了一个经济的解决方法,所以可以在一个集成式连接底板上安装两种不同公称尺寸的元件

注:此系列叠加阀还有带二位二通电磁换向阀的叠加阀板和用于螺纹式插装阀的叠加阀板及叠加阀螺栓等。

第9章 插 装 阀

9.1 分类与特点

插装阀又称为逻辑阀，其核心元件是插装元件（简称插件），是一种液控型、单控制口装于油路主级中的液阻单元。将一个或若干个插件进行不同组合，并配以相应的先导控制级，可以组成方向、压力、流量或复合控制等控制单元（阀）。

插装阀的分类如图 9-1 所示。其中，二通插装阀为单液阻的两个主油口连接到工作系统或其他插装阀；三通插装阀的三个油口分别为压力油口、负载油口和回油箱油口；四通插装阀的四个油口分别为一个压力油口、一个接油箱油口和两个负载油口。插装阀本身没有阀体，

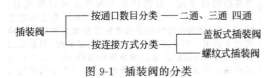

图 9-1 插装阀的分类

故插装阀液压系统必须将插件安装连接在油路块（也称集成块）中。按照与油路块的连接方式的不同，插装阀分为盖板式及螺纹式两类，其中盖板式应用较多。

插装阀的主流产品是二通盖板式插装阀，其插件、插装孔和适应各种控制功能的盖板组件等基本构件标准化、通用化、模块化程度高，具有通流能力大、控制自动化等显著优势，因此成为高压大流量（流量可达 18000L/min）领域的主导控制阀品种。三通插装阀从原理而言，由两个液阻构成，故可起到两个插装阀的作用，可以独立控制一个负载腔。但是由于结构的通用化和模块化程度远不及二通插装阀，故应用不太广泛。

螺纹式插装阀原多用于工程机械液压系统，而且往往作为其主要控制阀（如多路阀）的附件形式出现，近年来在盖板式插装阀技术影响下，逐步在中小流量范畴发展成独立体系。

盖板式插装阀与螺纹式插装阀的特点比较如表 9-1 所示。

表 9-1 盖板式插装阀与螺纹式插装阀的特点比较

特点	盖板式插装阀	螺纹式插装阀
功能及实现	通过组合插件与阀盖，构成方向、压力、流量等多种控制功能，完整的液压阀功能多依靠先导阀实现	多依靠自身提供完整的液压阀功能，可实现几乎所有方向、压力、流量类型的功能
阀芯形式	多为锥阀式结构，内泄漏非常小，没有卡阻现象。有良好的响应性，能实现高速转换	既有锥阀，也有滑阀
安装连接形式	依靠盖板固连在块体上	依靠螺纹直接拧在块体上
标准化和互换性	插装孔具有标准，插装元件互换性好，便于维护	
适用范围	$\phi16mm$ 通径及以上（达 $\phi160mm$）的高压（达 42MPa）大流量系统	$\phi32mm$ 通径以下的低压及高压（达 42MPa）中、小流量系统
可靠性	插装阀被直接装入集成块的内腔中，所以减少了泄漏、振动、噪声和配管引起的故障，提高了可靠性	
集成化与成本	液压装置无管集成，省去了管件，可大幅度缩小安装空间与占地面积，与常规液压装置相比降低了成本	

9.2 盖板式二通插装阀

9.2.1 工作原理

（1）构成

图 9-2 所示为典型的盖板式二通插装阀，其主要构件有插件、控制盖板、先导控制阀三部分。插件（含阀套、阀芯、弹簧及密封件等）插装在集成块（通道块）4 中标准化的腔孔内孔中。控制盖板 2 安装在集成块上，并压住插装组件。装在通道块（集成块）中标准化的腔孔内的插装组件用螺栓固定的盖板保持到位，以实现具有两个主流量油口 A 和 B 的完整液压阀的功能。装在控制盖板上端面的先导控制阀 1 和控制盖板一起构

成控制组件，用于发出控制压力信号实施对主阀的控制，从而构成方向、流量、压力控制或多功能阀。集成块中的钻孔通道，将两个主流量油口连到其他插装阀或者连接到工作液压系统；集成块中的控制油路钻孔通道也按要求连接到控制油口 X 或其他信号源。

图 9-3 所示为两种盖板式二通插装阀的实物外形。

（2）原理

如图 9-4 所示，二通插装阀的插件由阀套 1、阀芯 2、弹簧 3 及密封件等组成，它们装在集成块 5 的腔孔内并由控制盖板 4 压住。A、B 为主油口（腔），X 为控制油口（腔），三个油腔的压力为 p_A、p_B 和 p_X；各油腔的作用面积分别为 A_A、A_B 和 A_C。由图可见，三个油腔的面积有如下关系：

$$A_C = A_A + A_B \tag{9-1}$$

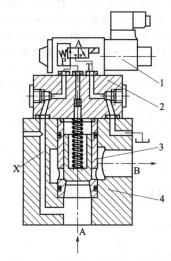

图 9-2　盖板式二通插装阀结构
1—先导控制阀；2—控制盖板；
3—插装组件；4—集成块

(a) 方形盖板插装阀　　　(b) 圆形盖板插装阀

(c) 电磁方向插装阀　(d) 溢流插装阀　(e) 复合控制插装阀

图 9-3　盖板式二通插装阀实物外形（榆次油研系列）

如图 9-5 所示，插装阀的工作原理亦即基本动作是施加于先导控制口 X 的先导压力 p_X 作用于阀芯的大面积 A_C 上，通过与 A 及 B 口侧压力 p_A 及 p_B 产生的力比较，实现阀的开关动作。设 F_S 和 F_Y 分别为复位弹簧力和液动力，并忽略摩擦力，则阀芯上、下两端的作用力 F_X、F_W 为：

$$F_X = F_S + p_X A_C + F_Y \tag{9-2}$$

$$F_W = p_A A_A + p_B A_B \tag{9-3}$$

显然，当 $F_X > F_W$ 时，插装阀关闭［图 9-5(a) 所示的先导阀（二位四通电磁换向阀）断电处于左位时的状态］，即

$$p_X < \frac{p_A A_A + p_B A_B - F_S - F_Y}{A_C} \tag{9-4}$$

当 $F_X < F_W$ 时，插装阀开启［图 9-5(b) 所示的先导阀

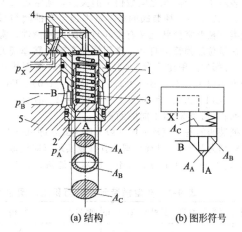

(a) 结构　　　　　(b) 图形符号

图 9-4　二通插装阀的插装组件
1—阀套；2—阀芯；3—弹簧；
4—控制盖板；5—集成块

通电切换至右位时的状态］，即

$$p_X < \frac{p_A A_A + p_B A_B - F_S - F_Y}{A_C} \tag{9-5}$$

可见插装阀的工作原理是依靠控制腔（X 腔）的压力 p_X 的大小来实现启闭的：控制腔压力大时，插装阀关闭；反之，则开启。

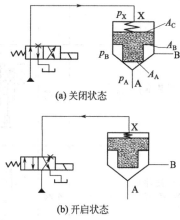

(a) 关闭状态

(b) 开启状态

图 9-5　插装阀基本原理示意图

9.2.2　主要构件功能

（1）插件及其影响插装阀工作性能的要素

插装组件可以视为两级阀的主阀，如前所述，它通常由阀套、阀芯、弹簧以及密封件四部分组成。主要功能是控制主油路中的油流方向、压力和流量。影响插装阀工作性能的要素有阀芯的面积比、阀芯结构、弹簧等。

① 面积比。如图 9-5 所示，插装阀有三个面积影响阀芯在阀套中的启、闭，进而对插装阀的性能产生较大影响。

面积比是指阀芯处于关闭状态时，阀芯主油口 A、B 处的面积 A_A、A_B 分别与控制腔（通常是 C 腔）面积 A_C 的比值，A_A/A_C 和 A_B/A_C（注意：$A_C = A_A + A_B$）。

它们表示了三个面积之间数值上的关系，通常定义为面积比 $\alpha = A_A/A_C$。插装阀的阀芯基本类型有锥阀与滑阀两大类（按照零位状态又有常开与常闭两种插件，常开插件在零位靠弹簧力打开，常闭插件在零位靠弹簧力关闭），滑阀的面积比均为 1∶1，而锥阀中，按面积比大体分为 A(1∶1.2)、B(1∶1.5)、C(1∶1.0)、D(1∶1.07)、E(1∶2.0) 等类型。一般保持 A_C 不变，通过改变面积 A_A 可获得不同的面积比。

插装阀的基本流动方向一般为内流式，即 A→B，而外流式则为 B→A。只有锥阀才有可能实现双向通流，面积比 $A_A∶A_C=1∶1$ 的滑阀不可能双向通流；方向流量阀仅为 A→B 流通，而方向阀一般需要双向通流。对于面积比 $A_A∶A_C$ 为 1∶2 的插装件，A→B 与 B→A 两种流向的开启压力是相同的。但面积比 $A_A∶A_C=1∶1.07$ 的插装件一般适用于 A→B 的流通，而如果是 B→A 的流通，则阀的开启压力是 A→B 流通时的 15 倍。

插件的密封性因流向不同而异，对于只允许 A→B 单向流通的单向阀，其反向密封严密；而对于允许 B→A 单向流通的单向阀，反向存在 B 腔与 X 腔的内漏，而且还有可能反向瞬间开启。

典型插装元件的面积比、阀芯形式、结构、图形符号、流向、通径、适用场合等如表 9-2 所列。

表 9-2　典型插装元件的面积比、阀芯形式、结构、图形符号、流向、通径和适用场合

序号	插装件类型	面积比 $A_A∶A_C$	阀芯	结构	图形符号	流向	通径/mm	适用场合
1	A 型基本插件	1∶1.2	锥阀			A→B	16～160	方向控制
2	A 型常开插件	1∶1.2	锥阀				16～63	X 腔升压可使阀芯关闭。可用作充液阀，但需与专用盖板合用
3	B 型基本插件	1∶1.5	锥阀			A→B B→A	16～160	方向控制
4	B 型插件阀芯带密封圈	1∶1.5	锥阀			A→B B→A	16～160	方向控制。阀芯带密封件，适用于乳化液、水乙二醇等介质[①]
5	带缓冲头插件	1∶1.5	锥阀			A→B B→A	16～160	要求换向冲击力小的方向控制，流通阻力较 B 型基本插件稍大
6	带缓冲头插件，阀芯带密封圈	1∶1.5	锥阀			A→B B→A	16～160	要求换向冲击力小的方向控制，流通阻力较 B 型基本插件稍大

续表

序号	插装件类型	面积比 $A_A:A_C$	阀芯	结构	图形符号	流向	通径/mm	适用场合
7	节流插件	1：1.5	锥阀			A→B B→A	16～160	与节流控制盖板合用；可构成节流阀；与方向控制盖板合用，用于对换向瞬时有特殊要求的场合
8	节流插件阀芯带密封圈	1：1.5	锥阀			A→B B→A	16～160	
9	阀芯内钻孔使 B、X 腔相通插件	1：2.0	锥阀			A→B	16～160	作单向阀
10	B、X 腔相通插件，阀芯带密封圈	1：2.0	锥阀			A→B	16～160	作单向阀
11	C 型带阻尼孔插件	1：1.0	锥阀			A→B	16～160	用于 B 口有背压工况，防止 B 口压力反向打开主阀
12	D 型基本插件	1：1.07[②]	锥阀			A→B	16～160	仅用于方向控制与压力控制
13	D 型带阻尼孔插件	1：1.07	锥阀			A→B	16～160	压力控制

续表

序号	插装件类型	面积比 $A_A:A_C$	阀芯	结构	图形符号	流向	通径/mm	适用场合
14	D 型带阻尼孔插件，阀芯带密封圈	1：1.07	锥阀			A→B	16～160	压力控制
15	常开滑阀型插件	1：1.0	滑阀			A→B	16～63	A、B 口常开，可用作减压阀，与节流插件串联构成二通调速阀
16	常开滑阀型插件，A、X 腔间有单向阀	1：1.0	滑阀			A→B	16～40	可用作（定压式）减压阀，A、X 腔间的单向阀用于吸收 A 口的瞬时高压
17	常闭滑阀型插件	1：1.0	滑阀			A→B	16～63	A、B 口常闭，与节流插件并联，可构成三通调速阀；与三通减压先导阀合用，可构成减压阀
18	常开滑阀型插件，A、X 腔间有阻尼孔	1：1.0	滑阀			A→B	16～63	A、B 口常开，可用作减压阀或压力阀

① 凡是阀芯带密封件的插件都适用于乳化液、水乙二醇介质。
② 榆次油研系列插装阀产品的面积比为 1：1.042。

② 阀芯与阀套。阀芯与阀套是插件中的主要零件。通常每一种规格的插件有一个标准阀套，它可适应多种阀芯形式，通过更换阀芯即可改变阀的功能。每种阀规格，一般仅需三种阀盖即可实现所有标准阀功能。

X 腔与油口 B 之间的无泄漏密封可通过在阀套沟槽中配置 O 形密封圈实现。

阀芯有不带或带缓冲头部两种结构。不带缓冲头部的阀芯，具有高速换向功能；带缓冲头部的阀芯，可以使阀芯启闭过程平稳，实现无冲击换向功能，多用于方向插装阀和流量插装阀（阀芯带有行程限制，具有节流功能）。

③ 弹簧与开启压力。插件中弹簧的刚度对阀的动态和稳态特性均有影响。通常每一种规格的插装阀，配备不同刚度的弹簧，并用开启压力进行区别，开启压力还与面积比、液流方向有关。一般以面积比 $A_B:A_A$ = 50% 时的开启压力表示，例如开启压力（MPa）为 0（无弹簧）、0.05、0.1、0.2、0.3、0.4 等。一般面积比 1：1.07 与 1：1.5 的插装阀配备相同的弹簧。

（2）控制盖板

它的主要功能是与先导控制阀一起构成主阀组件的先导控制部分。在控制盖板上可固定主阀组件、安装先导控制元件，盖板还可连通阀块体内的控制油路。按控制功能的不同，盖板有方向控制盖板、压力控制盖板、流量控制盖板及具有两种以上控制功能的复合控制盖板。方形或长方形控制盖板［图9-3(a)］的公称通径通常在φ63mm以下，当公称通径大于φ80mm时，常采用圆形盖板［图9-3(b)］。

控制盖板由盖板体、微型先导元件、节流螺塞和其他附件构成。盖板体上开有油道，连通阀块内的控制油路，有安装先导电磁阀的安装面，还有密封件。嵌入式微型先导元件有梭阀元件，单向阀元件，先导压力控制元件，微流量调节器等。用来对两种不同压力进行选择，所以又称压力选择阀；单向阀元件是一种锥阀式微型单向阀，可对油路进行单向控制；微流量调节器用于减压阀的先导控制，以便稳定先导控制流量。

节流螺塞又称阻尼节流器，用来改善控制特性。另外，在节流控制盖板上还有行程调整器，用来调节阀芯行程。有些插装阀上装有阀芯位移传感器或指示器。有的装有平衡活塞用来减小控制力。

控制盖板上还有螺塞、测压接头、连接螺钉等。

控制盖板的基本类型如下所述。

a. 基型控制盖板。如图9-6所示的插装阀，其基型控制盖板1内有节流螺塞，它影响插装元件2的启闭时间。

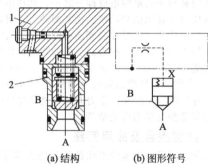

(a) 结构　　　　(b) 图形符号

图 9-6　基型控制盖板的插装阀
1—基型控制盖板；2—插装元件

b. 液控单向控制盖板。如图9-7所示的插装阀，其液控单向控制盖板1内的单向元件（锥阀式微型单向阀）具有单向阀功能，可对主油路进行单向控制。

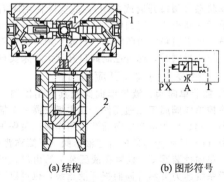

(a) 结构　　　　(b) 图形符号

图 9-7　液控单向控制盖板的插装阀
1—液控单向控制盖板；2—插装元件

c. 节流控制盖板。如图9-8所示的插装阀，其节流控制盖板2带有行程调节机构3［其局部放大图如图

(c) 所示］，通过该调节机构可以方便地调节插装元件1中的主阀芯行程。

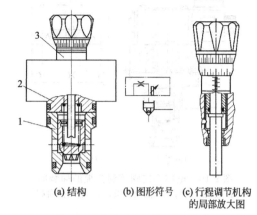

(a) 结构　(b) 图形符号　(c) 行程调节机构
的局部放大图

图 9-8　节流控制盖板的插装阀
1—插装元件；2—节流控制盖板；3—行程调节机构

d. 梭阀控制盖板。如图9-9所示的插装阀，梭阀控制盖板2中的x、y是两个选择油口，通过比较后梭阀可保证较高的压力进入a腔，使插装元件1中的主阀芯能可靠地关闭。压力选择可以是自控式，即对自身回路的压力进行选择；也可以自控和外控相结合，即将外控压力和自身回路的压力进行比较选择。除了图9-9所示的梭阀盖板外，还有带单向阀的梭阀盖板及可连接电磁换向阀的电磁梭阀盖板。

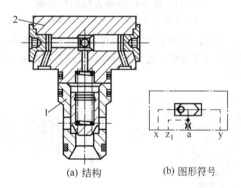

(a) 结构　　　　(b) 图形符号

图 9-9　梭阀控制盖板的插装阀
1—插装元件；2—梭阀控制盖板

e. 电磁阀控制盖板。如图9-10所示插装阀中的控制盖板2为电磁换向阀盖板。先导电磁换向阀3可以是滑阀式或球阀式结构。盖板中放置了多个节流螺塞，用以改善控制盖板的启闭功能。

f. 溢流阀控制盖板。如图9-11所示的溢流阀盖板2。盖板中带有先导调压阀，和传统的溢流阀相比，它多了两个节流螺塞，以便改善主阀的控制特性。另外，溢流阀盖板中还有液控卸荷溢流阀盖板、电磁溢流阀盖板以及叠加式溢流阀盖板等不同的结构。

g. 减压阀控制盖板。如图9-12(a)所示为减压阀盖板2。盖板中所带的先导调压元件及微流量调节器［微流量调节器的结构见图(b)］的作用是使减压阀组

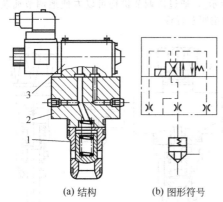

(a) 结构　　　　　(b) 图形符号

图 9-10　电磁换向阀控制盖板的插装阀
1—插装元件；2—控制盖板；3—电磁换向阀

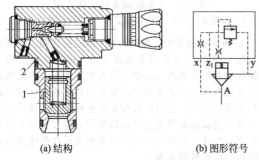

(a) 结构　　　　　(b) 图形符号

图 9-11　溢流阀控制盖板的插装阀
1—插装元件；2—溢流阀控制盖板

件入口取得的控制流量不被干扰而保持恒定。另外，还有可以带先导电磁阀进行卸荷和高低压选择的减压阀控制盖板。

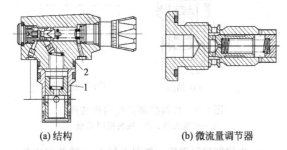

(a) 结构　　　　　(b) 微流量调节器

图 9-12　减压阀控制盖板的插装阀
1—插装元件；2—减压阀控制盖板

　　h. 压力补偿控制盖板。图 9-13 所示为带有典型的压力补偿件的两种插装阀，其中图 (a) 是滑阀型、图 (b) 是锥阀型，它们的面积比一般为 1:1。它们的一次压力口图 (a) 为 B，图 (b) 为 A，往往与输入油路相连接，而二次压力口图 (a) 为 A，图 (b) 为 B，与输出回路或油箱相连。阀芯上腔则与负载相连，可实现负载反馈。

　　插装阀的插孔连接尺寸以及控制盖板的结构尺寸均已标准化，我国的国家标准为 GB/T 2877—2007，设计

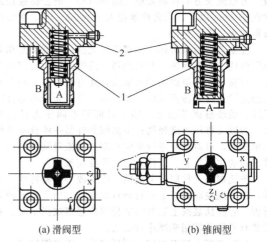

(a) 滑阀型　　　　　(b) 锥阀型

图 9-13　带有压力补偿件的插装阀
1—插装元件；2—压力补偿盖板

时可参考此标准。

　　(3) 先导控制阀

　　它是插装阀中的重要组成部分之一，其功用是通过电信号或压力等其他信号，控制插装阀的启、闭，从而实现各种控制功能。先导控制阀的功能、稳态与动态特性、可靠性直接决定或影响着插装阀的功能及特性。插装阀中的先导控制阀的通径规格较小（一般不大于 $\phi 10 \text{mm}$），常用的先导控制阀包括滑阀式与球阀式电磁换向阀、叠加阀、比例先导压力阀等，这些先导阀的原理、结构等请参见本书有关章节。

9.2.3　典型组合及应用回路

　　综上所述可见，由盖板引出的控制压力信号 p_X 控制着插装阀口的启闭状态。因此，通过插装单元与不同的控制盖板、各种先导控制阀进行组合，改变 p_X 的连接方式即可改变阀的功能，即可构成方向插装阀、压力插装阀、流量插装阀，以及由这些阀组成的插装阀回路或系统。在作压力阀用时，工作原理与普通压力阀相同。作方向阀时，因一个锥阀单元仅有两个通油口、两种工作状态（阀口开启或关闭），故实际使用时需两个锥阀单元并联组成三通回路，两个三通回路并联组成四通回路，至于回路的通断情况（机能）则取决于先导控制阀。作流量阀时，通过控制阀口开度大小来实现。

　　(1) 插装方向阀及其应用回路

　　① 插装单向阀、液控单向阀及其应用回路。单向阀与液控单向阀属于二通元件，其主级只需一个插件。

　　图 9-14(a) 所示为单向插装阀用作液压泵保护的回路，图 (b) 所示为等效的普通液压阀（下简称普通阀）回路。单向插装阀 CV 设置在液压泵 1 的出口，可以防止由于系统压力突然升高而损坏液压泵，也可以防止在系统停止工作时油液倒灌。

　　液控单向插装阀由一个插件和液控单向控制盖板组合而成（图 9-7），也可以由一个插装元件配以一个二位三通电磁阀的控制盖板组合而成。

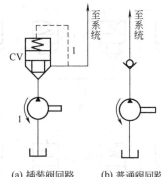

(a) 插装阀回路　　　(b) 普通阀回路

图 9-14　单向插装阀的液压泵保护回路

图 9-15 所示为采用液控单向插装阀的液压缸锁紧回路。液控单向插装阀 I 由插装元件 CV_1 与二位三通电磁换向导阀 1 构成，液控单向插装阀 II 由插装元件 CV_2 与二位三通电磁导阀 2 构成。先导阀 1 和 2 的电磁铁通电时，插装元件 CV_1 和 CV_2 因 X 腔与油箱接通，故在压力油作用下开启，允许油液正反向流动。电磁铁断电时，插装元件 CV_1 和 CV_2 的 X 腔分别与 B_1 和 B_2 腔相通，此时，插装元件 CV_1 防止液压缸 3 左移，而插装元件 CV_2 防止液压缸右移，液压缸被锁紧。

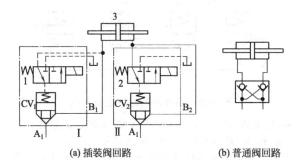

(a) 插装阀回路　　　　　　　　(b) 普通阀回路

图 9-15　液控单向插装阀的液压缸锁紧回路

② 换向阀及其应用回路。

a. 三通换向插装阀及其换向回路。三通换向插装阀的功率级需要两个插装元件 CV_1、CV_2，按照油口连接方式的不同，可得到图 9-16 所示的四种组合方式。由此可构成二位三通插装换向阀换向回路、三位三通插装换向阀换向回路和四位三通插装换向阀换向回路等。

图 9-17(a) 所示为二位三通插装换向阀及其换向回路，二位三通换向插装阀 I 由图 9-16(b) 所示的三通阀组合元件以及二位四通电磁换向导阀 1 构成。导阀 1 通电切换至右位时，使插装元件 CV_1 的 X_1 腔接油箱，故 CV_1 开启，而插装元件 CV_2 的 X_2 腔接压力油，故 CV_2 关闭，油源的压力油经 CV_1 从 A 进入单作用液压缸 2 的无杆腔，实现伸出运动；当导阀 1 的电磁铁断电复至图示左位时，使插装元件 CV_1 的 X_1 腔接压力油，故 CV_1 关闭，而插装元件 CV_2 的 X_2 腔接油箱，故 CV_2 开启，缸 2 在有杆腔弹簧作用下复位，无杆腔的油液经插装元件 CV_2 从 T 口流回油箱。从而实现了液压缸的

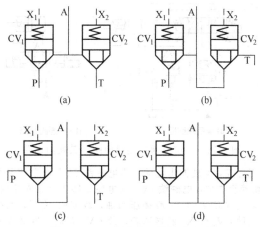

(a)　　　　　　　　　(b)

(c)　　　　　　　　　(d)

图 9-16　三通阀的四种组合方式

换向。图 9-17(b) 为与图 9-17(a) 对应的普通阀回路。

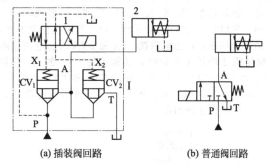

(a) 插装阀回路　　　　　(b) 普通阀回路

图 9-17　二位三通插装换向阀及其换向回路

图 9-18(a) 为三位三通插装换向阀的换向回路，三位三通换向插装阀 I 由图 9-16(b) 所示的三通阀组合元件以及三位四通电磁换向导阀 1 构成。当电磁铁 1YA 通电使导阀 1 切换至右位时，插装元件 CV_1 的 X_1 腔接油箱，故 CV_1 开启，而插装元件 CV_2 的 X_2 腔接压力油，故 CV_2 关闭，油源的压力油经 CV_1 从 A 进入单作用液压缸 2 的无杆腔，实现伸出运动；当电磁铁 2YA 通电使导阀 1 切换至左位时，插装元件 CV_1 的 X_1 腔接压力油，故 CV_1 关闭，而插装元件 CV_2 的 X_2 腔接油箱，故 CV_2 开启，缸 2 在有杆腔弹簧作用下复位，无杆腔的油液经插装元件 CV_2 从 T 口流回油箱。从而实现了液压缸的换向。当电磁铁 1YA 和 2YA 均断电使导阀 1 处于图示中位时，插装元件 CV_1 的 X_1 腔和 CV_2 的 X_2 腔同时接压力油，所以 CV_1 和 CV_2 均关闭，缸 2 停留在任意位置。图 9-18(b) 为与图 9-18(a) 对应的普通阀回路。

图 9-19(a) 所示为四位三通插装换向阀的换向回路，四位三通换向插装阀 I 由图 9-16(b) 所示的三通阀组合元件以及两个二位四通电磁换向导阀 1 和 2 构成。当电磁铁 1YA 通电使导阀 1 切换至右位，2YA 断电使导阀 2 处于左位时，插装元件 CV_1 的 X_1 腔接油箱，故 CV_1 开启，而插装元件 CV_3 的 X_2 腔接压力油，故 CV_2 关闭，油源的压力油经 CV_1 从 A 进入单作用液压缸 3

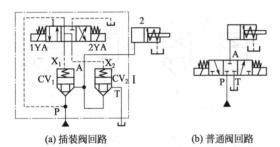

(a) 插装阀回路　　　　(b) 普通阀回路

图 9-18　三位三通插装换向阀及其换向回路

的无杆腔,实现伸出运动;当电磁铁 2YA 通电使导阀 2 切换至右位,电磁铁 1YA 断电使导阀 1 处于左位时,插装元件 CV_1 的 X_1 腔接压力油,故 CV_1 关闭,而插装元件 CV_2 的 X_2 腔接油箱,故 CV_2 开启,缸 3 在有杆腔弹簧作用下复位,无杆腔的油液经插装元件 CV_2 从 T 口流回油箱。从而实现了液压缸的换向。当电磁铁 1YA 和 2YA 断电使导阀 1 和导阀 2 均处于图示左位时,插装元件 CV_1 的 X_1 腔和 CV_2 的 X_2 腔同时接压力油,所以 CV_1 和 CV_2 均关闭,缸 3 停留在任意位置,而油源保持压力;当电磁铁 1YA 和 2YA 均通电使导阀 1 和导阀 2 均处于右位时,插装元件 CV_1 的 X_1 腔和 CV_2 的 X_2 腔同时接油箱,所以 CV_1 和 CV_2 均开启,缸 3 浮动,而油源卸荷。图 9-19(b) 所示为与图 9-19 (a) 对应的普通阀回路。

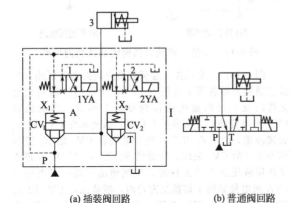

(a) 插装阀回路　　　　(b) 普通阀回路

图 9-19　四位三通插装换向阀及其换向回路

b．四通换向插装阀及其换向回路。四通换向插装阀由两个三通回路组合而成,故一个四通换向阀的功率级需要四个插装元件 CV_1、CV_2、CV_3、CV_4,四个插装元件控制与执行器相通的两个油口 A、B 可组合为 10 种连接方式,图 9-20 所示为其中的四种连接方式。由此可以构成二位四通换向回路、三位四通换向回路、四位四通换向回路、甚至十二位四通换向回路,还可以构成各种压力控制回路和流量控制回路。

图 9-21(a) 所示为 O 型中位机能三位四通插装换向阀的换向回路。三位四通换向插装阀 I 由图 9-20 (b) 所示的四通组合元件以及一个 K 型中位机能的三位四通电磁换向导阀 1 构成。当电磁铁 1YA 通电使导阀 1 切换至左位时,插装元件 CV_1 的 X_1 腔和 CV_3

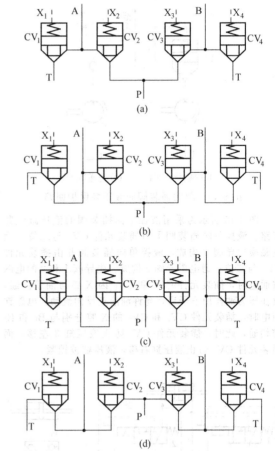

(a)

(b)

(c)

(d)

图 9-20　四通阀的四种连接方式

的 X_3 腔接压力油,故 CV_1 与 CV_3 关闭,而插装元件 CV_2 的 X_2 腔和 CV_4 的 X_4 腔接油箱,故 CV_2 与 CV_4 开启,油源的压力油经 CV_2 从 A 进入单杆液压缸 2 的无杆腔,有杆腔经 B、CV_4 向油箱排油,液压缸向右运动;当电磁铁 2YA 通电使导阀 1 切换至右位时,插装元件 CV_1 的 X_1 腔和 CV_3 的 X_3 腔接油箱,故 CV_1 与 CV_3 开启,而插装元件 CV_2 的 X_2 腔和 CV_4 的 X_4 腔接压力油,故 CV_2 与 CV_4 关闭,油源的压力油经 CV_3 从 B 进入液压缸 2 的有杆腔,无杆腔经 A、CV_1 向油箱排油,液压缸向左运动;从而实现了液压缸的换向。当电磁铁 1YA 和 2YA 均断电使导阀处于图示左位时,四个插装元件的 X 腔同时接压力油,所以 CV_1、CV_2、CV_3、CV_3 均关闭,缸 2 停留在任意位置,而油源保持压力。图 9-21(b) 所示为与图 9-21(a) 对应的普通阀回路。

若将图 9-21(a) 所示回路中的导阀 1 更换为 P 型中位机能(其余不变),则可实现 H 型中位的三位四通插装换向阀,导阀处于中位时,可实现油源卸荷。

图 9-22(a) 所示为四位四通插装换向阀的换向回路。四位四通换向插装阀 I 仍由图 9-20(b) 所示的四通阀组合元件以及两个二位四通电磁换向导阀 1、2 构成。当电磁铁 1YA 通电使导阀 1 切换至右位,电磁铁 2YA

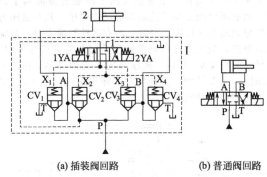

(a) 插装阀回路　　(b) 普通阀回路

图 9-21　O 型中位机能三位四通
插装换向阀的换向回路

断电处于图示左位时，插装元件 CV_1 的 X_1 腔和 CV_3 的 X_3 腔接压力油，故 CV_1 与 CV_3 关闭，而插装元件 CV_2 的 X_2 腔和 CV_4 的 X_4 腔接油箱，故 CV_2 与 CV_4 开启，油源的压力油经 CV_2 从 A 进入单杆液压缸 3 的无杆腔，有杆腔经 B、CV_4 向油箱排油，液压缸向右运动；当电磁铁 1YA 断电使导阀 1 复至左位，电磁铁 2YA 通电切换至右位时，插装元件 CV_1 的 X_1 腔和 CV_3 的 X_3 腔接油箱，故 CV_1 与 CV_3 开启，而插装元件 CV_2 的 X_2 腔和 CV_4 的 X_4 腔接压力油，故 CV_2 与 CV_4 关闭，油源的压力油经 CV_3 从 B 进入单杆液压缸 3 的有杆腔，无杆腔经 A、CV_1 向油箱排油，液压缸向左运动；从而实现了液压缸的换向。当电磁铁 1YA 和 2YA 均断电使导阀 1、2 均处于图示左位时，插装元件 CV_1 的 X_1 腔和 CV_4 的 X_4 腔均接油箱，CV_1 和 CV_4 均开启，而插装元件 CV_2 的 X_2 腔和 CV_3 的 X_3 腔接压力油，故 CV_2 与 CV_3 关闭，A、B 均通油箱，液压缸浮动；当电磁铁 1YA 和 2YA 均通电使导阀 1、2 均切换至右位时，插装元件 CV_1 的 X_1 腔和 CV_4 的 X_4 腔均接压力油，CV_1 和 CV_4 均关闭，而插装元件 CV_2 的 X_2 腔和 CV_3 的 X_3 腔接油箱，故 CV_2 与 CV_3 开启，P、A、B 均互通，压力油同时进入液压缸的无杆腔和有杆腔，实现差动快速前进。图 9-22(b) 所示为与图 9-22(a) 对应的普通阀回路。

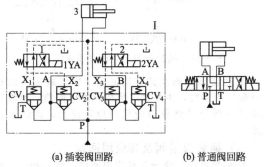

(a) 插装阀回路　　(b) 普通阀回路

图 9-22　四位四通插装换向阀的换向回路

图 9-23(a) 所示为十二位四通插装换向阀的换向回路。十二位四通换向插装阀 I 仍由图 9-20(b) 所示的四通阀组合元件以及四个二位四通电磁换向导阀 1、2、

3、4 构成。通过电磁铁 1YA、2YA、3YA、4YA 的各种通断电组合，可以实现图 9-23(b) 所实现的各种位置。

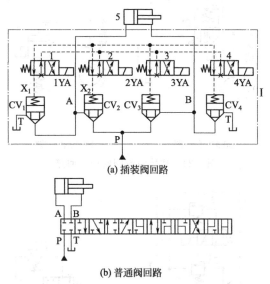

(a) 插装阀回路

(b) 普通阀回路

图 9-23　十二位四通插装换向阀的换向回路

(2) 插装压力阀及其应用回路

① 插装溢流阀及其应用回路

a. 插装溢流阀的调压回路。如图 9-24(a) 所示，插装溢流阀（相当于先导式溢流阀）I 由阀芯带阻尼孔的压力控制插装元件 CV 和先导调压阀 2 构成。当液压泵 1 输出的系统压力即 A 腔压力小于先导调压阀 2 的设定压力时，先导调压阀关闭，由于 A 腔压力 p_A 与 X 腔压力 p_X 相等，此时插装元件 CV 关闭，A、B 腔不通。当 A 腔压力上升到先导调压阀 2 的设定值时，先导调压阀开启，A 腔就有一部分油液经 CV 的阻尼孔和阀芯 X 腔，再经先导调压阀流回油箱。由于流经阻尼孔的油液产生压差，故主阀芯 X 腔压力小于 A 腔压力，当 A 腔与 X 腔的压差大于 X 腔的弹簧力时，主阀芯开启，则 A 腔的压力油通过 B 腔溢回油箱，溢流过程中，压力 p_A 维持在先导调压阀的设定压力附近。系统压力的调整可通过调节先导调压阀来实现。图 9-24(b) 为对应的普通阀回路。

将压力控制插装元件的控制腔 X 接两个或更多的不同设定压力的先导调压阀，并通过先导电磁换向阀进行控制，即可构成二级调压或多级调压回路。

图 9-25(a) 所示为插装溢流阀的二级调压回路。二级调压插装溢流阀 I 由压力控制插装元件 CV 与先导调压阀 2、3 及二位四通电磁换向阀 4 构成。电磁阀 4 相当于一个压力选择阀，其电磁铁不通电时，系统压力决定于先导调压阀 2；电磁铁通电时，系统压力决定于先导调压阀 3。但阀 3 的调定压力要小于调压阀 2 的压力。图 9-25(b) 为对应的普通阀回路。

b. 插装溢流阀的卸荷回路。如图 9-26(a) 所示，插装溢流阀 I 组件由压力控制插装元件 CV 与先导调压

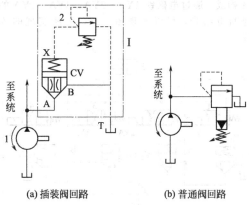

(a) 插装阀回路　　　　(b) 普通阀回路

图 9-24　插装溢流阀的调压回路

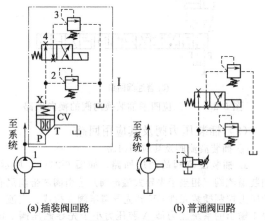

(a) 插装阀回路　　　　(b) 普通阀回路

图 9-25　插装溢流阀的二级调压回路

阀 2 及二位二通电磁换向阀 3 构成。电磁阀 3 断电时，系统压力由调压阀调定；电磁阀通电切换至右位时，液压泵 1 卸荷。图 9-26(b) 为对应的普通阀回路。

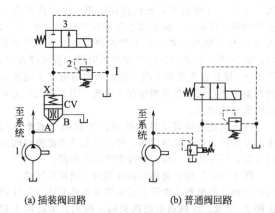

(a) 插装阀回路　　　　(b) 普通阀回路

图 9-26　插装溢流阀的卸荷回路

　② 插装顺序阀及其应用回路

　a. 插装顺序阀及双缸顺序动作回路。将图 9-24 所示调压回路中的插装溢流阀的 B 腔接二次压力油路，而先导调压阀单独接回油箱，则可构成插装顺序阀，并将其用于双缸顺序动作控制，如图 9-27(a) 所示，液压

缸 4 先于缸 5 动作，系统最大压力由插装溢流阀 I 设定，插装顺序阀 II 用于控制双缸动作顺序，其开启压力由先导调压阀 3 设定。当缸 4 向右运动到端点时，系统压力升高，当压力升高到插装顺序阀 II 的开启压力时，其插装元件 CV_2 开启，液压泵的压力油经 A、B 进入液压缸 5 的无杆腔，实现向左的伸出运动。图 9-27(b) 为对应的普通阀回路。

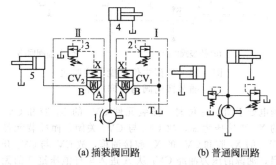

(a) 插装阀回路　　　　(b) 普通阀回路

图 9-27　插装顺序阀及双缸顺序动作回路

　b. 插装单向顺序阀及平衡回路。如图 9-28(a) 所示，插装单向顺序阀由 CV_2 及先导调压阀 2 构成的顺序阀与单向阀 CV_1 组合而成。三位四通电磁换向阀 1 切换至右位时，压力油经阀 1 进入立置液压缸 3 的上腔，缸的下腔回油背压达到先导调压阀 2 的调压值时，顺序阀开启，下腔经 CV_2 和阀 1 向油箱排油；当 1 切换至左位时，压力油顶开单向阀 CV_1 进入缸的下腔，上腔经阀 1 向油箱排油；当阀 1 处于图示中位时，油源卸荷，液压缸下腔由单向顺序阀闭锁，平衡立置缸及其拖动重物的平衡。图 9-28(b) 为对应的普通阀回路。

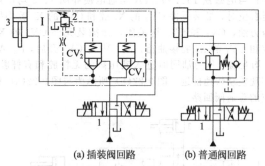

(a) 插装阀回路　　　　(b) 普通阀回路

图 9-28　插装单向顺序阀及平衡回路

　③ 插装减压阀及其应用回路。插装减压阀的组合请参见图 9-12，主要功用是构成减压回路，使液压系统某一部分油路获得较低的稳定压力，此处不再赘述。

　（3）插装流量阀及其应用回路

　① 插装单向节流阀及其应用回路。图 9-29(a) 所示为插装单向节流阀的回油节流调速回路。单向节流阀 I 由单向插装元件 CV_1 与带行程调节机构的节流插装元件 CV_2 组合而成。当二位四通电磁阀 1 断电处于图示左位时，因 A 腔压力 p_A 大于 B 腔压力 p_B，CV_2 关

闭，CV_1 开启，压力油经单向阀 CV_1 和 A 口进入液压缸 2 的无杆腔，有杆腔经阀 1 向油箱排油，液压缸向右运动；当阀 1 通电切换至右位时，压力油经阀 1 进入液压缸的有杆腔，此时，B 腔压力 p_B 大于 A 腔压力 p_A，故 CV_2 开启，CV_1 关闭，液压缸无杆腔油液经单向阀 B、CV_2 和 A 口排回油箱，液压缸向左运动，其速度通过节流阀 CV_2 的行程调节机构调节。图 9-29(b) 为对应的普通阀回路。

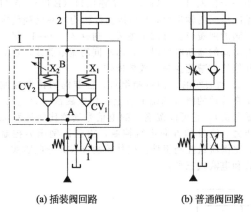

(a) 插装阀回路　　　　(b) 普通阀回路

图 9-29　插装单向节流阀的回油节流调速回路

② 带压力补偿的插装流量阀及其应用回路。如图 9-30(a) 所示，带压力补偿的插装流量阀 I 由节流插装元件 CV_2 和滑阀式插装元件 CV_1 组成。由 CV_1 维持 CV_2 节流口压差恒定，进而保证 CV_2 的通过流量亦即液压缸速度的恒定，起到调速阀的作用。图 9-30(b) 为对应的普通阀回路。

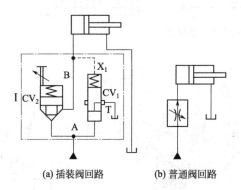

(a) 插装阀回路　　　　(b) 普通阀回路

图 9-30　带压力补偿的插装流量阀及其回路

(4) 插装阀复合控制回路

图 9-31(a) 所示为一个插装阀的方向、压力、流量复合控制回路。阀芯带阻尼孔的插装元件 CV_1 及 CV_4 分别与先导调压阀 1 及 4 组成溢流阀，用于液压缸 3 的双向调速。插装元件 CV_2 与插装元件 CV_3 的阀芯不带阻尼孔，CV_2 带有行程调节机构，可调节阀口开度，实现液压缸后退时的进口节流调速。四个插装元件 $CV_1 \sim CV_4$ 用一个三位四通电磁换向阀 2 进行集中控制。当电磁铁 1YA 和 2YA 均断电使阀 2 处于图示中位时，$CV_1 \sim CV_4$ 全部关闭，液压缸被锁紧，锁紧力分别

由调压阀 1 和 4 的设定压力限制；当电磁铁 2YA 通电使换向阀 2 切换至右位时，CV_1 和 CV_3 开启，压力油经 CV_3 进入液压缸的无杆腔，而有杆腔回油，液压缸左行前进，当系统工作压力达到先导调压阀 4 的设定值时，阀 4 开启溢流，限制了液压缸前进时的最大工作压力；当电磁铁 1YA 通电使换向阀 2 切换至左位时，CV_2 和 CV_4 开启，液压缸右行后退，退回速度由 CV_2 调节，后退时的最大压力由先导调压阀 1 限制。图 9-31(b) 为对应的普通阀回路。

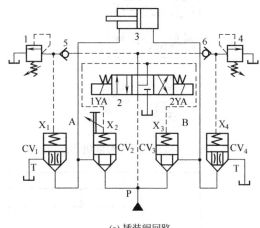

(a) 插装阀回路

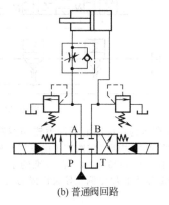

(b) 普通阀回路

图 9-31　插装阀的方向、压力、流量复合控制回路
1、4—先导调压阀；2—电磁换向阀；
3—液压缸；5、6—单向阀

(5) 插装阀数字控制组件（回路）和插装阀比例控制组件（回路）

对前述控制盖板和一些先导阀进行不同组合，还可构成插装阀数字控制组件（回路）和插装阀比例控制组件（回路）等一些特殊控制功能的二通插装阀组件（回路），以满足有些液压系统的特殊要求。

① 插装阀数字控制组件（回路）。图 9-32 所示为多级压力数字控制组件（回路）的原理图。其基本思想是利用远程控制原理，通过若干组二位二通电磁换向阀与先导压力阀的逻辑组合，构成多级远程调压。图中主级采用了典型的溢流阀插装组件。先导级采用了由多组先导压力阀和电磁阀组成的叠加式结构。各先导压力阀

和电磁阀的通径规格相同，其中先导压力阀的调压弹簧，

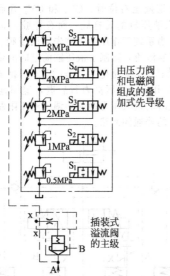

图 9-32　多级压力数字控制组件原理图

分别按固定级差（0.5MPa、1MPa、2MPa、4MPa、8MPa）调节。使压力按 2 倍的速度递增。图 9-32 有 $2^5-1=31$ 级。当然我们可以组合出许多不同的压力曲线。这种组件结构简单可靠、控制方便。其缺点是元件多、结构大。

图 9-33 所示为插装阀流量数字控制组件，它由相同规格但节流口面积不同的多个主级插装组件并联而成，先导级为四个二位三通电磁换向阀。主级插装组件共用一个输入口（A 口），一个输出口（B 口）。A 口接定差减压阀的输出口，B 口接执行机构，并反馈到定差减压阀的弹簧腔。有四个主级，则有 $2^4-1=15$ 级。通过电磁阀的通断电可以组合出不同的流量曲线，这对于不同值的加减速控制，效果极佳。

② 插装阀的比例控制组件。插装阀的比例控制组件是在传动的座阀基础上装上比例电磁铁（力矩马达、伺服电机），它可以按输入的电信号连续比例地对油液的压力、流量和方向进行控制，得到比例压力控制组件、比例流量控制组件。按其控制方式又分电磁式、电动式和电液式三种。

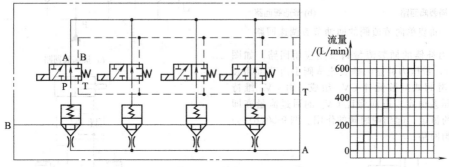

图 9-33　多级流量数字控制组件原理图

图 9-34 所示为在标准的手调溢流阀控制组件基础上叠加先导比例压力阀（锥阀式带电反馈）构成的比例溢流控制组件。图 9-35 所示为在标准的手调减压插装控制组件的基础上叠加比例先导阀构成的比例减压控制组件。

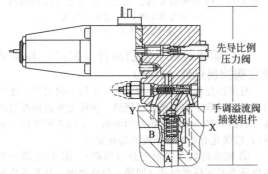

图 9-34　比例溢流控制组件

图 9-36 所示为比例流量控制组件，它由主调节器与流量传感器组成。其作用是使该组件输出的流量与输入的电信号成比例。当负载变化时，流量传感器感受其

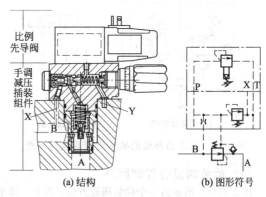

（a）结构　　　　　（b）图形符号

图 9-35　比例减压控制组件

流量变化，使先导阀口变化，而保持流量不变。

9.2.4　主要性能

（1）静态特性示例

① 方向插装阀

a. 开启压力。方向插装阀的开启压力一般为 0.05MPa 与 0.2MPa。

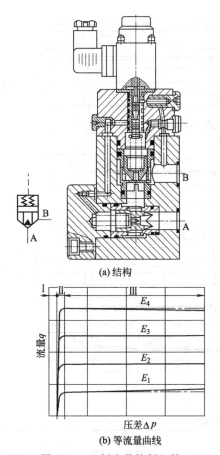

(a) 结构

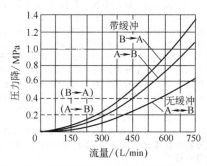

(b) 等流量曲线

图 9-36 比例流量控制组件

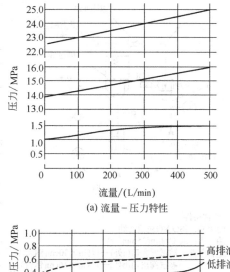

(a) 流量-压力特性

(b) 最低调节压力特性

图 9-38 插装溢流阀的流量-压力
特性和最低调节压力特性

b. 流量-压降特性。方向插装阀的流量-压降特性曲线示例（ϕ32mm 通径）如图 9-37 所示，其他通径的与此相似。由图可看出，方向插装阀在相同流量时，带缓冲头比不带缓冲头的压降要大 1 倍左右。

图 9-37 方向插装阀的流量-压降特性曲线

② 插装溢流阀

a. 流量-压力特性。ϕ32mm 通径的插装溢流阀的流量-压力特性如图 9-38(a) 所示，其他通径的与此相似。

b. 最低调节压力特性。ϕ32mm 通径的插装溢流阀的最低调节压力特性如图 9-38(b) 所示，其他通径的与此相似。

③ 方向流量插装阀的额定流量。方向流量插装阀的额定流量一般以阀口压降 0.3MPa 时的流量表示，也有给出不同压降时的流量值以供用户参考。

（2）动态响应特性示例

插装阀的动态响应时间因使用条件（配管条件、负载大小等）不同而有很大差别，在一定条件下的动态特性测试曲线如图 9-39 所示。

9.2.5 使用要点

（1）应用场合

盖板式二通插装阀主要适用于高压大流量液压系统，适用条件见表 9-3，利用盖板式二通插装阀可以组成 9.2.3 节介绍的各类液压回路。

表 9-3 盖板式二通插装阀的适用条件

序号	适用条件	序号	适用条件
1	工作压力超过 21MPa，流量超过 150L/min	4	系统要求快速响应
2	系统要求集成度高，外形尺寸小	5	系统要求内泄小或基本无泄漏
3	系统回路比较复杂	6	系统要求稳定性好、噪声低

由于二通插装阀控制技术以对单个阻力的独立控制为基础，故选用插装阀时，除了一般液压阀的选用原则之外还有一些特殊之处。其选用原则见表 9-4。

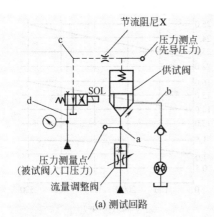

(a) 测试回路

［测试条件］
使用油：ISO VG56相当油
油　温：50℃(黏度35mm²/s)
配管条件：被试阀入口(a处)—1¼in×30cm(钢管)；
　　　　　被试阀出口(b处)—1¼in×16cm(钢管)；
　　　　　先导管路(c处)—⅜in×20cm(钢管)；
　　　　　先导管路(d处)—⅜in×100cm(橡胶管)
主压力：10MPa
先导压力：15MPa
流量调整阀设定流量：225L/min

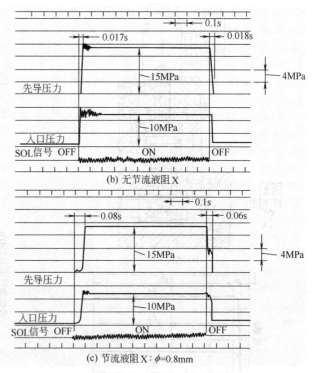

图 9-39　插装阀的动态特性测试曲线

表 9-4　插装阀的选用原则

序号	选用原则		序号	选用原则
1	确定系统的基本要求及参数	①根据系统特点及插装阀适用条件确定是否采用插装阀	2	根据以上要求确定插装阀的具体型号规格
		②确定各执行机构要求的各项参数(如力、力矩、压力、位移和速度等)以及控制方法		
		③确定系统工作介质		
		④系统各组成部分之间的要求		
		⑤确定各执行机构的各个工作过程及它们相对应的压力、方向及流量		
		⑥各执行机构的各工作过程之间的过渡要求		
		⑦对控制安全性的要求		

其中第2列序号2的选用原则内容：

①初步确定主控制级即插装件：依次确定排油腔的个数；根据执行机构工作过程中对各排油腔阻力控制的要求，确定插装件的个数、形式及相互连接方式；根据执行机构工作过程中对各排油腔流量、阻力的要求确定插装件结构、面积比、开启压力、缓冲功能等；根据系统介质确定插装件材料及密封件材料；初定主级回路图

②初步确定先导级：根据系统工作特点，初定先导控制的方案，如外部控制、内部控制、压力比较等；根据工作过程和步骤确定先导方向控制盖板(如盖板机能等)，确定先导控制用滑阀或座阀，并根据主控制级的通径确定先导阀的通径规格(例如七零四所系列规定16～40通径采用NG6先导阀，50通径以上采用NG10先导阀)，最后确定电压形式、控制形式；根据工作过程中各排油腔压力要求及流量要求，确定压力和流量控制盖板的机能，如比例、减压、顺序、卸荷等功能；确定细节如阻尼、复合控制、泄漏控制、压力选择形式等

③最后确定所有元件：根据以上初步确定的插装件和控制盖板型号再作整体交叉验证，并作相应的修改，确定最终的元件型号规格

(2) 注意事项

① 插装阀在工作中，由于复位弹簧力较小，因此阀的状态主要决定于作用在 A、B、X 三腔的油液压力，而 p_A、p_B 由系统或负载决定。若采用外控（即控制油来自工作系统之外的其他油源），则 p_X 是可控的；若采用内控（即控制油来自工作系统本身），则 p_X 也将受到负载压力的影响。所以负载压力的变化及各种冲击压力的影响，对内控控制压力的干扰是难免的。因此，在进行插装阀系统设计时必须经过仔细分析计算，清楚了解整个工作循环中每个支路压力变化的情况，尤其注意分析动作转换过程冲击压力的干扰，特别是内控方式。须重视梭阀和单向阀的运用，否则将造成局部误动作或整个系统的瘫痪。

② 如果若干个插装阀共用一个回油或泄油管路，

为了避免管路压力冲击引起意外的阀芯移位，应设置单独的回油或泄油管路。

③ 应注意面积比、开启压力、开启速度及密封性对阀的工作影响。

④ 由于插装阀回路均是由一个个独立的控制液阻组合而成，所以它们的动作一致性不可能像普通液压阀那样可靠。为此，应合理设计先导油路，并通过使用梭阀或单向阀等元件的技术措施，避免出现瞬间通路而导致系统出现工作失常甚至瘫痪现象。

⑤ 二通插装阀的组件基本上都是由阀芯、阀套及盖板组成。由于一般用于高压大流量场合，冲击较大，故其材料的选用要注意。阀套最好选用优质低碳合金钢，热处理后锥面有一定的硬度。而组织内部有一定的韧性。并且切削性能好，因此热处理最好采用渗碳淬火，精加工时，要注意保证封油锥面与导向部分的同轴度，导向部分的圆柱度也要保证。阀芯的材料一般选用中碳合金钢，其硬度应比阀套稍高。精加工时应保证外圆的圆柱度以及锥面与外圆的同轴度。

⑥ 阀块又称集成块、通道块或油路块，它是安装插装元件、控制盖板及与外部管道连接的基础阀体。阀块中有插装元件的安装孔（也称插入孔）及主油路孔道和控制油路孔道，有安装控制盖板的加工平面、安装外部管道的加工平面及阀块的安装平面等。二通插装阀的安装连接尺寸及要求应符合国家标准（GB/T 2877—2007）。阀块可选用插装阀制造厂商的标准件，也可根据需要自行设计。阀块的设计方法要点请参阅第 14 章有关内容。

9.2.6　故障诊断

普通液压阀常见故障及其诊断排除方法也适用于插装阀，其诊断排除方法见表 9-5。

表 9-5　插装阀常见故障及其诊断排除方法

故障现象	可能原因	诊断排除方法
1. 换向不可靠或调压失灵	①插装件阀芯、阀套卡死 ②先导控制换向阀换向失常 ③控制压力未达到要求 ④梭阀或液控球阀不可靠或相关油路的压力有干扰	①拆检，清洗或研配甚至更换插装件 ②见换向阀故障排除方法 ③调节控制压力使达到要求 ④检查并排除
2. 插装式压力阀压力不稳定、振摆大	①插装件阀芯和阀套配合精度、形位公差不满足要求 ②先导压力控制元件不稳定	①重新加工研配和安装阀芯和阀套，使配合精度、形位公差达到要求 ②按压力控制元件的故障排除方法解决，见第 5 章
3. 系统过渡过程达不到要求	阻尼孔大小不合理或阻尼器脱落	重新加工阻尼孔或补装阻尼器

9.3　螺纹式插装阀

9.3.1　特点与功能

如前所述，螺纹式插装阀早先多见于工程机械液压系统，且往往作为多路换向阀等主要控制阀的附件。但近年来，在盖板式插装阀技术影响下，其逐步发展为一个独立的体系。

与盖板式二通插装阀相比较，螺纹式插装阀在功能实现、阀芯形式、安装连接形式及适用范围等方面具有不同的特点（两者的详细比较请见表 9-1）。而螺纹式插装阀的显著特点之一是多依靠自身提供完整的液压阀功能。

螺纹式插装阀几乎可实现所有方向、压力、流量阀类的功能。螺纹式插装阀及其对应的腔孔有二通、三通、三通短型及四通功能，即阀和阀的腔孔有两个油口、三个油口（三个油口中一个用作控制油口即为三通短型）及四个油口，如图 9-40 所示。图 9-41 列举了装入相同腔孔中的各种螺纹式插装阀；图 9-42 给出了几种螺纹式插装阀的实物外形。

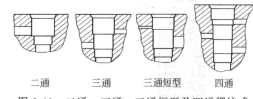

二通　　三通　　三通短型　　四通

图 9-40　二通、三通、三通短型及四通螺纹式插装阀的阀块功能油口布置

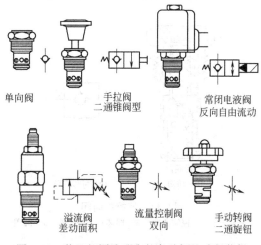

单向阀　　手拉阀
　　　　二通锥阀型　　常闭电液阀反向自由流动

溢流阀差动面积　　流量控制阀双向　　手动转阀二通旋钮

图 9-41　装入相同腔孔中的各种螺纹式插装阀

9.3.2　典型结构及其功能原理

（1）方向控制螺纹式插装阀

① 单向阀与液控单向阀。图 9-43 所示为单向阀，

(a) 单向阀　　　(b) 先导式溢流阀

(c) 单向节流阀　　　(d) 电磁换向阀

图 9-42　螺纹式插装阀实物外形 (宁波华液)

通过更换不同刚度的弹簧 3 可改变单向阀的开启压力。图 9-44 所示为液控单向阀,控制活塞 2 的面积一般为阀座面积的 4 倍。当控制口压力至少是弹簧腔压力的 1/4 加上弹簧力折算的油液压力时,液流可以反向 (C→V) 流动。

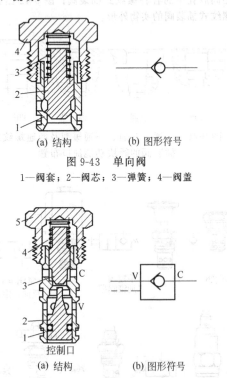

(a) 结构　　　(b) 图形符号

图 9-43　单向阀
1—阀套;2—阀芯;3—弹簧;4—阀盖

(a) 结构　　　(b) 图形符号

图 9-44　液控单向阀
1—阀套;2—控制活塞;3—阀芯;4—弹簧;5—阀盖

②二位二通方向控制阀。图 9-45(a)、(b) 所示分别为电液二级控制的常闭和常开二位二通方向阀。阀由阀套 1、主阀芯 (锥阀) 2、先导阀芯 3、阀盖 4、电磁铁组件 (衔铁 5、线圈 6 及弹簧 7) 等组成。图 (a) 中的电磁铁动作方向与常规相反,即当电磁铁线圈 6 未通

电时,衔铁 5 及其相关联的先导阀芯组件 3 在弹簧力作用下,处于图示最下端的先导阀口关闭位置。此时,从进口来的压力油通过先导液桥的固定节流孔 a (开在主阀芯侧面上),进入先导阀芯及主阀芯 2 的上腔,使主阀口也处于关闭状态;当从出口来的油压大于进口油压加上衔铁弹簧 7 折算的油压之和时,油液可从出口流向进口。当电磁铁线圈 6 通电时,电磁铁吸合衔铁 5,使与它相关联的先导阀芯 3 向上运动,先导阀口 (先导液桥的可变液阻) 开启,进出口之间可以自由流通。此时,可分进口进油与出口进油两种情况观察其工作机理:当进口进油时,因先导阀口开启,主阀上腔压力降低,进口压力作用在主阀环形面积上,将主阀口打开;当出口进油时,主阀芯在出口压力作用下向上运动,关闭先导阀口,进而打开主阀口,实现如图形符号所示的进出口自由流通机能。图 9-45(b) 所示电磁铁动作情况与图 9-45(a) 情况相反,即线圈通电时衔铁推动先导阀芯向下运动关闭先导阀口,从而形成与图 (a) 相反的常开二通阀机能。

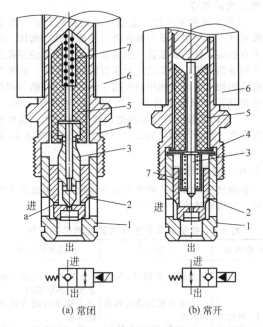

(a) 常闭　　　(b) 常开

图 9-45　电液二级控制的二位二通方向阀
1—阀套;2—主阀芯 (锥阀);3—先导阀芯;
4—阀盖;5—衔铁;6—线圈;7—弹簧

图 9-46(a)、(b) 分别为电磁控制的常闭和常开二位二通方向阀。阀由阀套 1、阀芯 (滑阀) 2、阀盖 3、电磁铁组件 (衔铁 4、线圈 5 及弹簧 6) 等组成。它们的电磁铁动作情况与图 9-45(a) 相同,通过滑阀式主阀,分别实现电磁常闭和电磁常开二通阀机能。

③二位三通方向控制阀。图 9-47 所示为二位三通手动转阀 [图 (a) 为结构,图 (b) 为图形符号],流动方向变化靠调节手轮 4 转动 90°来实现。第一个阀芯位置 (图示位置) 允许油口 C 与油口 B 之间的流动而

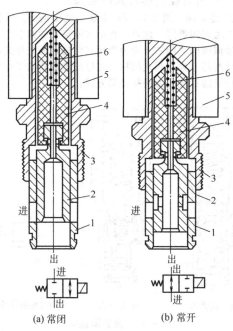

图 9-46 电磁控制的二位二通方向阀
1—阀套；2—阀芯（滑阀）；3—阀盖；
4—衔铁；5—线圈；6—弹簧

封闭 A 油口；第二个阀芯位置允许油口 A 与油口 B 之间的流通而封闭油口 C。当手轮换成带定位的手柄时，该阀则变成三位三通阀。

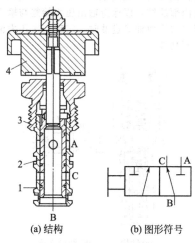

图 9-47 二位三通手动转阀
1—阀套；2—阀芯；3—阀盖；4—调节手轮

图 9-48 为二位三通电磁滑阀［图（a）为结构，图（b）为图形符号］，当电磁铁线圈 6 断电时，弹簧 5 的作用力将阀芯（滑阀）2 推至图示油口 B、C 自由流通的位置。当电磁铁线圈 6 通电时，电磁铁推动阀芯至它的第二个位置，封闭 C 口而允许 A、B 口之间自由流通。

图 9-49 为弹簧复位二位三通液控滑阀，阀芯（滑

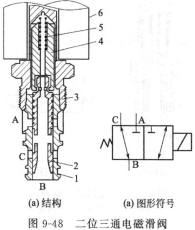

(a) 结构   (a) 图形符号

图 9-48 二位三通电磁滑阀
1—阀套；2—阀芯；3—阀盖；
4—衔铁；5—弹簧；6—线圈

阀）2 有两个位置，而且是弹簧偏置的。当弹簧 3 的作用力高于控制口油压作用力时，油口 C 被封闭，油口 A、B 之间流通。弹簧腔内部向油口 A 泄油。因而控制口油压的作用力须高于弹簧力加上油口 A 上的油压作用力，才能使阀切换，封闭油口 A，允许油口 B、C 之间流通。

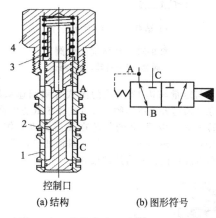

(a) 结构   (b) 图形符号

图 9-49 弹簧复位二位三通液控滑阀
1—阀套；2—阀芯；3—弹簧；4—阀盖

④ 四通方向控制阀。图 9-50 为二位四通电磁滑阀，与二位三通电磁滑阀（图 9-48）相比，阀套 1 侧面由两个油口增加到三个油口（P、C_1、C_2），而电磁铁动作情况与三通时一样，从而实现了二位四通电磁滑阀功能。

⑤ 高压优先梭阀与低压优先梭阀。图 9-51 所示为常见用于逻辑选择控制的梭阀。它是一个三油口的球阀，依靠钢球 2 在两个进油口压差下的归座，始终使两个进油口中压力较高的一路与出油口相通，另一条进油路被封闭，是高压优先梭阀。

图 9-52 所示为低压优先梭阀。它是一种液控弹簧对中三通（P_1、P_2、T）滑阀，常用于图（b）所示的

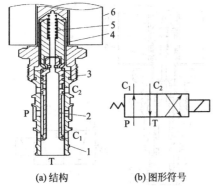

(a) 结构　　　　(b) 图形符号

图 9-50　二位四通电磁滑阀

1—阀套；2—阀芯；3—阀盖；
4—衔铁；5—弹簧；6—线圈

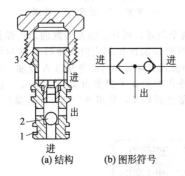

(a) 结构　　　　(b) 图形符号

图 9-51　高压优先梭阀

1—阀套；2—钢球；3—阀盖

变量泵 6 与定量马达 13 组成的闭式容积调速系统中。在补油泵 7 通过补油单向阀 8 或 9 向系统低压侧补进一定量的冷油时，梭阀 12 的阀芯在高压侧压力作用下，使低压侧热油经梭阀和升压溢流阀排回油箱，进行冷却换油，所以此梭阀又称为热油梭阀。

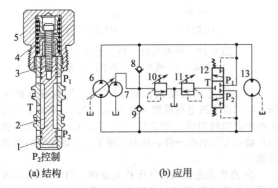

(a) 结构　　　　(b) 应用

图 9-52　低压优先梭阀及其在变量泵-定量
马达闭式容积调速系统中的应用

1—阀套；2—阀芯；3—螺钉；4—弹簧；5—阀盖；
6—双向变量泵；7—补油泵；8、9—补油单向阀；
10—补油溢流阀；11—升压溢流阀；
12—梭阀；13—双向定量马达

(2) 压力控制螺纹式插装阀

① 溢流阀。图 9-53 所示为插装式溢流阀，其构成与普通溢流阀类同，此处，直动式溢流阀的阀芯 1 与先导式溢流阀的主阀芯 3 均为滑阀式结构，而先导式溢流阀的导阀芯 5 为球阀式结构。先导式溢流阀的工作原理属于传统的系统压力间接检测方式。

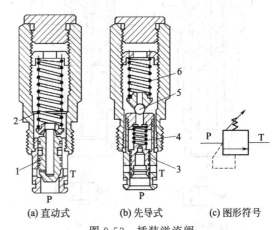

(a) 直动式　　(b) 先导式　　(c) 图形符号

图 9-53　插装溢流阀

1—直动式阀芯；2—直动式调压弹簧；3—先导式
主阀芯；4—先导式复位弹簧；5—先导阀芯；
6—先导式调压弹簧

② 三通减压阀。如图 9-54 所示，滑阀型先导式三通减压阀由阀套 1、滑阀型主阀芯 2、球阀式导阀芯 4 等构成，其工作原理与普通三通减压阀相同，可实现 PAAT 方向的流通。通过主阀芯 2 的下部面积，实现输出压力的内部反馈，以保持输出压力始终与输入信号相对应。当二次压力油口进油时，实现二次压力油口至 T 口的溢流阀功能。

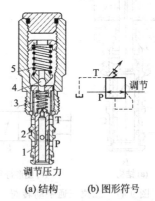

(a) 结构　　　　(b) 图形符号

图 9-54　滑阀型三通减压阀

1—阀套；2—主阀芯（滑阀）；3—复位弹簧；
4—先导阀芯（球阀）；5—调压弹簧

③ 顺序阀。图 9-55 所示为滑阀式直动顺序阀，当一次压力未达到调压弹簧 3 设定的压力值时，一次压力油口 P 被封闭，顺序油口通油口 T 和油箱；当一次压力达到阀的设定值时，阀芯 2 抬起，实现一次油口和顺序油口间基本无节流的流动。

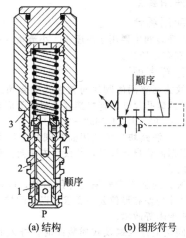

(a) 结构　　　　(b) 图形符号

图 9-55　滑阀式直动顺序阀

1—阀套；2—阀芯（滑阀）；3—调压弹簧

④ 卸荷阀。图 9-56 所示为滑阀式卸荷阀，当外控压力未达到调压弹簧 3 设定的压力值时，压力油口 P 与油口 T 间封闭；当外控压力达到阀的设定值时，阀芯 2 抬起开度最大，系统卸荷。

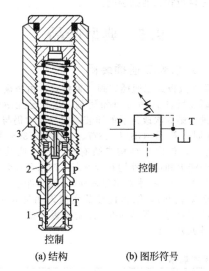

(a) 结构　　　　(b) 图形符号

图 9-56　滑阀式外控卸荷阀

1—阀套；2—阀芯（滑阀）；3—调压弹簧

（3）流量控制螺纹式插装阀

① 针式节流阀。图 9-57 所示为针式节流阀，通过调节手柄 3 调节节流阀口的开度获得不同流量，沿两个方向都能节制流量，但阀中没有压力补偿器，故阀的通过流量会因阀口前后压差变化而变化。

② 压力补偿型流量调节阀。图 9-58 所示为由两个螺纹式插装阀组成的二通流量控制阀。普通可调节流阀 1 与定差减压阀（压力补偿器）2 两者串联运行，其工作原理与常规二通调速阀相同。其通过流量由阀 1 调节，阀 2 用于保证节流阀前后压差及流量的恒定。

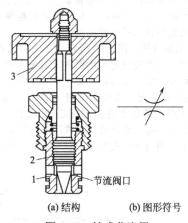

(a) 结构　　　　(b) 图形符号

图 9-57　针式节流阀

1—阀套；2—阀芯（针阀）；3—调节手柄

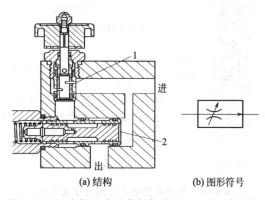

(a) 结构　　　　(b) 图形符号

图 9-58　两个螺纹式差装阀构成的二通流量控制阀

1—可调节流阀；2—定差减压阀（压力补偿器）

③ 压力补偿型旁通阀。图 9-59 所示为三通型流量

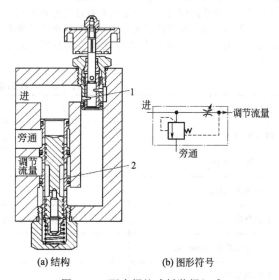

(a) 结构　　　　(b) 图形符号

图 9-59　两个螺纹式插装阀组成
的旁通型流量控制阀

1—可调节流阀；2—定差溢流阀（压力补偿器）

阀，它由可调节流阀 1 与定差溢流阀（压力补偿器）2 组成。与传统的三通流量阀一样，旁通口接油箱，用这种流量阀可组成压力适应控制系统。

④ 分流集流阀。图 9-60 所示为压力补偿的不可调分流集流阀，它能按规定的比例分流或集流而不受系统负载或油源压力变化的影响。图 (a) 为阀的中立位置；图 (b) 为分流工况，当压力油进入系统压力油口时，固定节流孔产生的压差将左右阀芯拉到端部勾在一起。两个阀芯一起工作以补偿负载压力的变化。图 (c) 为集流工况，固定节流孔产生的背压将左右两个阀芯推拢在一起。

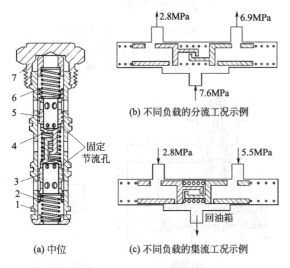

2.8MPa   6.9MPa

7.6MPa

(b) 不同负载的分流工况示例

2.8MPa   5.5MPa

回油箱

(a) 中位   (c) 不同负载的集流工况示例

图 9-60   压力补偿的不可调分流集流阀

1—阀套；2、4、6—弹簧；3、5—阀芯；7—阀盖

⑤ 压差传感螺纹式插装阀。在螺纹式插装阀中，还有一类压差传感阀件，它不能像其他螺纹式插装阀那样实现一个完整的阀功能，而是用来对其他阀处测出的压差作出反应。压差传感阀与先导阀组成基本的通断式流量开关。其工作情况与盖板式插装阀类似，此处从略。

9.3.3　使用要点

（1）应用场合

螺纹式插装阀主要用于高压中、小流量（最大可达 230L/min 左右）场合。

（2）注意事项

① 螺纹式插装阀的阀块与盖板式插装阀的阀块作用类似。其插装孔尺寸、连接螺纹及要求等应符合有关标准 ISO 7789/93（JB/T 5693—2004）。

② 阀块（油路块）可选用插装阀制造厂商的标准件，也可根据需要自行设计，其设计方法要点请参阅第 14 章有关内容。

③ 插装孔的加工最好采用专用刀具，以提高工效并保证其尺寸公差和形位公差要求，以免阀拧入后出现动作不良或卡阻等故障。

④ 在阀块上拧入螺纹式插装阀时，拧入时的转矩应按螺纹规格和产品样本说明的要求拧入，不得过大或过小，最好使用转矩扳手进行拧紧。

9.4　故障诊断

螺纹式插装阀在使用中的常见故障及其诊断排除方法可参考盖板式二通插装阀。

9.5　典型产品

9.5.1　Z 系列二通插装阀

Z 系列盖板式二通插装阀（盖板式）由济南铸造锻压机械研究所自 1976 年开始研制，迄今已先后进行了多次改进，第 5 次改进后的插装阀安装尺寸仍与改进前完全相同，符合 GB/T 2877、ISO/DP7368 和 DIN 24342 标准，仅内部结构参数有所不同，使其更加合理，通油能力和可靠性均有所提高。该系列插装阀概览见第 3 章表 3-7，技术规格见表 9-6，插装件型号意义及标注示例见表 9-7，结构代号及变型说明见表 9-8，控制盖板的型号意义见表 9-9，控制盖板的型号、名称及图形符号见表 9-10。

表 9-6　Z 系列插装阀的技术规格

公称通径/mm	16	25	32	40	50	63	80	100	125	160
推荐使用流量/(L/min)	160	400	630	1100	1800	2800	4500	7000	11500	18000
公称压力/MPa	35									
压力损失/MPa	0.5									
工作介质	矿物型液压油、含水型液压油液(水-乙二醇、高水基液压液等)、磷酸酯液									
推荐介质黏度/(cm²/s)	13～54									
工作温度/℃	−20～80									
推荐过滤器过滤精度 β_p	≥75									

表 9-7　Z 系列二通插装阀插装件型号意义及标注示例

型号意义：

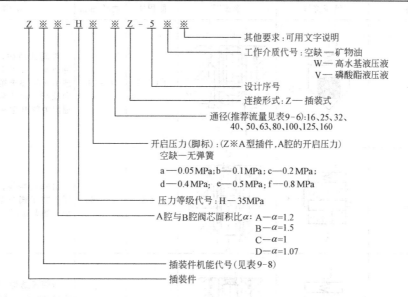

Z ※※-H※　※Z-5※　※

- 其他要求：可用文字说明
- 工作介质代号：空缺—矿物油
  - W— 高水基液压液
  - V— 磷酸酯液压液
- 设计序号
- 连接形式：Z— 插装式
- 通径(推荐流量见表9-6)：16、25、32、40、50、63、80、100、125、160
- 开启压力(脚标)：(Z※A型插件，A腔的开启压力)
  - 空缺—无弹簧
  - a —0.05MPa；b—0.1MPa；c—0.2MPa；
  - d—0.4MPa； e—0.5MPa； f—0.8MPa
- 压力等级代号：H—35MPa
- A腔与B腔阀芯面积比α：A—α=1.2
  - B—α=1.5
  - C—α=1
  - D—α=1.07
- 插装件机能代号(见表9-8)
- 插装件

标注示例：

① 面积比 1.2，开启压力 0.1MPa，通径 25mm 的基本插装件：Z1A-H$_b$25Z-5。

② 面积比 1.07，开启压力 0.4MPa，通径 16mm，适用于高水基液压液，阀芯圆柱面用 O 形密封圈密封，带阻尼孔的插装件：Z2D-H$_d$16Z-5W。

③ 面积比 1.5，开启压力 0.3MPa，通径 32mm，适用于磷酸酯液压液，阀芯带阻尼凸头的插装件：Z3B-H$_d$16Z-5V。

④ 面积比 1.5，开启压力 1MPa。通径 40mm，A、C 腔之间带单向阀的常开型减压插装件：Z41B-H$_b$40Z-5。

⑤ 面积比 1，开启压力 0.8MPa，通径 25mm，常闭型，A、C 腔之间无单向减压插装件：Z42C-H$_f$25Z-5。

⑥ 面积比 1.5，开启压力 0.4MPa，通径 25mm 的节流插装件：Z5B-H$_d$25Z-5。

表 9-8　Z 系列二通插装阀结构代号及变型说明

插装件类型	液压符号	剖面图	面积比	通径/mm	结构及用途
A 型基本插件 Z1A-H※ ※Z-5※※			1：1.2	16～160	锥阀式结构，一般用于工作流向 A→B 的方向控制
B 型基本插件 Z1B-H※ ※Z-5※※			1：1.5	16～160	锥阀式结构，可用于工作流向 A→B 或 B→A 的方向控制。由于其 A 口直径较 A 型小，因而其流通阻力也稍大
D 型基本插件 Z1D-H※ ※Z-5※※			1：1.07	16～160	锥阀式结构，仅用于工作流向 A→B 的方向和压力控制
A、B 型基本插件 阀芯内钻孔使 B、C 腔相通 Z11A-H※ ※Z-5※※ Z11B-H※ ※Z-5※※			分别与 A、B 型基本插件相同		锥阀式结构，可用于工作流向 A→B 方向的单向阀
带阻尼孔插件 Z2D-H※ ※Z-5※※			1：1.07	16～160	锥阀式结构，可用于工作流向 A→B 的压力控制

插装件类型	液压符号	剖面图	面积比	通径/mm	结构及用途
带缓冲头插件 Z3B-H*※Z-5※※			1:1.5	16～160	锥阀式结构,阀芯头部带有缓冲凸头。可用于工作流向 A→B 或 B→A,要求换向冲击力小的方向控制。由于带有缓冲凸头,流通阻力较 B 型基本插件稍大
常开滑阀型插件 Z4C-H*※Z-5※※			1:1	16～63	滑阀式结构,A、B 口常开。可用作减压阀与节流插件串联,构成二通调速阀
常开滑阀型插件 A、C 腔间有单向阀 Z41C-H*※Z-5※※			1:1	16～40	滑阀式结构,A、B 常开。在 A、C 腔之间有一小通径单向阀连通。可用作定差式减压阀,A、C 腔间的单向阀用以吸收 A 口的瞬时高压
常闭滑阀型插件 Z42C-H*※Z-5※※			1:1	16～63	滑阀式结构,A、B 口常闭。与节流插件并联,可构成三通调速阀。与减压溢流先导阀合用,可构成减压阀
常开滑阀型插件 A、C 腔间有阻尼孔 Z43B-H*※Z-5※※			1:1.5	16～63	滑阀式结构,A、B 口常开。在 A、C 腔之间带有阻尼孔,可用作减压阀压力阀
节流插件 Z5B-H*※Z-5※※			1:1.5	16～160	锥阀式结构,与节流控制盖板合用可构成节流阀。与方向控制盖板合用,用于对换向瞬时有特殊要求的场合
A 型常开插件 Z6A-H*※Z-5※※			1:1.2	16～63	锥阀式结构,A、B 口常开。C 腔升压可使阀芯关闭。可用作充液阀,但需与专用盖板合用

表 9-9   Z 系列二通插装阀控制盖板型号意义

型号意义:

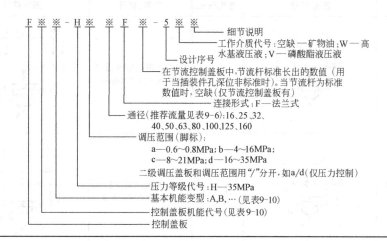

F※※-H※※F※-5※※

- 细节说明
- 工作介质代号:空缺—矿物油;W—高水基液压液;V—磷酸酯液压液
- 设计序号
- 在节流控制盖板中,节流杆标准长出的数值(用于当插装件孔深位非标准时)。当节流杆为标准数值时,空缺(仅节流控制盖板有)
- 连接形式:F—法兰式
- 通径(推荐流量见表9-6):16、25、32、40、50、63、80、100、125、160
- 调压范围(脚标):
  a—0.6~0.8MPa;b—4~16MPa;
  c—8~21MPa;d—16~35MPa
  二级调压盖板和调压范围用"/"分开,如a/d(仅压力控制)
- 压力等级代号:H—35MPa
- 基本机能变型:A,B,…(见表9-10)
- 控制盖板机能代号(见表9-10)
- 控制盖板

表 9-10   Z 系列二通插装阀控制盖板的型号、名称、规格及图形符号

名称、型号	图形符号	通径/mm	名称、型号	图形符号	通径/mm
基本控制盖板 A F01A-H※F-5※※		16~160	滑阀控制盖板 D F02D-H※F-5※※		16~63
基本控制盖板 B F01B-H※F-5※※		16~160	梭阀控制盖板 A F03A-H※F-5※※		16~100
滑阀控制盖板 A F02A-H※F-5※※		16~100	梭阀控制盖板 B F03B-H※F-5※※		16~100
滑阀控制盖板 B F02B-H※F-5※※		16~100	滑阀梭阀控制盖板 A F04A-H※F-5※※		16~100
滑阀控制盖板 C F02C-H※F-5※※		16~63	滑阀梭阀控制盖板 B F04B-H※F-5※※		16~100

名称、型号	图形符号	通径/mm	名称、型号	图形符号	通径/mm
滑阀梭阀控制盖板 C F04C-H※F-5※※		16~63	集控滑阀控制盖板 A F13A-H※F-5※※		16~63
滑阀梭阀控制盖板 D F04D-H※F-5※※		16~63	集控滑阀控制盖板 B F13B-H※F-5※※		16~63
梭阀滑阀控制盖板 A F05A-H※F-5※※		16~100	换向集中控制盖板 A F16A-H※F-5※※		16~63
梭阀滑阀控制盖板 B F05B-H※F-5※※		16~100	换向集中控制盖板 B F16B-H※F-5※※		16~63
梭阀滑阀控制盖板 C F05C-H※F-5※※		16~63	换向双单向阀集中 控制盖板 A F17A-H※F-5※※		16~63
梭阀滑阀控制盖板 D F05D-H※F-5※※		16~63	换向双单向阀集中 控制盖板 B F17B-H※F-5※※		16~63
吸入阀控制盖板 F12-H※F-5※※		25~40	调压控制盖板 A F21A-H※F-5※※		16~100

名称、型号	图形符号	通径/mm	名称、型号	图形符号	通径/mm
调压控制盖板 B F21B-H※F-5※※		16～100	卸荷溢流盖板 B F23B- H※ ※F-5※※		16～63
立式调压控制盖板 C F21C-H※F-5※※		16～100	换向卸荷溢流盖板 C F23C- H※ ※F-5※※		16～63
立式调压控制盖板 D F21D- H※ ※F-5※※		16～100	换向卸荷溢流盖板 D F23D- H※ ※F-5※※		16～63
换向调压控制盖板 A F22A- H※ ※F-5※※		16～63	减压调压盖板 A F24A- H※ ※F-5※※		16～63
换向调压控制盖板 B F22B- H※ ※F-5※※		16～63	减压调压盖板 B F24B- H※ ※F-5※※		16～63
换向调压控制盖板 C F22C-H※F-5※※		16～63	顺序调压盖板 A F25A- H※ ※F-5※※		16～63
换向调压控制盖板 D F22D- H※ ※F-5※※		16～63	顺序调压盖板 B F25B- H※ ※F-5※※		16～63
卸荷溢流盖板 A F23A- H※ ※F-5※※		16～63	双调压盖板 A F26A- H※/※ ※F-5※※		16～63

续表

名称、型号	图形符号	通径/mm	名称、型号	图形符号	通径/mm
双调压盖板 B F26B- H※/※ ※F-5※※	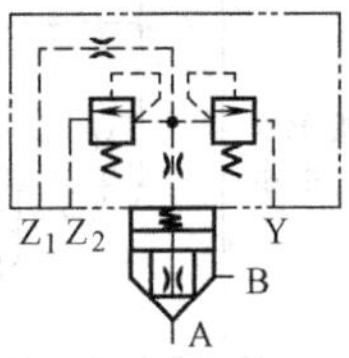	16～63	节流盖板 A F41A- H※F※-5※※	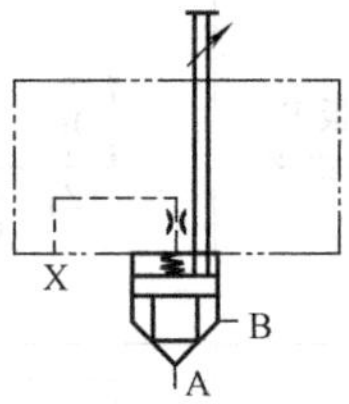	16～63
单向调压盖板 A F27A- H※ ※F-5※※	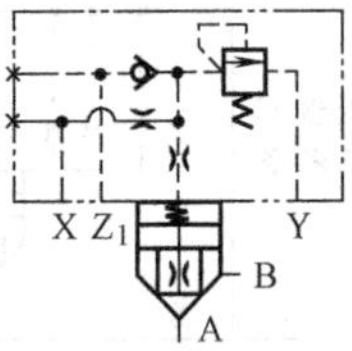	16～63	节流盖板 A F41A- H※F※-5※※	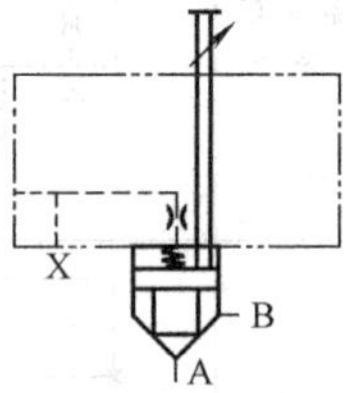	80～160
单向调压盖板 B F27B- H※ ※F-5※※	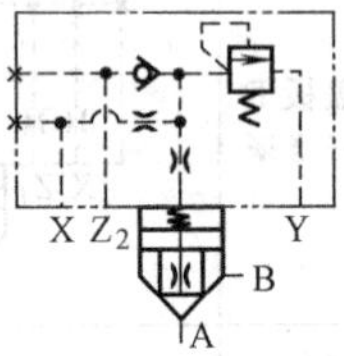	16～63	换向节流控制盖板 A F42A- H※F※-5※※	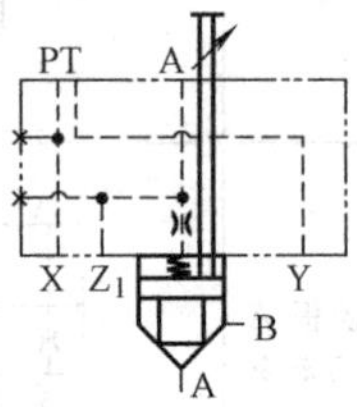	16～63
换向双调压盖板 A F28A- H※/※ ※F-5※※	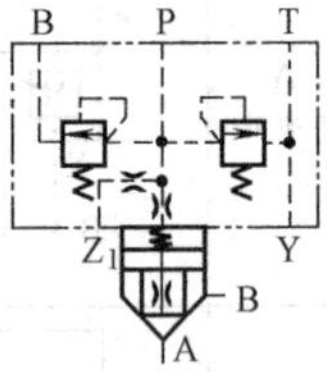	16～63	换向节流控制盖板 B F42B- H※F※-5※※	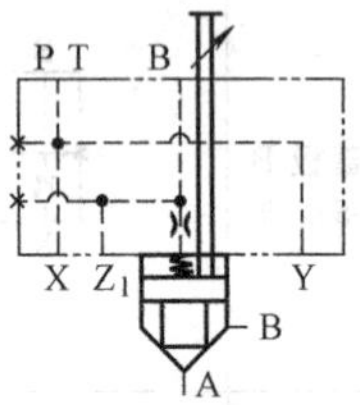	16～63
换向双调压盖板 B F28B- H※/※ ※F-5※※	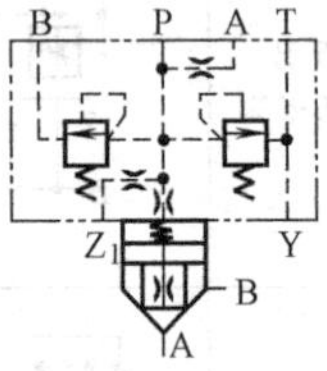	16～63			

9.5.2　TJ 系列二通插装阀

　　TJ 系列插装阀（盖板式）由上海七〇四研究所开发，本系列插装阀概览见第 3 章表 3-7，其技术规格见表 9-11，插装元件型号意义见表 9-12，插装件图形符号见表 9-13，控制盖板的型号意义见表 9-14，控制盖板图形符号见表 9-15。

表 9-11　TJ 系列二通插装阀技术规格

公称通径/mm		16	25	32	40	50	63	80	100	125	160
流量 /(L/min)	$\Delta p < 0.5$ MPa	160	400	600	1000	1500	2000	4000	7000	10000	16000
	$\Delta p < 0.1$ MPa	80	200	300	500	750	1000	2000	3500	5000	8000
最高工作压力/MPa		31.5									
工作介质		矿物油，水-乙二醇等									
介质温度/℃		−20～70									
介质黏度范围/(mm²/s)		5～380，推荐 13～54									
过滤精度/μm		25									

表 9-12　TJ 系列二通插装阀插装元件的型号意义

型号意义：

TJ □-□/□ □ □ □-□ □-□

二通插装阀插装件组成。包括阀芯、阀套、弹簧及全部所需密封件

通径

代　号	016	025	032	040	050
公称通径 DN/mm	16	25	32	40	50
代　号	063	080	100	125	160
公称通径 DN/mm	63	80	100	125	160

阀套形式：
0—标准型（与无尾部阀芯配合）；
3—减压阀型；
1—非标准型与带尾部结构阀芯配合的阀套；
5—弹簧倒置型

阀芯形式主代号：
0—标准型（无尾部）；　　3—减压阀型；
1—带锥形缓冲阻尼尾部；　4—带四节流窗口尾部；
2—带双节流窗口尾部；　　5—弹簧倒置型

介质：无——一般矿物油；
　　　1—水基介质；
　　　2—特殊介质

密封形式：无—标准型（线密封型）；
　　　　　W—面密封型

设计号：用于设计更改编号

面积比：

代　号	10	11	15	20
面积比 α_A（A_A/A_X）	1:1.0	1:1.1	1:1.5	1:2.0

开启压力：

代　号	0	1	2	3	4
开启压力/MPa	0.05	0.1	0.2	0.3	0.4

阀芯形式辅助代号：
无—标准型；
C—侧向钻孔型（单向阀用）；
G—带底部阻尼孔及 O 形密封圈型；
H—带 O 形密封圈型；
J—带 O 形密封圈及侧向钻孔型；
R—带底部阻尼孔型

表 9-13　TJ 系列插装元件图形符号

TJ※※※0/0※1※-20	TJ※※※0/0R※1※-20	TJ※※※-1/2※15-20	TJ※※※1/1※-20	TJ※※※0/0C※1※-20	TJ※※※0/0H※1※-20
基本型插装件（$\alpha_A \leqslant 1:1.5$）用于方向控制	阀芯带阻尼孔的插装件（$\alpha_A \leqslant 1:1.5$）用于方向及压力控制；也可用于 B→A 单向阀	阀芯带 2 或 4 个三角形节流窗口尾部的插装件（$\alpha_A \leqslant 1:1.5$）用于方向及流量控制	阀芯带缓冲尾部的插装件（$\alpha_A \leqslant 1:1.5$）用于方向控制，具有启闭缓冲功能	阀芯侧向钻孔的插装件（$\alpha_A \leqslant 1:1.5$）常用于 A→B 单向阀	阀芯带 O 形密封圈的插装件（$\alpha_A \leqslant 1:1.5$）用于无泄漏方向控制，或使用低黏度介质的场合
TJ※※※-0/0※11-20	TJ※※※-0/0R※11-20	TJ※※※-1/4※11-20	TJ※※※-0/0※10-20 TJ※※※-0/0※11-20	TJ※※※-0/0R※11-20 TJ※※※-0/0R※10-20	TJ※※※-3/3※10-20
基本型插装件（$\alpha_A = 1:1.1$）用于方向及压力控制	阀芯带底部阻尼孔的插装件（$\alpha_A = 1:1.1$）用于方向及压力控制	阀芯带 4 个三角形节流窗口尾部的插装件（$\alpha_A = 1:1.1$）用于方向及流量控制	基本型插装件（$\alpha_A = 1:1$ 或 $1:1.1$）用于压力控制	阀芯带底部阻尼孔的插装件（$\alpha_A = 1:1$ 或 $1:1.1$）用于压力控制	减压阀型插装件（$\alpha_A = 1:1$ 或 $1:1.1$）用于减压控制

表 9-14　TG 型控制盖板型号意义

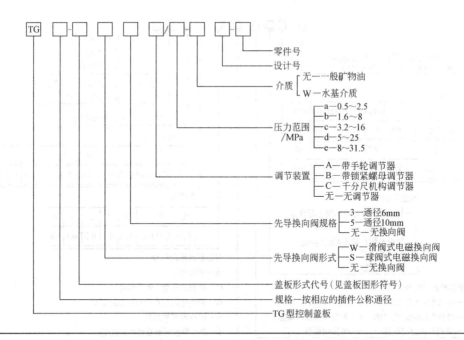

型号意义：

TG 型控制盖板

规格—按相应的插件公称通径

盖板形式代号（见盖板图形符号）

先导换向阀形式 W—滑阀式电磁换向阀
S—球阀式电磁换向阀
无—无换向阀

先导换向阀规格 3—通径6mm
5—通径10mm
无—无换向阀

调节装置 A—带手轮调节器
B—带锁紧螺母调节器
C—千分尺机构调节器
无—无调节器

压力范围/MPa a—0.5~2.5
b—1.6~8
c—3.2~16
d—5~25
e—8~31.5

介质 无——一般矿物油
W—水基介质

设计号

零件号

表 9-15　TJ 系列控制盖板图形符号

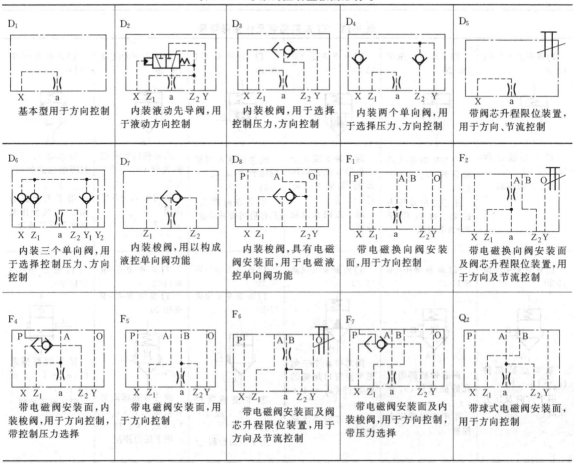

D_1　基本型用于方向控制

D_2　内装液动先导阀，用于液动方向控制

D_3　内装梭阀，用于选择控制压力，方向控制

D_4　内装两个单向阀，用于选择压力、方向控制

D_5　带阀芯升程限位装置，用于方向、节流控制

D_6　内装三个单向阀，用于选择控制压力、方向控制

D_7　内装梭阀，用以构成液控单向阀功能

D_8　内装梭阀，具有电磁阀安装面，用于电磁液控单向阀功能

F_1　带电磁换向阀安装面，用于方向控制

F_2　带电磁换向阀安装面及阀芯升程限位装置，用于方向及节流控制

F_4　带电磁阀安装面，内装梭阀，用于方向控制，带控制压力选择

F_5　带电磁阀安装面，用于方向控制

F_6　带电磁阀安装面及阀芯升程限位装置，用于方向及节流控制

F_7　带电磁阀安装面及内装梭阀，用于方向控制，带压力选择

Q_2　带球式电磁阀安装面，用于方向控制

续表

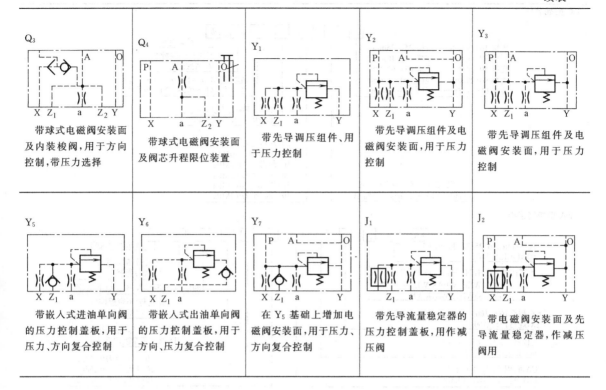

| Q₃ 带球式电磁阀安装面及内装梭阀,用于方向控制,带压力选择 | Q₄ 带球式电磁阀安装面及阀芯升程限位装置 | Y₁ 带先导调压组件,用于压力控制 | Y₂ 带先导调压组件及电磁阀安装面,用于压力控制 | Y₃ 带先导调压组件及电磁阀安装面,用于压力控制 |

| Y₅ 带嵌入式进油单向阀的压力控制盖板,用于压力、方向复合控制 | Y₆ 带嵌入式出油单向阀的压力控制盖板,用于方向、压力复合控制 | Y₇ 在 Y₅ 基础上增加电磁阀安装面,用于压力、方向复合控制 | J₁ 带先导流量稳定器的压力控制盖板,用作减压阀 | J₂ 带电磁阀安装面及先导流量稳定器,作减压阀用 |

9.5.3 华德 L 系列二通插装阀

华德 L 系列二通插装阀(盖板式)由北京华德液压集团液压阀分公司生产,产品概览见第 3 章表 3-7,本系列插装阀包括方向控制和压力控制两类。方向控制插装阀的技术规格见表 9-16,其插装件与控制盖板的型号意义及阀的面积比见表 9-17,控制盖板基本符号见表 9-18。

压力控制插装阀中,溢流功能的技术规格见表 9-19,插装件及控制盖板的型号意义见表 9-20,插装件及控制盖板的图形符号见表 9-21;减压功能的插装件的型号意义及技术规格见表 9-22,控制盖板的型号意义及技术规格见表 9-23。IC…DR…型二通插装阀与(溢流功能所用者相同的)LFA…DB 型控制盖板相结合构成常开特性的减压功能,其图形符号见图 9-61;LFA…DR…型控制盖板与 LC…DB40D…型二通插装阀相结合构成常闭特性的减压功能,其图形符号见图 9-62。顺序功能的控制盖板型号意义及技术规格见表 9-24,LFA…DZ…型控制盖板与 LC…DB…型二通插装阀相结合用于顺序功能,其功能符号见图 9-63。

表 9-16 方向控制插装阀技术规格

公称通径/mm		16	25	32	40	50	63	80	100	125	160
流量/(L/min)($\Delta p=0.5$ MPa)	不带阻尼凸头	160	420	620	1200	1750	2300	4500	7500	11600	18000
	带阻尼凸头	120	330	530	900	1400	1950	3200	5500	8000	12800
工作压力(max)/MPa 在油口 A,B,X,Z_1,Z_2		42.0(不带安装的换向阀)									
		31.5/42.0,安装换向滑阀/换向座阀的 p_{max}									
在油口 Y 工作压力/MPa		与所安装阀的回油压力相同									
工作介质		矿物油、磷酸酯液									
油温范围/℃		$-30\sim80$									
黏度范围/(m²/s)		$(2.8\sim380)\times10^{-6}$									
过滤精度/μm		25									

表 9-17　方向控制阀插装件与控制盖板的型号意义、面积比及阀芯阻尼

LC 型插装件

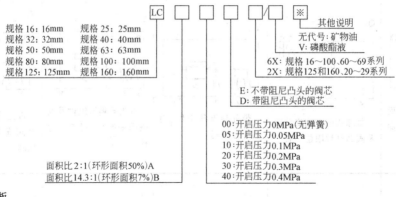

规格 16：16mm　规格 25：25mm
规格 32：32mm　规格 40：40mm
规格 50：50mm　规格 63：63mm
规格 80：80mm　规格 100：100mm
规格 125：125mm　规格 160：160mm

LC □ □ □ □/□ ※

※ 其他说明
无代号：矿物油
V：磷酸酯液

6X：规格 16～100、60～69系列
2X：规格 125和160、20～29系列

E：不带阻尼凸头的阀芯
D：带阻尼凸头的阀芯

00：开启压力 0MPa（无弹簧）
05：开启压力 0.05MPa
10：开启压力 0.1MPa
20：开启压力 0.2MPa
30：开启压力 0.3MPa
40：开启压力 0.4MPa

面积比 2:1（环形面积50%）A
面积比 14.3:1（环形面积7%）B

LFA 型控制盖板

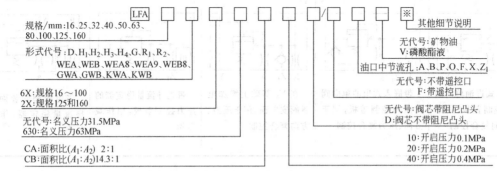

规格/mm：16、25、32、40、50、63、
80、100、125、160

形式代号：D、H₁、H₂、H₃、H₄、G、R₁、R₂、
WEA、WEB、WEA8、WEA9、WEB8、
GWA、GWB、KWA、KWB

6X：规格 16～100
2X：规格 125和160

无代号：名义压力31.5MPa
630：名义压力63MPa

CA：面积比（A₁:A₂）2:1
CB：面积比（A₁:A₂）14.3:1

LFA □ □ □ □ □/□ □ ※

※ 其他细节说明
无代号：矿物油
V：磷酸酯液

油口中节流孔：A、B、P、O、F、X、Z₁
无代号：不带遥控口
F：带遥控口

无代号：阀芯带阻尼凸头
D：阀芯不带阻尼凸头

10：开启压力0.1MPa
20：开启压力0.2MPa
40：开启压力0.4MPa

面积比及阀芯阻尼

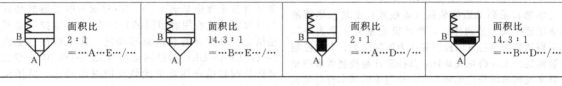

面积比 2:1 = …A…E…/…	面积比 14.3:1 = …B…E…/…	面积比 2:1 = …A…D…/…	面积比 14.3:1 = …B…D…/…

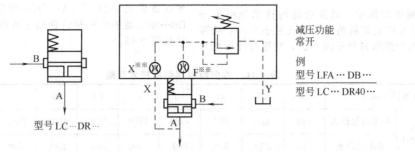

减压功能
常开

例
型号 LFA…DB…

型号 LC…DR40…

型号 LC…DR…

图 9-61　常开型减压插装阀图形符号

表 9-18　LFA 型控制盖板符号

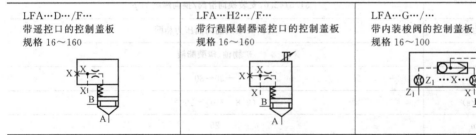

LFA…D…/F… 带遥控口的控制盖板 规格 16～160	LFA…H2…/F… 带行程限制器遥控口的控制盖板 规格 16～160	LFA…G…/… 带内装梭阀的控制盖板 规格 16～100

LFA···R···/··· 带内装液动先导阀(换向座阀)的控制盖板 规格 25～100 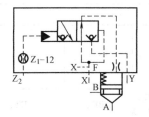	LFA···WEA···/··· 用于安装换向滑阀或座阀的控制盖板 规格 16～100 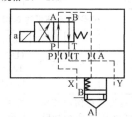	LFA···WEA 8-60/··· 用于安装换向滑阀或座阀,带操纵第二阀控制油口的控制盖板 规格 16～63 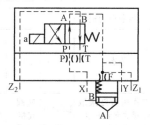
LFA···WEA 9-60/··· 用于安装换向滑阀作单向阀回路的控制盖板 规格 16～63 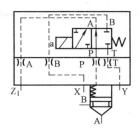	LFA···GWA···/··· 用于安装换向滑阀或座阀,带内装梭阀的控制盖板 规格 16～100 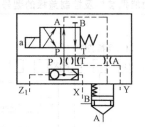	LFA···KWA···/··· 用于安装换向滑阀或座阀,带内装梭阀作单向阀回路的控制盖板 规格 16～100 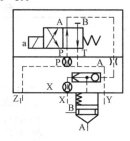
LFA···E60/···DQ. G24F 带闭合位置电监测的控制盖板,包括插装件 规格 16～100	LFA···EH2-60/···DQ. G24F 带闭合位置电监测和行程限制器的控制盖板,包括插装件 规格 16～100 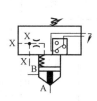	LFA···EWA 60/···DQOG24··· 带闭合位置电监测,用于安装换向滑阀的控制盖板 规格 16～63 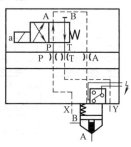

表 9-19 压力控制插装阀中溢流功能的技术规格

油口 A 和 B 的工作压力		最高可达 42MPa							
规格		16	25	32	40	50	63	80	100
最大流量(推荐)		L/min							
座阀插件	LC···DB···E 6X/··· LC···DB···A 6X/···	250	400	600	1000	1600	2500	4500	7000
滑阀插件	LC···DB···D 6X/··· LC···DB···B 6X/···	175	300	450	700	1400	1750	3200	4900
控制盖板									
最高工作压力/MPa									

续表

LFA型规格＼油口	...DB...	...DBW...			...DBS...		...DBU...		...DBE... / ...DBEM...	...DBETR... / ...DBEMTR...
	16~100	16~32	40~63	80,100	40~63	80,100	16~63	80,100	16~100	16~100
...X	40.0	40.0	31.5	31.5	40.0	40.0	31.5	31.5	35.0	35.0
Y,T　当控制压力时	在零压(最高可达 0.2MPa)									
Y,T　静态	31.5	10.0	16.0(DC)/10.0(AC)	16.0(DC)/10.0(AC)	16.0	10.0	5.0	16.0(DC)/10.0(AC)	10.0	31.5
最高工作压力极限取决于先导阀的允许压力	DBD...	座阀,规格6	滑阀,规格6	滑阀,规格10	座阀,规格6	座阀,规格6	滑阀,规格6	滑阀,规格10	DBET	DBETR
油液	矿物质液压油、磷酸酯液压油									
油温范围/℃	−20~80									
黏度范围/(m²/s)	$(2.8\sim380)\times10^{-6}$									

表 9-20　溢流功能插装件及控制盖板的型号意义

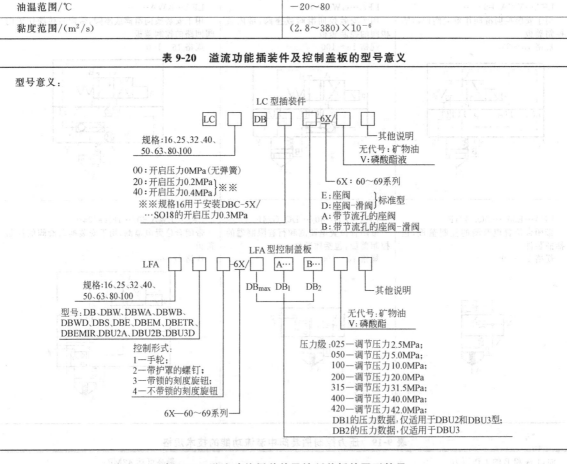

表 9-21　溢流功能插装件及控制盖板的图形符号

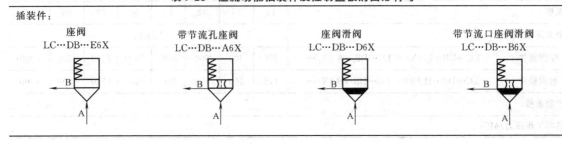

续表

控制盖板(溢流)：

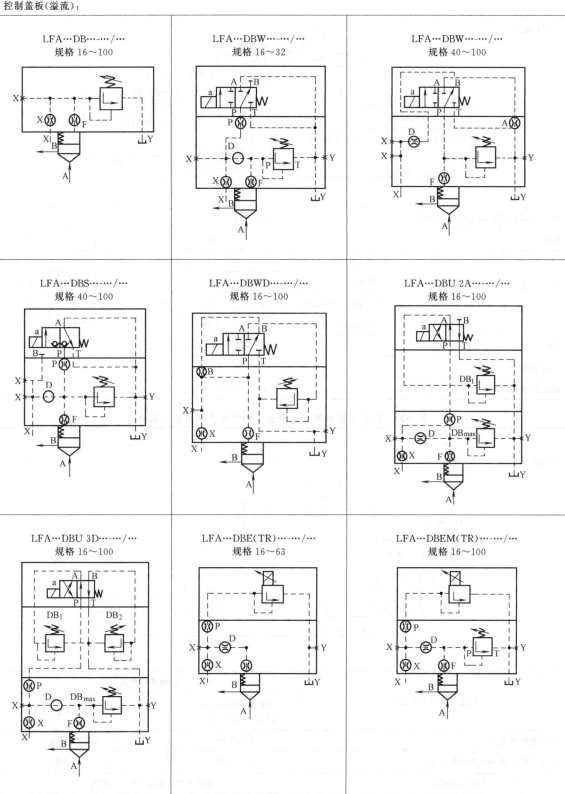

表 9-22　减压功能插装件的型号意义及技术规格

型号意义：

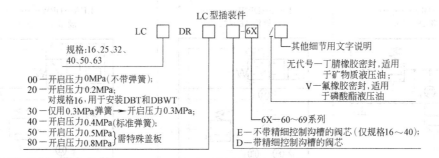

油口 A 和油口 B 的工作压力/MPa		最高可达 31.5					
规格		16	25	32	40	50	63
最大流量/(L/min)	LC⋯DR20⋯6X/⋯	40	80	120	250	400	800
	LC⋯DR40⋯6X/⋯	60	120	180	400	600	1000
	LC⋯DR50⋯6X/⋯	100	200	300	650	800	1300
	LC⋯DR80⋯6X/⋯	150	270	450	900	1100	1700
油液		矿物质液压油,磷酸酯液压油					
油温范围/℃		−20~80					
黏度范围/(m²/s)		(2.8~380)×10⁻⁶					

表 9-23　减压功能插装阀控制盖板的型号意义及技术规格

型号意义：

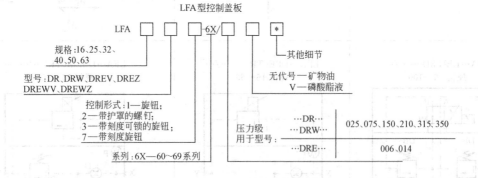

最高工作压力在油口		控制盖板形式	
		LFA⋯DR-6X/⋯ LFA⋯DRW-6X/⋯	LFA⋯DRE-6X/⋯
⋯X(主级压力)		31.5MPa	31.5/35.0MPa
⋯Y(二级压力＝最高设定压力)		31.5MPa	31.5/35.0MPa
⋯Z₂	当控制压力	零点压力(最高可达 0.2MPa)	
	静态	6.0MPa	31.5MPa

续表

最高工作压力在油口		控制盖板形式	
		LFA…DR-6X/… LFA…DRW-6X/…	LFA…DRE-6X/…
…T	当控制压力		零点压力 (最高可达 0.2MPa)
	静态(对应于先导阀允许的回油压力)		10MPa(DBET) 31.5MPa(DBETR)
油液		矿物质液压油;磷酸酯液压油	
油温范围/℃		-20~80	
黏度范围/(m²/s)		(2.8~380)×10⁻⁶	

表 9-24　顺序功能的控制盖板型号意义及技术规格

型号意义:

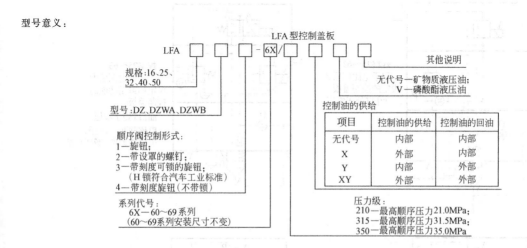

最高工作压力在油口		控制盖板型号		
		LFA…DZ-6X/…	LFA…DZW-6X/…	
			/… /…X	/…Y /…XY
…X;…Z₂			31.5MPa	
…Y	当控制压力		在零压(最高可达 0.2MPa)	
	静态	31.5MPa	16.0MPa(DC)① 10.0MPa(AC)①	
…Z₁	当控制压力		在零压(最高可达 0.2MPa)	
	静态	31.5MPa	16.0MPa(DC)① 10.0MPa(AC)①	31.5MPa
可设定顺序压力			21.0MPa 31.5MPa 35.0MPa	
油液			矿物质液压油;磷酸酯液压油	
油温范围/℃			-20~80	
黏度范围/(m²/s)			(2.8~380)×10⁻⁶	

① 对于 4WE 6D 的最高值。

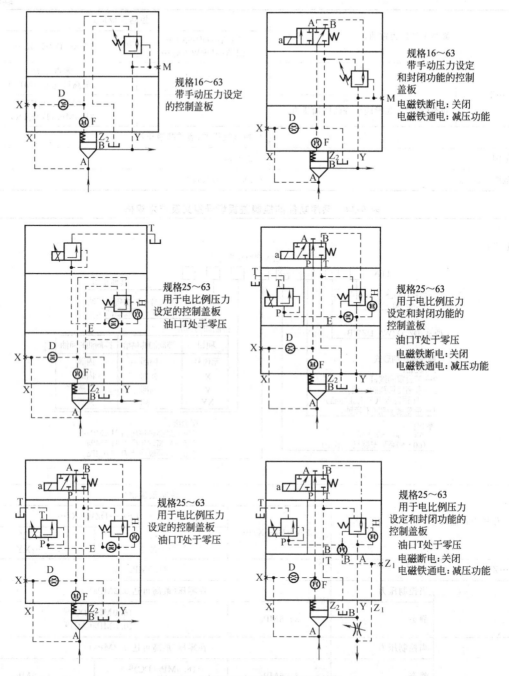

图 9-62 常闭型减压插装阀图形符号

9.5.4 威格士（VIKERS）V 系列螺纹式插装阀

威格士（VIKERS）V 系列螺纹式插装阀概览请见第 3 章表 3-7。以下介绍的螺纹插装阀中未列入比例阀。

（1）单向阀和液控单向阀

型号意义见表 9-25。各型阀的机能（图形符号）和主要参数见表 9-26。选用单向阀时，用户可以在表 9-26 中，根据所需功能、流量及压力选择合适的基本型号。确定基本型号以后，再根据表 9-25 单向阀的型号意义，选择密封材质，是丁腈橡胶还是氟橡胶。是否需要阀体，选用阀体时，确定阀体材料及孔口尺寸。阀体代号中的 B、G 代表英制管螺纹（BSPP），T、H 代表 SAE 标准（美国机动工程师协会标准），下同。例如，3B 代表 3/8in 螺纹孔口、3G 亦代表 3/8in 螺纹孔口，但 B 为轻载阀体；12H 代表 SAE12 孔口，16T 代表 SAE16

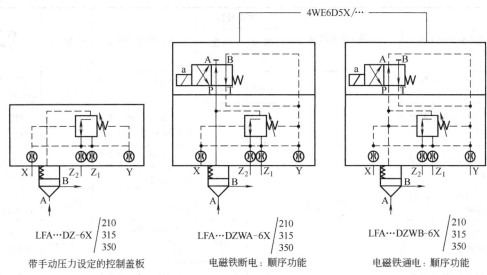

图 9-63 LFA 控制盖板功能符号（顺序）

螺纹，但 T 为轻载阀体。根据所确定的要求，按表 提出详细型号订货。
9-25，

表 9-25 单向阀和液控单向阀的型号意义

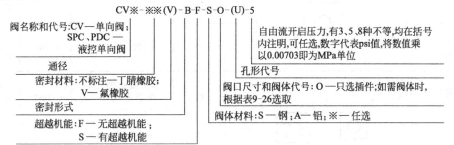

（2）换向阀

V 系列螺纹式插装阀中的换向阀，有电磁、手动、液动等操纵方式，此处仅介绍电磁换向阀。

电磁换向阀有座阀和滑阀两种结构。型号意义见表 9-27。阀的机能（图形符号）和主要参数见表 9-28。电磁换向阀的工作压力为 35MPa，工作油温为 −40～100℃，过滤清洁度要求为 ISO 4406 18/16/13。电磁铁电压有 12D—12V DC、24D—24V DC、36D—36V DC、24A—24V AC、120A—120V AC、240A—240V AC、12B—12V DC/W·diode（带任选的灭弧二极管）、24B—24V DC/W·diode（带任选的灭弧二极管）等几种。电磁铁的接线端有 C 型（ISO 4400、DIN 43650）、N 型（德国式）、P 型（1/2inNPT）、Q 型（铲式接线柱）、W 型（导线）、Y 型（AMP.JR 放大器次级终端）等几种，可任选。在选用螺纹插装阀时，一般只选用插件本身，不带阀体。但用户如果需要阀体时，也可选用带阀体的电磁阀。根据连接孔的不同，阀体代号中的 G、T 含义同上。

表 9-26 单向阀和液控单向阀的机能（图形符号）及主要参数

序号	基本型号及名称	机能（图形符号）	主要参数		开启压力/MPa	应用孔型	阀体代号种类
			压力/MPa	流量/(L/min)			
1	CV1-10-B 球形单向阀		21.0	45	0.034	C-10-2	3B、6T、2G、3G、6H、8H

续表

序号	基本型号及名称	机能(图形符号)	主要参数		开启压力/MPa	应用孔型	阀体代号种类
			压力/MPa	流量/(L/min)			
2	CV3-8-P 锥形单向阀		35.0	30	0.028、0.17、0.070、0.4	C-8-2	4T、6T、8T、2G、3G
3	CV1-10-P 锥形单向阀		21.0	45	0.034、0.448、0.103、0.690、0.207、2.07	C-10-2	3B、6T、2G、3G、6H、8H
4	CV3-10-P 锥形单向阀			76	0.021、0.069、0.138、0.276、0.448、0.690、1.24、1.45	C-10-2	3B、6T、2G、3G、6H、8H
5	CV16-10-P 锥形单向阀		35.0		0.034、0.103、0.170、0.34	C-10-2	3B、6T、2G、3G、6H、8H
6	CV11-12-P 锥形单向阀			114	0.017、0.035、0.069、0.138、0.275、0.550、1.10	G-12-2	10T、12T、4G、6G
7	CV1-16-P 锥形单向阀		21.0	151	0.034、0.345、0.134、0.207	C-16-2	6B、12T、4G、6G、10H、12H
8	CV2-20-P 锥形单向阀			227	0.034、0.414、0.103、0.690、0.207	C-20-2	8B、16T、6G、8G、12H、16H
9	SPC2-8-P 液控单向阀		24.0	19	0.100、0.450、0.240	C-8-3	4T、6T、2G、3G
10	SPC2-10-P 液控单向阀		21.0	23	0.172、0.345、0.690	C-10-3	3B、6T、2G、3G、6H、8H
11	POC1-10 液控单向阀			57	自由流 0.030 开启压力 0.200、0.510、0.690	C-10-3S	6H、8H、2G、3G、6T、10H、4G、8T、10T
12	POC1-12 液控单向阀		35.0	114	自由流 0.030、0.690 开启压力 0.200、0.510	C-12-3S	10T、12T、4G、6G、6T、8T

注：1. 阀的外形连接尺寸及插装孔型见产品样本。
　　2. 压力超过21MPa用钢壳体。
　　3. 清洁度要求 18/16/13。

表 9-27　电磁换向阀的型号意义

电磁换向阀型号意义：

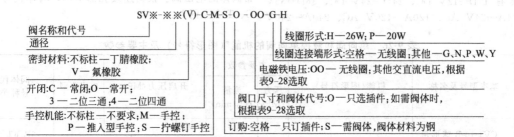

SV※-※※(V)-C M S-O-00-G-H

阀名称和代号
通径
密封材料：不标柱—丁腈橡胶；
　　　　　V—氟橡胶
开闭：C—常闭；O—常开；
　　　 3—二位三通；4—二位四通
手控机能：不标柱—不要求；M—手控；
　　　　　P—推入型手控；S—拧螺钉手控

线圈形式：H—26W；P—20W
线圈连接端形式：空格—无线圈；其他—G、N、P、W、Y
电磁铁电压：00—无线圈；其他交直流电压，根据表9-28选取
阀口尺寸和阀体代号：O—只选插件；如需阀体时，根据表9-28选取
订购：空格—只订插件；S—需阀体，阀体材料为钢

表 9-28 电磁换向阀的机能（图形符号）及主要技术参数

序号	基本型号及名称	机能（图形符号）	主要参数		说明	应用孔型	阀体代号种类
			压力/MPa	流量/(L/min)			
1	SV15-8-C/CM 座阀型			37	常闭二位二通	C-8-2	
2	SV11-10-C/CM 座阀型			45		C-10-2	2G、3G 4T、6T、8T
3	SV12-10-C/CM 座阀型			23		C-10-2	
4	SV13-10-C/CM 座阀型			45			
5	SV13-12-C/CM 座阀型			114		C-12-2	4G、6G
6	SV13-16-C/CM 座阀型			132		C-16-2	10T、12T
7	SV13-20-C/CM 座阀型			227		C-20-2	6G、8G、12T、16T
8	SV14-8-C/CM 滑阀型			11		C-8-2	2G、3G、4T、6T、8T
9	SV14-10-C/CM 滑阀型			23		C-10-2	2G、3G、6T、8T
10	SV14-8-O/OM 滑阀型			13		C-8-2	2G、3G 4T、6T、8T
11	SV15-8-O/OP/OS 座阀型		35.0	37	常开二位二通		2G、3G 6T、8T
12	SV15-10-O/OP/OS 座阀型			45		C-10-2	
13	SV13-10-O/OP/OS 座阀型			45			
14	SV13-12-O/OP/OS 座阀型			114		C-12-2	4G、6G
15	SV13-16-O/OP/OS 座阀型			132		C-16-2	10T、12T
16	SV13-20-O/OP/OS 座阀型			227		C-20-2	6G、8G、12T、16T
17	SV14-10-O/OM 滑阀型			23		C-10-2	2G、3G、6T、8T
18	SV11-8-3/3M 滑阀型			11	二位三通	C-8-3	2G、3G、4T、6T
19	SV11-10-3/3M 滑阀型			23		C-10-3	2G、3G、6T、8T
20	SV11-8-4/4M 滑阀型			11	二位四通	C-8-4	2G、3G、4T、6T
21	SV11-10-4/4M 滑阀型			23		C-10-4	2G、3G、6T、8T
22	SV12-8-4/4M 滑阀型			13		C-8-4	2G、3G、4T、6T

（3）压力控制阀

压力控制阀的型号意义见表 9-29，其机能（图形符号）和主要参数见表 9-30。从表中可以看出压力控制阀的工作压力互不相等，有 7.0MPa、12.5MPa、16.5MPa、21MPa、24MPa、25MPa、35MPa 及 41.5MPa 等，额定流量从小到大，有 3.8L/min、7.6L/min、15L/min、23L/min、30L/min、38L/min、45L/min、76L/min、95L/min、114L/min、151L/min、303L/min 等。用户可根据需要，选择所需机能、压力、流量的

压力控制阀。工作油温、耐污染度及试验特性曲线时的条件与电磁换向阀一样。压力控制阀的阀体有钢和铝合金两种材料；阀体代号中 B、G 和 H、T 的含义同上。

（4）流量控制阀

流量控制阀的工作压力为 21MPa 和 35MPa，流量从 10～200L/min 不等。阀的型号意义见表 9-31，阀的机能（图形符号）和主要参数见表 9-32，阀体代号中 B、G 和 H、T 的含义同上。

表 9-29　压力控制阀的型号意义

压力控制阀的型号意义：

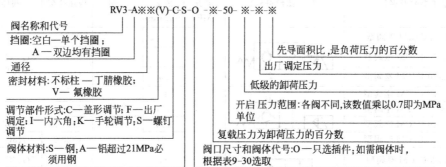

RV3-A※※(V)-C-S-O -※-50- ※-※-※

阀名称和代号
挡圈：空白—单个挡圈；
　　　A—双边均有挡圈
通径
密封材料：不标柱—丁腈橡胶；
　　　　　V—氟橡胶
调节部件形式：C—盖形调节；F—出厂调定；I—内六角；K—手轮调节；S—螺钉调节
阀体材料：S—钢；A—铝超过21MPa必须用钢

先导面积比，是负荷压力的百分数
出厂调定压力
低级的卸荷压力
开启 压力范围：各阀不同,该数值乘以0.7即为MPa单位
复载压力为卸荷压力的百分数
阀口尺寸和阀体代号：O—只选插件；如需阀体时,根据表9-30选取

表 9-30　压力控制阀的机能（图形符号）和主要参数

序号	基本型号及名称	机能(图形符号)	主要参数		说明	应用孔型	阀体代号种类
			压力/MPa	流量/(L/min)			
1	ADV1-16 座阀型蓄能器卸荷阀		21.0	30	常开、外控(最小 0.4MPa)	C-16-3S	6B、12T、4G、6G、10H、12H
2	PUV3-10 球座型先导卸荷阀		3.8		常闭、外控或内控	C-10-3	6T、3B、6H、8H、2G、3G
3	RV1-8 座阀型溢流阀		35.0	15/23		C-8-2	4T、6T、8T、2G、3G
4	RV1-10 座阀型溢流阀		21.0	30	直动型		
5	RV6-10 球座型溢流阀		35.0	15		C-10-2	3B、6T、2G、3G、6H、8H
6	RV10-10 座阀型溢流阀		7.0	38			
7	RV8-8 座阀型溢流阀		35.0	30		C-8-2	4H、6H、8H、2G、3G
8	RV3-10 座阀型溢流阀		25.0	76	直动型差动面积结构	C-10-2	3B、6T、2G、3G、6H、8H
9	RV8-10 座阀型溢流阀			76			
10	RV3-16 座阀型溢流阀		35.0	30~303		C-16-2	6B、12T、4G、6G、10H、12H
11	RV2-10 座阀型溢流阀			12~114		C-10-2	3B、6T、2G、3G、6H、8H
12	RV5-10 滑阀型溢流阀				先导型		
13	RV11-12 滑阀型溢流阀			114		C-12-2 或 C-12-2U	10H、12H、4G、6G
14	RV5-16 滑阀型溢流阀		41.5	30.3		C-16-2	6B、12T、4G、6G、10H、12H
15	RV4-10 座阀型热胀溢流阀		35.0	45	直动型带单向阀(热胀用)	C-10-2	3B、6T、2G、3G、6H、8H

序号	基本型号及名称	机能（图形符号）	主要参数		说明	应用孔型	阀体代号种类
			压力/MPa	流量/(L/min)			
16	VRV11-12 滑阀型遥控溢流阀		21.0	114		C-12-3S	10H、12H、4G、6G
17	PRV1-10 滑阀型减压/溢流阀		21.0	15	直动型	C-10-3	3B、6T、2G、3G、6H、8H
18	PRV2-10 滑阀型减压/溢流阀		24.0	38			
19	PRV12-12 滑阀型减压/溢流阀		35.0	114	先导型	C-12-3	10H、12H、4G、6G
20	PRV2-16 滑阀型减压/溢流阀		41.5	151		C-16-3	12T、6B、10H、12H、4G、6G
21	PRV12-10 滑阀型减压/溢流阀			45		C-10-3	3B、6T、2G、3G、6H、8H
22	PRV11-12 滑阀型减压阀		35.0	114		C-12-3	10H、12H、4G、6G
23	PSV2-8 滑阀型顺序阀		21.0	22.7	直动型外控型	C-8-3	4H、6H、2G、3G
24	PSV4-8 滑阀型顺序阀		28.0	15			
25	PSV2-10 滑阀型顺序阀		16.5	23		C-10-3	
26	PSV4-10 滑阀型顺序阀		38.0	15			
27	PSV3-10 滑阀型顺序阀				直动型内、外控型		
28	PSV8-10 滑阀型顺序阀		16.5	23	直动型常开外控、外部泄油	C-10-4	3B、6T、2G、3G、6H、8H
29	PSV10-10 滑阀型顺序阀				直动型常闭外控、外部泄油		
30	PSV1-10 滑阀型顺序阀				直动型常闭内控、外部泄油	C-10-3	
31	PSV5-10 滑阀型顺序阀		38.0	7.6			
32	PSV7-10 滑阀型顺序阀		12.5	23			
33	PSV11-12 滑阀型顺序阀		35.0	114		C-12-3S	10H、12H、4G、6G
34	PSV1-16 滑阀型顺序阀		41.5	95	先导型常闭内控、外部泄油	C-16-3	12T、6B、10H、12H、4G、6G

注：阀的外形连接尺寸及孔型见产品样本。

表 9-31   流量控制阀的型号意义

流量控制阀的型号意义:

RV3-※※(V)-C-S-O-45- ※

阀名称和代号

通径

密封材料:不标柱—丁腈橡胶
V—氟橡胶

调节部件形式:C—盖形调节;F—出厂
调定;K—手轮调节;S—螺钉调节

阀体材料:S—钢;A—铝超过21MPa必
须用钢

阀型:FCV7-10型阀中,NV—针阀;NVF— 精细针阀;
FF— 带单向阀针阀,代号10、20、30也是带单向阀
的.FCV11-12型和FCV6-16型阀中,各只有一种阀
型NV

工厂调定流量,在阀的流量范围内选取

阀口尺寸和阀体代号:O—只选插件;如需阀体时,
根据表9-32选取

表 9-32   流量控制阀的机能（图形符号）和主要参数

| 序号 | 型号和名称 | 机能 | 主要参数 | | 说明 | 应用孔型 | 阀体代号种类 |
			压力/MPa	流量/(L/min)			
1	FR5-8 调速阀	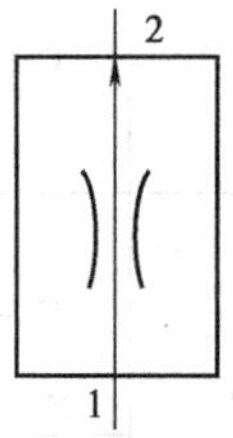	35.0	15.1	定节流孔压力补偿	C-8-2	4T、6T、8T、2G、3G
2	FR1-10 调速阀			22.7		C-10-2	3B、6T、2G、3G、6H、8H
3	FR1-16 调速阀			113		C-16-2	6B、12T、4G、6G、10H、12H
4	FR1-20 调速阀			227		C-20-2	8B、16T、6G、8G、12H、16H
5	FR2-10 调速阀		21.0	38	有限流量调节压力补偿	C-10-2	3B、6T、2G、3G、6H、8H
6	FR2-16 调速阀			113		C-16-2	6B、12T、4G、6G、10H、12H
7	PFR5-8 优先调速阀	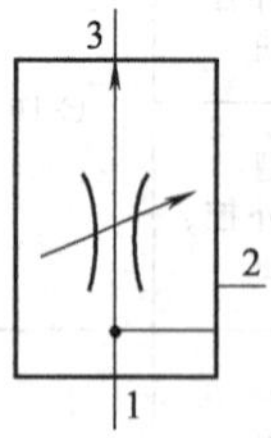	35.0	15.1	定节流孔压力补偿 3号孔优先（又名旁路分流阀）	C-8-3	4T、6T、2G、3G
8	PFR1-10 优先调速阀			57		C-10-3	3B、6T、2G、3G、6H、8H
9	PFR1-16 优先调速阀			151		C-16-3	12T、6B、10H、12H、4G、6G
10	PFR2-10 优先调速阀	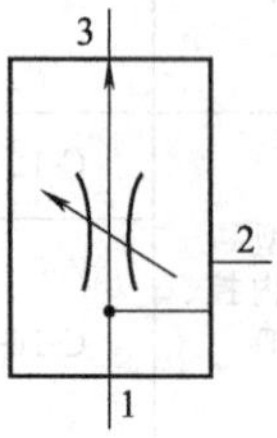	21.0	57	变节流孔压力补偿 3号孔优先（又名旁路分流阀）	C-10-3	3B、6T、2G、3G、6H、8H
11	PFR2-16 优先调速阀			151		C-16-3	12T、6B、10H、12H、4G、6G

续表

序号	型号和名称	机 能	主要参数		说明	应用孔型	阀体代号种类
			压力/MPa	流量/(L/min)			
12	MRV2-10 手动转阀		21.0	18.9~56.7	二位二通手动旋转节流阀	C-10-2	3B、6T、2G、3G、6H、8H
13	MRV2-16 手动转阀			37.8~170.3		C-16-2	6B、12T、4G、6G、10H、12H
14	NV1-8 节流阀		35.0	45	直动式可调	C-8-2	4T、6T、8T、2G、3G
15	NV1-10 节流阀			45		C-10-2	3B、6T、2G、3G、6H、8H
16	NV1-16 节流阀		21.0	151	直动式;可调;双向节流	C-16-2	6B、12T、4G、6G、10H、12H
17	NV1-20 节流阀			265		C-20-2	8B、16T、6G、8G、12H、16H
18	FCV7-10 单向节流阀、节流阀			45	可带单向阀或不带单向阀;非压力补偿;可调	C-10-2	3B、6T、2G、3G、6H、8H
19	FCV11-12 节流阀		35.0	114	直动式;可调	C-12-2 或 C-12-2U	10T、12T、4G、6G
20	FCV6-16 节流阀			208		C-16-2	6B、12T、4G、6G、10H、12H
21	VF1-10 限速阀		21.0	22.7	1→2 限速方向	C-10-2	3B、6T、2G、3G、6H、8H
22	VF1-16 限速阀			113		C-16-2	6B、12T、4G、6G、12H、10H
23	VF1-20 限速阀			227		C-20-2	8B、16T、6G、8G、12H、16H
24	FDC1-10 分流阀			68	压力补偿;滑阀	C-10-4	3B、6T、2G、3G、6H、8H
25	FDC1-16 分流阀			178		C-16-4	12T、6B、10H、12H、4G、6G
26	FDC3-10 牵引阀			68	压力补偿;滑阀;(不用作牵引阀时,其作用与分流阀同)	C-10-4	3B、6T、2G、3G、6H、8H
27	FDC3-16 牵引阀			178		C-16-4	12T、6B、10H、12H、4G、6G

9.5.5 意大利阿托斯（ATOS）LI 系列模块化（盖板式）插装阀和螺纹式插装阀

LI 系列模块化（盖板式）插装阀和螺纹式插装阀产品概览见表 3-7。其主要产品及技术参数见表 9-33。

9.5.6 美国派克（PARKER）CE 系列二通插装阀

CE 系列二通插装阀产品概览见表 3-7。其主要产品及技术参数见表 9-34。

9.5.7 F 系列螺纹式插装阀

F 系列螺纹插装阀产品类型包括电磁阀、压力控制阀、方向控制阀、流量控制阀、负载控制阀和比例控制阀等，产品概览请见第 3 章表 3-7。F 系列螺纹插装阀的型号意义见表 9-35，各种阀的图形符号和主要技术参数见表 9-36。

表 9-33 意大利阿托斯（ATOS）LI 系列模块化（盖板式）插装阀和螺纹式插装阀主要产品及其技术参数

系列品种		型号	通径/mm	流量/(L/min)	压力/bar	说明
模块化（盖板式）插装阀	单向阀	LIDA, LIDO, LIDB, LIDR	16~80	130~5600	350	单向功能：常开/常闭选项，可选先导控制油路
	方向插装控制阀	LIDEW	16~100	130~8000		方向控制：带电磁阀和梭阀选项，用于先导选择
		LIDBH				
	压力插装控制阀	LIM,LIR,LIC	16~80	160~5400		压力控制：溢流，减压，压力补偿
	流量插装控制阀	LIQV, LIDD	16~63	60~3500		流量控制：带手动设定或行程限定
	两通开-关动态插装阀	LIDAS	16~50	220~2000		可安装在集成阀块上，具有液压源通断功能，主动控制，带传感器/微动开关选项
	两通大流量插装阀	SHLI、SHLIR	16~50	550~4000		SHLIR 可选零泄漏锥阀芯
	开-关动态安全插装阀	LIFI, LIDA-FI	16~50	130~1500		高动态：除常规功能外，在需要的情况下，切断动力源至执行机构的油路
螺纹式插装阀	直动式溢流阀	SP-CART	G1/2in,M14×1、M20×1.5、M32×1.5、M33×1.5、M35×1.5	2.5~150	50~350	针对不同流量-压力特性，螺纹安装，带封装保护盖板
	直动式单向阀	DB,DR	G1/4in、G3/8in,G1/2in	25~95	350	为简化液压系统管路特殊设计

注：产品型号意义、图形符号及安装连接尺寸等请见生产厂产品样本。

表 9-34 美国派克（PARKER）CE 系列插装阀主要产品及其技术参数

名称		型号	通径/mm	流量/(L/min)	压力/bar	说明
插装件		CE	16~100	215~7000	350	
盖板单元		C		—	—	
先导控制元件	溢流阀	DSD	6		70~350	直动式,油路块安装
		ZUDB				直动式,叠加板式安装
	比例溢流阀	DSAP	6		70~350	油路块（板式）安装,直动式,比例电磁铁控制
		DSAZ				叠加板式安装,直动式,比例电磁铁控制
	背压阀	DSBP	6		70	直动式,油路块安装
		DSBZ				直动式,叠加板式安装
	卸荷阀	DAF	6		70~350	直动式,油路块安装
						直动式,叠加板式安装

续表

名称		型号	通径/mm	流量/(L/min)	压力/bar	说明
先导控制元件	顺序阀	DNL	6	—	70～350	直动式、油路块安装
	液控单向阀	SVLA	6		见产品说明	带先导控制,油路块安装
	梭阀-叠加板	ZSRA	6	—		叠加板式安装
		ZSRB				
	梭阀	SSRB	6、10			
	单向阀	SPB	6、10			
	盖板	ULP	6			
	转接板	PADA	10			

注：产品型号意义、图形符号及安装连接尺寸等请见生产厂产品样本。

表 9-35　F 系列螺纹插装阀的型号意义

1. 型号意义

$$\times\times(\times/\times)\ \times\times\ \times-\times\times-\times\times\ \times$$

阀的机能代号:见本表之2

规格(通径):工程机械系列有10、15、20、25、32;系统系列有04、06、08、10、12 16,…

压力等级(用英文大写字母表示)/单向阀开启压力/液控比等,见本表之3

密封材料:省略 — 丁腈橡胶;V —氟橡胶;P—聚氨酯(34.5MPa时选用)

阀块型号:00—只定购插件;××—其他各种标准阀块代号

设计序号 — 01、02、03、…

空格 — 标准号

2. 机能代号

代号	名称	代号	名称
YF	直动式溢流阀	DF	单向阀
CYF	差动式溢流阀	SDF	双向单向阀
XYF	先导式溢流阀	FDF	反向单向阀
CDYF	差动式单向溢流阀	GDF	管式单向阀
XDYF	先导式单向溢流阀	YDF	液控单向阀
XYYF	先导式遥控溢流阀	WYDF	外泄漏液控单向阀
2XYF	二级压力先导式溢流阀	YYS	液压锁
SYF	双向溢流阀	SF	梭阀
DYF	电磁溢流阀	SHF	手动换向阀
BYF	比例溢流阀	JHF	机动换向阀
ZYF	组合溢流阀	YHF	液动换向阀
JF	直动式减压阀	DHF	电磁换向阀
XJF	先导式减压阀	BDF	板式电磁换向阀
ZSF	直动式顺序阀	LF	节流阀
XSF	先导式顺序阀	DLF	单向节流阀
XDSF	先导式单向顺序阀	BLF	压力补偿型节流阀
PF	平衡阀	FJF	分流/集流阀
JZF	截止阀		

3. 压力等级及单向阀开启压力代号　MPa

压力等级代号	溢流阀	单向阀
B	2.5	0.03
C	6.3	0.05
D	10	0.1
E	16	0.2
F	20	0.3
G	25	0.4
H	31.5	其他

表 9-36　F 系列螺纹式插装阀的图形符号和主要技术参数

名称	型号	图形符号	通径/mm	流量/(L/min)	压力/MPa
管式单向阀	GDF06-00-00		6	30	31.5
	GDF06-02-00				
	GDF06-04-00				
单向阀	DF06-01-00		6	30	
	DF06-02-00		6	30	
	DF10-01-00		10	75	
	DF10-05-00		10	75	31.5
	DF12-01-00		12	100	
	DF16-00-00		16	150	
	DF20-00-00		20	350	
反单向阀	FDF06-00-00		6	30	31.5
	FDF10-02-00		10	75	
液控单向阀 内泄式	YDF04-00-00		4	16	31.5
	YDF06-00-00			30	31.5
	YDF06-01-00		6	16	
	YDF06-02-00			30	35
	YDF12-00-00		12	75	31.5
	YDF20-01-00		20	50	20.7/31.5
	YDF20-02-00				20.7/35
外泄式	WYDF06-00-00		6	30	
	WYDF12-00-00		12	75	31.5
	WYDF16-00-00		16	100	
梭阀	SF06-01-00		6	16	31.5
液压锁	YYS06-00-00		6	16	31.5
	FYYS20-01-00		20	50	20.7/35
	FYYS20-02-00			100	20.7/35
手动换向阀	SHF06-222-00		6	30	
	SHF06-230-00				
	SHF06-227-00				31.5
	SHF06-227E-02				
	SHF08-222-00		8	45	
	SHF08-223-00				
机动换向阀	JHF06-227-00		6	30	
	JHF06-227-01				
	JHF06-227-02				31.5
	JHF08-223-00		8	45	
	JHF08-224-00			70	

名称	型号	图形符号	通径/mm	流量/(L/min)	压力/MPa
液动换向阀	YHF06-230-00		6	20	31.5
	YHF08-229-00		8	75	
	YHF08-24C-00			45	
二位二通	DHF04-220-00		4	15	
	DHF06-220-00		6	30	
	DHF06-220H-00		6	30	25
	DHF06-220-01		6	15	
	DHF06-220-02		6	45	
	DHF06-221-00		6	30	25
二位三通	DHF06-230-00		6	10	21
	DHF06-231-00			12	
	DHF08-230-00		8	20	25
	DHF08-231-00				
	DHF08-232-00				
	DHF08-232H-00				
电磁换向阀	DHF06-240-00			11	24
	DHF06-241-00		6	11	24
	DHF06-243-00			20	21
	DHF08-240-00	同 DHF06-240-00			
	DHF08-241-00	同 DHF06-241-00	8	20	21
	DHF08-242-00	同 DHF06-243-00			
	DHF08-243-00				
二位四通	DHF06-34H-00			11	21
	DHF06-34M-00		6	11	
	DHF06-34O-00		6	12	24
	DHF06-34Y-00				24
	DHF08-34O-00	同 DHF06-34O-00	8	20	21
	DHF08-34Y-00	同 DHF06-34Y-00			
	DHF08-34H-00	同 DHF06-34H-00			

续表

名称	型号	图形符号	通径/mm	流量/(L/min)	压力/MPa
溢流阀 直动式	YF04-01-00			2	
	YF04-02-00				
	YF04-05-00		4	20	
	YF04-06-00			4	
	YF04-10-00			2	
	YF06-00-00		6	11	31.5
	YF06-02-00			20	
	YF08-00-00				
	YF08-02-00				
	YF08-03-00		8	30	
	YF08-08-00				
	YF10-00-00		10	80	
	YF10-01-00			45	
溢流阀 先导式	XYF10-01-00				
	XYF10-02-00			75	
	XYF10-03-00				
	XYF10-04-00		10	11)	
	XYF10-05-00			75	
	XYF10-06-00			75	
	XYF10-07-00			75	
	XYF20-01-00				
	XYF20-02-00		20	113	31.5
	XYF20-06-00			75	
	XYF25-01-00				
	XYF25-02-00				
	XYF25-03-00		25	200	
	XYF25-06-00				
	XYF32-01-00		32	250	
	XYF32-02-00				
先导式单向阀	XDYF15-01-00		15	63	31.5
	XDYF15-02-00				
	XDYF20-00-00				
	XDYF20-01-00				
	XDYF20-02-00		20	100	31.5
	XDYF20-03-00				
	XDYF20-04-00				
	XDYF20-05-00				
	XDYF20-06-00				

名称	型号	图形符号	通径/mm	流量/(L/min)	压力/MPa
溢流阀 先导式单向阀	XDYF20-07-00			100	
	XDYF20-08-00		20		31.5
	XDYF20-09-00			63	
	XDYF20-10-00			75	
	XDYF25-01-00				
	XDYF25-02-00		25	160	31.5
	XDYF25-01-00				
	XDYF32-01-00		32	250	31.5
	XDYF32-02-00				
差动式	CYF08-00-00		8	30	
	CYF10-00-00		10	75	31.5
	CYF16-00-00		16	300	
遥控式	YYF12-01-00		12	63	31.5
	YYF20-01-00		20	120	
组合式	ZYF15-01-00		15	63	25
	ZYF25-01-00		25	160	
减压阀 直动式	JF06-00-00		6	40	31.5
顺序阀 直动式	ZSF10-00-00		10	40	21
节流阀	LF04-00-00		4	25	
	LF06-01-00		6	45	
	LF06-01L-00				24
	LF12-00-00		12	57	
	LF16-00-00		16	100	
单向节流阀	DLF06-00-00		6	30	
	DLF08-00-00		8	45	24
	DLF12-00-00		12	57	
	DLF16-00-00		16	100	
压力补偿节流阀	BLF06/※※-00			18	21
	BLF06-02-00		6	12	
	BLF06-03-00				
	BLF10-00-00		10	60	35
	BLF10-01-00			90	42

续表

名称		型号	图形符号	通径/mm	流量/(L/min)	压力/MPa	名称		型号	图形符号	通径/mm	流量/(L/min)	压力/MPa
负载控制阀	平衡阀	PF08-00-00		8	38	31.5	负载控制阀	双向平衡阀	PF08-00		8	38	20.7/31.5
		PF10-00-00		10	75				PF10-00		10	75	
		PF12-01-00		12	120	35			PF20-01-00		20	120	20.7/35
		PF12-02-00							PF20-02-00			140	
		PF12-03-00			60	31.5							
		PF12-04-00			120								

注：本系列中的比例阀未列入。

第10章　电液伺服控制阀

10.1　功用与组成

10.1.1　电液控制阀

电液控制阀是电液伺服控制阀与电液比例控制阀、电液数字控制阀的统称，是近代电子技术与液压技术相结合发展的一类液压阀。与各种普通液压阀相比，此类阀具有以下显著特点：①电液一体化。通过电液信号变换，可以实现液压系统压力或流量的连续自动控制。②功率放大系数高。既是电液转换元件，又是功率放大元件，用较小功率的输入信号即可获得较大功率的输出。③易于实现闭环控制。所构成的液压控制系统，动态响应速度快，控制精度高，结构紧凑，易于实现远距离测量和遥控。④易于实现计算机控制。通过计算机容易构成以电子、电气为神经，以液压为筋肉的电液控制系统，具有很大的灵活性与广泛的适应性，是目前响应速度和控制精度最优的控制系统，已在工程实际中得到普遍应用并成为液压控制中的主流系统。

本章将在对液压伺服系统工作原理进行简介的基础上，详细论述和介绍电液伺服控制阀（下简称电液伺服阀或伺服阀）；而电液比例控制阀和电液数字控制阀将分别在第11章和第12章进行介绍。

10.1.2　液压伺服系统工作原理简介

液压伺服系统是利用反馈控制的基本原理将被控对象的输出信号即输出量，如位移、速度或力等，自动、快速而准确地回输到系统的输入端，并与给定值进行比较形成偏差信号，以产生对被控对象的控制作用，使系统的输出量与给定值之差保持在容许的范围之内。与此同时，输出功率被大幅度地放大。

现以图10-1所示的对管道流量进行连续控制的电液伺服系统为例，来说明这种系统的工作原理。在大口径流体管道（如水轮发电机组的进水管道）1中，阀板2的转角 φ 变化会产生节流作用而起到调节流量 q 的作用。阀板转动通过液压缸带动齿条、齿轮来实现。这个系统的输入量是电位器5的给定值 x_i。对应给定值 x_i，有一定的电压输给放大器7，放大器将电压信号转换为电流信号加到电液伺服阀8的电磁线圈上，使滑阀阀芯相应地产生一定的开口量 x_v。此开口量使液压油进入液压缸4的上腔，推动液压缸的活塞杆向下移动。液压

缸下腔的油液则经伺服阀流回油箱。液压缸活塞杆的向下移动，使齿条、齿轮带动阀板产生偏转。同时，液压缸活塞杆也带动电位器（反馈元件）6的触点下移 x_P。当 x_P 所对应的电压与 x_i 所对应的电压相等时，两电压之差为零。这时，放大器的输出电流亦为零，伺服阀关闭，液压缸带动的阀板停在相应于流量 q 的位置。

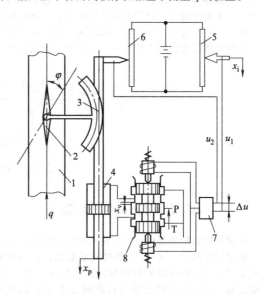

图10-1　管道流量（或静压力）的液压伺服
系统工作原理

1—流体管道；2—阀板；3—齿轮、齿条；4—液压缸；
5—给定电位器；6—流量传感电位器；
7—放大器；8—电液伺服阀

由上述可知，①液压伺服系统也是一种闭环反馈控制系统，反馈信号与给定信号符号相反，即总是形成差值（负反馈）。用负反馈产生的偏差信号进行调节。在图10-1所示的实例中，反馈元件是电位器6，偏差信号就是给定信号电压 u_i 与反馈信号电压 u_f 在放大器输入端产生的 Δu。②除了反馈元件外，液压伺服系统还包括输入元件、比较元件、能量放大及转换元件、执行元件和控制对象等组成部分，整个系统的方块原理图如图10-2所示。③电气伺服放大器和电液伺服阀则属于能量放大及转换元件，是电液伺服系统中的关键元件。

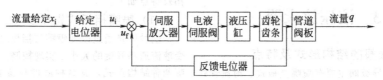

图10-2　管道流量（或静压力）的液压伺服系统方块原理图

10.1.3 电液伺服阀的功用与组成

电液伺服阀是一种自动控制液压阀，它既是电液转换元件，又是功率放大元件，其功用是将小功率的模拟量（电控制信号）输入转换为随电控制信号大小与极性变化且快速响应的大功率模拟液压量［压力和（或）流量］输出，从而实现对液压系统执行元件位移（或转速）、速度（或角速度）、加速度（或角加速度）和力（或转矩）的控制。

伺服阀的结构形式也很多，但都是由电气-机械转换器、液压放大器和检测反馈机构组成的（图10-3）。液压放大器可以由一级、两级或三级组成。若是单级伺服阀，则无先导级阀；否则为多级伺服阀。多级伺服阀中起放大作用的最后一级称为"输出级"或"功率级"；两级伺服阀和三级伺服阀的第一、二级液压放大器则成

为"前置级"或"先导级"或"控制级"。由图10-3可看出，多级伺服阀中工作时，比例电磁铁、力马达或力矩马达形式之一的电气-机械转换器（详见第2章2.6.3节）用于将输入电信号转换为力或力矩，以产生驱动先导级阀运动的位移或转角；先导级阀（可以是滑阀、锥阀、喷嘴挡板阀或插装阀）用于接收小功率的电气-机械转换器输入的位移或转角信号，将机械量转换为液压力驱动功率级主阀；功率级主阀（滑阀或插装阀）将先导级阀的液压力转换为流量或压力输出；设在阀内部的检测反馈机构（可以是液压、机械或电气反馈等形式之一）将先导阀或主阀控制口的压力、流量或阀芯的位移反馈到先导级阀的输入端或比例放大器的输入端，实现输入输出的比较，从而提高阀的控制性能。

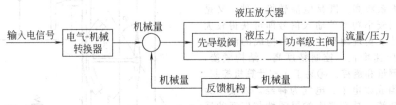

图10-3 电液伺服阀的组成

10.2 特点与分类

电液伺服阀的主要优点是，输入电控制信号功率很小（通常仅有几十毫瓦），功率放大系数高；能够对输出流量和压力进行连续双向控制；直线性好、死区小、灵敏度高，动态响应速度快（目前频宽100Hz的电液伺服阀已在工程中广泛使用，频宽1000Hz的电液伺服阀也已面世），控制精度高，体积小、结构紧凑，便于

通过电控装置或数字计算机实现各种复杂的控制规律（算法）及远程控制，所以广泛用于快速高精度的各类机械设备的液压闭环控制（位置、速度、加速度、力伺服控制以及伺服振动发生器）中。电液伺服阀的主要缺点是制造精度和成本高、使用维护技术要求高、抗污染能力差等。

电液伺服阀的类型、结构繁多，可按图10-4所示的多种方式进行详细分类。

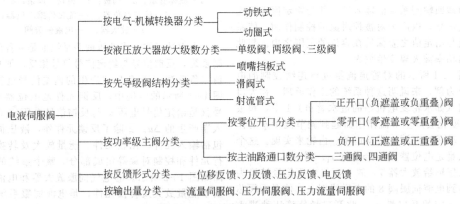

图10-4 电液伺服阀的分类

10.3 液压放大器

10.3.1 先导级阀的结构形式及特点

电液伺服阀先导级阀主要有喷嘴挡板式、射流管式和滑阀式三种结构形式，而前两种应用较多。它们的结

构及特点如下。

（1）喷嘴挡板式先导级阀

这种阀是通过改变喷嘴与挡板之间的相对位移来改变液流通路开度的大小以实现控制。它有单喷嘴和双喷嘴两种结构形式，其结构原理与参数意义如图10-5所示。图10-5(a)为单喷嘴挡板阀，它主要由固定节流

孔、喷嘴和挡板等组成。挡板由电气-机械转换器（力马达或力矩马达）驱动。喷嘴与挡板间的环形面积构成了可变节流口，用于改变固定节流孔与可变节流孔之间的压力（简称控制压力）p_c。由于单喷嘴阀是三通阀，故只能用于控制差动液压缸，控制压力 p_c 与负载腔（缸的大腔）相连，恒压源的供油压力 p_s 与缸的小腔相连。当挡板与喷嘴端面之间的间隙 x_f 减小时，由于可变液阻增大，通过固定节流孔的流量 q_1 减小，在固定节流孔处的压降也减小，因此控制压力 p_c 增大，推动负载运动，反之亦然。为了减小油温变化的影响，固定节流孔通常做成短管形的，喷嘴端部是近于锐边形的。图 10-5(b) 为双喷嘴挡板阀，它由两个结构相同的单喷

嘴挡板阀组合在一起按差动原理工作，当挡板上未作用输入信号时，挡板处于中间位置（零位），与两喷嘴距离相等（$x_1 = x_2$），故两喷嘴控制腔的压力 p_{c1} 与 p_{c2} 相等，称阀处于平衡状态。当挡板向某一喷嘴移动时，上述平衡状态将被打破，即两控制腔的压力一侧增大，另一侧减小，从而就有负载压力信号 p_L（$p_L = p_{c1} - p_{c2}$）输出，去控制主阀（负载）运动。因双喷嘴挡板阀是四通阀，故可用于控制对称液压缸，也可用于控制液压马达。事实上，双喷嘴挡板阀有四个通口（一个供油口，一个回油口和两个负载口），是一种典型的液压全桥（见图 10-6）。

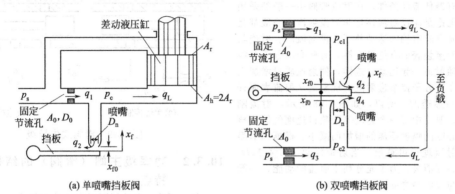

(a) 单喷嘴挡板阀　　　　　　　　(b) 双喷嘴挡板阀

图 10-5　喷嘴挡板阀结构原理图

D_0、A_0—固定节流孔直径、面积；D_n—喷嘴直径；A_h、A_r—差动液压缸的大、小腔面积；x_f、x_{f0}—挡板与喷嘴端面之间的间隙、零位间隙；p_s—供油压力；p_c、p_{c1}、p_{c2}—控制压力（固定节流孔与可变节流孔之间的压力）；q_1、q_3—通过固定节流孔流量；q_2、q_4—通过挡板与喷嘴端面之间间隙的流量（外泄流量）；q_L—负载流量

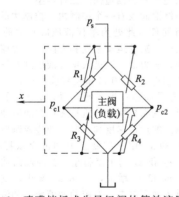

图 10-6　喷嘴挡板式先导级阀的等效液压全桥

喷嘴挡板式先导级阀具有体积小，运动部件惯量小，无摩擦，所需驱动力小，灵敏度高等优点。其缺点主要是中位泄漏量大，负载刚性差，输出流量小，节流孔及喷嘴的间隙小（0.02～0.06mm）而易堵塞，抗污染能力差。喷嘴挡板阀特别适用于小信号工作，故常用作两级伺服阀的前置放大级。

（2）射流管式先导级阀

这种阀是根据动量原理工作的，它主要由射流管 1 和接收器 2 组成（见图 10-7）。射流管可以绕支承中心 3 转动。接收器上的两个圆形接收孔分别与液压缸的两

腔相连。来自液压源的恒压力、恒流量的液流通过支承中心引入射流管，经射流管喷嘴（直径 D_n 通常为 0.5～2mm）向接收器喷射。压力油的液压能通过射流管的喷嘴转换为液流的动能（速度能），液流被接收孔接收后，又将动能转换为压力能。

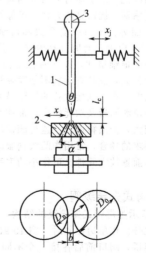

图 10-7　射流管阀结构原理图
1—射流管；2—接收器；3—支承中心

当无信号输入时，射流管由对中弹簧保持在两个接收孔的中间位置，两个接收孔所接收的射流动能相同，两个接收孔的恢复压力也相等，液压缸活塞不动。当有输入信号时，射流管偏离中间位置，两个接收孔所接收的射流动能不再相等，其中一个增大而另一个减小，因此两个接收孔的恢复压力不等，其压差使液压缸活塞运动。

从射流管喷出射流有淹没射流和非淹没射流两种情况。非淹没射流是射流经空气到达接收器表面，射流在穿过空气时将冲击气体并分裂成含气的雾状射流。淹没射流是射流经同密度的液体到达接收器表面，不会出现雾状分裂现象，也不会有空气进入运动的液体中去，故淹没射流具有最佳流动条件，在射流管阀中一般都采用淹没射流。无论是淹没射流还是非淹没射流，一般都是紊流，射流质点除有轴向运动外还有横向流动。射流与其周围介质的接触表面有能量交换，有些介质分子会吸附进射流而随射流一起运动。这样，使射流质量增加而速度下降，介质分子掺杂进射流的现象是从射流表面开始逐渐向中心渗透的。所以，如图 10-8 所示，射流刚离开喷口时，射流中有一个速度等于喷口速度的等速核心，等速核心区随喷射距离的增加而减小。根据圆形喷嘴紊流淹没射流理论可算出，当射流距离 $l_0 \geqslant 4.19 D_n$ 时，等速核心区消失。为了充分利用射流的动能，一般使喷嘴端面与接收器之间的距离 $l_c \leqslant l_0$。

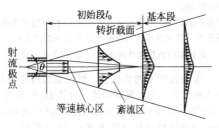

图 10-8　淹没射流的速度变化

射流管阀的优点是射流管的喷嘴与接收器之间的距离较大，不易堵塞，抗污染能力强，可靠性高；射流喷嘴有失效对中能力；压力恢复系数和流量恢复系数较高，一般在 70% 以上，有时高达 90%。其缺点是性能不易计算，特性很难预计，设计时往往需要借助试验；运动零件惯量较大，故动态响应不如喷嘴挡板阀；若喷嘴与接收孔间隙过小，则接收孔的回油易冲击射流管而引起振动；零位泄漏量及功耗较大；油液黏度变化对阀的性能影响较大，低温特性差。这种阀适用于对抗污染能力有特殊要求的场合，常用作两级伺服阀的前置放大级，既可用作前置放大元件又可作小功率系统的功率放大元件。

（3）滑阀式先导级阀

图 10-9 所示为滑阀式先导级的结构，滑阀有单边、双边及四边之分。作单边控制时 [图 10-9(a)]，构成单臂可变液压半桥，阀口前后各接一个不同压力的油口，即为二通阀；作双边控制时 [图 10-9(b)]，构成双臂可变的液压半桥，两个阀口前后必须与三个不同压力的油口相连，即为三通阀。此外，控制口又分为正开口、零开口及负开口（详见 10.3.2 节）。滑阀式先导级的优点是允许位移大，当阀孔为矩形或全周开口时，线性范围宽，输出流量大，流量增益及压力增益高。其缺点是相对于其他形式的先导级，滑阀式先导级配合副加工精度要求较高，阀芯运动有摩擦力，运动部件惯量较大，所需的驱动力也较大，通常与动圈式力马达或比例电磁铁直接连接。滑阀式先导级阀在电液伺服阀中应用较少，主要用于先导式电液比例方向控制阀和插装式电液比例流量阀中。

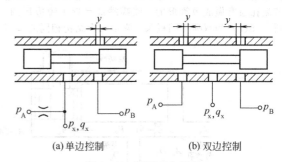

(a) 单边控制　　　　　(b) 双边控制

图 10-9　滑阀式先导级

10.3.2　功率级主阀（滑阀）的结构形式及特点

如前所述，电液伺服阀中的功率级主阀几乎都为滑阀，故本节从伺服阀角度着重介绍滑阀的结构形式及特点。

（1）控制边数

如图 10-10 所示，根据控制边数的不同，滑阀有单边控制、双边控制和四边控制三种类型。

单边控制滑阀仅有一个控制边，控制边的开口量 x 控制了执行元件（此处为单杆液压缸）中的压力和流量，从而改变了缸的运动速度和方向。双边控制滑阀有两个控制边，压力油一路进入单杆液压缸有杆腔，另一路经滑阀控制边 x_1 的开口和无杆腔相通，并经控制边 x_2 的开口流回油箱；当滑阀移动时，x_1 增大，x_2 减小，或相反，从而控制了液压缸无杆腔的回油阻力，故改变了液压缸的运动速度和方向。四边控制滑阀有四个控制边，x_1 和 x_2 用于控制压力油进入双杆液压缸的左、右腔，x_3 和 x_4 用于控制左、右腔通向油箱；当滑阀移动时，x_1 和 x_4 增大，x_2 和 x_3 减小，或相反，这样控制了进入液压缸左、右腔的油液压力和流量，从而控制了液压缸运动速度和方向。

综上所述，单边、双边和四边控制滑阀的控制作用相同。单边和双边滑阀用于控制单杆液压缸；四边控制滑阀既可以控制双杆缸，也可以控制单杆缸。四边控制滑阀的控制质量好，双边控制滑阀居中，单边控制滑阀最差。但是，单边滑阀无关键性的轴向尺寸，双边滑阀有一个关键性的轴向尺寸，而四边滑阀有三个关键性的轴向尺寸，所以单边滑阀易于制造、成本较低，而四边滑阀制造困难、成本较高。通常，单边和双边滑阀用于一般控制精度的液压系统，而四边滑阀则用于控制精度及稳定性要求较高的液压系统。

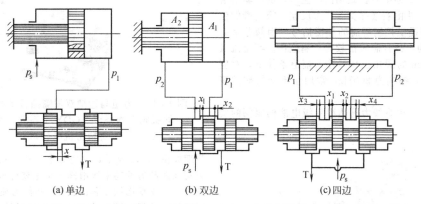

图 10-10 单边、双边和四边控制滑阀

（2）零位开口形式

滑阀在零位（平衡位置）时，有正开口、零开口和负开口三种开口形式（图 10-11）。正开口（又称负重叠）的滑阀，阀芯的凸肩（也称凸肩宽，下同）宽度 t 小于阀套（体）的阀口宽度 h；零开口（又称零重叠）

的滑阀，阀芯的凸肩宽度 t 与阀套（体）的阀口宽度 h 相等；负开口（又称正重叠）的滑阀，阀芯的凸肩宽度 t 大于阀套（体）的阀口宽度 h。滑阀的开口形式对其零位附近（零区）的特性，具有很大影响；零开口滑阀的特性较好，应用最多，但加工比较困难，价格昂贵。

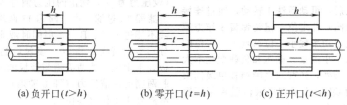

(a) 负开口($t>h$)   (b) 零开口($t=h$)   (c) 正开口($t<h$)

图 10-11 滑阀的零位开口形式

（3）通路数

按通路数、滑阀有二通、三通和四通等几种。二通滑阀（单边阀）［参见图 10-10(a)］只有一个可变节流口（可变液阻），使用时必须和一个固定节流口配合，才能控制一腔的压力，用来控制差动液压缸。三通滑阀［参见图 10-10(b)］只有一个控制口，故只能用来控制差动液压缸；为实现液压缸反向运动，需在有杆腔设置固定偏压（可由供油压力产生）。四通滑阀［参见图 10-10(c)］有控制口，故能控制各种液压执行元件。

（4）凸肩数与阀口形状

阀芯上的凸肩数与阀的通路数、供油及回油密封、控制边的布置等因素有关。二通阀一般为 2 个凸肩，三通阀为 2 个或 3 个凸肩，四通阀为 3 个或 4 个凸肩。三凸肩滑阀为最常用的结构形式。凸肩数过多将加大阀的结构复杂程度、长度和摩擦力，影响阀的成本和性能。

滑阀的阀口形状有矩形、圆形等多种形式。矩形口又有全周开口和部分开口。矩形阀口的开口面积与阀芯位移成正比，具有线性流量增益，故应用较多。

10.4 典型结构与工作原理

10.4.1 单级电液伺服阀

单级电液伺服阀没有先导级阀，由电气-机械转换

器和一级液压阀构成，其结构和原理均较为简单。单级电液伺服阀常见的结构形式有动圈式力马达型和动铁式力矩马达型两种。

（1）动圈式力马达型单级电液伺服阀

如图 10-12 所示，此种伺服阀由力马达和带液动力补偿结构的一级滑阀两部分组成。永久磁铁 1 产生固定

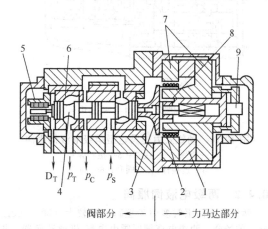

图 10-12 动圈式力马达型单级电液伺服阀

1—永久磁铁；2—可动线圈；3—线圈架；4—阀芯（滑阀）；5—位移传感器；6—阀套；7—导磁体；8—复位弹簧；9—零位调节螺钉

磁场，可动线圈 2 通电后在磁场内产生力，从而驱动滑阀阀芯 4 运动，并由右端弹簧 8 作力反馈。阀左端的位移传感器 5，可提供控制所需的补偿信号。因阀芯带有液动力补偿结构，故控制流量较大，响应快。额定流量为 90～100L/min 的阀在 ±40％ 输入幅值条件下，对应相位滞后 90°时，频响为 200Hz，常用于冶金机械的高速大流量控制。

图 10-13 是一种直线力马达型单级电液伺服阀的实物外形。

图 10-13 力马达型单级电液伺服阀实物外形
（D634 系列，美国 MOOG 公司）

（2）动铁式力矩马达型单级电液伺服阀

此种伺服阀（图 10-14）由力矩马达和一级滑阀两部分组成。线圈 2 通电后，可动衔铁 1 转动，通过连接杆 4 直接驱动阀芯（滑阀）并定位，扭转弹簧 3 作力矩反馈。由于力矩马达输出功率较小，位移量小，定位刚度差，因而这种阀常用于小流量、低压和负载变化不大的场合。除了此种伺服阀外，还有双喷嘴挡板单级伺服阀，例如北京机床所的 QDY-Ⅰ系列电液流量控制伺服阀，其实物外形见图 10-15。

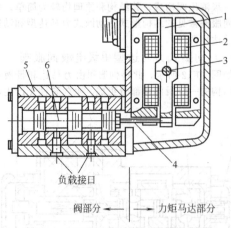

图 10-14 动铁式力矩马达型单级电液伺服阀
1—衔铁；2—线圈；3—扭转弹簧；
4—连接杆；5—阀套；6—阀芯

10.4.2 两级电液伺服阀

两级电液伺服阀多用于控制流量较大（80～250L/min）的场合。两级电液伺服阀由电气-机械转换器、先导级阀和功率级主阀组成，种类较多。

（1）喷嘴挡板式力反馈两级电液伺服阀

这是一种使用量大面广的两级电液伺服阀，其结构

图 10-15 力矩马达型双喷嘴挡板单级电液流量伺服阀实物外形（QDY-Ⅰ系列，北京机床所精密机电公司）

原理如图 10-16 所示，它由力矩马达、双喷嘴挡板先导级阀和四凸肩的功率级滑阀三个主要部分组成。薄壁的弹簧管 4 支承衔铁 8 和挡板 3，并作为喷嘴挡板阀的液压密封。挡板的下端为带有球头的反馈弹簧杆 12，球头嵌入主滑阀阀芯 13 中间的凹槽内，构成阀芯对力矩马达的力反馈作用。两个喷嘴 2、10 及挡板 3 之间形成可变液阻节流孔，主阀左、右设有固定节流孔 1、14。阀内设有内置过滤器 15，以保证进入阀内油液的清洁。

当线圈 5 没有电流信号输入时，力矩马达无力矩输出，衔铁、挡板和主阀芯都处于中（零）位。液压源▲（设压力为 p_s）输出的压力油进入主阀口，并由内置过滤器 15 过滤。由于阀芯 13 两端台肩将阀口关闭，油液不能进入 A、B 口，但同时液流经固定节流孔 1 和 14 分别引到喷嘴 2 和 10，喷射后的液流排回油箱。因挡板处于中位，故两喷嘴与挡板的间隙相等，则主阀控制腔两侧的油液压力（即喷嘴前的压力）p_1 与 p_2 相等，滑阀处于中位（零位）。

当线圈 5 通入信号电流后，力矩马达产生使衔铁转动的力矩，假设该力矩为顺时针方向，则衔铁连同挡板一起绕弹簧管中的支点顺时针方向偏转，因挡板离开中位，造成它与两个喷嘴的间隙不等，左喷嘴 2 间隙减小，右喷嘴 10 间隙增大，即压力 p_1 增大，p_2 减小，故主滑阀在两端压力差作用下向右运动，开启控制口，P 口→B 口相通，压力油进入液压缸右腔（或液压马达上腔），活塞左行；同时，A 口→T 口相通，液压缸左腔（或液压马达下腔）排油回油箱。在滑阀右移同时，弹簧杆 12 的力反馈作用（对挡板组件施加一个逆时针方向的反力矩）使挡板逆时针偏转，使左喷嘴 2 的间隙增大，右喷嘴 10 的间隙减小，于是压力 p_1 减小，p_2 增大，滑阀两端的压差减小。当主滑阀阀芯向右移到某一位置，由主滑阀两端压差（p_1-p_2）形成的通过反馈弹簧杆 12 作用在挡板上的力矩、喷嘴液流作用在挡板上的力矩及弹簧管的反力矩之和与力矩马达的电磁力矩相等时，主滑阀阀芯 13 受力平衡，稳定在一定开口下工作。

通过改变线圈输入电流的大小，就可成比例地调节力矩马达的电磁力矩，从而得到不同的主阀开口大小即流量大小。改变输入电流方向，就可改变力矩马达偏转方向以及主滑阀阀芯的方向，可实现液流方向的控制。

上述工作过程的分析可用图 10-16(b) 的原理方块图来综合表达。图 10-16(c) 为伺服阀的图形符号，图 10-17 所示是其一种实物外形。

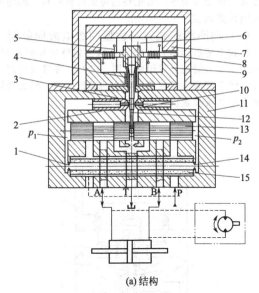

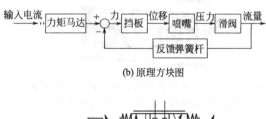

(b) 原理方块图

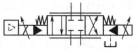

(a) 结构　　　　　　　　　　　　(c) 图形符号

图 10-16　喷嘴挡板式力反馈两级电液伺服阀

1、14—固定节流孔；2、10—喷嘴；3—挡板；4—弹簧管；5—线圈；6—永久磁铁；7—上导磁体；8—衔铁；
9—下导磁体；11—阀座；12—反馈弹簧杆；13—主滑阀阀芯；15—内置过滤器

图 10-17　喷嘴挡板式力反馈两级电液伺服阀实物
外形（MOOG72 系列，美国 MOOG 公司）

除了上述力反馈型的电液伺服阀外，双喷嘴挡板式电液伺服阀还有直接位置反馈、电反馈、压力反馈、动压反馈与流量反馈等不同反馈形式。它们具有线性度好、动态响应快、压力灵敏度高、阀芯基本处于浮动不易卡阻、温度和压力零漂小等优点；其缺点是抗污染能力差［喷嘴挡板级零位间隙较小（仅 0.025 ～ 0.125mm）］，阀易堵塞、内泄漏较大、功率损失大、效率低，力反馈回路包围力矩马达，流量大时提高阀的频宽受到限制。

喷嘴挡板式电液伺服阀适合在航空航天及一般工业用的高精度电液位置伺服、速度伺服及信号发生装置中使用；高响应的喷嘴挡板式电液伺服阀可用于中小型液压振动台与疲劳试验机；特殊的正开口滑阀型主阀芯的喷嘴挡板式电液伺服阀可用于伺服加载及伺服压力控制系统。

（2）射流式两级电液伺服阀

常见的射流式两级电液伺服阀有力反馈射流管式和偏转射流式两种类型。

① 射流管式力反馈两级电液流量伺服阀。图 10-18 所示为此种伺服阀结构原理图，图 10-19 所示是其一种实物外形。由图 10-18 可看出，该伺服阀采用干式桥形永磁力矩马达 1、射流管 3 焊接于衔铁上，并由薄壁弹簧片支撑。液压油通过柔性供压管 2 进入射流管 3。从射流管 3 喷嘴射出的液压油进入与阀芯 6 两端容腔分别相通的两个接收孔中，推动阀芯 6 移动。射流管的侧面装有弹簧板及反馈弹簧丝 5，其末端插入阀芯 6 中间的小槽内，阀芯移动推动反馈弹簧丝，构成对力矩马达的力反馈。力矩马达借助薄壁弹簧片实现对液压部分的密封隔离。

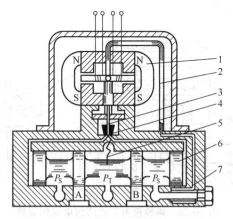

图 10-18　射流管式力反馈两级电液流量
伺服阀结构原理图

1—力矩马达；2—柔性供压管；3—射流管；4—射流接
收管；5—反馈弹簧丝；6—阀芯（滑阀）；7—过滤器

射流管式伺服阀最大的优点是抗污染能力强（最小

图 10-19　射流管式力反馈两级电液流量伺服阀
实物外形（CSDY1 系列，江西九江仪表厂）

通流尺寸为 0.2mm，而喷嘴挡板式电液伺服阀仅为 0.02～0.06mm）、可靠性高、寿命长；另外，射流管伺服阀的压力效率和容积效率较高，可以产生较大的控制压力与流量，从而提高了功率级主阀的驱动能力和抗污染能力，工作稳定、零漂小。其缺点是频率响应低、低温特性差，制造困难，价格高。射流管式伺服阀适用于动态响应不太高的控制场合。

②偏转板射流式两级电液伺服阀。如图 10-20 所示，此种伺服阀由力矩马达、偏转板射流放大器和滑阀等组成。阀芯位移通过反馈杆以力矩的形式反馈到力矩马达衔铁。偏转板射流放大器是由射流盘 6 和开有导流窗口的偏转板 5 所组成的，射流盘 6 上开有一条射流槽道和两条对称相同的接收槽道。而偏转板上开有 V 形导流窗口。偏转板在射流盘中间位置时，射流槽道的流体射流被两个接收孔均等地接收，在两个接收槽内形成相等的恢复力，所以滑阀阀芯不动。当偏转板偏移时，一个接收槽内的压力增大，另一个接收槽内的压力减小，所形成的控制压差推动阀芯运动。阀芯的位移通过反馈杆 7 以力矩形式反馈到力矩马达衔铁 4 上，与线圈 3 的输入电流产生的电磁力矩相平衡，阀芯 8 取得一个平衡位置。

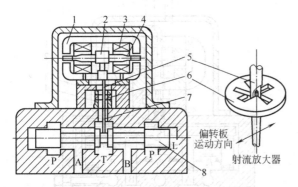

图 10-20　偏转板射流式两级电液伺服阀
1—导磁体；2—永久磁铁；3—线圈；4—衔铁；5—偏转板；6—射流盘；7—反馈杆；8—阀芯（滑阀）

偏转板射流放大器与射流管放大器，从原理上讲是一样的。也具有抗污染能力强、可靠性高、寿命长的优点和零位泄漏量大、低温特性差的缺点。但在结构上比

射流管式伺服阀简单，力矩马达可做得更轻巧，阀的频宽可做得更高些。

（3）动圈滑阀式力马达型两级电液伺服阀

该阀主要由动圈式永磁力马达、先导级控制滑阀、功率级主阀（滑阀）等组成（图 10-21）。先导级滑阀阀芯 8 的两个节流口组成两臂可变的半桥回路。两级滑阀之间采用直接位置反馈。

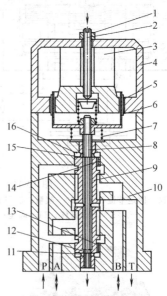

图 10-21　动圈滑阀式力马达型两级电液流量伺服阀
1—锁紧螺母；2—调整螺杆；3—磁钢；4—导磁体；5—气隙；
6—可动线圈；7—弹簧；8—先导级阀芯；9—主阀芯；
10—阀体；11—下控制腔；12—下节流口；
13—下固定节流孔；14—上固定节流孔；
15—上节流口；16—上控制腔

永磁力马达由磁钢 3、导磁体 4、可动线圈 6、弹簧 7、调整螺杆 2 等组成。动圈支承在上、下弹簧之间，动圈绕组处于磁钢造成的气隙磁场之中。旋动调整螺杆可使动圈上下移动，达到调整零点的目的。

先导级滑阀的阀芯 8 与动圈 6 连接在一起，功率级主滑阀的阀芯 9 兼作先导阀芯 8 的阀套。动圈 6 带先导阀芯 8 移动时，改变上、下控制腔 16 和 11 中的压力，使主阀芯 9 随着先导阀芯 8 移动。

功率级滑阀由阀芯 9 和阀体（阀套）10 组成。主阀芯上、下两个凸肩开有轴向固定节流小孔 13 和 14。阀芯滑动配合装于阀体中，形成流动通道。阀体上有矩形窗孔，窗孔棱边的轴向间距与主阀芯台肩的轴向尺寸精密配合。

磁钢 3 在气隙 5 中造成固定磁场。动圈绕组输入控制电流时，在气隙磁场中受电磁力作用。此电磁力克服弹簧力而推动先导阀芯 8，使之产生与控制电流成比例的位移。

当伺服阀线圈未通入电流时，压力油从 P 口进入，分别通过上固定节流孔 14 和下固定节流孔 13 进入主阀上控制腔 16 和下控制腔 11，由于阀上、下两端的对称

性,主阀芯 9 上、下两端的液压力平衡,使阀处于零位(主阀芯 9 不动),所以上述压力油只能再经先导阀芯 8 的上、下两个可变节流口 15 和 12 及主阀回油口 T 回油箱。

当输入正向电流时,动圈带动先导阀芯 8 向下移动,上节流口 15 关小,下节流口开大,从而使下控制腔 11 压力降低。因此时上控制腔 16 的油液压力未变,于是主阀芯 9 向下移动,使主油路高压油液从 P 口流向 A 口,而来自执行元件的油液从 B 口流向 T 口。与此同时,随着主阀芯 9 的下移,先导阀芯 8 与主阀芯 9 之间的相对位移逐渐喊小。当主阀芯 9 的位移等于先导阀芯 8 的位移时,上、下节流口 15 和 12 的通流面积恢复相等,主阀芯上下两端推力恢复平衡,主阀芯 9 停止移动。

当输入负向电流时,动圈带动先导阀芯 8 向上移动,主阀芯 9 随着向上移动,使主油路油液从 P 口流向 B 口,从 A 口流向 O 口。

由于主阀芯凸肩控制棱边与阀体油窗口的相应棱边的轴向尺寸是零开口状态精密配合,故在上述工作过程中,动圈的位移量、先导阀芯的位移量与主阀芯的位移量均相等,而动圈的位移量与输入控制电流成比例,所以输出流量的大小在负载压力恒定的条件下与控制电流的大小成比例,输出流量的方向则取决于控制电流的极性。除控制电流外,还在动圈绕组中加入高频小振幅颤振电流,以克服阀芯的静摩擦,保证伺服阀具有灵敏的控制性能。

该伺服阀的优点是力马达结构简单、磁滞小、工作行程大;阀的工作行程大、成本低、零区分辨率高、固定节流孔的尺寸大(直径达 0.8mm)、抗污染能力强;主阀芯两端作用面积大,加大了驱动力,使主阀芯不易被卡阻。所以该阀价格低廉,工作可靠性高,且便于调整维护。特别适合用于一般工业设备的液压伺服控制。

(4) 两级电液压力伺服阀

① 阀芯力综合式两级电液压力伺服阀。如图 10-22 所示,此伺服阀的力矩马达、喷嘴 6、挡板 11 等的结构与双喷嘴挡板力反馈伺服阀(参见图 10-16)相似。过滤器 8 设置在功率级主阀芯 9 的上方。压力反馈的作用,在功率级滑阀阀芯 9 上进行综合,其工作原理及过程如下。

力矩马达线圈 12 的输入电流在衔铁 3 两端产生磁力,衔铁挡板组件绕弹簧管 4 支承旋转。挡板 11 移动,在两个喷嘴控制腔内形成压力差 Δp_1,它与输入电流产生的力矩成正比(注:喷嘴内的压力产生一个力作用在挡板上,这个力对衔铁挡板组件提供了一个与压差 Δp_1 成正比的平衡力矩)。Δp_1 作用在阀芯环形面积 A_A 上,使阀芯移动,从而一侧工作油口(A 或 B)与供油口 P 相通,另一侧工作油口(即 B 或 A)与回油口 T 相通,在负载腔输出控制压力 p_1 和 p_2,工作油口 A 和 B 的压力差 Δp_{12} 作用在阀芯两端的小凸肩面积 A_s 上,形成反馈力 $\Delta p_{12}A_s$。阀芯被逐渐移回到"零位"附近的某一位置。在该位置上,作用在阀芯上的反馈力与喷嘴挡板级输出压力差产生的作用力相等,即 $\Delta p_{12}A_s = \Delta p_1 A_A$。因此,阀工作油口的压力差与两喷嘴腔的压力差成正

比,即与输入电流大小成正比。

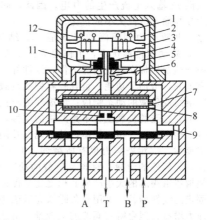

图 10-22　阀芯力综合式两级电液压力伺服阀
1—永久磁铁;2—上导磁体;3—衔铁;4—弹簧管;
5—下导磁体;6—喷嘴;7—固定节流孔;8—过
滤器;9—功率级主阀芯(滑阀);10—回油
节流孔;11—挡板;12—线圈

② 反馈喷嘴式两级电液压力伺服阀。该伺服阀的结构原理如图 10-23 所示,压力反馈的作用是通过一对反馈喷嘴在力矩马达挡板上进行综合。压力伺服阀的工作原理及过程如下。

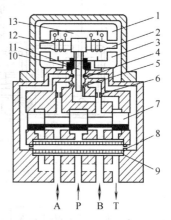

图 10-23　反馈喷嘴式两级电液压力伺服阀
1—上导磁体;2—衔铁;3—下导磁体;4—控制喷嘴;
5—反馈喷嘴;6—反馈节流孔;7—功率级主阀芯
(滑阀);8—固定节流孔;9—过滤器;10—挡
板;11—弹簧管;12—线圈;13—永久磁铁

力矩马达输入线圈 12 的电流在衔铁 2 两端产生磁力使衔铁挡板组件绕弹簧管 11 支承旋转,挡板 10 移位,在两个喷嘴控制腔上形成压差,阀芯移动,使一侧工作油口(A 或 B)与供油口 P 相通,压力增大,另一侧工作油口(B 或 A)与回油口相通,压力减小。工作油口 A 和 B 的压差,通过反馈喷嘴 5 作用在挡板 10 上,形成对力矩马达的反馈力。它与工作油口的压差成正比。当反馈力矩等于电磁力矩时,衔铁挡板组件回到对中的位置。阀芯最后停留在某一平衡位置上,在该

位置的工作油口的压差作用于挡板上的反馈力矩等于力矩马达线圈 12 输入电流产生的力矩。因此，阀工作油口的压力差与输入电流大小成正比。

总之，电液压力伺服阀的特点是：a. 结构简单，体积小。b. 静动态性能优良，工作可靠。c. 反馈喷嘴式的力矩马达及挡板在零位附近工作，线性好；但反馈喷嘴处有泄漏，增加了功耗，负载腔容积及负载流量也较大，影响阀及负载的动态响应；反馈喷嘴对挡板的作用力与喷嘴腔感受的负载压力不是严格的线性，故阀的压力特性线性度稍差；压力反馈增益的调整较困难，增加了一对喷嘴，抗污染能力也有所减弱。d. 阀芯力综合式的阀，无额外的泄漏；对阀及负载的动态影响小；压力反馈增益由阀芯的大小凸肩面积之比来保证，压力反馈有固定的线性增益，可用永久磁铁充退磁法调整整个阀的压力增益；但台阶式阀芯加工较难。负载容积对压力伺服阀动态响应的影响甚大，通常，阀的动态响应需与实际的负载一起进行评定。

电液压力伺服阀一般用于开环系统中，用以控制压力或力，也可用于闭环系统中，控制压力、力、加速度或负载的位置。

（5）电反馈式两级电液压力流量伺服阀

其结构原理如图 10-24 所示，它既可作压力控制，也可作流量控制。其基本结构与图 10-16 所示的双喷嘴挡板式电液伺服阀相似，只是用电反馈代替了反馈杆的力反馈。阀的左侧（压力侧）为一套压力控制单元（含压力传感器及其放大器），右侧（流量侧）为一套流量控制单元（含位移传感器、励磁调制解调器及位置控制放大器）。右上侧的选择开关可以对压力控制或流量控制进行选择，图 10-25（a）所示为阀的控制原理框图，当选择开关处于图示 1-2 位置时为流量控制，通过位移传感器和位置控制器对流量进行闭环控制，此时压力控制单元不起作用。当选择开关切换至 1-3 位置时为压力控制，有两种情况：一种是 A 口压力控制，出口压力与输入信号成比例关系；另一种是 A 口压力极限控制［图 10-25（b）］，它是在流量控制基础上叠加了压力极限控制器的信号，使 A 口压力超过极限值时通过负反馈信号自动回落，低于极限值时不起作用。通过位移传感器和位置控制器对流量进行闭环控制，此时压力控制单元不起作用。

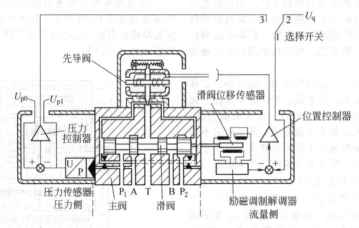

图 10-24 两级电液压力流量伺服阀

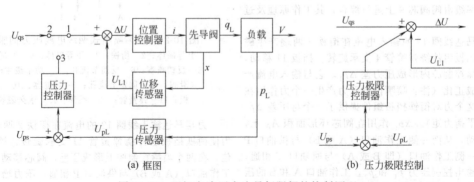

(a) 框图　　　　(b) 压力极限控制

图 10-25 两级电液压力流量伺服阀的控制原理

两级电液压力流量伺服阀的特点是结构紧凑、控制线性度良好、响应速度快、控制精度高，常用于工业设备的位置、速度、压力或力控制。

10.4.3　三级电液流量伺服阀

三级电液伺服阀通常是由小流量的两级伺服阀为前置级并以滑阀式控制阀为功率级滑阀（简称主滑阀）所

构成，其基本原理是用两级伺服阀控制主滑阀。功率级滑阀的位移通过位置反馈定位，一般为电气反馈或力反馈，电气反馈调节方便，改变额定流量及频率响应容易，适应性大，灵活性好，是三级电液伺服阀的主要优点。

图 10-26 所示为常见的一种三级电液流量伺服阀的结构原理图，其前级为两级双喷嘴挡板力反馈伺服阀（也可以为射流管力反馈伺服阀）1。输入电压经放大及电压电流转换，使前置级伺服阀控制腔输出流量推动功率级滑阀 2 的主阀芯移动。主阀芯的位移由位移传感器（此处为差动变压器）检测，经解调、放大后成为与阀芯位移成正比的反馈电压信号，然后加到综合伺服放大器 4。前置两级伺服阀的输入电流被减小，一直到近似为零。力矩马达、挡板、前置两级阀阀芯被移回到近似对中的位置（但仍有一定的位移，以产生输出压差克服主阀芯的液动力）。此时，主阀芯停留在某一平衡位置。在该位置上，反馈电压等于输入控制电压（近似相等），即功率级主阀芯的位移与输入控制电压大小成正比。当供油压力及负载压力为一定值时，输出到负载的流量与输入控制电压大小成正比。

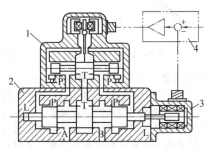

图 10-26　三级电液流量伺服阀
1—两级伺服阀；2—功率级滑阀；3—差动
变压器；4—伺服放大器

图 10-27 为一种三级电液流量伺服控制阀的实物外形。

图 10-27　大流量三级电液伺服阀实物外形
（MOOG79 系列，美国 MOOG 公司）

三级电液流量伺服阀的主要特点是易于获得大流量的性能，并有可能获得较宽频率；便于改变额定流量及频率响应，适应性广；为改善阀的零位特性，通常功率滑阀稍有正重叠，并接入颤振信号；易引入干扰，电子

放大器需良好接地。

三级电液伺服阀多用于流量较大但响应速度要求相对较低的液压控制系统。

10.5　主要性能

电液伺服阀是电液伺服控制系统中的关键元件。与普通开关式液压阀相比，其功能完备但结构也非常复杂和精密。其性能优劣对于系统的工作品质有至关重要的影响，故阀的性能指标参数非常繁多且要求严格。其特性及参数可以通过理论分析获得，但工程上精确的特性及参数只能通过实际测试试验获得。

10.5.1　静态特性

电液伺服阀的静态特性是指稳定工作条件下，伺服阀的各静态参数（输出流量、输入电流和负载压力）之间的相互关系。主要包括负载流量特性、空载流量特性和压力特性，并由此可得到一系列静态指标参数。它可以用特性方程、特性曲线和阀系数等方法表示。

（1）特性方程

由图 10-3 可看到，电液伺服阀通常包括电气-机械转换器、液压放大器（先导阀和主阀）、反馈机构等部分，因此电液伺服阀的特性方程通常首先要根据电磁学、流体力学和刚体力学的基本方程写出各组成环节的特性方程，然后经过综合化简才能导出，适合作定性分析。

以图 10-28 所示的理想零开口四边滑阀为例说明：设阀口对称，各阀口流量系数相等，油液是理想液体，不计泄漏和压力损失，供油压力 p_s 恒定不变。当阀芯从零位右移 x_v 时，则流入、流出阀的流量 q_1、q_3 为：

$$q_1 = C_d \omega x_v \sqrt{\frac{2}{\rho}(p_s - p_1)} \tag{10-1}$$

$$q_3 = C_d \omega x_v \sqrt{\frac{2}{\rho} p_2} \tag{10-2}$$

稳态时，$q_1 = q_3 = q_L$，则可得供油压力 $p_s = p_1 + p_2$。令负载压力 $p_L = p_1 - p_2$，则有：

$$p_1 = (p_s + p_L)/2 \tag{10-3}$$

$$p_2 = (p_s - p_L)/2 \tag{10-4}$$

将式（10-3）或式（10-4）代入式（10-1）或式（10-2）可得滑阀的负载流量（压力-流量特性）方程：

$$q_L = C_d \omega x_v \sqrt{\frac{1}{\rho}(p_s - p_L)} \tag{10-5}$$

上述各式中，q_L 为负载流量；C_d 为流量系数；ω 为滑阀的面积梯度（阀口沿圆周方向的宽度）；d 为滑阀阀芯凸肩直径；x_v 为滑阀位移；p_s 为伺服阀供油压力；p_L 为伺服阀负载压力。

按上述方法容易导出图 10-16 所示的典型两级力反馈电液伺服流量阀（先导级为双喷嘴挡板阀、功率级为零开口四边滑阀）的阀芯位移、输入电流、负载流量（压力-流量特性）之间的关系方程为：

$$q_L = C_d \omega x_v \sqrt{\frac{1}{\rho}(p_s - p_L)} = C_d \omega K_{xv} i \sqrt{\frac{1}{\rho}(p_s - p_L)} \tag{10-6}$$

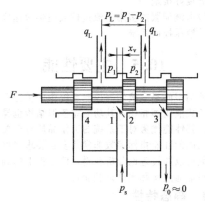

图 10-28　零开口四边滑阀

式中，滑阀位移 $x_v = K_{xv} i$；K_{xv} 为伺服阀增益（取决于力矩马达结构及几何参数）；i 为力矩马达线圈输入电流；其余符号意义同前。

由式(10-6)可知，电液流量伺服阀的负载流量 q_L 与功率级滑阀的位移 x_v 成比例，而功率级滑阀的位移 x_v 与输入电流 i 成正比，所以以电液流量伺服阀的负载流量 q_L 与输入电流 i 成比例。

由此，可列出电液伺服阀负载流量的一般表达式（非线性方程）为：

$$q_L = q_L(x_v, p_L) \qquad (10-7)$$

(2) 特性曲线及静态性能参数

由特性方程可以绘制出相应的特性曲线，但一般是通过实际测试得到，制造商提供的产品样本中给出的都是实测曲线，由特性曲线和相应的静态指标可以对阀的静态特性进行评定。

① 负载流量特性曲线。它是输入不同电流时对应的流量与负载压力构成的抛物线簇曲线（图 10-29），它完全描述了伺服阀的静态特性。但要测得这组曲线却相当麻烦，特别是在零位附近很难测出精确的数值，而伺服阀却正好是在此处工作的。所以这些曲线主要用来确定伺服阀的类型和估计伺服阀的规格，以便与所要求的

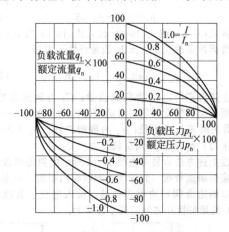

图 10-29　电液伺服阀的负载（压力）
流量特性曲线

负载流量和负载压力相匹配。

② 空载流量特性曲线。它是伺服阀输出流量与输入电流呈回环状的函数曲线（见图 10-30），是在给定的伺服阀压降和零负载压力下，输入电流在正负额定电流之间作一完整的循环，输出流量点形成的完整连续变化曲线（简称流量曲线）。通过流量曲线，可以得出电液伺服阀的如下一些性能参数。

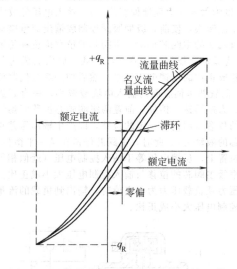

图 10-30　流量曲线、额定流量、零偏、滞环

a. 额定流量。在额定电流和规定的阀压降（通常规定为 7MPa）下所测得的流量 q_R 称为额定流量。通常在空载条件下规定伺服阀的额定流量，因为这样可以采用更精确和经济的试验方法。也可以在负载压力等于三分之二供油压力条件下规定额定流量，此时，额定流量对应阀的最大功率输出点。

空载流量特性曲线上对应于额定电流的输出流量则为额定流量。通常规定额定流量的公差为 ±10%。额定流量表明了伺服阀的规格，可用于伺服阀的选择。

电液伺服阀的流量曲线回环的中点轨迹线称为名义流量曲线（图 10-30），它是无滞环流量曲线。由于伺服阀的滞环通常很小，所以可把流量曲线的一侧当做名义流量曲线使用。

b. 流量增益。流量曲线上某点或某段的斜率称为该点或区段的流量增益。如图 10-31 所示，从名义流量曲线的零流量点向两极各作一条与名义流量偏差最小的直线，即为名义流量增益线，该直线的斜率称为名义流量增益。名义流量增益随输入电流的极性、负载压力大小等变化而变化。伺服阀的额定流量与额定电流之比称为额定流量增益。一般情况下，伺服阀只提供空载流量曲线及其名义流量增益指标数据。

伺服阀的流量增益直接影响到伺服系统的开环放大系数，因而对系统的稳定性和品质要产生影响。在选用伺服阀时，要根据系统的实际需要来确定其流量增益的大小。在电液伺服系统中，由于系统的开环放大系数可利用电子放大器的增益来调整，因此对伺服阀流量增益的要求不是很严格。

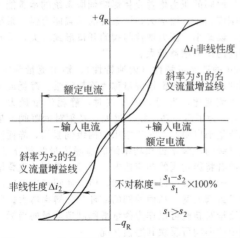

图 10-31 名义流量增益、非线性度、不对称度

c. 非线性度。流量曲线的不直线性称为非线性度。它用名义流量曲线对名义流量增益线的最大电流偏差与额定电流的百分比表示（图 10-31），非线性度通常小于 7.5%。

d. 不对称度。两个极性名义流量增益的不一致性称为不对称度，用两者之差较大者的百分比表示（图 10-31）。一般要求不对称度小于 10%。

e. 滞环。伺服阀在输入电流缓慢地在正负额定电流之间变化一次，产生相同流量所对应的往返输入电流的最大差值与额定电流的百分比，称为滞环（图 10-30）。伺服阀的滞环一般小于 5%，而高性能伺服阀的滞环小于 0.5%。

伺服阀滞环是由力矩马达磁路的磁滞现象和伺服阀中的游隙所造成的，滞环对伺服系统精度有影响，其影响随着伺服放大器增益和反馈增益的增大而减小。

f. 分辨率。为使伺服阀输出流量发生变化所需的输入电流的最小值（它随输入电流大小和停留时间长短而变化）与额定电流的百分比，称为伺服阀的分辨率（图 10-32）。伺服阀的分辨率一般小于 1%，高性能伺服阀小于 0.4% 甚至小于 0.1%。一般而言，油液污染将增大阀的黏滞而使阀的分辨率增大。在位置伺服系统中，分辨率过大则可能在零位区域引起静态误差或极限环振荡。

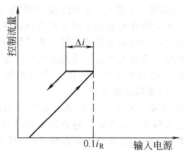

图 10-32 伺服阀的分辨率

③ 零区特性。电液流量伺服阀有零位、名义流量控制和流量饱和三个工作区域（图 10-33）。在流量饱和区域，流量增益随输入电流的增大而减小，最终输出流量不再随输入电流增大而增大，这个最大流量称为流量极限。零位区域（简称零区）是伺服阀空载流量为零的位置，此区域是功率级的重叠对流量增益起主要影响的区域，因此零区特性特别重要。

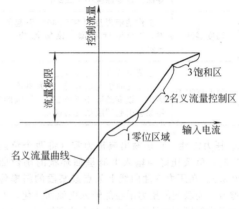

图 10-33 伺服阀的工作区域

a. 重叠。它是阀在零位时，阀芯与阀套（阀体）的控制边在相对运动方向的重合量。用两极名义流量曲线近似直线部分的延长线与零流量线相交的总间隔与额定电流的百分比表示，见图 10-34。伺服阀的重叠分为零重叠（零开口）、正重叠（负开口）和负重叠（正开口）三种情况（参见图 10-11），零区特性因重叠情况不同而异。

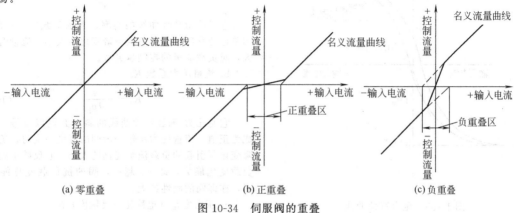

(a) 零重叠　　　　(b) 正重叠　　　　(c) 负重叠

图 10-34 伺服阀的重叠

b. 零位偏移（零偏）。由于组成元件的结构尺寸、电磁性能、水力特性和装配等因素的影响，伺服阀在输入电流为零时的输出流量并不为零，为了使输出流量为零，必须预加一个输入电流。使伺服阀处于零位所需的输入电流与额定电流的百分比称为零位偏移（简称零偏）。伺服阀的零偏通常小于 3%。

c. 零位漂移（零漂）。工作条件和环境条件发生变化时，引起零偏电流的变化，称为伺服阀的零漂，以与额定电流的百分比表示。主要有表 10-1 所列的四种零漂。

表 10-1   伺服阀的四种零漂

序号	名　称	定　义　及　范　围
①	供油压力零漂	供油压力在额定工作压力的 30%~110% 范围内变化引起的零漂称为供油压力零漂。该零漂通常应小于 ±2%
②	回油压力零漂	回油压力在额定工作压力的 0~20% 范围内变化引起的零漂，称为回油压力零漂。该零漂应小于 ±2%
③	温度零漂	工作油液温度每变化 40℃ 引起的零漂，称为温度零漂。该零漂应小于 ±2%
④	零值电流零漂	零值电流在额定电流的 0~100% 范围内变化时引起的零漂，称为零值电流零漂。该零漂应小于 ±2%。伺服阀的零漂会引起伺服系统的误差

④ 压力特性。它是输出流量为零（将两个负载口堵死）时，负载压降与输入电流呈回环状的函数曲线（图 10-35）。在压力特性曲线上某点或某段的斜率称为压力增益，伺服阀的压力增益随输入电流而变化，并且在一个很小的额定电流百分比范围内达到饱和。压力增益通常规定为在最大负载压降的 ±40% 之间，负载压降对输入电流的平均斜率。

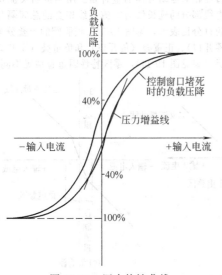

图 10-35   压力特性曲线

伺服阀的压力增益直接影响伺服系统的承载能力和系统刚度，压力增益大，则系统的承载能力强、系统刚度大，误差小。压力增益与阀的开口形式有关，零开口伺服阀的压力增益最大。

⑤ 静耗流量特性（内泄特性）。输出流量为零时，由回油口流出的内部泄漏量称为静耗流量。静耗流量随输入电流变化，当阀处于零位时，静耗流量最大（图 10-36）。为了避免功率损失过大，必须对伺服阀的最大静耗流量加以限制。对于常用的两级伺服阀，静耗流量由先导级的泄漏流量和功率级的泄漏流量两部分组成，减小前者将影响阀的响应速度；后者与滑阀的重叠情况有关，较大重叠可以减少泄漏，但会使阀产生死区，并可能导致阀淤塞，从而使阀的滞环与分辨率增大。零位泄漏流量对新阀可以作为衡量滑阀制造质量的指标，对使用中的旧阀可反映其磨损状况。

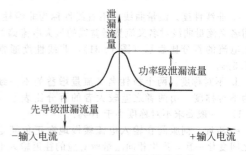

图 10-36   静耗流量特性曲线

（3）阀系数

① 阀系数的定义。伺服阀的阀系数主要用于系统的动态分析。由式(10-7) 知，伺服阀的负载流量方程是一个非线性方程，故采用线性控制理论对系统进行动态分析时较为困难，所以通常是将它进行线性化处理，并以增量形式表示为：

$$\Delta q_{\mathrm{L}} = \frac{\partial q_{\mathrm{L}}}{\partial x_{\mathrm{v}}} \Delta x_{\mathrm{v}} + \frac{\partial q_{\mathrm{L}}}{\partial p_{\mathrm{L}}} \Delta p_{\mathrm{L}} \qquad (10\text{-}8)$$

式中各符号意义与式(10-7) 相同。

由式(10-8) 可定义阀的三个系数。

a. 流量增益（也称流量放大系数）K_{q}

$$K_{\mathrm{q}} = \frac{\partial q_{\mathrm{L}}}{\partial x_{\mathrm{v}}} \qquad (10\text{-}9)$$

它是流量特性曲线的斜率，表示负载压力一定时，阀单位位移所引起的负载流量变化的大小。流量增益越大，对负载流量的控制越灵敏。

b. 流量压力系数 K_{c}

$$K_{\mathrm{c}} = -\frac{\partial q_{\mathrm{L}}}{\partial p_{\mathrm{L}}} \qquad (10\text{-}10)$$

它是压力-流量特性曲线的斜率并冠以负号，使其成为正值。流量压力系数表示阀的开度一定时，负载压降变化所引起的负载流量变化的大小。它反映了阀的抗负载变化能力，即 K_{c} 越小，阀的抗负载变化能力越强，亦即阀的刚性越大。

c. 压力增益（也称压力灵敏度）K_{p}

$$K_p = \frac{\partial p_L}{\partial x_v} \qquad (10\text{-}11)$$

它是压力特性曲线的斜率。通常，压力增益表示负载流量为零（将控制口关死）时，单位输入位移所引起的负载压降变化的大小。此值大，阀对负载压降的控制灵敏度高。

由于 $\frac{\partial p_L}{\partial x_v} = -\frac{\partial q_L/\partial x_v}{\partial q_L/\partial p_L}$，所以，上述三个阀系数之间具有以下关系：

$$K_p = K_q/K_c \qquad (10\text{-}12)$$

根据阀系数的定义，式（10-8）可表示为：

$$\Delta q_L = K_q \Delta x_v - K_c \Delta p_L \qquad (10\text{-}13)$$

在伺服控制系统动态分析时，式（10-13）作为伺服阀的阀方程与执行元件等一起考虑。考虑到伺服阀通常工作在零位附近，工作点在零位，其参数的增量也就是它的绝对值，因此阀方程式（10-13）也可以写成式（10-14）：

$$q_L = K_q x_v - K_c p_L \qquad (10\text{-}14)$$

② 零位阀系数。上述三个阀系数的具体数值随工作点变化而变化，而最重要的工作点为负载流量特性曲线的原点（$q_L = p_L = x_v$ 处），由于阀经常在原点附近（即零位）工作，此处阀的流量增益最大（即系统的增益最高），但流量压力系数最小（即系统阻尼最小），所以此处稳定性最差。若系统在零位稳定，则在其余工作点也稳定。各种开口形式的伺服阀，由其负载流量方程出发，按照上述定义容易求得其零位阀系数。例如由理想零开口四边滑阀的负载流量方程：

$$q_L = C_d \omega x_v \sqrt{\frac{1}{\rho}\left(p_s - \frac{x_v}{|x_v|}p_L\right)} \qquad (10\text{-}15)$$

可求得相应的零位阀系数为 $K_{q0} = C_d \omega \sqrt{\frac{p_s}{\rho}}$，$K_{c0} = 0$，$K_{p0} = \infty$。

（4）输出功率及效率

对于典型的零开口四边滑阀式伺服阀，应用式（10-15）并取 $x_v > 0$，滑阀的输出功率为：

$$N_{vo} = p_L q_L = p_L C_d \omega x_v \sqrt{\frac{1}{\rho}(p_s - p_L)} \qquad (10\text{-}16)$$

输入功率为：

$$N_{vi} = p_s q_L \qquad (10\text{-}17)$$

阀的效率为：

$$\eta = \frac{N_{vo}}{N_{vi}} = \frac{p_L}{p_s} \qquad (10\text{-}18)$$

当 $p_L = 0$ 和 $p_L = p_s$ 时，输出功率为零，由 $\frac{\partial N_{vo}}{\partial p_L} = 0$ 得输出功率为极大值时的 p_L 值为：

$$p_L = \frac{2}{3}p_s \qquad (10\text{-}19)$$

则阀的最大效率为：

$$\eta_{max} = \frac{\frac{2}{3}p_s}{p_s} = 66.7\% \qquad (10\text{-}20)$$

通常电液伺服系统的工作点按最佳效率原则即负载压力按式（10-19）选取。

10.5.2　动态特性

电液伺服阀的动态特性可用频率响应（频域特性）或瞬态响应（时域特性）表示。

（1）频率响应特性

电液伺服阀的频率响应是指输入电流在某一频率范围内作等幅变频正弦变化时，空载流量与输入电流的百分比。频率响应特性用幅值比（分贝）与频率和相位滞后（度）与频率的关系曲线（波德图）表示（图 10-37）。输入信号或供油压力不同，动态特性曲线也不同，所以，动态响应总是对应一定的工作条件，伺服阀产品样本中通常给出 ±10％、±100％两组输入信号试验曲线，而供油压力通常规定为 7MPa。

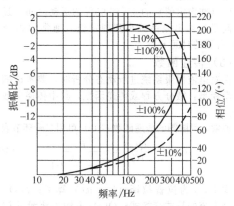

图 10-37　伺服阀的频率响应特性曲线

幅值比是某一特定频率下的输出流量幅值与输入电流之比，除以一指定频率（输入电流基准频率，通常为 5 周/s 或 10 周/s）下的输出流量与同样输入电流幅值之比。相位滞后是指某一指定频率下所测得的输入电流和与其相对应的输出流量变化之间的相位差。

伺服阀的幅值比为 -3dB（即输出流量为基准频率时输出流量的 70.7％）时的频率定义为幅频宽，以相位滞后达到 -90°时的频率定义为相频宽。应取幅频宽和相频宽中较小者作为阀的频宽值。频宽是伺服阀动态响应速度的度量，频宽过低会影响系统的响应速度，过高会使高频传到负载上去。伺服阀的幅值比一般不允许大于 +2dB。

通常力矩马达喷嘴挡板式两级电液伺服阀的频宽在 100~130Hz，动圈滑阀式两级电液伺服阀的频宽在 50~100Hz，电反馈高频电液伺服阀的频宽可达 250Hz 甚至更高。

（2）瞬态响应特性

瞬态响应是指电液伺服阀施加一个典型输入信号（通常为阶跃信号）时，阀的输出流量对阶跃输入电流的跟踪过程中表现出的振荡衰减特性（图 10-38）。反映电液伺服阀瞬态响应快速性的时域性能主要指标有超调量、峰值时间、响应时间和过渡过程时间等。

超调量 M_p 是指响应曲线的最大峰值 $E(t_{p1})$ 与稳态值 $E(\infty)$ 的差；峰值时间 t_{p1} 是指响应曲线从零上

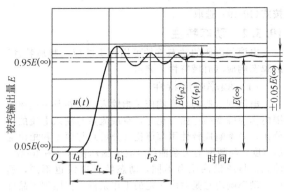

图 10-38　伺服阀的瞬态响应特性曲线

升到第一个峰值点所需要的时间。响应时间 t_r 是指从指令值（或设定值）的 5% 到 95% 的运动时间；过渡过程时间是指输出振荡减小到规定值（通常为指令值的 5%）所用的时间 t_s。

（3）传递函数

在对电液伺服系统进行动态分析时，要考虑伺服阀的数学模型：微分方程或传递函数，其中传递函数应用较多。

通常，伺服阀的传递函数 $G_v(s)$ 可用二阶环节表示：

$$G_v(s) = \frac{Q(s)}{I(s)} = \frac{K_q}{\dfrac{s^2}{\omega_v^2} + \dfrac{2\xi s}{\omega_v} + 1} \qquad (10\text{-}21)$$

式中，s 为拉普拉斯（Laplace）算子；$I(s)$ 为输入控制电流的拉式变换式；$Q(s)$ 为输出流量的拉式变换式。ω_v 为伺服阀的频宽（表观频率）；ξ 为阻尼比，由试验曲线求得，通常 $\xi = 0.4 \sim 0.7$。

对于频率低于 50Hz 的伺服阀，其传递函数 $G_v(s)$ 可用一阶环节表示：

$$G_v(s) = \frac{Q(s)}{I(s)} = \frac{K_q}{\dfrac{s}{\omega_v} + 1} = \frac{K_q}{Ts + 1} \qquad (10\text{-}22)$$

式中，$T = 1/\omega_v$ 为伺服阀作为一阶环节的时间常数；其余符号意义同前。

10.6　使用要点

10.6.1　应用场合

（1）应用概况

电液伺服阀具有高精度和快速控制能力的特点。除了航空、航天和军事装备等普遍使用的领域外，它在机床、塑机、轧钢机、车辆等各种工业设备的开环或闭环的电液控制系统中，特别是系统要求高的动态响应、大的输出功率的场合获得了广泛应用。图 10-39 和图 10-40 分别反映了军事装备和工业设备中伺服阀的应用情况。

（2）基本回路

① 电液伺服阀的位置控制回路。如图 10-41 所示，当由指令电位器输入指令信号后，电液伺服阀 2 的电气-机械转换器动作，通过液压放大器（先导级和功率级）将能量转换放大后，液压源的压力油经电液伺服阀向液压缸 3 供油，驱动负载到预定位置，反馈电位器（位置传感器）检测到的反馈信号与输入指令信号经伺服放大器 1 比较，使执行元件精确运动在所需位置上。

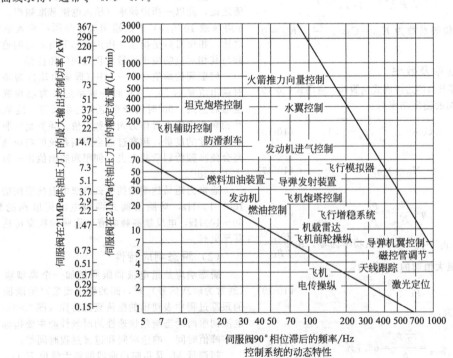

图 10-39　军事装备中伺服阀的应用情况

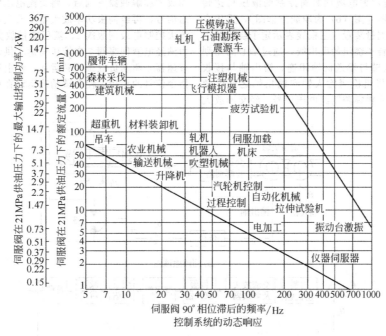

图 10-40　工业设备中伺服阀的应用情况

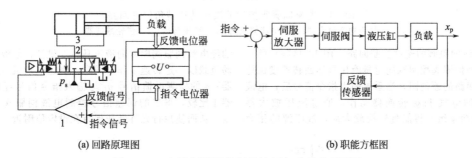

(a) 回路原理图　　　　　　　　　　(b) 职能方框图

图 10-41　电液伺服阀控制的液压缸直线位置回路

1—伺服放大器；2—电液伺服阀；3—液压缸

图 10-42(a) 所示为电液伺服阀控制的液压马达直线位置回路的原理图 [图 (b) 为职能方框图]，当系统输入指令信号、能量转换放大后，液压源的压力油经电液伺服阀 2 向液压马达 3 供油，齿轮减速器 4 和丝杠螺母机构 5 将马达的回转运动转换为负载的直线运动，位置传感器检测到的反馈信号与输入指令信号经伺服放大器 1 比较，使负载精确运动在所需位置上。

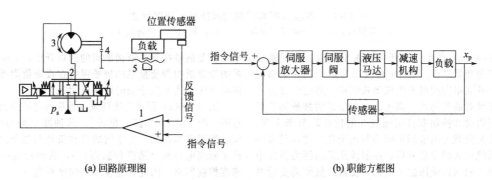

(a) 回路原理图　　　　　　　　　　(b) 职能方框图

图 10-42　电液伺服阀控制的液压马达直线位置回路

1—伺服放大器；2—电液伺服阀；3—液压马达；4—齿轮减速器；5—丝杠螺母机构

图 10-43(a) 所示为电液伺服阀控制的液压马达转角位置回路的原理图［图 (b) 为职能方框图］，采用自整角机组作为角差测量装置（三根线表示定子绕组的引出线，两根线表示转子绕组的引出线，通过圆心的点划线表示转轴），输入轴与发送机轴相连，输出轴与接收机轴相连。自整角机组检测输入轴和输出轴之间的角差，并将角差转换为振幅调制波电压信号，经交流放大器放大和解调器解调后，将交流电压信号转换为直流电压信号，再经伺服功率放大器 1 放大，产生一个差动电流去控制电液伺服阀 2；液压能量放大后，液压源的压力油经电液伺服阀 2 向液压马达 3 供油，马达通过齿轮减速器 4 驱动负载做回转运动，经上述反馈信号与输入指令信号的比较，使负载精确运动在所需转角位置上。

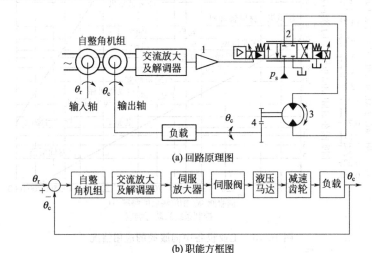

(a) 回路原理图

(b) 职能方框图

图 10-43　电液伺服阀控制的液压马达转角位置回路
1—伺服功率放大器；2—电液伺服阀；3—液压马达；4—齿轮减速器

② 电液伺服阀的速度控制回路。图 10-44(a) 所示为利用电液伺服阀控制双向定量液压马达回转速度保持一定值的回路的原理图，当系统输入指令信号后，电液伺服阀 2 的电气-机械转换器动作，通过液压放大器（先导级和功率级）将能量转换放大后，液压源的压力油经电液伺服阀向双向液压马达 3 供油，使液压马达驱动负载以一定转速工作；同时，测速电动机（速度传感器）4 的检测反馈信号 u_f 与输入指令信号经伺服放大器 1 比较，得出的误差信号控制电液伺服阀的阀口开度，从而使执行元件转速保持在设定值附近。

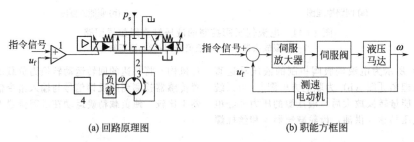

(a) 回路原理图

(b) 职能方框图

图 10-44　电液伺服阀控制的液压马达速度回路
1—伺服放大器；2—电液伺服阀；3—液压马达；4—测速电动机

图 10-45(a) 所示为开环泵控液压马达速度回路原理图，双向变量泵 5、双向定量液压马达 6 及安全溢流阀组 7 和补油单向阀组 8 组成闭式油路，通过改变变量泵 5 的排量对液压马达 6 调速。而变量泵的排量调节通过电液伺服阀 2 控制双杆液压缸 3 的位移调节来实现。执行元件及负载与电液伺服阀控制的液压缸之间是开环的。当系统输入指令信号后，控制液压源的压力油经电液伺服阀 2 向双杆液压缸 3 供油，使液压缸驱动变量泵的变量机构在一定位置下工作；同时，位置传感器 4 的检测反馈信号与输入指令信号经伺服放大器 1 比较，得出的误差信号控制电液伺服阀的阀口开度，从而使变量泵的变量机构即变量泵的排量保持在设定值附近，最终保证液压马达 6 在希望的转速值附近工作。

图 10-46(a) 所示为闭环泵控液压马达速度回路的原理图［图 (b) 为职能方框图］，其油路结构与图 10-43 所示回路基本相同，所不同的是在负载与指令机构间增设了测速电动机（速度传感器）9，从而构成一个闭环速度控制回路。因此其速度控制精度更高。

③ 电液伺服阀的力和压力控制回路。图 10-47(a) 所示为电液伺服阀的力控制回路，油源经电液伺服阀 2

向液压缸 3 供油，液压缸产生的作用力施加在负载上，力传感器 4 的检测反馈信号与输入指令信号经伺服放大器 1 比较，再通过电液伺服阀控制缸的动作，从而保持负载受力的基本恒定。图 10-47(b) 所示为维持双杆液压缸两腔压力差恒定的控制回路，当电液伺服阀 2 接受输入指令信号并将信号转换放大后，使双作用液压缸 3 两腔压力差达到某一设定值。缸内压力变化时，液压缸近旁所接的压差传感器 5 的检测反馈信号与输入指令信号经伺服放大器 1 比较，再通过电液伺服阀控制缸的动作，从而保持液压缸两腔压差的基本恒定。图 10-47(c) 所示为电液伺服阀的力和压力控制回路的职能方框图。

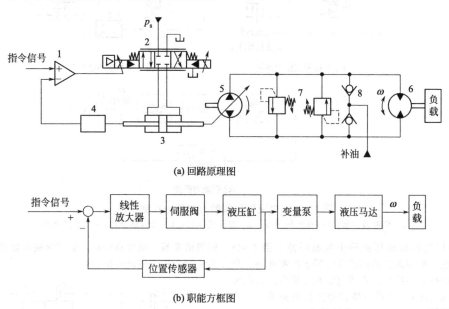

(a) 回路原理图

(b) 职能方框图

图 10-45　开环变量泵控制的液压马达速度回路

1—伺服放大器；2—电液伺服阀；3—双杆液压缸；4—位置传感器；5—双向变量液压泵；
6—双向定量液压马达；7—安全溢流阀组；8—补油单向阀组

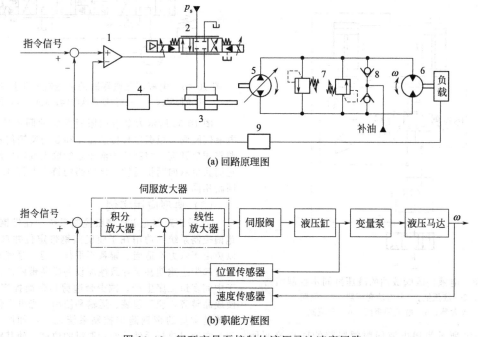

(a) 回路原理图

伺服放大器

(b) 职能方框图

图 10-46　闭环变量泵控制的液压马达速度回路

1—伺服放大器；2—电液伺服阀；3—双杆液压缸；4—位置传感器；5—双向变量液压泵；
6—双向定量液压马达；7—安全溢流阀组；8—补油单向阀组；9—速度传感器

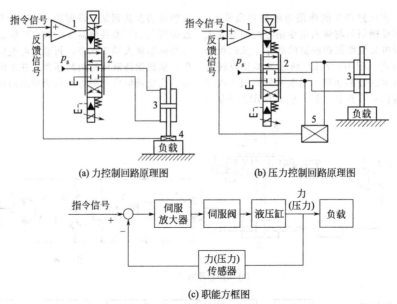

(a) 力控制回路原理图　　(b) 压力控制回路原理图

(c) 职能方框图

图 10-47　电液伺服阀的力和压力控制回路
1—伺服放大器；2—电液伺服阀；3—双杆液压缸；4—力传感器；5—压差传感器

④ 电液伺服阀的液压缸同步控制回路。图 10-48 所示为利用电液伺服阀放油的液压缸同步控制回路。分流阀 6 用于粗略同步控制，再用伺服阀 5 根据位置误差检测器（差动变压器）3 的反馈信号进行旁路放油，实现精确的同步控制。该回路伺服精度高（达 0.2mm），可自动消除两缸位置误差；伺服阀出现故障时仍可实现粗略同步。伺服阀可采用小流量阀实现放油。但成本较高，效率低，适用于同步精度要求高的场合。

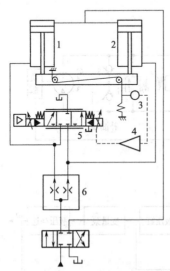

10-48　电液伺服阀放油的液压缸同步控制回路
1、2—液压缸；3—差动变压器；4—伺服
放大器；5—电液伺服阀；6—分流阀

图 10-49 所示为用电液伺服阀跟踪的同步控制回路。电液伺服阀 1 控制阀口开度，输出一个与换向阀 2 相同的流量，使两个液压缸获得双向同步运动。该回路

伺服精度高，但价格较高。适于两液压缸相隔较远，又要求同步精度很高的场合。

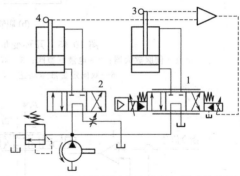

图 10-49　电液伺服阀跟踪的液压缸同步控制回路
1—电液伺服阀；2—三位四通换向阀；3、4—位移传感器

图 10-50 所示为电液伺服阀配流的同步控制回路。电液伺服阀 2 根据位移传感器 4 和 5 的反馈信号持续地调整阀口开度，控制两个液压缸的输入或输出流量，使它们获得双向同步运动。该回路的特点与图 10-45 所示回路相同。

（3）典型应用实例

① 带钢跑偏光电液伺服控制系统。在带钢生产中，跑偏控制系统的功用在于使机组钢带定位并自动卷齐，以免由于张力不适当、辊系不平行、钢带厚度不均等原因引起带边跑偏甚至导致撞坏设备或断带停产。它有利于中间多道工序生产，减少带边剪切量而提高成品率，使成品整齐，便于包装、运输和使用。光电液伺服控制系统是常见的带钢跑偏控制系统之一，如图 10-51 所示，它通过执行元件控制卷取机的位移，使其跟踪带钢的偏移，从而使钢卷卷齐。故该控制系统为位置伺服系统。由于被检测的是连续运动着的带钢边缘偏移量，故

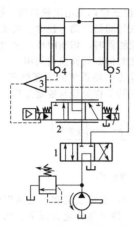

图 10-50 电液伺服阀配流的同步控制回路
1—三位四通换向阀；2—电液伺服阀；3—伺服
放大器；4、5—位移传感器

位置传感器使用非接触式的光电位置检测元件。与气液
伺服跑偏控制系统相比，电液伺服系统的优点是信号传
输快，电反馈和校正方便，光电检测器的开口（即发射
与接收器间距）可达 1m 左右，并可直接方便地装于卷
取机旁。

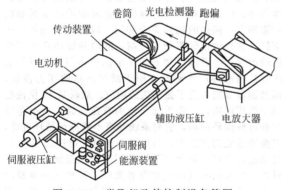

图 10-51 卷取机跑偏控制设备简图

图 10-52 所示为电液伺服系统原理图，油源为定量
液压泵 1 供油的恒压源，压力由溢流阀 2 设定。系统的
执行元件为电液伺服阀控制的辅助液压缸 12 和移动液

压缸 13。缸 12 用于驱动光电检测器 17 的前进与退回，
以免卷完一卷钢带时，带钢尾部撞坏检测器，其动作过
程见下文；缸 13 为主缸，用于驱动卷筒 15 做直线运动
实现跑偏控制。图 10-53 所示为系统的控制电路简图，
光电检测器由发射光源和光电二极管接收器组成，光电
二极管作为平衡电桥的一个臂。钢带正常运行时，光电
管接收一半光照，其电阻为 R_1，调整电桥电阻 R_3，使
$R_1 R_3 = R_2 R_4$，电桥无输出。当钢带跑偏使带边偏离检
测器中央时，电阻 R_1 随光照变化，使电桥失去平衡；
从而造成调节偏差信号 u_g，此信号经放大器放大后，
推动伺服阀工作，伺服阀控制液压缸跟踪带边，直到带
边重新处于检测器中央，达到新的平衡为止。

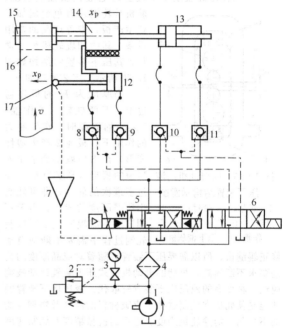

图 10-52 卷取机电液伺服控制系统原理图
1—定量液压泵；2—溢流阀；3—压力表及其开关；4—精密
过滤器；5—电液伺服阀；6—三位四通电磁换向阀；7—伺服
放大器；8～11—液控单向阀；12—辅助液压缸（检测器
缸）；13—移动液压缸；14—卷取机；15—卷筒；
16—钢带；17—光电检测器

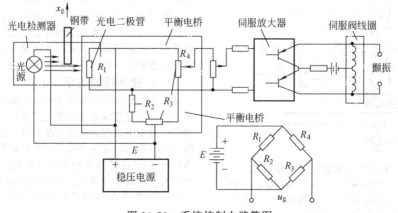

图 10-53 系统控制电路简图

检测器缸 12 用于剪切前将检测器退回，带钢引入卷取机钳口。为了开始卷取前检测器应能自动对位，即让光电管的中心自动对准带钢边缘，检测器缸也由伺服阀控制，检测器退出和自动对位时，卷取机移动缸 13 应不动，自动卷齐时，检测器缸 12 应固定，为此采用了两套可控液压锁（分别由液控单向阀 8、9 和 10、11 组成），液压锁由三位四通电磁换向阀 6 控制。

自动卷齐或检测器自动对位时，系统为闭环工作状态；快速退出检测器时，切断闭环，手动给定伺服阀最大负向电流，此时伺服阀作换向阀用。

通过自动卷齐闭环系统的原理框图（图 10-54）容易了解整个系统的工作原理与控制过程。

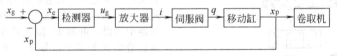

图 10-54　自动卷齐闭环系统跑偏控制原理框图

② 四辊轧机液压压下装置的电液伺服控制系统。轧机是轧钢及有色金属加工工业生产板、带等产品的常用设备，其中四辊轧机最为常见，其压下装置的结构如图 10-55 所示，工艺原理如下。

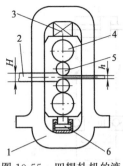

当厚度为 H 的板坯通过上、下两轧辊（工作辊）5 之间的缝隙时，在轧制力的作用下，板坯 2 产生塑性变形，在出口就得到了比入口薄的板带（厚度为 h），经过多道次的轧制，即可轧制出所需厚度的成品。由于不同道次所需辊缝值不同以及轧制过程中需要不断地自动

图 10-55　四辊轧机的液压压下装置结构示意图
1—机架；2—带材；3—测压仪；4—支承辊；5—工作辊；6—压下液压缸

修正辊缝值，所以需要压下装置。随着对成品厚度的公差要求不断提高，早期的电动机械式压下装置逐渐被响应快、精度高的液压压下装置所取代。液压压下装置的功能是使轧机在轧制过程中克服材料的厚度及物理性能的不均匀，消除轧机刚度、辊系的机械精度及轧制速度变化的影响，自动迅速地调节压下液压缸的位置，使轧机工作辊辊缝恒定，从而使出口板厚恒定。

如图 10-56 所示，轧机液压压下装置主要由液压泵站、伺服阀台、压下液压缸、电气控制装置以及各种检测装置所组成。压下液压缸 3 安装在轧辊下支承两侧的

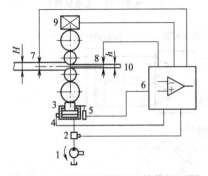

图 10-56　液压压下装置的结构原理图
1—压下泵站；2—伺服阀台；3—压下液压缸；4—油压传感器；5—位置传感器；6—电控装置；7—入口测厚仪；8—出口测厚仪；9—测压仪；10—带材

轴承座下（推上），也可安装在上支承辊轴承之上（压下），两种结构习惯上都称之为压下。调节液压缸的位置即可调节两工作辊开口度（辊缝）的大小。辊缝的检测主要有两种，一是采用专门的辊缝仪直接测量出辊缝的大小，二是检测压下液压缸的位移，但它不能反映出轧机的弹跳及轧辊的弹性压扁对辊缝变化的影响，故往往需要用测压仪或油压传感器测出压力变化，构成压力补偿环，来消除轧机弹跳的影响，实现恒辊缝控制。此外，完善的液压压下系统还有预控和监控系统。

图 10-57 所示为某轧机液压压下装置的电液伺服控制系统原理图，它由恒压变量泵 1 提供压力恒定的高压油，经过滤器 2 和 5 两次精密过滤后送至两侧的伺服阀台，两侧的油路完全相同。以操作侧为例，压下缸 9 的位置由伺服阀 7 控制，缸的升降即产生了辊缝的改变。电磁溢流阀 8 起安全保护作用，并可使液压缸快速泄油，蓄能器 3 用于减少泵站的压力波动，而蓄能器 6 则是为了提高快速响应。双联泵 14 供油给两个低压回路，一个为压下缸的背压回路；一个是冷却和过滤循环回路，它对系统油液不断进行循环过滤，以保证油液的清洁度，当油液超温时，通过散热器 12 对油进行冷却。每个压下缸采用两个伺服阀控制，通过在一个阀的控制电路中设置死区，可实现小流量时一个阀参与控制，大流量时两个阀参与控制，这样对改善系统的性能有利。该系统工作压力为 20～25MPa，压下速度为 2mm/min，系统频宽为 5～20Hz，控制精度达 1%。

10.6.2　电液伺服阀的选择

电液伺服阀是电液伺服控制系统的核心元件，其选用合理与否，对于系统的动静态性能及工作品质有决定性影响。电液伺服阀规格型号选择的主要依据是控制功率及动态响应，具体步骤和内容如下。

（1）选择阀的类型

首先按照系统控制类型选定伺服阀的类型：一般情况下，对于位置或速度伺服控制系统，应选用流量型伺服阀；对于力或压力伺服控制系统，应选用压力型伺服阀，也可选用流量型伺服阀。然后根据性能要求选择适当的电气-机械转换器的类型（动铁式或动圈式）和液压放大器的级数（单级、两级或三级）。阀的类型选择工作可参考各类阀的特点并结合制造商的产品样本进行。

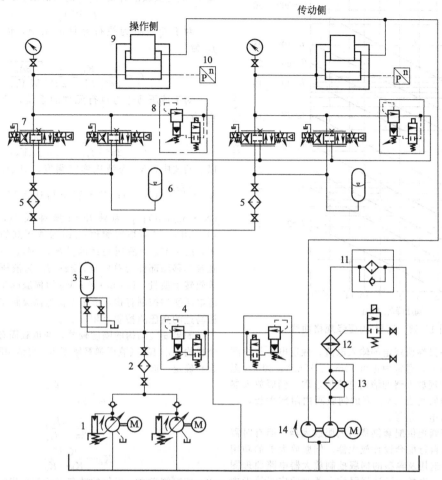

图 10-57　轧机液压压下装置的电液伺服控制系统原理图

1—恒压变量泵；2、5—过滤器；3、6—蓄能器；4、8—电磁溢流阀；7—电液伺服阀；9—压下液压缸；
10—油压传感器；11、13—离线过滤器；12—冷却器；14—双联泵

（2）选择静态指标

① 额定值

a. 额定压力。由 10.5.1 节之（4）所述的最佳效率原则，输出功率为极大值时负载压力 $p_L = \frac{2}{3} p_s$，则电液伺服阀的供油压力 p_s 为：

$$p_s = \frac{3}{2} p_L \qquad (10\text{-}23)$$

阀的额定压力取大于供油压力 p_s 的系列值，常用的有 32MPa、21MPa、14MPa、7MPa。

b. 额定流量。伺服阀的额定流量应根据最大负载流量并考虑不同的阀压降确定。额定流量不应选得过大，否则会降低分辨率、影响控制精度和工作范围、还将使阀的价格提高。

执行元件为液压缸和液压马达的最大负载流量 q_{max} 分别按式（10-24）和式（10-25）计算。

$$q_{max} = A_c v_{max} \qquad (10\text{-}24)$$
$$q_{max} = V_m n_{max} \qquad (10\text{-}25)$$

式中，A_c 为液压缸有效作用面积；v_{max} 为负载最大移动速度；V_m 为液压马达排量；n_{max} 为液压马达最高转速。

考虑到制造公差及执行元件泄漏等因素的影响，伺服阀的输出流量应留有 15%～30% 的余量。快速性要求高的系统，取较大值。则伺服阀的负载流量 q_L 应为：

$$q_L = (1.15 \sim 1.30) q_{max} \qquad (10\text{-}26)$$

额定流量总是对应于某一阀压降，通常为 7MPa，有些则为额定压力。实际工作中当最大负载流量工作点对应的阀压降与额定流量对应的阀压降不等时，应按下式进行换算

$$q_n = q_L \sqrt{\frac{p_n}{p_v}} \qquad (10\text{-}27)$$

式中，q_n 为额定流量；q_L 为负载流量；p_n 为额定流量对应的阀压降；p_v 为负载流量对应的阀压降。

额定流量也可根据生产厂家提供的阀压降-流量关系曲线（见图 10-58）由负载流量和对应的阀压降（7MPa）查取相应的伺服阀额定流量并确定其规格。

c. 额定电流。伺服阀的额定电流是为产生额定流

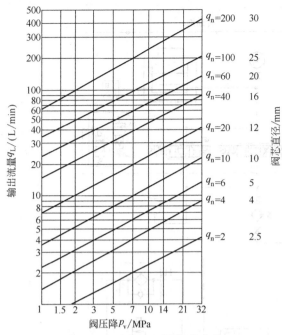

图 10-58　流量-阀压降规格曲线

量，线圈任一极性所规定的输入电流。额定电流与线圈的连接形式有关，通常为正负 10mA、15mA、30mA 至几百毫安，可视放大器的输出电流值选取。伺服放大器的输入电压通常为 ±10V。有的伺服阀内附放大板，此类阀的输入为电压信号。

有些伺服阀提供配套供货的伺服放大器，但有时需根据使用要求自行配套设计放大器。伺服放大器的功用要求、分类与选用及典型的伺服控制放大器电路原理图请参见第 2 章。选择和设计伺服放大器时的应具体考虑的因素有：具有足够大的增益，以满足调整系统开环增益需要且便于增益调整和调零；具有足够大的输出电压和功率，以提供给伺服阀足够大的额定电流；具有限幅特性，以限定伺服阀线圈最大电流，避免烧坏线圈；零点漂移小，线性度好；具有良好的频率特性；具有深度电流负反馈，以提供低输入阻抗与高输出阻抗特性，与伺服阀线圈匹配良好，从而可以忽略电气-机械转换器的动态响应；具有必要的电压和电流仪表，以方便系统调试与操作；能够提供高频（通常为伺服阀频宽的 2～3 倍）低幅值颤振电信号，且颤振电流幅值可调等。

② 精度。阀的非线性度、滞环、分辨率及零漂等静态指标直接影响控制精度，必须按照系统精度要求合理选取。

③ 寿命。阀的寿命与阀的类型、工况和产品质量有关，连续运行工况下一般寿命为 3～5 年。有些可以更长，但性能会明显下降。

（3）选择动态指标

伺服阀的动态指标根据系统的动态要求选取。

对于开环控制系统，伺服阀的频宽大于 3～5Hz 即可满足一般系统的要求。

对于性能要求较高的闭环控制系统，伺服阀的相频

宽 f_v 应为负载固有频率 f_L 的三倍以上，即：

$$f_v \geqslant 3f_L \tag{10-28}$$

对于液压缸为执行元件的系统，负载固有频率 f_L 为：

$$f_L = \frac{1}{2\pi}\sqrt{\frac{K_h}{M_c}} = \frac{1}{2\pi}\sqrt{\frac{4\beta A_c^2}{M_c V_{c0}}} \tag{10-29}$$

对于液压马达为执行元件的系统，负载固有频率 f_L 为：

$$f_L = \frac{1}{2\pi}\sqrt{\frac{K_h}{J_m}} = \frac{1}{2\pi}\sqrt{\frac{4\beta V_m^2}{J_m V_{m0}}} \tag{10-30}$$

以上两式中，K_h 为液压弹簧刚度，对于液压缸系统，$K_h = \frac{4\beta A_c^2}{V_{c0}}$（N/m）；对于液压马达系统：$K_h = \frac{4\beta V_m^2}{V_{m0}}$（N·m/rad）；$\beta$ 为液压油弹性模量，$\beta = 700 \sim 1400$MPa，或者取实测值；A_c 为液压缸的有效作用面积，m^3；V_m 为液压马达的排量，m^3/rad；M_c 为液压缸及其移动部件的总质量，kg；J_m 为液压马达轴上的等效转动惯量，$N·m·s^2$；V_{c0} 为伺服阀工作油口到液压缸活塞的控制容积，m^3；V_{m0} 为伺服阀工作油口到液压马达的高压测控制容积，m^3。

如果安装结构的刚度较差，则负载固有频率应按整个机构刚度 K_A（液压弹簧刚度 K_h 与结构刚度 K_s 的组合）确定，即：

$$f_L = \frac{1}{2\pi}\sqrt{\frac{K_A}{M_c}} \tag{10-31}$$

$$f_L = \frac{1}{2\pi}\sqrt{\frac{K_A}{J_m}} \tag{10-32}$$

$$K_A = \frac{K_h K_s}{K_h + K_s} \tag{10-33}$$

伺服阀样本上提供的动态指标都是指空载情况，带载后会有所下降。注意，不同输入条件时动态指标不同。工作参数越小，动态响应越高。

（4）其他因素

在选择电液伺服阀时，除了额定参数和规格外，还应考虑抗污染能力、电功率、颤振信号、尺寸、重量、抗冲击振动、寿命和价格等。特别值得注意的是，为了减小控制容积，以增加液压固有频率，尽量减小伺服阀与执行元件之间的距离；若执行元件是非移动部件，伺服阀和执行元件之间应避免用软管连接；伺服阀和执行元件最好不用管道连接而直接装配在一起。同时，伺服阀应尽量处于水平状态，以免阀芯自垂造成零偏。

10.6.3　注意事项

（1）线圈的连接形式

一般伺服阀有两个线圈，表 10-2 列出了其五种连接形式及其特点，可根据需要进行选用。

（2）液压油源

电液伺服阀通常采用定压液压源供油，几个伺服阀可共用一个液压油源，但必须减少相互干扰。油源应采用定量泵或压力补偿变量泵，并通过在油路中接入蓄能器来减小压力波动和负载流量变化对油源压力的影响，

通过设置卸荷阀减小系统无功损耗和发热。应按本节之
（3）所述方法要点在有关部位设置过滤器，以防油液污

染。表 10-3 给出了三种常用的伺服阀液压油源及其特
点与适用场合。

表 10-2　伺服阀线圈的五种连接形式及特点

序号	连接形式	连接图	特　点	序号	连接形式	连接图	特　点
1	单线圈	1 2 3 4	输入电阻等于单线圈电阻，线圈电流等于额定电流。可以减小电感的影响	4	双线圈并联连接	1 2 3 4	输入电阻为单线圈电阻的一半，额定电流等于单线圈时的额定电流。工作可靠性高，一个线圈损坏时，仍能工作，但易受电源电压变动的影响
2	单独使用两个线圈	1 2 3 4	一个线圈接输入控制信号，另一个线圈可用于调偏、接反馈或接颤振信号。如果只使用一个线圈，则把颤振信号叠加在控制信号上。适合以模拟计算机作为电控部分的情况	5	双线圈差动连接	1 2 3 4	电路对称，温度和电源波动的影响可以互补
3	双线圈串联连接	1 2 3 4	线圈匝数加倍，输入电阻为单线圈电阻的二倍，额定电流为单线圈时的一半。额定电流和电功率小，易受电源电压变动的影响				

表 10-3　三种常用的伺服阀液压油源及其特点与适用场合

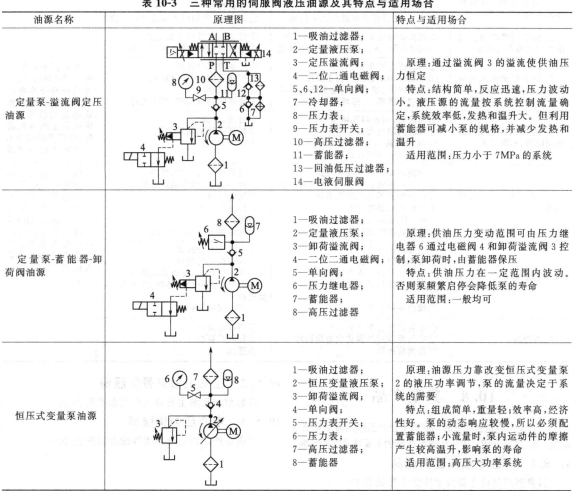

油源名称	原理图	特点与适用场合
定量泵-溢流阀定压油源	1—吸油过滤器； 2—定量液压泵； 3—定压溢流阀； 4—二位二通电磁阀； 5、6、12—单向阀； 7—冷却器； 8—压力表； 9—压力表开关； 10—高压过滤器； 11—蓄能器； 13—回油低压过滤器； 14—电液伺服阀	原理：通过溢流阀 3 的溢流使供油压力恒定 特点：结构简单，反应迅速，压力波动小。液压源的流量按系统控制流量确定，系统效率低，发热和温升大。但利用蓄能器可减小泵的规格，并减少发热和温升 适用范围：压力小于 7MPa 的系统
定量泵-蓄能器-卸荷阀油源	1—吸油过滤器； 2—定量液压泵； 3—卸荷溢流阀； 4—二位二通电磁阀； 5—单向阀； 6—压力继电器； 7—蓄能器； 8—高压过滤器	原理：供油压力变动范围可由压力继电器 6 通过电磁阀 4 和卸荷溢流阀 3 控制，泵卸荷时，由蓄能器保压 特点：供油压力在一定范围内波动。否则泵频繁启停会降低泵的寿命 适用范围：一般均可
恒压式变量泵油源	1—吸油过滤器； 2—恒压变量液压泵； 3—卸荷溢流阀； 4—单向阀； 5—压力表开关； 6—压力表； 7—高压过滤器； 8—蓄能器	原理：油源压力靠改变恒压式变量泵 2 的液压功率调节，泵的流量决定于系统的需要 特点：组成简单，重量轻；效率高，经济性好。泵的动态响应较慢，所以必须配置蓄能器；小流量时，泵内运动件的摩擦产生较高温升，影响泵的寿命 适用范围：高压大功率系统

（3）污染控制

由于阀芯配合精度高、阀口开度小，伺服阀最突出的问题就是对油液的清洁度要求特别高。油液清洁度一般要求 ISO 标准的 15/12 级（5μm），航空上要求 ISO 标准 14/11 级（3μm），否则容易因污染堵塞而使伺服阀及整个系统工作失常。因此，使用时必须注意以下几点。

① 系统设计时，在控制系统的主泵出口设置高压过滤器、伺服阀前设置高压过滤器、主回油路设置低压过滤器、循环过滤器、磁性过滤器和油箱顶盖设置空气过滤器等，并定期检查、更换和清洗过滤器滤芯，以防范污物和空气侵（混）入系统。

② 油管采用冷拔钢管或不锈钢管，管接头处不能用黏合剂；油管必须进行酸洗、中和及钝化处理，并用干净压缩空气吹干。

③ 油路安装完毕后，伺服阀装入系统前，必须用伺服阀清洗板代替伺服阀，对系统进行循环冲洗，其油液清洁度应达到 ISO 标准的 15/12 级以上。

④ 向油箱注入新油时，要先经过一个名义过滤精度为 5μm 的过滤器。

（4）性能检查、调整与更换

伺服阀通电前，务必按说明书检查控制线圈与插头线脚的连接是否正确。闲置未用的伺服阀，投入使用前应调整其零点，且必须在伺服阀试验台上调零；如装在系统上调零，则得到的实际上是系统零点。由于每台阀的制造及装配精度有差异，因此使用时务必调整颤振信号的频率及振幅，以使伺服阀的分辨率处于最高状态。

由于力矩马达式伺服阀内的弹簧管壁厚只有百分之几毫米，有一定的疲劳极限；反馈杆的球头与阀芯间隙配合，容易磨损；其他各部分结构也有一定的使用寿命，因此伺服阀必须定期检修或更换。工业控制系统连续工作情况下每 3～5 年应予更换。

10.7　故障诊断

电液伺服阀的常见故障及其诊断排除方法见表 10-4。

表 10-4　电液伺服阀的常见故障及其诊断排除方法

故障现象	产生原因	排除方法	备　注
1. 阀不工作（伺服阀无流量或压力输出）	①外引线或线圈断路 ②插头焊点脱焊 ③进、出油口接反或进出油未接通	①接通引线 ②重新焊接 ③改变进、出油口方向或接通油路	电液伺服控制系统出现故障时，应首先检查和排除电路和伺服阀以外各组成部分的故障。当确认伺服阀有故障时，应按产品说明书的规定拆检清洗或更换伺服阀内的滤芯或按使用情况调节伺服阀零偏，除此之外用户一般不得分解伺服阀。如故障仍未排除，则应妥善包装后返回制造商处修理排除。维修后的伺服阀，应妥为保管，以防二次污染
2. 伺服阀输出流量或压力过大或不可控制	①阀控制级堵塞或阀芯被脏物卡住 ②阀体变形、阀芯卡死或底面密封不良	①过滤油液并清理堵塞处 ②检查密封面，减小阀芯变形	
3. 伺服阀输出流量或压力不能连续控制	①油液污染严重 ②系统反馈断开或出现正反馈 ③系统间隙、摩擦或其他非线性因素 ④阀的分辨率差、滞环增大	①更换或充分过滤 ②接通反馈，改成负反馈 ③设法减小 ④提高阀的分辨率，减小滞环	
4. 伺服阀反应迟钝，响应降低，零漂增大	①油液脏，阀控制级堵塞 ②系统供油压力低 ③调零机构或电气-机械转换器部分（如力矩马达）零组件松动	①过滤、清洗 ②提高系统供油压力低 ③检查、拧紧	
5. 系统出现抖动或振动	①油液污染严重或混入大量气体 ②系统开环增益太大、系统接地干扰 ③伺服放大器电源滤波不良 ④伺服放大器噪声大 ⑤阀线圈或插头绝缘变差 ⑥阀控制级时通时堵	①更换或充分过滤、排空 ②减小增益、消除接地干扰 ③处理电源 ④处理放大器 ⑤更换 ⑥过滤油液、清理控制级	
6. 系统变慢	①油液污染严重 ②系统极限环振荡 ③执行元件及工作机构阻力大 ④伺服阀零位灵敏度差 ⑤阀的分辨率差	①更换或充分过滤 ②调整极限环参数 ③减小摩擦力、检查负载情况 ④更换或充分过滤油液，锁紧零位调整机构 ⑤提高阀的分辨率	
7. 外泄漏	①安装面精度差或有污物 ②安装面密封件漏装或老化损坏 ③弹簧管损坏	①清理安装面 ②补装或更换 ③更换	

10.8　典型产品

国内生产或销售的电液伺服阀主流产品概览请参见第 3 章表 3-8。本节介绍其中一些典型产品的主要技术性能参数。

10.8.1　两级电液流量伺服阀

其典型产品的主要技术性能参数见表 10-5。

10.8.2　三级电液流量伺服阀

其典型产品的主要技术性能参数见表 10-6。

10.8.3　电液压力伺服阀

其典型产品的主要技术性能参数见表 10-7。

表 10-5　国内生产和销售的两级电液流量伺服阀典型产品系列的主要技术性能参数

类型	结构特征	系列型号	供压范围 p_s/MPa	额定压力 p_n/MPa	额定流量 q_n（系列参数）/(L/min)	额定电流 I_n（系列参数）/mA	线性度/%	对称度/%	滞环/%	分辨率/%	重叠度/%	压力增益（$I_i/I_n=1\%$时）p/p_s/%	内泄漏/(L/min)	质量/kg	零偏/%	供油压变化$(0.8\sim1.1)p_s$/%	回油压变化$(0\sim0.2)p_s$/%	温度变化 40℃/%	幅频宽 −3dB/Hz	相频宽 −90°/Hz	备注 生产厂
双喷嘴挡板式	力反馈	FF101	2～28	21	1,1.5,2,4,6,8				<3				<0.25+4%Q_n	0.2				<±4	>100	>100	①
		FF102			2,5,10,15,20,30	8,10,15,30,40,50				<1			<0.3+±4%Q_n	0.4				<±2	>50	>50	
		FF106			63,100								<1+3%Q_n	1.2				每50℃			
		WLF106A							<4	<0.5			<0.5+1.3%Q_n	1.3	<±3	<±2	<±2	<±4	>60	>60	
	动压反馈	WLF111		7	6.3,10,15,25,30,50,65,100	15,40	<±7.5	<±10			−2.5～2.5	>30	<0.5+4%Q_n	4							
	电反馈	FF113			95,150,230					<1.5			<2%Q_n	1				<±2	>30	>30	
		FF103		2.1	2,5,10,15,20,30	8,10,15,30,40,50				<1			<0.5+4%Q_n	1.5	<±3				>100	>100	
		FF108			60,100	50							<3.3	1.3	<±1	<±2	<±2		>250	>250	
	力反馈	QDY6	1.5～32		4,10,20,40,60	10,15,30,40,80,200			<3		按订货要求配作		<1.3	1	可外调	<±2	<±2	<±3	>80	>70	②
		QDY10	2～28	7	63,80,100,125	10,15,30,40,80,200,300				<0.5		30～80		3.4		<±3		<±2	>40		
		QDY1	1～21	6.3	4,10,16,25,32,40,63,80,100,125	10,15,30							<1.5		可外调	<±3		<±2	>100		
		QDY2			2.5,4,6,10	10							<1.2		<±3	<±2	<±2	<±2	>160		
		QDY12	2～28	7	4,10,20,40	10,15,30,40,80,200						30～90		1	可外调	<±3		<±3	>150	>120	

续表

类型	系列型号	结构特征	供压范围 p_s/MPa	额定压力 p_n/MPa	额定流量 q_n（系列参数）/(L/min)	额定电流 I_n（系列参数）/mA	线性度/%	对称度/%	滞环/%	分辨率/%	重叠度/%	压力增益（$I_i/I_n=1\%$时）p/p_s/%	内泄漏/(L/min)	质量/kg	零偏/%	零漂 供油压变化(0.8~1.1)p_s/%	零漂 回油压变化(0~0.2)p_s/%	零漂 温度变化40℃/%	频宽 幅频宽 −3dB/Hz	频宽 相频宽 −90°/Hz	生产厂	备注
双喷嘴挡板式	YF7	力反馈	1~21	21	1.5,2.5,4,6,8,10,16,20,27					<1			<0.4+5%Q$_n$	0.4					>100	>100	③	
	YF12				1,2,4,6								<0.3+5%Q$_n$	0.2								
	YF13				50,70,90,115	8,10,15,20,30,40,50	±7.5	±10	<4	<0.5		>30	≤4	1.1	<±3	<±2	<±2		>50	>70		
	YFW06				33,44,66,88,100						−2.5~2.5		≤3	1.3					>60	>60		
	YFW08	电反馈			160,250,400	120							≤10	4	可外调				>30	>30		
	YFW10				18,35,70,105					<1.5			≤4						>13	>15		
	QDY8	电反馈	2~21	21	20,40	200,350			<±3	<0.5			<1.5	1	<±2	<±2	<±2	<±2	>300	>300	②	
射流管式	DYSF-3Q	力反馈	4~21		40,60,80				<±3			30~80	≤2.5	2.5		<±3	<±3	<±3	>80	>80		
	DYSF-4Q			7	144	40			<±4	<1.5		>30	<4%Q$_n$		可外调	<±4	<±4	<±2	>35	>35	④	
	CSDY1	力反馈	2.5~31.5		2,4,8,10,15,20,30,40	8	±7.5	±10					<0.45+3%Q$_n$	0.4		<±2	<±2	<±2	>70	>90		
	CSDY3				60,80,120				<±3	<0.5					<±2	<±3	<±3	<±3	>40	>60	⑤	
	CSDY4				140,180,220											<±4			>35	>45		
	CSDY6				250,350,450								<2.5+3%Q$_n$				<±4	<±4	10~15	10~15	⑥	

续表

类型	系列型号	结构特征	供压范围 p_s/MPa	额定压力 p_n/MPa	额定流量 q_n (系列参数)/(L/min)	额定电流 I_n (系列参数)/mA	线性度/%	对称度/%	滞环/%	分辨率/%	重叠度/%	压力增益 ($I_i/I_n=1\%$时) p/p_s /%	内泄漏 /(L/min)	质量/kg	零偏/%	零漂 供油压变化 $(0.8\sim1.1)p_s$ /%	零漂 回油压变化 $(0\sim0.2)p_s$ /%	零漂 温度变化40℃ /%	频宽/Hz 幅频宽 -3dB	频宽/Hz 相频宽 -90°	备注	生产厂
	YF741	动圈式滑阀直接反馈式	3.2~6.3		63,100,150	100			<5	<1				15							三通输出	⑦
	YF742			6.3	200,250,320	150								25								
	YF771				400,500,630									50								
	YJ761/781		3.2~20	6.3/20	10,16,25,40,63									4								
	YJ762/782				100,160,250																	
	YJ752				10,20,30,40,60,80	300			<5	<1									50~80			
	DYC0		1~6.3		2.5,4,6,10					<2									30~50		四通输出	⑧⑨
	DYC1			6.3	16,25,32,40,50,63,80																	
	DYC2				100,125,160,200														>40			
	DYC3				250,320,400,500										<±3				>35			
	DYF1			20	10,16,25,32,40,50,63,80,100				<3	<1									>25			
	DYH1			32	10,16,25,32,40,50,63																	

续表

类型 系列型号	结构特征	供压范围 p_s/MPa	额定压力 p_n/MPa	额定流量 q_n(系列参数)/(L/min)	额定电流 I_n(系列参数)/mA	线性度/%	对称度/%	滞环/%	分辨率/%	重叠度/%	压力增益(I_i/I_n=1%时)p/p_s/%	内泄漏/(L/min)	质量/kg	零偏/%	零漂-供油压变化(0.8~1.1)p_s/%	零漂-回油压变化(0~0.2)p_s/%	零漂-温度变化40℃/%	频宽-幅频宽 -3dB/Hz	频宽-相频宽 -90°/Hz	生产厂	备注
SV8	动圈式滑阀直接反馈式	2.5~31.5	31.5	6.3,10,16,25,31.5,40,63,80	30							<3								⑩	
SV10		2.5~20	20	100,125,160,200,250	30			<3	<0.5			<5		<3			<2	>100			
V-140	动圈式电反馈	1~31.5	17.5	140	3500													300	16.8	⑪	
V-350				350														>150	17.2		
V-750				750														>50	18.1		
MOOG30	双喷嘴挡板力反馈式	1~28	21	12	8,10,15,20,30,40,50							<0.35+4%Q_n	0.19					>200	>200	⑫	
MOOG31				26								<0.45+4%Q_n	0.37								
MOOG32				54			<±5				>30	<0.5+3%Q_n		<±2		<±4	<±4	>160	>160		
MOOG34				73		<±7		<3				<0.6+3%Q_n	0.5					>110	>110		
MOOG35				170					<0.5	-2.5~2.5		<0.75+3%Q_n	0.97		<±4			>60	>90		
MOOG760		1.4~21	7	3,8,9.5,19,38,57	8,10,15,20,30,40,50,200		<±10				30~100		1.03								
MOOG771				38							30~100							>80	>100		
MOOG772				45								<1.33			<±2	<±2	<±2	>80	>80		可外调
MOOG773				57														>20	>50		

续表

类型	系列型号	结构特征	供压范围 p_s/MPa	额定压力 p_n/MPa	额定流量 q_n(系列参数)/(L/min)	额定电流 I_n(系列参数)/mA	线性度/%	对称度/%	滞环/%	分辨率/%	重叠度/%	压力增益(I_1/I_n=1%时)p/p_s/%	内泄漏/(L/min)	质量/kg	零偏/%	供油压变化(0.8~1.1p_s)/%	回油压变化(0~0.2)p_s/%	温度变化40℃/%	幅频宽-3dB/Hz	相频宽-90°/Hz	生产厂	备注
双喷嘴挡板力反馈式	MOOG G78				70,114,151		<±7	<±10	<3			30~80	<1+2%Q_n	2.86	可外调				>15	>40		
	MOOG G73		1~28	7	3.8,9,5,19,38,57				<4	<1.5		>30	<1.33	1.18		<±2	<±2	<±2	>80	>80		
	MOOG G72				96,159,230				<3	<0.5		30~80	<2%Q_n	3.5				<±4	>50	>70	⑫	
	MOOG G780		1.4~21		38,45,57	10,20,40,200			<6	<2		>20	<1.3	0.9				<±2	>30	>80		
	MOOG G62		1.4~14		9.5,19,38,57,76	30,100							<2	1.22		<±3	<±3	<±2	>10	>30		
	BD15		1~21	21	3.8,9.5,19,37,57,76	60(标准),15,20,30,40,50,80,100,200	<±5		<3	<0.5	-2.5~2.5	3%阀芯行程	1.2			<±3		<±2	>18	>40	⑬	
	BD30				76,95,113,151				<5	<2			<3.8	2.9		<±3		<±2	>15	>30		
	BD062				5,10,20,38,57,77	100	<±10		<3	<0.5		>30	<2.5	2.1		<±3		<±3	>18	>60		
	BD760		1~31.5	31.5	3.8,9.6,19,38,57,91	40			<3	<0.5			<1.6	0.8		<±2		<±2	>100	>100		
	4WS2EM				20,60,200	30,50			<3	<0.5		>30		0.19					>200	>70	⑮	
	DOWTY 30		1.5~28	21	7.7		<±7.5	<±5					<0.25+5%Q_n						>200	>200	⑯	
	DOWTY 31				27	8~80										<±2	<±2	<±2				
	DOWTY 32				54									0.34				<±4	>160	>160		

注：1. 生产厂代号　①中国航空研究院第六○九研究所（湖北襄樊）；②北京机床研究所精密机电所；③航空航天工业第三○三研究所（北京丰台）；④航空工业第三○三研究所（陕西汉中）；⑤中船重工集团七○四研究所（江西九江）；⑥北京冶金液压件厂；⑧上海液压泵厂；⑨上海科鑫电液设备公司；⑩北京机械工业自动化研究所；⑪美国 TEAM 公司；⑫美国 MOOG（穆格）公司；⑬美国 PARKER（派克）公司；⑭英国 DOWTY（道蒂）公司；⑮德国 REXROTH（力士乐）公司。
2. 各系列电液伺服阀的型号意义及安装连接尺寸请见产品样本。

表10-6　国内生产和销售的三级电液流量伺服阀典型产品的主要技术性能参数

类型 系列型号	结构特征	供油压力范围 p_s/MPa	额定压力 p_n/MPa	额定流量 q_n(系列参数)/(L/min)	额定电流 I_n(系列参数)/mA	回路增益/(1/s)	线性度/%	对称度/%	滞环/%	分辨率/%	重叠度/%	压力增益(I_1/I_n=1%时)p/p_s/%	内泄漏/(L/min)	质量/kg	零偏/%	供油压力变化(0.8~1.1)p_s/%	回油压变化(0~0.2)p_s/%	温度变化40℃/%	幅频宽-3dB/%	相频宽-90°	生产厂备注
FF109		2~21	21	120,200,300,400	40	450		<±5	<1	<0.5		12~100	<13	8	可外调	<±2	<±2	<±2	>100	>100	①
DYSF-3G-Ⅰ			21	250	40	500	<±7.5		<3	<1		37~100	<8	11		<±3	<±3	<±3	>70	>50	②
DYSF-3G-Ⅱ		2~21		400				±7.5	<3	<1			<10			<±4	<±4	<±4	>70	>50	
QDY3		7~35		125,250,400,800		700		<±5	<0.5	<0.5	±30μm	40~100	<3	16			<±2	±2.5	30~100	30~100	③
DO79-120	电反馈式	7~28	14	113	15							6~8					<±1		>90	>70	
DO79-121				227		280							<6						>50	>40	
DO79-210				756	40	700		<±5	<0.5	<0.25		20~79	<9.5			<±2	<±1	<±2	>60	>55	④
DO79-211											±76μm								>48	>46	
DO79-500				1600		280			<0.6	<0.3		4~12	<64	54		<±1.5	<±1.5	<±1.5	>28	>34	
DO79-501				2800												<±0.7	<±0.7	±0.7			
DO64-310				530	15	300			<0.3	<0.15			<49	17		<±1	<±1	<±1	>70	>50	
DO64-311				340	100	28			<2	<1						<±3	<±3	<±5	>7	>5	
DOWTY 4652			7	500,900	15~200				<1	<0.5									>40	>35	⑤
4WSE3EE		2~31.5	31.5	300,500,1000					<0.2										>110		⑥

注：1. 生产厂代号　①中国航空研究院第六〇九研究所（湖北襄樊）；②航空工业第三〇三研究所（北京丰台）；③北京机床研究所精密机电公司；④美国 MOOG（穆格）公司；⑤美国 DOWTY（道蒂）公司；⑥德国 REXROTH（力士乐）公司。
2. 各系列电液伺服阀的型号意义及安装连接尺寸请见产品样本。

表 10-7　国内生产和销售的电液压力伺服阀典型产品的主要技术性能参数

类型（结构特征）	系列型号	供油压力范围 p_s/MPa	额定压力 p_a/MPa	额定控制压力/MPa	额定压力增益/(MPa/mA)	额定电流/mA	线性度/%	对称度/%	滞环/%	分辨率/%	额定流量/(L/min)	压力降/[MPa/(L/min)]	内泄漏/(L/min)	质量/kg	零偏/%	供油压变化(0.8~1.1p_s)(0~0.2)p_s/%	回油压变化/%	温度变化40℃/%	幅频宽 -3dB/Hz	相频宽 -90°/Hz	生产厂	备注
反馈喷嘴式	DYSF-30	7~21	21	±21	0.525	40	<±7.5	<±10	<3	<2	>60	0.32	<15						>90	>90	①	四通
反馈喷嘴式	FF-105	2~21	21	15~0	-1.7	10	<±3	(死区) <15		<4	>20	0.5	<0.6	0.5	<±2	<±3	<±5	<±3	>70	>70	②	三通
阀芯力综合反馈式	MOOG 15-105				2.1						>55		<2	0.4					>300	>200		四通
阀芯力综合反馈式	MOOG 15-030		14	±14	1.4		<±10	<±10	<5	<2	>10		<0.6	0.26	±2	<±3			>100	>100	③	四通
阀芯力综合反馈式	MOOG 50-291	7~21	21	21~0		20	<±7.5	(死区) 20			>26		<0.7	0.39			<±4					三通
阀芯力综合反馈式	MOOG 16-156		10.5	±10.5	0.44	24	<±10	<±10			>6	1.12	<0.77	0.26								四通

注：1. 生产厂代号：①航空工业第三○三研究所（北京丰台）；②中国航空研究院第六○九研究所（湖北襄樊）；③美国 MOOG（穆格）公司。

2. 各系列电液伺服阀的型号意义及安装连接尺寸请见产品样本。

第11章 电液比例控制阀

11.1 功用与组成

电液比例控制阀（下简称电液比例阀或比例阀）是介于普通液压阀和电液伺服阀之间的一种液压控制阀。与电液伺服阀的功能类同，电液比例阀既是电液转换元件，又是功率放大元件。如图 11-1 所示，电子比例放大器根据一个输入电信号电压值的大小（通常在 0～±9V）转换成相应的电流信号，例如 1mV→1mA。这个电流信号作为比例阀的输入量被送入比例电磁铁，电磁铁将此电流转换为作用于阀芯上的力，以克服弹簧弹力。电流增大，输出的力相应增大，该力或位移又作为输入量加给液压阀，后者产生一个与前者成比例的流量或压力。电磁铁断电后，复位弹簧使阀芯返回中位。在先导操作的阀中，比例先导阀调节并作用于主阀阀芯控制其流量和压力。通过这样的转换，一个输入电信号的变化，不但能控制执行元件（液压缸或液压马达）及其拖动的工作部件的运动方向，而且可对其位移（或转速）、速度（或角速度）、加速度（或角加速度）和力（或转矩）进行无级调节控制。

电液比例阀的结构形式也很多，与电液伺服阀类似，通常是由电气-机械转换器、液压放大器（先导级阀和功率级主阀）和检测反馈机构组成（图 11-2）。若是单级阀，则无先导级阀。比例电磁铁、力马达或力矩马达等电气-机械转换器用于将输入的电流信号转换为力或力矩，以产生驱动先导级阀运动的位移或转角。先导级阀（又称前置级）可以是锥阀式、滑阀式、喷嘴挡板式或插装式，用于接受小功率的电气-机械转换器输入的位移或转角信号，将机械量转换为液压力驱动主阀；主阀通常是滑阀式、锥阀式或插装式，用于将先导级阀的液压力转换为流量或压力输出；设在阀内部的机械、液压及电气式检测反馈机构将主阀控制口或先导级阀口的压力、流量或阀芯的位移反馈到先导级阀的输入端或比例放大器，实现输入输出的平衡。

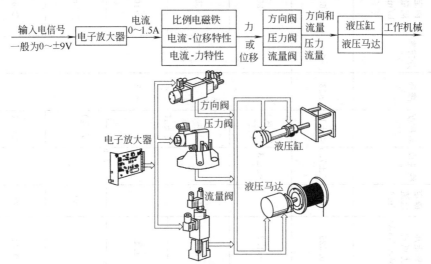

图 11-1　电液比例控制阀的信号流程

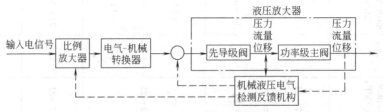

图 11-2　电液比例阀的组成

11.2 特点与分类

电液比例阀多用于开环液压控制系统中，实现对液压参数的遥控，也可以作为信号转换与放大元件用于闭环控制系统。与手动调节和通断控制的普通液压阀相比，它能明显地简化液压系统，实现复杂程序和运动规律的控制，便于机电一体化，通过电信号实现远距离控制,大大提高液压系统的控制水平;与电液伺服阀相比(参见表 11-1),尽管其动静态性能有些逊色,但在结构与成本上具有明显优势,能够满足多数对动静态性能指标要求不高的场合。但随着电液伺服比例阀(亦称高性能比例阀)的出现,电液比例阀的性能已接近甚至超过了伺服阀,体现了电液比例控制技术的生命力。

表 11-1 电液比例阀与电液伺服阀的一些项目比较

项　目	比例阀	伺服阀
功能	压力控制、流量控制、方向和流量同时控制、压力流量同时控制	多为四通阀,同时控制方向和流量、压力
电气-机转换器	功率较大(约 50W)的比例电磁铁,用来直接驱动主阀芯或先导阀芯	功率较小(0.1~0.3W)的力矩马达,用来带动喷嘴挡板或射流管放大器。其先导级的输出功率为 100W
过滤要求	约 25μm	1~5μm
线性度	在低压降(0.8MPa)下工作,通过较大流量时,阀体内部的阻力对线性度有影响(饱和)	在高压降(7MPa)下工作,阀体内部的阻力对线性度影响较大

续表

项　目	比例阀	伺服阀
滞环	约 1%	约 0.1%
遮盖	不大于 20% 一般精度,可以互换	0 极高精度,单件配作
阶跃响应时间	40~60ms	5~10ms
频率响应	约 10Hz	60~100Hz 或更高,有的高达 1000Hz
控制放大器	比例放大器比较简单、与阀配套供应	伺服放大器在很多情况下需专门设计,包括整个闭环电路
应用领域	多用于开环控制,有时也用于闭环控制	闭环控制
价格	约为普通阀的 3~6 倍	约为普通阀的 10 倍以上

电液比例阀的类型、结构繁多,其详细分类如图 11-3 所示。

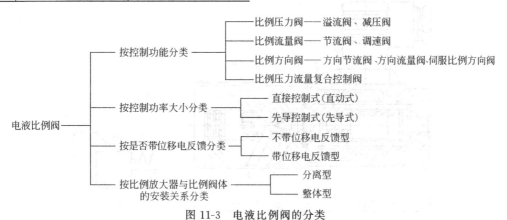

图 11-3 电液比例阀的分类

11.3 液压放大器简介

11.3.1 先导级阀的结构形式及特点

电液比例阀的先导级阀主要有锥阀式、滑阀式、喷嘴挡板式或插装式等结构形式,而大多采用锥阀及滑阀。滑阀式及喷嘴挡板式的结构及特点请参见 10.3.1 节,插装式结构及特点请参见第 9 章。在现有的比例压力控制阀中,采用锥阀作先导级的占大多数。传统的锥阀 [图 11-4(a)],具有加工方便、关闭时密封性好、效率高、抗污染能力强等优点。为了改善锥阀阀芯的导向性和阻尼特性或降低噪声等,有时增加圆柱导向阻尼 [图 11-4(b)] 或减振活塞 [图 11-4(c)] 部分,但往往又增大了阀芯尺寸和重量。

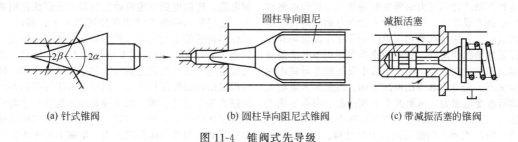

(a) 针式锥阀　　　　(b) 圆柱导向阻尼式锥阀　　　　(c) 带减振活塞的锥阀

图 11-4 锥阀式先导级

11.3.2 功率级主阀的结构形式及特点

电液比例阀的功率级主阀通常是滑阀式、锥阀式或插装式，其结构与普通液压阀的滑阀、锥阀或插装阀结构类同，可参阅相关章节，此处从略。

11.4 典型结构与工作原理

11.4.1 电液比例压力阀

（1）作用与分类

电液比例压力控制阀（简称电液比例压力阀），其作用是对液压系统中的油液压力进行比例控制，进而实现对执行元件输出力或输出转矩的比例控制。可以按照不同的方式对电液比例压力阀进行分类：按照控制功能不同，电液比例压力阀分为电液比例溢流阀和电液比例减压阀；按照控制功率大小不同分为直接控制式（直动式）和先导控制式（先导式），直动式的控制功率较小；按照阀芯结构形式不同可分为滑阀式、锥阀式、插装式等。

电液比例溢流阀中的直动式比例溢流阀，由于它可以做先导式比例溢流阀或先导式比例减压阀的先导级阀，并且根据它是否带电反馈，决定先导式比例压力阀是否带电反馈，所以经常直接称直动式比例溢流阀为电液比例压力阀。先导式比例溢流阀多配置直动式压力阀作为安全阀；当输入电信号为零时，还可作卸荷阀用。

电液比例减压阀中，根据通口数目有二通和三通之分。直动式二通减压阀不常见；新型结构的先导式二通减压阀，其先导控制油引自减压阀的进口。直动式三通减压阀常以双联形式作为比例方向节流阀的先导级阀；新型结构的先导式三通减压阀，其先导控制油引自减压阀的进口。

（2）直动式电液比例压力阀（溢流阀）

① 不带电反馈的直动式电液比例压力阀。如图11-5（a）所示，此种比例压力阀由比例电磁铁和直动式压力阀两部分组成。其结构与普通压力阀的先导阀相似，所不同的是阀的调压弹簧换为传力弹簧3，手动调节螺钉部分换装为比例电磁铁。锥阀芯4与阀座6间的弹簧5主要用于防止阀芯的振动撞击。阀体7为方向阀式阀体，板式连接。

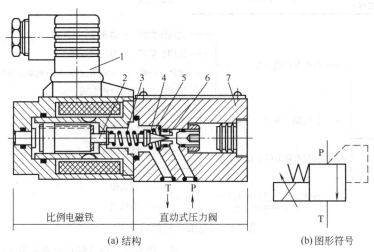

(a) 结构　　　　　　　　(b) 图形符号

图 11-5 不带电反馈的直动式电液比例压力阀

1—插头；2—衔铁推杆；3—传力弹簧；4—锥阀芯；5—防振弹簧；6—阀座；7—阀体

当比例电磁铁输入控制电流时，衔铁推杆2输出的推力通过传力弹簧3作用在锥阀芯4上，与作用在锥芯上的液压力相平衡，决定了锥阀芯4与阀座6之间的开口量。由于开口量变化微小，故传力弹簧3变形量的变化也很小，若忽略液动力的影响，则可认为在平衡条件下，这种直动式比例压力阀所控制的压力与比例电磁铁的输出电磁力成正比，从而与输入比例电磁铁的控制电流近似成正比。这种直动式压力阀除了在小流量场合作为调压元件单独使用外，更多的作为先导阀与普通溢流阀、减压阀的主阀组合，构成不带电反馈的先导式电液比例溢流阀、先导式电液比例减压阀。改变输入电流大小，即可改变电磁力，从而改变导阀前腔（亦即主阀上腔）压力，实现对主阀的进口或出口压力的控制。博世（Bosch）NG6直动比例溢流阀即为此结构。

② 位移电反馈型直动式电液比例压力阀。如图11-6(a)所示，这种电液比例压力阀与图11-5(a)所示的压力阀结构组成类似，只是此处的比例电磁铁带有位移传感器1，故其详细图形符号为图11-6(b)。

工作时，给定设定值电压，比例放大器输出相应控制电流，比例电磁铁推杆输出的与设定值成比例的电磁力，通过传力弹簧7作用在锥阀芯9上；同时，电感式位移传感器1检测电磁铁衔铁推杆的实际位置（即弹簧座6的位置），并反馈至比例放大器，利用反馈电压与设定电压比较的误差信号去控制衔铁的位移，即在阀内形成衔铁位置闭环控制。利用位移闭环控制可以消除摩擦力等干扰的影响，保证弹簧座6能有一个与输入信号成正比的确定位置，得到一个精确的弹簧压缩量，从而得到精确的压力阀控制压力。电磁力的大小在最大吸力之内由负载需要决定。当系统对重复精度、滞环等有较高要求时，可采用这种带电反馈的比例压力阀。

③ 线性比例压力阀。该阀如图 11-7 所示，其中部为直动式压力阀，阀的换向阀式阀体 2 左、右两端分别装有位移传感器和比例电磁铁。比例电磁铁推杆 8 将阀座 6 推向锥阀芯 4，位于锥阀芯背面的弹簧 3 的压缩量，决定了作用在锥阀芯 4 上的力，即压力阀的开启压力。比例放大器调节电磁铁的电流（亦即电磁力），以

使锥阀弹簧被压缩至一个所需的距离。位移传感器 1 构成了弹簧压缩量的闭环控制。由于设置了位移传感器，使得输入电信号与调节压力之间成线性关系，故又称线性比例压力阀。该阀的工作原理及图形符号与图 11-6 所示的阀相同，具有线性好、滞环小、动态响应快及抗磨损能力强等优点。博世（Bosch）NG6 型线性比例溢流阀即为此结构。

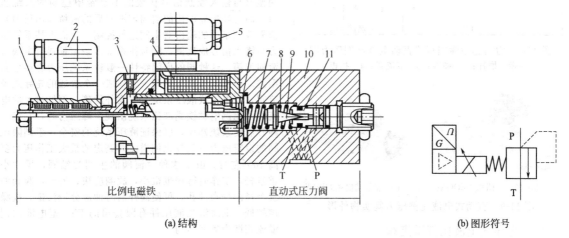

(a) 结构　　　　　　　　　　　　　　　　　(b) 图形符号

图 11-6　位移电反馈型直动式电液比例压力阀

1—位移传感器；2—传感器插头；3—放气螺钉；4—线圈；5—线圈插头；6—弹簧座；
7—传力弹簧；8—防振弹簧；9—锥阀芯；10—阀体；11—阀座

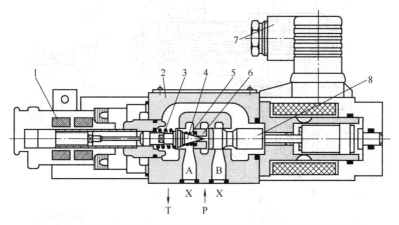

图 11-7　位移电反馈型直动式电液比例压力阀（线性比例压力阀）

1—位移传感器；2—换向阀式阀体；3—传力弹簧；4—锥阀芯；5—防振弹簧；
6—阀座；7—插头；8—比例电磁铁推杆

④ 喷嘴挡板式直动电液比例压力阀。该阀结构如图 11-8 所示［图形符号可采用图 11-5(b)］，它与上述三种电液比例压力阀有较大区别。阀由力马达和喷嘴挡板阀两部分组成，力马达为类似比例电磁铁的结构，挡板 4 直接与力马达衔铁推杆 1 固接，压力油进入喷嘴腔室前经过固定节流器。阀的工作原理为：力马达在输入控制电流后通过推杆 1 使挡板 4 产生位移，改变力马达输入电流信号的大小，可以改变挡板 4 和喷

嘴 2 之间的距离 x，因而能控制喷嘴处的压力 p_C。这种喷嘴-挡板阀结构与喷嘴-挡板式伺服阀相比，结构简单，加工容易，对污染不太敏感，作为比例阀来说，它的压力-流量特性比较容易控制，线性较好，工作比较可靠，是提高比例阀控制精度和响应速度的一种结构形式。

图 11-9 为两种直动式电液比例压力阀的实物外形。

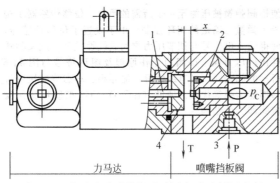

图 11-8　力马达喷嘴挡板式直动电液比例压力阀
1—衔铁推杆；2—喷嘴；3—节流器；4—挡板

(a) 榆次油研系列 EDG 型

(b) 北部精机系列 ER 型

图 11-9　直动式电液比例压力阀实物外形

（3）先导式电液比例溢流阀

① 间接检测先导式电液比例溢流阀

a. 带手调安全阀的先导式电液比例溢流阀。如图 11-10(a) 所示，该阀上部为先导级，是一个直动式比例压力阀，下部为功率级主阀组件（带锥度的锥阀结构）5，中部配置了手调限压阀 4，用于防止系统过载。A 为压力油口，B 为溢流口，X 为遥控口，使用时其先导控制回油必须单独从外泄油口 2 无压引回油箱。该阀的工作原理，除先导级采用比例压力阀之外，与第 5 章介绍的普通先导式溢流阀基本相同，为系统压力间接检测型（与输入控制信号比较的不是希望控制的系统压力，而是经先导液桥的前固定液阻后的液桥输出压力）。依靠液压半桥的输出对主阀进行控制，从而保持系统压力与输入信号成比例，同时使系统多余流量通过主阀口流回油箱。这种阀的启闭特性一般较系统压力直接检测型差。手调限压阀与主阀一起构成一个普通的先导式溢流阀，当电气或液压系统发生意外故障，例如过大的电流输入比例电磁铁或液压系统出现尖峰压力时，它能立即开启使系统卸压，以保证液压系统的安全。手调限压阀的设定压力一般较比例溢流阀调定的最大工作压力要高 10% 左右。由于这种溢流阀的主阀为锥阀，尺寸小重量轻，工作时行程也很小，故响应快；另外，阀套的三个径向分布油孔，可使阀开启时油液分散流走，故噪声较低。上海液二液压件有限公司的 BY₂ 型电液比例溢流阀即为类似结构。

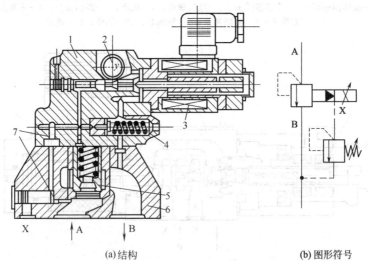

(a)结构　　　　　　　　(b)图形符号

图 11-10　带手调限压阀的先导式电液比例溢流阀
1—先导阀体；2—外泄油口；3—比例电磁铁；4—限压阀；5—主阀组件；6—主阀体；7—固定液阻

b. 位移电反馈型先导式电液比例溢流阀。该阀结构如图 11-11 所示，其先导阀部分为图 11-6 所示的位移电反馈直动式比例压力阀（锥阀）结构，主阀部分为锥阀式插装阀结构。先导阀与主阀轴线平行，故主阀拆检安装方便。此阀的工作原理也为系统压力间接检测型。图中的遥控口 X 为可选油口，通过接溢流阀或二位二通电磁换向阀可以实现液压系统的远程调压（限压）或卸荷。

c. 力马达喷嘴挡板先导式电液比例溢流阀。该阀结构如图 11-12 所示，它是将力马达喷嘴挡板直控式比例压力阀（参见图 11-8）作为先导阀与传统定值控制溢流阀（由二级同心式主阀 1 和手调定值控制先导压力阀 2 组成）叠加在一起而成。手调定值控制先导压力阀 2 用来设定系统的最高压力，起安全阀作用。它与力马达喷嘴挡板比例控制先导压力阀 3 并联，并都通过主阀芯内部回油。当主阀输出压力低于手动调定的最高压力时，可以通过调节先导式比例压力阀的输入控制电流连续按比例地调节输出压力，当输入控制电流为零时，该阀将起卸荷阀的作用。

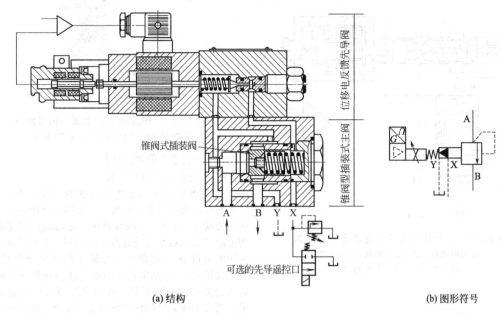

(a) 结构　　　　　　　　　　　　　　　　　　**(b) 图形符号**

图 11-11　位移电反馈型先导式电液比例溢流阀

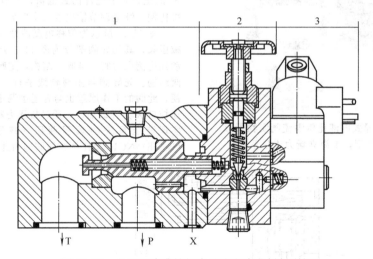

图 11-12　力马达喷嘴挡板先导式电液比例溢流阀

1—三级同心式主阀；2—手调定值控制先导压力阀；3—力马达喷嘴挡板直动式比例压力阀

　　综合图 11-10～图 11-12 所示的三种间接检测先导式电液比例溢流阀，其输入方式与传统溢流阀相比，只是将手调机构变换成了位置调节型电磁铁而已。作用在先导阀阀芯上的压力并非所希望控制的溢流阀进口压力，而是经先导液桥固定液阻减压后的进口压力分压。此种间接检测方式仅能构成先导级的局部反馈，主阀芯上的各种干扰力的影响未受到抑制。故压力控制精度不高，其流量-压力特性曲线有明显压力超调，这是其主要弊端之一。

　　② 直接检测先导式电液比例溢流阀。该阀结构如图 11-13 所示，它所控制的系统压力直接作用在先导阀芯 2 左端的压力检测杆 1 上，所产生的液压力与通过电磁铁推杆 3 作用在先导阀芯 2 右端的电磁力相平衡，从而控制先导阀口开度，再由前置液阻 R_1 与先导阀口所组成的液压半桥控制主阀阀口开度。此外，液阻 R_3 构成先导级与主阀之间的动压反馈。这种原理革新，使得该种阀的流量-压力特性曲线较间接检测式电液比例溢流阀有了较大改善，溢流流量变化对设定压力的干扰基本被抑制；此外，这种阀的动态特性较好，运行平稳性有了较大改善，消除了溢流阀啸叫噪声。

　　图 11-14 为一种先导式电液比例溢流阀的实物外形；图 11-15 为一种螺纹插装式电液比例溢流阀实物外形。

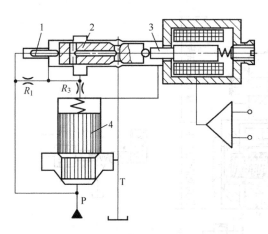

图 11-13   直接检测先导式电液比例溢流阀
1—压力检测杆；2—先导阀阀芯；3—比例
电磁铁推杆；4—主阀阀芯

图 11-14   先导式电液比例溢流阀实物外形
（DBE/DBEM 型，上海立新力士乐系列）

图 11-15   螺纹插装式电液比例溢流阀
实物外形（BLCY 型，宁波华液）

（4）电液比例减压阀

① 二通电液比例减压阀

a. 普通先导式二通电液比例减压阀。如图 11-16 (a) 所示，该阀的先导阀为不带位移电反馈的直动式比例压力阀（锥阀），主阀为滑阀式定值减压阀主阀。结构上的重要特点是与普通减压阀相同，先导控制油引自主阀的出口 p_2。原理上与普通手调先导减压阀相似，当二次压力口 p_2 的输出压力小于比例先导压力阀的设定压力值时，主阀下移，阀口开至最大，不起减压作用。当二次压力口的输出压力上升至给定压力时，先导液桥工作，主阀上移，起到定值减压作用。只要进口 p_1 的压力大于允许的最低值，调节输入控制电流即可按比例连续地调节输出的二次压力。

图 11-17 所示为位移电反馈型普通先导式电液比例减压阀，其先导阀部分为图 11-7 所示的位移电反馈直动式比例压力阀（锥阀）结构，主阀部分为锥阀型插装阀结构。先导阀与主阀轴线平行，故主阀拆检安装方便。此阀的工作原理也与普通手调定值减压阀类似。其遥控口 X 为可选油口，通过接压力阀 1 或电磁阀 2 可以实现液压系统的远程调压（减压）或卸荷。博世（Bosch）NG10 型比例减压阀即为此结构。

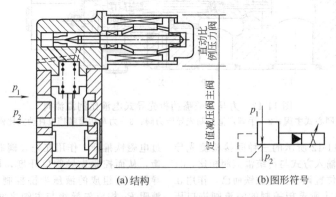

(a)结构   (b)图形符号

图 11-16   普通先导式二通电液比例减压阀

b. 新型先导式二通电液比例减压阀。该阀结构如图 11-18(a) 所示，其基本特征是：先导控制并非引自减压阀的出口 A，而是引自进口 B；在先导控制油路上配置了先导流量稳定器；可消除反向瞬间压力峰值，保护系统安全；带单向阀，允许反向自由流通。阀的工作原理为：由于先导流量稳定器实质是一个 B 型液压半桥控制的定流量阀，故当主阀进口压力（记为 p）变化时，液压半桥的可变液阻之变化，以保证进入先导级的流量为一个稳定值，从而使先导阀前压力不受进口压力变化的影响。先导阀前压力的大小由给定电信号确定，而减压阀的主阀芯依靠先导阀前压力与减压阀出口压力平衡而定位。故主阀的出口压力只与输入信号成比例，不受进口压力变化的影响。

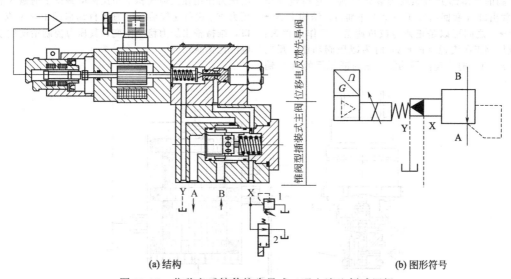

(a) 结构　　　　　　　　　　　　　　(b) 图形符号

图 11-17　位移电反馈传统先导式二通电液比例减压阀

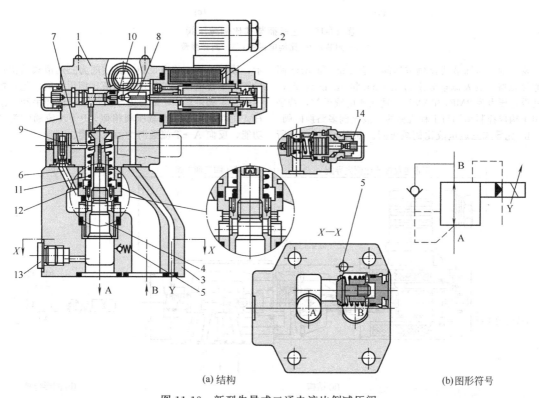

(a) 结构　　　　　　　　　　　　　　(b)图形符号

图 11-18　新型先导式二通电液比例减压阀

1—先导阀；2—比例电磁铁；3—主阀体；4—主阀芯；5—单向阀；6、7—先导油孔道；8—先导阀芯；
9—先导流量稳定器；10—先导阀座；11—弹簧；12—弹簧腔；13—压力表接口；14—最高压力溢流阀

　　减压阀出口 A 所连接的执行元件因突然停止运动等出现瞬间高压而 A、B 间的单向阀来不及打开时，消除反向瞬间高压的机理为：在执行元件将停止运动时，先给比例减压阀一个接近于零的低输入信号，停止运动时，主阀芯在下部高压和上部低压作用下快速上移，受压液体产生的瞬时高压油进入主阀弹簧腔而卸向先导阀回油口。

　　由于减压阀的进口、出口压力的变化对先导级的影响被抑制，故此种减压阀的抗干扰能力强，压力稳定性好。

　　② 三通电液比例减压阀

　　a. 直动式三通电液比例减压阀。如图 11-19(a) 所

示，该阀的主体部分为螺纹插装式结构。它有进油口
P、负载出口 A 和回油口 T 三个工作油口。结构上 A→
T 与 P→A 之间可以是正遮盖或负遮盖。工作原理为：
三通减压阀正向流通（P→A）时为减压阀功能，反向
流通（A→T）时为溢流阀功能。三通减压阀的 A 口输

出压力作用在反馈面积上与比例电磁铁 2 的输入电磁作
用力 F_M 进行比较后，可通过自动启闭 P→A 或 A→T
口，维持输出压力稳定不变，其压力控制精度优于二通
电液比例减压阀。

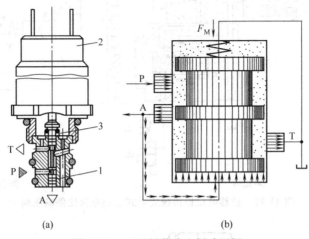

图 11-19　三通插装式比例减压阀
1—阀芯；2—比例电磁铁；3—回弹弹簧

常见的三通插装式比例减压阀，有 2mm 和 4mm 两
种通经规格，最大流量分别为 2L/min 和 6L/min，A 口
最高设定压力为 2MPa 和 3MPa，适用于电液遥控，特别
适用于构成控制车辆与工程机械的电液比例多路换向阀。

b. 先导式三通电液比例减压阀。如图 11-20（a）所

示，该阀不带位移电反馈，其主阀为三通滑阀结构；先
导阀为不带电反馈的直动式电液比例压力阀。先导控制
油引自主阀进口 P，配有先导流量稳定器和手动应急推
杆。工作原理与二通减压阀相似，P→A 流通时为减压
功能，反向 A→T 流通时为溢流功能。

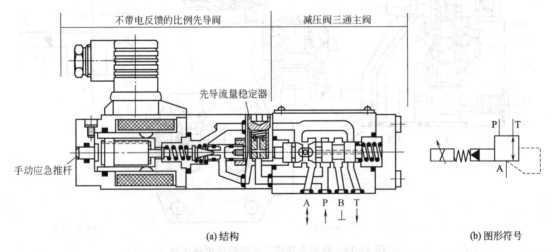

(a) 结构　　　　　　　　　　　　　　　　　　　　(b) 图形符号

图 11-20　不带位移电反馈的先导式三通电液比例减压阀

图 11-21 所示为位移电反馈型先导式三通电液比例
减压阀，与图 11-20 所示的减压阀的结构组成类似，所
不同的是它的先导阀为位移电反馈型比例压力阀，并且
不带应急推杆。工作原理与二通减压阀相似，P→A 流
通时为减压功能，反向 A→T 流通时为溢流功能。能够
对进油压力和负载动压力实行补偿，滞环、响应时间等
静态、动态性能优于不带位移电反馈的先导式三通电液

比例减压阀。

博世（Bosch）NG6 三通比例减压阀（不带/带位
移控制）即为图 11-20/图 11-21 所示的结构。

c. 双向三通电液比例减压阀。三通电液比例减压
阀经常作比例方向阀的先导级阀，由于需对两个方向进
行控制，所以要两个三通减压阀组合成一个双向比例减
压阀（见图 11-22）。其工作原理与单向作用完全相同，

区别是它有两个比例电磁铁 1 和 2，为构成反馈，它的阀芯由控制阀芯 4 及压力检测阀芯 5 和 6 三件组成。当两个电磁铁均不同电时，控制阀芯 4 处于中位，P 口封闭，A、B 口与回油口 T 相通；当电磁铁 1 通电时，电磁力使控制阀芯 4 右移，压力油从 P 流向 A。A 腔压力油经阀芯 4 上的径向孔进入其内腔，作用于检测阀芯 6 和控制阀芯 4 上，最终使控制阀芯 4 停留在 B 口产生的液压力与电磁力相平衡的位置上。电磁铁 2 通电时的动作情况与上相反。

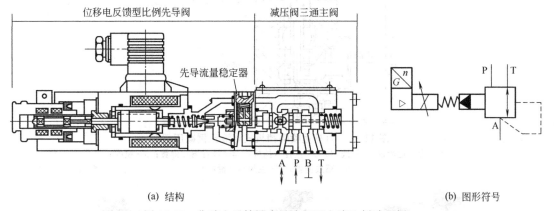

(a) 结构　　　　　　　　　　　　　　　(b) 图形符号

图 11-21　位移电反馈型先导式三通电液比例减压阀

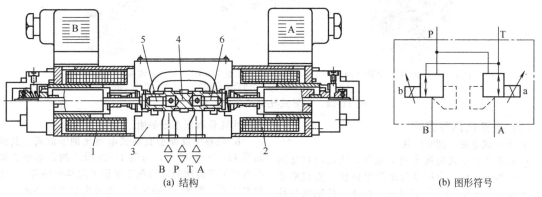

(a) 结构　　　　　　　　　　　　　　　(b) 图形符号

图 11-22　双向三通电液比例减压阀

1、2—比例电磁铁；3—阀体；4—控制阀芯；5、6—压力检测阀芯

③ 力马达喷嘴挡板先导式电液比例减压阀。其结构原理如图 11-23 所示，图形符号同图 11-16(b)。先导阀为力马达喷嘴挡板阀，而主阀为定值减压阀。力马达的衔铁 1 悬挂于左右两片铍青铜片弹簧 4 中间，与导套不接触，避免了衔铁 1-推杆（挡板）3 组件运动时的摩擦力，减小了滞环。工作时线圈 2 输入控制电流，则衔铁或挡板产生一个与之成比例的位移，从而改变了喷嘴挡板的可变液阻，控制了喷嘴前腔的压力，进而控制了比例减压阀输出的出口压力。

图 11-24 所示为几种先导式电液比例减压阀的实物外形［其中图 (a) 带限压阀，图 (b) 带可选单向阀］。

11.4.2　电液比例流量阀

(1) 作用与分类

电液比例流量控制阀（简称比例流量阀），作用是对液压系统中的流量进行比例控制，进而实现对执行元件输出速度或输出转速的比例控制。按照功能不同比例流量阀可以分为比例节流阀和比例调速阀两大类；按照控制功率大小不同电液比例流量阀又可分为直接控制式（直动式）和先导控制式（先导式），直动式的控制功率及流量较小。

比例节流阀属于节流控制功能阀类，其通过流量与节流口开度大小有关，同时受到节流口前后压差的影响。电液比例调速阀属于流量控制功能阀类，它通常由比例节流阀加压力补偿器或流量反馈元件组成，其中，前者用于流量的比例调节，后者则可使节流口前后压差基本保持为定值，从而使阀的通过流量仅取决于节流口开度大小。

直动式比例流量阀是利用比例电磁铁直接驱动接力阀芯，从而调节节流口的开度和流量。根据阀内是否含有反馈，直动式又有普通型和位移电反馈型两类。先导式比例流量阀是利用小功率先导级阀对功率级主阀实施控制，根据反馈形式，先导式比例节流阀有位移力反馈、位移电反馈等形式，先导式比例调速阀有流量位移电反馈、流量电反馈等形式。

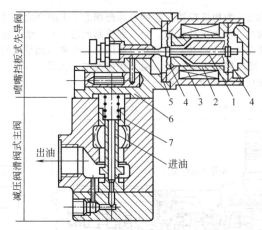

图 11-23　力马达喷嘴挡板式电液比例减压阀
1—力马达衔铁；2—线圈；3—推杆（挡板）；4—铍青铜片弹簧；5—喷嘴；
6—精过滤器；7—主阀芯（滑阀）

(a) 宁波华液公司BYJ型（带限压阀）　　(b) 上海立新力士乐系列DRE/　　(c) 威格士K(B)X(C)G-6/8
　　　　　　　　　　　　　　　　　　　　DREM型（带可选单向阀）　　　系列（带内置放大器）

图 11-24　先导式比例减压阀实物外形

（2）电液比例节流阀

① 直动式电液比例节流阀

a. 普通型直动式电液比例节流阀。该阀结构如图 11-25(a) 所示，其中力控制型比例电磁铁 1 直接驱动节流阀阀芯（滑阀）3，阀芯相对于阀体 4 的轴向位移（即阀口轴向开度）与比例电磁铁的输入电信号成比例。此种阀结构简单，价廉，滑阀机能除了图示常闭式外，还有常开式；但由于没有压力或其他检测补偿措施，工作时受摩擦力及液动力的影响，故控制精度不高。适宜

低压小流量液压系统采用。

b. 位移电反馈型直动式电液比例节流阀。其结构如图 11-26(a) 所示，与图 11-25 所示的普通型直动式电液比例节流阀的差别在于增设了位移传感器 1，用于检测阀芯（滑阀）3 的位移，通过电反馈闭环消除干扰力的影响，以得到较高控制精度。此种阀结构更加紧凑，但由于比例电磁铁的功率有限，所以此种阀也只能用于小流量系统的控制。

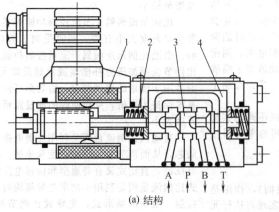 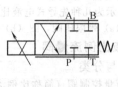

(a) 结构　　　　　　　　　　　　　　　　　　(b) 图形符号

图 11-25　普通型直动式电液比例节流阀
1—比例电磁铁；2—弹簧；3—节流阀阀芯；4—阀体

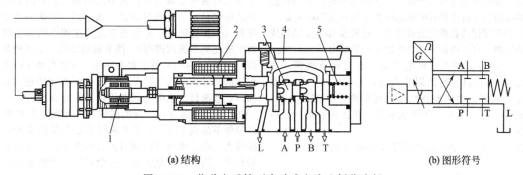

(a) 结构　　　　　　　　　　　　　**(b) 图形符号**

图 11-26　位移电反馈型直动式电液比例节流阀

1—位移传感器；2—比例电磁铁；3—节流阀阀芯；4—阀体；5—弹簧

应当说明的是，上述两种电液比例阀的图形符号之所以类似伺服阀，是因其采用的换向阀式阀体之故。

② 先导式电液比例节流阀。此类阀有位移力反馈型、位移电反馈型及位移流量反馈型和三级控制型等多种结构形式。

a. 位移力反馈型先导式电液比例节流阀。该阀结构原理如图 11-27 所示，其主阀芯 5 为插装式结构，电液比例先导阀的阀芯 2 为滑阀式结构，先导阀芯与主阀芯之间的位置联系通过反馈弹簧 3 实现。固定液阻 R_1 与先导阀阀口的可变液阻 R_2 构成 B 型液压半桥。整个阀的基本工作特征是利用主阀芯位移力反馈和级间（功率级和先导级间）动压反馈原理实现控制。液阻 R_3 为级间动压反馈液阻。

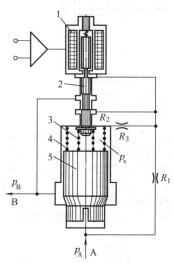

图 11-27　位移力反馈型先导式

电液比例节流阀结构原理图

1—比例电磁铁；2—先导阀芯；3—反馈弹簧；

4—复位弹簧；5—主阀芯

当比例电磁铁 1 未输入电信号时，在反馈弹簧 3 的作用下，先导阀口关闭，主阀的上、下容腔的压力 p_A、p_x 相同，由于阀芯上下面积差的存在及复位弹簧 4 的作用，主阀关闭；当比例电磁铁输入电信号时，先导阀阀芯在电磁力的作用下向下运动，先导阀口开启，由于液

压半桥的作用，主阀上腔的压力 p_x 下降，主阀芯在压差 $p_A - p_x$ 作用下克服弹簧力上移，主阀口开启。同时，主阀芯位移经反馈弹簧转化为反馈力，作用在先导阀芯上，先导阀芯在反馈力的作用下向上运动，达到新的平衡，从而实现了给定电信号到主阀芯轴向位移（亦即主阀口开度或流量）的比例控制。级间动压反馈液阻 R_3 是为了改进阀的动态性能而设的，它在稳态工况下不起作用。

位移力反馈型先导式电液比例节流阀结构简单紧凑，主阀行程不受电磁铁位移的限制，但由于也未进行压力检测补偿反馈，所以其通过流量仍与阀口压差相关。

b. 位移电反馈型先导式电液比例节流阀。如图 11-28 所示，该比例节流阀由带位移传感器 5 的插装式主阀与三通先导比例减压阀 2 组成。先导阀 2 插装在主阀的控制盖板 6 上。先导油口 X 与进油口 A 连接；先导泄油口 Y 引回油箱。外部电信号 u_i 输入比例放大器 4 与位移传感器的反馈信号 u_f 比较得出差值。此差值驱动先导阀芯运动，控制主阀芯 8 上部弹簧腔的压力，从而改变

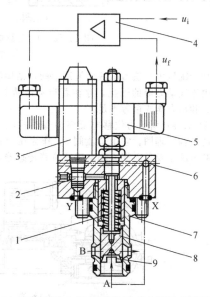

图 11-28　位移电反馈型先导式电液比例节流阀

1—位移检测杆；2—三通先导比例减压阀；3—比例电磁铁；

4—比例放大器；5—位移传感器；6—控制盖板；

7—阀套；8—主阀芯；9—主阀节流口

主阀芯的轴向位置即阀口开度。与主阀芯相连的位移传感器 5 的检测杆 1 将检测到的阀芯位置反馈到比例放大器 4，以使阀的开度保持在指定的开度上。这种位移电反馈构成的闭环回路，可以抑制负载以外的各种干扰。

c. 三级控制型大流量电反馈电液比例节流阀。对于 $\phi32mm$ 通径以上的比例节流阀，为了保持一定的动态响应，较好的稳态控制精度，可采用三级控制方案，即通过经二级液压放大的液压信号，再去控制第三级阀芯的位移。

图 11-29 为一种电液比例节流阀的实物外形。

图 11-29　电液比例节流阀的实物外形（北部精机系列，EFOS 系列位移力反馈带比例放大器）

（3）电液比例调速阀

① 直动式电液比例调速阀。为了补偿节流口前后压

差变化对通过普通电液比例节流阀阀口流量的影响，传统的做法是在节流阀口前面（或后面）串联一个定差减压阀（只要将第 6 章介绍的普通调速阀中的的手调节流阀换成比例节流阀即可），使节流阀口的压差保持为基本恒定。图 11-30(a) 所示即为这种传统型直动式电液比例调速阀的结构原理图，A、B、Y 分别为阀的进油口、出油口、泄油口。比例电磁铁代替了传统调速阀中节流阀 2 的手动调节部分，比例电磁铁的可动衔铁与推杆连接并控制节流阀芯 2，由于节流阀芯处于静压平衡，因而操纵力较小。要求节流阀口压力损失小、节流阀芯位移量较大而流量调节范围大，一般采用行程控制型比例电磁铁。

当给定某一设定值时，通过比例放大器输入相应的控制电流信号给比例电磁铁，比例电磁铁输出电磁力作用在节流阀芯上，此时节流阀口将保持与输入电流信号成比例的稳定开度。当输入电流信号变化时，节流阀口的开度将随之成比例地变化，减压阀的压差补偿作用使节流阀口前后的压差维持定值，阀的输出流量与阀口开度成比例，与输入比例电磁铁的控制电流成比例，只要控制输入电流，就可与之成比例地、连续地、远程地控制比例调速阀的输出流量。

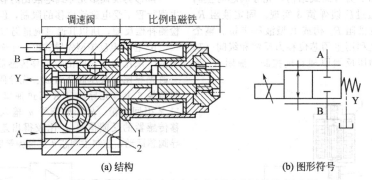

(a) 结构　　　　　　　　(b) 图形符号

图 11-30　传统型直动式电液比例调速阀结构原理图
1—压力补偿减压阀；2—节流阀

这种传统压力补偿型电液比例调速阀，结构组成简单，但由于液动力等的干扰，存在着启动流量超调大，体积较大和动态响应慢等不足。

图 11-31(a) 所示为位移电反馈型直动式电液比例调速阀的结构原理图。它由节流阀 3、作为压力补偿器的定差减压阀 4 及单向阀 5 和电感式位移传感器 6 等组成。节流阀芯 3 的位置通过位移传感器 6 检测并反馈至比例放大器。当液流从 B 油口流向 A 油口时，单向阀开启，不起比例流量控制作用。这种比例调速阀与不带位移电反馈的比例调速阀相比，可以克服干扰力的影响，静动态特性都有明显改善。但这种阀还是根据直接作用式的原理，所以用于较小流量的系统。

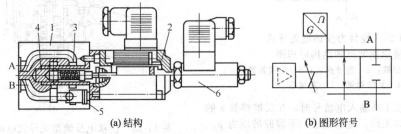

(a) 结构　　　　　　　　(b) 图形符号

图 11-31　位移电反馈型直动式电液比例调速阀
1—阀体；2—比例电磁铁；3—节流阀芯；4—作为压力补偿器的定差减压阀；
5—单向阀；6—电感式位移传感器

另外，在工程实用上，实现压差补偿的一种非常简单方法，是在普通电液比例节流阀基础上，采用叠加阀安装形式串联一个定差压力补偿器，实现 P 至 A 或 P 至 B 的阀口压差补偿。

② 先导式电液比例调速阀

a. 流量位移力反馈型先导式二通电液比例调速阀。

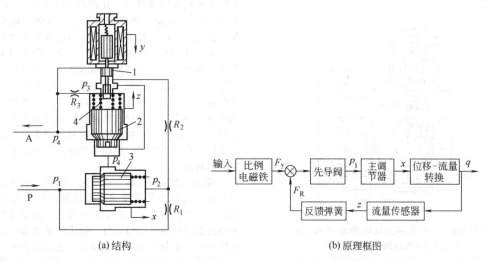

(a) 结构　　　　　　　　　　　　(b) 原理框图

图 11-32　流量位移力反馈型先导式二通电液比例调速阀
1—电液比例先导阀；2—流量传感器；3—主调节器；4—反馈弹簧

阀的工作原理特征为：流量-位移-力反馈和级间（主级与先导级之间）动压反馈。流量-位移-力反馈的原理是：当比例电磁铁输入控制电流时，电磁铁则输出与之近似成比例的电磁力；此电磁力克服先导阀端面上的反馈弹簧 4 的反馈力，使先导阀口开启，从而使主调节器 3 控制腔压力 p_2 从原来等于其进口压力 p_1 而降低。在压差 $p_1 - p_2$ 作用下，主调节器 3 节流阀口开启；流过该阀口的流量经流量传感器 2 检测后通向负载。流量传感器 2 将所检测的主流量转换为与之成比例的阀芯轴向位移（经设计，流量传感器阀芯的抬起高度，即阀芯的轴向位移，与通过流量传感器的主流量成比例），并通过作用在先导阀端面的反馈弹簧 3 转换为反馈力；当此反馈力与比例电磁铁输出的电磁力相平衡时，则先导阀、主调节器、流量传感器均处于其稳定的阀口开度，比例流量阀输出稳定的流量。这种阀内部的主流量-位移-力反馈闭环具有很强的抗干扰能力。当负载发生变化，例如负载压力 p_2 增大时，流量传感器原稳定平衡状态被破坏，形成关小流量传感器阀口开度、使通过流量减小的趋势；但这一趋势使反馈弹簧力减小，进而使先导阀口开大，进一步使主调节器控制腔压力有所降低，主调节器阀口开度增大，使通过流量传感器的流量增大，即使流量传感器恢复到原来的与输入信号相对应的阀口开度位置及流量。

液阻 R_3 构成了主级与先导级之间的动压反馈，当流量传感器处于稳定状态时，先导阀两端油压相等。当有干扰出现，例如流量传感器有关小阀口的运动趋势，

其上腔压力 p_3 随关小速度相应地降低，引起先导阀芯两端压力失衡；先导阀芯出现一个附加的向下作用力，使先导阀口开大，进而降低主调节器控制腔压力，其阀口向开大的方向适应，从而使通过的主流量增大，直至主流量以及反映流量值的流量传感器阀口开度恢复到与输入电信号相一致的稳定值。

由于这种阀形成了流量-位移-力反馈自动控制闭环，并将主调节器等都包容在反馈环路中，作用在闭环各环节上的外干扰（如负载变化、液动力等的影响）可得到有效的补偿和抑制，加上级间动压反馈，故克服了传统电液比例调速阀启动流量超调大、流量的负载刚度差、体积大、频响低的缺陷，稳态特性和动态特性都较好，在定压系统中可以实现执行元件速度的精确调节与控制。

如果将这种阀中的流量传感器的位移信号转化为电信号，再反馈至比例放大器，即可构成流量位移电反馈型比例调速阀。

由于流量-位移-力反馈比例调速阀要增设流量传感器，从而形成了一个实际上的先导式两级阀，所以这种阀的结构较为复杂，且运行中存在较大节流损失，调速系统效率较低。但如果将流量传感器和主调节器并联配置，便可得下述流量-位移-力反馈三通比例流量阀，这种阀用于调速系统可获得高的系统效率。

b. 流量位移反馈型先导式三通电液比例调速阀。图 11-33 所示为这种电液比例调速阀的结构原理图。与二通比例调速阀类似，它由电液比例先导阀（单边控

制）1、流量传感器 2 和二通插装结构的主调节器 3 等组成，流量传感器 2 与先导阀之间的位置联系通过反馈弹簧 4 实现。R_1、R_2、R_3 为液阻，液阻 R_1、R_2 与先导级阀口构成 B 型液压半桥。与二通比例调速阀不同的是，三通电液比例调速阀的主调节器与流量传感器为并联配置，且有三个主油口 P（接油源）、A（接负载）、T（接油箱）。

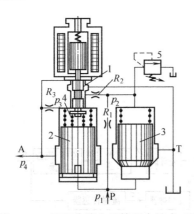

图 11-33   流量位移力反馈型先导式三通电液比例调速阀结构原理图
1—电液比例先导阀；2—流量传感器；3—主调节器；4—反馈弹簧；5—限压先导阀

采用三通调速阀的调速系统，实际上是一种负载敏感系统，其效率远较二通调速阀调速系统高。工作时，由流量传感器 2 检测负载口 A 的流量，并将流量转化为成比例的位移信号，由反馈弹簧 4 进一步转化为弹簧力并反馈到先导阀芯，从而形成闭环流量控制；而主阀口的开度由上述液压半桥控制，即由主阀口控制的是多余流量，而不是去负载的流量。

图 11-34 为直动式和先导式电液比例调速阀的实物外形。

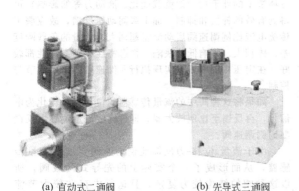

(a) 直动式二通阀   (b) 先导式三通阀

图 11-34   电液比例调速阀实物外形
（德国哈威公司 SE/SHE 型）

11.4.3   电液比例方向阀

（1）作用与分类

电液比例方向控制阀（简称电液比例方向阀）能按输入电信号的极性和幅值大小，同时对液压系统液流方向和流量进行控制，从而实现对执行元件运动方向和速度的控制。在压差恒定条件下，通过电液比例方向阀的流量与输入电信号的幅值成比例，而流动方向取决于比例电磁铁是否受到激励。就结构而言，电液比例方向阀与开关式方向阀类似，其阀芯与阀体（或阀套）的配合间隙不像伺服阀那样小（比例阀为 $3\sim4\mu m$，伺服阀约为 $0.5\mu m$），故抗污染能力远强于伺服阀；就控制特点与性能而言，电液比例方向阀又与电液伺服阀类似，即可用于开环控制，也可用于闭环控制，但比例方向阀工作中存在死区（一般为控制电流的 10％～15％），阀口压降较伺服阀低（约低一个数量级），比例电磁铁控制功率较高（约为伺服阀的 10 倍以上）。现代电液比例方向阀中一般引入了各种内部反馈控制和采用零搭接，所以在滞环、线性度、重复精度即分辨率等方面的性能与电液伺服阀几乎相当，但动态响应性能还是不及较高性能的伺服阀。

按照对流量的控制方式不同，电液比例方向阀可分为电液比例方向节流阀和电液比例方向流量阀（调速阀）两大类。前者与比例节流阀相当，其受控参量是功率级阀芯的位移或阀口开度，输出流量受阀口前后压差的影响；后者与比例调速阀相当，它由比例方向阀和定差减压阀或定差溢流阀组成压力补偿型比例方向流量阀。

按照控制功率大小不同电液比例方向阀又可分为直接控制式（直动式）和先导控制式（先导式）。前者控制功率及流量较小，由比例电磁铁直接驱动阀芯轴向移动实现控制。后者阀的功率及流量较大，通常为二级甚至三级阀，级间有位移力反馈、位移电反馈等多种耦合方式，而先导级通常是一个小型直动三通比例减压阀或其他压力控制阀，电信号经先导级转换放大后驱动功率级工作。

按照主阀芯的结构形式不同电液比例方向阀还可分为滑阀式和插装式两类，其中滑阀式居多。

（2）电液比例方向节流阀

① 直动式电液比例方向节流阀。此类阀有普通型和位移电反馈型两种形式。

a. 普通型直动式电液比例方向节流阀。该阀结构原理如图 11-35 所示，它主要由两个比例电磁铁 1、6，阀体 3，阀芯（四边滑阀）4，对中弹簧 2、5 组成。当比例电磁铁 1 通电时，阀芯右移，油口 P 与 B 通，A 与 T 通，而阀口的开度与电磁铁 1 的输入电流成比例；当电磁铁 6 通电时，阀芯向左移，油口 P 与 A 通，而 B 与 T 通，阀口开度与电磁铁 6 的输入电流成比例。与伺服阀不同的是，这种阀的四个控制边有较大的遮盖量，端弹簧具有一定的安装预压缩量。阀的稳态控制特性有较大的中位死区。另外，由于受摩擦力及阀口液动力等干扰的影响，这种直动式电液比例方向节流阀的阀芯定位精度不高，尤其是在高压大流量工况下，稳态液动力的影响更加突出。为了提高电液比例方向阀的控制精度，可以采用下述的位移电反馈型直动式电液比例方向节流阀。

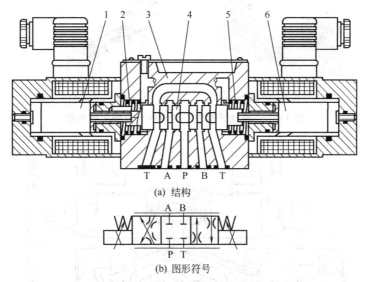

(a) 结构

(b) 图形符号

图 11-35　普通型直动式电液比例方向节流阀
1、6—比例电磁铁；2、5—对中弹簧；3—阀体；4—阀芯

b. 位移电反馈型直动式电液比例方向节流阀。图 11-36 所示为阀的结构原理图，与图 11-35 所示普通型阀的结构所不同的是，阀中增设了位移传感器 7 用于检测阀芯 4 的位移，并反馈至比例放大器 8，构成阀芯位移闭环控制，使阀芯的位移仅取决于输入信号，而与流量、压力及摩擦力等干扰无关。这种阀中，当液动力及摩擦力小于比例电磁铁所能达到的最大电磁力时，阀口的流量将取决于给定电信号及阀口的压降。

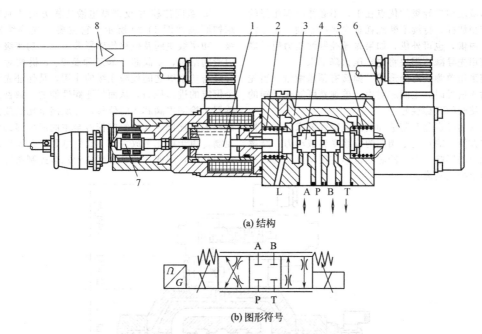

(a) 结构

(b) 图形符号

图 11-36　位移电反馈型直动式电液比例方向节流阀
1、6—比例电磁铁；2、5—对中弹簧；3—阀体；4—阀芯；7—位移传感器；8—比例放大器

图 11-37 给出了两种直动式电液比例方向节流阀的实物外形。

② 先导式电液比例方向节流阀

a. 减压型先导级＋主阀弹簧定位型电液比例方向节流阀。图 11-38 所示为该阀的结构原理图。电液比例减压型先导阀能输出与输入电信号成比例的控制压力，与输入信号极性相对应的两个出口压力，分别被引至主阀阀芯 2 的两端，利用它在两个端面上所产生的液压力与对中弹簧 3 的弹簧力平衡，而使主阀阀芯 2 与输入信号成比例地定位。

(a) 宁波华液BFW型

(b) 威格士KBSDG4V-5型

图 11-37　直动式电液比例方向节流阀实物外形

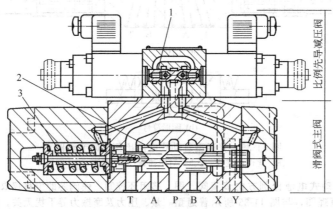

图 11-38　减压型先导级＋主阀弹簧定位型电液比例方向节流阀的结构原理图
1—先导减压阀芯；2—主阀芯；3—对中弹簧

采用减压型先导级的优点在于，不必像原理相似的先导溢流型那样，持续不断地耗费先导控制油。先导控制油既可内供，也可外供，如果先导控制油压力超过规定值，可用先导减压阀块将先导压力降下来。

主阀采用单弹簧对中形式，弹簧有预压缩量，当先导阀无输入信号时，主阀芯对中。单弹簧既简化了阀的结构，又使阀的对称性好。

这种阀的优点是对制造和装配无特殊要求，通用性好，调整方便。缺点是主阀芯的位移受到液动力、摩擦力等干扰力的影响，即主阀芯的位移控制精度不高，从而影响流量控制精度。

b. 级间位移-电反馈型电液比例方向节流阀。阀的结构原理如图 11-39 所示，它主要由先导级阀、减压级、功率级主阀及位移传感器等组成。功率级主阀为四边滑阀结构，主阀芯 4 靠双弹簧 2、5 机械对中。在先导级与功率级之间设减压级的作用，是保证先导级有一个恒定的进口压力，从而保证阀性能的一致性。位移传感器 1 检测主阀芯 4 的位移，并反馈至比例放大器，从而构成从比例放大器给定信号至主阀芯位移的闭环位移控制。由于把比例放大器、比例电磁铁及先导级都包含在闭环中，因此，阀具有更高的稳态控制精度。

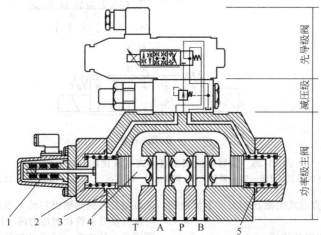

图 11-39　主阀芯位移电反馈电液比例方向节流阀结构原理图
1—位移传感器；2、5—对中弹簧；3—阀体；4—主阀芯

c. 二级位移电反馈的电液比例方向节流阀。其结构原理如图 11-40 所示，它是在主阀芯一级电反馈的基础上，给先导级也增设位移传感器，构成先导级及主级二级位移电反馈。主阀芯位移电反馈提高了主阀芯的抗干扰（如摩擦力、液动力的变化）能力，快速、正确地跟踪输入电信号的变化。附加的先导级位移电反馈的作用，在于提高阀的运行可靠性以及优化整阀的动态特性。

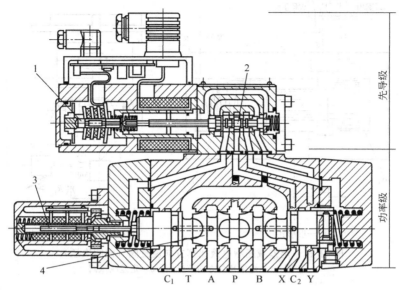

图 11-40　二级位移电反馈的电液比例方向节流阀的结构原理图
1—先导阀芯位移传感器；2—先导阀芯；3—主阀芯位移传感器；4—主阀芯

（3）电液比例方向流量阀（调速阀）

此类阀是在电液比例方向节流阀的基础上，加上压力补偿或者流量补偿措施所构成，它可使通过电液比例方向节流阀的流量与负载无关，只取决于阀口的开度。传统的补偿办法同电液比例流量阀类似，有定差减压型、定差溢流型及压差可调型等。以下仅介绍定差减压型电液比例方向流量阀。

定差减压型电液比例方向流量阀的结构原理是在电液比例方向节流阀的进油路上串联一个定差减压阀，对节流口压降进行补偿，使方向阀阀口压降恒定，从而使流量只取决于阀口开度。由于电液比例方向节流阀的出口有两个油口 A 或 B，因此，要采取附加措施将电液比例方向节流阀的负载压力引出。目前主要有两种不同的方法。一种方法是，在小通径（6、10 通径）阀中，通常采用如图 11-41（a）所示原理，用梭阀 1 来选择其中进入工作状态的一路（梭阀取压），再将它引到定差减压阀 3 的弹簧腔，减压阀的另一端作用着电液比例方向节流阀 2 的进口压力。图 11-41（b）表示加入了由固定液阻 R_1 与可调压力先导阀 R_Y 组成的 B 型液压半桥后，比例方向节流阀阀口压差可在小范围内调节的油路原理图。另一种方法是，在大通径（16 通径以上）阀中，在阀体中配置附加的两个负载压力引出口 C_1、C_2（图 11-42），通过电液比例节流阀 2 的阀芯上的附加通道，取出 A 口或 B 口的负载压力，并经 C_1 和 C_2 引到压力补偿器 1。这种方法确保了执行元件 3 在承受超越负载 F（拉负载或负负载）的情况下，例如在制动过程中，得到的始终是液压缸的正确压力，而在用梭阀提取信号时，则要采取例如配置出口压力补偿器等措施来解决。

（4）插装式电液比例方向阀

插装阀与电液比例控制技术相结合，可组成插装式电液比例方向阀。由第 9 章可知，插装阀有二通型及三通型两大类，前者相当于一个可变液阻，后者为两个牵连的可控液阻，构成一个 A 型液压半桥。

图 11-43（a）所示为常见的是二通插装式电液比例方向阀结构原理图，它由一个三位三通电液比例先导阀（滑阀）1、插装阀芯 2、阀盖 3、位移传感器 4 等部分组成。利用位移传感器 4 检测插装阀芯 2 的位移，构成位移闭环控制，可以无级调节插装阀阀芯的位移，从而调节 A 与 B 之间的液阻。显然要用两个二通型插装阀才能控制一个容腔的压力，要用四个二通插装阀才能实现对两个工作腔的方向-流量-压力的控制功能。

插装阀是一种理想的大功率控制器件，其应用为高压大流量电液比例控制系统提供了复合功能及集成化的技术条件。

（5）电液伺服比例方向阀

该阀又称高性能或高频响电液比例方向阀，其动态和稳态性能指标已达到（其中一些甚至超过）传统伺服阀的指标，所以有时称其为电液伺服比例阀。高性能电液比例阀的结构性能特点是电气-机械转换器采用大电流比例电磁铁而不采用伺服阀的力马达或力矩马达；阀芯和阀套采用伺服阀加工精度，功率级主阀口为零遮盖（或零重叠）形式；无零位死区，频率响应比一般比例阀高（见表 11-2），而可靠性比一般伺服阀高，因此可用于传统上曾是电液伺服阀的应用场合（例如闭环位置控制等）。

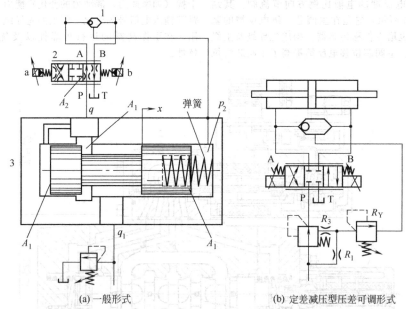

(a) 一般形式　　　　　　　(b) 定差减压型压差可调形式

图 11-41　定差减压型电液比例方向流量阀（梭阀取压）

1—梭阀；2—电液比例方向节流阀；3—定差减压阀

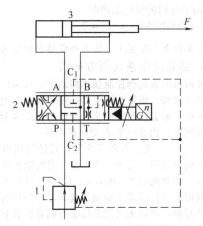

图 11-42　定差减压型电液比例方向流量阀

（附加负载压力引出口取压）

1—压力补偿器；2—电液比例方向节流阀；

3—执行元件（液压缸）

**表 11-2　三位四通先导式高性能电液比例
方向阀的主要性能**

通径/mm	10	16	25	32
公称流量 （先导级压降 3.5MPa， 主级节流口压降 0.5MPa）/(L/min)	75	200	370	1000
公称压力/MPa	35			
滞环	<0.1%			
压力增益	<1.5%			
频宽/Hz	70	60	50	30

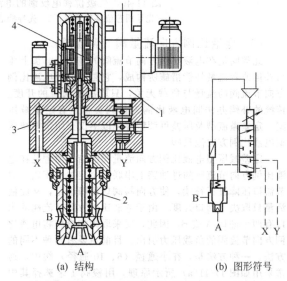

(a) 结构　　　　　　(b) 图形符号

图 11-43　二通插装式电液比例方向阀

1—三位三通电液比例先导阀；2—插装阀芯；

3—阀盖；4—位移传感器

　　此处以三位四通先导式高性能电液比例方向阀（图 11-44）为例简要说明这种阀的结构原理。它是由单电磁铁驱动的直动式高性能电液比例方向阀作为先导阀，带位移传感器的三位四通滑阀作为主阀的二级阀，其比例放大器与阀集成为一体。主阀芯 4 及先导阀芯 2 的位移信号均反馈到比例放大器，从而构成二级位移闭环控制。所以可以得到表 11-2 所列的优良性能，特别是其频宽可高达 70Hz。

　　除了上述三位四通先导式结构外，电液伺服比例方

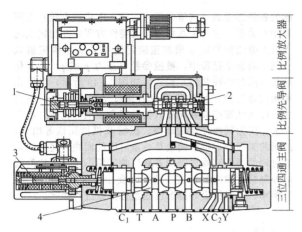

图 11-44 三位四通先导式电液伺服比例方向阀
1—先导阀芯位移传感器；2—先导阀芯；3—主阀
芯位移传感器；4—主阀芯

向阀还有四位四通直动式及二位三通插装式等形式，它
们的频宽分别可达 120Hz 和 80Hz。

图 11-45 所示为一种高频响先导式电液比例换向阀
的实物外形。

图 11-45 先导式电液比例换向阀实物外形
（美国 PARKER 公司 D41FH 系列）

（6）电液比例多路阀

应用电液比例技术可以大为改善多路阀的性能，提
高其自动化程度。电液比例多路阀与普通多路阀相比较
的主要区别在于，电液比例多路阀采用了比例压力阀作
先导阀，通过先导阀控制主阀芯的位移。目前电液比例
多路阀主要采用比例减压阀和比例溢流阀作先导阀。图
11-46(a) 所示为采用三通型比例减压阀作先导阀的原
理图，先导减压阀 2 和 3 的输出压力与比例电磁铁的线
圈电流成比例，换向阀 1 的阀芯在先导控制油压力的作
用下处于平衡，其平衡位置与输入电流相对应，改变电
流即可连续地控制主阀芯的位移。稳态时，先导阀基本
上关闭，因而流量损失小，动态特性较好。图 11-46(b)
所示为采用比例溢流阀 4、5 作先导阀的原理图。先导
阀与固定液阻 6、7 串联成一个 B 型半桥，半桥输出压
力油引至换向阀 1 的阀芯端部油腔，阀芯位移与电流成
正比。此种形式的比例多路阀在稳态下有流量损失，响
应速度也不及用比例减压阀作先导阀的多路阀。图 11-
46(c) 所示为用 PWM 控制高速开关阀的液压系统作先
导阀的原理图。工作时，液桥输出的平均压力与输入脉
冲信号脉宽占空比成比例关系。

当先导级采用电反馈时，先导阀可用比例方向节流
阀，其快速性要优于用减压阀、溢流阀作先导级的。

11.4.4 电液比例压力流量复合控制阀（PQ 阀）

电液比例压力流量复合控制阀是根据塑料机械、压
铸机械液压控制的需要，在三通调速阀基础上发展起来
的一种精密比例控制阀。这种阀是将电液比例压力控制
功能与电液比例流量控制功能复合到一个阀中，简称
PQ 阀。它可以简化大型复杂液压系统及其油路块的设
计、安装与调试。

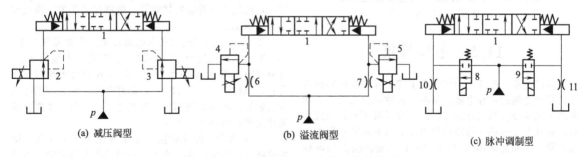

(a) 减压阀型　　　(b) 溢流阀型　　　(c) 脉冲调制型

图 11-46 电液比例多路阀先导阀的基本形式
1—换向阀；2、3—比例减压阀；4、5—比例溢流阀；6、7、10、11—固定液阻；8、9—开关阀

图 11-47 所示为一种 PQ 阀的结构原理图，它是在
一个定差溢流节流型电液比例三通流量阀（调速阀）
（参见图 11-33）的基础上，增设一个电液比例压力先导
控制级而成的。当系统处于流量调节工况时，首先给比
例压力先导阀 1 输入一个恒定的电信号，只要系统压力
在小于压力先导阀的调节压力范围内变动，先导压力阀
总是可靠关闭，此时先导压力阀仅起安全阀作用。比例
节流阀 2 阀口的恒定压差，由作为压力补偿器的定差溢
流阀来保证，通过比例节流阀 2 阀口的流量与给定电信
号成比例。在此工况下，PQ 阀具有溢流节流型三通比

例流量阀的控制功能。当系统进行压力调节时，一方面
给比例节流阀 2 输入一个保证它有一个固定阀口开度的
电信号，另一方面，调节先导比例压力阀的输入电信
号，就可得到与之成比例的压力。在此工况下，PQ 阀
具有比例溢流阀的控制功能。手调压力先导阀 3，可使
系统压力达到限压压力时，与定差溢流阀主阀芯一起组
成先导式溢流阀，限制系统的最高压力，起到保护系统
安全的作用。在 PQ 阀中通常设有手调先导压阀，故
采用了 PQ 阀的系统中，可不必单独设置大流量规格的
系统溢流阀。

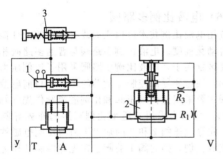

图 11-47　电液比例压力流量复合控制阀
的结构原理图

1—比例压力先导阀；2—比例节流阀；3—手调压力先导阀

事实上，PQ 阀的结构形式多种多样，例如，在流量力反馈的三通比例流量阀的基础上，增加一个比例压力先导阀，即构成另一种结构形式的 PQ 阀；再如，若以手调压力先导阀取代电液比例压力先导阀，就可构成带手调压力先导阀的 PQ 阀。图 11-48 为 PQ 阀的两种实物外形。

(a) 宁波华液 BYLZ/BYL 型　(b) 北部精机 EFROS 型闭
　　　　　　　　　　　环高频响应 PQ 阀

图 11-48　电液比例压力流量复合控制阀
（PQ 阀）的实物外形

11.5　主要性能

前已述及，电液比例阀是介于普通开关液压阀和电液伺服阀之间的一种电液控制阀，多数电液比例阀的功率级主阀部分的结构及动作原理与普通液压阀相同或类似，但其先导级部分的结构和原理又与电液伺服阀类似或相同，即都是采用通过输入电气-机械转换器的电信号控制液压量的输出。所以，电液比例阀的性能指标的表示与普通液压阀明显不同，而与电液伺服阀接近。由于电液比例阀的输入信号通常为电流或电压，输出为压力或流量，因此，电液比例阀的主要性能则是指静态或动态情况下这些参数之间的关系及参数指标。

除了上述控制性能外，在输入信号一定的情况下，电液比例阀的被控参数往往还会受到负载变化的影响，被控参数与负载之间的关系称为电液比例阀的负载特性。

11.5.1　静态特性

（1）静态特性

电液比例阀的静态特性是指稳定工作条件下，比例阀的各静态参数（流量、压力、输入电流或电压）之间的相互关系。这些关系可用相关特性方程或在稳定工况下输入电流信号由 0 增加至额定值 I_n，又从额定值减小到 0 的整个过程中，被控参数（压力 p 或 q）的变化曲线（简称特性曲线）描述。如图 11-49 所示，电液比例阀的理想静态特性曲线应为通过坐标原点的一条直线，以保证被控参数与输入信号完全成同一比例。但实际上，因为阀内存在的摩擦、磁滞及机械死区等因素，故阀的实际静态特性曲线是一条封闭的回线。此回线与通过两端平均直线之间的差别反映了稳态工况下比例阀的控制精度和性能，这些差别主要由非线性度、滞环、分辨率、重复精度等静态性能指标参数进行描述。

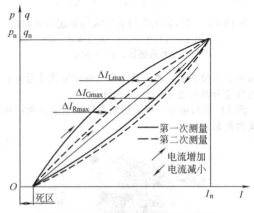

图 11-49　电液比例阀的特性曲线

① 非线性度。比例阀实际特性曲线上各点与平均斜线间的最大电流偏差 I_{Lmax} 与额定输入电流 I_n 的百分比，称为电液比例阀的非线性度（图 11-49）。非线性度越小，比例阀的静态特性越好。电液比例阀的非线性度通常小于 10%。

② 滞环。比例阀的输入电流在做一次往复循环中，同一输出压力或流量对应的输入电流的最大差值 I_{Gmax} 与额定输入电流 I_n 的百分比，称为电液比例阀的滞环误差，简称滞环（图 11-49）。滞环越小，比例阀的静态性能越好。电液比例阀的滞环通常小于 7%，性能良好的比例阀，滞环小于 3%。

③ 分辨率。使比例阀的流量或压力产生变化（增加或减少）所需输入电流的最小增量值与额定输入电流的百分比，称为比例阀的分辨率。分辨率小时静态性能好，但分辨率过小将会使阀的工作不稳定。

④ 重复精度。在某一输出参数（压力或流量）下从一个方向多次重复输入电流，多次输入电流的最大差值 I_{Rmax} 与额定输入电流 I_n 的百分比，称为电液比例阀的重复精度（图 11-49），一般要求重复精度越小越好。

需要说明的是，由于电液比例阀一般不在零位附近工作，而且对它的工作性能要求也不像电液伺服阀那样高，因此对于比例阀的死区（图 11-49）以及由于油温和进出口压力变化引起的特性零位漂移等，对阀的工作影响不太显著，一般不作为电液比例阀的主要性能指标。

（2）几类电液比例阀的典型静态特性曲线示例

几类电液比例阀的典型静态特性曲线示例如图 11-50～图 11-56 所示。

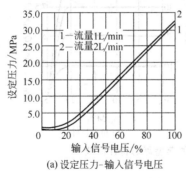

(a) 设定压力-输入信号电压

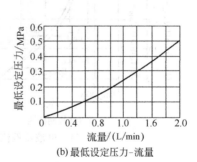

(b) 最低设定压力-流量

图 11-50　位移电反馈直动式电液比例压力阀典型静态特性曲线

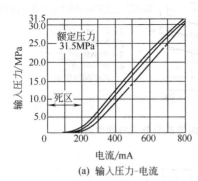

(a) 输入压力-电流

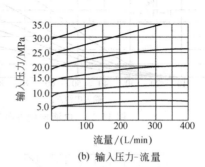

(b) 输入压力-流量

图 11-51　先导式电液比例溢流阀典型静态特性曲线

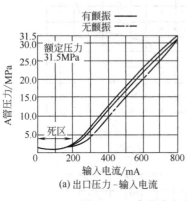

(a) 出口压力-输入电流

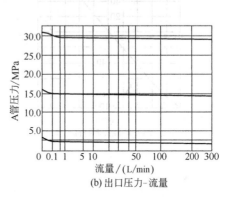

(b) 出口压力-流量

图 11-52　先导式电液比例减压阀典型静态特性曲线

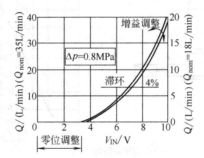

图 11-53　电液比例节流阀典型静态特性曲线

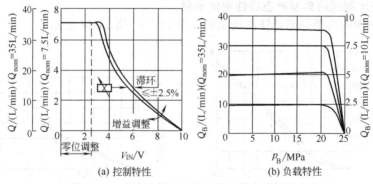

(a) 控制特性　　　　　　(b) 负载特性

图 11-54　电液比例流量阀的典型静态特性曲线

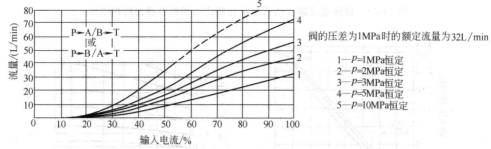

阀的压差为1MPa时的额定流量为32L/min

1—p=1MPa恒定
2—p=2MPa恒定
3—p=3MPa恒定
4—p=5MPa恒定
5—p=10MPa恒定

图 11-55　电液比例方向节流阀的典型静态特性曲线

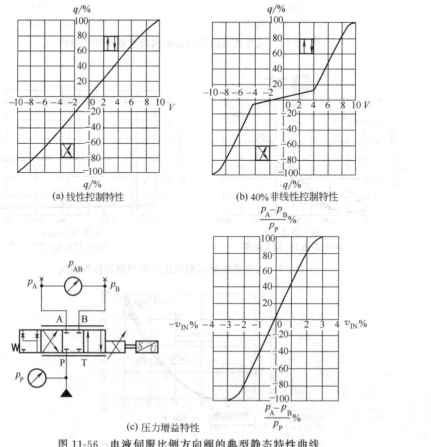

(a) 线性控制特性　　　　　　(b) 40%非线性控制特性

(c) 压力增益特性

图 11-56　电液伺服比例方向阀的典型静态特性曲线

11.5.2　动态特性

与电液伺服阀一样，电液比例阀的动态特性也用频率响应（频域特性）和瞬态响应（时域特性）表示。

电液比例阀的频率响应特性用波德图（参见第 10 章）表示。并以比例阀的幅值比为 -3dB（即输出流量为基准频率时输出流量的 70.7%）时的频率定义为幅频宽，以相位滞后达到 $-90°$ 时的频率定义为相频宽。应取幅频宽和相频宽中较小者作为阀的频宽值。频宽是比例阀动态响应速度的度量，频宽过低会影响系统的响应速度，过高会使高频传到负载上去。一般电液比例阀的在 $1\sim10\text{Hz}$，而高性能的电液伺服比例阀的频宽可高达 120Hz 甚至更高。

电液比例阀的瞬态响应特性也是指通过对阀施加一个典型输入信号（通常为阶跃信号），阀的输出流量对阶跃输入电流的跟踪过程中所表现出的振荡衰减特性（参见第 10 章）。反映电液比例阀瞬态响应快速性的时域性能主要指标有超调量、峰值时间、响应时间和过渡过程时间。这些指标的定义与电液伺服阀的相同。

图 11-57 所示为电液比例节流阀的典型阶跃响应特性（注：由于动态流量的测量非常困难，故图中以节流阀阀芯行程变化表示阀的阶跃响应特性）。图 11-58 所示为电液伺服比例阀的典型频率响应特性。

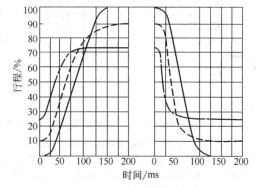

图 11-57　电液比例节流阀的
典型阶跃响应特性

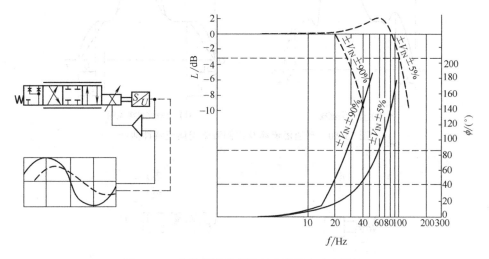

图 11-58　电液伺服比例阀的典型频率响应特性

11.6　使用要点

11.6.1　应用场合

（1）电液比例压力控制

采用电液比例压力控制可以非常方便地按照生产工艺及设备负载特性的要求，实现一定的压力控制规律，并避免了压力控制阶跃变化而引起的压力超调、振荡和液压冲击。与传统手调阀的压力控制相比较，可以大大简化控制回路及系统，又能提高控制性能，而且安装、使用和维护都较方便。在电液比例压力控制回路中，有用比例阀控制的，也有用比例泵或马达控制的，尤以采用比例压力阀控制为基础的应用最广泛。

　① 基本回路

a. 比例调压回路。采用电液比例溢流阀可构成比

例调压回路，通过改变比例溢流阀的输入电信号，在额定值内任意设定系统压力。电液比例溢流阀构成的调压回路基本形式有两种，其一如图 11-59（a）所示，用一个直动式电液比例溢流阀 2 与普通先导式溢流阀 3 的遥控口相连接，比例溢流阀 2 作远程比例调压，而普通溢流阀 3 除作主溢流外，还起系统的安全阀作用；其二如图 11-59（b）所示，直接用先导式电液比例溢流阀 5 对系统压力进行比例调节，比例溢流阀 5 的输入电信号为零时，可使系统卸荷。接在阀 5 遥控口的普通直动式溢流阀 6，可预防过大的故障电流输入致使压力过高而损坏系统。

众所周知，采用普通溢流阀的远程控制原理也可实现多级压力控制，但所用元件较多。如图 11-60（a）所示，其压力变换时会产生一定的压力冲击，升压时间 t_1 和降压时间 t_2 由所采用的溢流阀性能所决定，在使用中无法加以调节和控制。而采用电液比例溢流阀控制，

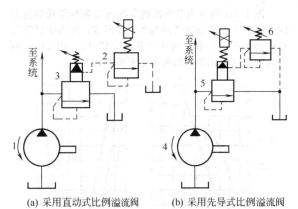

(a) 采用直动式比例溢流阀　　　(b) 采用先导式比例溢流阀

图 11-59　电液比例溢流阀的比例调压回路

1、4—定量液压泵；2—直动式比例溢流阀；3—普通先导式溢流阀；5—先导式比例溢流阀；6—传统直动式溢流阀

其特性曲线如图 11-60(b) 所示，压力转换过程平稳，压力上升和下降时间可利用比例放大器的斜坡函数来进行调节和控制。故可针对不同的负载工况，使系统力转换达到既快速而又平稳的目的。采用比例控制后，只要输入相应的模拟电量，就可获得按特定规律变化的无级压力控制，为随动控制和优化控制打下基础。

b. 比例减压回路。采用电液比例减压阀可以实现构成比例减压回路，通过改变比例减压阀的输入电信号，在额定值内任意降低系统压力。电液比例减压阀构成的减压回路基本形式也有两种，其一如图 11-61(a) 所示，用一个直动式电液比例压力阀 3 与普通先导式减压阀 4 的先导遥控口相连接，用比例压力阀 3 作远程控制减压阀 4 的设定压力，从而实现系统的分级变压控制；液压泵 1 的最大工作压力由溢流阀 2 设定。其二如图 11-61(b) 所示，直接用先导式电液比例减压阀 7 对系统压力进行减压调节，液压泵 5 的最大工作压力由溢流阀 6 设定。

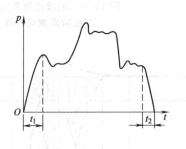

(a) 普通溢流阀

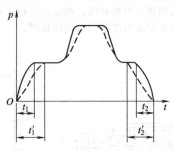

(b) 电液比例溢流阀

图 11-60　普通溢流阀及比例溢流阀调压特性曲线

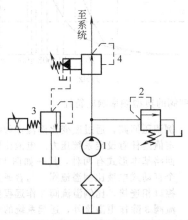

(a) 采用普通先导式减压阀和直动式比例压力阀

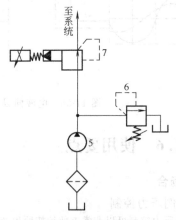

(b) 采用先导式比例减压阀

图 11-61　电液比例减压阀的比例减压回路

1、5—定量液压泵；2、6—普通直动式溢流阀；3—直动式电液比例压力阀；4—普通先导式减压阀；7—先导式电液比例减压阀

② 应用示例

a. 带材卷取设备恒张力控制闭环电液比例控制系统。如图 11-62 所示，带材卷取设备恒张力控制采用闭环电液比例控制，系统的油源为定量液压泵 1，执行元件为单向定量液压马达 3，为了使带材的卷取恒张力控制满足式(11-1)，系统采用了电液比例溢流阀 2。

$$p_s = 20\pi FR/q \qquad (11\text{-}1)$$

式中，p_s 为液压马达的入口工作压力；F 为张力；R 为卷取半径；q 为液压马达的排量。

图中检测反馈量为 F，在工作压力一定而不及时调

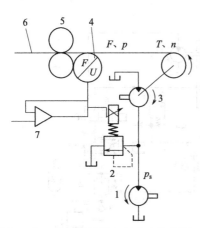

图 11-62　带材卷取设备恒张力控制闭环
电液比例控制系统

1—定量液压泵；2—电液比例溢流阀；3—液压马达；
4—张力计；5—卷取辊；6—带材；7—比例放大器

整时，张力 F 将随着卷取半径 R 的变化而变化。设置
张力计 4 随时检测实际的张力，经反馈与给定值相比
较，按偏差通过比例放大器 7 调节比例溢流阀的输入控
制电流，从而实现连续地、成比例地控制液压马达的工
作压力 p_s、输出转矩 T，以适应卷取半径 R 的变化，
保持张力恒定。

b. 陶瓷制品液压机闭环压力控制。对系统工作压
力进行闭环控制，可以抑制由环境变化和外来干扰所引
起的影响，大大提高压力控制的精确度和稳定性。

图 11-63 所示为一台压制陶瓷制品压力机的液压系
统原理简图。压机的最大压制力为 1600kN，工作时压
机首先合模，作用在模具 1 上的预压作用力不得超过工
艺总压力（即泥釉作用在模腔的撑开力）的 15%，否
则会损坏模具。但也不得小于此值，以保证在工作过程
中，即使泥釉作用在模腔的撑开力等某些条件有所变化
时，也能保证良好的合模状态。合模后，开始将 60%
水加 40% 的泥釉注入模型。在注入过程中，要求压机
逐渐增加压制力，以平衡泥釉作用在模腔的撑开力，使
模具始终保持原有的预压作用力不变。故在压机系统的
主缸 2 的上腔设置了比例溢流阀 3，而在模腔中设置了
压力传感器 5。将测得的泥釉压力，经过换算反馈到比
例阀，形成闭环控制。随着模腔压力的增加，使主缸压
力相应增加，从而保持模具间的预紧力不变。

c. 压力容器疲劳寿命试验电液比例压力控制系统。
如图 11-64 所示，压力容器疲劳寿命试验采用电液比例
压力控制。系统的油源为定量液压泵 1，其最大工作压
力由溢流阀 2 设定。提高了压力控制精度。系统中采用
了三通电液比例减压阀 3，并通过压力传感器 5 构成系
统试验负载压力的闭环控制，通过调节输入电控制信
号，可按试验要求得到不同的试验负载压力 p 的波形，
以满足试件 4 疲劳试验的要求。

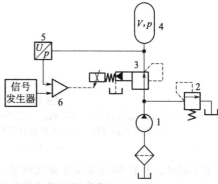

图 11-64　压力容器疲劳寿命试验电液
比例压力控制系统

1—定量液压泵；2—溢流阀；3—三通电液比例减
压阀；4—试件；5—压力传感器；6—比例控制器

d. 注塑机电液比例控制系统。图 11-65 所示为注塑
机电液比例控制系统。采用变量液压泵 1 供油，最大压
力由溢流阀 2 设定。单向阀 3 用于防止压力油倒灌。系
统的执行元件为注射液压缸 12 和塑化液压马达 11。系
统采用电液比例压力阀 7 和比例节流阀 10 进行控制，
以保证注射力和注射速度精确可控。阀 7 与普通先导式
溢流阀 9 和先导式减压阀 4 的先导遥控口相连接，比例
节流阀 10 串联在系统的进油路上。系统工作原理如下。

料斗 14 中的塑料粒料进入料桶后在回转的螺杆区
受热而塑化。通过马达 11 和齿轮减速器 13 驱动的螺杆
转动，速度由比例节流阀 10 确定。二位四通换向阀 6
切换至左位，螺杆 15 向右移动，注射缸 12 经过由直动
式比例压力阀 7 和普通先导式溢流阀 9 组成的电液比例
先导溢流阀排出压力油，支撑压力由先导阀 7 确定，此
时二位四通电磁阀 8 处于右位。塑化的原料由螺杆向前
推进经注射喷嘴 16 射入模具 17。注射缸 12 的注射压
力通过由阀 4 和阀 7 组成的电液比例先导减压阀确定，
此时换向阀 5 切换至左位。注射速度由比例节流阀 10
来精细调节，此时，阀 10 处于右位。注射过程结束时，
比例阀 7 的压力在极短的时间里提高到保压压力。

（2）电液比例速度控制
采用电液比例流量阀（节流阀或调速阀）控制可很
方便地按照生产工艺及设备负载特性的要求，实现一定
的速度控制规律。与普通手调阀的速度控制相比较，可
以大大简化控制回路及系统，又能改善控制性能，而且
安装、使用和维护都较方便。

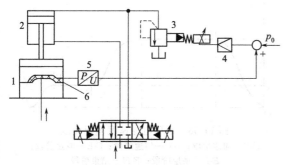

图 11-63　陶瓷压力液压系统原理简图

1—模具；2—主缸；3—比例溢流阀；4—放大器；
5—压力传感器；6—泥釉

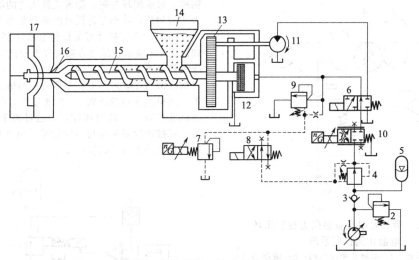

图 11-65　注塑机电液比例控制系统

1—变量泵；2—溢流阀；3—单向阀；4—减压阀；5—蓄能器；6、8—二位四通电磁阀；7—电液比例压力阀；
9—先导式溢流阀；10—电液比例节流阀；11—液压马达；12—注射缸；13—齿轮减速器；
14—料斗；15—螺杆；16—喷嘴；17—模具

① 基本回路。图 11-66 所示为电液比例流量阀设

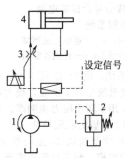

图 11-66　电液比例调速
阀的节流调速回路

1—定量泵；2—溢流阀；3—电
液比例调速阀；4—液压缸

置在缸的进油路上的节流调速回路（也可将该调速阀置于缸的回油路或旁路，构成回油和旁路节流调速回路），其结构与功能的特点与普通调速阀的进油节流调速回路大体相同。所不同的是，电液比例调速可以实现开环或闭环控制，可以根据负载的速度特性要求，以更高精度实现执行元件各种复杂规律的速度控制。由于比例调速阀具有压力补偿功能，故执行元件的速度负载特性即速度平稳性要比采用比例节流阀的好。

② 应用示例

a. 机床微进给电液比例控制回路。如图 11-67 所示，该回路采用了普通调速阀 1 和比例调速阀 3，以实现液压缸 2 驱动机床工作台的微进给。液压缸的运动速度由其流量 q_2（$q_2 = q_1 - q_3$）决定。当 $q_1 > q_3$ 时，活塞左移；而当 $q_1 < q_3$ 时，活塞右移，故无换向阀即可实现活塞运动换向。此控制方式的优点是，用流量增益较小的比例调速阀即可获得微小进给量，而不必采用微小流量调速阀；两个调速阀均可在较大开度（流量）下工作，不易堵塞；即可开环控制也可以闭环控制，可以保证液压缸输出速度恒定或按设定的规律变化。如将传统调速阀 1 用比例调速阀取代，还可以扩大调节范围。

b. 双缸直顶式液压电梯的电液比例系统。液压电梯是多层建筑中安全、舒适的垂直运输设备，也是厂

房、仓库、车库中最廉价的重型垂直运输设备。在液压电梯速度控制系统中，对其运行性能（包括轿厢启动、加减速运行平稳性、平层准确性以及运行快速性等方面）都有较高的要求，并对液压电梯的速度、加速度以及加速度的最大值都有严格的限制。图 11-68 所示为液压电梯的速度曲线。目前电梯的液压系统广泛采用电液比例节流调速方式，以满足上述要求。

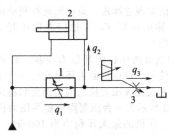

图 11-67　机床微进给电液比例控制回路

1—普通调速阀；2—液压缸；3—比例调速阀

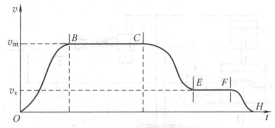

图 11-68　液压电梯速度理想曲线

O-B—加速阶段；B-C—匀速阶段；C-E—减速阶段；
E-F—平层阶段；F-H—结束阶段

图 11-69 所示为电梯的一种电液比例旁路节流调速液压系统，它由定量液压泵 1 供油，系统最高压力设定

和卸荷控制由电磁溢流阀 6 实现，工作压力由压力表 4 显示；精过滤器 2 用于压力油过滤；单向阀 5 用于防止液压油倒灌；比例调速阀 7 用于并联的液压缸 16、17 带动电梯上升时旁路节流调速，下降时回油节流调速；比例节流阀 9 和 10，作双缸同步控制用，一个主控制阀，另一个用于跟随同步控制。由于节流阀只能沿一个方向通油，故加设了四个单向阀组成的液压桥路 11 和 12，使得电梯上下运行时比例节流阀都能正常工作；手动节流阀 8 为系统调试时的备用阀；电控单向阀 13 和 14 用于防止轿厢断电锁停；双缸联动的手动下降阀 15（又叫应急阀），用于突然断电，液压系统因故障无法运行时，通过手动操纵使电梯以较低的速度（0.1m/s）下降。

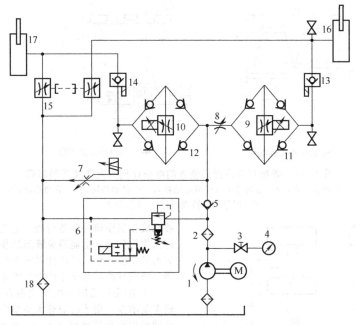

图 11-69　液压电梯电液比例旁路节流调速液压系统
1—定量液压泵；2—精过滤器；3—压力表开关；4—压力表；5—单向阀；6—电磁溢流阀；7—比例调速阀；
8—手动节流阀；9、10—比例节流阀；11、12—液压桥路；13、14—电控单向阀；
15—手动下降阀；16、17—液压缸；18—回油过滤器

系统的工作原理为：电梯上升时，系统接到上行指令后，电磁溢流阀 6 中的电磁阀通电，系统升压。电梯启动阶段，由计算机控制比例调速阀 7，使它的开度由最大逐渐减小，电梯的速度逐渐上升，减速阶段与之类似。通过控制流比例调速阀的流量来使电梯依据理想曲线运行，最后平层停站，电磁溢流阀 6 断电，液压泵卸荷。通过调节两个比例节流阀 9 和 10 来保证进入双缸的流量相等，从而使双缸的运动同步。电梯下行时，在系统接到下行指令后，首先关闭比例调速阀 7，两个电控单向阀 13 和 14 通电后打开，控制比例调速阀的开度逐渐增大，液压缸中的油液经比例节流阀 9 和 10，再流经比例调速阀排回油箱。通过控制流经比例调速阀的流量来使电梯依据理想曲线下降。

（3）电液比例方向速度控制

采用兼有方向控制和流量的比例控制功能的电液比例方向阀或电液伺服比例方向阀（高性能电液比例方向阀），可以实现液压系统的换向及速度的比例控制，示例如下。

① 焊接自动线提升装置的电液比例控制回路。图 11-70（a）所示为焊接自动线提升装置的运行速度循环图，要求升、降最高速度达 0.5m/s，提升行程的中点的速度不得超过 0.15m/s，为此采用了电液比例方向流阀 1 和电子接近开关 2（所谓模拟式触发器）组成的提升装置电液比例控制回路 [图 11-70（b）]。工作时，随着活动挡铁 4 逐步接近开关 2，接近开关输出的模拟电压相应降低直到 0V，通过比例放大器去控制电液比例方向节流阀，使液压缸 5 按运行速度循环图的要求通过四杆机械转换器将水平位移转换为垂直升降运动。此回路，对于控制位置重复精度较高的大惯量负载相当有效。

② 液压蛙跳游艺机电液比例控制系统。蛙跳游艺机是为儿童乘客提供失重感受的游艺机械，其结构和电液比例控制系统示意图见图 11-71。该机采用高性能电液比例方向阀 7 和液压缸 2 组成的开环电液伺服系统驱动。液压缸 2 的活塞杆连接倍率为 m 的双联增速滑轮组（动滑轮 3、定滑轮 4 和导向轮 6），钢丝绳 5 的自由端悬挂一个可乘坐六人的单排座椅 1。该机的运行过程及原理如下：启动液压站，阀控液压缸 2 将载有乘客的座椅 1 缓慢提升到 4.5m 高度，此时预置程序电信号操纵阀控缸模拟蛙跳，增速滑轮组随即将此蛙跳行程和速度增大到 m 倍，为了避免冲击过大伤及乘客，采用自上而下多级蛙跳模式，每级蛙跳坠程小于 0.5m，最后一次蛙跳结束时座椅离地面 1.5m 以上。上述蛙跳动作重复 3 次以后阀控缸将座椅平稳落地。

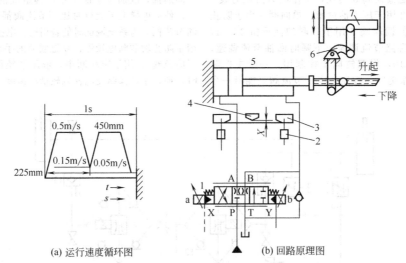

(a) 运行速度循环图　　　　　　(b) 回路原理图

图 11-70　焊接自动线提升装置的电液比例方向速度控制回路

1—电液比例方向节流阀；2—接近开关（模拟起始器）；3—制动挡块；4—活动挡铁；5—液压缸；
6—四杆机械转换器；7—工作装置

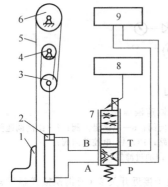

图 11-71　液压蛙跳游艺机结构及
电液比例控制系统示意图

1—座椅；2—液压缸；3—动滑轮；4—定滑轮；5—钢丝
绳；6—导向轮；7—比例方向阀；8—信号源；9—液压站

为了保证整机性能及安全运行，系统中高性能电液
比例方向阀（DLKZO-TE-140-L71）配有内置式位移传
感器和集成电子放大器，以闭环方式实现阀的调节和可
靠控制，是优化了的集成电液系统，其动态和静态特性
可与伺服阀媲美，能够根据输入电信号提供方向控制和
压力补偿的流量控制，亦即方向和速度控制，并具有性
能可靠、过滤要求低等优点。采用该阀的液压蛙跳机能

够准确控制座椅的坠落行程、速度和加速度，既能避免
座椅失控坠地，也能避免液压缸和滑轮组钢丝绳承受过
大的冲击而损伤，还能让乘客最大限度地体验失重的快
感。液压蛙跳游艺机系统的技术参数见表 11-3。

③ 冶金厂运输车电液比例方向速度控制系统。运
输车是冶金厂用于转炉等大型器件的转运设备，运输车
连同转炉的总质量可达 120t，装车后的高度达 9m，车
的运行速度为 15m/min，用 4 个液压马达驱动，车子启
动与停止的加（减）速都必须精确地无级可调，不能出
现冲击现象。车子停止的位置精度为 ±30mm。如此重
的车辆，如果没有精确的速度控制，这个要求是很难达
到的。由运输车的液压系统原理图（图 11-72）可看出，
运输车采用比例方向阀 1 来控制，在通道 A、B 上都装
有出口压力补偿阀 2，以补偿轨道摩擦等负载变化的影
响。压力阀 3 的功能是调节压力补偿阀 2 所控制的阀口
压差。该压差愈大，阀 2 的通流能力愈大。阀 4 为安全
阀，分别控制液压马达 6 两端的最高压力。单向阀 5 的
作用是，当运输车停止时，由于惯性的作用有少量前
冲，液压马达的一边由阀 4 排出少量油液，另一边则由
单向阀补油。如果没有此单向阀，液压马达的这一边将
产生吸空，使溶于油液中的空气析出，破坏液压马达的
正常工作。

表 11-3　液压蛙跳游艺机系统的技术参数

项　目		参　数	单　位
座椅静负载	座椅自重 G_1	2.60	kN
	6 名儿童的总重量 G_2	$0.40 \times 6 = 2.40$	
	总重量 G	5.00	
座椅加速度		2.47	m^2/s

续表

项　目		参　数	单　位
座椅最大惯性力	N_{max}	1.26	kN
座椅最大动负载	$P_{max}=N_{max}+G$	6.26	kN
液压缸	最大牵引力 $F_{max}=3P_{max}$	18.78	kN
	最高坠落速度 v_{max}	0.785	m/s
	最大外伸速度 $v_{1max}=v_{max}/3$	0.262	
	缸筒内径	80	mm
	活塞杆直径	50	
	最大负载流量	79	L/min
液压源	控制阀最大供油流量	136	
	供油压力	10.5	MPa
	蓄能器(2个)容积	$25\times2=50$	L
	液压泵(25MCY14-1B 型轴向柱塞泵) 转速	1500	r/min
	功率	7.5	kW

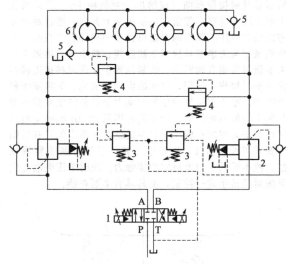

图 11-72　冶金厂运输车电液比例控制系统
1—比例方向阀；2—压力补偿阀；3—压力阀；
4—安全阀；5—单向阀；6—液压马达

④ 无缝钢管主产线穿孔机芯棒送入机构的电液比例控制系统。如图 11-73 所示，穿孔机的芯棒送入液压缸，其行程为 1.59m，最大运行速度为 1.987m/s，启动和制动时的最大加（减）速度均为 $30m^2/s$，在两个运行方向运行所需流量分别为 937L/min 和 168 L/min。系统采用通径 10 的比例方向节流阀为先导控制级，通径 50 的二通插装阀为功率输出级，组合成电液比例方向节流控制插装阀。采用通径 10 的定值控制压力阀作为先导控制级，通径 50 的二通插装阀为功率输出级，组合成先导控制式定值压力阀，以满足大流量和快速动作的控制要求。采用进油节流调节速度和加（减）速度，以适应阻力负载；采用液控插装式锥阀锁定液压缸活塞，采用接近开关、比例放大器、电液比例方向节流阀等的配合控制，控制加（减）速度或斜坡时间，控制工作速度。

（4）电液比例位置控制

① 汽轮机进气阀闭环位置控制系统。很多液压机械都需要精确的位置控制，以获得精密的工件或完成精细的工作要求。图 11-74 所示为汽轮机进气阀位置控制

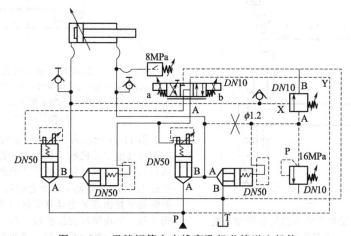

图 11-73　无缝钢管主产线穿孔机芯棒送入机构

系统。该系统由二位四通比例方向阀 1 进行控制，由于比例阀阀芯的位置与输入电流成比例，故该阀除了控制液压缸 2 换向外，还可以通过阀口开启的大小，实现节流调速。因阀芯可停留在任意中间位置，该阀除了图示两个位置可控制缸向前或向后运动外，还有一个中间位置，P、O、A、B 油口全相通，相当于 H 型的中位机能，可使缸停止运动。当输入信号为零时，缸处于右端，使汽轮机进气阀关闭。当给定某一信号后，缸逐渐向左移动，使进气阀打开。同时位移传感器发出的信号反馈至控制器，与给定信号相比较，当达到给定值时，控制缸停止运动。这时进气阀打开至相应的某一开度。由于在位置闭环控制系统中，位移传感器的精度直接影响位置控制精度，所以在这种系统中常采用精度较高的数字式位移传感器，如感应同步器、光栅、磁栅或光电主轴脉冲发生器等。

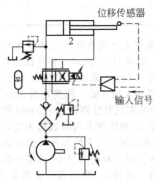

图 11-74　汽轮机进气阀位置控制系统

② 汽车纵梁冲压液压机同步控制系统。如图 11-75 所示，该系统的两个比例调速阀 1 和 2 都给定同样的电流，控制左、右两缸的输入流量使之相等，以保证压机横梁同步运行。调节比例阀的给定值可以调节压机运行的速度。若不装横梁偏斜量反馈机构，则该系统是一个开环同步控制系统。该系统的同步控制精度决定于比例调速阀的等流量特性和液压缸泄漏量的大小。其同步控

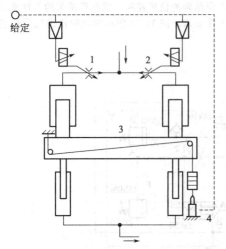

图 11-75　汽车纵梁冲压液压机同步控制系统
1、2—比例调速阀；3—测量机构；4—位移传感器

制精度可达每米 0.5mm 左右。若加上钢带式横梁偏斜量测量机构 3，则构成闭环同步控制系统，测量机构 3 的钢带末端带有位移传感器 4。当横梁同步下行时，虽然钢带由右滚轮下端转移到左滚轮上端。但由于横梁左、右两端下行的距离相同，故位移传感器 4 维持在零位不变，不输出信号电压。当横梁左、右两端不能同步运行时，则位移传感器 4 按照横梁偏斜的情况将输出不同的电压信号。此电压信号将被反馈到比例阀 2 的比例放大器，并相应地控制比例阀 2 的输出流量，从而纠正横梁产生的偏斜。闭环同步控制系统的同步控制精度可达每米 0.2mm，即压机台面长若为 10m，则工作时在台面两端测得的同步偏差将不超过 2mm。

③ 深潜救生艇对接机械手的电液比例控制系统。在救援失事潜艇的过程中，需要深潜救生艇与失事艇对接，建立一个生命通道，将失事艇内的人员输送到救生艇内，完成救援任务。救生艇共有两对对接机械手，是救生艇的重要执行装置，具有局部自主功能，图 11-76 所示其对接原理图（仅给出一对机械手）。当深潜救生艇 1 按一定要求停留在失事艇 9 上方后，通过对称分布的四只液压缸驱动的对接机械手的局部自主控制，完成机械手与失事艇对接裙 7 初连接、救生艇对接裙 7 与失事艇对接裙自动对中、收紧机构手使两对接裙正确对接三步对接作业过程，以解决由于风浪流、失事艇倾斜等因素，难于直接靠救生艇的动力定位系统实现救生艇与失事艇的对接问题。为了避免因重达 50t 的救生艇的惯性冲击力损坏机械手，在伸缩臂与手爪之间设有压缩弹簧式缓冲装置 4，并通过计算机反馈控制手臂液压缸，减小手爪 5 与甲板间的接触力；同时采用电液比例系统对机械手进行控制，使其具有柔顺功能。

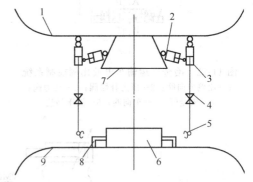

图 11-76　深潜救生艇与失事艇的对接原理图
1—深潜救生艇；2—摆动臂；3—伸缩臂；4—缓冲装置；
5—手爪；6—对接裙平台；7—对接裙；
8—目标环；9—失事艇

图 11-77 所示为一只机械手的电液比例控制系统原理图（其他三只机械手的控制回路与此相同）。系统的执行元件为实现对接机械手摆动和伸缩两个自由度的液压缸 10、11 及驱动手爪开合的液压缸 12，其中摆动和伸缩两个自由度采用具有流量调节功能的电液比例方向阀 5 和 6 实现闭环位置控制，与二位四通电磁阀 8 和 9 结合实现手臂的柔顺控制。手爪缸 12 的运动由电液比

例换向阀 7 控制。系统的油源为定量液压泵 1，其供油压力由溢流阀 3 设定，单向阀 2 用于防止油液向液压泵倒灌，单向阀 4 用于隔离手爪缸 12 与另外两缸的油路，防止动作相互产生干扰。

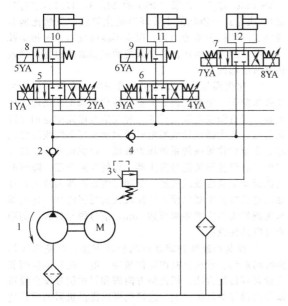

图 11-77　机械手电液比例控制系统原理图
1—定量泵；2,4—单向阀；3—溢流阀；5~7—电液比例换向阀；8,9—二位四通电磁阀；10—摆动缸；11—伸缩缸；12—手爪开合缸

以伸缩缸 11 为例说明系统的控制原理如下：当电磁铁 6YA 通电使换向阀 9 切换至左位时，伸缩液压缸便与比例阀 6 接通，此时，通过阀 6 的比例控制器控制比例电磁铁 3YA 和 4YA 的输入电信号规律，可以实现液压缸活塞的位置控制，系统工作在位置随动状态。当6YA 断电并且 3YA 和 4YA 之一通电时，液压缸 11 的无杆腔与有杆腔通过换向阀 9 的 Y 型机能连通并接系统的回油，使缸的两腔卸荷，活塞杆可以随负载的运动而自由运动，实现伸缩的柔顺功能。这样既能保证该机械手与失事艇上的目标环初连接，同时也为其他三只机械手对接创造了条件，又可以缓冲因救生艇运动而带来的惯性力，避免损坏机械手。摆动液压缸回路的控制原理与伸缩缸类同。

本系统的特点为：通过电液比例方向阀与电磁换向阀的配合控制，实现机械手的柔顺功能；通过设置缓冲装置和电液比例闭环控制，使深潜救生艇的对接机械手不致因惯性冲击的因素而损坏，并提高了对接的成功率。

11.6.2　电液比例阀的选择

通常，电液比例阀的选择工作在系统的设计计算之后进行。此时，系统的工作循环、速度及加速度、压力、流量等主要性能参数已基本确定，故这些性能参数及其他静态和动态性能是电液比例阀选择的依据。

（1）选择阀的种类

通常，对于压力需要远程连续遥控、连续升降、多级调节或按某种特定规律调节控制的系统，应选用电液比例压力阀（比例溢流阀或比例减压阀）；对于执行元件速度需要进行遥控或在工作过程中速度按某种规律不断变换或调节的系统，应选用电液比例流量阀（比例节流阀或比例调速阀）；对于执行元件方向和速度需要复合控制的系统，则应选用电液比例方向阀，但要注意其进出口同时节流的特点；对于执行元件的力和速度需要复合控制的系统，则应选用电液比例压力流量复合控制阀。然后根据性能要求选择适当的电气-机械转换器的类型、配套的比例放大器及液压放大器的级数（单级或两级）。阀的种类选择工作可参考各类阀的特点并结合制造商的产品样本进行。

（2）选择静态指标

① 压力等级的选择。对于电液比例压力阀，其压力等级的改变是靠先导级的座孔直径的改变实现的。所选择的比例压力阀的压力等级应不小于系统的最大工作压力，最好在 1~1.2 倍，以便得到较好的分辨率；比例压力阀的最小设定压力与通过溢流阀的流量有关，先导式比例溢流阀的最小设定压力一般为 0.6~0.7MPa，如果阀的最小设定压力不能满足系统最小工作压力要求，则应采取其他措施使系统卸荷或得到较小的压力。

对于电液比例流量阀和电液比例方向阀，所选择的压力等级应不小于系统的最大工作压力，以免过高的压力导致密封失效或损坏及泄漏量增大。

② 额定流量及通径的选择。对于比例压力阀，为了获得较为平直的流量-压力曲线及较小的最低设定压力，推荐其额定流量为系统最大流量的 1.2~2 倍，并据此在产品样本中查出对应的通径规格。

对于比例流量阀，由于其通过流量与阀的压降和通径有关，故选择时应同时考虑这两个因素。一般以阀压降为 1MPa 所对应的流量曲线作为选择依据，即要求阀压降 1MPa 下的额定流量为系统最大流量的 1~1.2 倍，这样可以获得较小的阀压降，以减小能量损失；同时使控制信号范围尽量接近 100%，以提高分辨率。

对于比例方向阀，其通过流量与阀的压降密切相关，且比例方向阀有两个节流口，当用于液压缸差动连接时，两个节流口的通过流量不同。一般将两个节流口的压降之和作为阀的总压降。通常以进油节流口的通过流量和上述阀压降作为选择通径的依据。总的原则是在满足计算出的阀压降条件下，尽量扩大控制电信号的输入范围。

③ 结构选择。阀内含反馈闭环的电液比例阀其稳态特性和动态品质都较不含内反馈的阀为好。内含机械液压反馈的阀具有结构简单、价廉、工作可靠等优点，其滞环在 3% 以内，重复精度在 1% 以内。采用电气反馈的比例阀，其滞环可达 1.5% 以内，重复精度可达 0.5% 以内。

④ 精度。电液比例阀的非线性度、滞环、分辨率及重复精度等静态指标直接影响控制精度，应按照系统精度要求合理选取。

（3）选择动态指标

电液比例阀的动态指标选择与系统的动态性能要求有关。对于比例压力阀，产品样本通常都给出全信号正负阶跃响应时间，如果比例压力阀用于一般的调压系统，可以不考虑此项指标，但用于要求较高的压力控制系统，则应选择较短的响应时间。对于比例流量阀，如果用于速度跟踪控制等性能要求较高的系统，则必须考虑阀的阶跃响应时间或频率响应（频宽）。对于比例方向阀，只有用于闭环控制、或用于驱动快速往复运动部件时、或快速启动和直动的场合才需要认真考虑比例方向阀的动态特性。

11.6.3　注意事项

① 比例阀的功率域（工作极限）问题。对于直动式电液比例节流阀，由于作用在阀芯上的液动力与通过阀口的流量及流速（压力）成正比，因此，当电液比例节流阀的工况超出其压降与流量的乘积，即功率表示的面积范围（称功率域或工作极限）时［图11-78(a)］，作用在阀芯上的液动力可增大到与电磁力相当的程度，使阀芯不可控。类似地，对于直动式电液比例方向阀也有功率域问题：当电液比例方向阀的阀口上的压降增加时，流过阀口的流量增加，与比例电磁铁的电磁力作用方向相反的液动力也相应增加。当阀口的开度及压降达到一定值后，随着阀口压降的增加，液动力的影响将超过电磁力，从而造成阀口的开度减小，最终使得阀口的流量不但没有增加反而减少，最后稳定在一定的数值上，此即为电液比例方向阀的功率域的概念［图11-78(b)］。

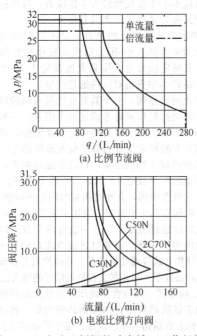

图 11-78　电液比例阀的功率域（工作极限）

综上，在选择比例节流阀或比例方向阀时，一定要注意，不能超过电液比例节流阀或比例方向阀的功率域。

② 污染控制。比例阀对油液的清洁度通常要求为NAS 1638 的 7～9 级（ISO 的 16/13, 17/14, 18/15级）。决定这一指标的主要环节是先导级。虽然比例阀较伺服阀的抗污染能力强，但也不能因此对油液污染掉以轻心，因为电液比例控制系统的很多故障也是由油液污染所引起的。

③ 比例阀与放大器的配套及安置。比例阀与放大器必须配套。通常比例放大器能随比例阀配套供应，放大器一般有深度电流负反馈，并在信号电流中叠加着颤振电流。放大器设计成断电时或差动变压器断线时使阀芯处于原始位置或使系统压力最低，以保证安全。放大器中有时设置斜坡信号发生器，以便控制升压、降压时间或运动加速度或减速度。驱动比例方向阀的放大器往往还有函数发生器以便补偿比较大的死区特性。比例阀与比例放大器安置距离可达 60m，信号源与放大器的距离可以是任意的。

④ 控制加速度和减速度的传统方法。有换向阀切换时间迟延、液压缸缸内端位缓冲、电子控制流量阀和变量泵等传统方法。用比例方向阀和斜坡信号发生器可以提供很好的解决方案，这样就可以提高机器的循环速度并防止惯性冲击。

⑤ 其他。比例阀的泄油口要单独接回油箱；放大器与比例阀配套使用，放大器接线要仔细，不要误接；比例阀的零位、增益调解均设置在放大器上。比例阀工作时，应先启动液压系统，然后施加控制信号。

11.7　故障诊断

对于一般的比例阀，其主体结构组成及特点与普通液压阀相差无几，故这部分的常见故障及诊断排除方法可以参看第 4 章～第 9 章相关内容，而其电气-机械转换器部分的常见故障及排除方法可以参看产品说明书。对于电液伺服比例方向阀等高性能比例阀，其常见故障及排除方法请参看第 10 章电液伺服阀的相关内容，此处从略。

11.8　典型产品

国内生产或销售的电液比例阀主流产品概览请参见第 3 章表 3-9。其中一些典型产品的主要技术性能参数见表 11-4。

表 11-4　国内生产或销售的电液比例阀主流产品的主要技术性能参数

系列简称	产品名称	型号	通径/mm	最高压力/MPa	额定流量范围/(L/min)	线性度/%	滞环/%	重复精度/%	生产厂
上海液二系列	电液比例溢流阀	BY2-H	10、20、32	31.5	63～200	5	3		①
		BY-G	16、25、32		100～400	6	4		

续表

系列简称	产品名称	型号	通径/mm	最高压力/MPa	额定流量范围/(L/min)	线性度/%	滞环/%	重复精度/%	生产厂
上海液二系列	电液比例节流阀	BL-G	16、25、32	25	63~320	5	3		
	电磁比例调速阀	BQ(A)F-B	8、10、20、32	31.5	25~200	5	<7	2	
	电磁比例调速阀	DYBQ-G	16、25、32	25	80~320	5	<7	2	
	比例方向流量复合阀	34BF	10、16、20	25	40~100	5	3	1	
广研系列	电液比例溢流阀	BYF	10、20、30	31.5	200~600	±3.5	±1.5(有颤振)±4.5(无颤振)	≤±2	②
		BY	10、20、32		200~600		±1.5(有颤振)±2.5(无颤振)	≤1	
	电液比例先导压力阀	BY	6	31.5	5	±3.5	±1.5(有颤振)±2.5(无颤振)	~1	
	电液比例减压阀	BJ	6	31.5	3	±3.5	±1.5(有颤振)±3.5(无颤振)	≤2	
	电液比例三通减压阀	3BJF	6	10	15		≤3	≤1	
	电液比例流量阀	BQ	8、10	20	40~100		±2.5	10(对检验点)	
	电液比例复合阀	※34	10、15、20、25、32	31.5	40~250		±2.5	≤1	
浙大系列	电液比例溢流阀	BYY	6、10、16、20、25、32	2.5~31.5	2~250	3、7.5	3	1	③
	电液比例减压阀	BJY	16、32	25	100~300	8	3	1	
	电液比例节流阀	BL	16、32	31.5	30~160	4	3	1	
	比例流量控制阀	DYBQ	16、25、32	31.5	15~320	4	3	1	
	比例换向阀	34B	6、10	31.5	16~32		<5	2	
		34BY	10、16、25		85~250		<5(通径10)<6	3	
	电反馈直动式比例换向阀	34BD	6、10	31.5	16~32		1	1	
		34BDY	10、16		85~150		1	1	
引进力士乐技术系列	直动式电液比例溢流阀	DBETR	6	31.5	10		<1	<0.5	④
	先导式电液比例溢流阀	DBE	10、20、30	31.5	80~600		<1.5、<2.5	<2	④⑤
	比例减压阀	DRE	10、20、30	31.5	80~300		<2.5	<2	④
	比例调速阀	2FRE	6、10、16	31.5	2~160		±1	<1	
	电液比例换向阀	4WR	6、10、16、25、32	32、35	6~1600		<1、<5、<6、	<1、<3	
油研E系列	电液比例遥控溢流阀	EDG	3	25	2		<3	<1	⑥
	电液比例溢流阀	EBG	10、20、25	25	100~400		<2	<1	
	电液比例溢流减压阀	ERBG	10、25	25	100~250		<3	<1	
	电液比例调速阀	EFG	6、10、20、25	21	30~500		<7	<1	
	电液比例单向调速阀	EFCG	6、10、20、25	21	30~500		<7	<1	
	电液比例溢流调速阀	EFBG	6、20、25	25	125~500		<3(压力控制)<7(流量控制)	<1	

续表

系列简称	产品名称	型号	通径/mm	最高压力/MPa	额定流量范围/(L/min)	线性度/%	滞环/%	重复精度/%	生产厂
北部精机ER系列	直动式比例溢流阀	ER-G01	6	25	2				⑦
	先导式比例溢流阀	ER-G03 ER-G06	10、20	25	100～200		<2	1	
	比例式压力流量阀	EFRD-G03	10、20	25	125～160		<2(压力控制) <3(流量控制)	1	
		EFRD-G06		25	250		<2(压力控制) <3(流量控制)	1	
	比例式压力流量复合阀	EFRDC-G03	10	25	125～160		<2(压力控制) <3(流量控制)	1	
伊顿K系列	电液比例压力溢流阀	K(A)X等		35	2.5～400				⑧
	比例方向节流阀(带单独驱动放大器)	KD等	规格:03、05、07、08、10	31.5、35	最大流量1.5～550		<8、±4		
	方向和节流阀(先导式,带内装电子装置)	KAD等	规格:03、05、06、07、08	31、35	20～720		<8、±4、<1、<2、<6、<7、<0.5		
	比例换向阀	DG	规格:02、03、05、07、08、10	21、25、35	30～1100				
Atos(阿托斯)系列	直动式比例溢流阀	RZMO	6	31.5	6		<1.5	<2	⑨
	先导式比例溢流阀	AGMZO	10、25、32		200～600		<1.5	<2	
	直动式比例减压阀	RZGO	6	32	12		<1.5	<2	
	先导式比例减压阀	AGRZO	10、20	31.5	160、300		<1.5	<2	
	比例流量阀	QV※ZO	6、10	21	40、70		<5	<1	
		QVZ※	10、20	25	60、140		<5	<1	
	插装式比例节流阀	LIQ	16、25、32、50	31.5	330～1500		<5	<0.2	
	直动式比例方向阀	D※ZO	6、10	35	30、60		<5	<1	
	先导式比例方向阀	DPZO	16、25	35	130、300		<5	<2	
	高频响比例方向阀	DLHZO	6、10	31.5	9、60		<0.1	<0.1	
Parker(派克)系列	直动式比例溢流阀	RE06M※W2	6	35	5		<1.5	<1	⑩
	先导式比例溢流阀	RE(插装)	16～63	35	200～4000		<3	<1	
	先导式比例减压阀	DW	10、25、32	35	150～350		<2.5	<2	
	比例流量阀	DUR※06	6	21	18		<6	<2	
	比例流量阀(节流)	TDAEB	25	35	500		<4	<3	
	插装式比例节流阀	TDA	16～63	35	220～2000		<3	<1	
	直动式比例方向阀	D※FW	6	35	15		<6	<4	
		WL※※10	10	35	40		<4	<2	
	先导式比例方向阀	D※1F※	10、16、25、32	35	70～1000		<5	<2	
	高频响比例方向阀	D※6FH	10、16、25	35	38～350		<0.1	<0.1	

注:1. 生产厂:①上海液二液压件制造有限公司;②广州机械科学研究院;③宁波高新协力机电液有限公司(宁波电液比例阀厂);④北京华德液压集团液压阀分公司;⑤上海立新液压有限公司;⑥榆次油研液压公司;⑦北部精机(Northman)公司;⑧伊顿(Eaton)流体动力(上海)有限公司;⑨意大利阿托斯(Atos)公司中国代表处;⑩派克汉尼汾流体传动产品(上海)有限公司。

2. 各系列电液比例阀的型号意义及安装连接尺寸请见产品样本。

3. 各厂商的联系方式等请见本书书末附录。

第12章 电液数字控制阀

12.1 功用及分类

电液数字控制阀(简称数字阀)是用数字信号直接控制液流的压力、流量和方向的阀类。与电液伺服阀和比例阀相比,数字阀的特点是,可直接与计算机接口连接,不需 D/A 转换器,结构简单,价廉,抗污染能力强,操作维护更简单;而且数字阀的输出量准确、可靠地由脉冲频率或宽度调节控制,抗干扰能力强;可得到较高的开环控制精度等,故得到了较快发展。在计算机实时控制的电液系统中,已部分取代伺服阀或比例阀。

根据控制方式的不同,电液数字阀可分为增量式和脉宽调制快速开关式两大类,前者已在工程实际中得到应用,后者则仍处于研究阶段。

12.2 基本原理

12.2.1 增量式电液数字阀

增量式数字阀是采用由脉冲数字调制演变而成的增量控制方式,以步进电机作为电气-机械转换器,驱动液压阀芯工作,故又称步进式数字阀。采用增量式数字阀的控制系统工作原理框图如图 12-1 所示,微型计算机(下简称微机)发出脉冲序列经驱动器放大后使步进电机工作。步进电机是一个数字元件,根据增量控制方式工作。增量控制方式是由脉冲数字调制法演变而成的一种数字控制方法。它是在脉冲数字信号的基础上,使每个采样周期的步数在前一采样周期的步数上,增加或减少一些步数,而达到需要的幅值,步进电机转角与输入的脉冲数成比例,步进电机每得到一个脉冲信号,便得到与输入脉冲数成比例的转角,每个脉冲使步进电机沿给定方向转动一个固定的步距角,再通过机械变换器(丝杆-螺母副或凸轮机构)使转角变换为轴向位移,使阀口获得一个相应开度,从而获得与输入脉冲数成比例的压力、流量。由于增量式数字阀无零位,因此阀中必须设置零位检测装置(传感器)或附加闭环控制,有时还附加用以显示被控量的显示装置。

由图 12-2 所示的增量式数字阀的输入和输出信号波形图可看出,阀的输出量与输入脉冲数成正比,输出响应速度与输入脉冲频率成正比。对应于步进电机的步距角,阀的输出量有一定的分辨率,它直接决定了阀的最高控制精度。

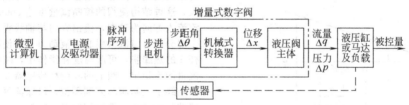

图 12-1 增量式数字阀控制系统工作原理框图

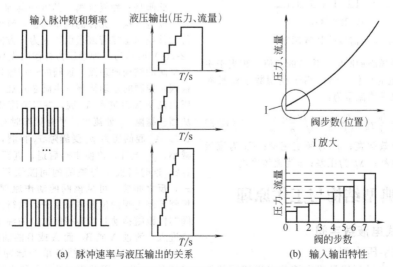

(a) 脉冲速率与液压输出的关系   (b) 输入输出特性

图 12-2 增量式数字阀的输入和输出信号波形图

12.2.2　脉宽调制式快速开关阀

脉宽调制式快速开关阀（简称快速开关阀）的控制信号是一系列幅值相等、而在每一周期内有效脉冲宽度不同的信号。采用脉宽调制快速开关式数字阀的控制系统的工作原理如图12-3所示。微机输出的数字信号通过脉宽调制放大器调制放大后使电气-机械转换器工作，从而驱动液压阀工作。由于作用于阀上的信号为一系列脉冲，故液压阀只有与之对应的快速切换的开和关两种状态，而以开启时间的长短来控制流量或压力。快速开关阀中液压阀的结构与其他阀不同，它是一个快速切换的开关，只有全开和全闭两种工作状态；电气-机械转换器主要是力矩马达和各种电磁铁。

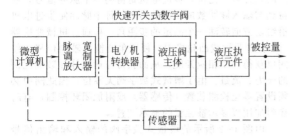

图12-3　脉宽调制式快速开关阀控制系统工作原理框图

快速开关阀的脉宽调制信号波形如图12-4所示。有效脉宽 t_p 对采样周期 T 的比值称为脉宽占空比，即：

$$脉宽占空比 = t_p / T \qquad (12-1)$$

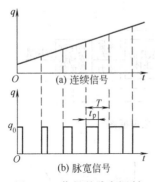

图12-4　信号的脉宽调制

用它表征该采样周期时输入信号的幅值，相当于平均电流与峰值电流的比值。例如用于控制数字流量阀时，则对应的输出平均流量为：

$$\bar{q} = \frac{t_p}{T} q_n = \frac{t_p}{T} C_d A \sqrt{\frac{2\Delta p}{\rho}} \qquad (12-2)$$

式中，t_p 为有效脉宽；q_n 为额定流量；C_d 为流量系数；A 为通流面积；Δp 为压差；ρ 为流体密度。

12.3　典型结构与工作原理

12.3.1　增量式电液数字阀

（1）电液数字压力阀

图12-5(a)为先导型增量式电液数字溢流阀的结构，其液压部分由二节同心式主阀和锥阀式导阀两部分组成，阀中采用了三阻尼器（13、15、16）液阻网络，在实现压力控制功能的同时，有利于提高主阀的稳定性；该阀的电气-机械转换器为混合式步进电机（57BYG450C型，驱动电压36V DC，相电流1.5A，脉冲速率0.1kHz，步距角0.9°），步距角小，转矩-频率特性好并可断电自定位；采用凸轮机构作为阀的机械转换器。结合图12-5(a)、(c)对其工作原理简要说明如下：单片微型计算机（AT89C2051）发出需要的脉冲序列，经驱动器放大后使步进电机工作，每个脉冲使步进电机沿给定方向转动一个固定的步距角，再通过凸轮3和调节杆6使转角转换为轴向位移，使导阀中调节弹簧19获得一个压缩量，从而实现压力调节和控制。被控压力由LED显示器显示。每次控制开始及结束时，由零位传感器22控制溢流阀阀芯回到零位，以提高阀的重复精度，工作过程中，可由复零开关复零。该阀额定压力16MPa，额定流量63L/min，调压范围0.5～16MPa，调压当量0.16MPa/脉冲，重复精度≤0.1%。

（2）电液数字流量阀

图12-6(a)所示为增量式电液数字流量阀的结构。步进电机1的转动经滚珠丝杆2转化为轴向位移，带动节流阀阀芯3移动，控制阀口的开度，从而实现流量调节。该阀的阀口由相对运动的阀芯3和阀套4组成，阀套上有两个通流孔口，左边一个为全周开口，右边为非全周开口，阀芯移动时先打开右边的节流口，得到较小的控制流量；阀芯继续移动，则打开左边阀口，流量增大，这种结构使阀的控制流量可达3600L/min。阀的液流流入方向为轴向，流出方向与轴线垂直，这样可抵消一部分阀开口流量引起的液动力，并使结构较紧凑。连杆5的热膨胀，可起温度补偿作用，减小温度变化引起流量的不稳定。阀上的零位移传感器6用于在每个控制周期终了控制阀芯回到零位，以保证每个工作周期有相同的起始位置，提高阀的重复精度。

（3）电液数字方向流量阀

此阀是一种复合阀，其方向与流量控制融为一体。若假设进入执行元件的流量为正，流出流量为负，则执行元件换向意味着流量由正变为负方向，反之亦然。图12-7(a)所示为一种带压力补偿的先导式增量数字方向流量阀的结构原理图。该阀的动作原理可以看成是由挡板阀4控制的差动活塞（主阀芯）缸。压力为 p 的先导压力油从X口进入 A_1 腔，并经节流孔2后降为 p_c，再从挡板缝隙 x_0 处流出，平衡状态时有 $A_1/A_2 = p/p_c = 1/2$。A_2 腔的压力 p_c 受缝隙 x_0 控制，挡板向前时，x_0 减小，p_c 上升，迫使主阀后退，直至再次满足 $p/p_c = 1/2$，这时挡板4与喷嘴的间隙恢复为平衡状态时的 x_0，反之亦然。可见该阀的动作原理可以看成是由挡板阀控制主阀的位置伺服系统，执行元件为主阀芯。主阀芯做跟随移动时切换控制油口的油路，使压力油从P口进入，流进A或B，而A或B的油液就从T口排走。由于步进电机驱动的挡板单个脉冲的位移可以很小（10^{-2}mm级），因此主阀的位移也可以以这一微小增

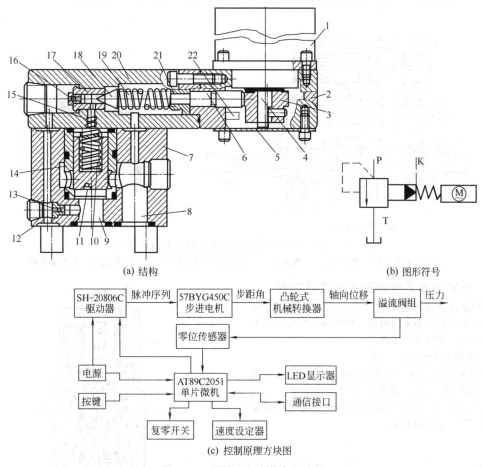

(a) 结构   (b) 图形符号

(c) 控制原理方块图

图 12-5 增量式电液数字溢流阀

1—步进电机；2—支架；3—凸轮；4—电机轴；5—盖板；6—调节杆；7—阀体；8—出油口 T；9—进油口 P；
10—复位弹簧；11—主阀芯；12—遥控口 K；13，15，16—阻尼；14—阀套；17—导阀座；
18—导阀芯；19—调节弹簧；20—阀盖；21—弹簧座；22—零位传感器

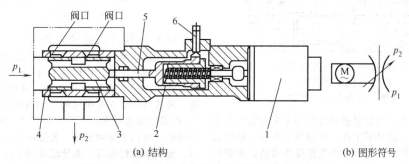

(a) 结构   (b) 图形符号

图 12-6 步进电机直接驱动的增量式数字流量阀

1—步进电机；2—滚珠丝杆；3—节流阀阀芯；4—阀套；5—连杆；6—零位移传感器

量变化，从而实现对流量的微小调节。为了使阀芯节流口前后压差不受负载影响，保持恒定，阀的内部可以设有定差减压阀或定差溢流阀。图 12-7 所示为设有定差溢流阀的结构，它是一个先导式定差溢流阀，弹簧腔通过阀芯的内部通道，分别接通 A 口或 B 口，实现双向进口节流压力补偿，例如，挡板向左移动时，主阀芯亦

向左做随动，油路切换成 P 口与 B 口相通，A 口与 T 口相通，这时主阀芯内的油道 b 使 B 口与溢流阀的弹簧控制腔相通，使 P 口与 B 口间的压力差维持在弹簧 1 所确定的水平内，超出这个范围时，阀芯 6 右移，使 P 与 T 接通，供油压力下降；以保持节流阀芯两侧压差维持不变，补偿负载变化时引起的流量变化。阀芯的内

部通道 a 与 b，使能在两个方向上选择正确的压力进行　反馈，保证补偿器的正常起作用。

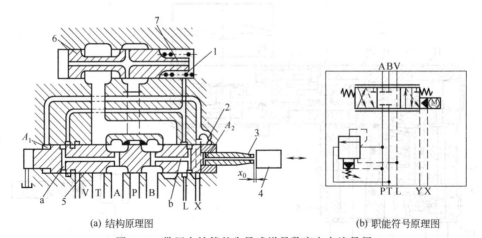

(a) 结构原理图　　　　　　　　　　　　(b) 职能符号原理图

图 12-7　带压力补偿的先导式增量数字方向流量阀

1—溢流阀弹簧；2、7—阻尼孔；3—喷嘴；4—步进电机驱动的挡板；5—主阀芯；6—定差溢流阀

12.3.2　脉宽调制式快速开关电液数字阀

脉宽调制式快速开关阀有二位二通和二位三通两种，两者又各有常开和常闭两类。按照阀芯结构形式不同，有滑阀式、锥阀式和球阀式等。

（1）滑阀式快速开关阀

图 12-8 所示为电磁铁驱动的滑阀式二位三通快速开关阀。电磁铁断电时，弹簧 1 把阀芯 2 保持在 A 口和 T 口相通位置上；电磁铁通电时衔铁 3 通过推杆使阀芯左移，P 口与 A 口相通。

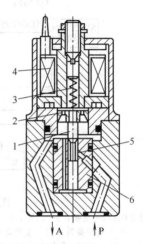

图 12-9　电磁铁驱动的锥阀式二位二通快速开关阀

1—锥阀芯；2—衔铁；3—弹簧；4—线圈；
5—阻尼孔；6—阀套

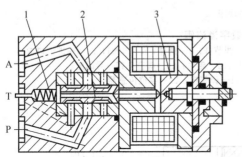

图 12-8　电磁铁驱动的滑阀式
二位三通快速开关阀

1—弹簧；2—阀芯；3—衔铁

滑阀式快速开关阀容易获得液压力平衡和液动力补偿，可以在高压大流量下工作，可以多位多通，但这会加长工作行程，影响快速性，加工精度要求高，而密封性较差，因泄漏会影响控制精度。

（2）锥阀式快速开关阀

图 12-9 所示为电磁铁驱动的锥阀式二位二通快速开关阀，当线圈 4 通电时，衔铁 2 上移，使与其连接的锥阀芯 1 开启，压力油从 P 口经阀体流入 A 口。为防止开启时阀因稳态液动力而关闭和减小控制电磁力，该阀通过射流对铁芯的作用来补偿液动力。断电时，弹簧 3 使锥阀关闭。阀套 6 上有一个阻尼孔 5，用以补偿液动力。

（3）球阀式快速开关阀

球阀式快速开关阀除了可用电磁铁驱动外，还可以采用力矩马达驱动。例如图 12-10 所示的力矩马达驱动的球阀式二位三通快速开关阀，其驱动部分为力矩马达，液压部分有先导级球阀 4、7 和功率级两级球阀 5、6。根据线圈通电方向不同，衔铁 2 顺时针或逆时针方向摆动，输出力矩和转角。若脉冲信号使力矩马达通电时，衔铁顺时针偏转，先导级球阀 4 向下运动，关闭压力油口 P，L_2 与回油口 T 接通，功率级球阀 5 在液压力作用下向上运动，工作口 A 与 P 相通。与此同时，球阀 7 受 P 作用于上位，L_1 腔与 P 腔相通，球阀 6 向下关闭，断开 P 腔与 T 腔通路。反之，如力矩马达逆时针偏转时，情况正好相反，工作口 A 则与 T 腔相通。

现有快速开关阀的响应时间通常在几毫秒级（见表 12-1），特别是采用压电晶体（一种电子伸缩材料）做

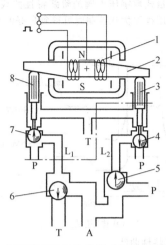

图 12-10　力矩马达驱动的球阀式二位三通快速开关阀
1—线圈锥阀芯；2—衔铁；3、8—推杆；
4、7—先导级球阀；5、6—功率级球阀

电-机械转换器的新型数字阀，通电时可使叠合的多片压电晶体产生 0.02mm 的变形，由此带动阀芯运动，启闭阀口，阀的响应时间不到 1ms。当选择合适的控制信号频率时，阀的通断引起的流量或压力波动经主阀或系统执行元件衰减，不至于影响系统的输出，系统将按平均流量或压力工作。

表 12-1　现有脉宽调制式快速开关阀的响应时间

结构形式	压力 /MPa	流量 /(L/min)	响应(切换) 时间/ms	耗电功 率/W
电磁铁滑阀	7～20	10～13	3～5	15
电磁铁锥阀	3～20	4～20	2～3.4	15

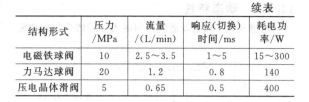

结构形式	压力 /MPa	流量 /(L/min)	响应(切换) 时间/ms	耗电功 率/W
电磁铁球阀	10	2.5～3.5	1～5	15～300
力马达球阀	20	1.2	0.8	140
压电晶体滑阀	5	0.65	0.5	400

12.4　主要性能

电液数字阀的性能指标既与阀本身的性能有关，也与控制信号与放大器的结构以及与主机的匹配有关，是一项综合指标。

12.4.1　静态特性

数字阀的静态特性可用输入的脉冲数或脉宽占空比与输出流量或压力之间的关系式或曲线表示。数字阀的优点之一是重复性好，重复精度高，滞环很小。增量式数字阀的静态特性（控制特性）曲线如图 12-11 所示，其中图 (c) 的方向流量阀特性曲线，实际由两只数字阀组成。由图同样可得到阀的死区、线性度、滞环及额定值等静态指标。选用步距角较小的步进电动机或采取分频等措施可提高阀的分辨率，从而提高阀的控制精度。

脉宽调制式数字阀的静态特性（控制特性）曲线如图 12-12 所示。由图可见，控制信号太小时不足以驱动阀芯，太大时又使阀始终处于吸合状态，因而有起始脉宽和终止脉宽限制。起始脉宽对应死区，终止脉宽对应饱和区，两者决定了数字阀实际的工作区域；必要时可以用控制软件或放大器的硬件结构消除死区或饱和区。当采样周期较小时，最大可控流量也小，相当于分辨率提高。

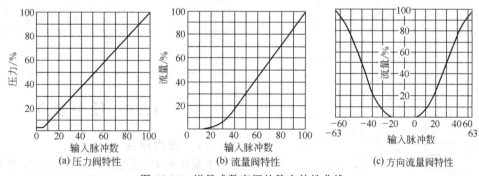

(a) 压力阀特性　　　(b) 流量阀特性　　　(c) 方向流量阀特性

图 12-11　增量式数字阀的静态特性曲线

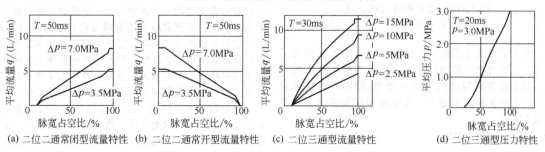

(a) 二位二通常闭型流量特性　(b) 二位二通常开型流量特性　(c) 二位三通型流量特性　(d) 二位三通型压力特性

图 12-12　脉宽调制式数字阀的静态特性曲线

12.4.2　动态特性

增量式数字阀的动态特性与输入信号的控制规律密切相关，增量式数字压力阀的阶跃特性曲线如图 12-13 所示，可见用程序优化控制时可得到良好的动态性能。

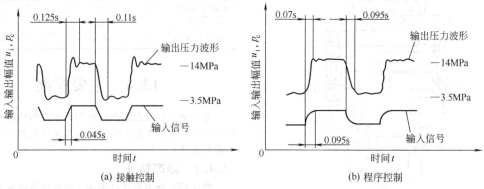

图 12-13　增量式数字压力阀的阶跃特性曲线

脉宽调制式数字阀的动态特性可用它的切换时间来衡量。由于阀芯的位移较难测量，可用控制电流波形的转折点得到阀芯的切换时间。图 12-14 所示为脉宽调制式数字阀的响应曲线，其动态指标是最小开启时间 T_{on} 和最小关闭时间 T_{off}。一般通过调整复位弹簧使两者相等。当阀芯完全开启或完全关闭时，电流波形产生一个拐点，由此可判定阀芯是否到达全开或全关位置，从而得到其切换时间。不同脉宽信号控制时，动态指标也不同。

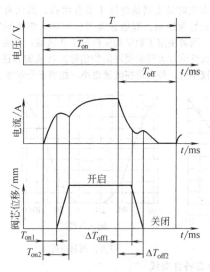

图 12-14　脉宽调制式数字阀
的响应曲线

为了提高数字阀的动态响应，对于增量式阀可采用高、低压过激驱动和抑制电路以提高其开和关的速度；对于脉宽调制式阀可采用压电晶体体电-机械转换器，但它的输出流量更小，而电控功率要求更大（参见表 12-1）。

12.4.3　性能比较

电液数字阀与伺服阀及比例阀的性能比较见表 12-2。

表 12-2　电液数字阀与伺服阀及比例阀的性能比较

项目	电液数字阀		电液比例阀	电液伺服阀
	增量式	快速开关式		
介质过滤精度/μm	25	25	20	3
阀内压降/MPa		0.25~5	0.2~2	7
滞环、重复精度	<0.1%		3%	3%
抗干扰能力	强	强	中	中
温度漂移(20~60℃)	2%		6%~8%	2%~3%
控制方式	简单	简单	较简单	较复杂
动态响应	较低		中	高
中位死区	有	有	有	无
结构	简单	简单	较简单	复杂
功耗	中等		中	低
价格因子	1	0.5	1	3

12.5　使用要点

12.5.1　应用场合

目前数字阀应用范围明显不如伺服和比例控制系统广泛。究其主要原因是，增量式存在分辨率限制；而脉宽调制式主要受两个方面制约：一是控制流量小且只能单通道控制，在要求较大流量或方向控制时难以实现；二是有较大的振动和噪声，影响可靠性和使用环境。相反，具有数字量输入特性的数控电液伺服阀或比例阀克服了这些缺点。电控系统造价较高及可选用的商品化系列产品尚较少也是数字阀应用受到限制的重要原因。

目前数字阀主要用于先导控制和中小流量控制场合，如电液比例阀的先导级、汽车燃油量控制等。美国在农机上利用四个脉宽数字阀集成，依靠程序控制实现液压缸的方向控制和差动控制等功能，灵活多变。电液数字阀在注塑机、液压机、磨床、大惯量工作台、变量泵的变量机构、飞行器的控制系统中也有所应用。

图 12-15 为某滚筒洗衣机玻璃门压力机［用于玻璃门热压成型（即将从熔窑取出并放入模腔中的高温玻璃液，通过下压获得制品）］电液控制系统原理图。由于 4 个辅助液压缸和主缸的压力及流量要求不同，故系统采用了双联泵 3 分组供油，以隔离干扰。即由泵 3 的左泵向 4 个辅助液压缸回路供油，回路压力设定与泵的卸荷由电磁溢流阀 5 实现，回路压力通过压力表及其开关 4 监测；由泵 3 的右泵单独向主液压缸供油，由于主缸要求 7 级不同压力，故采用了电液数字溢流阀 10 实施控制，并由压力表及其开关 9 进行监控。为了保证油液清洁度和降低因玻璃模腔较高温度引起的液压油液发热，系统回油采用带发信指示的过滤器 13 过滤并用水冷却器 14 进行冷却。

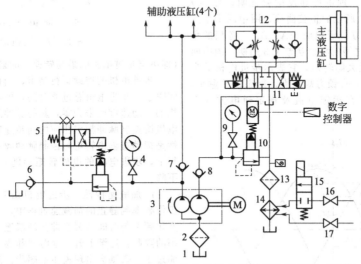

图 12-15　滚筒洗衣机玻璃门压力机电液数字控制系统原理图（部分）

1—油箱；2—吸油过滤器；3—双联泵；4、9—压力表及其开关；5—电磁溢流阀；6~8—单向阀；
10—电液数字溢流阀；11—三位四通电液换向阀；12—双单向节流阀；13—带发信回油过滤器；
14—水冷却器；15—电磁水阀；16、17—截止阀

12.5.2　注意事项

电液数字阀的性能优劣在很大程度上取决于其电气-机械转换器及其驱动电控系统的性能，所以在电液数字阀的使用中必须给予高度重视。

（1）增量式数字阀的步进电机驱动电控系统

因为增量式数字阀由步进电机驱动，所以数字阀的性能是步进电机运行性能与驱动电控系统的综合效果。

① 步进电机的主要特性和选择

a. 通电方式和步距角。步进电机的结构形式见第 2 章。按励磁相数不同，步进电机又有二相、三相、四相、五相、六相等形式。为了保证步进电机旋转，其各相绕组需要轮流通电，轮流通电方式有单相轮流、双相轮流和单相多相交替等多种。例如对于三相步进电机，在单相单三拍通电方式（即 A→B→C→A→…）下，因为每次只有一相通电，容易使转子在平衡位置附近振荡，稳定性差。而且在转换时，由于一相线圈断电时，另一相线圈刚开始通电，就容易失步，即不能按照信号一步一步地转动所以不常采用这种单相轮流通电的控制方式。如果采用双相轮流通电方式（即 AB→BC→CA→AB→…），则在一个循环内仍是转换三次通电状态，即所谓三相双三拍方式，由于转换状态时始终有一相通电，所以工作稳定而不易失步，输出力矩较大、静态误差小，定位精度高。与单相轮流通电相比，步距角相同，但功耗较大。为了减小步距角，常采用单双相轮流通电方式。对三相步进电机而言称为三相六拍方式（即 A→AB→B→BC→C→CA→A→…），这种通电方式的步距角为上述两种通电方式步距角的一半。同时状态转换时，始终有一相通电，增加了稳定性。

步进电机的步距角按下式计算：

$$\theta = \frac{360°}{mzK} \qquad (12\text{-}3)$$

式中，m 为步进电机的相数；z 为步进电机转子的齿数；K 为通电方式系数，励磁相数不变的控制方式 $K=1$；励磁相数改变的控制方式 $K=2$。

步距角的大小体现了系统的分辨能力，常用的反应式步进电机的步距角 θ 在 0.36°~3°，混合式步进电机的步距角在 0.36°~1.8°。为了提高系统精度，应选用步距角小的电机。此外步距角还与工作频率和启动频率有关，步距角小；工作频率高时，转速不一定高。

b. 步距角误差 $\Delta\theta$。空载时，步进电机的每个步距的实际值与理论值之差称为步距角误差，它是一个重要的性能指标。决定于步进电机的加工装配精度。在开环控制时，这部分误差无法补偿，故应尽量选用步距角误差小的步进电机。

c. 角矩特性、最大静转矩 M_{jmax} 和最大启动转矩

M_q。步进电机以常电流通电时，转子不动时的定位状态为静态。步进电机空载时，某相通以恒定电流，则静态时对应的定子、转子的齿槽对齐。此时转子上无输出转矩。如果在轴上加一逆时针的转矩 M，则步进电机就要偏离平衡位置，以逆时针方向转过一个角度 ϕ 才能重新平衡。这时负载转距 M 与电磁转矩 M_j 相等。M_j 称为静态转矩，ϕ 称为失调角，$M_j = f(\phi)$ 则称为角矩特性。不断改变 M 值，对应就有 M_j 值及 ϕ 角，最后可得到某相的角矩特性，理论推导及试验证明，$M_j = f(\phi)$ 特性近似图 12-16 所示的正弦曲线，图中画出了三相步进电机按单三拍方式通电时，A、B、C 各相的角矩特性。显然，三相之间的相位互差 1/3 周期，图中曲线的峰值 M_{jmax} 称为最大静转矩，它表示步进电机的带负载能力。M_{jmax} 愈大，自锁力矩愈大，静态误差愈小。一般最大静转矩是指在额定电流及规定通电方式下的 M_{jmax}。

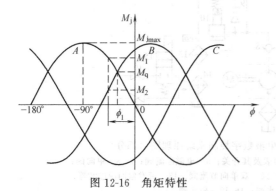

图 12-16　角矩特性

图 12-16 中的曲线 A、B 分别是相邻 A 相和 B 相的静态转矩曲线。它们的交点所对应的转矩 M_q 便是步进电机运行状态的最大启动转矩。若负载转矩大于 M_q，电机就无法启动。例如，A 相通电时，外加负载转矩大于 M_q，设电机开始稳定在失调角 ϕ_1 的位置上，当下一相通电时，对应这个失调角 ϕ_1，转子的输出转矩为 M_2。从图中看出若 $M_2 < M_1$，转子将反转，所以步进电机不能启动。只有负载转矩小于 M_q 时才能启动。

该性能指标表示步进电机启动负载的能力，电动机相数增加，步矩角减小，相邻两相的曲线交点上移，会使 M_q 增加。改变通电方式也可能收到类似的效果。

d. 启动频率 f_q 及启动时的惯频特性。空载时，步进电机从静止状态不失步地启动所允许的最高控制频率，称为启动频率 f_q 或突跳频率，f_q 反映了步进电机的快速性能。若启动时的控制频率大于 f_q，步进电机就不能正常启动。

启动时的惯频特性是指步进电机带动纯惯性负载时，启动频率和负载转动惯量之间的关系（图 12-17）。一般来说，随着负载惯量增加，启动频率下降。如果除了惯性负载外还有转矩负载，则启动频率进一步下降。

e. 最高工作频率 f_{max} 和矩频特性。步进电机连续运行时，它所能接受的，即保证不失步运行的极限频率称为最高工作频率 f_{max}，它是决定各相通电状态变化

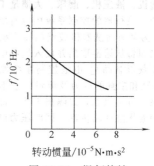

图 12-17　惯频特性

（即决定步进电机的最高转速）的最高频率的参数。

步进电机的连续运行是指，当控制脉冲的转换时间间隔小于步进电机总过渡时间，即前一个脉冲使步进电机的运动速度尚未为零，新的脉冲随即到来，这时步进电机按控制脉冲频率相应的同步速度连续运行。矩频特性是指动态输出转矩与控制脉冲频率的关系。在连续运行下，步进电机的电磁转矩会随工作频率升高而急剧下降。

f. 加减速特性。步进电机由静止到工作频率或由工作频率到静止的加减速过程中，定子绕组通电状态的变化频率与时间的关系即为加减速特性。由于受突跳频率的限制，逐渐上升加速时间和逐渐下降的减速时间不能过小，否则会出现失步或超步。当要求步进电机启动到超过突跳频率时，或相反的过程，速度的上升或下降必须逐步切换，为了获得给定位移过程时间最短，关键是要使加、减速时间最小。这要求在适当时切换控制频率。

② 对驱动电控系统的要求

a. 按一定的顺序及频率接通和断开步进电机的控制绕组，使步进电机按要求启动、运转和停止。电源的相数、通电方式、电压、电流与步进电机的基本参数相适应。

b. 能提供幅值足够、尽可能接近脉冲方波的驱动电流。步进电机是一个感性负载，在一个方波脉冲电流的接通和断开中，由于存在过渡过程，实际的电流平均值比理想的方波小，造成转矩下降。脉冲频率高时情况更严重，其转矩频率特性变软。另外，绕组断电时，电流不立即消失，造成对下一步进的阻尼，也使得转矩和工作频率下降。因而驱动电控系统必须能提供尽量理想的方波驱动电流。

c. 能满足步进电机启动频率和运行频率的要求，并能实现按要求的升频、降频的启动和停止。能最大限度地抑制步进电机的振荡，工作可靠、抗干扰力强。

d. 价廉、高效并便于安装调试及使用维护。

③ 电控驱动系统的组成。图 12-18 所示为增量式数字阀的步进电机电控驱动系统框图，它包括很多环节。其中电动机电源通常为步进电机附带的产品，而程序逻辑则需根据具体对象由用户编制的专门的计算机软件完成。为了给步进电机绕组以足够的功率，必须对程序逻辑的输出信号进行放大，电流较大的步进电机通常需要几级放大。

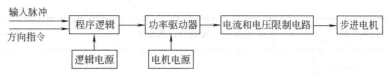

图 12-18　增量式数字阀的步进电机电控驱动系统框图

电控驱动系统的软件，是为控制目的编写的应用程序，所用的语言有机器语言、汇编语言和高级语言三类，具体选择取决于系统的软件配置和控制要求。

④ 功率放大电路。功率放大电路的功能是将程序逻辑输出的弱电信号变为强电信号，使足以得到步进电机控制绕组所需的脉冲电流。通常增量式电液数字阀所

需的励磁电流可达几安培。功放电路的路数与步进电机相数 m 相同。理想的驱动系统向绕组提供的电流接近矩形波，但由于电机绕组有较大电感，故做到此点较为困难。

表 12-3 给出了几种适宜数字阀采用的晶体管驱动的功率放大电路。

表 12-3　功率放大电路原理图及其波形图和特点

电路名称	电路原理图	电压(U)、电流(I_A)波形图	原理特点
单电压电路	注：这是步进电机其中一相的功放电路		此放大电路分两级，第一级是射极跟随器（V_1、V_2）作电流放大，第二级 V_3 是功率放大，直接用来驱动电机绕组。当输入信号 u_A 为低电平 0.3V 时，虽然 V_1 和 V_2 管都导通，但只要适当选择电阻 R_1、R_2、R_3 的阻值，使 $U_{b3}<0$（约为 -1V），则管 V_3 就处于截止状态。只有当输入信号为高电平 3.6V（逻辑 1）时，$U_{b3}>0$（约为 0.7V），V_3 饱和导通，步进电机绕组一相通电。 在功放级中，L 为该绕组的等效电感，R 为限流电阻，VD 和 R_D 组成泄放电路，使 V_3 在关闭瞬间免受电感反电动势造成的高压的影响，对 V_3 起保护作用。静态时绕组电流 $I_{max}\approx U/R$；动态时，电流波形如图示。每一电压脉冲期间，步进电机的工作都处于过渡过程状态，电流上升沿时间常数为 $\tau_1=L/R$，下降沿时间常数为 $\tau_2=L/R_D$。由于电感的影响，电流滞后于电压的变化，频率愈高，滞后愈严重，有可能达不到 I_{max}，这就使力矩变小，造成失步。为了提高不失步的工作频率，应降低时间常数。调节 R_D 可以使下降沿时间常数变小，调节范围以不损坏三极管为限。增大 R 可以减小 τ_1，但增大只会减小最大电流，使力矩减小；另一方面，R 会消耗电能，造成发热
双电压电路			双电压电路可以改善步进电机的频率响应和电流波形。U_g 为高压 60V 或更高，U_d 为低压 12V 或 24V。开始时先接通高压 U_g，使绕组有较大的冲击电流流过，然后高压断开，低压供电，以保证绕组的稳定电流为额定值。当两管基极接收到从前置放大级来的控制信号 u_1 和 u_2 时，V_g 和 V_d 同时导通，接通高压 U_g，绕组电流按 U_g 决定的曲线 1 上升。u_1 的持续时间很短，通常设定 t_0 为 $100\sim600\mu s$，绕组的电流为额定电流的 $1\sim2$ 倍。达到电路规定的延时 t_0 后，u_1 由高电平变低电平，V_g 关断，VD_1 导通电压改由低电压 U_d 供电，电流按由 U_d 所确定的曲线 2 达到额定工作电流 I_{max2}。通电结束，电流按放电指数曲线下降到零，尽管时间常数 τ_1 未变，但由于在 t_0 期间内，电流飞升很快，有利于提高启动频率和连续工作频率，增大输出转矩。此外，额定电流由低压维持，只需很小的限流电阻，减小了发热损耗。因 t_0 的长短是由线路参数预先确定，故不能随意调整

续表

电路名称	电路原理图	电压(U)、电流(I_A)波形图	原理特点
高压电流斩波电路	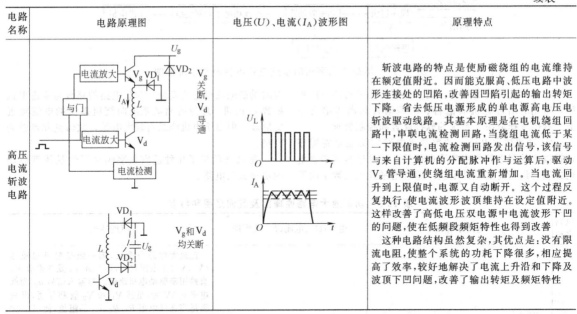		斩波电路的特点是使励磁绕组的电流维持在额定值附近。因而能克服高、低压电路中波形连接处的凹陷，改善因凹陷引起的输出转矩下降。省去低压电源形成的单电源高电压电斩波驱动线路。其基本原理是在电机绕组回路中，串联电流检测回路，当绕组电流低于某一下限值时，电流检测回路发出信号，该信号与来自计算机的分配脉冲作与运算后，驱动 V_g 管导通，使绕组电流重新增加。当电流回升到上限值时，电源又自动断开。这个过程反复执行，使电流波形波顶维持在设定值附近。这样改善了高低电压双电源中电流波形下凹的问题，使在低频段频矩特性也得到改善 　　这种电路结构虽然复杂，其优点是：没有限流电阻，使整个系统的功耗下降很多，相应提高了效率，较好地解决了电流上升沿和下降及波顶下凹问题，改善了输出转矩及频矩特性

（2）快速开关阀的驱动电控系统

　　与普通开关阀不同，快速开关阀的控制方式并非一个简单的开关量信号，它通常需用计算机控制。由于计算机的输出量均为微弱的脉冲信号，所以必须对其进行调制和功率放大才能驱动开关数字阀。脉宽调制信号可用硬件、软件或软、硬件结合的方法生成，其具体内容和快速开关阀的驱动电路等请见相关资料，此处从略。

12.6　故障诊断

　　如前所述，电液数字阀主要由电气-机械转换器、机械转换器及液压三部分组成，液压部分的常见故障及诊断排除可参见普通液压阀的方法，机械转换器的磨损、松动、卡阻会影响阀的正常工作，应定期进行检查或更换，电气-机械转换器的故障因种类及结构形式不同而异，可参阅相关产品样本或文献。

12.7　典型产品（日产 D 系列增量式数字阀）

　　日产 D 系列增量式数字阀概览见第 3 章表 3-10，各阀的型号意义、职能符号及性能参数见表 12-4、表12-5 和表 12-6，其外形连接尺寸请参见生产厂产品样本。

表 12-4　日产 D 系列增量式电液数字溢流阀的型号意义、职能符号及性能参数

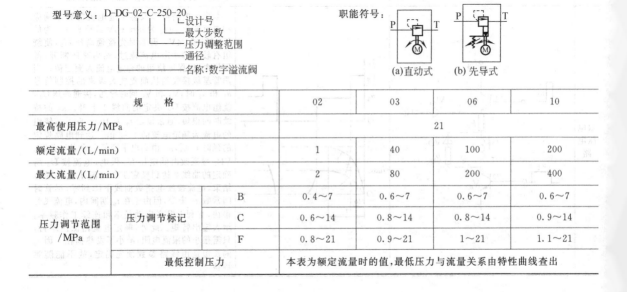

规　　格			02	03	06	10
最高使用压力/MPa			21			
额定流量/(L/min)			1	40	100	200
最大流量/(L/min)			2	80	200	400
压力调节范围/MPa	压力调节标记	B	0.4~7	0.6~7	0.6~7	0.6~7
		C	0.6~14	0.8~14	0.8~14	0.9~14
		F	0.8~21	0.9~21	1~21	1.1~21
	最低控制压力		本表为额定流量时的值，最低压力与流量关系由特性曲线查出			

续表

滞环	最高控制压力的 0.1% 以下			
重复精度	最高控制压力的 0.1% 以下			

温度漂移 • 与 ISO VG32 相当的液压油温度变化范围 30～60℃ • 与最高控制压力的百分比	压力调整标记	B	<4%	<6%	<6%	<6%
		C	<3%	<3%	<4%	<4%
		F	<4%	<1%	<1.5%	<2%

分辨率 （最大步数）	2 相励磁方式	100(4 相步进电机)
	1-2 相励磁方式	200(4 相步进电机)
	4 相励磁方式	250(4 相步进电机)

响应	阀的响应受驱动器性能影响。当采用 2 相励磁方式的专用驱动器 (DC-B2B) 时,最大输入脉冲频率 900pps 时,阀的响应时间为 1.1ms/步(110ms/满步数)
误差	最高控制压力的 ±3% 以下
允许背压/MPa	<1
过滤精度/μm	<25
质量/kg	3.1　　7.9　　10　　13.6

表 12-5　日产 D 系列增量式电液数字流量阀的型号意义、职能符号及性能参数

型号意义：

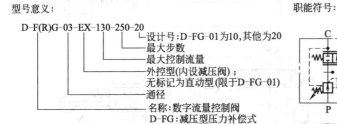

D-F(R)G-03-EX-130-250-20
- 设计号:D-FG-01 为 10,其他为 20
- 最大步数
- 最大控制流量
- 外控型(内设减压阀);无标记为直动型(限于 D-FG-01)
- 通径
- 名称:数字流量控制阀　D-FG:减压型压力补偿式

(D FG 01 为直动型带温度补偿;)　DFRG:溢流型压力补偿式

职能符号：

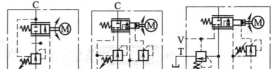

(a) 不带压力补偿　(b) 减压式压力补偿　(c) 安全式压力补偿

规　格	01	02		03		06	10
	D-FG	D-FG	D-FRG	D-FG	D-FRG	D-FG	D-FRG
最高使用压力/MPa	21						
最大控制流量/(L/min)	0.3　1　2.5　3.5　6　8　10	6　15　25　40　65	6　15　25　40　65　90　130	90　130	130　170　250	170　250　375　500	500　1000
最小控制流量/(L/min)	0.03(0.02)①	0.2　0.2　0.2　0.4　0.6	0.7　0.7　0.7　0.9　1.1　1.4	1.8　0.9	1.2　2　2.5	3　1.7　2.5　5	6　6　8
控制压力/MPa	2～21(压力补偿减压阀设定压力为 3MPa)						
控制流量(控制压力 3MPa 时)/(L/min)	—	1.2		1.8		2.5	3.5
滞环,重复精度	最大控制流量的 0.5% 以下	最大控制流量的 0.1% 以下					
温度漂移(30～60℃,与 ISO VG32 相当的液压油)	见特性曲线	最大控制流量的 2% 以下					
分辨率 （最大步数） 2 相励磁方式	100(4 相电机)						
1-2 相励磁方式	200(4 相电机)						
4 相励磁方式	250(4 相电机)						
响应	阀的响应很大程度上受驱动器性能影响。当采用 2 相励磁的专用驱动器 (DC-B2B) 时,最大输入脉冲频率 900pps,阀的响应时间为 1.2ms/步(110ms 满步数)						

续表

规　　格	01	02		03		06	10
	D-FG	D-FG	D-FRG	D-FG	D-FRG	D-FG	D-FRG
误差	最大控制流量的±3%以下						
允许背压/MPa	0.1 以下	0.35 以下					
过滤精度/μm	<25						
质量/kg	6	10.5		18.5		34	68

① D-FG-01 的最小控制流量,当阀压差在 10MPa 以下时为 0.02L/min。

表 12-6　日产 D 系列增量式电液数字方向流量阀的型号意义、职能符号及性能参数

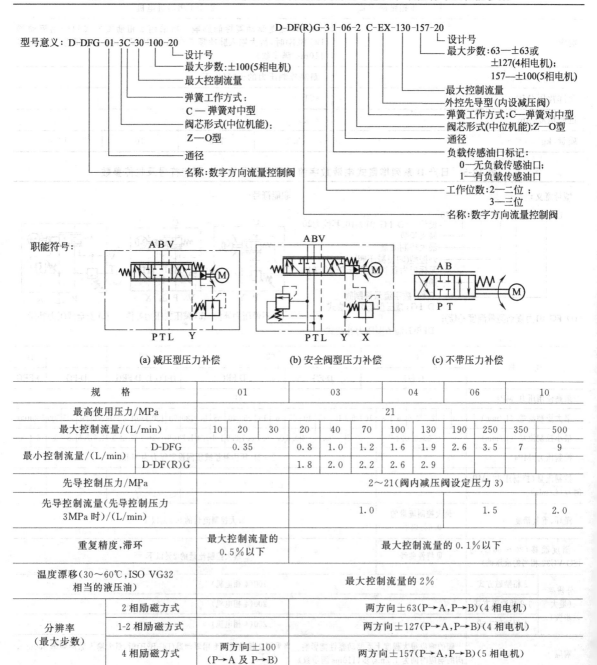

(a) 减压型压力补偿　　(b) 安全阀型压力补偿　　(c) 不带压力补偿

规　　格	01			03			04		06		10
最高使用压力/MPa	21										
最大控制流量/(L/min)	10	20	30	20	40	70	100	130	190	250	350	500
最小控制流量/(L/min)　D-DFG	0.35			0.8	1.0	1.2	1.6	1.9	2.6	3.5	7	9
D-DF(R)G				1.8	2.0	2.2	2.6	2.9				
先导控制压力/MPa	2~21(阀内减压阀设定压力 3)										
先导控制流量(先导控制压力 3MPa 时)/(L/min)				1.0					1.5		2.0
重复精度,滞环	最大控制流量的 0.5%以下			最大控制流量的 0.1%以下							
温度漂移(30~60℃,ISO VG32 相当的液压油)	最大控制流量的 2%										
分辨率 (最大步数)　2 相励磁方式				两方向±63(P→A,P→B)(4 相电机)							
1-2 相励磁方式				两方向±127(P→A,P→B)(4 相电机)							
4 相励磁方式	两方向±100 (P→A 及 P→B)			两方向±157(P→A,P→B)(5 相电机)							

续表

规　格		01	03	04	06	10
响应		2000pps	阀的响应与使用的驱动器有很大关系；使用 2 相励磁方式的专用驱动器(DC-BZB)时，最大输入脉冲率 900pps，阀响应时间 1.1ms/步(70ms/63 步)			
误差		最大控制流量的±3%以下				
Y 口(泄油口)许用压力/MPa		<1①	<0.35			
过滤精度/μm		10	<25			
质量/kg	D-DFG	2.5	10.7	10.8	18.2	45
	D-DFRG		12.7	12.8		

① T 口的许用压力。

第13章 微型液压阀与水压控制阀

13.1 微型液压阀

13.1.1 特点类型

微型液压技术因体积小、重量轻及动力密度大等显著优点，于20世纪中后期就已引起工业发达国家的重视，竞相展开研究和开发，并拓宽其应用领域。目前，微型液压技术涉足的应用领域包括航空、小型机床、行走机械、橡塑机械、科学仪器、医疗器械、清扫机器人、地下铁道、建筑机械、钢铁厂液压取料抓具。同其他微型液压元件一样，微型液压阀作为微型液压系统的重要组成部分，也是在普通液压基础上新发展的品种。在国外，瑞士、美国、日本和德国等工业发达国家正在积极发展微型液压阀，其中有些已经系列化、标准化。如最具代表性的瑞士WANDFLUH（万福乐）公司生产的微型液压阀产品和美国Lee（莱）公司生产的微型液压控制阀产品等。

根据微型液压阀的著名生产商——瑞士WANDFLUH（万福乐）公司的产品分类法，凡是阀的通径≤3～4mm的高压液压阀均可称为微型液压阀，此类液压阀的最大工作压力一般在31.5MPa以上，有的高达50MPa，与同压力等级的大通径阀相比，其外形尺寸和重量缩小和减轻了很多，因而具有紧凑的结构和大功率密度。此外微型液压阀还具有电子操纵所需功率小、小流量、多种安装连接方式、产品系列完整具等特点，主要用于对安装空间和重量为主要限制条件的场合。

微型液压阀可按以下多种方式进行分类。

① 按功用分类有方向控制阀（换向阀和单向阀）、压力控制阀（溢流阀、减压阀等）和流量控制阀（单向节流阀、调速阀等）等。

② 按阀芯结构分类有滑阀、座阀、插装阀等。

③ 按安装连接方式分类有管式、板式、叠加式、插装式等。

④ 按控制信号形式分类有开关控制阀和比例控制阀等。

微型液压阀中的各种阀的工作原理与同名的大通径阀基本相同，故本章仅对其典型结构和特性进行简介。

13.1.2 典型结构性能

（1）方向控制阀

微型液压阀中的换向阀，按操纵方式有电磁滑阀、电磁座阀和比例换向阀等类型；按机能有二位四通、三位四通、二位三通等形式；其安装连接方式主要为板式；电磁阀的标准工作电压有 12V DC、24V DC、110V AC、115V AC 和 230V AC 等；比例换向阀的标准工作电压有 12V DC、24V DC 等。

图 13-1(a) 所示为一种 ϕ3mm 通径的三位四通微型电磁换向阀的实物外形，其最高工作压力达 31.5MPa，最大流量为 15L/min，阀的压力-流量特性曲线 $p = f(q)$ 和泄漏曲线 $q_L = f(p)$ 如图 (b) 和图 (c) 所示，其压降曲线见图 (d) 所示。该阀的主体部分的长度仅为 38mm，与广泛使用的同压力等级 ϕ6mm 通径的三位四通微型电磁换向阀相比，缩小了近二分之一。

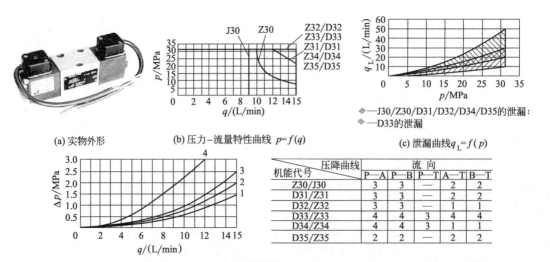

(a) 实物外形　　(b) 压力-流量特性曲线 $p=f(q)$　　(c) 泄漏曲线 $q_L=f(p)$

▨—J30/Z30/D31/D32/D34/D35的泄漏；
▨ —D33的泄漏

机能代号	压降曲线 流向				
	P－A	P－B	P－T	A－T	B－T
Z30/J30	3	3	—	2	2
D31/Z31	3	3	—	2	2
D32/Z32	3	3	—	1	1
D33/Z33	4	4	4	4	4
D34/Z34	4	4	3	1	1
D35/Z35	2	2	—	2	2

(d) 压降曲线

图 13-1　ϕ3mm 通径的三位四通微型电磁换向阀（瑞士 WANDFLUH 公司 BM4×3 型）

图 13-2(a) 所示为瑞士 WANDFLUH（万福乐）公司的 NG4 比例换向阀外形，该阀按欧洲标准（Cetop

RP121H-P02）生产，其动作靠比例电磁铁操纵，流量与电磁铁电流成比例。该阀最高工作压力达 25MPa，额定流量有 2L/min、4L/min、6L/min、8L/min 几种。阀为压力补偿型，流量与压力变化无关。阀的电流-流量特性曲线 $q=f(I)$ 及最大流量为 8L/min 的阀的压力-流量特性曲线 $q=f(p)$ 分别如图 13-2（b）、（c）所示。由于阀的性能优良（滞环≤1%，重复度≤2%），故特别适合高精密液压控制系统采用。

微型液压阀中的单向阀，美国 Lee（莱）公司生产的产品系列具有特色。该微型液压单向阀系列采用了插装式结构和滤网保护技术，阀的最高压力达 55MPa，

通径从 0.187in（≈4.75mm）到 0.25in（≈6.35mm）不等。如图 13-3（a）所示，单向阀的阀套 1 采用高强度铝或不锈钢或钛合金等材料制成。阀内静密封由耦合件在插装压入时的材料膨胀"咬合"而实现。压力液体经过系列化和通用化的安全滤网 4 作用在钢球阀芯 3 上，当压力达到弹簧 2 调定的开启压力值时，阀芯开启，液体从右端流出；反向流动则被截止。该阀的最高工作压力为 21MPa，最大流量约 1.25L/min，最小开启压力约 0.01MPa，0.17MPa 压力下测得的最大泄漏量为 1 滴/分。图 13-3（b）所示为该系列中一种单向阀的压降-流量特性曲线。

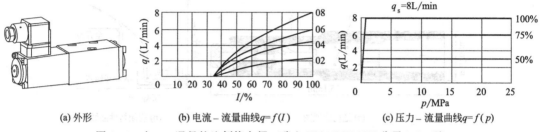

（a）外形　　（b）电流－流量曲线$q=f(I)$　　（c）压力－流量曲线$q=f(p)$

图 13-2　ϕ4mm 通径的比例换向阀（瑞士 WANDFLUH 公司 NG4 型）

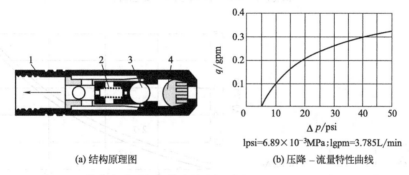

（a）结构原理图　　　　（b）压降－流量特性曲线

lpsi=6.89×10⁻³MPa；lgpm=3.785L/min

图 13-3　带安全滤网的插装式单向阀［美国 Lee（莱）公司 187 型］
1—阀套；2—弹簧；3—钢球阀芯；4—安全滤网

（2）压力控制阀

微型液压阀中的压力控制阀，按功能不同有溢流阀、减压阀、顺序阀、背压阀、蓄能器、卸荷阀和制动阀等类型；按安装连接方式有板式、叠加式和插装式等；按控制方式有开关式和比例式。此处仅简要介绍两种不同类型的开关式溢流阀。

图 13-4（a）所示为 WANDFLUH（万福乐）公司的 ϕ3mm 通径的板式和叠加式溢流阀外形，图（b）所示为板式阀的图形符号。阀的工作原理有直动式和先导式两种。直动式溢流阀的最高工作压力为 31.5MPa，最大流量为 5L/min；先导式溢流阀的最高工作压力为 35MPa，最大流量为 8L/min。油温工作范围为－20～70℃，耐污染度为 ISO 4406 16/13、19/15。ϕ3mm 通径溢流阀的压力-流量特性曲线 $p=f(q)$ 如图 13-4（c）所示。

图 13-5（a）所示为美国 Lee 公司生产的 PRTA 187 型插装式微型溢流阀的结构示意图，其额定压力为

32.7MPa，最小流量为 17mL/min，阀的外形尺寸如图所示，质量仅为 2.6g，图 13-5（b）所示为该阀的启闭特性曲线。

（3）流量控制阀

微型液压阀中的流量控制阀，按功能有节流阀、单向节流阀、调速阀等类型；按安装连接方式有板式、叠加式和插装式等；按控制方式有开关式和比例式。此处仅简要介绍开关式叠加单向节流阀和插装式节流阀。

图 13-6（a）所示为 WANDFLUH（万福乐）公司的 ϕ4mm 通径的一种叠加式单向节流阀图形符号，该阀的外形与图 13-4（a）所示类同。阀的安装面尺寸符合 ISO 4401-02 标准。阀的流量通过手动调节，单向阀（开启压力约 0.1MPa）可使油液反向自由流过。此类阀分为出口节流与进口节流两种。阀反向无泄漏。阀的最高工作压力为 35MPa，额定流量 12.5L/min，最大流量达 20L/min。ϕ4mm 通径单向节流阀的压降-流量特性曲线 $\Delta p=f(q)$ 如图 13-6（b）所示。

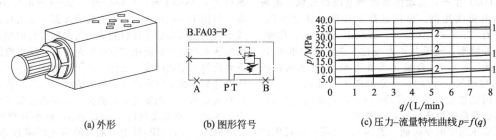

(a) 外形　　　　(b) 图形符号　　　　(c) 压力-流量特性曲线 $p=f(q)$

图 13-4　ϕ3mm 通径的板式和叠加式溢流阀（瑞士 WANDFLUH 公司 B. FA03 型）

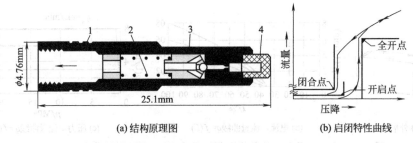

(a) 结构原理图　　　　(b) 启闭特性曲线

图 13-5　带安全滤网的插装式溢流阀［美国 Lee（莱）公司 PRTA 187 型］
1—阀套；2—弹簧；3—阀芯；4—安全滤网

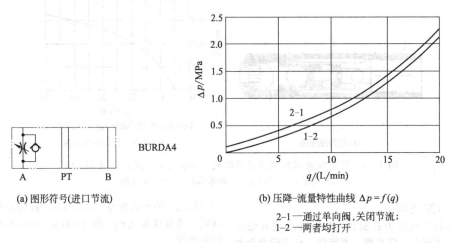

(a) 图形符号(进口节流)　　　　(b) 压降-流量特性曲线 $\Delta p=f(q)$

2-1—通过单向阀，关闭节流；
1-2—两者均打开

图 13-6　ϕ4mm 通径的叠加式单向节流阀（瑞士 WANDFLUH 公司 BURDA4 型）

图 13-7 所示为美国 Lee 公司生产的一种插装式微型节流阀的结构示意图，该阀的进出油口均带有安全滤网，其额定压力约 21MPa，节流小孔孔径范围为 0.004～0.015in。除了图示孔形节流阀外，其节流阀还有栅格形的。

13.1.3　使用维护与故障诊断

微型液压阀的结构特征是尺寸规格小，但其原理与普通液压阀别无两样，故其使用维护及故障诊断排除的注意事项可参照普通液压阀。

13.1.4　典型产品

瑞士 WANDFLUH（万福乐）公司微型液压阀的产品概览见第 3 章表 3-11。其产品样本介绍的主要产品

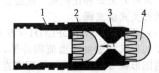

图 13-7　双侧带安全滤网的插装式节流阀
［美国 Lee（莱）公司］
1—阀套；2—出口安全滤网；3—节流
孔口；4—入口安全滤网

型号、规格及主要技术参数见表 13-1。各种规格阀具有的机能及其符号见表 13-2。图 13-8 所示是其微型液压阀的安装面。

表 13-1 瑞士 WANDFLUH（万福乐）公司微型液压阀产品及其主要性能参数

序号	型 号	名 称	通径（螺纹尺寸）/mm	最高压力/MPa	最大流量/(L/min)	备 注
			主要技术参数			
1	BM4×3	电磁换向阀 Mini	3	31.5	15	
2	B.4×4	电磁换向阀 Mini	4	31.5	20	Cetop
3	WD.FB04	电磁换向阀	4	35	20	ISO 4401-02
4	BEX4.S	防爆电磁换向阀	4	31.5	20	Cetop
5	BEXd4.S	防爆电磁换向阀	4	31.5	20	Cetop
6	B.W4×4	软启动电磁换向阀 Mini	4	31.5	10	Cetop
7	WD.FA03	手动/机动换向阀 Mini	3	31.5	8	
8	B.4	手动/机动换向阀 Mini	4	31.5	20	Cetop
9	WDLFA03	气动换向阀 Mini	3	31.5	8	
10	BK4×4	气动换向阀 Mini	4	31.5	20	
11	WDLFFA03	液动换向阀 Mini	3	31.5	8	
12	BP4×4	液动换向阀 Mini	4	31.5	20	Cetop
13	VWS4×4	比例换向阀 Mini		25	8	Cetop
14	WDPFA03	比例换向阀 Mini	3	31.5	8	
15	BPW.4	比例换向阀 Mini	4	31.5	15	
16	2203	插装式电磁座阀插件	4	31.5	15	常闭
17	2203-S	插装式电磁座阀插件	3	31.5	6	常开
18	2204-S	插装式电磁座阀插件	4	31.5	15	常闭
19	2204-S	插装式电磁座阀插件	4	25	15	常开
20	B2203	板式电磁座阀 Mini	3	35	6	
21	B2204	板式电磁座阀 Mini	4	35	15	Cetop
22	Z.2203	叠加式电磁座阀 Mini	3	35	6	
23	Z.2204	叠加式电磁座阀 Mini	4	35	15	Cetop
24	G.2204	管式电磁座阀	4	35	15	
25	BEX2204-S	防爆板式电磁座阀 Mini	4	21	15	Cetop
26	BEXd2204-S	防爆板式电磁座阀	4	21	15	Cetop
27	BH2204	板式手动座阀	4	35	15	Cetop
28	BK.2204	板式手动座阀 Mini	4	35	15	Cetop
29	BV.PM18	螺纹插装式先导式溢流阀插件	(M18×1.5)	35	25	
30	BV.PM22	螺纹插装式先导式溢流阀插件	(M22×1.5)	35	100	
31	BS.PM18	螺纹插装式直动式溢流阀插件	(M18×1.5)	31.5	5	
32	BA.PM22	螺纹插装式直动式溢流阀插件	(M22×1.5)	31.5	25	
33	BV.PM22.Z9	螺纹插装式先导式溢流阀插件	(M22×1.5)	35	80	带遥控口
34	BV.EPM22	螺纹插装式先导式电磁溢流阀插件	(M22×1.5)	35	100	
35	BK.PM22	螺纹插装式直动式溢流阀插件	(M22×1.5)	3.2	100	
36	FV.PM22	螺纹插装式直动式溢流阀插件	(M22×1.5)	35.2	100	
37	BX/.PM22	螺纹插装式直动式溢流阀插件	(M22×1.5)	31.5	25	
38	BS.PM22	螺纹插装式直动式溢流阀插件	(M22×1.5)	35	1	
39	UBS.PM22	螺纹插装式直动式溢流阀插件	(M22×1.5)	35	50	
40	B.S/FA03	板式和叠加式溢流阀/制动阀 Mini	3	31.5、35	5、8	

序号	型　号	名　　称	主要技术参数			备　注
			通径（螺纹尺寸）/mm	最高压力/MPa	最大流量/(L/min)	
41	B. S/FA04	板式和叠加式溢流阀/制动阀	4	31.5、35	25、30	Cetop
42	B. S/FA04	板式和叠加式溢流阀/制动阀	4	31.5、35	25、30	ISO 4401-02
43	G. SA03	叠加式背压阀 Mini	3	31.5、35	5、8	
44	G. SA04	叠加式背压阀 Mini	4	31.5、35	25、30	Cetop
45	FV. SA04	叠加式顺序阀 Mini	4	31.5、35	20	Cetop
46	US. SA00	叠加式蓄能器卸荷阀 Mini	4	35	20	Cetop
47	MV. PM18	螺纹插装式减压阀插件	(M18×1.5)	35	25	
48	MV. PM22	螺纹插装式减压阀插件	(M22×1.5)	35	80	
49	MD. S/DA03	NG3 板式/叠加式减压阀 Mini	3	31.5	8	
50	MV. S/D/KA03	板式/叠加式减压阀 Mini	3	35	8	
51	BDRVd. 4	板式/叠加式减压阀 Mini	4	31.5	20	Cetop
52	MV. S/FA04	板式/叠加式减压阀 Mini	4	35	20	Cetop
53	BDPPM18	螺纹插装式直动比例溢流阀插件	(M18×1.5)	31.5	8	
54	BDPPM22	螺纹插装式直动比例溢流阀插件	(M22×1.5)	31.5	20	
55	BVPPM22	螺纹插装式先导式比例溢流阀插件	M22×1.5	35	100	
56	BVPPM18	螺纹插装式先导式比例溢流阀插件	M18×1.5	31.5	25	
57	EPSVd401	插装式比例溢流阀插件	4	31.5	25	
58	B. P. A03	板式/叠加式比例溢流阀 Mini	3	31.5	8	
59	BEPSVd4	板式/叠加式比例溢流阀 Min	4	31.5	12	Cetop
60	B. PSA04	叠加式比例溢流阀 Mini	4	31.5、35	20	Cetop
61	MVPPM18	螺纹插装式比例减压阀插件	M18×1.5	31.5、35	20	
62	MVPPM2218	螺纹插装式比例减压阀插件	M22×1.5	35	60	
63	MVCPM22	螺纹插装式比例减压阀插件	M22×1.5	35	60	
64	MVP. A03	板式/叠加式比例减压阀 Mini	3	31.5	8	
65	BEDRV. 4	板式/叠加式比例减压阀 Mini	4	31.5	8	Cetop
66	MVP. A04	板式/叠加式比例减压阀 Mini	4	35	20	Cetop
67	DN. PM18	螺纹插装式节流阀插件	M18×1.5	35	25	
68	DN. SA03	叠加式节流阀 Mini	3	31.5	8	
69	BDR. 4	叠加式节流阀 Mini	4	31.5	20	Cetop
70	DR. PM18	螺纹插装式单向节流阀插件	M18×1.5	35	25	
71	DR. SA03	叠加式单向节流阀 Mini	3	31.5	8	
72	BURD. 4	叠加式单向节流阀 Mini	4	31.5	20	Cetop
73	DR. SB04	叠加式单向节流阀	4	35	20	ISO 4401-02
74	FD414N	小型管式节流阀	G1/4in	31.5	20	
75	URDE414	小型管式单向节流阀	G1/4in	31.5	25	
76	QA. PM18	二通螺纹插装式调速阀	M18×1.5	31.5	12.5	
77	MR402	二通插装式调速阀插件	4	20	12.5	
78	QASA03	叠加式二通调速阀 Mini	3	31.5	8	
79	BMR. 4/2	板式/叠加式二通调速阀 Mini	4	20	12.5	Cetop

续表

序号	型　号	名　称	主要技术参数			备　注
			通径(螺纹尺寸)/mm	最高压力/MPa	最大流量/(L/min)	
80	U. FPM22	螺纹插装式二通/三通压力补偿阀插件	M22×1.5	35	25	
81	U. FSA04	叠加式二通/三通压力补偿阀 Mini	4	31.5	10	Cetop
82	QZPPM18	螺纹插装式三通直动式比例调速阀插件	M18×1.5	35	6.3	
83	EMR402	插装式二通直动比例调速阀插件		20	8	
84	EMR602	插装式二通直动比例调速阀插件		25	16	
85	BEMR. 4/2	板式/叠加式直动式二通比例调速阀	4	20	8	Cetop
86	D. PPM18	螺纹插装式直动比例单向节流阀插件	M18×1.5	25	12	
87	D. PPM22	螺纹插装式直动比例单向节流阀插件	M22×1.5	35	30	
88	D. P. A03	板式/叠加式直动比例单向节流阀 Mini	3	25	8	
89	D. P. A04	板式/叠加式直动比例单向节流阀 Mini	4	35	30	Cetop
90	RNNSA03	NG3 叠加式单向阀 Mini	3	35	8	
91	BRV. 4	NG4 叠加式单向阀 Mini	4	31.5	20	Cetop
92	RNNSB04	NG4 叠加式单向阀	4	35	20	ISO 4401-02
93	BRVD4	NG4 单向防汽蚀阀 Mini	4	35	20	Cetop
94	RNXPM22	螺纹插装式液控单向阀插件	M22×1.5	35	80	
95	B. 3	NG3 叠加式液控单向阀 Mini	3	31.5	8	
96	B. 4	NG4 叠加式液控单向阀 Mini	4	31.5	20	Cetop
97	RNXSB04	NG4 叠加式液控单向阀	4	35	20	ISO 4401-02
98	ERV. 414	NG4 管式液控单向阀	G1/4in	31.5	20	
99	BAH. 4	NG4 叠加式排油截止阀 Mini	4	35	25	Cetop

注：1. 阀的型号说明、图形符号和外形连接尺寸见生产厂产品样本。

2. ISO 4401-02 为国际标准化组织标准（油口安装面尺寸）；Cetop 为欧洲标准。

表 13-2　各种规格阀具有的机能及其符号

序号	名称	机能及其图形符号	规格型号		
			NG3 微型液压阀 压力 35MPa，流量 8L/min	NG4 微型液压阀，Cetop 压力 35MPa，流量 20L/min	NG4 微型液压阀，ISO 4401 压力 35MPa，流量 20L/min
1	三位四通换向阀	可选：	BM4031-G24 WDHFA03-ACB WDFFA03-ACB WDLFA03-AC8	BM4D41-G24 BEX4D41-S1788-G24T4 BHD41a/f BP4D41 BK4D41	WDEFB04-ACB-G24
2	二位三通座阀	可选：	BM32031a-G24	BE32041a-G24 BEX32041a-S1788-G24/T4 BH320041a BK32041a	

续表

序号	名称	机能及其图形符号	规格型号		
			NG3 微型液压阀 压力 35MPa，流量 8L/min	NG4 微型液压阀，Cetop 压力 35MPa，流量 20L/min	NG4 微型液压阀，ISO 4401 压力 35MPa，流量 20L/min
3	叠加式溢流阀		BVDSA03-P-160	BVDSA04-P-160	BVDSB04-P-160
4	叠加式减压阀		MDSSA03-P-160 MVDSA03-P-160	BDRVd4/160 MVDSA04-P-160	
5	叠加式节流阀		DNDSA03-AB-8	BDRAB4	
6	叠加式单向节流阀		DRDSA03-AB-8	BURD4	DRDSB04-AB-12.5
7	叠加式调速阀		QADSA03-P-8	BMR4/2-6.3	
8	叠加式单向阀		RNNSA03-P	BRVP4	RNNSB04-P
9	叠加式液控单向阀		BDERV3	BDERV4	RNXSB04-AB
10	比例换向阀		WDPFA03-ACB-G24	BPWS4D41-G24 VWS4D41-G24	
11	叠加式比例溢流阀		BDPSA03-P-200-G24 BVPSA03-P-200-G24	BOPSA04-P-200-G24 BVPSA04-P-200-G24 BEPSVd4/200-G24	
12	叠加式比例减压阀		MVPSA03-P-200-G24	MVPSA04-P-200-G24 BEDRV4/200-G24	
13	叠加式比例节流阀		DNPSA03-P-4-G24	DNPSA04-P-10-G24	
14	叠加式比例调速阀			BEMR4/2-8-G24	

NG3
Wandfluh标准

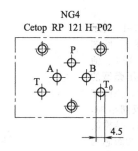
NG4
Cetop RP 121 H-P02

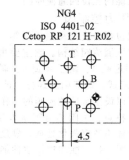
NG4
ISO 4401-02
Cetop RP 121 H-R02

图 13-8　万福乐微型液压阀的安装面

13.2　水压控制阀

13.2.1　特点与分类

水压液压阀是人们为了应对来自电气传动及控制技术的新竞争和绿色环保的新挑战,近年来所发展的液压阀新品种,此类液压阀以纯水(不含任何添加剂的天然水,包括淡水或海水)作为工作介质。由于纯水的物理化学性能与液压油液有着相当大的差别(见表 13-3),所以,由水压控制阀和水压泵及其他水液压元件构成的水压液压系统具有无污染危害、阻燃性与安全性好、温升小、介质经济性好、维护监测成本较低、黏度对温度变化不敏感、压力损失小、发热少、传动效率高、流量稳定性好、系统的刚性大等技术优势。但同时在水压控制阀与其他水压元件研发和使用中,也面临着材料腐蚀与老化、泄漏与磨损、汽蚀与冲击、振动与噪声以及设计理论和方法等技术难题。

表 13-3　纯水与液压油液的性能比较

性　能	液压油液	纯　水
密度/(kg/m³)	850～900	1000
压缩系数/MPa	7×10^{-4}	5.2×10^{-4}
体胀系数/K⁻¹	$(6.3 \sim 7.8) \times 10^{-3}$	1.8×10^{-3}
比热容/[kJ/(kg·K)]	1.7～2.1	4.18
热导率/[W/(m·K)]	0.12～0.15	0.6
黏度/(mm²/s)	20～50	0.5～1
饱和蒸气压/Pa	1.2×10^{4}	1.0×10^{-3}
声速/(m/s)	1330	1480
润滑性	好	差
锈蚀性	弱	强
抗燃性	差	强
导电性	弱	强
气味、毒性和储存特性	有味,有的有毒,不便储存	无味、无毒、无需回收

按现有研究成果和产品来看,水压控制阀按功能可分为方向控制阀、压力控制阀和流量控制阀;按控制信号形式可分为开关控制阀和电液控制阀(伺服阀和比例阀)。

13.2.2　典型结构性能

(1) 水压方向控制阀

现有水压方向阀分为滑阀式和非滑阀式两种。

非滑阀式换向阀主要为球阀结构,多用于 $\phi 10mm$ 通径的小规格纯水方向阀。小规格球阀一般作为它的先导级而集成在主阀上。由于依靠球面密封使油路切断,故密封性好,可实现无泄漏。阀芯为钢球及锥面柱塞,换向过程中不会出现液压卡紧现象,因而可用于高压场合,对工作介质的适应性很强,具有优良的抗污染能力。此外,钢球位移只有几毫米,反应灵敏,换向可靠,响应速度快,其换向频率可达 250 次/min 以上。

$\phi 10mm$ 通径以上的大规格纯水方向阀则更多地采用了电液控制形式。美国 ELWOOD 公司的三位四通手动滑阀式换向阀阀芯和阀套都采用不锈钢,阀芯上的组合密封圈用于密封进出口的水,同时对阀芯和阀套的磨损起到弥补作用,其最高压力为 42MPa,最大流量为 42L/min,威格士(Vickers)公司生产的适用于水的电磁换向阀也采用了这种密封圈结构,图 13-9 所示为其结构原理图。德国豪森科(Hauhinco)公司的二位三通滑阀式换向阀的阀芯采用陶瓷材料,其抗磨损和抗汽蚀能力都很强,阀的泄漏量靠加工精度来保证,压力达 32MPa。丹麦丹佛斯(DANFOSS)公司研制的二位二通 VDH30E 型方向控制阀,最高压力 14MPa,最大流量 60L/min,开启压力 0.3MPa,全流量时的压力损失 0.45MPa,用这种形式的方向控制阀和插装阀一起可以

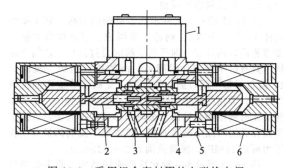

图 13-9　采用组合密封圈的电磁换向阀
(美国 VICKERS 公司)
1—换向开关;2—阀芯;3—阀套;4—密封圈;
5—阀体;6—电磁铁

组成不同中位机能的三位四通换向阀。

（2）水压压力控制阀

压力控制阀包括溢流阀和减压阀等。图 13-10 所示为一种直动式水压溢流阀结构。它主要由阀座 1、阀芯 2、活塞套 3、阻尼腔 4、调压弹簧 5、调压螺杆 6、活塞 7、阀体 8 等组成。调节调压螺杆，改变调压弹簧的预压缩量，就可以设定水压溢流阀的工作压力。该阀在结构上具有如下特点：①阀芯与阀座采用平板阀结构，且阀芯采用马氏体不锈钢强化处理，硬度较高，结构简单，加工方便，阀的抗汽蚀和拉侵蚀性能强；②阀芯与活塞接触处为球面结构，有利于阀芯自动调节平衡位置及保证阀口关闭时的密封性能；③活塞与活塞套之间设置了阻尼腔 4，增大了阀芯的运动阻尼，提高了溢流阀的工作稳定性；④活塞套和活塞分别采用高分子材料和金属基体表面喷涂陶瓷材料，可避免该摩擦副发生黏着磨损，且提高了抗污染性能。该直动式水压溢流阀额定压力为 14MPa，额定流量有 30L/min、60L/min 和 120L/min 三种规格。

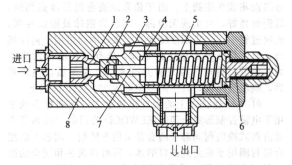

图 13-10　直动式水压溢流阀（丹麦 Danfoss 公司）
1—阀座；2—阀芯；3—活塞套；4—阻尼腔；5—调压
弹簧；6—调压螺杆；7—活塞；8—阀体

美国 Hunt 阀公司生产的可适用于水的溢流阀工作压力 21MPa，采用先导式结构。日本 NAB2CO 公司研制的平衡活塞式先导溢流阀最高压力 19.6MPa，最大流量 110L/min。

（3）水压流量控制阀

水压流量阀包括不带压力补偿的水压节流阀和带压力补偿的水压调速阀两种。

图 13-11 所示为一种水压节流阀的结构。它主要由阀体 1、调节手柄 2、阀芯 3 等组成。通过调节手柄改变节流阀阀口的开度，即可调节阀的通过流量。该阀在结构上具有以下特点：①阀芯与阀体构成两级节流阀阀口 4，降低了每个阀口的工作压差，提高了节流阀的抗汽蚀性能；②在阀芯头部镶嵌了一个塑料锥体 5，在节流阀关闭时利用塑料锥体与金属阀体的配合面密封，使节流阀在关闭时能实现零泄漏。该水压节流阀的最大工作压力可达 14MPa，流量范围为 2～30L/min。

图 13-12 所示为一种水压调速阀结构。阀为先节流后减压的结构，主要由阀体 1、压力补偿阀阀芯 2、节流阀阀芯 3、手轮 5、顶杆 6 和弹簧 8 等组成。工作时，压力为 p_1 的高压水进入调速阀后分为两路：一路经过

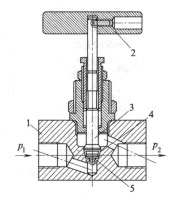

图 13-11　水压节流阀（丹麦 Danfoss 公司）
1—阀体；2—手柄；3—阀芯；4—两级
节流阀口；5—塑料锥体

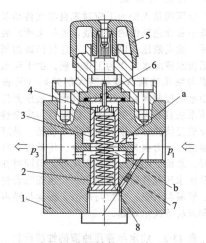

图 13-12　水压调速阀结构（丹麦 Danfoss 公司）
1—阀体；2—压力补偿阀阀芯；3—节流阀阀芯；4—小
孔；5—手轮；6—顶杆；7—阻尼螺塞；8—弹簧

节流阀阀芯 3 与阀体 1 构成的节流口 a（出口压力为 p_2），再经过压力补偿阀阀芯 2 与阀体 1 构成的节流口 b 后流出（出口压力为 p_3）；另一路经过阻尼螺塞 7，使调速阀入口压力 p_1 作用在压力补偿阀阀芯 2 底端。调节手轮 5 可改变节流阀阀芯 3 的工作位置，从而改变节流口 a 的开度，可调节通过调速阀的流量。若忽略摩擦力、重力及液动力等因素的影响，压力补偿阀阀芯在调速阀入口压力 p_1、节流口 a 的出口压力 p_2 及弹簧力 F_t 联合作用下处于平衡，则节流口 a 进、出口的压力差 Δp 为：

$$\Delta p = p_1 - p_2 = \frac{k(x_0 + \delta - x)}{A} \qquad (13-1)$$

式中，k 为弹簧刚度；x_0 为弹簧预压缩量；δ 为节流口 b 的最大开度；x 为节流口 b 的开口量。

由于设计时使弹簧刚度 k 较小，且 $x \ll x_0 + \delta$，则节流口 a 进、出口的压力差 Δp 基本保持不变，从而使调速阀的流量恒定。

图 13-12 中，弹簧 8 既用作节流阀阀芯 3 的复位，

同时又作为压力补偿阀阀芯 2 的力反馈元件。阻尼螺塞 7 用于增加压力补偿阀阀芯的运动阻尼，提高其工作稳定性。节流阀阀芯 3 上所开的小孔 4，使节流阀阀芯上、下压力平衡，减小了手轮 5 的调节力矩。这种阀的最高工作压力达 14MPa，最小稳定流量为 2L/min，最小工作压差为 1.5MPa，有多种流量规格。

（4）水压电液控制阀

图 13-13 所示为一种公司的滑阀式水压比例控制阀结构原理图，该阀以氧化锆（ZrO_2）作阀芯和氧化铝（Al_2O_3）作阀套，阀的最快响应时间达 30ms。德国豪森科（Hauhinco）公司所研制的滑阀式比例控制阀，其阀芯采用了工程陶瓷材料，额定压力为 14MPa，最大流量为 60L/min，开启压力为 0.3MPa，其性能基本达到了现有油压比例控制阀的水平。

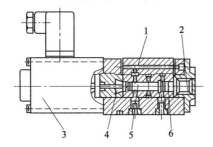

图 13-13　滑阀式电液比例水压阀
［德国豪森科（Hauhinco）公司］
1—阀体；2—复位弹簧；3—比例电磁铁；
4—顶杆；5—阀芯；6—阀套

图 13-14 所示为一种带电感式位移传感器（LVDT）的纯水液压比例控制阀。位移传感器 1 检测阀芯 5 的位移（即衔铁的位置）作为实际值反馈至放大器的输入端，纳入闭环回路中，使阀芯的位置不断得到校正，从而极大地减小比例电磁铁 2 引起的滞环影响，提高控制精度。这种位置调节闭环，使阀芯对各种非线性干扰力（如液动力变化，介质污染引起摩擦力变化等）的影响不敏感，而且能快速、准确地跟踪预调设定值。与传统的油压比例控制阀不同，阀中采用了阀套结构，阀芯在比例电磁铁的驱动下克服弹簧力沿轴向运动，改变与阀套 4 的相对位置，调节阀口开度；阀芯的两端安装的两个静压轴承 6，不仅支承阀芯平稳运动，而且使得阀腔

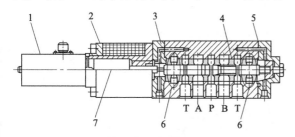

图 13-14　带电感式位移传感器（LVDT）的纯
水液压比例控制阀（日本 Ebara 公司）
1—位移传感器；2—比例电磁铁；3—阻尼器；4—阀套；
5—阀芯；6—静压轴承；7—推杆

通过此轴承及阀体上的流道与出口相通，从而保证阀腔内的水介质清洁；在阀体流道上还安装有阻尼器 3，以使阀芯的运动更加平稳，极大地减小了换向冲击。此阀的额定压力为 7MPa，最大流量为 35L/min，换向频率为 25mHz，内泄漏量低于 0.7L/min，阀芯的遮盖量约为全行程的 5%。该阀在位置控制系统的应用表明其具有较好的动静态特性。

图 13-15 所示为一种两级电液水压伺服阀的结构原理图，阀的电-机械转换器采用力矩马达 2，其先导级阀为双喷嘴挡板阀 1，主级阀为三位四通滑阀 4。主阀两端设置了静压轴承 5 以减小阀芯所受的摩擦力和卡紧力，且可避免因间隙过小而导致的阀芯和阀套黏性；嘴挡板阀阀口通过阀体流道相通，从而减小了流量损失。电感式位移传感器 6 检测阀芯位置，并输出电信号反馈至放大器的输入端，形成闭环回路。为减小腐蚀汽蚀对于阀性能的影响，阀体采用了不锈钢材料，阀芯和阀套采用了工程陶瓷材料。阀的额定压力可达 14MPa，额定流量达 80L/min。

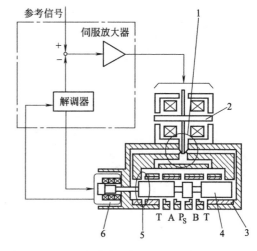

图 13-15　两级电液水压伺服阀（日本 Ebara 公司）
1—双喷嘴挡板；2—力矩马达；3—阀套；4—阀芯；
5—静压轴承；6—位移传感器

此外，美国 Moog 公司设计的海水伺服阀，其结构形式与油压伺服阀相似，工作压力为 7MPa，死区 <1%，滞环<5%，额定流量为 2.3L/min。

13.2.3　使用维护与故障诊断

水压控制阀的使用维护与故障排除与此类阀的研发一样，需要充分考虑水介质特殊的理化性能。尽管原有油压控制阀的设计制造及使用维护经验为纯水液压控制阀的使用维护提供了最有价值的参考。然而，由于水压阀和油压阀在工作介质的性能上所表现的差异，故在具体使用维护中，必需深入细致地研究摩擦磨损机理、腐蚀汽蚀特性及密封技术等关键问题，以充分保证和发挥水压控制阀的优良性能。

水压控制阀的产品类型、数量的限制以及应用尚不普遍，因而关于水压控制阀的使用维护与故障诊断排除

方法、经验尚在摸索和积累之中，用户可以根据生产厂商的说明书和建议进行使用和维护。

13.2.4　典型产品

尽管国内已在水压控制阀上进行了不少工作，但其中多数尚在实验室研究之中，迄今尚无系列化的水压控制阀产品供应。在国外，美国、日本、德国、芬兰、丹麦、英国等发达国家的水压液压技术研究开发较早，已达到实用的阶段，已研制出包括水压伺服阀和比例阀在内的各种水压控制阀，其压力水平在 14～21MPa。具有代表性的公司和机构如下。①美国：威格士（Vickers）公司；Elwood 公司；Hunt 阀公司。②德国：豪森科（Hauhinco）公司。③日本：Ebara 公司。④丹麦：Danfoss 公司。⑤英国：Hull 大学。⑥芬兰：Tempere 大学等。这些机构中的有些在我国设有办事机构或分公司。

丹麦 Danfoss 公司是国际上最为著名的水压控制元件厂商，其生产的 Nessie 系列水压控制阀产品的主要技术参数请参见表 3-12。图 13-16 所示是其部分水压液压阀产品的实物外形。

图 13-16　丹麦 Danfoss 公司的水压
控制阀产品实物外形

第4篇　液压控制阀组集成与液压阀常用标准资料

第14章　液压控制阀组的集成

14.1　液压阀组及其集成方式概述

一个完整液压系统的设计流程和内容可分为两大部分：一是系统的功能原理设计（包括系统原理图的拟定、组成元件设计和性能计算等环节），其具体方法步骤和设计示例可见《液压传动系统设计与使用》等著作；二是系统的技术设计（主要指液压装置的结构设计）。液压装置由液压泵站和液压阀组（各类液压控制阀及其连接体的统称）两大部分组成。液压装置设计的目的是选择确定液压元、辅件的连接装配方案及具体结构，设计和绘制液压系统产品工作图样并编制技术文件，为制造、组装和调试液压系统提供依据。而液压装置设计中的大部分工作量集中在液压控制阀组的集成化设计中。由于一个液压系统中有很多控制阀，故这些控制阀的集成方式合理与否，对液压系统的制造、安装和使用乃至工作性能有着很大影响。

液压控制阀组可分为有管集成和无管集成两类方式。

有管集成是液压技术中最早采用的一种集成方式，只要按照液压系统原理图的油路要求，用与阀的油口尺寸规格相对应的油管和管接头将选定的管式液压阀连接起来即可。具有连接方式简单，不需要设计和制造油路板或油路块等辅助连接件等优点；但当组成系统的阀较多时，需要较多的管件，上下交叉，纵横交错，占用空间加大，布置不便，安装维护和故障诊断也较困难，且系统运行时，阻力损失大，各接头处容易产生泄漏，混入空气及产生振动噪声等不良现象。此种集成方式仅用于较简单的液压系统及有些行走机械设备中。

无管集成则是将板式、叠加式等非管式液压阀固定在某种专用或通用的辅助连接件上，辅助连接件内开有一系列通油孔道，通过这些通油孔道来实现液压阀之间的油路联系。由于油路直接做在辅助件或液压阀阀体上，省去了大量管件（无管集成因此而得名），其具有结构紧凑，组装方便，外形整齐美观，安装位置灵活、油路通道短，压力损失较小，不易泄漏等突出优点。无管集成方式可用于各类工业液压设备、车辆与行走机械及其他机械上，是应用最为广泛的集成方式。

本章主要介绍液压阀组无管集成。将在对无管集成的类型及特点、设计流程及要求进行总体简介的基础上，以应用广泛并具有代表性的块式集成为例，介绍块式集成液压阀组的具体设计方法要点。

14.2　液压阀组无管集成的类型及特点

由前述可知，无管集成是将液压控制阀固定在某种专用或通用的辅助连接件上。按辅助连接件结构形式的不同，液压阀组的无管集成可分为板式集成、块式集成、叠加阀式集成、插入式集成和复合式集成等几种常用类型，其实物外形见图14-1。各类集成的结构、特点及适用场合分述如下。

(a) 板式集成　　(b) 块式集成　　(c) 叠加阀式集成

(d) 插入式集成　　　　(e) 复合式集成

图 14-1　常用无管集成类型及其实物外形

14.2.1　板式集成

液压阀组的板式集成是将若干个标准板式液压控制阀用螺钉固定在一块公共油路底板（亦称阀板）正面上（图14-2），按系统要求，通过油路板中钻、铣或铸造出的孔道以及阀板背面的油管实现各阀之间的油路联系，构成一个回路。对于较复杂的系统，则是将系统分解成若干个回路，用几个油路板来安装标准板式液压元件，各个油路板之间通过管道来连接。油路板有整体式和剖分式两种结构形式。板式集成的液压阀组可以安装在油箱顶盖或其他基座上。

板式集成液压阀组的辅助连接件是公共油路底板（阀板）。此种集成方式对于动作复杂的液压系统，会因液压元件数量的增加，导致所需油路板的尺寸和数量的

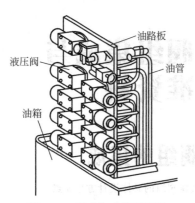

图 14-2   板式集成液压阀组
的结构示意图

增大,致使有些孔道难于加工或出现渗漏串腔现象。此外,油路板是根据特定的液压系统专门设计制作的,不易实现标准化和通用化,不易组织专业生产。特别是当主机工艺目的变化,需要变更液压系统回路原理或追加液压阀类元件时,油路板就要重新设计制作,而其中的差错可能会使整块油路板报废。故板式集成液压阀组适合不太复杂的中、低压系统采用。

14.2.2　块式集成

块式集成是液压系统应用最为普遍的一种集成方式。它是将液压阀安装在六面体集成块上,集成块一方面起安装底板作用,另一方面起内部油路通道作用,故集成块又称为油路块或通道块。集成块通常是按液压系统的各种基本回路,做成正方体或长方体,如图 14-3 所示,其四周除一个面安装通向液压执行元件(液压缸、液压马达或摆动液压马达)的管接头外,其余三面安装标准的板式液压阀及少量叠加阀或插装阀,这些液压阀之间的油路联系由油路块内部的通道孔实现,块的上下两面为块间叠积结合面,布有由下向上贯穿通道体的公用压力油孔 P、回油孔 O(T)、泄漏油孔 L 及块间连接螺栓孔,多个回路块叠积在一起,通过四只长螺栓固紧后,各块之间的油路联系通过公用油孔来实现。块式集成的液压阀组可以安装在油箱顶盖或其他基座上。图 14-4 所示为滚压车床安装在油箱顶部的块式集成液压阀组的实物外形。

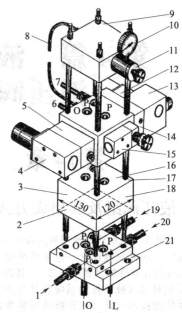

图 14-3   块式集成液压阀组结构示意图
1—单泵或双泵供油进口;2—集成块前面;3—油路块左侧面;4—二位五通电磁阀;5—背压阀;6—通液压缸小腔的管接头;7—通液压缸大腔的管接头;8—测压管;9—顶块;10—压力表;11—压力表开关;12—二位二通电磁阀;13—调速阀;14—过渡板;15—顺序阀;16—集成块后面;17—集成块;18—集成块侧面;19、20—双、单泵供油进油口;21—基块

图 14-4   块式集成液压阀组安装在油箱顶部

块式集成液压阀组的辅助连接件是集成块。此种集成方式的优缺点及适用范围见表 14-1。

表 14-1   液压阀组的块式集成优缺点及适用范围

项　目		描　述
优点	①可简化设计	用标准元件按典型动作组成单元回路块,选取适当的回路块叠积于一体,即可构成所需液压控制装置,故可简化设计工作
	②设计灵活、更改方便	因整个液压系统由不同功能的单元回路块组成,当需要更改系统和增减元件时,只需更换或增减单元回路块即可实现,所以设计时灵活性大、更改方便
	③易于加工、专业化程度高	集成块的加工主要是六个平面及各种孔的加工。与油路板相比,集成块的尺寸要小得多,因此平面和孔道的加工比较容易,便于组织专业化生产和降低成本
	④结构紧凑、装配维护方便	液压系统的多数油路等效成了集成块内的通油孔道,故大大减少了整个液压装置的管路和管接头数量,使得整个液压阀组结构紧凑,占地面积小、外形整齐美观,便于装配维护,系统运行时泄漏少,稳定性好

续表

项　目		描　述
优点	⑤系统运行效率较高	由于实现各控制阀之间油路联系的孔道的直径较大且长度短,故系统运行时,压力损失小,发热少,效率较高
缺点	①设计制造需要经验	集成块的孔系设计和加工容易出错,需要一定的设计和制造经验
	②故障排除较困难	系统运行时,出现故障诊断排除较为困难
适用范围		各类机械设备的液压系统

14.2.3　叠加阀式集成

叠加阀式集成是在块式集成基础上发展起来的一种集成方式。一个叠加阀除了具有液压阀功能外,还起公用油路通道的作用。因此在叠加阀式集成的液压阀组(图 14-5)中,液压控制元件间的连接不需要另外的连接块,而是以叠加阀的阀体作为连接体,通过螺栓将液压阀等元件直接叠积并固定在最底层的基块(底板块)上;基块侧面开有螺纹孔口,通过管接头作为接通液压泵、通向执行元件或油箱的孔道,并可根据需要用螺塞封堵或打开;因同一系列、规格的叠加阀的油口和连接螺栓孔的大小、位置及数量与相匹配的板式换向阀相同,故只要将同一规格的叠加阀按一定顺序叠加起来,再将板式换向阀直接安装于这些叠加阀的上面,即可构成各种典型液压回路及叠加阀式集成液压控制装置。通常一组叠加阀的液压回路只控制一个执行元件,若将几个基块(也都具有相互连通的通道)横向叠加在一起,即可组成控制几个执行元件的液压系统。叠加阀式集成的液压阀组也可以安装在油箱顶盖或其他基座上。图 14-6 所示为阴极铜(板)生产线安装在基座上的多摞叠加阀式集成的液压阀组(台)的实物外形。

图 14-6　叠加阀式集成液压阀组安装在专用基座上
1—板式电磁换向阀;2—叠加阀;3—基块;4—安装基座

式集成的主要缺点是回路形式较少,一般通径不大于 $\phi32mm$,故不能满足复杂和大功率液压系统的需要。

14.2.4　插入式集成

插入式集成是近年发展起来的新型集成方式。它所连接的液压阀主要为插装阀,所以也称插装式集成。插装阀有盖板式和螺纹式两大类(见第 9 章),由于两者本身均没有阀体,故插入式集成时,如图 14-7 所示,插入元件(阀芯 1、阀套 2、弹簧 3 和密封件 4)与通道块(又称阀块或集成块)6 中的孔配合,在控制盖板上根据不同的控制功能,安装相应的先导控制级元件。通道块既是嵌入插入元件及安装控制盖板的基础阀体,又是主油路和控制油路的连通体,图 14-8 所示为整体式

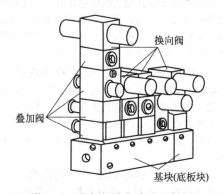

图 14-5　叠加阀式集成液压阀组

叠加阀式集成的辅助连接件是基块和叠加阀的阀体。此种集成方式的主要优点是标准化、通用化和集成化程度高,设计、加工及装配周期短,便于进行计算机辅助设计;结构紧凑、体积小、重量轻、占地面积小、外形美观;配置灵活、安装维护方便,便于通过增减叠加阀,实现液压系统原理的变更;所用管件和阀间连接辅助件,耗材少,成本低;压力损失小,消除了漏油、振动和噪声,系统稳定性高,使用安全可靠等。叠加阀

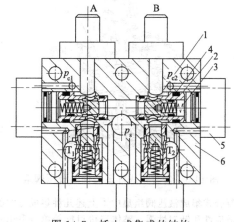

图 14-7　插入式集成的结构
1—阀芯;2—阀套;3—弹簧;4—密封件;5—控制盖板;
6—通道块;p_s、T_1、T_2—主油路;p_{c1}、p_{c2}—控制
油路;A、B—出口管路

图 14-8 插入式
集成整体通道

通道块的外形。

插入式集成的辅助连接件是通道块（阀块或集成块）。与板式液压阀、叠加式液压阀组成的其他集成方式相比，插入式集成的优点如下：插装阀通过组合插装元件与盖板，可构成方向、流量以及压力多种控制功能；由于是阀座式结构，内部泄漏小，没有卡阻现象；有良好的相应性，能实现高速转换；通流能力大（最大通径可达 250mm），特别适合小压力损失下的高压、大流量（可达 18000L/min）场合，并且适用于高水基液压介质；插装阀直接装入集成块的内腔中，故减少了泄漏、振动、噪声和配管引起的故障，提高了可靠性；结构简单，标准化、系列化、专业化程度高，集成后的液压控制装置可大幅度的缩小安装空间与占地面积，与常规的液压装置相比成本低。故适用于重型机械、冶金、塑料机械及各种加工机床的液压系统的集成化。插入式集成的缺点是液压系统变更的灵活性较差，集成块的通油孔系较繁杂，不便于设计和加工。

14.2.5　复合式集成

随着现代制造业和工业技术的发展，各类机械设备的液压系统及液压装置的结构形式日趋复杂化和多样化。在一个液压系统中，往往有多个回路或支路，而各支路因负载、速度的不同其通过流量和使用压力不尽相同，这种情况下机械地采用同一类型的液压阀及集成方式就未必合理。此时可以根据各回路或支路的工况特点统筹考虑，几类阀混合使用，并将板式、块式、叠加阀式、插入式集成方式混合使用，构成一个整体型的复合式集成液压阀组，其结构示例见图 14-9。图 14-1(e) 所示为用于压力机的板式与插装式复合集成实物外形。

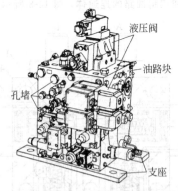

图 14-9　复合集成许多元件的液压阀组

复合式集成液压阀组集中了上述几种集成方式的特点，适应性和针对性强，整体造价可能较单独采用一种集成方式要低。但在一个油路块上以多种方式集成许多元件，无疑增大了油路块的体积、重量和孔系的复杂性，也加大了设计制造难度。

14.3　无管集成液压阀组的设计要点

14.3.1　一般设计流程

由本章前述容易看出，尽管几种不同的无管集成方式所采用的辅助连接件名称和结构各异，但其实质是相同的，即都是借助辅助连接件及其通油孔道，实现液压控制阀及其他元件和管路的集成连接及油路联系，构成所需的液压控制阀组。因此，可将不同形式的辅助连接件统称为油路块或阀块，并可给出无管集成液压控制阀组的一般设计流程，如图 14-10 所示。

图 14-10　无管集成液压控制阀组的一般设计流程

由于每一种集成方式所使用的液压阀和油路块各不相同，故在对液压控制阀组进行具体设计时，设计流程中的各个环节会表现出一些差异。例如：在分解或转换液压系统并绘制集成油路图环节中，板式集成是将整个液压系统按功能、执行元件动作或需要分解成几个回路（集成油路图），每个回路的元件安装在一块油路板上，然后将几个回路的油路板用油管连接起来；块式集成则是根据执行元件动作功能及需要，将液压系统原理图分解并转换为若干集成块单元回路（集成油路图），每个单元回路上包含所安装的控制阀及其数目以及各阀之间的油路联系情况；而对于叠加阀式集成，则需要对叠加阀系列型谱进行研究，并按规定绘制出液压叠加回路图（集成油路图），就实现了原液压系统图的等效转换。再如，油路块的设计及其加工图绘制环节，板式集成中表现为油路板的设计，块式集成中表现为集成块的设计；叠加阀式集成中，由于叠加阀兼通道体，它的油路块仅有基块一种，所以表现为基块的设计等。

14.3.2　油路块（阀块）设计的共性要求

油路块是各种集成方式中的关键零件，块的外表面或阀孔用于安装液压阀和管接头等元件，内部的复杂孔系用于实现各液压阀的油路连通和联系。因此，不同油路块在结构、使用的材料及加工精度等方面有一些共性的要求。

（1）加工图样的绘制及材料的选择

油路块的加工图样，要有足够的视图数目，以正确、全面地表达油路块的内外形状；除了标注油路块的总体尺寸外，液压阀等元件的安装尺寸和块间连接尺寸、各种孔道的形状尺寸和位置尺寸等应标注齐全、正确；所确定的基准和标注的尺寸，应便于油路块的加工和控制元件的安装。

油路块的毛坯可用锻压、铸造等方法获得，常用材料有热轧钢板、碳钢、铸铁和铝合金等，低压固定设备要用铸铁，高压强振场合要用锻钢。可根据具体使用条件按表 14-2 进行选择。

表 14-2　油路块的常用材料

种类	工作压力/MPa	厚度/mm	工艺性	焊接性	相对成本
热轧钢板	～35	<160	一般	一般	100
碳钢锻件	～35	>160	一般	一般	150
灰口铸铁	～14	—	好	不可	200
球墨铸铁	～35	—	一般	不可	210
铝合金锻件	～21	—	好	不可	1000

（2）液压元件安装面（孔）的加工精度要求

① 油路块各平面的铣削和磨削余量应不小于 2mm。

② 油路块上液压阀安装平面的表面粗糙度应满足制造厂产品样本的要求，通常 Ra 不大于 $0.8\mu m$；块间结合面（叠积面）的表面粗糙度 Ra 不大于 $0.8\mu m$。安装平面的有关尺寸公差及形状位置公差参见各类板式液压阀安装面及叠加阀的安装面的有关标准：GB/T 2514—2008 和 GB/T 8098—2003、GB/T 8100—2006、GB/T 8101—2002。块间结合面的平行度公差一般为 $0.03\mu m$，其余四个侧面与结合面的垂直度公差为 $0.1mm$。块间结合面不允许有内凹的平面度缺陷。

③ 插装式液压阀的安装孔的粗糙度不大于 Ra $0.8\mu m$，末端管接头的密封面和 O 形圈沟槽的粗糙度不大于 $3.2\mu m$，一般通油孔道的粗糙度不大于 $12.5\mu m$。二通插装阀的安装连接尺寸及螺纹式插装阀的阀孔尺寸请按 GB/T 2877—2007 和 JB/T 5963—2004 的标准规定选取。

（3）油口螺纹及工艺孔的加工要求

① 油路块的油口和孔系较为复杂，孔道与孔道相交处，要考虑不形成污染物集存窝或气窝，易于排除切屑与去毛刺。

② 油路块上安装管接头（其类型和规格可从液压气动手册查得）的油口（例如通液压泵的油口、通执行元件的油口、通油箱的油口），应加工出连接螺纹孔。液压元件及油路块主要使用米制细牙螺纹和锥螺纹，其规格尺寸如表 14-3 和表 14-4 所列。从国外进口的液压元件常用惠氏（Whitworth）管螺纹和 NPT 螺纹，见表 14-5 和表 14-6。

表 14-3　米制细牙螺纹　　　　　　　　　　mm

螺纹规格	管子外径			
	焊接式管接头	扩口式管接头	卡套式管接头	Bosch 公司[①]
M10×1	6	4,5,6		
M12×1.5		8	6,8	6
M14×1.5	10	10	8,10	8
M16×1.5		12	10,12	10
M18×1.5	14	14	12,14	12
M20×1.5				14
M22×1.5	18	16,18	16,18	16
M27×2	22	20,22		20
M32×2	28	25,28	20,22	25
M42×2	34	32,34	25,28	30
M48×2			32,34	38
M50×2	42,50		40,42	

①为德国 Bosch 公司给出的管子与管接头的搭配关系。

表 14-4　米制锥螺纹　　　　　　　　　　mm

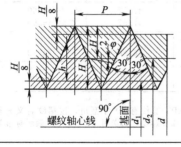

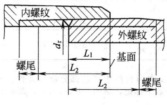

$H=0.866P$　$h=0.6495P$
$\varphi=1°49'24''$
锥度　$2\tan\varphi=1:16$
标记示例　基面公称外径为 10mm 的锥螺纹：ZM10

续表

螺纹公称直径 d,D	螺距 P	基面上螺纹直径			基准距离 L_1		有效螺纹长度 L_2	
		大径 $d=D$	中径 $d_2=D_2$	小径 $d_1=D_1$	标准基准距离	短基准距离	标准有效螺纹长度	短有效螺纹长度
6		6.000	5.350	4.917				
8	1	8.000	7.350	6.917	5.5	2.5	8	5
10		10.000	9.350	8.917				
12		12.000	11.026	10.376				
14		14.000	13.026	12.376				
16		16.000	15.026	14.376				
18		18.000	17.026	16.376				
20	1.5	20.000	19.026	18.376	7.5	3.5	11	7
22		22.000	21.026	20.376				
24		24.000	23.026	22.376				
27		27.000	25.701	24.835				
30		30.000	28.701	27.835				
33		33.000	31.701	30.835				
36		36.000	34.701	33.835				
39		39.000	37.701	36.835				
42		42.000	40.701	39.835				
45	2	45.000	43.701	42.835	11	5		10
48		48.000	46.701	45.835				
52		52.000	50.701	49.835				
56		56.000	54.701	53.835				
60		60.000	58.701	57.835				

注：米制锥螺纹依靠自身的锥体旋紧并采用聚四氟乙烯生料带之类螺纹垫料进行密封，适用于中低压液压系统。

表 14-5　BSP（惠氏）螺纹

螺纹/in	每英寸牙数	D/mm	d/mm
1/8	28	9.73	8.6
1/4	19	13.16	11.5
3/8	19	16.66	14.9
1/2	14	20.96	18.6
5/8	14	22.91	20.6
3/4	14	26.44	24.1
1	11	33.25	30.3
1¼	11	41.91	38.9
1½	11	47.80	44.9
1¾	11	53.75	50.8
2	11	59.62	56.7
2¼	11	65.72	62.8

注：1. D 为外螺纹外径，d 为内螺纹内径。牙型角为 55°。
2. BSP 螺纹多用于欧洲国家生产的液压元件。

表 14-6　NPT 螺纹

螺纹	D/mm	d/mm	螺纹	D/mm	d/mm
7/16-20UNF	11.07	10.00	1 1/16-12UN	33.30	31.30
1/2-20UNF	12.70	11.60	1 5/16-12UNS	33.30	31.30
9/16-18UNF	14.25	13.00	1 5/8-12UN	41.22	39.20
5/8-18UNF	15.85	14.70	1 5/8-14UNS	41.22	39.50
3/4-16UNF	19.00	17.60	1 7/8-12UN	47.57	45.60
7/8-14UNF	22.17	20.50	1 7/8-14UNS	47.57	45.90
1 1/16-12UNF	26.95	25.00	2 1/2-12UN	63.45	61.50
1 1/16-14UNS	26.95	25.30	3-12UN	76.20	74.30
1 5/16-12UN	33.30	31.30	3 1/2-12UN	88.90	87.00
1 5/16-12UNS	33.30	31.30			

注：1. D 为外螺纹外径，d 为内螺纹内径。
2. NPT 螺纹多用于美国生产的液压元件以及中国台湾生产的部分液压元件。NPT 螺纹有 60°牙型角，按螺纹名义直径（in，其实是对应的管子公称口径）和每英寸的牙数来标记，例如：1/2-20UNF 表示 1/2in 螺纹，每英寸 20 牙，UN 表示标准螺纹，F 表示细牙。

③ 为了改善工艺性，可在油路块上适当增设和加工一些工艺孔，即把较长的盲孔（不通孔）改变为通孔，钻毕再把一头用螺塞等堵头进行封堵。常用的堵头有标准的锥螺纹螺塞、锥管螺纹螺塞、直螺纹螺塞和标准球胀堵头以及非标准的焊接堵头等。各种标准螺塞、球胀堵头的类型、规格尺寸可按 JB/T 9157—1999 等相关标准选用。为了便于维护，堵头应设置在不需拆卸管件、元件或块体即可接近的部位。

14.3.3　液压控制阀组总装图的内容及要求

集成后的液压控制阀组总装图，是将全部液压阀按分解的集成回路图安到相应油路块上后的外形图。它是安装、调试和运行维护的依据。图中应该正确、全面地反映和表达各油路块上安装的各个元件的型号、外形轮廓、安装位置、各个管接头与液压执行元件及系统其他相连接部分的标记，以及多块装置中块与块间的连接关系和整个控制装置的外形轮廓尺寸、与安装底座的连接尺寸、必要的技术说明等。

由于液压控制装置的总装图是外形图，因此，诸如液压阀的外形细部结构可以粗略绘出或省略不画，但是

各阀的最大外形轮廓尺寸和调节部分的极限位置等一定要正确绘制和标注，以便液压站结构总装时，留出足够的安装空间。另外，为了便于读图、装配调试和使用维护，建议总装图中附上整个液压系统等效的集成回路图。

14.4　液压阀组块式集成的设计要点

块式集成液压阀组的结构及特点见 14.2.2 节，本节将按图 14-10 所示流程介绍其设计要求点。

14.4.1　分解液压系统并绘制集成块单元回路图

当液压控制阀组决定采用块式集成时，首先要对已经设计好的液压系统原理图进行分解，并绘制集成块单元回路图。集成块单元回路图实质上是液压系统原理图的一个等效转换，它是设计块式集成液压控制阀组的基础，也是设计集成块的依据。现以图 14-11(a) 所示的某专用铣床工作台液压系统原理图为例，说明转换的方法要点如下。

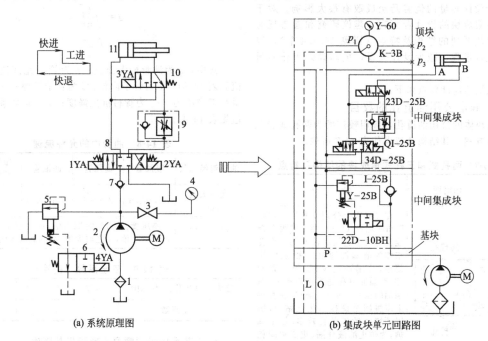

(a) 系统原理图　　　　　(b) 集成块单元回路图

图 14-11　专用铣床工作台液压系统原理图及等效转换集成块单元回路图

1—过滤器；2—定量叶片泵；3—压力表开关；4—压力表；5—先导式溢流阀；6—二位二通电磁换向阀；
7—单向阀；8—三位四通电磁换向阀；9—单向调速阀；10—二位三通电磁换向阀；11—液压缸

① 将液压系统原理图中的公用油路（本例为三条公用油路：压力油路 P，回油路 O 及泄油路 L）集中引至系统图一边。

② 根据执行元件动作功能及需要将系统分解为若干单元回路。本例分解为 4 个单元回路：2 个安装液压阀的中间集成块，简称中间块；1 个起支承作用的基块；1 个安放压力表开关的顶块。各单元回路用点画线画出轮廓，并在其中标明每一单元回路上具体安装的控

制阀及其数目，是否采用过渡板（见后）或专用阀，以及各阀之间的油路联系情况和测压点数量及位置（图中为 p_1、p_2 和 p_3）。

转换完成的集成块单元回路图见图 14-11(b)。

分解液压系统，绘制集成块单元回路图时应注意以下两点。

① 为了减少设计工作量，可采用现有系列集成块单元回路。目前国内有多种集成块系列，各有几十种标

准单元回路供选用。

② 为了减小整个液压控制装置的结构尺寸和重量，集成块上液压阀的安排应紧凑，块数应尽量少。集成块的数量与液压系统的复杂程度有关，一摞集成块组中，除基块和顶块外，中间块一般为 1～7 块。当所需中间块多于 7 块时，可按系统工作特点和性质，分组多摞叠积，以免集成块组的高度和重量过大而引起失稳。减少中间块数目的主要途径有：液压阀的数目较少的简单回路合用一个集成块；液压泵的出口串接单向阀时，可采用管式连接的单向阀（串接在泵与集成块组的基块之间）；采用少量叠加阀、插装阀及集成块专用嵌入式插装阀；集成块侧面加装过渡板与阀连接；基块与顶块上适当布置一些元件等。

14.4.2　集成块的设计

尽管目前已有多种集成块系列及其单元回路，但是现代液压系统随着主机设备的进步而日趋复杂，故系列集成块常常不能满足用户的使用和特殊要求，工程实际中仍有不少回路集成块需自行设计。

由于集成块的孔系结构复杂，因此设计者经验的多寡对于设计质量的优劣乃至成败有很大影响。对于初次涉足集成块的设计者而言，建议研究和参考现有通用集成块系列的结构及特点（详见 14.4.4 节），以便加快设计进程，减少设计失误，提高设计工作质量和效率。

集成块的设计要点如下。

（1）确定公用油道孔的数目

集成块体的公用油道孔，应用较广的为两孔式和三孔式设计方案，其结构及特点如表 14-7 所列。

表 14-7　两孔式和三孔式集成块的结构及特点

公用油道孔	结构简图	特 点
两孔式	螺栓孔 P O 螺栓孔	在集成块上分别设置压力油孔 P 和回油孔 O 各一个，用四个螺栓孔与块组连接螺栓间的环形孔来作为泄漏油油道。优点：结构简单，公用通道少，便于布置元件；泄漏油道孔的通流面积大，泄漏油的压力损失小；缺点：在基块上需将四个螺栓孔相互钻通，所以须堵塞的工艺孔较多，加工麻烦，为防止油液外漏，集成块间相互叠积面的粗糙度要求较高，一般应小于 0.8 μm
三孔式	螺栓孔 L P O 螺栓孔	在集成块上分别设置压力油孔 P、回油孔 O 和泄油孔 L 共三个公用油道。优点：结构简单，公用油道孔数较少；缺点：因泄漏油孔 L 要与各元件的泄漏油口相通，故其连通孔道一般细（φ5～6mm）而长，加工较困难，且工艺孔较多

（2）制作液压元件的样板

为了在集成块四周面上实现液压阀的合理布置及正确安排其通油孔（这些孔将与公用油道孔相连），可按照液压阀的轮廓尺寸及油口位置预先制作元件样板，放在集成块各有关视图上，安排合适的位置。对于简单回路则不必制作样板，直接摆放布置即可。

（3）确定孔道直径及通油孔间的壁厚

集成块上的孔道可分为三类：第一类是通油孔道，其中包括贯通上下叠积面的公用孔道、安装液压阀的三个侧面上直接与阀的油口相通的孔道、另一侧面安装管接头的孔道、不直接与阀的油口相通的中间孔道即工艺孔四种；第二类是连接孔，其中包括固定液压阀的定位销孔和螺钉孔（螺孔）、成摞连接各集成块的螺栓孔（光孔）；第三类是质量在 30kg 以上的集成块的起吊螺钉孔。

① 通油孔道的直径的确定

a. 与阀的油口相通的孔道的直径，应与液压阀的油口直径相同。

b. 与管接头相连接的孔道，其直径一般应按通过的流量和允许流速，用式(14-1)计算确定，但孔口须按管接头螺纹小径钻孔并攻螺纹。

$$d = \sqrt{\frac{4q}{\pi v}} \qquad (14\text{-}1)$$

$$\delta \geqslant \frac{pdn}{2\sigma_b} \qquad (14\text{-}2)$$

式中，q 为油管最大流量；v 为管中允许流速（取值见表 14-8）；d 为管子内径；δ 为管子壁厚；p 为管内最高工作压力；σ_b 为管材抗拉强度；n 为安全系数（取值见表 14-9）。

表 14-8　油管中的允许流速

油液流经油管	吸油管	高压管	回油管	短管及局部收缩处
允许流速 /(m/s)	0.5～1.5	2.5～5	1.5～2.5	5～7
说　明	高压管：压力高时取大值，反之取小值；管长的取小值，反之取大值；油液黏度大时取小值			

表 14-9　安全系数（钢管）

管内最高工作压力/MPa	<7	7～17.5	17.5
安全系数	8	6	4

c. 工艺孔应采用螺塞或球胀将其堵死。

d. 公用孔道中压力油孔和回油孔的直径可以类比同压力等级的系列集成块中的孔道直径确定，也可通过式(14-1)计算得到；泄油孔的直径一般由经验确定，例如对于低、中压系统，当 $q=25$L/min 时，可取 $\phi6$mm，当 $q=63$L/min 时，可取 $\phi10$mm。

② 连接孔直径的确定

a. 固定液压阀的定位销孔的直径应与所选定的液压阀的定位销直径及配合要求相同，螺钉孔（螺孔）的直径应与螺钉孔的螺纹直径相同。

b. 连接集成块组的螺栓规格可类比相同压力等级的系列集成块的连接螺栓确定，也可以通过强度计算得到。单个螺栓的螺纹小径 d (m) 的计算公式为：

$$d \geqslant \sqrt{\frac{4P}{\pi n [\sigma]}} \qquad (14\text{-}3)$$

式中，P 为块体内部最大受压面上的推力，N；n 为螺栓个数；$[\sigma]$ 为单个螺栓的材料许用应力，Pa。

螺栓直径确定后，其螺栓孔（光孔）的直径也就随之而定，系列集成块的螺栓直径为 M8～M12，其相应的连接孔直径为 $\phi 9 \sim 14$mm。

③ 起吊螺钉孔的直径。单个集成块质量在 30kg 以上时，应按质量和强度确定起吊螺钉孔的直径。

④ 油孔间的壁厚及其校核。通油孔间的最小壁厚的推荐值不小于 5mm。当系统压力高于 6.3MPa 时，或孔间壁厚较小时，应进行强度校核，以防止系统在使用中被击穿。孔间壁厚可按式(14-2)进行校核。但考虑到集成块上的孔大多细而长，钻孔加工时可能会偏斜，实际壁厚应在计算基础上适当取大一些。

(4) 确定中间块外形尺寸

中间块用来安装液压阀，其高度 H 通常应大于所安装的液压阀的高度 H_1。在确定中间块的长度 L 和宽度 B 时，在已确定公用油道孔基础上，应首先确定公用油道孔在块间结合面上的位置。如果集成块组中有部分采用标准系列通道块，则自行设计的公用油道孔位置应与标准通道块上的孔一致。如图 14-12 所示，中间块的长度尺寸 L 和宽度尺寸 B 均应大于安放的液压阀的长度 L_1 和宽度 B_1，以便于设计集成块内的通油孔道时调整元件的位置。一般长度方向的调整尺寸 l 为 40～50mm，宽度方向的调整尺寸 b 为 20～30mm。调整尺寸留得较大，孔道布置方便，但将加大块的外形尺寸和重量，反之，则结构紧凑、体积小、重量轻，但孔道布置困难。最后确定的中间块长度和宽度应与标准系列块的一致。

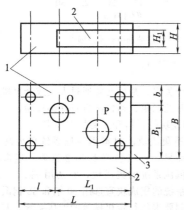

图 14-12 中间块外形尺寸及其调整示意图
1—中间块体；2—正面安装的液压阀；
3—侧面安装的液压阀

应当指出的是，现在有些液压系统产品中，一个集成块上安装的元件不止三个，有时一块上所装的元件数量达到 5～8 个以上，其目的无非是减少整个液压控制装置所用油路块的数量。如果采用这种集成块，通常每块上的元件不宜多于 8 个，块在三个尺度方向的最大尺寸不宜大于 500mm。否则，集成块的体积和重量较大，块内孔系复杂，给设计和制造带来诸多不便。

(5) 布置集成块上的液压元件

在确定了集成块中公用油道孔的数目、直径及在块间连接面中的位置与集成块的外形尺寸后，即可逐块布置液压元件。液压元件在通道块上的安装位置合理与否，直接影响集成块体内孔道结构的复杂程度、加工工艺性的好坏及压力损失的大小。元件安放位置不仅与单元回路的合理性有关，还要受到元件结构、操纵调整的方便性等因素的影响。即使单元回路完全合理，若元件位置不当，也难于设计好集成块体。因此，它往往与设计者的经验多寡、细心程度有很大关系。因此要在认真研究欲布置的各板式液压阀安装面上的字母代号及意义、安装面和各油口的尺寸、尺寸公差及形位公差等要求的基础上，对各块逐一进行液压元件的布置。

① 基块（底板）。基块的作用是将集成块组件固定在油箱顶盖或专用阀架上，并将公用通油孔道通过管接头与液压泵和油箱相连接，有时需在基块侧面上安装压力表开关。设计时要留有安装法兰、压力表开关和管接头等的足够空间。当液压泵压油口经单向阀进入主油路时，可采用管式单向阀，并将其装在基块外。

② 中间块。中间块的侧面安装各种液压控制元件。当需与执行装置连接时，三个侧面安装元件，一个侧面安装管接头。在中间块上布置液压元件时应注意如下事项。

a. 应给安装液压阀、管接头、传感器及其他元件的各面留有足够的空间。

b. 集成块体上要设置足够的测压点，以便调试时和工作中使用。

c. 需经常调节的控制阀（如各种压力阀和流量阀）等应安放在便于调节和观察的位置，应避免相邻侧面的元件发生干涉。

d. 应使与各元件相通的油孔尽量安排在同一水平面内，并在公用通油孔道的直径范围内，以减少中间连接孔（工艺孔）、深孔和斜孔的数量。互不相通的孔间应保持一定壁厚，以防工作时击穿。

e. 集成块的工艺孔均应封堵，封堵有螺塞、焊接和球胀三种方式（图 14-13）。螺塞封堵是将螺塞旋入螺纹孔口内，多用于可能需要打开或改接测压等元件的工艺孔的封堵，螺塞应按有关标准制造。焊接封堵是将短圆柱周边牢固焊接在封堵处，对于直径小于 5mm 的工艺孔可以省略圆柱而直接焊接封堵，多用于靠近集成块边壁的交叉孔的封堵。球胀封堵是将钢球以足够的过盈压入孔中，多用于直径小于 10mm 工艺孔的封堵，制造球胀式堵头及封堵孔的材料及尺寸应符合 JB/T 9157—1999 标准的规定。封堵用螺塞、圆柱和钢球均不得凸出集成块的壁面，焊接封堵后应将焊接处磨平。封堵后的密封质量以不漏油为准。

f. 在集成块间的叠积面上（块的上面），公用油道孔出口处要安装 O 形密封圈，以实现块间的密封。应

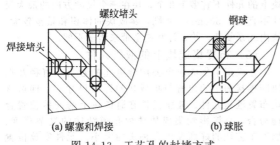
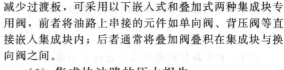

(a) 螺塞和焊接　　　　　(b) 球胀

图 14-13　工艺孔的封堵方式

在公用油道孔出口处按选用的 O 形密封圈的规格加工出沉孔，O 形圈沟槽尺寸应满足相关标准的规定。

③ 顶块（盖板）。顶块的作用是封闭公用通油孔道，并在其侧面安装压力表开关以便测压，有时也可在顶块上安装一些控制阀，以减少中间块数量。

④ 过渡板。为了改变阀的通油口位置或为了在集成块上追加、安装较多的元件，可按需要在集成块上采用过渡板。过渡板的高度应比集成块高度至少小 2mm，其宽度可大于集成块，但不应与相邻两侧元件相干涉。

⑤ 集成块专用控制阀。为了充分利用集成块空间，减少过渡板，可采用以下嵌入式和叠加式两种集成块专用阀，前者将油路上串接的元件如单向阀、背压阀等直接嵌入集成块内；后者通常将叠加阀叠积在集成块与换向阀之间。

（6）集成块油路的压力损失

油液在流经集成块孔系后要产生一定的压力损失，其数值是反映块式集成装置设计质量与水平的重要标志之一。显然，集成块中的工艺孔愈少，附加的压力损失愈小。

集成块组的压力损失，是指贯通全都集成块的进油、回油孔道的压力损失。在孔道布置一定后，压力损失随流量增加而增大。经过一个集成块的压力损失 Δp（包括孔道的沿程压力损失 $\Sigma \Delta p_\lambda$、局部压力损失 $\Sigma \Delta p_\zeta$ 和阀类元件的局部压力损失 $\Sigma \Delta p_v$ 三部分），可借助液压流体力学中的有关公式逐孔、逐段详细算出后叠加。通常，中低压系统，油液经过一个块的压力损失值约为 0.01MPa。对于采用系列集成块的系统，也可以通过有关图线查得不同流量下经过集成块组的进油和回油通道压力损失。作为示例，图 14-14 给出了 JK25 系列集成块的进油和回油通道压力损失的图线。

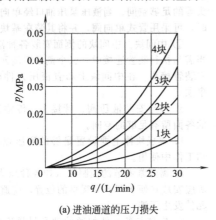

(a) 进油通道的压力损失　　　　　(b) 回油通道的压力损失

图 14-14　JK25 系列集成块组的压力损失

（7）绘制集成块加工图

① 加工图的内容。为了便于读图、加工和安装，通常集成块的加工图应包括四个侧面视图及顶面视图、各层孔道剖面图与该集成块的单元回路图，并将块上各孔编号列表，注明孔的直径、深度及与之阻、通的孔号，当然，在加工图中还应注明集成块所用材料及加工技术要求等。

在绘制集成块的四个侧面和顶面视图时，往往是以集成块的底边和任一邻边为坐标，定出各元件基准线的坐标，然后绘制各油孔和连接液压阀的螺钉孔及块间连接螺栓孔，以基准线为坐标标注各尺寸。

目前有些液压企业，所设计的集成块加工图，各层孔道的剖视图，常略去不画，而只用编号列表来说明各种孔道的直径、深度及与之相通的孔号，并用绝对坐标标注各孔的位置尺寸等，以减少绘图工作量。但为了避免出现设计失误，最后必须通过人工或计算机对各孔的所有尺寸及孔间阻、通情况进行仔细校验。

② 集成块的材料和主要技术要求

a. 制造集成块的材料因液压系统压力高低和主机类型不同而异，可以参照表 14-2 选取。通常，对于固定机械，低压系统的集成块，宜选用 HT250 或球墨铸铁；高压系统的集成块宜选用 20 钢和 35 钢锻件。对于有重量限制要求的行走机械等的液压系统，其集成块可采用铝合金锻件，但要注意强度设计。铸铁集成块应进行时效处理。

b. 集成块的毛坯不得有砂眼、气孔、缩松和夹层等缺陷，必要时需对其进行探伤检查。毛坯在切削加工前应进行时效处理或退火处理，以消除内应力。

c. 集成块各部位的粗糙度和公差要求不同，请见表 14-10。

表 14-10　集成块各部位的粗糙度和公差要求

项目	部 位	数值	项目	部 位		数 值
粗糙度 Ra /μm	各表面和安装嵌入式液压阀的孔	<0.8	沿 X 和 Y 轴计算孔位置尺寸 /mm	定位销孔		±0.1
	末端管接头的密封面	<3.2		螺纹孔		±0.1
	O 形圈沟槽	<3.2		油口		±0.2
	一般通油孔道	<12.5	公差			
公差	定位销孔直径	H12	块间结合面的平行度 /μm			0.03
	安装面的表面平面度	每100mm距离上 0.01mm	四个侧面与结合面的垂直度 /mm			0.1

注：1. 块间结合面不得有明显划痕。

　　2. 为了美观，机械加工后的铸铁和钢质集成块表面可镀锌。

图 14-15 和图 14-16 所示为两种不画各层孔道剖面图的集成块（中间块）加工图示例，前者未画图框及标题栏，其尺寸用绝对坐标标注；后者的尺寸用相对坐标标注。

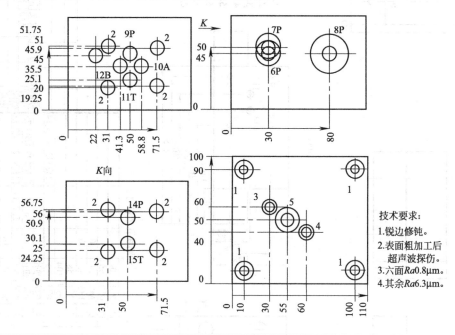

15	$\phi6$	55	—	5、11	
14	$\phi6$	30	—	7	
13	$\phi6$	80	—	6、8	口攻Z1/8in, 工艺孔
12	$\phi6$	60	—	4	
11	$\phi6$	55	—	5、15	
10	$\phi6$	80	—	8	
9	$\phi6$	30	—	8	
8	$\phi6$	50	—	9、13	
7	$\phi6$	50	—	14、3	
6	$\phi6$	22	—	13	口攻M22×1.5深18
5	$\phi10$	31	—	11、15	口攻Z1/4in
4	$\phi6$	50	—	12	底面孔口攻Z3/8in
3	$\phi6$	65	—	10、7	口攻M14×1.5深15
2	M5	16	—		口攻M14×1.5深15
1	$\phi7$	通孔	10		口扩$\phi12$深20
孔号	孔径	孔深	攻深	相交孔号	孔口加工

图 14-15　不画各层孔道剖面图的集成块加工图（一）

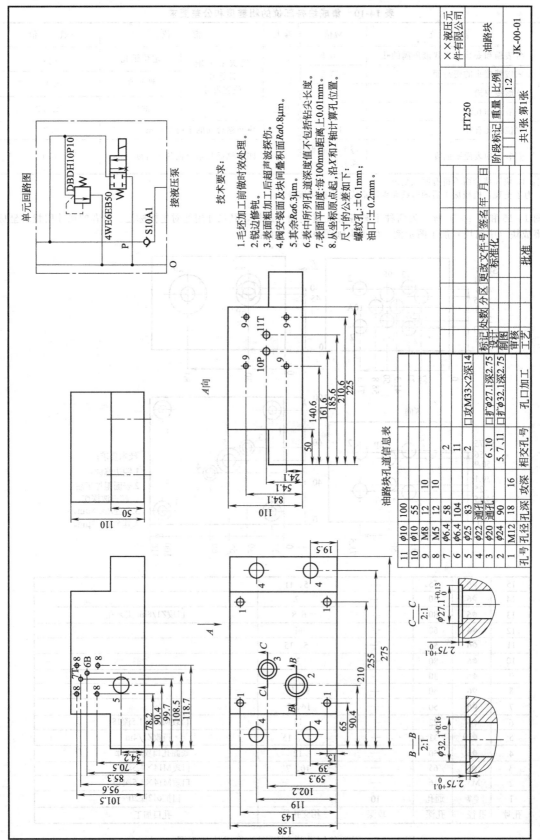

技术要求:
1.毛坯加工前做时效处理。
2.锐边修钝。
3.表面粗加工后超声波探伤。
4.阀安装面及块间叠积面Ra0.8μm。
5.其余Ra6.3μm。
6.表中所列孔道深度值不包括钻尖长度。
7.表面平面度:每100mm距离上0.01mm。
8.从坐标原点起,沿X和Y轴计算孔位置。
尺寸的公差如下:
螺纹孔:±0.1mm;
油口:±0.2mm。

单元回路图

DBDH10P10

4WE6EB50

接液压泵

S10A1

A向

油路块孔道信息表

孔号	孔径	孔深	攻深	相交孔号	孔口加工
11	φ10	100			
10	φ10	55			
9	M8	12	10		
8	M5	12	10		
7	φ6.4	58		2	
6	φ6.4	104		11	
5	φ25	83			□攻M33×2深14
4	φ22	通孔		2	□扩φ27.1深2.75
3	φ20	通孔		6,10	□扩φ32.1深2.75
2	φ24	90		5,7,11	孔口加工
1	M12	18	16		

C—C
2:1
φ27.1 +0.13 / 0

B—B
2:1
φ32.1 +0.16 / 0

图 14-16 不画各层孔道剖面图的集成块成加工图(二)

××液压元件有限公司   油路块

JK-00-01

HT250

比例 1:2

共1张 第1张

标记 处数 分区 更改文件号 签名 年 月 日
设计
审核
工艺
标准化
批准

14.4.3　块式集成液压阀组总装图的绘制

块式集成液压阀组总装图（或称液压控制装置装配图）是所有安装上标准液压阀的集成块成撂叠积后的外形图，其绘制要求和注意事项参见 14.3.3 节。为了便于读图、装配调试和使用维护，建议在总装图中附上整个液压系统等效的集成块单元回路图。块式集成液压控制装置的总装图示例见图 14-17。

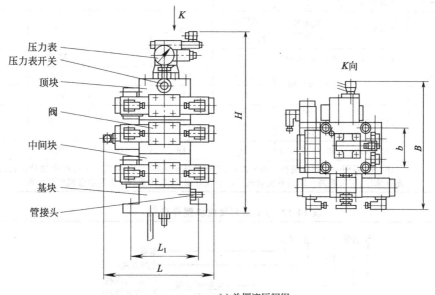

(a) 单撂液压阀组

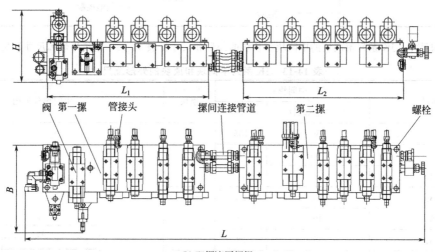

(b) 双撂液压阀组

图 14-17　块式集成液压阀组的总装图

14.4.4　通用集成块系列

（1）概况

块式集成技术目前已被广泛应用于各工业部门机械设备的液压系统中。由于板式连接的标准液压元件较为成熟和定型，给块式集成技术的广泛应用创造了有利条件。目前可供采用的有 JK、SK、YJ、JCK、AT 和 EJKH 等通用集成块系列，这些系列均有较完整的集成块产品图纸并有几十种单元回路（每个单元回路代表一个集成块）。系列集成块的主要结构尺寸如

表 14-11 所列。此处仅以中低压（6.3MPa）的 JK 集成块系列的常用典型单元回路（块）为例，简介系列集成块的构成和应用特点，其他系列的单元回路可参阅有关手册。

（2）JK 系列集成块

① 技术参数及型号意义。JK 系列集成块采用广研所中低压系列板式液压阀，其公称压力为 6.3MPa，公称流量有 25L/min 和 63L/min 两种规格。其型号意义见表 14-12。

表 14-11　系列集成块的主要结构尺寸　　　　　　　　　　mm

系列	型号	集成块外形		公用通油孔道直径			连接螺栓及孔	
		长×宽	高	P	O(T)	L	螺栓	孔径
JK	JK25	130×120	92	16	18	10	M12	φ14
	JK63	155×140	112					
SK		160×120	各块不尽相同	M27×2	M33×2			
				M22×1.5				
YJ	YJ25	130×120	60,72,85,92	16	18		M12	φ14
AT	AT50		88,92,90	11.3	11.3	5	M8	φ9
	AT80			12	12	6	M10	φ11
JCK		142×120	107	18	18		M12	φ14
			125					
EJKH		130×110	60,65,70,80	16	16	16	M10	φ11
开发设计单位		JK、SK系列—广州机械科学研究院(原广州机床研究所);YJ系列—上海机电设计院;AT系列—大连机床厂;JCK系列—四川省组合机床联合设计组;EJKH系列—大连组合机床研究所						

表 14-12　JK 系列集成块型号意义

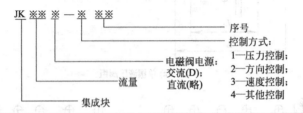

② 结构尺寸。JK 系列集成块的中间块和顶块的外形和尺寸见表 14-13,基块外形和尺寸请见表 14-14。

表 14-13　JK 系列中间块和顶块的外形及尺寸　　　　　　　　　　mm

项目		中间块		顶块	中间块外形图
		JK25、JK25D	JK63		
A		130	155	同左	
A_0		108	133		
A_1		11	11		
A_2		25	28		
A_3		40	45		
A_4		85	98		
B		120	140		
B_0		98	118	同左	
B_1		11	11		
B_2		55	58		
B_3		68	75		
H		92	112	72	
ϕ		14	14		
公用油孔直径	P	16			
	O	18			
	L	10			

表 14-14　JK 系列基块外形及尺寸　　　mm

尺寸 型号	A	A_1	A_2	B	B_1	B_2	H	H_1
JKF25 JKF25D	180	155	108	102	90	68	45	3
JKF63	205	180	133	140	118	80	40	10
说　明	其余尺寸与中间块相同							

③ 结构和使用特点

a. 该系列集成块为三孔式公用通油孔道。

b. 各集成块叠积面之间采用 O 形橡胶圈密封，O 形橡胶圈的沟槽位于各块的上面；块间叠积次序可以互换，无顺序要求，最下方为基块（底板），最上方为顶块（盖板），顶块上可安装压力表开关。

c. 在集成块与电磁换向阀之间可安装叠积式单向节流阀、背压阀和液控单向阀等元件。

d. 用户在选用块时，可将块中不需要的元件去掉，但要在安装被去元件的面上，用相应侧盖封堵。反之，也可以去掉侧盖，换装相应液压元件。当所设计或使用的液压系统由于主机动作或工作要求的变化，需要改变原执行元件的动作循环或者需要改换、增删一些执行元件时，可以通过更换或增删相应的集成块及液压元件来实现。

④ 集成块单元回路。JK 系列集成块单元回路分为压力控制、速度控制、方向控制和其他控制四类。采用直流（E）电磁换向阀、流量规格为 25L/min 的单元回路块（JK25），只需将同一名称回路中的电磁换向阀由直流换为交流（D）即可构成 JK25D 单元回路块，其余一律不变；对于 JK63 的单元回路块只需将 JK25 同一名称回路中流量为 25L/min 的各种液压阀换为流量为 63L/min 的液压阀即可，其余一律不变。

⑤ 应用示例。JK 系列集成块在多种行业特别是在各类金属加工机床（包括通用机床、组合机床及其自动线、数控加工中心、压力加工机床等）的液压系统中获得了普遍应用。图 14-18 所示为用 JK 系列集成块单元回路构成的一个具有辅助缸和主工作缸的机床液压系统。

（3）集成块的商品化产品

近年来，为了适应液压技术应用领域及用户的急剧扩增，一些液压厂商和企业陆续开始接受用户的委托，代为设计和制造各种有特殊要求的集成块商品化产品。只要用户将液压系统原理图，系统的压力、流量，液压元件的通径规格等主要参数及使用要求提供给制造方，即可获得所需的集成块产品。这对于缩短系统乃至主机

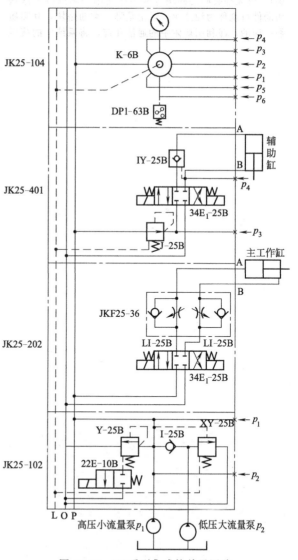

图 14-18　JK 系列集成块单元回路
构成的机床双缸液压系统

的制造周期具有积极作用。例如我国上海某液压公司，可为用户提供液压集成块产品的信息内容摘录如下。

本公司承揽原有液压系统的原理进行优化、升级配套及跟踪服务；承揽液压集成块的设计与制造业务。公司生产 06 通径单组、多组油路阀块，10 通径单组、多组油路阀块，23 通径单组、多组油路阀块，32 通径单组、多组油路阀块。06 通径单组油路阀块的相关参数如下：型号：0610；外形：80mm×68mm×60mm；重：2.6kg；进油口螺纹：Z1/4in；回油口螺纹：Z3/8in；安装螺钉：M8～M65；表面处理：电镀；材料：20、45、A3、Q235；当前价格：62 元/块；最小起订量：1 块；供货总量：1000 块；发货期限：30 天内。

14.5　油路块的 CAD

由上述各节可知，在液压阀组的集成中，要用到安装液压阀的油路板、集成块、叠加阀组的基块（底板块）、安装插装阀的阀块等专用或通用的辅助件，这些辅助件可统称为油路块。无论是哪一类油路块，其实质是一样的，即利用块体中的通油孔道，将系统中的液压阀及其他有关元件和管路联系在一起，集成为所需的液压控制阀组（台）。因此，液压控制阀组的设计关键就是各种油路块的设计。

油路块的设计实质上是一项三维立体空间的孔道布置工作。传统的油路块设计方式要求设计人员具有很高的空间想象能力，而设计的成败与优劣在很大程度上取决于设计者的经验、创造性思维和耐心细致的程度，所以是一项极其繁杂且又极易出错的工作，一旦设计不当将造成油路块报废及材料和时间的浪费。计算机技术和软件技术的发展，以及 CAD（计算机辅助设计）技术的普及和广泛应用为解决上述问题创造了有利条件。在液压控制装置中各类油路块的设计中，使用计算机辅助设计技术，对于实现油路块设计自动化、提高设计效率及质量，加快液压设备产品的研发和更新换代速度，提高企业的社会经济效益等均具有重要意义。因此，应尽可能采用 CAD 技术来设计油路块或对手工设计的油路块进行计算机辅助校核，其具体方法可参阅有关资料。

第15章 液压阀常用标准资料

15.1 基础技术标准（摘录）

15.1.1 常用液压气动图形符号

常用液压气动图形符号见表15-1。

表15-1 常用液压气动图形符号（GB/T 786.1—2009摘录）

	1. 图形符号基本要素				
名称及注册号	符号	用途或符号描述	名称及注册号	符号	用途或符号描述
实线 401V1		供油管路，回油管路，元件外壳和外壳符号	垂直箭头 F026V1		流体流过阀的路径和方向
虚线 422V1		内部和外部先导（控制）管路，泄油管路，冲洗管路，放气管路	倾斜箭头 F027V1		流体流过阀的路径和方向
点画线 F001V1		组合元件框线	正方形 101V21		控制方法框线（简略表示）；蓄能器重锤
双线 402V1		机械连接，轴，杆，机械反馈	正方形 101V12		马达驱动部分框线（内燃机）
圆点 501V1		两个流体管路的连接	正方形 101V15		流体处理装置框线（过滤器、分离器、油雾器和热交换器）
小圆 2163V1		单向阀运动部分，大规格	正方形 101V7		最多四个主油口阀的功能单元
中圆 F002V1		测量仪表框线（控制元件、步进电机）	长方形 101V2		控制方法框线（标准图）
大圆 2065V1		能量转换元件框线（泵、压缩机、马达）	长方形 101V13		缸
半圆 F003V1		摆动泵或马达框线（旋转驱动）	不封闭长方形 F004V1		活塞杆
圆弧 452V1		软管管路	长方形 101V1		功能单元

续表

名称及注册号	符号	用途或符号描述	名称及注册号	符号	用途或符号描述
连接管路 RF050	0.75M	两条管路的连接,标出连接点	敞口矩形 F068V1	n2M 1M 6M+nM	有盖油箱
交叉管路 RF051		两条管路交叉没有节点,表明它们之间没有连接	半矩形 2061V1	1M 2M	回到油箱
垂直箭头 F026V1	4M	流体流过阀的路径和方向	囊形 F069V1	8M 4M	元件:压力容器,压缩空气储气罐、蓄能器,气瓶、波纹管执行器、软管汽缸

2. 泵、马达、缸、增压器及转换器

名称及注册号	符号	名称及注册号	符号	名称及注册号	符号
单向旋转的定量液压泵或定量液压马达 X11260	泵 马达	空气压缩机 X11390		双作用双杆缸(活塞杆直径不同,双侧缓冲,右侧带调节) X 11460	
		双向定量摆动气马达 X11410		单作用柱塞缸 X 11490	
双向流动带外泄油路单向旋转的变量液压泵 X11240		真空泵 X11420		单作用伸缩缸 X 11500	
双向变量液压泵或液压马达单元(双向流动,带外泄油路,双向旋转) X11250		连续增压器,将气体压力 p_1 转换为较高的液体压力 p_2 X11430	p_1 p_2	双作用伸缩缸 X 11510	
电液伺服控制的变量液压泵 X11310		单作用单杆缸 X11440		单作用压力介质转换器(将气体压力转换为等值的液体压力,反之亦然) X 11580	
双向摆动缸或马达(限制摆动角度) X11280		双作用单杆缸 X11450		单作用增压器,将气体压力 p_1 转换为更高的液体压力 p_2 X11590	p_1 p_2

3. 辅件和动力源

名称及注册号	符号	名称及注册号	符号	名称及注册号	符号
软管总成 X11670		流量计 X11910		气源处理装置(包括手动排水过滤器、溢流调压阀,压力表和油雾器)(上图为详图,下图为简化图) X12160	
三通旋转接头 X11680	1 2 3 | 1 2 3	转速仪 X11930			
快换接头(带两个单向阀,断开状态) X11710		转矩仪 X11940		手动排水流体分离器 X12180	

名称及注册号	符号	名称及注册号	符号	名称及注册号	符号
快换接头（带两个单向阀，连接状态）X11740		过滤器 X11980		带手动排水分离器的过滤器 X12190	
可调节的机械电子压力继电器 X11750		油箱过滤器 X11990		油雾分离器 X12220	
模拟信号输出压力传感器 X11770		过滤器（带附属磁性滤芯）X12000		空气干燥器 X12230	
压力测量单元（压力表）X11820		过滤器（带光学阻塞指示器）X10210		油雾器 X12240	
压差计 X11830		冷却器（不带冷却液流道指示）X12260		隔膜式充气蓄能器 X12320	
温度计 X11850		冷却器（液体冷却）X12270		囊隔式充气蓄能器 X12330	
液位计 X11870		冷却器（电动风扇冷却）X12280		活塞式充气蓄能器 X12340	
带下游气瓶的活塞式充气蓄能器 X12360		液压源 RF060		真空发生器 X12380	
气罐 X12370		气压源 RF059		真空吸盘 X12420	
温度计 X11850		冷却器（液体冷却）X12270		活塞式充气蓄能器 X12340	
液位计 X11870		冷却器（电动风扇冷却）X12280		带下游气瓶的活塞式充气蓄能器 X12360	

注：1. GB/T 786《流体传动系统及元件图形符号和回路图》分为两部分，第 1 部分：GB/T 786.1 用于常规用途和数据处理的图形符号；第 2 部分：回路图；GB/T 786.2 正在制定中。

2. 本部分图形符号按 GB/T 20063《简图用图形符号》及 GB/T 16901.2《图形符号表示规则》中的规则来绘制。与 GB/T 20063 一致的图形符号按模数尺寸 $M=2.5mm$，线宽为 0.25mm 来绘制。为了缩小符号尺寸，图形符号按模数 $M=2.0mm$，线宽为 0.25mm 来绘制。但是对这两种模数尺寸，字符大小都应为高 2.5mm，线宽 0.25mm。可以根据需要来改变图形符号的大小以用于元件标识或样本。

3. 本部分每个图形符号按照 GB/T 20063 赋有唯一的注册号。变量位于注册号之后，用 V1、V2、V3 等标识。对于 GB/T 20063 仍未规定的注册号，使用基本的注册号。在流体传动领域，基本形态符号的注册号数字前用"F"来标识，应用规则的注册号数字前则由"RF"来标识。符号的样品用"X"标识，流体传动技术领域的范围为 X10000～X39999。

4. 控制机构符号和常用控制阀符号请见表 1-2 和表 1-3。

15.1.2　流体传动系统及元件公称压力系列（GB/T 2346—2003）

流体传动系统及元件公称压力系列见表15-2。

表15-2　流体传动系统及元件公称压力系列　　MPa

1	1.25	1.6	2	2.5	3.15	4	5	6.3
8	10	12.5	16	20	25	31.5	35	40
45	50	63	80	100	125	160	200	250

15.1.3　液压元件螺纹连接　油口形式和尺寸（GB/T 2878—1993）

本标准规定了液压元件螺纹连接油口的形式和尺

寸。本标准适用于工作压力不大于40MPa螺纹连接的液压元件的油口。

（1）形式

① 液压元件油口形式A按图15-1规定。

② 液压元件油口形式B（非优先选用）按图15-2规定。

（2）尺寸

液压元件油口尺寸按表15-3规定。

15.1.4　液压元件　通用技术条件（GB/T 7935—1987）

（1）技术要求

① 基本参数、安装连接尺寸，应符合相应的国家标准规定。

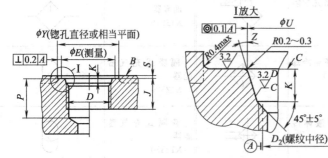

图15-1　液压元件油口形式A

注：锥面上，不得有纵向的或螺旋形的刀痕，允许有小于1.6μm环形刀痕。

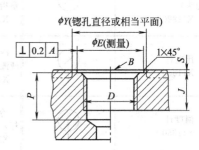

图15-2　液压元件油口形式B

表15-3　液压元件油口尺寸　　mm

D(螺纹精度6H)	J_{min}	$K^{+0.4}_{0}$	E	P^4_{min}	$S^{②③}$	$U^{①+0.1}$	$Y^{③}_{min}$	$Z\pm1°$
M5×0.8	8.0	1.6	8.0	9.5	1.0	6.35	14.0	12°
M8×1	10.0	1.6	11.0	11.5	1.0	9.1	17.0	12°
M10×1	10.0	1.6	13.0	11.5	1.0	11.1	20.0	12°
M12×1.5	11.5	2.4	16.0	14.0	1.5	13.8	22.0	15°
M14×1.5	11.5	2.4	18.0	14.0	1.5	15.8	25.0	15°
M16×1.5	13.0	2.4	20.0	15.5	1.5	17.8	27.0	15°
M18×L5	14.5	2.4	22.0	16.5	2.0	19.8	29.0	15°
M20×1.5	14.5	2.4	24.0	17.5	2.0	21.8	32.0	15°
M22×L5	15.5	2.4	26.0	18.0	2.0	23.8	34.0	15°
M27×2	19.0	3.1	32.0	22.0	2.0	29.4	40.0	15°
M33×2	19.0	3.1	38.0	22.0	2.5	35.4	46.0	15°
M42×2	19.5	3.1	47.0	22.5	2.5	44.4	56.0	15°
M50×2	21.5	3.1	55.0	24.5	2.5	52.4	66.0	15°
M60×2	24.5	3.1	65.0	27.5	2.5	62.4	76.0	15°

① 尺寸U和螺纹中径D_2的圆跳动不大于0.1mm。

② 推荐的最大钻孔深度应保证扳手能夹紧所要拧紧的管接头或锁紧螺母。

③ 若B平面是加工平面，则不需加工尺寸Y和S。

④ 表中给出的螺纹底孔深度是要求使用平顶丝锥攻出的螺纹长度。当使用标准丝锥时应适当地增加螺纹底孔深度。

② 液压元件的所有零件，均应按规定的图样和技术文件制造。

③ 所有零件的材料应符合图纸的规定。材料的性能应符合相应标准规定。

注：在不降低产品质量的条件下材料允许代用，但材料的代用必须经设计单位主要技术负责人同意；重要零件材料代用须附试验分析报告一起报主管设计单位审批。

④ 对有承压通道的重要零件，应进行耐压试验。试验压力不得低于额定压力（或公称压力）的 1.5 倍。保压时间不得少于 1min，不得有渗漏和零件损坏等不正常现象。

所有铸件必须按规定进行清砂处理，通道和容腔的各处不允许有任何残留物，不允许涂漆。

⑤ 元件的装配必须严格按照图纸要求和技术文件的规定进行。所有零件必须有技术检验部门的合格标记。外购件须有合格证。对于因保管或运输不当造成变形、摔伤、擦伤、划痕、锈蚀等而影响产品质量的零件，不得用于装配。

⑥ 零件在装配前必须按规定清洗干净，不允许有任何污物（如铁屑、毛刺、纤维状杂质等）存在，并严禁用棉纱、纸张等纤维易脱落物擦拭元件内腔及配合面。

⑦ 密封件如有刮伤、拉伤、切边、带飞边、气泡、老化及超过生产厂提供的使用有效期等情况，不得用于装配。

⑧ 装配时零件间的接合面应平整，相对错边不得大于规定值，见表 15-4。

表 15-4　接合面相对错边规定值　mm

公称尺寸	规定值
≤50	0.8
>50～120	1
>120～260	2
>260	3

⑨ 元件的所有外露油口均应清晰标注上表示该油口功能的符号：P—压力油口；T—回油口；A、B—工作油口；L—泄油口；X、Y—控制油口。

⑩ 元件试合合格后，外露非加工表面不得涂腻子，除主机配套需要特殊的漆色外，一般涂中灰色耐油漆。涂层要求色泽均匀一致，外观光滑平整，不应有伤痕等缺陷。装配接合面处的涂层应界限分明。

⑪ 元件试验合格后应进行防锈处理；各油口用耐油塞子封口。

（2）试验条件与规则

① 根据试验需要的精确度，测试精度分为 A、B、C 三级，新产品鉴定和性能分析试验的测试要求不低于 B 级测试精度；产品出厂试验测试要求不低于 C 级测试精度。各级测试精度要求符合各类元件试验方法标准规定。

② 试验测试用仪器仪表。试验测试用仪器仪表的精度等级，应符合各类元件的试验方法标准中关于测试仪表容许的系统误差的规定。

③ 试验设备用油液。

a. 温度。进行试验时，除特殊规定者外，进入被试元件的油液温度规定为 50℃。其稳态容许变化范围应符合表 15-5 规定。

表 15-5　稳态容许温度变化范围　℃

测试精度	A	B	C
容许温度变化范围	±1	±2	±3

温度计的安装位置按各类元件的试验方法标准规定。

b. 黏度。油液黏度规定为：50℃时，运动黏度为 $(17～43)×10^{-6} m^2/s$（特殊要求另作规定）。

c. 清洁度等级。试验用油液的固体污染等级不得高于 19/16（对清洁度要求较高的元件，试验用油液的清洁度等级可按设计要求）。

④ 出厂试验。

a. 出厂试验系指液压元件出厂前为检验元件质量所做的试验。出厂试验应由制造厂有关部门进行，试验项目与方法按相应标准规定。元件经检验合格后方可出厂。

b. 出厂试验项目分必试与抽试两类。抽试时，抽试数量为每批产品的 2%，但不得少于 2 台（件）；若抽试元件中有不合格的项目，则对此项目应加倍数量抽试。如仍有不合格者，则对此批元件的该项目应逐台（件）进行试验。

⑤ 型式试验。

a. 型式试验系指全面检验液压元件的质量、性能的试验。试验项目与方法按相应标准规定进行。

b. 凡属下列情况之一者必须进行型式试验：试制的液压元件（包括老产品转厂）；当元件的设计、工艺或所使用材料的改变，影响到元件性能时；出厂试验和以前所进行的型式试验结果发生不能容许的偏差时。

c. 型式试验的元件数量规定为 3 台（件）；其中一台做全项目试验，其余只做性能试验。试验中有不合格者，被试件数量应加倍。如仍有不合格者，则该元件型式试验为不合格。

⑥ 特殊订货要求的液压元件，其试验条件与规则由设计、制造及需方共同制定。

（3）标志、包装与其他

① 元件铭牌设计应美观大方、线字清晰，并应符合产品铭牌的有关规定。

② 铭牌应端正、牢固地装于元件的明显部位。

③ 铭牌内容至少应包括：

a. 元件名称、型号及图形符号；

b. 元件主要技术参数；

c. 制造厂名称；

d. 出厂年月。

④ 对有方向要求的元件（如液压泵的转向等）应

在明显部位用箭头或相应记号标明。

⑤ 元件出厂装箱时应附带下列文件：

a. 元件合格证。

b. 元件安装及使用说明书（内容包括：元件名称、型号、外形图、安装连接尺寸、结构简图、主要技术参数，使用维修方法以及备件明细表等）。

注：上述文件应铅印或晒制蓝图。装于同一箱内的同型号、同规格的元件，其说明书数量可以与产品数量不等，但元件合格证必须每台（件）附一份。

c. 装箱清单。

⑥ 元件包装时应将规定的附件和元件一起装入，并固定于箱内。

⑦ 对有调节机构的元件，包装时应使调节弹簧处于放松状态，外露的螺纹、键槽等部位应予以保护。

⑧ 包装应结实可靠，并有防震、防潮等措施。

⑨ 在包装箱外壁的醒目位置，应用文字图案清晰地标明下列标志：

a. 名称、型号；

b. 件数和毛重；

c. 包装箱外形尺寸（长、宽、高）；

d. 制造厂名称；

e. 装箱日期；

f. 订货位名称、地址及到站站名；

g. 运输注意事项或作业标志。

⑩ 出口元件的标志、包装等按相应规定执行。

⑪ 在用户遵守保管、使用、安装、运输规则的条件下，自元件出厂日期起的保用期内，凡因制造质量问题而发生损坏者，制造厂应负责三包（包修、包换、包退）。

15.2　液压阀安装面和插装阀插装孔

15.2.1　液压传动　阀安装面和插装阀阀孔的标识代号（GB/T 14043—2005）

在流体传动系统中，功率是通过在密闭回路内的受压流体（液体或气体）传递和控制的。流体的控制和调节是通过阀来完成的。阀可以与流体元件直接连接，可以装配在阀块上，也可以在阀孔中旋入或插入插装阀。

（1）范围

本标准规定了符合国家标准和国际标准的液压阀安装面和插装阀阀孔的标识代号。不符合国家标准和国际标准的阀安装面和插装阀阀孔不宜按本标准代号标识。本标准不要求元件用此代号标识。

（2）标识代号

用下面指定的 5 组数字表示阀安装面和插装阀阀孔，并按给出的顺序写出，用连字符隔开。

① 描述阀安装面和插装阀阀孔的标准编号。

② 两位数字代表：

——阀安装面的规格本节［见本节（3）］；

——或盖板式插装阀规格本节［见本节（3）］；

——或螺纹插装阀的插装孔螺纹直径。

③ 两位数字表示标准中描述的阀安装面和插装阀阀孔的图号。

④ 一位数字表示是否存在可选项：

——数字 0 表示基本型号；

——数字 1～9 表示所有不同型号的选项编号。

⑤ 四位数字表示确定特定安装面和插装阀阀孔的标准最新版本的年代号。

（3）规格代号

当阀安装面和插装阀阀孔第一次标准化或当本标准确定的代码第一次应用到现行标准时，应按照表 15-6 来确定规格代码。任何以后对主油口尺寸的修改不应影响规格代码。

表 15-6　规格代码

规格	主油口直径/mm	规格	主油口直径/mm
00	$0<\phi\leqslant2.5$	08	$20<\phi\leqslant25$
01	$2.5<\phi\leqslant4$	09	$25<\phi\leqslant32$
02	$4<\phi\leqslant6.3$	10	$32<\phi\leqslant40$
03	$6.3<\phi\leqslant8$	11	$40<\phi\leqslant50$
04	$8<\phi\leqslant10$	12	$50<\phi\leqslant63$
05	$10<\phi\leqslant12.5$	13	$63<\phi\leqslant80$
06	$12.5<\phi\leqslant16$	14	$80<\phi\leqslant100$
07	$16<\phi\leqslant20$		

（4）代号使用示例

对各种阀类型均给出了实例。

注：选择项必须是该标准中表上的数字（1～9）。

① 安装面。补偿型流量控制阀安装面，主油口直径 14.7mm，从 A 流向 B，如 GB/T 8098—2003 的图 5 中描述的，标注如下：

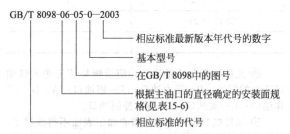

② 插装阀阀孔。二通插装式溢流阀插装孔，主油口直径 50mm（规格为 11），从 A 流向 B，如 ISO 7368：1989 的图 10 中描述的，标注如下：

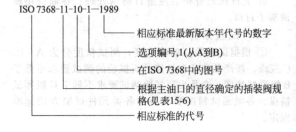

③ 螺纹插装阀阀孔。三通螺纹插装阀阀孔，最大油口直径从 6～20.5mm，连接螺纹为 M27，如 JB/T 5963—2004/ISO 7789：1998 的图 4 中描述的，标注如下：

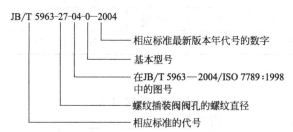

⑤ 字母 R 为安装面圆角半径符号。

（2）公差

① 安装面，即粗点画线以内的面积，采用下列数值。

a. 表面粗糙度：Ra 不大于 0.8μm。

b. 表面平面度：每 100mm 距离上 0.01mm。

c. 定位销孔直径公差：H12。

② 从坐标原点起，沿 X 和 Y 轴计算孔位置尺寸的公差如下。

a. 定位销孔：±0.1mm。

b. 螺纹孔：±0.1mm。

c. 油口：±0.2mm。

（5）标注说明（引用本标准）

当选择遵守本标准时，建议制造商在试验报告、产品目录和销售文件中使用下列说明："阀安装面或插装阀阀孔的标识代号符合 GB/T 14043—2005/ISO 5783：1995《液压传动　阀安装面和插装阀阀孔的标识代号》"。

15.2.2　四油口板式液压方向控制阀　安装面（GB/T 2514—1993）

本标准适用于四油口板式液压方向控制阀及其连接板或集成块。

（1）字母符号

本标准中采用下列字母符合。

① 字母 A、B、P、T、L、X 和 Y 为油口符号。

② 字母 F_1、F_2、F_3、F_4、F_5、F_6 为固定螺孔符号。

③ 字母 G 为定位销孔符号。

④ 字母 D 为固定螺纹直径符号。

（3）安装面编号及尺寸

① 主油口最大直径为 4mm 的安装面（代号：02）。

a. 安装面编号：GB 2514-AA-02-4-A。

b. 尺寸：见图 15-3、表 15-7。

② 主油口最大直径为 6.3mm 的安装面（代号：03）。

a. 安装面编号：GB 2514-AB-03-4-A。

b. 尺寸：见图 15-4、表 15-8。

③ 主油口最大直径为 11.2mm 的安装面（代号：05）。

a. 安装面编号：GB 2514-AC-05-4-A。

b. 尺寸：见图 15-5、表 15-9。

④ 主油口最大直径为 17.5mm 的安装面（代号：07）。

a. 安装面编号：GB 2514-AD-07-4-A。

b. 尺寸：见图 15-6、表 15-10。

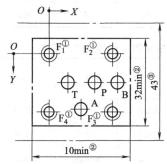

图 15-3　主油口最大直径为 4mm 的方向阀安装面（代号：02）

① 见本节（4）款之①；② 见本节（4）款之②；③ 见本节（4）款之③；④ 见本节（4）款之④（以下同）

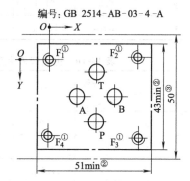

图 15-4　主油口最大直径为 6.3mm 的方向阀安装面（代号：03）

表 15-7　主油口最大直径为 4mm 的方向阀安装面（代号：02）尺寸　　　　mm

尺寸＼符号	P	A	T	B	F_1	F_2	F_3	F_4
x	18.3	12.9	7.5	27.8	0	25.8	25.8	0
y	10.7	20.6	10.7	10.7	0	0	21.4	21.4
ϕ	40_{max}	40_{max}	40_{max}	40_{max}	M5	M5	M5	M5

表 15-8   主油口最大直径为 6.3mm 的方向阀安装面（代号：03）尺寸   mm

尺寸 \ 符号	P	A	T	B	F_1	F_2	F_3	F_4
x	21.5	12.7	21.5	30.2	0	40.5	40.5	0
y	25.9	15.5	5.1	15.5	0	-0.75	31.75	31
ϕ	6.3_{max}	6.3_{max}	6.3_{max}	6.3_{max}	M5	M5	M5	M5

编号：GB 2514-AC-05-4-A

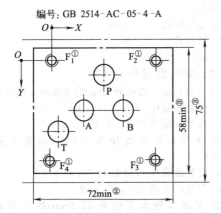

图 15-5   主油口最大直径为 11.2mm
的方向阀安装面（代号：05）

编号：GB 2514-AD-07-4-A

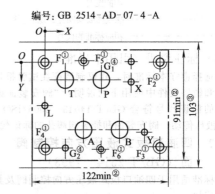

图 15-6   主油口最大直径为 17.5mm
的方向阀安装面（代号：07）

表 15-9   主油口最大直径为 11.2mm 的方向阀安装面（代号：05）尺寸   mm

尺寸 \ 符号	P	A	T	B	F_1	F_2	F_3	F_4
x	27	16.7	3.2	37.3	0	54	54	0
y	6.3	21.4	32.5	21.4	0	0	46	46
ϕ	11.2_{max}	11.2_{max}	11.2_{max}	11.2_{max}	M6	M6	M6	M6

表 15-10   主油口最大直径为 17.5mm 的方向阀安装面（代号：07）尺寸   mm

尺寸 \ 符号	P	A	T	B	L	X	Y
x	50	34.1	18.3	65.9	0	76.6	88.1
y	14.3	55.6	14.3	55.6	34.9	15.9	57.2
ϕ	17.5_{max}	17.5_{max}	17.5_{max}	17.5_{max}	6.3_{max}	6.3_{max}	6.3_{max}

尺寸 \ 符号	G_1	G_2	F_1	F_2	F_3	F_4	F_5	F_6
x	76.6	18.3	0	101.6	101.6	0	34.1	50
y	0	69.9	0	0	69.9	69.9	-16	71.5
ϕ	4	4	M10	M10	M10	M10	M6	M6

⑤ 主油口最大直径为 23.4mm 的安装面（代号：08）。
a. 安装面编号：GB 2514-AE-08-4-A。
b. 尺寸：见图 15-7、表 15-11。

⑥ 主油口最大直径为 32mm 的安装面（代号：10）。
a. 安装面编号：GB 2514-AF-10-4-A。
b. 尺寸：见图 15-8、表 15-12。

编号：GB 2514-AE-08-4-A

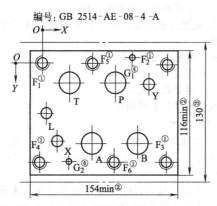

编号：GB 2514-AF-10-4-A

图 15-7　主油口最大直径为 23.4mm
的方向阀安装面（代号：08）

图 15-8　主油口最大直径为 32mm
的方向阀安装面（代号：10）

表 15-11　主油口最大直径为 23.4mm 的方向阀安装面（代号：08）尺寸　　　　　mm

尺寸　　　符号	P	A	T	B	L	X	Y
x	77	53.2	29.4	100.8	5.6	17.5	112.7
y	17.5	74.6	17.5	74.6	46	73	19
ϕ	23.4_{max}	23.4_{max}	23.4_{max}	23.4_{max}	11.2_{max}	11.2_{max}	11.2_{max}

尺寸　　　符号	G_1	G_2	F_1	F_2	F_3	F_4	F_5	F_6
x	94.5	29.4	0	130.2	130.2	0	53.2	77
y	−4.8	92.1	0	92.1	92.1	92.1	0	92.1
ϕ	7.5	7.5	M12	M12	M12	M12	M12	M12

表 15-12　主油口最大直径为 32mm 的方向阀安装面（代号：10）尺寸　　　　　mm

尺寸　　　符号	P	A	T	B	L	X	Y
x	114.3	82.5	41.3	147.6	0	41.3	168.3
y	35	123.8	35	123.8	79.4	130.2	44.5
ϕ	32_{max}	32_{max}	32_{max}	32_{max}	11.2_{max}	11.2_{max}	11.2_{max}

尺寸　　　符号	G_1	G_2	F_1	F_2	F_3	F_4	F_5	F_6
x	147.6	41.3	0	190.5	190.5	0	76.2	114.3
y	0	158.8	0	0	158.8	158.8	0	158.8
ϕ	7.5	7.5	M20	M20	M20	M20	M20	M20

（4）其他技术要求

① 螺丝孔的最小螺纹深度为 1.5D（D 是螺钉直径）。对于铸铁金属材料的安装面，固定螺钉孔螺纹旋入深度为 1.25D。螺钉孔总深度为 2D+6mm。

② 粗点画线所规定的面积是该安装面的最小面积，矩形直角处可做成四角，圆弧半径 R_{max} 为 D。各螺钉孔沿 X 和 Y 轴至安装面边缘的距离相等。

③ 采用本安装面的每个阀所需的最小空间，也就

四集成块上两个相同安装面的最小中心距离。

④ 各定位销孔的最小深度位 8mm。

⑤ 制造厂必须注明各安装面的底板或集成块的集成快的最高工作压力。

15.2.3　液压传动　带补偿的流量控制阀　安装面（GB/T 8098—2003）

（1）范围

本标准规定了带补偿的液压流量控制阀安装面

的尺寸和相关数据,以保证其互换性。本标准适用于通常应用在工业设备上的带补偿的液压流量控制阀的安装面。

(2)符号

本标准中采用下列字母:

① A、B、L、P、T 和 V 表示油口;

② F_1、F_2、F_3 和 F_4 表示固定螺钉的螺孔;

③ G、G_1 和 G_2 表示定位销孔;

④ D 表示固定螺钉直径;

⑤ r_{max} 表示安装面圆角半径。

(3)公差

① 安装面(在粗点画线以内的面积)应采用下列公差:

——表面粗糙度:$Ra \leqslant 0.8\mu m$(见 GB/T 1031 和 GB/T 131);

——表面平面度:在 100mm 距离内为 0.01mm(见

GB/T 1182);

——定位销孔直径公差:H12。

② 从坐标原点起,沿 x 和 y 轴的线性尺寸应采用下列公差:

——销孔:$\pm 0.1mm$;

——螺钉孔:$\pm 0.1mm$;

——油孔:$\pm 0.2mm$。

其他尺寸公差见图示。

(4)尺寸

① 主油口最大直径为 4.5mm 带补偿的流量控制阀安装面尺寸(代号:GB/T 8098-02-01-*-2003)在图 15-9 中给出。

② 主油口最大直径为 7.5mm 带补偿的流量控制阀安装面尺寸(代号:GB/T 8098-03-03-*-2003)在图 15-10 中给出。

代号:GB/T 8098-02-01-*-2003   尺寸:mm

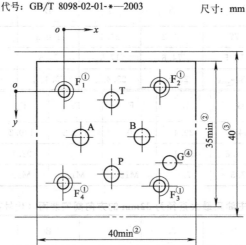

① 最小螺纹深度为螺钉直径 D 的 1.5 倍。为提高阀的互换性及减小固定螺钉长度,推荐全部螺纹深度为 (2D+6)mm。对于黑色金属材料的安装面,推荐固定螺钉螺纹旋入长度为 1.25D。

② 由粗点画线以内面积所确定的尺寸是该安装面的最小尺寸。该矩形的直角处可以成为圆角,最大圆角半径 r_{max} 等于固定螺钉的螺纹直径。沿每个坐标轴方向,各固定螺纹孔至安装面边缘距离相等。

③ 该尺寸给出了具有此类安装面的阀所需要的最小位置。该尺寸也是位于同一油路块上两个相同安装面之中心线间的最小距离。阀制造商应注意,总成后整个阀体宽度方向的各个部分均不得超过此尺寸。

④ 安装面上的盲孔配合阀上定位销,其最小深度为 4mm。

注:1. 供应商应规定底板和油路块的最高工作压力。

2. 图形符号及油口符号见表 15-13。

轴	P	A	T	B	G	F_1	F_2	F_3	F_4
	$\phi 4.5 max$	$\phi 4.5 max$	$\phi 4.5 max$	$\phi 4.5 max$	$\phi 3.4 max$	M5	M5	M5	M5
x	12	4.3	12	19.7	25.5	0	24	24	0
y	20.25	11.25	2.25	11.25	17.75	0	-0.75	23.25	22.5

图 15-9   二主油口最大直径为 4.5mm 带补偿的流量控制阀安装面(规格:02)

表 15-13　主油口最大直径为 4.5mm 带补偿的流量控制阀（代号：GB/T 8098-02-01-＊—2003）

按 ISO 5783 选择	0	1
说　明	内部泄油	外部泄油
二主油口带补偿的流量控制阀		
带旁通单向阀的二主油口带补偿的流量控制阀		
三主油口带补偿的流量控制阀		

代号：GB/T 8098-03-03-＊—2003　　　　尺寸：mm

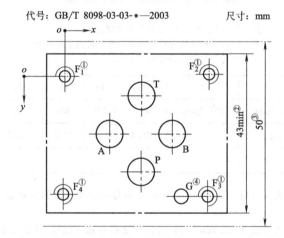

①、②、③、④与图 15-9 所示相同。

注：1. 供应商应规定底板和油路块的最高工作压力。

2. 图形符号及油口符号见表 15-13。

轴	P	A	T	B	G	F_1	F_2	F_3	F_4
	$\phi 7.5$max	$\phi 7.5$max	$\phi 7.5$max	$\phi 7.5$max	$\phi 4$	M5	M5	M5	M5
x	21.5	12.7	21.5	30.2	33	0	40.5	40.5	0
y	25.9	15.5	5.1	15.5	31.75	0	−0.75	31.75	31

图 15-10　主油口最大直径为 7.5mm 带补偿的流量控制阀安装面（规格：03）

③ 二主油口最大直径为 14.7mm，带补偿的流量控制阀安装面尺寸（代号：GB/T 8098-06-05-＊—2003）在图 15-11 中给出。

④ 三主油口最大直径为 14.7mm，带补偿的流量控制阀安装面尺寸（代号：GB/T 8098-06-07-＊—2003）

在图 15-12 中给出。

⑤ 二主油口最大直径为 17.5mm，带补偿的流量控制阀安装面尺寸（代号：GB/T 8098-07-09-＊—2003）在图 15-13 中给出。

代号：GB/T 8098-06-05-*—2003　　　　　　尺寸：mm

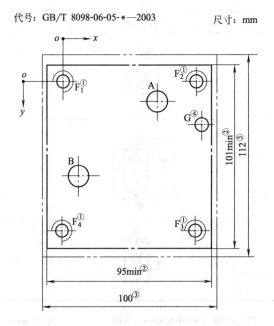

①、②、③、④与图 15-9 所示相同。

注：1. 供应商应规定底板和油路块的最高工作压力。

2. 图形符号及油口符号见表 15-14。

轴	B	A	G	F₁	F₂	F₃	F₄
	$\phi 14.7\max$	$\phi 14.7\max$	$\phi 7.5$	M8	M8	M8	M8
x	54	9.5	79.4	0	76.2	76.2	0
y	11.1	52.4	23.8	0	0	82.6	82.6

图 15-11　二主油口最大直径为 14.7mm 带补偿的流量控制阀安装面（规格：06）

表 15-14　二主油口最大直径为 14.7mm 带补偿的流量控制阀（代号：GB/T 8098-06-05-*—2003）

按 ISO 5783 选择	0
说　　明	内部泄油
二主油口带补偿的流量控制阀	
带旁通单向阀的二主油口补偿型流量控制阀	

代号：GB/T 8098-06-07-*—2003

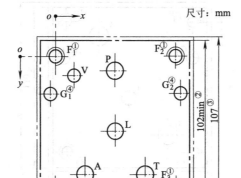

尺寸：mm

①、②、③、④与图 15-9 所示相同。

注：1. 供应商应规定底板和油路块的最高工作压力。

2. 图形符号及油口符号见表 15-15。

轴	P	A	T	L	V	G_1	G_2	F_1	F_2	F_3	F_4
	$\phi14.7max$	$\phi14.7max$	$\phi14.7max$	$\phi11.1max$	$\phi6.3max$	$\phi7.5$	$\phi7.5$	M8	M8	M8	M8
x	38	19	57	38	11.8	−3.2	79.4	0	76.2	76.2	0
y	9.5	73.8	73.8	56.8	12	23.8	23.8	0	0	82.6	82.6

图 15-12　三主油口最大直径为 14.7mm 带补偿的流量控制阀安装面（规格：06）

表 15-15　三主油口最大直径为 14.7mm 带补偿的流量控制阀

（代号：GB/T 8098-06-07-*—2003）

按 ISO 5783 选择	0	1
说　　明	内部泄油	外部泄油
外部先导控制的三主油口带补偿的流量控制阀		
内部先导控制的三主油口带补偿的流量控制阀		

代号：GB/T 8098-07-09-*—2003

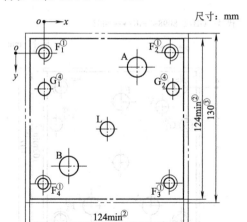

尺寸：mm

①、②、③、④与图 15-9 所示相同。

注：1. 供应商应规定底板和油路块的最高工作压力。

2. 图形符号及油口符号见表 15-16。

轴	A	B	L	G₁	G₂	F₁	F₂	F₃	F₄
	$\phi17.5max$	$\phi17.5max$	$\phi11.1max$	$\phi10.4$	$\phi10.4$	M10	M10	M10	M10
x	75	20.6	50.8	−0.8	102.4	0	101.6	101.6	0
y	11.1	86.5	58.7	28.6	28.6	0	0	101.6	101.6

图 15-13　二主油口最大直径为 17.5mm 带补偿的流量控制阀安装面（规格：07）

表 15-16　二主油口最大直径为 17.5mm 带补偿的流量控制阀
（代号：GB/T 8098-07-09-*—2003）

按 ISO 5783 选择	0	1
说　明	内部泄油	外部泄油
二主油口带补偿的流量控制阀		
带旁通单向阀的二主油口带补偿的流量控制阀		

⑥ 三主油口最大直径为 17.5mm，带补偿的流量控制阀安装面尺寸（代号：GB/T 8098-07-11-＊—2003）在图 15-14 中给出。

⑦ 二主油口最大直径为 23.4mm，带补偿的流量控制阀安装面尺寸（代号：GB/T 8098-08-13-＊—2003）在图 15-15 中给出。

代号：GB/T 8098-07-11-＊—2003　　　　尺寸：mm

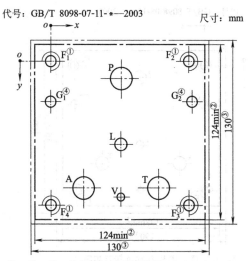

①、②、③、④与图 15-9 所示相同。

注：1. 供应商应规定底板和油路块的最高工作压力。

　　2. 图形符号及油口符号见表 15-15。

轴	P	A	T	L	V	G_1	G_2	F_1	F_2	F_3	F_4
	$\phi17.5max$	$\phi17.5max$	$\phi17.5max$	$\phi11.1max$	$\phi7.9max$	$\phi10.4$	$\phi10.4$	M10	M10	M10	M10
x	50.8	23.8	77.8	50.8	50.8	−0.8	102.4	0	101.6	101.6	0
y	12.7	88.9	88.9	58.7	95.3	28.6	28.6	0	0	101.6	101.6

图 15-14　三主油口最大直径为 17.5mm 带补偿的流量控制阀安装面（规格：07）

代号：GB/T 8098-08-13-＊—2003　　　　尺寸：mm

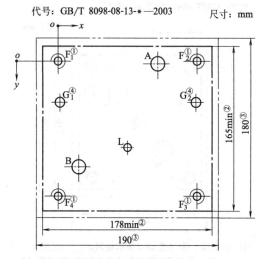

①、②、③、④与图 15-9 所示相同。

注：1. 供应商应规定底板和油路块的最高工作压力。

　　2. 图形符号及油口符号见表 15-16。

轴	A	B	L	G_1	G_2	F_1	F_2	F_3	F_4
	$\phi23.4max$	$\phi23.4max$	$\phi11.1max$	$\phi16.5$	$\phi16.5$	M16	M16	M16	M16
x	104.8	22.2	73	1.6	144.5	0	146	146	0
y	12.7	104.8	85.7	41.3	41.3	0	0	133.4	133.4

图 15-15　二主油口最大直径为 23.4mm 带补偿的流量控制阀安装面（规格：08）

⑧ 三主油口最大直径为 23.4mm，带补偿的流量控制阀安装面尺寸（代号：GB/T 8098-08-15-＊—2003）在图 15-16 中给出。

⑨ 二主油口最大直径为 28.4mm，带补偿的流量控制阀安装面尺寸（代号：GB/T 8098-09-17-＊—2003）在图 15-17 中给出。

代号：GB/T 8098-08-15-＊—2003　　　　　　尺寸：mm

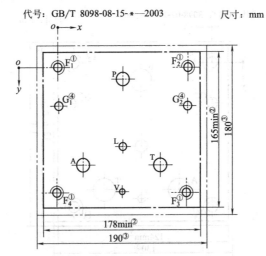

①、②、③、④与图 15-9 所示相同。

注：1. 供应商应规定底板和油路块的最高工作压力。

2. 图形符号及油口符号见表 15-15。

轴	P	A	T	L	V	G_1	G_2	F_1	F_2	F_3	F_4
	$\phi 23.4\max$	$\phi 23.4\max$	$\phi 23.4\max$	$\phi 11.1\max$	$\phi 7.9\max$	$\phi 16.5$	$\phi 16.5$	M16	M16	M16	M16
x	73	30.2	115.9	73	73	1.6	144.5	0	146	146	0
y	12.7	104.8	104.8	85.7	133.4	41.3	41.3	0	0	133.4	133.4

图 15-16　三主油口最大直径为 23.4mm 带补偿的流量控制阀安装面（规格：08）

代号：GB/T 8098-09-17-＊—2003　　　　　　尺寸：mm

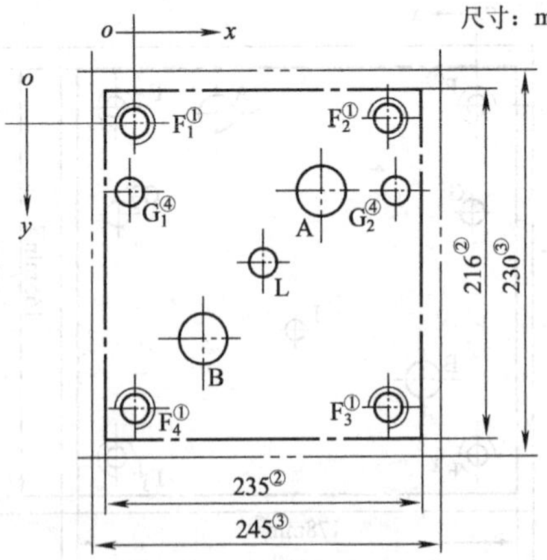

①、②、③、④与图 15-9 所示相同。

注：1. 供应商应规定底板和油路块的最高工作压力。

2. 图形符号及油口符号见表 15-16。

轴	A	B	L	G_1	G_2	F_1	F_2	F_3	F_4
	$\phi 28.4\max$	$\phi 28.4\max$	$\phi 11.1\max$	$\phi 19.8$	$\phi 19.8$	M20	M20	M20	M20
x	144.5	34.9	98.4	-1.6	198.4	0	196.8	196.8	0
y	17.5	144.5	119	55.5	55.5	0	0	177.8	177.8

图 15-17　二主油口最大直径为 28.4mm 带补偿的流量控制阀安装面（规格：09）

⑩ 三主油口最大直径为 28.4mm，带补偿的流量控制阀安装面尺寸（代号：GB/T 8098-09-19-＊—2003）在图 15-18 中给出。

代号：GB/T 8098-09-19-＊—2003

尺寸：mm

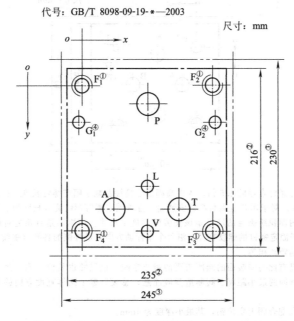

①、②、③、④与图 15-9 所示相同。

注：1. 供应商应规定底板和油路块的最高工作压力。

2. 图形符号及油口符号见表 15-15。

轴	P	A	T	L	V	G_1	G_2	F_1	F_2	F_3	F_4
	$\phi28.4\text{max}$	$\phi28.4\text{max}$	$\phi28.4\text{max}$	$\phi11.1\text{max}$	$\phi7.9\text{max}$	$\phi19.8$	$\phi19.8$	M20	M20	M20	M20
x	98.4	34.9	161.9	98.4	98.4	−1.6	198.4	0	196.8	196.8	0
y	17.5	144.5	144.5	119	177.8	55.5	55.5	0	0	177.8	177.8

图 15-18　三主油口最大直径为 28.4mm 带补偿的流量控制阀安装面（规格：09）

15.2.4　液压溢流阀　安装面（GB/T 8101—2002）

（1）范围

本标准规定了板式连接液压溢流阀（包括溢流阀、远程调压阀和载荷溢流阀）安装面的尺寸和相关数据，以保证其互换性。本标准适用于目前普遍应用的板式连接液压溢流阀的安装。

（2）符号

① 本标准中采用下列符号：

a. A、B、L、P、T 和 X 表示油口；

b. F_1、F_2、F_3、F_4、F_5 和 F_6 表示固定螺钉的螺孔；

c. G 表示定位销孔；

d. D 表示固定螺钉直径；

e. r_{max} 表示安装面圆角半径。

② 本标准所采用的图形符号符合 GB/T 786.1。

（3）公差

① 安装面（在粗点画线以内的面积）应采用下列公差：

——表面粗糙度：$Ra \leqslant 0.8\mu m$；

——表面平面度：在 100mm 距离内为 0.01mm；

——定位销孔直径公差：H12。

② 从坐标原点起，沿 x 和 y 轴的线性尺寸应采用下列公差：

——销孔：±0.1mm；

——螺钉孔：±0.1mm；

——油口孔：±0.2mm。

其他尺寸公差见图示。

（4）尺寸

① 溢流阀安装面尺寸应从②～⑥所规定的图中选取。远程调压阀安装面尺寸应从⑦所规定的图中选取。载荷溢流阀安装面尺寸应从⑧～⑩所规定的图中选取。

② 主油口的最大油口直径为 4.5mm 的溢流阀的安装面尺寸（代号：GB/T 8101-02-01-＊—2002）在图 15-19 中给出。

代号：GB/T 8101-02-01-*—2002

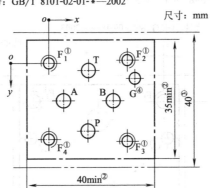

尺寸：mm

① 最小螺纹深度为螺钉直径的1.5倍。为提高阀的互换性及减小固定螺钉长度，推荐全部螺纹深度为（2D＋6）mm。对于黑色金属材料的安装面，推荐固定螺钉螺纹旋入长度为1.25D。

② 由粗点画线以内面积所确定的尺寸是该安装面的最小尺寸。该矩形是直角处可倒圆角，最大圆角半径 r_{max} 等于固定螺钉的螺纹直径。沿每个坐标轴方向，最外侧的各孔（螺纹孔或光孔）中心至安装面边缘的距离相等。

③ 该尺寸给出了具有此类安装面的阀所需要的最小空间。该尺寸也是位于同一集成块上两个相同安装面的中心线间的最小距离。阀制造商应注意，总成后整个阀体宽度方向的各个部分均不得超过此尺寸。

④ 安装面上的盲孔配合阀上定位销，其最小深度为4mm。

注：1. 供应商应规定底板和集成块的最高工作压力。

2. 图形符号见表15-17和表15-18。

轴	P	A	T	B	F_1	F_2	F_3	F_4	G
	$\phi 4.5max$	$\phi 4.5max$	$\phi 4.5max$	$\phi 4.5max$	M5	M5	M5	M5	$\phi 3.4$
x	12	4.3	12	19.7	0	24	24	0	26.5
y	20.25	11.25	2.25	11.25	0	−0.75	23.25	22.5	4.75

图 15-19　主油口最大直径为 4.5mm 的溢流阀安装面（规格：02）

表 15-17　主油口最大直径为 4.5mm 的直动式溢流阀符号
（代号：GB/T 8101-02-01- * —2002）

按 ISO 5783 选择 *	0	1
阀种类	外部泄油	内部泄油
溢流阀		
带旁通单向阀的溢流阀		

表 15-18　主油口最大直径为 4.5mm 的先导式溢流阀符号

（代号：GB/T 8101-02-01-＊—2002）

按 ISO 5783 选择 ＊	2
阀种类	外部泄油
先导式溢流阀	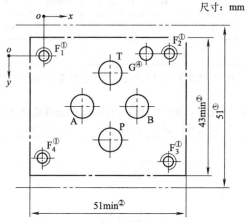
带旁通单向阀的先导式溢流阀	

① 遥控用先导油口，不需要时可堵上。

③ 主油口的最大油口直径为 7.5mm 的溢流阀的安装面尺寸（代号：GB/T 8101-03-04-＊—2002）在图 15-20 中给出。

④ 主油口的最大油口直径为 14.7mm 的溢流阀的安装面尺寸（代号：GB/T 8101-06-07-＊—2002）在图 15-21 中给出。

⑤ 主油口的最大油口直径为 14.7mm 的溢流阀的安装面尺寸（代号：GB/T 8101-06-09-＊—2002）在图 15-22 中给出。

代号：GB/T 8101-03-04-＊—2002

尺寸：mm

①、②、③、④与图 15-19 相同。

注：1. 供应商应规定底板和集成块的最高工作压力。

2. 图形符号见表 15-17 及表 15-18。

轴	P	A	T	B	G	F_1	F_2	F_3	F_4
	$\phi7.5$max	$\phi7.5$max	$\phi7.5$max	$\phi7.5$max	$\phi4$	M5	M5	M5	M5
x	21.5	12.7	21.5	30.2	33	0	40.5	40.5	0
y	25.9	15.5	5.1	15.5	−0.75	0	−0.75	31.75	31

图 15-20　主油口最大直径为 7.5mm 的溢流阀安装面（规格：03）

代号：GB/T 8101-06-07- * —2002

警告：此安装面将淘汰。本标准再次修订时
将去除。新设计不要采用。

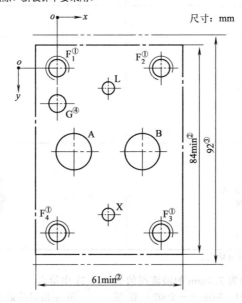

①、②、③、④与图 15-19 相同。

注：1. 供应商应规定底板和集成块的最高工作压力。

2. 图形符号见表 15-19。

轴	A	B	X	L	G	F₁	F₂	F₃	F₄
	ϕ14.7max	ϕ14.7max	ϕ4.8	ϕ4.8	ϕ7.5	M10	M10	M10	M10
x	7.1	35.7	21.4	21.4	0		42.9	42.9	0
y	33.3	33.3	58.7	7.9	14.3	0	0	66.7	66.7

图 15-21　主油口最大直径为 14.7mm 的溢流阀安装面（规格：06）（一）

表 15-19　主油口最大直径为 14.7mm 的先导式溢流阀符号

（代号：GB/T 8101-06-07- * —2002）

按 ISO 5783 选择 *	0	1
阀种类	外部泄油	内部泄油
溢流阀		
带旁通单向阀的溢流阀		

① 遥控用先导油口，不需要时可堵上。

代号：GB/T 8101-06-09-*-2002　　　　　尺寸：mm

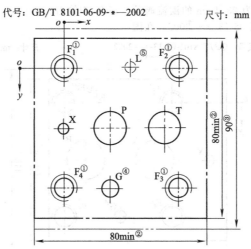

①、②、③、④与图 15-19 相同。

⑤ 只有当阀的功能所要求时，在本安装面上才提供备选的油口。

注：1. 供应商应规定底板和集成块的最高工作压力。

2. 图形符号与表 15-19 所列相同。

轴	P	T	X	L①	G	F₁	F₂	F₃	F₄
	$\phi14.7$max	$\phi14.7$max	$\phi4.8$	$\phi4.8$	$\phi7.5$	M12	M12	M12	M12
x	22.1	47.5	0	31.8	22.1	0	53.8	53.8	0
y	26.9	26.9	26.9	0	53.8	0	0	53.8	53.8

① 代号 GB/T 8101-06-09-0-2002。

图 15-22　主油口最大直径为 14.7mm 的溢流阀安装面（规格：06）（二）

⑥ 主油口的最大油口直径为 23.4mm 的溢流阀的　15-23 中给出。
安装面尺寸（代号：GB/T 8101-08-11-*-2002）在图

代号：GB/T 8101-08-11-*-2002
警告：此安装面将淘汰。本标准再次修订时，
将去除。新设计不要采用。　　　　　尺寸：mm

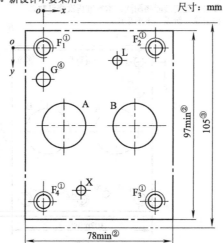

①、②、③、④与图 15-19 相同。

注：1. 供应商应规定底板和集成块的最高工作压力。

2. 图形符号见表 15-19。

轴	A	B	X	L	G	F₁	F₂	F₃	F₄
	$\phi23.4$max	$\phi23.4$max	$\phi4.8$	$\phi4.8$	$\phi7.5$	M10	M10	M10	M10
x	11.1	49.2	40.6	39.7	0	0	60.3	60.3	0
y	39.7	39.7	73	6.4	15.9	0	0	79.4	79.4

图 15-23　主油口最大直径为 23.4mm 的溢流阀安装面（规格：08）（一）

⑦ 主油口的最大油口直径为 23.4mm 的溢流阀的 15-24 中给出。安装面尺寸（代号：GB/T 8101-08-13-*—2002）在图

代号：GB/T 8101-08-13-*—2002   尺寸：mm

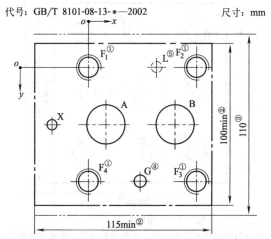

①、②、③、④、⑤与图 15-22 相同。

注：1. 供应商应规定底板和集成块的最高工作压力。

    2. 图形符号见表 15-19。

轴	A	B	X	L①	G	F_1	F_2	F_3	F_4
	ϕ23.4max	ϕ23.4max	ϕ6.3	ϕ6.3	ϕ7.5	M16	M16	M16	M16
x	11.1	55.6	−23.8	43.7	33.4	0	66.7	66.7	0
y	35	35	35	0	70	0	0	70	70

① 代号 GB/T 8101-08-11-0-2002。

图 15-24 主油口最大直径为 23.4mm 的溢流阀安装面（规格：08）（二）

⑧ 主油口的最大油口直径为 32mm 的溢流阀的安 15-25 中给出。装面尺寸（代号：GB/T 8101-10-15-*—2002）在图

代号：GB/T 8101-10-15-*—2002

警告：此安装面将淘汰。本标准再次修订时，将去除。新设计不要采用。

尺寸：mm

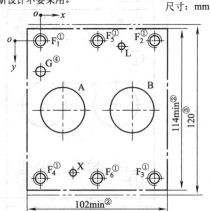

①、②、③、④与图 15-19 相同。

注：1. 供应商应规定底板和集成块的最高工作压力。

    2. 图形符号见表 15-19。

轴	A	B	X	L	G	F_1	F_2	F_3	F_4	F_5	F_6
	ϕ32max	ϕ32max	ϕ4.8	ϕ4.8	ϕ7.5	M10	M10	M10	M10	M10	M10
x	16.7	67.5	24.6	59.6	0	0	84.1	84.1	0	42.1	42.1
y	48.4	48.4	92.9	4	21.4	0	0	96.8	96.8	0	96.8

图 15-25 主油口最大直径为 32mm 的溢流阀安装面（规格：10）

⑨ 主油口的最大油口直径为 32mm 的溢流阀的安　15-26 中给出。
装面尺寸（代号：GB/T 8101-10-17-＊—2002）在图

代号：GB/T 8101-10-17-＊—2002　　　尺寸：mm

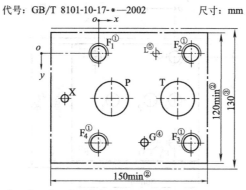

①、②、③、④、⑤与图 15-22 相同。

注：1. 供应商应规定底板和集成块的最高工作压力。

2. 图形符号见表 15-19。

轴	P	T	X	L①	G	F₁	F₂	F₃	F₄
	$\phi 32$max	$\phi 32$max	$\phi 6.3$	$\phi 6.3$	$\phi 7.5$	M18	M18	M18	M18
x	12.7	76.2	−31.8	54.9	44.5	0	88.9	88.9	0
y	41.3	41.3	41.3	0	82.6	0	0	82.6	82.6

① 代号 GB/T 8101-10-17-0—2002。

图 15-26　主油口最大直径为 32mm 的溢流阀安装面（规格：10）

⑩ 主油口的最大油口直径为 6.3mm 的远程调压阀
安装面尺寸（代号：GB/T 8101-02-19-0—2002）在图
15-27 中给出。

⑪ 主油口最大油口直径为 14.7mm 的卸荷溢流阀
安装面尺寸（代号：GB/T 8101-06-21-0—2002）在图
15-28 中给出。

代号：GB/T 8101-02-19-0—2002　　　尺寸：mm

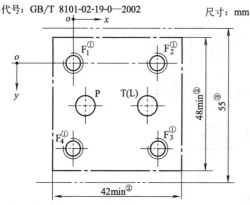

①、②、③与图 15-19 相同。

注：1. 供应商应规定底板和集成块的最高工作压力。

2. 图形符号见表 15-20。

轴	P	T(L)	F₁	F₂	F₃	F₄
	$\phi 6.3$max	$\phi 6.3$max	M5	M5	M5	M5
x	3	28	0	30	30	0
y	19	19	0	0	38	38

图 15-27　主油口最大直径为 6.3mm 的远程调压阀
安装面（规格：02）

**表 15-20　主油口最大直径为 6.3mm
的远程调压阀符号**

（代号：GB/T 8101-02-19-0—2002）

按 ISO 5783 选择	0
阀种类	内部泄油
远程调压阀	

**表 15-21 主油口最大直径为 14.7mm
的卸荷溢流阀符号**

（代号：GB/T 8101-06-21-0—2002）

按 ISO 5783 选择	0
阀种类	内部泄油
卸荷溢流阀	

⑫ 主油口的最大油口直径为 23.4mm 的卸荷溢流
阀的安装面尺寸（代号：GB/T 8101-08-23-0—2002）
在图 15-29 中给出。

⑬ 主油口的最大油口直径为 32mm 的卸荷溢流阀
的安装面尺寸（代号：GB/T 8101-10-25-0—2002）在
图 15-30 中给出。

代号: GB/T 8101-06-21-0—2002

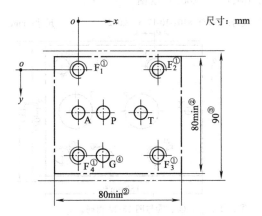

①、②、③、④与图 15-19 相同。

注: 1. 供应商应规定底板和集成块的最高工作压力。

2. 图形符号见表 15-21。

轴	P	A	T	G	F_1	F_2	F_3	F_4
	$\phi14.7\max$	$\phi14.7\max$	$\phi14.7\max$	$\phi7.5$	M12	M12	M12	M12
x	22.1	0	47.5	22.1	0	53.8	53.8	0
y	26.9	26.9	26.9	53.8	0	0	53.8	53.8

图 15-28 主油口最大直径为 14.7mm 的卸荷溢流阀安装面 (规格: 06)

代号: GB/T 8101-08-23-0—2002

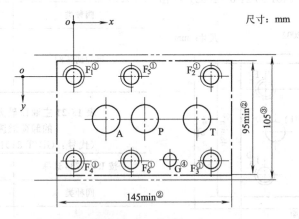

①、②、③、④与图 15-19 相同。

注: 1. 供应商应规定底板和集成块的最高工作压力。

2. 图形符号见表 15-21。

轴	P	A	T	G	F_1	F_2	F_3	F_4	F_5	F_6
	$\phi23.4\max$	$\phi23.4\max$	$\phi23.4\max$	$\phi7.5$	M16	M16	M16	M16	M16	M16
x	58.1	16	102.6	80.4	0	113.7	113.7	0	47	47
y	35	35	35	70	0	0	70	70	0	70

图 15-29 主油口最大直径为 23.4mm 的卸荷溢流阀安装面 (规格: 08)

代号：GB/T 8101-10-25-0—2002

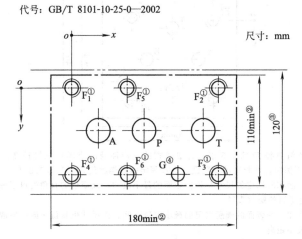

①、②、③、④与图 15-19 相同。

注：1. 供应商应规定底板和集成块的最高工作压力。

2. 图形符号见表 15-21。

轴	P	A	T	G	F_1	F_2	F_3	F_4	F_5	F_6
	$\phi32max$	$\phi32max$	$\phi32max$	$\phi7.5$	M18	M18	M18	M18	M18	M18
x	70.7	20	134.2	102.5	0	146.9	146.9	0	58	58
y	41.3	41.3	41.3	82.6	0	0	82.6	82.6	0	82.6

图 15-30　主油口最大直径为 32mm 的卸荷溢流阀安装面（规格：10）

（5）叠加阀

对于叠加阀，应采用 GB/T 8099 中规定的安装面和油口标记。

（6）工作压力

工作压力的最高极限指示见图 15-19～图 15-30 中的注 1。

15.2.5　液压传动　减压阀、顺序阀、卸荷阀、节流阀和单向阀　安装面（GB/T 8100—2006）

（1）范围

本标准规定了主油口最大直径为 4～32mm 的液压减压阀、顺序阀、卸荷阀、节流阀和单向阀安装面的尺寸及其相关特性，以保证其使用的互换性。

本标准适用于通用的板式连接液压减压阀、顺序阀、卸荷阀、节流阀和单向阀的安装面，这类阀通常用于工业设备。

（2）符号

① 本标准中采用下列符号：

a. A、B、P、T、X 和 Y 表示油口；

b. F_1、F_2、F_3、F_4、F_5、F_6 表示固定螺钉的螺钉孔；

c. G 表示定位销孔；

d. D 表示固定螺钉直径；

e. r_{max} 表示安装面最大圆角半径。

② 本标准所采用的图形符号符合 GB/T 786.1。

③ 本标准采用 GB/T 14043—2005 中规定的代号规则。

（3）公差

① 安装面（即粗点画线以内的面积），应采用下列公差：

——表面粗糙度：$Ra \leqslant 0.8\mu m$（见 GB/T 1031 和 GB/T 131）；

——表面平面度：每 100mm 距离内为 0.01mm（见 GB/T 1182）；

——定位销孔直径公差：H12。

② 从坐标原点起，沿 X 和 Y 轴的线性尺寸应采用下列公差：

——定位销孔：±0.1mm；

——螺纹孔：±0.1mm；

——油口孔：±0.2mm。

其他尺寸公差见图示。

（4）尺寸

① 主油口最大直径为 4.5mm 的减压阀、顺序阀、卸荷阀、节流阀和单向阀安装面的尺寸（代号：GB/T 8100-02-01-＊—2006）见图 15-31。

代号：GB/T 8100-02-01-*—2006   单位：mm

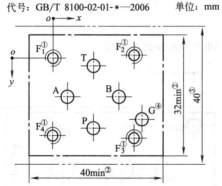

① 最小螺纹深度为螺钉直径 D 的 1.5 倍。为增强阀的互换性及减小固定螺钉长度，推荐总螺纹深度为 $(2D+6)$ mm。对于黑色金属材料的安装面，推荐固定螺钉螺纹旋入深度为 1.25D。

② 指定粗点画线以内面积所确定的尺寸是该安装面的最小尺寸。该矩形的直角处可以成为圆角，最大圆角半径 r_{max} 等于固定螺钉的螺纹直径。

③ 该尺寸给出了具有此类安装面的阀所需要的最小安装空间。该尺寸也是位于同一集成块上两个相同安装面之中心线间的最小距离。

④ 安装面上的盲孔配合阀上定位销，其最小深度为 4mm。

注：1. 供应商应规定底板和油路块的最高工作压力。

2. 图形符号及油口符号见表 15-22 和表 15-23。

坐标轴	P	A	T	B	G	F_1	F_2	F_3	F_4
	$\phi4.5$max	$\phi4.5$max	$\phi4.5$max	$\phi4.5$max	$\phi3.4$	M5	M5	M5	M5
x	12	4.3	12	19.7	26.5	0	24	24	0
y	20.25	11.25	2.25	11.25	17.75	0	−0.75	23.25	22.5

图 15-31   主油口最大直径为 4.5mm 的减压阀、顺序阀、卸荷阀、节流阀和单向阀的安装面（规格：02）

表 15-22   主油口最大直径为 4.5mm 的直动式减压阀、顺序阀、卸荷阀、节流阀和单向阀的符号

（代号：GB/T 8100-02-01-*—2006）

按 GB/T 14043 选择的形式代号	0	1	2	3
形式	外部泄油		内部泄油	
	内控	外控	内控	外控
减压阀				
单向减压阀				
顺序阀				
单向顺序阀				
卸荷阀				

续表

按 GB/T 14043 选择的形式代号	0	1	2	3
形式	外部泄油		内部泄油	
	内控	外控	内控	外控
单向卸荷阀				
节流阀				
单向节流阀				
单向阀				
液控单向阀				

表 15-23　主油口最大直径为 4.5mm 的先导式减压阀、顺序阀、卸荷阀的符号
（代号：GB/T 8100-02-01- * —2006）

按 GB/T 14043 选择的形式代号	0	1	2	3
形式	外部泄油		内部泄油	
	内控	外控	内控	外控
减压阀				
单向减压阀				
顺序阀				
单向顺序阀				
卸荷阀				

② 主油口最大直径为 7.5mm 的减压阀、顺序阀、　8100-03-04-＊—2006）见图 15-32。
卸荷阀、节流阀和单向阀的安装面尺寸（代号：GB/T

代号：GB/T 8100-03-04-＊—2006　　　　单位：mm

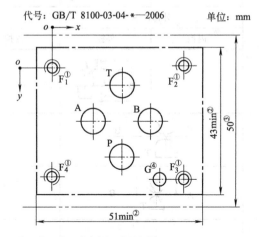

①、②、③、④与图 15-31 相同。
注：1. 供应商应规定底板和油路块的最高工作压力。
2. 图形符号及油口符号见表 15-22 和表 15-23。

坐标轴	P	A	T	B	G	F₁	F₂	F₃	F₄
	$\phi6.3$max	$\phi7.5$max	$\phi7.5$max	$\phi7.5$max	$\phi3.4$	M5	M5	M5	M5
x	21.5	12.7	21.5	30.2	33	0	40.5	40.5	0
y	25.9	15.5	5.1	15.5	31.75	0	−0.75	31.75	31

图 15-32　主油口最大直径为 7.5mm 的减压阀、顺序阀、卸荷阀、节流阀和单向阀的安装面（规格：03）

③ 主油口最大直径为 14.7mm 的减压阀、顺序阀、　8100-06-07-＊—2006）见图 15-33。
卸荷阀、节流阀和单向阀的安装面尺寸（代号：GB/T

GB/T 8100-06-07-＊—2006　　　　单位：mm

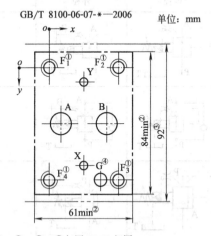

①、②、③、④与图 15-31 相同。
注：1. 供应商应规定底板和油路块的最高工作压力。
2. 图形符号及油口符号见表 15-22 和表 15-23。

坐标轴	A	B	X	Y	G	F₁	F₂	F₃	F₄
	$\phi14.7$max	$\phi14.7$max	$\phi4.8$	$\phi4.8$	$\phi7.5$	M10	M10	M10	M10
x	7.1	35.7	21.4	21.4	31.8	0	42.9	42.9	0
y	33.3	33.3	58.7	7.9	66.7	0	0	65.7	66.7

图 15-33　主油口最大直径为 14.7mm 的减压阀、顺序阀、卸荷阀、节流阀和单向阀的安装面（规格：06）

④ 主油口最大直径为 23.4mm 的减压阀、顺序阀、 8100-08-10-＊—2006)见图 15-34。
卸荷阀、节流阀和单向阀的安装面尺寸(代号:GB/T

代号: GB/T 8100-08-10-＊—2006　　单位: mm

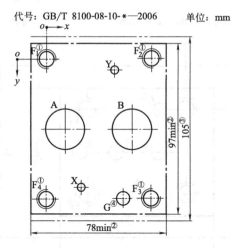

①、②、③、④与图 15-31 相同。
注:1. 供应商应规定底板和油路块的最高工作压力。
　　2. 图形符号及油口符号见表 15-22 和表 15-23。

坐标轴	A	B	X	Y	G	F₁	F₂	F₃	F₄
	ϕ23.4max	ϕ23.4max	ϕ4.8	ϕ4.8	ϕ7.5	M10	M10	M10	M10
x	11.1	49.2	20.8	39.7	44.5	0	60.3	60.3	0
y	39.7	39.7	73	6.4	79.4	0	0	79.4	79.4

图 15-34　主油口最大直径为 23.4mm 的减压阀、顺序阀、卸荷阀、节流阀和单向阀的安装面 (规格: 08)

⑤ 主油口最大直径为 32mm 的减压阀、顺序阀、 8100-09-13-＊—2006)见图 15-35。
卸荷阀、节流阀和单向阀的安装面尺寸 (代号: GB/T

代号: GB/T 8100-09-13-＊—2006　单位: mm

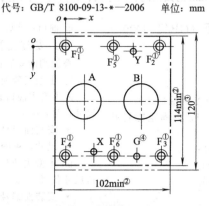

①、②、③、④与图 15-31 相同。
注: 1. 供应商应规定底板和油路块的最高工作压力。
　　2. 图形符号及油口符号见表 15-22 和表 15-23。

坐标轴	A	B	X	Y	G	F₁	F₂	F₃	F₄	F₅	F₆
	ϕ32max	ϕ32max	ϕ4.8	ϕ4.8	ϕ7.5	M10	M10	M10	M10	M10	M10
x	16.7	67.5	24.6	59.6	62.7	0	84.1	84.1	0	42.1	42.1
y	48.4	48.4	92.9	4	96.8	0	0	96.8	96.8	0	96.8

图 15-35　主油口最大直径为 32mm 的减压阀、顺序阀、卸荷阀、节流阀和单向阀的安装面 (规格: 09)

⑥ 主油口最大直径为 4mm 的减压阀、顺序阀、卸荷阀、节流阀和单向阀的安装面尺寸（代号：GB/T 8100-01-16-＊—2006）见图 15-36。

代号：GB/T 8100-01-16-＊—2006　　　　　　　单位：mm

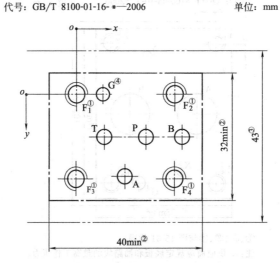

①、②、③、④与图 15-31 相同。

注：1. 供应商应规定底板和油路块的最高工作压力。

2. 图形符号及油口符号见表 15-22 和表 15-23。

坐标轴	P	A	T	B	G	F₁	F₂	F₃	F₄
	$\phi 4max$	$\phi 4max$	$\phi 4max$	$\phi 4max$	$\phi 3.4$	M5	M5	M5	M5
x	18.3	12.9	7.5	27.8	7	0	25.8	25.8	0
y	10.7	20.6	10.7	10.7	0	0	0	21.4	21.4

图 15-36　主油口最大直径为 4mm 的减压阀、顺序阀、卸荷阀、节流阀和单向阀的安装面（规格：01）

15.2.6　液压叠加阀　安装面（GB/T 8099—1987）

（1）符号

本标准中采用下列字母：

① 字母 A、B、P、T、L、X 和 Y 为油口符号；

② 字母 F₁、F₂、F₃、F₄、F₅、F₆ 为固定螺钉孔符号；

③ 字母 G₁、G₂ 为定位销孔符号；

④ 字母 D 为固定螺纹直径符号；

⑤ 字母 R 为安装面圆角半径符号。

（2）公差

① 安装面，即粗点画线以内的面积，采用下列数值：

a. 表面粗糙度：Ra 不大于 0.8μm；

b. 表面平面度：每 100mm 距离上 0.01mm；

c. 定位销孔直径公差：H12。

② 从坐标原点起，沿 x 和 y 轴计算孔位置尺寸的公差：

a. 定位销孔：±0.1mm；

b. 螺纹孔：±0.1mm；

c. 油口：±0.2mm。

（3）安装面类型、编号及尺寸

叠加阀的安装面分为Ⅰ型和Ⅱ型两种。

① Ⅰ型安装面编号及尺寸。

a. Ⅰ型主油口最大直径为 6.3mm 的叠加阀（油口尺寸代号：03）

• 安装面编号：GB 8099-AB-03-4-A；

• 尺寸：见图 15-37、表 15-24。

b. Ⅰ型主油口最大直径为 11.2mm 的叠加阀（油口尺寸代号：05）

• 安装面编号：GB 8099-AC-05-4-A；

• 尺寸：见图 15-38、表 15-25。

c. Ⅰ型主油口最大直径为 17.5mm 的叠加阀（油口尺寸代号：07）

• 安装面编号：GB 8099-AD-07-4-A；

• 尺寸：见图 15-39、表 15-26。

d. Ⅰ型主油口最大直径为 23.4mm 的叠加阀（油口尺寸代号：08）

• 安装面编号：GB 8099-AE-08-4-A；

• 尺寸：见图 15-40、表 15-27。

编号：GB 8099-AB-03-4-A

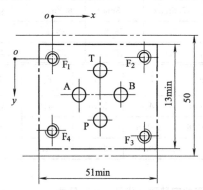

图 15-37　Ⅰ型主油口最大直径为 6.3mm
的叠加阀的安装面（代号：03）

编号：GB 8099-AC-05-4-A

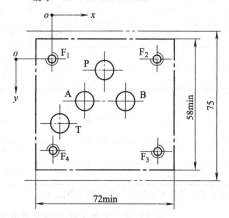

图 15-38　Ⅰ型主油口最大直径为 11.2mm
的叠加阀的安装面（代号：05）

表 15-24　Ⅰ型主油口最大直径为 6.3mm 的叠加阀的安装面（代号：03）尺寸　　　mm

尺寸 ＼ 符号	P	A	T	B	F₁	F₂	F₃	F₄
ϕ	6.3max	6.3max	6.3max	6.3max	M5	M5	M5	M5
x	21.5	12.7	21.5	30.2	0	40.5	40.5	0
y	25.9	15.5	5.1	15.5	0	−0.75	31.75	31

注：图中其他有关尺寸及规定见本节之（4）。

表 15-25　Ⅰ型主油口最大直径为 11.2mm 的叠加阀的安装面（代号：05）尺寸　　　mm

尺寸 ＼ 符号	P	A	T	B	F₁	F₂	F₃	F₄
ϕ	11.2max	11.2max	11.2max	11.2max	M6	M6	M6	M6
x	27	16.7	3.2	37.3	0	54	54	0
y	6.3	21.4	32.5	21.4	0	0	46	46

注：图中其他有关尺寸及规定见本节之（4）。

编号：GB 8099-AD-07-4-A

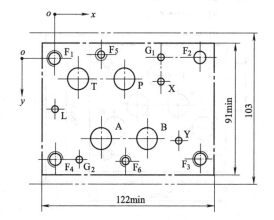

图 15-39　Ⅰ型主油口最大直径为 17.5mm
的叠加阀的安装面（代号：07）

编号：GB 8099-AE-08-4-A

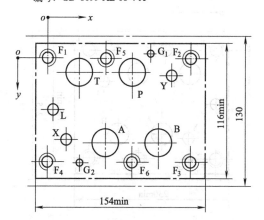

图 15-40　Ⅰ型主油口最大直径为 23.4mm
的叠加阀的安装面（代号：08）

表 15-26　Ⅰ 型主油口最大直径为 17.5mm 的叠加阀的安装面（代号：07）尺寸　　　　　　mm

尺寸　　　符号	P	T	A	B	X	Y	L
ϕ	17.5max	17.5max	17.5max	17.5max	6.3max	6.3max	6.3max
x	50	18.3	34.1	65.9	76.6	88.1	0
y	14.3	14.3	55.6	55.6	15.9	57.2	34.9

尺寸　　　符号	G_1	G_2	F_1	F_2	F_3	F_4	F_5	F_6
ϕ	4	4	M10	M10	M10	M10	M10	M10
x	76.6	18.3	0	101.6	101.6	0	34.1	50
y	0	69.9	0	0	69.9	69.9	−1.6	71.5

注：图中其他有关尺寸及规定见本节之（4）。

表 15-27　Ⅰ 型主油口最大直径为 23.4mm 的叠加阀的安装面（代号：08）尺寸　　　　　　mm

尺寸　　　符号	P	T	A	B	X	Y	L
ϕ	23.4max	23.4max	23.4max	23.4max	11.2max	11.2max	11.2max
x	77	29.4	53.2	100.8	17.5	112.7	5.6
y	17.5	17.5	74.6	74.6	73	19	46

尺寸　　　符号	G_1	G_2	F_1	F_2	F_3	F_4	F_5	F_6
ϕ	7.5	7.5	M12	M12	M12	M12	M12	M12
x	94.5	29.4	0	130.2	130.2	0	53.2	77
y	−4.8	92.1	0	0	92.1	92.1	0	92.1

注：图中其他有关尺寸及规定见本节之（4）。

e. Ⅰ型主油口最大直径为 32mm 的叠加阀（油口尺寸代号：10）
- 安装面编号：GB 8099-AF-10-4-A；
- 尺寸：见图 15-41、表 15-28。

② Ⅱ型安装面编号及尺寸。在Ⅰ型主油口最大直径为 11.2mm 的叠加阀安装面基础上，增加 P_1 油口而成为Ⅱ型安装面。Ⅱ型主油口最大直径为 11.2mm 的叠加阀（油口尺寸代号：05）的安装面编号及尺寸如下。

a. 安装面编号：GB 8099-BA-05-5-A；

b. 尺寸：见图 15-42、表 15-29。

编号：GB 8099-AF-10-4-A

编号：GB 8099-BA-05-5-A

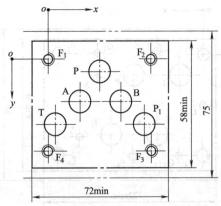

图 15-41　Ⅰ型主油口最大直径为 32mm
的叠加阀的安装面（代号：10）

图 15-42　Ⅱ型主油口最大直径为 11.2mm
的叠加阀的安装面（代号：05）

表 15-28　Ⅰ型主油口最大直径为 32mm 的叠加阀的安装面（代号：10）尺寸　　　　mm

符号 尺寸	P	T	A	B	X	Y	L
ϕ	32max	32max	32max	32max	11.2max	11.2max	11.2max
x	114.3	41.3	82.5	147.6	41.3	168.3	0
y	35	35	123.8	123.8	130.2	44.5	79.4
符号 尺寸	G_1	G_2	F_1	F_2	F_3	F_4	F_5	F_6
ϕ	7.5	7.5	M20	M20	M20	M20	M20	M20
x	147.6	41.3	0	190.5	190.5	0	76.2	144.3
y	0	158.8	0	158.8	158.8	158.8	158.8	158.8

注：图中其他有关尺寸及规定见本节之（4）。

表 15-29　Ⅱ型主油口最大直径为 11.2mm 的叠加阀的安装面（代号：05）尺寸　　　　mm

符号 尺寸	P	A	T	B	P_1	F_1	F_2	F_3	F_4
ϕ	11.2max	11.2max	11.2max	11.2max	11.2max	M6	M6	M6	M6
x	27	16.7	3.2	37.3	50.8	0	54	54	0
y	6.3	21.4	32.5	21.4	32.5	0	0	46	46

注：图中其他有关尺寸及规定见本节之（4）。

（4）有关数据

① 油口尺寸：直孔最大直径不大于表中给出的油口直径最大值；对于斜孔，其长轴不大于表中给出的油口直径最大值。

② 螺钉孔的最小螺纹深度为 1.5D（D 是螺钉直径）。对于黑色金属材料的安装面，固定螺钉孔螺纹旋入深度为 1.25D。螺钉孔总深度为 （2D+6）mm。

③ 粗点画线所规定的面积是该安装面的最小面积，矩形直角处可做成四角，圆弧半径 R_{max} 为 D。

各螺钉孔沿 x 和 y 轴至安装面边缘的距离相等。

④ 图中细点画线是表示所采用的安装面的每个叠加阀所需的最小空间的界线，也就是相同通径叠加阀并列安装时，两个安装面的最小中心距。

⑤ 各定位销孔的最小深度为 8mm。

⑥ 制造厂必须注明各安装面的底板或集成块的最高工作压力。

15.2.7　四油口和五油口液压伺服阀　安装面（GB/T 17487—1998）

（1）范围

本标准主要适用于当前工业用四油口和五油口（先导级单独提供油液）电液流量控制伺服阀。本标准也适用于压力控制伺服阀。用于三油口伺服阀时，可省略任何一个工作油口（A 或 B）。

（2）符号

① A、B、P、T 和 X 按 GB/T 17490 规定标注诸油口。

② F_1、F_2、F_3 和 F_4，标注固定螺钉的螺纹孔。

③ G 标注定位销孔。

④ r_{min} 标注安装面边缘半径。

（3）公差

① 以下数值应适用于安装面。

a. 表面粗糙度：$Ra \leqslant 0.8\mu m$，按 GB/T 1031 和 GB/T 131 规定。

b. 表面不平度：0.025mm，按 GB/T 1182 规定；

② 沿 y 轴相对于原点尺寸应符合以下公差。

a. 定位销孔、油口孔和螺栓孔：0.2mm。

b. 其他尺寸见图 15-43～图 15-47。

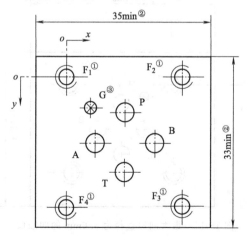

图 15-43　最大油口直径为 3.8mm 的四油口伺服阀安装面尺寸

① 在铁质座上，推荐的安装螺钉最小旋入深度为 1.5D，其中 D 是螺钉直径。推荐的全螺纹深度应为 2D+6mm，以便有助于阀的互换性和减少固定螺钉长度。

② 规定面积的尺寸是安装面的最小尺寸。矩形的四角可以修圆到最大半径（r_{max}）等于固定螺钉的螺纹直径。沿每个轴，固定孔离安装面边缘的距离相等。

③ 孔 G 的最小深度：2mm。

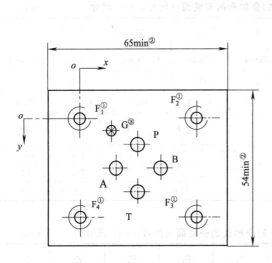

图 15-44 最大油口直径为 5mm 的四油口
伺服阀安装面尺寸

① 在铁质座上,推荐的安装螺钉最小旋入深度为 1.5D,其中 D 是螺钉直径。推荐的全螺纹深度应为 2D+6mm,以便有助于阀的互换性并减少固定螺钉长度。

② 规定面积的尺寸是安装面的最小尺寸。矩形的四角可以修圆到最大半径 (r_{max}) 等于固定螺钉的螺纹直径。沿每个轴,固定孔离安装面边缘的距离相等。

③ 孔 G 的最小深度:4mm。

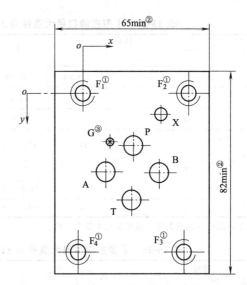

图 15-46 最大油口直径为 8.2mm 的四油口
伺服阀安装面尺寸

① 在铁质座上,推荐的安装螺钉最小旋入深度为 1.5D,其中 D 是螺钉直径。推荐的全螺纹深度应为 2D+6mm,以便有助于阀的互换性并减少固定螺钉长度。

② 规定面积的尺寸是安装面的最小尺寸。矩形的四角可以修圆到最大半径 (r_{max}) 等于固定螺钉的螺纹直径。沿每个轴,固定孔离安装面边缘的距离相等。

③ 孔 G 的最小深度:4mm。

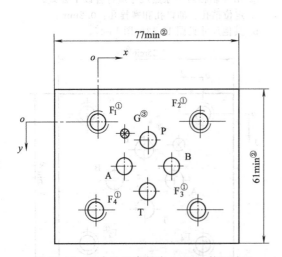

图 15-45 最大油口直径为 6.6mm 的四油口
伺服阀安装面尺寸

① 在铁质座上,推荐的安装螺钉最小旋入深度为 1.5D,其中 D 是螺钉直径。推荐的全螺纹深度应为 2D+6mm,以便有助于阀的互换性并减少固定螺钉长度。

② 规定面积的尺寸是安装面的最小尺寸。矩形的四角可以修圆到最大半径 (r_{max}) 等于固定螺钉的螺纹直径。沿每个轴,固定孔离安装面边缘的距离相等。

③ 孔 G 的最小深度:4mm。

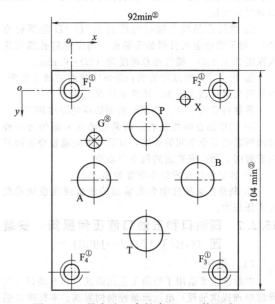

图 15-47 最大油口直径为 16mm 的四油口
伺服阀安装面尺寸

① 在铁质座上,推荐的安装螺钉最小旋入深度为 1.5D,其中 D 是螺钉直径。推荐的全螺纹深度应为 2D+6mm,以便有助于阀的互换性并减少固定螺钉长度。

② 规定面积的尺寸是安装面的最小尺寸。矩形的四角可以修圆到最大半径 (r_{max}) 等于固定螺钉的螺纹直径。沿每个轴,固定孔离安装面边缘的距离相等。

③ 孔 G 的最小深度:6mm。

（4）尺寸

四油口或五油口伺服阀安装面尺寸应该从①~⑤所规定的各图和各表中选择。

① 最大油口直径为 3.8mm 的四油口伺服阀的安装面（17487-01-01-0-98）尺寸见图 15-43 和表 15-30。

② 最大油口直径为 5mm 的四油口伺服阀的安装面（17487-02-02-0-98）尺寸见图 15-44 和表 15-31。

③ 最大油口直径为 6.6mm 的四油口伺服阀的安装面（17487-03-03-0-98）尺寸见图 15-45 和表 15-32。

④ 最大油口直径为 8.2mm 的四油口伺服阀的安装面（17487-04-04-0-98）尺寸见图 15-46 和表 15-33。

⑤ 最大油口直径为 16mm 的四油口伺服阀的安装面（17487-05-05-0-98）尺寸见图 15-47 和表 15-34。

注：先导供油口 X 的尺寸仅在该先导级由与其他各级分开的液压油液供油时使用。

表 15-30　最大油口直径为 3.8mm 的四油口伺服阀的安装面尺寸　　mm

轴	P	A	T	B	G	F_1	F_2	F_3	F_4
	$\phi 3.8$max	$\phi 3.8$max	$\phi 3.8$max	$\phi 3.8$max	$\phi 2.5$	M4	M4	M4	M4
x	11.9	5.8	11.9	18	4.8	0	23.8	23.8	0
y	7	13.1	19.2	13.1	6	0	0	26.2	26.2

表 15-31　最大油口直径为 5mm 的四油口伺服阀的安装面尺寸　　mm

轴	P	A	T	B	G	F_1	F_2	F_3	F_4
	$\phi 5$max	$\phi 5$max	$\phi 5$max	$\phi 5$max	$\phi 3.5$	M5	M5	M5	M5
x	21.4	13.5	21.4	29.3	11.5	0	42.8	42.8	0
y	9.2	17.1	25	17.1	4.4	0	0	34.2	34.2

表 15-32　最大油口直径为 6.6mm 的四油口伺服阀的安装面尺寸　　mm

轴	P	A	T	B	G	F_1	F_2	F_3	F_4
	$\phi 6.6$max	$\phi 6.6$max	$\phi 6.6$max	$\phi 6.6$max	$\phi 3.5$	M6	M6	M6	M6
x	21.4	11.5	21.4	31.1	11.5	0	42.8	42.8	0
y	7.2	17.1	27	17.1	4.4	0	0	34.2	34.2

表 15-33　最大油口直径为 8.2mm 的四油口伺服阀的安装面尺寸　　mm

轴	P	A	T	B	G	X	F_1	F_2	F_3	F_4
	$\phi 8.2$max	$\phi 8.2$max	$\phi 8.2$max	$\phi 8.2$max	$\phi 3.5$	$\phi 5$	M8	M8	M8	M8
x	22.2	11.1	22.2	33.3	12.3	33.3	0	44.4	44.4	0
y	21.4	32.5	43.6	32.5	19.8	8.7	0	0	65	65

表 15-34　最大油口直径为 16mm 的四油口伺服阀的安装面尺寸　　mm

轴	P	A	T	B	G	X	F_1	F_2	F_3	F_4
	$\phi 16$max	$\phi 16$max	$\phi 16$max	$\phi 16$max	$\phi 8$	$\phi 5$max	M10	M10	M10	M10
x	36.5	11.1	36.5	61.9	11.1	55.6	0	73	73	0
y	17.4	42.8	68.2	42.8	23.7	4.6	0	0	85.6	85.6

（5）定位销

推荐的定位销直径由表 15-35 中的定位销孔直径给出。

表 15-35　推荐的定位销直径　　mm

定位销孔 G	定位销
2.5	1.5
3.5	2.5
8	6

15.2.8　二通插装式液压阀安装连接尺寸

（GB/T 2877—1981）

（1）公称通径为 16mm、25mm、32mm、40mm、50mm、63mm 的二通插装阀安装连接尺寸（见表 15-36）

① A 型法兰见图 15-48。

② B 型法兰见图 15-49。

表 15-36　公称通径 16mm、25mm、32mm、40mm、50mm、63mm 二通插装阀安装连接尺寸　　mm

通径	$b_1$①	b_2	$b_3$①	d_1 H8	d_2 H8	d_3	$d_4$② d_4最小	$d_4$② d_4最大	$d_5$③最大	d_6	d_7 H13
16	65	65	80	32	25	16	16	25	4	M8	4
25	85	85	100	45	34	25	25	32	6	M12	6
32	102	102	116	60	45	32	32	40	8	M16	6
40	125	125	146	75	55	40	40	50	10	M20	6
50	140	140	160	90	68	50	50	63	10	M20	8
63	150	150	200	120	90	63	63	80	12	M30	8

通径	m_1 ±0.2	m_2 ±0.2	m_3 ±0.2	m_4 ±0.2	m_5 ±0.2	m_6	t_1 $^{+0.1}_{0}$	t_2 $^{+0.1}_{0}$	t_3	$t_4$② 按 d_4最大
16	46	25	25	23	10.5	32	43	56	11	29.5
25	58	33	33	29	16	40	58	72	12	40.5
32	70	41	41	35	17	48	70	85	13	48
40	85	50	50	42.5	23	60	87	105	15	59
50	100	58	58	50	30	68	100	122	17	65.5
63	125	75	75	62.5	38	85	130	155	20	86.5

通径	$t_4$② 按 d_4最小	t_5	t_6	t_7	t_8	t_9 最小	t_{10}	t_{11}④ 最大	U	W
16	34	20	20	2	2	0.5	10	25	0.03	0.05
25	44	30	25	2.5	2.5	1.0	10	31	0.03	0.05
32	52	30	35	2.5	2.5	1.5	10	42	0.03	0.1
40	64	30	45	3	3	2.5	10	53	0.05	0.1
50	72	35	45	4	4	2.5	10	53	0.05	0.1
63	95	40	65	4	4	3	10	75	0.05	0.2

① 先导阀和调节部分可超出 $b_1 \sim b_3$ 规定的尺寸。

② 工作口 B 可在 $t_1 \sim t_5$ 和 $t_1 \sim t_9$ 的深度范围内，围绕工作口 A 的轴线任意布置，其轴线与孔 d_1 相交可以不是 90°。

③ 控制口深度和角度根据用途确定。

④ 对于黑色金属，推荐螺纹拧入深度为螺纹直径的 1.25 倍。

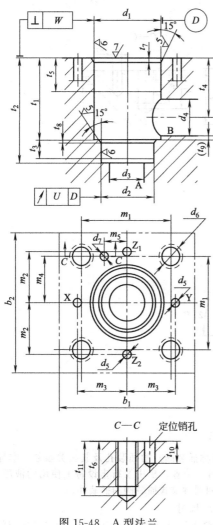

图 15-48 A 型法兰

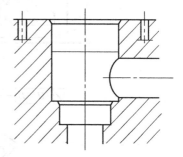

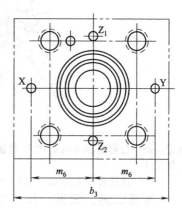

图 15-49 B 型法兰

A：工作口；B：工作口；X：控制口入口；Y：控制口入口；Z_1、Z_2：备用控制口；Z_1：优先作入口；Z_2：优先作出口。

标记示例：公称通径 25mm 的 A 型插装式液压阀安装连接尺寸

连接尺寸 A25 GB 2877—81。

（2）公称通径为 80mm、100mm 的二通插装阀连接尺寸（见表 15-37）。

C 型法兰见图 15-50。

表 15-37　公称通径为 80mm、100mm 的二通插装阀的安装连接尺寸　　　mm

通径	d_1 H8	d_2 H8	d_3	d_4		$d_5^{③}$	d_6	d_7 H13	$t_1\ ^{+0.1}_{\ 0}$	$t_2\ ^{+0.1}_{\ 0}$	t_3	$t_4^{②}$ 按 $d_{4最小}$	$t_4^{②}$ 按 $d_{4最大}$
				$d_{4最小}$	$d_{4最大}$								
80	145	110	80	80	100	16	M24	10	175	205	25	130	120
100	180	135	100	100	125	20	M30	10	210	245	29	155	142

通径	t_5	t_6	t_7	t_8	t_9 最小	t_{10}	$t_{11}^{④}$ 最大	$b^{①}$	$m±0.3$	W	U
80	40	50	5	5	4.5	10	57	250	200	0.2	0.05
100	50	63	5	5	4.5	10	73	300	245	0.2	0.05

① 先导阀和调节部分可超出 b 规定的尺寸。

② 工作口 B 可在 $t_1 \sim t_5$ 和 $t_1 \sim t_9$ 的深度范围内，围绕工作口 A 的轴线任意布置，其轴线与孔 d_1 相交可以不是 90°。

③ 控制口深度和角度根据用途确定。

④ 对于黑色金属，推荐螺纹拧入深度为螺纹直径的 1.25 倍。

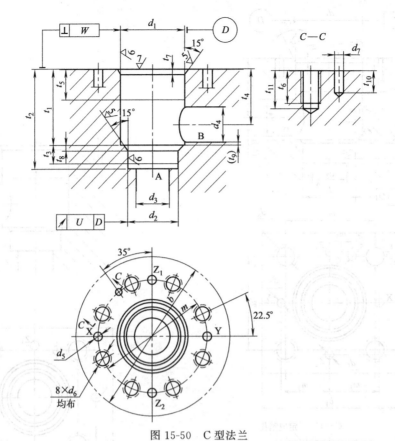

图 15-50　C 型法兰

标记示例：公称通径 80mm 的 C 型插装式液压阀安装连接尺寸

连接尺寸 C80 GB 2877—81

15.2.9 液压二通、三通、四通螺纹式插装阀　插装孔（JB/T 5963—2004）

（1）范围

本标准规定了液压二通、三通、四通螺纹式插装阀（以下简称插装阀）的插装孔及其相关参数。本标准适用于工业、农业、矿山及行走设备上使用的液压二通、三通、四通螺纹式插装阀的插装孔。

（2）尺寸

① 最大油口直径为 5～20.5mm 的二通插装阀（不包括主系统溢流阀）插装孔尺寸，见图 15-51 和表 15-38。插入图 15-51 所示插装孔的插装阀符号见表 15-39。

表 15-38　最大油口直径为 5～20.5mm 的二通插装阀（不包括主系统溢流阀）插装孔尺寸　　　mm

编码[①]	JB/T 5963—2004					
	18-01-0-××	20-01-0-××	22-01-0-××	27-01-0-××	33-01-0-××	42-01-0-××
螺纹[②]	M18×1.5	M20×1.5	M22×1.5	M27×1.5	M33×1.5	M42×1.5
D_{1min}	32	38	42	48	58	74
$D_2 H8$	15	17	19	23	29	38
T_{1min}	29.5	30.5	38.5	46.5	50	56
$T_2{}^{+1}_{0}$	31	32	40	48	52	58
T_{3min}	14.5	14.5	17	22	22	23
T_{4max}	19.5	20.5	27.5	35	38.5	43.5
$T_5{}^{+0.4}_{0}$	20	21	28	35.5	39	44

① 编码按照 GB/T 14043。

② 油口按照 ISO 6149-1。

公差单位：mm
表面粗糙度单位：μm

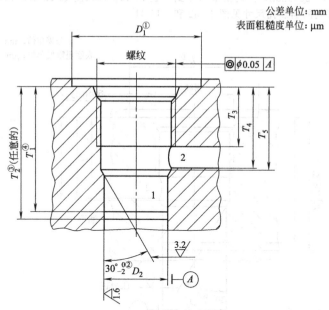

① 所给尺寸是使用螺纹插装阀轴向安装工具需要的最小空间，如用套筒扳手上紧插装阀；如果需要使用平扳手，则需提供足够空间。该尺寸同样是两个尺寸相近的插装阀的中心距最小推荐值。

② 电控阀的接头可能会超过此空间尺寸，应留出安装和拆除这类接头的空间。

③ 倒角和插装孔形状的其他数据通常采用相应的多直径成型刀具加工出。锐边应倒圆为 $R0.1 \sim 0.2$mm。

建议的预先加工深度，以便得到 T_1 的合适的直径公差。对于某些类型的阀，增加的引导钻孔尺寸可以依据阀制造商提供的阀伸长间隙或允许的最小油液流通面积来规定。

④ 该尺寸是插装阀密封直径所需要的最小精加工长度。

图 15-51 最大油口直径为 5～20.5mm 的二通插装阀（不包括主系统溢流阀）的插装孔

表 15-39 插入图 15-51 所示插装孔的插装阀符号

插装阀类型	符 号	插装阀类型	符 号
单向阀		节流单向阀	
带单向阀的流量控制阀		压力补偿型流量控制阀	
带单向阀的压力补偿型流量控制阀		二通方向控制阀	

② 最大油口直径为 5～20.5mm，流向由油口 1 到油口 2 的二通主系统溢流阀的插装孔尺寸见图 15-52 和表 15-40。插入图 15-52 所示插装孔的插装阀符号见表 15-41。

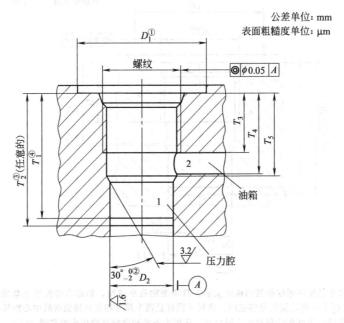

公差单位：mm
表面粗糙度单位：μm

注：脚注①～④见图15-51。

图 15-52　最大油口直径为 5～20.5mm，流向由油口 1 到油口 2 的二通主系统溢流阀的插装孔

表 15-40　最大油口直径为 5～20.5mm，流向由油口 1 到油口 2 的
二通主系统溢流阀的插装孔尺寸　　　　　　　　　　　　　　　mm

编码[①]	JB/T 5963—2004					
	18-02-0-××	20-02-0-××	22-02-0-××	27-02-0-××	33-02-0-××	42-02-0-××
螺纹[②]	M18×1.5	M20×1.5	M22×1.5	M27×1.5	M33×1.5	M42×1.5
D_{1min}	32	38	42	48	58	74
D_2 H8	13.5	15.5	17.5	21.5	27	36
T_{1min}	30.5	31.5	40	48	52	58
$T_2{}^{+1}_{\ 0}$	32	33	41.5	49.5	54	60
T_{3min}	14.5	14.5	17	22	22	23
T_{4max}	19.5	20.5	27.5	35	38.5	43.5
$T_5{}^{+0.4}_{\ 0}$	20	21	28	35.5	39	44

① 编码按照 GB/T 14043。
② 油口按照 ISO 6149-1。

表 15-41　插入图 15-52 所示插装孔的插装阀符号

插装阀类型	符号
溢流阀	1 ⊟ 2

③ 最大油口直径为 5～20.5mm，流向由油口 2 到油口 1 的二通主系统溢流阀的插装孔尺寸见图 15-53 和表 15-42。插入图 15-53 所示插装孔的插装阀符号见表 15-43。

④ 最大油口直径为 6～20.5mm 的三通插装阀的插装孔尺寸见图 15-54 和表 15-44。插入图 15-54 所示插装孔的插装阀符号见表 15-45。

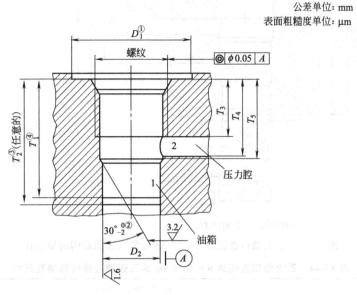

注：脚注①～④见图15-51。

图 15-53　最大油口直径为 5～20.5mm，流向由油口 2 到油口 1 的二通主系统溢流阀的插装孔

表 15-42　最大油口直径为 5～20.5mm，流向由油口 2 到油口 1 的二通主系统溢流阀的插装孔尺寸　　　　　　　　mm

编码[1]	JB/T 5963—2004				
	20-03-0-××	22-03-0-××	27-03-0-××	33-03-0-××	42-02-0-××
螺纹[2]	M20×1.5	M22×1.5	M27×2	M33×2	M42×2
D_{1min}	38	42	48	58	74
D_2 H8	14	16	20	25	34
T_{1min}	33	41	49	53.5	59.5
$T_2{}^{+1}_{\ 0}$	34.5	42.5	50.5	55.5	61.5
T_{3min}	14.5	17	22	22	23
T_{4max}	20.5	27.5	35	38.5	43.5
$T_5{}^{+0.4}_{\ 0}$	21	28	35.5	39	44

[1] 编码按照 GB/T 14043。
[2] 油口按照 ISO 6149-1。

表 15-43　插入图 15-53 所示插装孔的插装阀符号

插装阀类型	符号
溢流阀	2 — 1

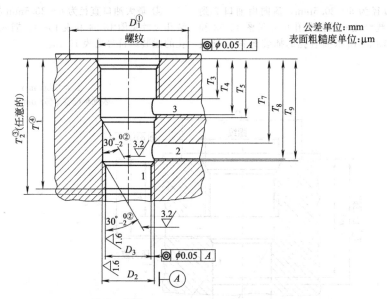

注：脚注①~④见图15-51。

图 15-54　最大油口直径为 6~20.5mm 的三通插装阀的插装孔

表 15-44　最大油口直径为 6~20.5mm 的三通插装阀的插装孔尺寸　　　　　mm

编码①	JB/T 5963—2004				
	20-04-0-××	22-04-0-××	27-04-0-××	33-04-0-××	42-04-0-××
螺纹②	M20×1.5	M22×1.5	M27×2	M33×2	M42×2
D_{1min}	38	42	48	58	74
$D_2\,H8$	17	19	23	29	38
$D_3\,H8$	15.5	17	21	27	36
T_{1min}	46.5	60.5	71	78	89
$T_2{}^{+1}_{\ 0}$	48	62	72.5	80	91
T_{3min}	14.5	17	22	22	23
T_{4max}	20.5	27.5	35	38.5	43.5
$T_5{}^{+0.4}_{\ 0}$	21	28	35.5	39	44
T_{7min}	30.5	38.5	46.5	50	56
T_{8max}	36.5	49	59.5	66.5	76.5
$T_9{}^{+0.4}_{\ 0}$	37	49.5	60	67	77

① 编码按照 GB/T 14043。
② 油口按照 ISO 6149-1。

表 15-45　插入图 15-54 所示插装孔的插装阀符号

插装阀类型	符号	插装阀类型	符号
三通方向控制阀		三通方向控制阀	

续表

插装阀类型	符号	插装阀类型	符号
三通方向控制 锥(座)阀		三通方向控制 锥(座)阀	
梭阀		溢流减压阀	
三通流量控制阀		—	—

⑤ 最大油口直径为 6～20.5mm 的四通插装阀的插装孔尺寸见图 15-55 和表 15-46。插入图 15-55 所示插装孔的插装阀符号见表 15-47。

⑥ 最大油口直径为 10.5～20.5mm 的带一个遥控口的二通插装阀（不包括主系统溢流阀）的插装孔尺寸见图 15-56 和表 15-48。插入图 15-56 所示插装孔的插装

阀符号见表 15-49。

⑦ 最大主油口直径为 10.5～20.5mm ，带一个遥控口流向由油口 1 到油口 2 的二通主系统溢流阀的插装孔尺寸见图 15-57 和表 15-50。插入图 15-57 所示插装孔的插装阀符号见表 15-51。

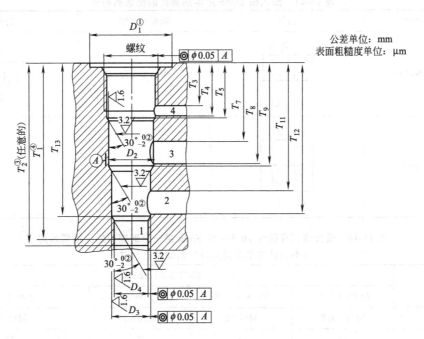

注:脚注①～④见图15-51。

图 15-55　最大油口直径为 6～20.5mm 的四通插装阀的插装孔

表 15-46　最大油口直径为 6～20.5mm 的四通插装阀的插装孔尺寸　　　　　mm

编码[1]	JB/T 5963—2004				
	20-04-0-××	22-04-0-××	27-04-0-××	33-04-0-××	42-04-0-××
螺纹[2]	M20×1.5	M22×1.5	M27×2	M33×2	M42×2
D_{1min}	38	42	48	58	74
D_2 H8	17	19	23	29	38
D_3 H8	15.5	17	21	27	36
D_4 H8	14	15	19	25	34
T_{1min}	62.5	82.5	95.5	106	122
$T_2{}^{+1}_{0}$	64	84	97	108	124
T_{3min}	14.5	17	22	22	23
T_{4max}	20.5	27.5	35	38.5	43.5
$T_5{}^{+0.4}_{0}$	21	28	35.5	39	44
T_{7min}	30.5	38.5	46.5	50	56
T_{8max}	36.5	49	59.5	66.5	76.5
$T_9{}^{+0.4}_{0}$	37	49.5	60	67	77
T_{11min}	46.5	60.5	71	78	89
T_{12max}	52.5	71	84	94.5	109.5
$T_{13}{}^{+0.4}_{0}$	53	71.5	84.5	95	110

① 编码按照 GB/T 14043。
② 油口按照 ISO 6149-1。

表 15-47　插入图 15-55 所示插装孔的插装阀符号

插装阀类型	符号	插装阀类型	符号
四通方向控制阀		偏向型元件	
分流-集流阀		—	—

表 15-48　最大油口直径为 10.5～20.5mm 带一个遥控口的二通插装阀
（不包括主系统溢流阀）的插装孔尺寸　　　　　mm

编码[1]	JB/T 5963—2004			
	22-06-0-××	27-06-0-××	33-06-0-××	42-06-0-××
螺纹[2]	M22×1.5	M27×2	M33×2	M42×2
D_{1min}	42	48	58	74
D_2 H8	19	23	29	38

续表

编码[1]	JB/T 5963—2004			
	22-06-0-××	27-06-0-××	33-06-0-××	42-06-0-××
$D_3 H8$	17	21	27	36
T_{1min}	54.5	62	65	71.5
$T_2{}^{+1}_{\ 0}$	56	63.5	67	73.5
T_{3min}	17	21.5	21	21.5
T_{4max}	21.5	26	25.5	26
$T_5{}^{+0.4}_{\ 0}$	22	26.5	26	26.5
T_{7min}	32.5	37.5	37	38.5
T_{8max}	43	50.5	53.5	59
$T_9{}^{+0.4}_{\ 0}$	43.5	51	54	59.5

[1] 编码按照 GB/T 14043。

[2] 油口按照 ISO 6149-1。

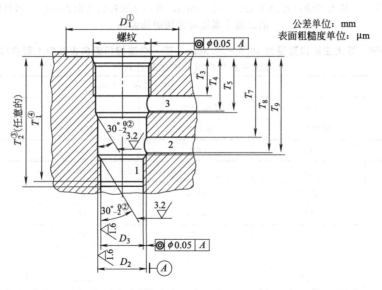

公差单位：mm
表面粗糙度单位：μm

注：脚注[1]～[4]见图15-51。

图 15-56　最大油口直径为 10.5～20.5mm 带一个遥控口的二通插装阀（不包括主系统溢流阀）的插装孔

表 15-49　插入图 15-56 所示插装孔的插装阀符号

插装阀类型	符号	插装阀类型	符号
顺序阀		减压阀	
蓄能器卸荷阀		先导控制单向阀	

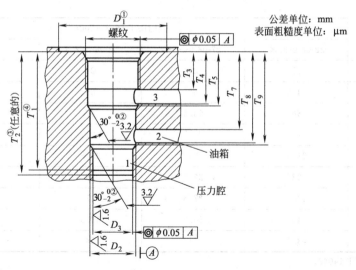

注:脚注①～④见图15-51。

图 15-57 最大主油口直径为 10.5～20.5mm,带一个遥控口流向由油口 1 到油口 2
的二通主系统溢流阀的插装孔

表 15-50 最大主油口直径为 10.5～20.5mm,带一个遥控口流向由油口 1 到油口 2 的
二通主系统溢流阀的插装孔尺寸

mm

编码①	JB/T 5963—2004			
	22-07-0-××	27-07-0-××	33-07-0-××	42-07-0-××
螺纹②	M22×1.5	M27×2	M33×2	M42×2
D_{1min}	42	48	58	74
D_2 H8	19	23	29	38
D_3 H8	15.5	19.5	25	34
T_{1min}	56	63.5	67	73.5
$T_2{}^{+1}_{\ 0}$	57.5	65	69	75.5
T_{3min}	17	21.5	21	21.5
T_{4max}	21.5	26	25.5	26
$T_5{}^{+0.4}_{\ 0}$	22	26.5	26	26.5
T_{7min}	32.5	37.5	37	38.5
T_{8max}	43	50.5	53.5	59
$T_9{}^{+0.4}_{\ 0}$	43.5	51	54	59.5

① 编码按照 GB/T 14043。
② 油口按照 ISO 6149-1。

表 15-51 插入图 15-57 所示插装孔的插装阀符号

插装阀类型	符号
带控制口的二级溢流阀	

⑧ 最大主油口直径为 10.5～20.5mm，带一个遥控口流向由油口 2 到油口 1 的二通主系统溢流阀的插装孔尺寸见图 15-58 和表 15-52。插入图 15-58 所示插装孔的插装阀符号见表 15-53。

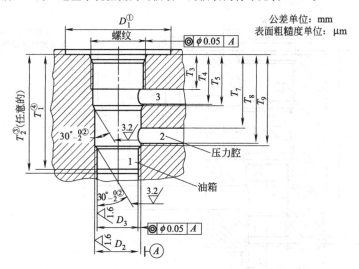

公差单位：mm
表面粗糙度单位：μm

注：脚注①～④见图15-51。

图 15-58　最大主油口直径为 10.5～20.5mm，带一个遥控口流向由油口 2 到油口 1 的二通主系统溢流阀的插装孔

表 15-52　最大主油口直径为 10.5～20.5mm，带一个遥控口流向由油口 2 到油口 1 的二通主系统溢流阀的插装孔尺寸　　　　　　　　　　mm

编码[①]	JB/T 5963—2004			
	22-08-0-××	27-08-0-××	33-08-0-××	42-08-0-××
螺纹[②]	M22×1.5	M27×2	M33×2	M42×2
D_{1min}	42	48	58	74
D_2 H8	19	23	29	38
D_3 H8	14	18	23	32
T_{1min}	57	64.5	68.5	75
$T_2\,{}^{+1}_{\ 0}$	58.5	66	70.5	77
T_{3min}	17	21.5	21	21.5
T_{4max}	21.5	26	25.5	26
$T_5\,{}^{+0.4}_{\ 0}$	22	26.5	26	26.5
T_{7min}	32.5	37.5	37	38.5
T_{8max}	43	50.5	53.5	59
$T_9\,{}^{+0.4}_{\ 0}$	43.5	51	54	59.5

① 编码按照 GB/T 14043。
② 油口按照 ISO 6149-1。

表 15-53　插入图 15-58 所示插装孔的插装阀符号

插装阀类型	符号
带控制口的二级溢流阀	

⑨ 最大主油口直径为 10.5～20.5mm，带一个遥控口的三通插装阀的插装孔尺寸见图 15-59 和表 15-54。　插入图 15-59 所示插装孔的插装阀符号见表 15-55。

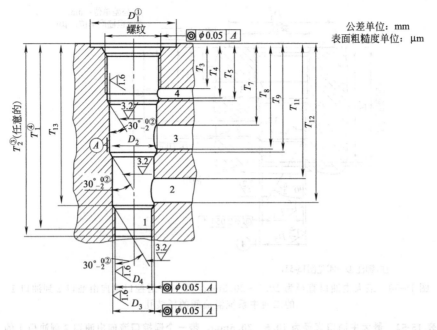

注：脚注①～④见图15-51。

图 15-59　最大主油口直径为 10.5～20.5mm，带一个遥控口的三通插装阀的插装孔

表 15-54　最大油口直径为 10.5～20.5mm，带一个遥控口的三通插装阀的插装孔尺寸　　mm

编码①	JB/T 5963—2004			
	22-04-0-××	27-04-0-××	33-04-0-××	42-04-0-××
螺纹②	M22×1.5	M27×2	M33×2	M42×2
D_{1min}	42	48	58	74
D_2 H8	19	23	29	38
D_3 H8	17	21	27	36
D_4 H8	15	19	25	34
T_{1min}	76.5	86.5	93	104.5
$T_2{}^{+1}_{0}$	78	88	95	106.5
T_{3min}	17	21.5	21	21.5
T_{4max}	21.5	26	25.5	26
$T_5{}^{+0.4}_{0}$	22	26.5	26	26.5
T_{7min}	32.5	37.5	37	38.5
T_{8max}	43	50.5	53.5	59
$T_9{}^{+0.4}_{0}$	43.5	51	54	59.5
T_{11min}	54.5	62	65	71.5
T_{12max}	65	75	81.5	92
$T_{13}{}^{+0.4}_{0}$	65.5	75.5	82	92.5

① 编码按照 GB/T 14043。

② 油口按照 ISO 6149-1。

表 15-55　插入图 15-59 所示插装孔的插装阀符号

插装阀类型	符号
带遥控口的溢流减压阀	

（3）公差

在图 15-51～图 15-59 和表 15-38、表 15-40、表 15-42、表 15-44、表 15-46、表 15-48、表 15-50、表 15-52、表 15-54 中给出的所有尺寸的形位公差值和表面粗糙度，应符合 GB/T 1182 和 GB/T 131 的规定。

（4）油口用法与标识

① 插装阀与本标准所规定的插装孔的互换性，要求有统一的标识和阀口功能。在表 15-39、表 15-41、表 15-43、表 15-45、表 15-47、表 15-49、表 15-51、表 15-53、表 15-55 中，给出了适用于各个插装阀孔的阀类型符号，符号中表示了油口用法和标识（1、2、3 和 4）。

② 表中给出的符号表示了一般类型的阀，每种类型的变化形式应符合该类型所示的油口用法惯例。

③ 某些表中给出的符号通常要与其他图形元素组合来表示一个完整的阀。例如表 15-47 所示的四通方向控制阀，通常包括电磁或弹簧操作。这类阀要以包括附加元素的组合符号表示，其互换性要求在各种操作条件下的油口连接是相同的。

（5）标注说明（引用本标准）

决定遵守本标准时，在试验报告、样本和销售文件中采用以下说明："插装阀和油口用法符合 JB/T 5963—2004《液压二通、三通、四通螺纹式插装阀　插装孔》的规定"。

附录 A　安装块

插装阀在控制油路块上的安装，也要求在该油路块上具有管接头的标示。通常用于液压系统的字母标示方法应按照 GB/T 17490 的规定。当同一类型的油口多于 1 个时，这些油口可以用编号标记，例如 A＝A₁、A₂ 等。

15.3　液压阀的试验

15.3.1　方向控制阀试验方法（GB/T 8106—1987）

本标准适用于以液压油（液）为工作介质的方向控制阀的稳态性能和瞬态性能试验。

（1）符号、量纲和单位（见表 15-56）

表 15-56　符号、量纲和单位

名称	符号	量纲	单位
阀的公称通径	D	L	m
力	F	MLT^{-2}	N

续表

名称	符号	量纲	单位
阀内控制元件的线位移	L	L	m
阀内控制元件的角位移	β	—	rad
体积流量	q_V	L^3T^{-1}	m^3/s
管道内径	d	L	m
压力、压差	$p,\Delta p$	$ML^{-1}T^{-2}$	Pa
时间	t	T	s
油液质量密度	ρ	ML^{-3}	kg/m^3
运动黏度	ν	L^2T^{-1}	m^2/s
摄氏温度	θ	Θ	℃
等熵体积弹性模量	K_s	$ML^{-1}T^{-2}$	Pa
体积	V	L^3	m^3

注：M—质量；L—长度；T—时间；Θ—温度。

（2）通则

1）试验装置

① 试验回路

a. 图 15-60、图 11-67、图 11-69 和图 11-70 为基本试验回路，允许采用包括两种或多种试验条件的综合回路。

b. 油源的流量应能调节。油源流量应大于被试阀的公称流量。油源的压力脉动量不得大于 ±0.5MPa。

c. 允许在给定的基本试验回路中增设调节压力和流量的元件，以保证试验系统安全工作。

d. 与被试阀连接的管道和管接头的内径应和被试阀的公称通径相一致。

② 测压点的位置

a. 进口测压点的位置。进口测压点应设置在扰动源（如阀、弯头）的下游和被试阀上游之间。距扰动源的距离应大于 $10d$，距被试阀的距离为 $5d$。

b. 出口测压点的位置。出口测压点应设置在被试阀下游 $10d$ 处。

c. 按 C 级精度测试时，若测压点的位置与上述要求不符，应给出相应修正值。

③ 测压孔

a. 测压孔直径不得小于 1mm，不得大于 6mm。

b. 测压孔长度不得小于测压孔直径的 2 倍。

c. 测压孔中心线和管道中心线垂直。管道内表面与测压孔的交角处应保持尖锐，但不得有毛刺。

d. 测压点与测量仪表之间连接管道的内径不得小于 3mm。

e. 测压点与测量仪表连接时，应排除连接管道中的空气。

④ 温度测量点的位置。温度测量点应设置在被试阀进口测压点上游 15d 处。

⑤ 油液固体污染等级

a. 在试验系统中，所用的液压油（液）的固体污染等级不得高于 19/16。有特殊试验要求时可另作规定。

b. 试验时，因淤塞现象而使在一定的时间间隔内对同一参数进行数次测量所测得的量值不一致时，要提高过滤器的过滤精度，并在试验报告中注明此时间间隔值。

c. 在试验报告中注明过滤器的安装位置、类型和数量。

d. 在试验报告中注明油液的固体污染等级，并注明测定污染等级的方法。

2）试验的一般要求

① 试验用油液

a. 在试验报告中注明试验中使用的油液类型、牌号以及在试验控制温度下的油液的黏度、密度和等熵体积弹性模量。

b. 在同一温度下测定不同的油液黏度对试验的影响时，要用同一类型但黏度不同的油液。

② 试验温度

a. 以液压油为工作介质试验元件时，被试阀进口处的油液温度为 50℃，采用其他油液为工作介质或有特殊要求时可另作规定，在试验报告中注明实际的试验温度。

b. 冷态启动试验时，油液温度应低于 25℃。在试验开始前把试验设备和油液的温度保持在某一温度。试验开始以后允许油液温度上升。在试验报告中记录温度、压力和流量对时间的关系。

③ 稳态工况

a. 被控参数在表 15-57 规定范围内变化时为稳态工况。在稳态工况下记录试验参数的测量值。

表 15-57　被控参数平均指示值允许变化范围

被控参数	测试等级		
	A	B	C
流量/%	±0.5	±1.5	±2.5
压力/%	±0.5	±1.5	±2.5
温度/℃	±1.0	±2.0	±4.0
黏度/%	±5.0	±10.0	±15.0

b. 被测参数测量读数点的数目和所取读数的分布，应能反映被试阀在全范围内的性能。

c. 为保证试验结果的重复性，应规定测量的时间间隔。

3）耐压试验

① 被试阀进行试验前应进行耐压试验。

② 耐压试验时，对各承压油口施加耐压试验压力。耐压试验压力为该油口最大工作压力的 1.5 倍，以每秒 2% 耐压试验压力的速率递增，保压 5min，不得有外渗漏。

③ 耐压试验时，各泄油口和油箱相连。

（3）试验内容

1）换向阀

① 电磁换向阀

a. 试验回路。典型的试验回路如图 15-60 所示。

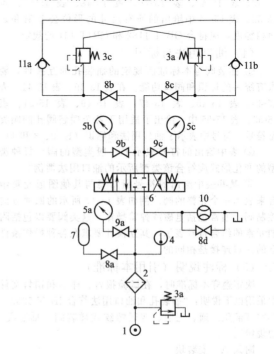

图 15-60　电磁换向阀试验回路

1—液压源；2—过滤器；3—溢流阀；4—温度计；
5—压力计；6—被试阀；7—蓄能器；8—截止阀；
9—压力计开关；10—流量计；11—单向阀；

为减少换向阀试验时的压力冲击，在不改变试验条件的情况下允许在被试阀入口的油路中接入蓄能器。

为保护流量计 10，在不测量时可打开阀 8d。

b. 稳态压差-流量特性试验。按 GB/T 8107—2012《液压阀　压差-流量特性的测定》的有关规定进行试验。绘制各控制状态下相应阀口之间的稳态压差-流量特性曲线，如图 15-61 所示。

c. 内部泄漏量试验

• 试验目的。本试验是为了测定方向阀处某一工作状态时，具有一定压力差又互不相通的阀口之间的油液泄漏量。

• 试验条件。试验时，每次施加在各油口上的压力应一致，并进行记录。试验前被试阀至少连续完成 10 次换向全过程。记录最后一次换向到正式测量的时间间隔及测量时间。

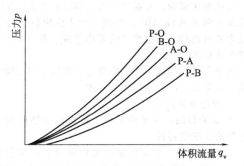

图 15-61　稳态压差-流量特性曲线

- 试验方法。调整压力阀 3a，使压力计 5a 的指示压力为被试阀的试验压力。分别从各油口测量被试阀在不同控制状态时的内泄漏量。

绘制内泄漏量曲线，如图 15-62 所示。

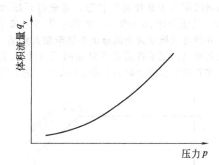

图 15-62　内泄漏量曲线

试验举例示意图见图 15-63。

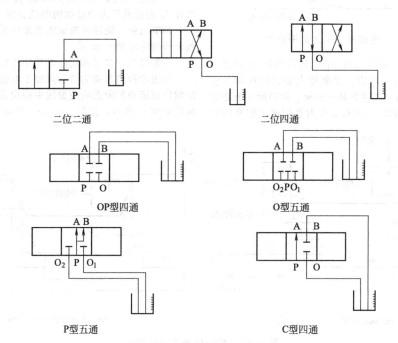

二位二通　　　　　二位四通

OP型四通　　　　　O型五通

P型五通　　　　　C型四通

图 15-63　内泄漏试验示意图

d. 工作范围试验

- 试验目的。本试验是为了测定换向阀能正常换向的压力和流量的边界值范围。

注：所谓正常换向是指换向信号发出后，换向阀阀芯能在位移的两个方向的全行程上移动。

- 试验条件。在电磁铁的最高稳态温度下进行试验。此温度应保证在 GB 1497《低压电器基本标准》中关于线圈有效绝缘等级推荐的范围内。

在额定电压下对线圈连续通电获得电磁铁的温度。通电时，通过换向阀的流量为零，并使整个阀处在与试验时的油温相等的环境温度中。经过充分励磁，电磁铁温度达到稳定值后开始正式试验。画出电磁铁的温升曲线，如图 15-64 所示。

记录每两次换向的间隔时间。

记录试验回路油液温度和固体污染等级。

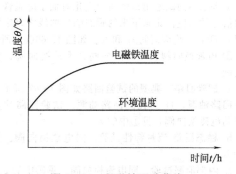

图 15-64　电磁铁温升曲线

整个试验期间，电磁铁线圈两端电压保持在预定的值上，并做出记录。

- 试验方法。当电磁铁温度符合要求后，在试验期间使电磁铁线圈电压比额定电压低10%。

将被试阀处于某种通断状态，完全打开压力阀3c（或3a），使压力计5b（或5c）的指示压力为最小负载压力，并使通过被试阀的流量从小逐渐加大到某一规定的最大流量值。记录各流量所对应的压力计5a的指示压力。在直角坐标纸上画出如图15-65所示的曲线OD。

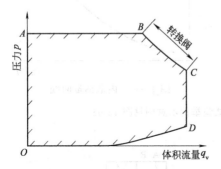

图15-65   电磁阀的工作范围曲线

调定压力阀3a及3c（或3d），使压力计5a的指示压力为被试阀的公称压力。逐渐加大通过被试阀的流量，使换向阀换向。当达到某一流量、换向阀不能正常换向时，降低压力计5a的指示压力直到能正常换向为

止。按此方法试验，直到某一规定的流量为止。在同一坐标纸上画出曲线ABC。曲线ABCDO所包含的区域即是电磁换向阀能正常换向的工作范围。曲线BC为换向阀的转换阀。

从重复试验得到的数据中确定换向阀工作范围的边界值。重复试验次数不得少于6次。

e. 瞬态响应试验

• 试验目的。本试验是为了测试电磁换向阀在换向时的瞬态响应特性。

• 试验条件。被试阀输出侧的回路容积应为封闭容积，在试验前充满油液。在试验报告中记录封闭容积的大小、容腔及管道的材料。

在电磁铁额定电压和本节d中规定的电磁铁温度条件下进行试验。

• 试验方法。调整压力阀3a及3c（或3d），使压力计5a的指示压力为被试阀的试验压力。

调节流量，使通过被试阀的流量为公称压力下转换阀上所对应流量的80%。

调整好后，接通或切断电磁铁的控制电压。

从表示换向阀阀芯位移对加于电磁铁上的换向信号的响应而记录的瞬态响应曲线中确定滞后时间t_1和t_2、响应时间t_3和t_4，如图15-66(a)所示。

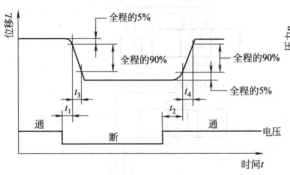

(a) 阀芯位移-时间关系曲线

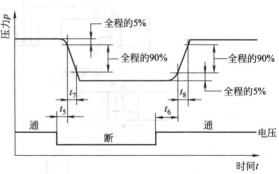

(b) 压力-时间关系曲线

图15-66   换向阀瞬态响应曲线

从表示换向阀输出口的压力变化对加于电磁铁上的换向信号的响应而记录下来的瞬态响应曲线中确定滞后时间t_5和t_6、响应时间t_7和t_8。如图15-66(b)所示。

② 电液换向阀、液动换向阀、手动换向阀、机动换向阀

a. 试验回路。典型的试验回路如图15-67所示。1a为主回路油源，1b为控制回路油源。试验回路的其余要求同电磁换向阀，见①中的a。

b. 稳态压差-流量特性试验。同电磁换向阀。见①中的b。

c. 内部泄漏试验。同电磁换向阀。见①中的c。

d. 工作范围

• 试验目的。本试验是为了测定电液换向阀、液动换向阀能正常换向时最小控制压力的边界值范围。测定手动换向阀、机动换向阀能正常换向时最小控制力的

边界值的范围。

注：正常换向是指换向信号发出后，换向阀阀芯能在位移的两个方向的全行程上移动。

• 试验条件。同电磁换向阀。见①中的d。

• 试验方法。在被试阀的公称压力和公称流量的范围内进行试验。在试验报告中记录试验采用的压力和流量范围值。

调整压力阀3a及3c（或3d），使压力计5a的指示压力为公称压力。测定被试阀在通过不同流量时的最小控制压力或最小控制力。在直角坐标系上画出工作范围曲线，见图15-68（当被试阀的控制压力或控制力大于或等于最小控制压力或最小控制力时，被试阀均能正常换向）。

对于电液换向阀，当电磁铁温度符合要求后，在试验期间使电磁铁线圈电压比额定电压低10%。

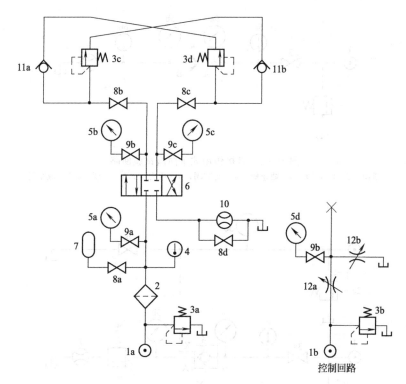

图 15-67　电液换向阀、液动换向阀、手动换向阀、机动换向阀试验回路
1—液压源；2—过滤器；3—溢流阀；4—温度计；5—压力计；6—被试阀；7—蓄能器；
8—截止阀；9—压力计开关；10—流量计；11—单向阀；12—节流阀

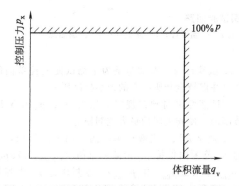

图 15-68　电液换向阀、液动换向阀、手动换
向阀、机动换向阀工作范围曲线

对于液动换向阀，根据规定进行下列试验中的一项或两项：逐步增加控制压力，递增速率每秒不得超过主阀公称压力的 2%；阶跃地增加控制压力，其斜率不得低于 700MPa/s。

从重复试验得到的数据中，确定阀的最小控制压力或最小控制力的边界值范围。重复试验次数不得少于 6 次。

e. 瞬态响应试验

• 试验目的。本试验是为了测定电液换向阀、液动换向阀在换向时主阀的瞬态响应特性。

• 试验条件。被试阀输出侧的回路容积应为封闭容积，在试验前充满油液。在试验报告中记录封闭容积的大小及容腔和管道的材料。

对于电液换向阀，在电磁铁额定电压和①中 d 规定的电磁铁温度条件下进行试验。

对于液动换向阀，控制回路中压力的变化率应能使液动阀迅速动作。

• 试验方法。调整压力阀 3a 及 3c（或 3b），使压力计 5a 的指示压力为被试阀的公称压力，通过流量为被试阀的公称流量，使换向阀换向。

记录阀芯位移或输出压力的响应曲线，确定滞后时间及响应时间（见图 15-66 的规定）。

2）单向阀

① 试验回路

a. 直接作用式单向阀试验回路见图 15-69。

b. 液控单向阀试验回路见图 15-70。

当流动方向从 A 口到 B 口时，在控制油口 X 上施加或不施加压力的情况下进行试验。当流动方向从 B 口到 A 口时，则在控制油口上施加控制压力进行试验。

② 稳态压差-流量特性试验。按 GB 8107 的有关规定进行试验，并绘制稳态压差-流量特性曲线，见图 15-71。

③ 直接作用式单向阀的最小开启压力 p_{omin} 试验。本试验目的是确定被试阀的最小开启压力 p_{omin}。

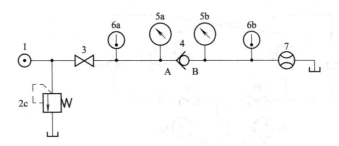

图 15-69　直接作用式单向阀试验回路
1—液压源；2—溢流阀；3—截止阀；4—被试阀；5—压力计；6—温度计；7—流量计

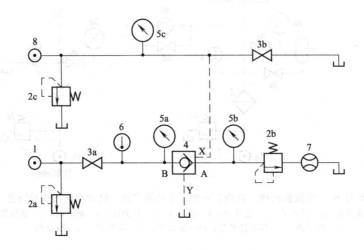

图 15-70　液控单向阀试验回路
1—液压源；2—溢流阀；3—截止阀；4—被试阀；5—压力计；6—温度计；7—流量计；8—控制油源

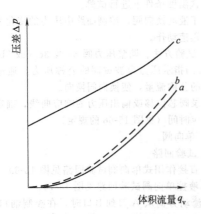

a：A—B；b：B—A；c：A—B（$p_x=0$）
图 15-71　液控单向阀稳态压差-流量特性曲线

在被试阀 2b 的压力为大气压时，使 A 口压力 p_A 由零逐渐升高，直到加有油液流出为止。记录此时的压力值，重复试验几次。由试验的数据来确定阀的最小开启压力 p_{omin}。

④ 液控单向阀控制压力 p_x 试验

a. 试验目的。本试验是为了测试使液控单向阀反向开启并保持全开所必需的最小控制压力 p_x。

测试液控单向阀在规定的压力 p_A、p_B 和流量 q_v 的范围内，使阀关闭的最大控制压力 p_{xC}。

b. 测试方法。当液控单向阀反向未开启前，在规定的 p_B 范围内保持 p_B 为某一定值（p_{Bmax}、$0.75p_{Bmax}$、$0.5p_{Bmax}$、$0.25p_{Bmax}$ 和 p_{Bmin}），控制压力 p_x 由零逐渐增加，直到反向通过液控单向阀的流量达到所选择的流量 q_v 值为止。

记录控制压力 p_x 和对应的流量 q_v，重复试验几次。由所记录的数据来确定使阀开启并通过所选择的流量 q_v 值时的最小控制压力 p_x。绘制阀的开启压力 p_x-流量 q_v 关系曲线，见图 15-72。

在控制油口 X 上施加控制压力 p_x，保证被试阀处于全开状态，使 p_A 值处于尽可能低的条件下，选择某一流量 q_v 通过被试阀，逐渐降低 p_x 值，直到单向阀完全关闭为止。

记录控制压力 p_x 和流量 q_v，重复试验几次。由记录的数据来确定使阀关闭的最大控制压力 p_{xcmax}。

绘制液控单向阀关闭压力 p_{xc}-流量 q_v 关系曲线，

见图 15-73。

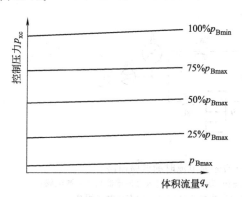

图 15-72　液控单向阀开启的压力 p_{xc}-流量 q_v 关系曲线

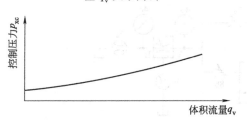

图 15-73　液控单向阀关闭的压力 p_{xc}-流量 q_v 关系曲线

⑤ 泄漏量试验。泄漏量试验的测量时间至少应持续 5min。

试验报告中应注明试验时的油液温度、油液的类型、牌号和黏度。

a. 直接作用式单向阀。试验时，应将被试阀反向安装。

A 口处于大气压力下，B 口接入规定的压力值。在一定的时间间隔内（至少 5min），测量从 A 口流出的泄漏量，记录测量时间间隔值、泄漏量及加值。

b. 液控单向阀。A 口和 X 口处于大气压力下，B 口接入规定的压力值。在一定的时间间隔内（至少 5min），测量从 A 口流出的泄漏量。记录测量的时间间隔值、泄漏量及加值。

此方法也适合测量从泄漏口 Y 流出的泄漏量。

（4）试验报告

① 被试阀和试验条件的资料至少应包括下列各项并在试验报告中写明。

a. 制造厂厂名；b. 产名规格（型号、系列号等）；c. 制造厂有关阀的说明。d. 连接管道和管接头的明细表；e. 制造厂有关过滤的要求；f. 回路中过滤器精度等级；g. 试验油液的实际固体污染等级；h. 试验油液（牌号说明）；i. 试验油液的运动黏度；j. 试验油液的密度；k. 试验油液的等熵体积弹性模量；l. 试验油液的温度；m. 环境温度；n. 最大连续工作压力；o. 试验允许的最大流量；p. 电液换向阀和液动换向阀的最大和最小控制压力；q. 手动换向阀和机动换向阀的控制力；

r. 液控单向阀的最大和最小控制压力；s. 特殊要求，例如：安装位置的限制。

② 试验结果。在试验报告中将所有试验结果列成表格，并绘制成曲线。

a. 耐压压力（对所有阀种）。记录耐压压力值。

b. 换向阀
- 稳态压差-流量特性曲线（见图 15-61）；
- 内泄漏量曲线（见图 15-62）；
- 工作范围曲线（见图 15-65、图 15-68）；
- 瞬态响应曲线（见图 15-66）。

c. 单向阀
- 稳态压差-流量特性曲线（见图 15-71）；
- 直接作用式单向阀最小开启压力；
- 液控单向阀控制压力 p_x-流量 q_v 特性曲线（见图 15-72、图 15-73）。
- 泄漏量。

（5）附录

① 测试等级。根据 GB 7935《液压元件　通用技术条件》的规定，按 A、B、C 三种测试等级中的一种进行试验。

② 误差。经标定或与国家标准比较表明，凡不超过表 15-58 中所列范围的系统误差的任何装置和方法均可采用。

表 15-58　测试系统的允许系统误差

测试仪表参数	测试等级		
	A	B	C
流量/%	±0.5	±1.5	±2.5
压力 $p < 200kPa$ 表压时/%	±2.0	±6.0	±10.0
压差 $p \geq 200kPa$ 表压时/%	±0.5	±1.5	±2.5
温度/℃	±0.5	±1.0	±2.0

注：表中给出的百分数极限范围是指被测量值的百分比，而不是试验参数的最大值或测量系统的最大读数的百分比。

15.3.2　流量控制阀试验方法（GB/T 8104—1987）

本标准适用于以液压油（液）为工作介质的流量控制阀稳态性能和瞬态性能试验。

（1）术语

① 旁通节流。将一部分流量分流至主油箱或压力较低的回路，以控制执行元件输入流量的一种回路状态。

② 进口节流。控制执行元件的输入流量的一种回路状态。

③ 出口节流。控制执行元件的输出流量的一种回路状态。

④ 三通旁通节流。流量控制阀自身需有旁通排油口的进口节流回路状态。

（2）通则

1）试验装置

① 试验回路

a. 图 15-74～图 15-76 分别为进口节流和三通旁通节流、出口节流及旁通节流时的典型试验回路。

图 15-77 为分流阀的典型试验回路。

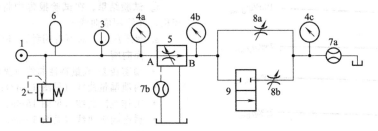

图 15-74   流量控制阀用作进口节流和三通旁通节流时的试验回路

1—液压源；2—溢流阀；3—温度计；4—压力计（做瞬态试验时应用高频响应压力传感器）；5—被试阀；
6—蓄能器（需要和可能的情况下加设）；7—流量计（采用瞬态试验第二种方法时应用高
频响应流量传感器）；8—节流阀；9—二位二通换向阀

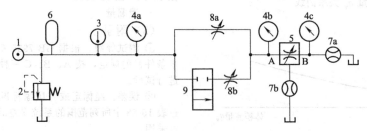

图 15-75   流量控制阀用作出口节流的试验回路

1—液压源；2—溢流阀；3—温度计；4—压力计（瞬态试验时应用高频响应压力传感器）；5—被试阀；
6—蓄能器（需要和可能的情况下加设）；7—流量计（采用瞬态试验第二种方法时应用高频响
应传感器）；8—节流阀；9—二位二通换向阀
注：阀 5 和阀 8 之间用硬管连接，其间容积应尽可能小。

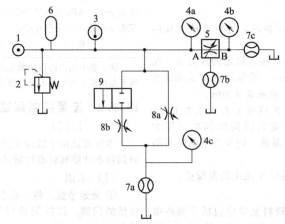

图 15-76   流量控制阀用作旁通节流时的试验回路

1—液压源；2—溢流阀；3—温度计；4—压力计（瞬态试验时应采用高频响应压力传感器）；
5—被试阀；6—蓄能器（需要和可能的情况下加设）；7—流量计（采用瞬态试验第二种
方法时应用高频响应流量传感器）；8—节流阀；9—二位二通阀
注：阀 5 和阀 8 之间用硬管连接，其间容积应尽可能小。

允许采用包含两种或多种试验条件的综合回路。

b. 油源的流量应能调节，油源流量应大于被试阀的试验流量。油源的压力脉动量不得大于±0.5MPa。

c. 油源和管道之间应安装压力控制阀，以防止回路压力过载。

d. 允许在给定的基本回路中，增设调节压力、流量或保证试验系统安全工作的元件。

e. 与被试阀连接的管道和管接头的内径应和阀的

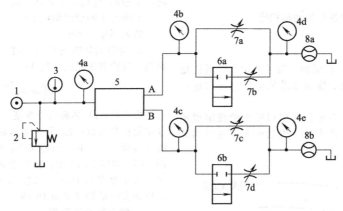

图 15-77　分流阀试验回路
1—液压源；2—溢流阀；3—温度计；4—压力计（瞬态试验时应采用高频响应压力传感器）；5—被试阀；
6—二位二通阀；7—节流阀；8—流量计（采用瞬态试验第二种方法时应用高频响应流量传感器）

公称通径相一致。

② 测压点的位置

a. 进口测压点应设置在扰动源（如阀、弯头）的下游和被试阀上游之间。距扰动源的距离应大于 $10d$，距被试阀的距离为 $5d$。

b. 出口测压点应设置在被试阀下游 $10d$ 处。

c. 按 C 级精度测试时，若测压点的位置与上述要求不符，应给出相应修正值。

③ 测压孔

a. 测压孔的直径不得小于 1mm，不得大于 6mm。

b. 测压孔的长度不得小于测压孔直径的 2 倍。

c. 测压孔中心线和管道中心线垂直，管道内表面与测压孔交角处应保持尖锐，但不得有毛刺。

d. 测压点与测量仪表之间连接管道的内径不得小于 3mm。

e. 测压点与测量仪表连接时，应排除连接管道中的空气。

④ 温度测量点的位置。温度测量点应设置在被试阀进口测压点上游 $15d$ 处。

⑤ 油液固体污染等级

a. 在试验系统中，所用的液压油（液）的固体污染等级不得高于 19/16。有特殊要求时可另作规定。

b. 试验时，因淤塞现象而使在一定时间间隔内对同一参数进行数次测量所得的测量值不一致时，在试验报告中要注明此时间间隔值。

c. 在试验报告中注明过滤器的安装位置、类型和数量。

d. 在试验报告中注明油液的固体污染等级，并注明测定污染等级的方法。

2）试验的一般要求

① 试验用油液

a. 在试验报告中注明下列各点：

• 试验用油液种类、牌号；

• 在试验控制温度下的油液黏度和密度；

• 等熵体积弹性模量。

b. 在同一温度下，测定不同的油液黏度影响时，要用同一类型但黏度不同的油液。

② 试验温度

a. 以液压油（液）为工作介质试验元件时，被试阀进口处的油液温度为 50℃。采用其他工作介质或有特殊要求时，可另作规定。在试验报告中应注明实际的试验温度。

b. 冷态启动试验时油液温度应低于 25℃。在试验开始前，使试验设备和油液的温度保持在某一温度。试验开始后，允许油液温度上升。在试验报告中要记录温度、压力和流量对时间的关系。

c. 选择试验温度时，要考虑该阀是否需试验温度补偿性能。

③ 稳态工况

a. 被控参数的变化范围不超过表 15-59 的规定值时为稳态工况。在稳态工况下记录试验参数的测量值。

表 15-59　被控参数平均指示值允许变化范围

被控参数	测试等级		
	A	B	C
流量/%	±0.5	±1.5	±2.5
压力/%	±0.5	±1.5	±2.5
油温/℃	±1.0	±2.0	±4.0
黏度/%	±5	±10	±15

b. 被测参数测量读数点的数目和所取读数的分布，应能反映被试阀在整个范围内的性能。

c. 为了保证试验结果的重复性，应规定测量的时间间隔。

3）耐压试验

① 在被试阀进行试验前应进行耐压试验。

② 耐压试验时，对各承压油口施加耐压试验压力。耐压试验压力为该油口的最高工作压力的 1.5 倍，以每秒 2% 耐压试验压力的速率递增，保压 5min，不得有外

渗漏。

③ 耐压试验时各泄油口和油箱相连。

（3）试验内容

1）流量控制阀

① 稳态流量-压力特性试验。被控流量和旁通流量应尽可能在控制部件设定值和压差的全部范围内进行测量。

a. 压力补偿型阀。在进口和出口压力的规定增量下，对指定的压力和流量从最小值至最大值进行测试（见图 15-78 曲线）。

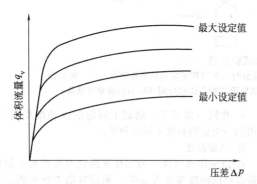

图 15-78   流量控制阀稳态特性曲线

b. 无压力补偿型阀。参照 GB 8107—2012《液压阀压差-流量特性的测定》有关条款进行测试。

② 外泄漏量试验。对有外泄口的流量控制阀应测定外泄漏量，试验方法同①。绘出进口流量-压差特性和出口流量-压差特性。进口流量与出口流量之差即为外泄漏量。

③ 调节控制部件所需"力"（泛指力、力矩、压力）的试验。在被试阀进口和出口压力变化范围内，在各组进、出口压力设定值下，改变控制部件的调节设定值，使流量由最小升至最大（正行程），又由最大回至最小（反行程），测定各调节设定值下的对应调节"力"。

在每次调至设定位置之前，应连续地对被试阀作10 次以上的全行程调节的操作，以避免由于淤塞引起的卡紧力影响测量。同时，应在调至设定位置时起 60s 内完成读数的测量。

每完成 10 次以上全行程操作后，将控制部件调至设定位置时，要按规定行程的正或反来确定调节动作的方向。

注：需测定背压影响时，本项测试只能采用图15-74 所示回路。

④ 带压力补偿的流量控制阀瞬态特性试验。在控制部件的调节范围内，测试各调节设定值下的流量对时间的相关特性。

进口节流和三通旁通节流的试验回路，按图 15-74所示，对被试阀的出口造成压力阶跃来进行试验。出口节流和旁通节流的试验回路分别按图 15-75 和图 15-76所示，对被试阀进口造成压力阶跃来进行试验。

在进行瞬态特性测试时可不考虑外泄漏量的影响。

a. 在图 15-74～图 15-76 中，阀 9 的操作时间（参

阀图 15-79）应满足下列两个条件。

不得大于响应时间的 10%。

最大不超过 10ms。

b. 为得到足够的压力梯度，必须限制油液的压缩影响。检验方法见式（15-1）。

$$\frac{\mathrm{d}p}{\mathrm{d}t}=\frac{q_{vs}K_s}{V} \qquad (15\text{-}1)$$

由式（15-1）估算压力梯度。其中 q_{vs} 是测试开始前设定的稳态流量；K_s 是等熵体积弹性模量；V 是被试阀 5 与阀 8a 和 8b 之间的连通容积；P 是阶跃压力（在图 15-74 和图 15-75 中，由压力表 4b 读出；在图 15-76中，由压力表 4a 读出）。式（15-1）估算的压力梯度至少应为实测结果（见图 15-79）的 10 倍。

c. 瞬态特性试验程序

• 关闭阀 9，调节被试阀 5 的控制部件，由流量计7a 读出稳态设定流量 q_{vs}。调节阀 8a，读出流量 q_{vs} 流过阀 8a 时造成的压差 Δp_2（下标"2"表示流量 q_{vs} 单独通过阀 8a 的工况），用式（15-2）计算：

$$K=\frac{q_{vs}}{\sqrt{\Delta p_2}} \qquad (15\text{-}2)$$

由式（15-2）求出阀 8a 的系数 K。对图 15-74、图15-75 和图 15-76，Δp_2 分别是压力计 4b 和 4c、4a 和 4b及 4a 和 4c 的读数差。

• 打开阀 9，调节阀 8b，读出 q_{vs} 通过阀 8a 和 8b并联油路所造成的压差 Δp_1（下标"1"表示流量 q_{vs} 通过并联油路的工况）。压差 Δp_1 的读法与 Δp_2 压差读法相同。

在瞬态过程中，当流量 q_{vs} 为式（15-3）时：

$$q_v=q_{v1}=K\sqrt{\Delta p_1} \qquad (15\text{-}3)$$

可以认为是被试阀响应时间的起始时刻，称 q_{vs} 为起始流量（见图 15-79）。

• 操作阀 9（由开至关），造成压力阶跃进行检测。

d. 测试方法。选择下述方法中的一种进行瞬态特性测试。

• 第一种方法——间接法（采用高频响应压力传感器），用压力传感器测出阀 8a 的瞬时压差 Δp，以式（15-4）求出通过被试阀 5 的瞬时流量 q_v。

$$q_v=K\sqrt{\Delta p} \qquad (15\text{-}4)$$

注：在这种方法中允许采用频响较低的流量计，因为它只用来测读稳态流量。

• 第二种方法——直接法（采用高频响应的压力传感器和流量传感器），直接用流量传感器读出瞬时流量。用压力传感器来校核流量传感器相位的准确性。

注：阀 9 操作时间可参照图 15-79 确定。对第一种方法，阀 9 操作的起始时刻为 Δp 开始上升的时刻（图15-79 上的 B 点），阀 9 操作的终止时刻为流量 q_v 开始上升的时刻（图 15-79 上的 A 点）。

2）分流阀

① 稳态流量-压力特性试验。在进口流量的变化范围内，测量各进口流量设定值下 A、B 两个工作口的分流流量对各自压差的相关特性。

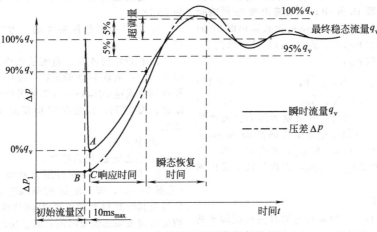

图 15-79　流量控制阀瞬态特性曲线
实测压力梯度 dp/dt，以 B、C 点连线的斜率计算

A、B 口的出口压力，分别调阀 7a（或同时调阀 7b）和阀 7c（或同时调阀 7d）来实现，由压力计 4b 和 4c 读出。调定出口压力后，被试阀进口压力随之确定，由压力计 4a 读出。A、B 口与进口的压力差就可计算出。

A、B 口的分流流量分别由流量计 8a 和 8b 读出，两口分流流量之和即为进口流量。

按表 15-60 的规定，调定 A、B 的出口压力，在规定进口流量范围内，测每一进口流量下的进口压力和出口流量。

表 15-60　出口压力规定

序号	A 口	B 口
1	p_{min}	$p_{min} \rightarrow p_{max} \rightarrow p_{min}$
2	$p_{min} \rightarrow p_{max} \rightarrow p_{min}$	p_{min}
3	p_{max}	$p_{min} \rightarrow p_{max} \rightarrow p_{min}$
4	$p_{min} \rightarrow p_{max} \rightarrow p_{min}$	p_{max}
5	$p_{min} \rightarrow p_{max} \rightarrow p_{min}$	$p_{min} \rightarrow p_{max} \rightarrow p_{min}$

对于两分流口等流或不等流的阀都应注明分流比。

② 瞬态特性试验。在进口流量变化范围内，测量在阀 6a 和 6b 做不同配合操作（同时动作或不同时动作）时产生的不同压力阶跃情况下的各分流流量对时间的相关特性。试验回路中阀 6a 和 6b 的操作时间与 1）的④第 a 款中关于阀 9 的规定相同，回路中加载部分的压力梯度的要求与 1）的④第 b 款的有关规定相同。应注明阀的分流比。

a. 试验程序

• 关闭阀 6a 和 6b，分别调节阀 7a 和阀 7c，使 A、B 口的出口压力为最高负载压力（这时，A 口出口压力以 p_1 表示，由压力计 4b 读出；B 口的出口压力以 p_5 表示，由压力计 4c 读出），分别由流量计读出 A 口和 B 口和稳态流量 q_{vsA} 和 q_{vsB}，由压力计 4d 和 4e 读出压力 p_2 和 p_6。由式(15-5)、式(15-6) 计算：

$$\Delta p_{2A} = p_1 - p_2 \tag{15-5}$$

$$\Delta p_{2B} = p_5 - p_6 \tag{15-6}$$

求出 Δp_{2A} 和 Δp_{2B}（Δp_{2A} 和 Δp_{2B} 分别表示 q_{vsA} 单独通过阀 7a 形成的压差，q_{vsB} 单独通过阀 7c 形成的压差）。

以式(15-7)、式(15-8) 求出阀 7a 的系数 K_A 和阀 7c 的系数 K_B。

$$K_A = q_{vsA} / \sqrt{\Delta p_{2A}} \tag{15-7}$$

$$K_B = q_{vsB} / \sqrt{\Delta p_{2B}} \tag{15-8}$$

• 开启阀 6a 和 6b，将阀 7b 和 7d 调使 A 口和 B 口的出口压力为最小负载压力（这时 A 口出口压力以 p_3 表示，由压力计 4b 读出；B 口的出口压力以 p_7 表示，由压力计 4c 读出）。分别由压力计 4d 和 4e 读出压力 p_4 和 p_8。

以式(15-9)、式(15-10) 计算：

$$\Delta p_{1A} = p_3 - p_4 \tag{15-9}$$

$$\Delta p_{1B} = p_7 - p_8 \tag{15-10}$$

式中，Δp_{1A} 表示 q_{vsA} 通过 7a 和 7b 的并联油路形成的压差，Δp_{1B} 表示 q_{vsB} 通过阀 7c 和 7d 并联油路形成的压差。

由式(15-11)、式(15-12) 求得瞬态特性响应起始时刻的流量 q_{v1A} 和 q_{v1B}。

$$q_{vA} = q_{v1A} = K_A \sqrt{\Delta p_{1A}} \tag{15-11}$$

$$q_{vB} = q_{v1B} = K_B \sqrt{\Delta p_{1B}} \tag{15-12}$$

• 操作阀 6a 和（或）6b，产生压力阶跃，操作顺序如表 15-61 所示。

表 15-61　阀 6a 和 6b 操作顺序

序号	阀 6a	阀 6b
1	突闭	始终开启
2	始终开启	突闭
3	突闭	突闭

b. 测量方法。选择下述方法中的一种进行瞬态特性测试。

• 第一种方法——间接法（采用高频响应压力传感器），由压力传感器 4b 和 4d 的读数算出阀 7a 的瞬时压差 Δp_A，由压力传感器 4c 和 4e 的读数算出阀 7c 的瞬时压差 Δp_B，以式(15-13)、式(15-14) 分别算出 A、B 口的瞬时流量 q_{vA} 和 q_{vB}：

$$q_{vA} = K_A \sqrt{\Delta p_A} \tag{15-13}$$

$$q_{vB} = K_B \sqrt{\Delta p_B} \tag{15-14}$$

• 第二种方法——直接法（流量和压力仪表都采用高频响应传感器），分别通过流量传感器 8a 和 8b 读出 A 口和 B 口的瞬时流量 q_{vA} 和 q_{vB}，可由相应的压力传感器读出瞬时压差 Δp_A 和 Δp_B，用以校核流量传感器的相位准确性。

（4）试验报告

1）试验有关资料。试验前商定的有关被试阀及其试验条件的资料应写在报告中，至少包括下述各项。

① 各阀种均需的资料

a. 制造厂厂名；b. 制造厂标牌（型号、系列号等）；c. 制造厂有关阀的说明；d. 阀的连接管道和管接头的明细表；e. 制造厂有关过滤的要求；f. 试验回路中所装过滤器精度等级；g. 试验油液的实际固体污染等级；h. 试验油液（牌号和说明）；i. 试验油液的运动黏度；j. 试验油液的密度；k. 试验油液的等熵体积弹性模量；l. 试验油液的温度；m. 环境温度。

② 分流阀所需的附加资料

a. 最小流量；b. 给定的分流比。

2）试验结果。所有的测试结果应用表格和图形曲线来表示，并写在报告中。

① 耐压压力。记录耐压压力值。

② 流量控制阀

a. 稳态流量-压力特性（在指定的设定范围内）（见图 15-78）。

b. 调节控制部件所需的"力"，即：力、力矩和压力。

c. 在设定的各压力和流量条件下的瞬态特性（见图 15-79）；流量-时间瞬态特性或压力-时间特性及其计算得到的流量-时间特性（均用图形表示）；响应时间和瞬态恢复时间；流量超调量相对于最终稳态流量的比值。

③ 分流阀

a. 稳态流量-压力特性。

b. 在 A 和 B 口的各压力和流量值下的瞬态特性（见图 15-79），即：流量-时间瞬态特性，或压力-时间特性及其计算得到的流量-时间特性（均用图形表示）；响应时间及瞬态恢复时间；流量超调量或分流误差相对于最终稳态流量的比值。

（5）附录

与 GB/T 8106—1987 相同，请参见表 15-58。

15.3.3　压力控制阀试验方法（GB/T 8105—1987）

本标准适用于以液压油（液）为工作介质的溢流阀、减压阀的稳态性能和瞬态性能试验。与溢流阀、减压阀性能类似的其他压力控制阀，可参照本标准执行。

（1）通则

1）试验装置

① 试验回路

a. 图 15-80 和图 15-81 分别为溢流阀和减压阀的基本试验回路。允许采用包括两种或多种试验条件的综合试验回路。

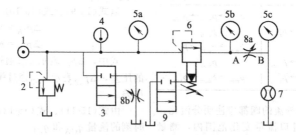

图 15-80　溢流阀试验回路
1—液压源；2—溢流阀（安全阀）；3—旁通阀；4—温度计；5—压力计（压力传感器）；
6—被试阀；7—流量计；8—节流阀；9—换向阀

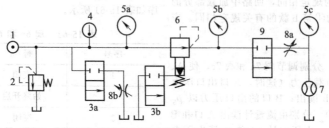

图 15-81　减压阀试验回路
1—液压源；2—溢流阀；3—旁通阀；4—温度计；5—压力计（压力传感器）；
6—被试阀；7—流量计；8—节流阀；9—换向阀

b. 油源的流量应能调节。油源流量应大于被试阀的试验流量。油源的压力脉动量不得大于±0.5MPa，并能允许短时间压力超载 20%～30%。

被试阀和试验回路相关部分所组成的表观容积刚度，应保证压力梯度在下列给定值范围之内：

- 3000～4000MPa/s；
- 600～800MPa/s；
- 120～160MPa/s。

c. 允许在给定的基本试验回路中增设调节压力、流量或保证试验系统安全工作的元件。

d. 与被试阀连接的管道和管接头的内径应和被试阀的通径相一致。

② 测压点的位置

a. 进口测压点应设置在扰动源（如阀、弯头）的下游和被试阀上游之间，距扰动源的距离应大于 10d；距被试阀的距离为 5d。

b. 出口测压点应设置在被试阀下游 10d 处。

c. 按 C 级精度测试时，若测压点的位置与上述要求不符，应给出相应修正值。

③ 测压孔

a. 测压孔直径不得小于 1mm，不得大于 6mm。

b. 测压孔的长度不得小于测压孔直径的 2 倍。

c. 测压孔中心线和管道中心线垂直，管道内表面与测压孔交角处应保持尖锐，但不得有毛刺。

d. 测压点与测量仪表之间连接管道的内径不得小于 3mm。

e. 测压点与测量仪表连接时应排除连接管道中的空气。

④ 温度测量点的位置。温度测量点应设置在被试阀进口测压点上游 15d 处。

⑤ 油液固体污染等级

a. 在试验系统中所用的液压油（液）的固体污染等级不得高于 19/16。有特殊要求时可另作规定。

b. 试验时，因淤塞现象而使在一定的时间间隔内对同一参数进行数次测量所得的测量值不一致时，在试验报告中要注明时间间隔值。

c. 在试验报告中应注明过滤器的安装位置、类型和数量。

d. 在试验报告中应注明油液的固体污染等级及测定污染等级的方法。

2）试验的一般要求

① 试验用油液

a. 在试验报告中应注明：试用油液类型、牌号；在试验控制温度下的油液黏度、密度和等熵体积弹性模量。

b. 在同一温度下测定不同油液黏度的影响时，要用同一类型但黏度不同的油液。

② 试验温度

a. 以液压油为工作介质试验元件时，被试阀进口处的油液温度为 50℃。采用其他油液为工作介质或有特殊要求时，可另作规定。在试验报告中应注明实际的试验温度。

b. 冷态启动试验时油液温度应低于 25℃，在试验开始前把试验设备和油液的温度保持在某一温度，试验开始以后允许油液温度上升。在试验报告中记录温度、压力和流量对时间的关系。

c. 当被试阀有试验温度补偿性能的要求时，可根据试验要求选择试验温度。

③ 稳态工况

a. 被控参数的变化范围不超过表 15-62 的规定值时为稳态工况。在稳态工况下记录试验参数的测量值。

表 15-62　被控参数平均指示值允许变化范围

被控参数	测试等级		
	A	B	C
流量/%	±0.5	±1.5	±2.5
压力/%	±0.5	±1.5	±2.5
油温/℃	±1.0	±2.0	±4.0
黏度/%	±5.0	±10.0	±15.0

b. 被测参数测量读数点的数目和所取读数的分布应能反映被试阀在全范围内的性能。

c. 为保证试验结果的重复性，应规定测量的时间间隔。

3）耐压试验

① 在被试阀进行试验前应进行耐压试验。

② 耐压试验时，对各承压油口施以耐压试验压力。耐压试验压力为该油口的最高工作压力的 1.5 倍，以每秒 2%耐压试验压力的速率递增，保压 5min，不得有外渗漏。

③ 耐压试验时各泄油口和油箱相连。

（2）试验内容

1）溢流阀

① 稳态压力-流量特性试验。将被试阀调定在所需流量和压力值（包括阀的最高和最低压力值）上。然后在每一试验压力值上使流量从零增加到最大值，再从最大值减小到零，测试此过程中被试阀的进口压力。

被试阀的出口压力可为大气压或某一用户所需的压力值。

② 控制部件调节"力"试验（泛指力、力矩、压力或输入电量）。将被试阀通以所需的工作流量，调节其进口压力，由最低值增加到最高值，再从最高值减小到最低值，测定此过程中为改变进口压力调节控制部件所需的"力"。

为避免淤塞而影响测试值，在测试前应将被试阀的控制部件在其调节范围内至少连续来回操作 10 次。每组数据的测试应在 60s 内完成。

③ 流量阶跃压力响应特性试验。将被试阀调定在所需的试验流量与压力下，操纵阀 3，使试验系统压力下降到起始压力（保证被试阀进口处的起始压力值不大于最终稳态压力值的 20%），然后迅速关闭阀 3，使密闭回路中产生一个按（1）节 1）中①之 a 所选用的压力梯度。这时，在被试阀 6 进口处测试被试阀的压力响应。

阀 3 的关闭时间不得大于被试阀响应时间的 10%，最大不超过 10ms。油的压缩性造成的压力梯度，可根据表达式 $\mathrm{d}p/\mathrm{d}t = (q_v K_s)/V$ 算出，至少应为所测梯度的 10 倍。

压力梯度系指压力从起始稳态压力值与最终稳态压力值之差的 10% 上升到 90% 的时间间隔内的平均压力变化率。

整个试验过程中，安全阀 2 的回油路上应无油液通过。

④ 卸压、建压特性试验

a. 最低工作压力试验。当溢流阀是先导控制形式时，可以用一个卸荷控制阀 9 切换先导级油路，使被试阀 6 卸荷，逐点测出各流量时被试阀的最低工作压力。试验方法按 GB 8107《液压阀　压差-流量特性的测定》有关条款的规定。

b. 卸压时间和建压时间试验。将被试阀 6 调定在所需的试验流量与试验压力下，迅速切换阀 9；卸荷控制阀 9 切换时，测试被试阀 6 从所控制的压力卸到最低压力值所需的时间和重新建立控制压力值的时间。

阀 9 的切换时间不得大于被试阀响应时间的 10%，最大不超过 10ms。

2) 减压阀

① 稳态压力-流量特性试验。将被试阀 6 调定在所需的试验流量和出口压力值上（包括阀的最高和最低压力值），然后调节流量，使流量从零增加到最大值，再从最大值减小到零，测量此过程中被试阀 6 的出口压力值。

试验过程中应保持被试阀 6 的进口压力稳定在额定压力值上。

② 控制部件调节"力"试验（泛指力、力矩或压力）。将被试阀 6 调定在所需的试验流量和出口压力值上，然后调节被试阀的出口压力，使出口压力由最低值增加到最高值，再从最高值减小到最低值，测量在此过程中为改变出口压力值的控制部件调节"力"。

为避免淤塞而影响测试值，在测试前应将被试阀的控制部件在其调节范围内至少连续来回操作 10 次。每组数据的测试应在 60s 内完成。

③ 进口压力阶跃压力响应特性试验。调节阀 2 使被试阀 6 的进口压力为所需的值，然后，调节被试阀 6 与阀 8b，使被试阀 6 的流量和出口压力调定在所需的试验值上。操纵阀 3a，使整个试验系统压力下降到起始压力（为保证被试阀阀芯的全开度，保证此起始压力不超过被试阀出口压力值的 50% 和被试阀调定的进口压力值的 20%）。然后迅速关闭阀 3a，使进油回路中产生一个按（1）节 1）中①之 a 所选用的压力梯度，在被试阀 6 的出口处测量被试阀的出口压力的瞬态响应。

④ 出口流量阶跃压力响应特性试验。调节阀 2 使被试阀 6 的进口压力为所需的值，然后，调节被试阀 6 与 8a，使被试阀 6 的流量和出口压力调定在所需的试验值上。关闭阀 9，使被试阀 6 出口流量为零，然后开启阀 9，使被试阀的出口回路中产生一个流量的阶跃变化。这时，在被试阀 6 的出口处测量被试阀的出口压力

瞬态响应。

阀 9 的开启时间不得大于被试阀响应时间的 10%，最大不超过 10ms。

被试阀和阀 8a 之间的油路容积要满足压力梯度的要求，即由公式 $\mathrm{d}p/\mathrm{d}t = (q_v K_s)/V$ 计算出的压力梯度必须比实际测出被试阀出口压力响应曲线中的压力梯度大 10 倍以上。式中 V 是被试阀与阀 8a 之间的回路容积；K_s 是油液的等熵体积弹性模量；q_v 是流经被试阀的流量。

⑤ 卸压、建压特性试验

a. 最低工作压力试验。当减压阀是先导控制形式时，可以用一个卸荷控制阀 3b 来将先导级短路，使被试阀 6 卸荷，逐点测出各流量时被试阀的最低工作压力。试验方法按 GB 8107 有关条款进行。

b. 卸压时间和建压时间试验。按本节（2）点 1）中④之 b 进行试验，卸荷控制阀 3b 切换时，测量被试阀 6 从所控制的压力卸到最低压力值所需的时间和重新建立所需压力值的时间。

阀 3b 的切换时间不得大于被试阀响应时间的 10%，最大不超过 10ms。

（3）试验报告

① 试验有关资料。被试阀和试验条件的资料至少应包括下述各项，并在报告中写明。

a. 制造厂厂名；b. 产品规格（型号、系列号等）；c. 制造厂有关阀的说明；d. 连接管道和管接头的明细表；e. 制造厂有关过滤的要求；f. 试验回路中过滤器精度等级；g. 试验油液的实际固体污染等级；h. 试验油液（牌号和说明）；i. 试验油液的运动黏度；j. 试验油液的密度；k. 试验油液的等熵体积弹性模量；l. 试验油液的温度；m. 环境温度。

② 试验结果。下列试验结果应绘制成表格和曲线。

a. 耐压压力。

b. 稳态压力-流量特性（见图 15-82）。

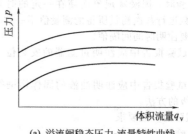

(a) 溢流阀稳态压力-流量特性曲线

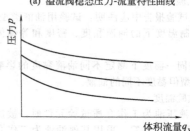

(b) 减压阀稳态压力-流量特性曲线

图 15-82　稳态压力-流量特性

c. 控制部件调节"力"（见图 15-83）。

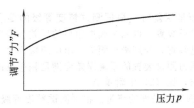

图 15-83　控制部件调节"力"曲线

d. 流量或压力阶跃压力响应特性（见图 15-84）。

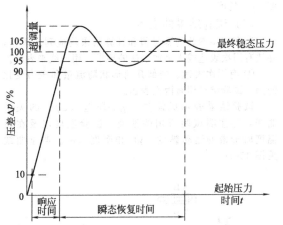

图 15-84　压力控制阀瞬态响应特性曲线

e. 卸压、建压特性（见图 15-85）。

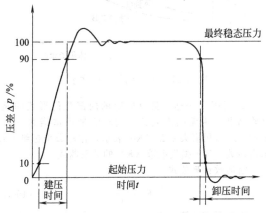

图 15-85　卸压、建压特性曲线

（4）附录

与 GB/T 8106—1987 相同，请参见表 15-58。

15.3.4　液压阀压差-流量特性试验方法（GB/T 8107—1987）

本标准适用于以液压油（液）为工作介质的液压阀的压差-流量特性试验。本标准亦可用于测量工况类似的其他液压元件的压差-流量特性。

（1）试验装置

① 试验回路。图 15-86 为基本试验回路。回路中应设置溢流阀，防止系统过载。

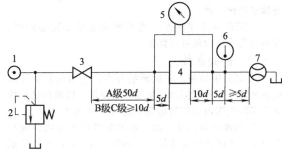

图 15-86　压差-流量特性试验回路

1—液压源；2—溢流阀；3—截止阀；4—被试阀；
5—差压计；6—温度计；7—流量计

② 测压点的位置

a. 被试阀上游测压点的位置

• 为保证液流在被试阀上游测压点处呈稳定的流动状态，被试阀上游测压点与前端扰动源的距离应符合表 15-63 规定。

表 15-63　被试阀上游测压点距前端扰动源的距离

测试等级	A	B	C
距前端扰动源的距离	50d	≥10d	≥10d

• 被试阀上游测压点与被试阀之间的距离应为 5d。
• 扰动源至被试阀上游测压点之间和上游测压点至被试阀之间配置的各段管道平直。

b. 被试阀下游测压点的位置。为保证液流在被试阀下游管道处受扰动后压力能恢复正常，被试阀与下游测压点之间的距离应为 10d，管道平直。

c. 按 C 级精度测量时，若测压点的位置与上述要求不符，应给出相应修正值。

③ 温度测量点的位置。温度测量点应设置在被试阀下游测压点的下游，两者之间距离应为 5d，管道平直。

④ 流量测量点的位置。流量测量点应设置在温度测量点的下游，两者之间的距离应为 5d，管道平直。

⑤ 测压孔的要求

a. 对 A 级测试精度，采用由测压环组成的测压接头。当管道内径小于或等于 6mm 时，测压环中应包含 2 个均匀分布的测压孔。当管道内径大于 6mm 时，测压环中应包含 3 个或更多个均匀分布的测压孔。用一根导管将这些压力测压孔与测量仪表相连接。

b. 对 B 级、C 级测试精度，可采用单个测压孔。

c. 测压孔的中心线与管道中心线应垂直相交。

d. 所有测压孔的直径应相等，其直径应小于或等于 0.1d，但不得大于 6mm，不得小于 1mm。

e. 测压孔的长度不得小于其直径的 2 倍。

f. 与测量仪表相连接的导管横截面面积，不得小于测压孔截面面积总和的一半。

g. 所有测压孔均不得装于管道的最低点。

⑥ 管道和接头

a. 与被试阀连接的管道和管接头的内径应和阀的公称通径相一致。

b. 管道应水平安装。当不能满足此安装条件时，应对测得的压力值进行修正。

（2）试验条件

① 试验用油液。在试验报告中，注明试验中使用的油液牌号，并根据测试精度等级要求，给出在试验的整个温度范围内油液的运动黏度（ν）和密度（ρ）。

② 油液固体污染等级。在试验系统中所用的液压油（液）的固体污染等级，不得高于 19/16，有特殊试验要求时，可另作规定。

在试验报告中注明过滤器的安装位置、数量和型号。

③ 试验温度。以液压油为工作介质试验元件时，被试阀进口处的油液温度规定为 50℃，采用其他油液为工作介质有特殊要求时可另作规定。

a. 试验结果用有因次表达时，整个试验过程中油液温度指示值的允许变化范围应符合表 15-64 的要求。

b. 试验结果用无因次表达时，不要求全部试验均在同一控制温度下进行，只要求每一试验工况的油温变化符合表 15-64 的要求。

表 15-64　试验时油液温度的允许变化范围

测试等级	A	B	C
允许变化范围/℃	±1.0	±2.0	±4.0

④ 试验方法。通过试验系统的流量调节装置，在被试阀所允许的流量范围内调节流量，测定不同流量（q_v）通过被试阀给定通道时的压差（Δp）。

（3）试验测量

① 试验时，被测参数在表 15-65 规定范围内变化时为稳态工况，在稳态工况下记录读数。

表 15-65　被控参数平均指示值允许变化范围　　%

被控 参数	测试等级		
	A	B	C
流量	±0.5	±1.5	±2.5
压力	±0.5	±1.5	±2.5
温度	±1.0	±2.0	±4.0
黏度	±5	±10	±15

② 被测参数的测量读数点的数目和所取读数的分布，应能反映被试阀在整个流量范围内的性能。

③ 计算所测量的平均值时，各次测量的时间间隔应相同。

④ 试验时，根据规定的测试精度等级选择测量系统，见（5）中附录 A。

a. 从测得的总压差中减去管道损失，计算阀的压力损失 Δp。管道损失的计算方法见（5）中附录 B。

b. 通过被试阀接头的压力损失看作阀的损失的一部分。

c. 测量压差时应根据测试精度等级的要求，选用相应的差压装置，以测量阀进出口的压差。若采用两套压力测量装置，分别测出阀进、出口两端压力，再计算压差。压力测量装置的系统误差应满足相应测试精度等级的要求，见（5）中附录 A。

⑤ 密度和黏度的测量。根据测试精度等级的要求，A、B 级测试时，应在试验开始前从试验装置中提取试验油液，测定其运动黏度（ν）和密度（ρ）值；C 级测量时，可以采用油液制造厂提供的运动黏度（ν）和密度（ρ）的值。

（4）试验结果的表达

所有试验参数的测量值和计算结果均应列成表格，并按有因次表达或无因次表达的要求，用曲线来表示。

① 有因次表达。内部几何形状随流量和压力变化的阀，试验结果用有因次表达。

试验结果表示成流量（q_v）-压差（Δp）的关系曲线，并注明试验所用的油液、试验温度以及在该温度时油液的运动黏度（ν）和密度（ρ）。典型曲线见图 15-87。

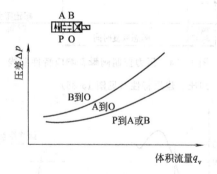

图 15-87　方向阀的有因次表达

② 无因次表达。具有固定的内部几何形状的阀，试验结果可用无因次表达。此时流量用雷诺数（Re）表示，压差用损失系数（K）表示，在对数坐标纸上作出雷诺数（Re）-损失系数（K）的关系曲线。

雷诺数计算公式

$$Re = \frac{\mu D}{\nu} \tag{15-15}$$

损失系数计算公式

$$K = \frac{2\Delta p}{\rho \mu^2} \tag{15-16}$$

典型曲线见图 15-88。

注：试验结果用无因次表达时，根据测试精度等级的要求，应用每一试验工况温度下的油液运动黏度（ν）和密度（ρ）计算雷诺数（Re）及损失系数（K）值。

（5）附录

① 附录 A：测试等级与 GB 8106—1987 相同，请参见表 15-58。

② 附录 B：管道损失计算方法。

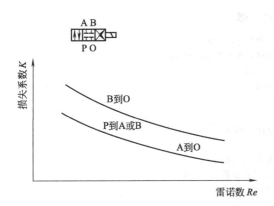

图 15-88　方向阀的无因次表达

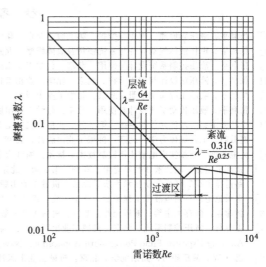

图 15-89　管道摩擦系数

a. B、C 级测试。B、C 级测试时，按式(15-17) 计算管道损失。

$$\Delta p = \lambda \frac{l}{d} \times \frac{\rho \mu^2}{2} \qquad (15\text{-}17)$$

计算时，可先按公式 $Re = \mu d / \nu$ 求出雷诺数 (Re) 值（式中 d 值可用游标卡尺量得），然后根据计算的雷诺数 (Re) 值从图 15-89 中的 Re-λ 曲线查出摩擦系数 λ 值，最后将 λ、l、ρ、μ、d 等值代入式(15-17) 即可算出压差 (Δp)。

b. A 级测试。A 级测试时，计算公式同上。但 λ 值应从实测的 Re-λ 曲线查出。曲线的作法是：从试验装置中拆除被试阀和管道，并在两个测压点之间连接一

根适当长度的相同内径的管道，管道长度应保证在通过最小流量时，产生处于所用仪表量程以内的压力损失 (Δp)。将测得的压力损失 (Δp) 代入式(15-18) 即可求得 λ。

$$\lambda = \frac{2 \Delta p d}{l \rho \mu^2} \qquad (15\text{-}18)$$

再由管道的雷诺数 (Re) 的计算值，作出 Re-λ 的实验曲线。

参 考 文 献

[1] 张利平.液压阀原理、使用与维护.第2版.北京：化学工业出版社，2009.
[2] 张利平.现代液压气动元件与系统使用及故障维修.北京：机械工业出版社，2013.
[3] 张利平.液压控制系统设计与使用.北京：化学工业出版社，2013.
[4] 张利平.液压站设计与使用维护.北京：化学工业出版社，2013.
[5] 张利平.液压工程简明手册.北京：化学工业出版社，2012.
[6] 张利平.液压传动系统设计与使用.北京：化学工业出版社，2010.
[7] 李壮云主编.液压元件与系统.第3版.北京：机械工业出版社，2005.
[8] 盛敬超.工程流体力学.北京：机械工业出版社，1988.
[9] 吴根茂等.新编实用电液比例控制技术.杭州：浙江大学出版社，2006.
[10] 张利平主编.现代液压技术应用220例.第2版.北京：化学工业出版社，2009.
[11] 路甬祥主编.液压气动技术手册.北京：机械工业出版社，2002.
[12] 雷天觉主编.新编液压工程手册.北京：北京理工大学出版社，1998.
[13] 林建亚，何存兴主编.液压元件.北京：机械工业出版社，1988.
[14] 王春行.液压控制系统.北京：机械工业出版社，2004.
[15] Anthony Esposito. Fluid Power With Applications. New Jersey：Prentice-Hall，Inc. 1980.
[16] 巴克 W.液压阻力回路系统学.北京：机械工业出版社，1980.
[17] Exnei H.液压培训教材：液压传动与液压元件.第3版.博世力士乐教学培训中心，2003.
[18] 陈松凯主编.机床液压系统设计指导手册.广州：广东高等教育出版社，1993.
[19] 机械设计手册编委会.机械设计手册.新版：第4卷.北京：机械工业出版社，2004.
[20] 陈启松.液压传动与控制手册.上海：上海科学技术出版社，2006.
[21] James E Anders，Sr. Industrial Hydraulics Troubleshooting. McGraw-Hill，Inc，1983.
[22] 陈城书.电液集成块液路设计.北京：国防工业出版社，1997.
[23] The LEE Company Technical Center. LEE Technical Hydraulic Handbook. Westbrook，Connecticut，1989.
[24] 路甬祥.流体传动与控制技术的历史进展与展望.机械工程学报，2001（10）：1.
[25] 马忠.液压阀的选型与替代.液压与气动，1995（4）.
[26] Kimpel R. Proportional Valve Circdits'：Piovide Exacting Metering Capabilities，Hydraults & Pnumatics，1992（10）.
[27] 张利平.现代液压传动技术的新方向-纯水液压传动.工程机械 2001（1）：34.
[28] Jack L Johnson，P E. Electrohydraulic Pressure Control. Hydraulics & Pneumatics，2005（5）：18-21.
[29] Yu Zu-Yao. Seawater as a Hydraulics fluid Hydraulics & Pneumatics，2006：26.
[30] 张利平.一种电液数字流量控制阀的开发研制.制造技术与机床，2001（7）：20.
[31] Zhang Liping. New Achievements in Fluid Power Engineering，172-173. Beijing：International Academic Publishers，1993.
[32] 张利平.新型电液数字溢流阀的开发研究.制造技术与机床，2003（8）：33.
[33] 张利平.增量式电液数字控制阀开发中的若干问题.工程机械，2003（5）：36.
[34] 张利平等.DB型40系列高压溢流阀及其阻力控制.现代机械，1993（1）：5.
[35] 张利平.电液对应方法及其应用研究.机械技术，2001（7）：174.
[36] 张利平.金刚石工具热压烧结机及其电液比例加载系统.制造技术与机床，2006（1）.
[37] Bard Anders Harang. Cylinderical reservoirs promote cleanliness. Hydraulics & Pneumatics，2011.
[38] 张利平.液压传动系统压力和流量的数字控制.机电整合，2005（6）.
[39] 张利平、张秀敏.插装式溢流阀调压弹簧的模糊优化.现代机械，1993（2）：24.
[40] 张利平.微型液压技术的研究与发展.航空制造工程，1996（2）：158.
[41] 杨华勇等.纯水液压控制阀研究进展.中国机械工程，2004（8）上半月：1400.
[42] Peter Nachtwey. Choosing the rihht Valve. Hydraulics & Pneumatics，2006（3）：30.